中国石油天然气集团有限公司统建培训资源

仪表维修工技师培训教材

（现场仪表分册）

中国石油天然气集团有限公司人力资源部 编

石油工业出版社

内 容 提 要

本书主要介绍了仪表维修工技师应掌握的相关知识，主要内容包括检测仪表、气动执行器、分析仪表、典型仪表事故事件案例分析与处理、机组状态监测仪表、过程控制和仪表管理系统、网络通信、石油化工典型控制方案应用与 PID 参数整定等内容。

本书可作为仪表维修工技师的工具书，也可作为仪表维修相关员工的培训教材。

图书在版编目（CIP）数据

仪表维修工技师培训教材/中国石油天然气集团有限公司人力资源部编.
--北京：石油工业出版社，2025.3.
ISBN 978-7-5183-6982-9

Ⅰ．TE967.07

中国国家版本馆 CIP 数据核字第 2024MU1953 号

出版发行：石油工业出版社
　　　　（北京市朝阳区安华里二区 1 号　100011）
　　　　网　　址：www.petropub.com
　　　　编辑部：（010）64251613
　　　　图书营销中心：（010）64523633
经　　销：全国新华书店
印　　刷：北京晨旭印刷厂

2025 年 3 月第 1 版　2025 年 3 月第 1 次印刷
787×1092 毫米　　开本：1/16　　印张：37.5
字数：900 千字

定价：129.00 元（全 2 册）
（如出现印装质量问题，我社图书营销中心负责调换）
版权所有，翻印必究

《仪表维修工技师培训教材》
编委会

主　　编：郭长城

副主编：赵　哲　任国焱

编写人员：陈毓民　杨为民　杜旭刚　谢　龙　高　勇
　　　　　张　翔　马　鑫　黄可鑫　马英伟　李　哲
　　　　　王春光　赵　钊　王虎威　王　哲　张云鹏
　　　　　汪春竹　杨俊辉　孙明亮　熊炎炎　闻争争
　　　　　李　颖　吴　平　吴禹铮　吕永涛　杨　霖
　　　　　杨宝星　孟凡超　崔永哲　高媛媛　刘丛堂

前言

为进一步提高炼化企业仪表高技能人才队伍建设，提升仪表实操培训师技艺传承能力，健全仪表检维修技能培训体系，推动仪表技师工种实训资源建设，中国石油辽阳石化公司组织编写了《仪表维修工技师培训教材》（以下简称《教材》）。《教材》以炼化企业过程仪表和控制系统的应用情况为依据，总结长期从事自动化仪表检维修工作经验，从提高仪表检维修人员实际动手解决问题能力出发，详细介绍了化工仪表和控制系统日常维护和故障处理知识，具有以下几个特点：(1) 紧密贴合仪表检维修实际工作情况，详细介绍化工仪表和控制系统选型、安装、参数设置、校验和组态等内容。(2) 针对仪表检维修工作特点，详细介绍了化工仪表和控制系统日常检查与维护内容。(3) 以实例介绍了多种化工仪表和控制系统典型故障分析与处理过程。

《教材》所选取的仪表、调节阀、控制系统等都是现场使用频率较高的主流自动仪表，是技师、高级技师应掌握和提高的技术内容。《教材》中的技术知识和检维修案例均来源于现场实践，是理论、规范、标准、实践相结合的典范，对提高炼化企业仪表检维修水平会发挥重要的作用。《教材》源于实践、高于实践，通俗易懂，具有针对性、通用性、实用性强等特点，可作为炼化企业仪表检维修人员的参考书和专业培训的辅助教材。

《教材》分为现场仪表与控制系统仪表两部分。现场仪表部分共分四章，主要内容包括：检测仪表、气动执行器、分析仪表、典型仪表事故事件案例分析与处理等。控制系统仪表部分共分四章，主要内容包括：机组状态监测仪表、过程控制和仪表管理系统、网络通信、石油化工典型控制方案应用与PID参数整定等。

《教材》由中国石油辽阳石化公司负责组织编写，大连石化公司参与编写。参加编写的人员有辽阳石化公司郭长城、赵哲、任国焱、陈毓民、杨为民、杜旭刚、谢龙、高勇、张翔、马鑫、黄可鑫、马英伟、李哲、王春光、赵钊、王虎威、王哲、张云鹏、汪春竹、杨俊辉、孙明亮、熊炎炎、闻争争、李颖、吴平、吴禹铮、吕永涛、杨霖、杨宝星、孟凡超、崔永哲、高媛媛，大连石化公司刘丛堂。参与本书编写和审定的人员均为长期从事仪表管理或现场维护的专家，在此一并对《教材》的编写、审定、编辑人员表示诚挚的感谢。对《教材》的存在的问题和不足，敬请读者提出宝贵意见，便于改正，谢谢！

目 录

第一部分 现场仪表

第一章 检测仪表 … 3

第一节 雷达液位计 … 3
一、雷达液位计概述 … 3
二、雷达液位计的选型与安装 … 5
三、雷达液位计的参数设置与校验 … 7
四、雷达液位计日常检查与维护 … 18
五、雷达液位计典型故障分析与处理 … 19

第二节 浮筒式液位计 … 22
一、浮筒式液位计 … 22
二、浮筒式液位计的选型与安装 … 23
三、浮筒式液位计的参数设置与校验 … 24
四、浮筒式液位计日常检查与维护 … 29
五、浮筒式液位计典型故障分析与处理 … 31

第三节 伺服液位计 … 31
一、概述 … 31
二、伺服液位计的选型与安装 … 32
三、伺服液位计的参数设置与校验 … 36
四、伺服液位计日常检查与维护 … 41
五、伺服液位计典型故障分析与处理 … 42

第四节 电容液位计 … 43
一、概述 … 43
二、电容液位计的选型与安装 … 44
三、电容液位计的参数设置与校验 … 46

四、电容液位计日常检查与维护 ······ 52
　　五、电容液位计典型故障分析与处理 ······ 52
第五节　质量流量计 ······ 53
　　一、质量流量计概述 ······ 53
　　二、质量流量计的选型与安装投用 ······ 54
　　三、质量流量计的菜单树 ······ 66
　　四、质量流量计日常巡检和定期维护 ······ 82
　　五、质量流量计典型故障分析与处理 ······ 83
第六节　电磁流量计 ······ 95
　　一、电磁流量计概述 ······ 95
　　二、电磁流量计选型与安装 ······ 95
　　三、电磁流量计的参数设置与校验 ······ 99
　　四、电磁流量计日常检查和维护 ······ 108
　　五、电磁流量计典型故障分析与处理 ······ 112

第二章　气动执行器 ······ 114

第一节　执行机构的结构和分类 ······ 114
　　一、调节阀的结构 ······ 114
　　二、调节阀的组成和分类 ······ 115
　　三、常见气动执行机构 ······ 115
　　四、常见的电动执行机构 ······ 118
第二节　智能定位器原理及应用 ······ 119
　　一、智能阀门定位器的基本原理 ······ 119
　　二、智能阀门定位器的用途 ······ 119
　　三、智能阀门定位器的结构特点 ······ 120
　　四、智能阀门定位器的组态说明 ······ 120
　　五、智能阀门定位器的安装及调试 ······ 121
　　六、常见智能阀门定位器的使用调校方法 ······ 121
第三节　执行机构附件 ······ 163
　　一、电磁阀 ······ 163
　　二、空气过滤减压阀 ······ 169
　　三、阀门回讯器 ······ 171
第四节　执行器的故障分析与处理 ······ 172

一、执行机构的主要故障元件 ·· 172

　　二、阀的主要故障元件 ·· 173

　　三、故障产生的原因和处理方法 ··· 174

　　四、实际检修案例分析调节阀常见故障及其解决方案 ····································· 181

第三章　分析仪表 189

第一节　氧化锆分析仪 189

　　一、氧化锆分析仪的原理 ·· 189

　　二、氧化锆分析仪的选型与安装方式 ··· 190

　　三、氧化锆的参数设置与校验 ··· 194

　　四、氧化锆分析仪日常维护及故障处理 ·· 199

　　五、氧化锆分析仪典型故障分析与处理 ·· 202

第二节　COD 分析仪 203

　　一、COD 概念及测量原理 ·· 203

　　二、COD 分析仪的安装 ·· 204

　　三、COD 分析仪的调试步骤 ··· 208

　　四、CA80COD 分析仪日常检查与维护 ··· 211

　　五、COD 分析仪典型故障分析与处理 ··· 215

第三节　CEMS 烟气排放连续监测系统 216

　　一、CEMS 概述 ·· 216

　　二、CEMS 分析仪的安装 ·· 217

　　三、CEMS 分析仪的调试步骤 ··· 218

　　四、CEMS 的日常检查与维护 ··· 220

　　五、CEMS 典型故障分析与处理 ··· 222

第四节　硫比值分析仪 225

　　一、硫比值分析仪工艺介绍及仪表概述 ·· 225

　　二、硫比值分析仪分析原理及分析过程简述 ·· 226

　　三、仪表结构详细构成及除雾探头功能 ·· 226

　　四、仪表分析校准模块和自动标定设置 ·· 228

　　五、仪表维护及故障处理 ·· 234

第四章　典型仪表事故事件案例分析与处理 236

第一节　操作原因 236

　　一、LNG 公司天然气着火事故 ·· 236

二、U283 AASH2104 联锁停车事件 ··· 238

　　三、重整装置联锁切除停车事故 ··· 239

　　四、乙二醇装置 LT3503 联锁投用停车事件 ·· 241

第二节　施工作业隐患 ··· 243

　　一、聚乙烯装置 A 线离心机温度高停车事件 ··· 243

　　二、PX 装置 K761 循环氢压缩机停机事件 ··· 245

第三节　设计缺陷原因 ··· 246

　　一、二催化装置进料自保联锁故障原因分析 ··· 246

　　二、氢压缩机二次表故障停机故障原因分析 ··· 248

　　三、丙烯酸装置冰机故障原因分析 ··· 250

第四节　设备故障原因 ··· 252

　　一、PSA 装置 K701B 压缩机假信号停机事件 ··· 252

　　二、空压站 2 号空压机停机事件 ··· 254

　　三、7 号空压机停机事件 ··· 256

第五节　事故案例总结 ··· 257

第二部分　控制系统仪表

第五章　机组状态监测仪表 ··· 261

第一节　本特利电涡流振动/位移探头 ··· 261

　　一、电涡流传感器的组成及工作原理 ··· 261

　　二、传感器系统的常用术语 ··· 262

　　三、探头的安装 ··· 265

　　四、前置器的安装 ··· 270

　　五、延伸电缆的安装 ··· 272

　　六、电涡流传感器的校验 ··· 273

　　七、常见故障分析及处理 ··· 277

第二节　转速探头 ··· 279

　　一、转速探头的工作原理及组成 ··· 279

　　二、转速探头拆装及校验 ··· 283

　　三、转速探头典型故障分析及处理 ··· 289

第三节　机组监测系统 ··· 290

一、本特利3500监测系统介绍 290
　　二、本特利3500系统硬件配置与软件组态 291
　　三、本特利3500系统操作与维护 311
　　四、本特利3500系统故障诊断与处理 317

第六章　过程控制和仪表管理系统 324

第一节　PLC控制系统 324
　　一、DCS与PLC的区别 324
　　二、DCS与PLC的相同点 325
　　三、西门子S7-400系统硬件配置与软件组态 326
　　四、西门子S7-400系统操作与维护 343
　　五、西门子S7-400系统故障诊断与处理 351
　　六、西门子S7-400系统软件使用 361

第二节　DCS集散控制系统 389
　　一、DCS系统概述 390
　　二、浙江中控ECS-700系统硬件配置与软件组态 391
　　三、ECS-700系统操作与维护 410
　　四、ECS-700系统故障诊断与处理 416
　　五、ECS-700系统组态实例 424

第三节　SIS安全仪表系统 438
　　一、SIS系统概述 439
　　二、浙江中控TCS-900系统硬件配置与软件组态 440
　　三、浙江中控TCS-900系统操作与维护 450
　　四、浙江中控TCS-900系统故障诊断与处理 458
　　五、浙江中控TCS-900系统组态实例 466

第四节　IDM智能仪表设备管理系统 511
　　一、IDM系统概述 511
　　二、霍尼韦尔FDM系统配置与组态 512
　　三、霍尼韦尔FDM系统操作与维护 523
　　四、智能仪表设备故障诊断与处理 528

第七章　网络通信 535

第一节　Modbus通信 535
　　一、Modbus通信概述 535

二、Modbus 通信实例 536
　　三、Modbus 通信故障诊断与处理 539
　第二节　OPC 通信 541
　　一、OPC 通信概述 541
　　二、OPC 通信实例 543

第八章　石油化工典型控制方案应用与 PID 参数整定 556
　第一节　石油化工典型控制方案应用 556
　　一、石油化工典型流体输送设备控制方案简介 556
　　二、精馏塔控制方案 557
　　三、反应器控制方案 559
　　四、压缩机控制方案 560
　第二节　PID 参数整定 563
　　一、单回路 PID 参数调整 563
　　二、串级回路 PID 参数调整 569

第一部分 现场仪表

第一章 检测仪表

第一节 雷达液位计

一、雷达液位计概述

雷达液位计是一种采用微波测量技术的物位测量仪表;它能够非接触测量、耐磨损、耐老化性能高,不受压力、真空或温度的影响,因此它在易燃、易爆、强腐蚀性、高温、黏稠等恶劣的测量条件下,性能卓越,特别适用于大型立罐和球罐等的测量,一般分为工业测量级和计量级。由于其特有的优势,雷达液位计被广泛用于工业多种测量领域。

(一) 雷达液位计测量原理

雷达液位计是依据时域反射原理(TDR)进行测量的,通过天线系统,发射并接收发射能量很低的极短的微波脉冲,当雷达液位计的电磁脉冲遇到被测介质表面时,雷达液位计的部分脉冲被反射形成回波并沿相同路径返回到脉冲发射装置,发射装置与被测介质表面的距离同脉冲在其间的传播时间成正比,经计算得出液位高度。特殊的时间延伸方法可以确保极短时间内稳定和精确的测量。

雷达液位计主要由发射和接收装置、信号处理器、天线、操作面板、显示等几部分组成。根据信号的不同形式分为时差式和频差式。

时差式是发射频率固定不变,通过测量发射波和反射波的运行时间,并经过智能化信号处理器,测出被测液位的高度。这类雷达液位计的运行时间 t 与液位距离 d 的关系为:

$$t = 2d/c \tag{1-1}$$

式中 c——电磁波传播速度,c = 300000km/s;

d——被测介质液位和探头之间的距离,m;

t——探头从发射电磁波至接收到反射电磁波的时间,s。

频差式是测量发射波与反射波之间的频率差,并将这种频率差转换为与被测液位成比例关系的电信号。这种液位计的发射频率不是一个固定频率,而是一等幅可调频率。

(二) 雷达液位计应用场合

天线是雷达液位计的关键部件,天线的形状决定雷达波的聚焦和灵敏度。若以天线的形状不同分为喇叭口天线、杆式天线、法兰下置型天线、抛物面天线。喇叭口天线适用于绝大多数场合,聚焦性特别好,现场许多储罐都选用此类型天线,但不适用于腐蚀性介质的测量。杆式天线的安装法兰尺寸小,化学稳定性好,易清洗,对冷凝水的黏附不敏感,特别适用于测量腐蚀性介质（如硫黄）及较窄的安装短管里进行高精度测量。法兰下置型天线适用于高温介质、腐蚀性介质或不能在顶部安装的环境。抛物面天线聚焦性好，不受加热蒸汽的影响，特别适用于带加热蒸汽的大型容器的罐内测量，如渣油、沥青等的测量，测量范围可达40m。

（三）雷达液位计主要厂商和型号

国外比较知名的生产雷达液位计的企业有德国VEGA、E+H、西门子，美国霍尼韦尔Enraf、Magnetro等，国内有慧博新锐、古大、北京精波等（表1-1）。

表1-1 雷达液位计主要生产厂家和型号

生产厂家		主要产品系列	主要产品型号
德国	VEGA	雷达液位计 PULS60系列	K波段（26GHz）：VEGAPULS 61、62、63、67（固体测量）、68（固体测量）； C波段（6GHz）：VEGAPULS 65、66；VEGAPULS 67（中小仓测量）
		导波雷达物位计 FLEX60系列	VEGAFLEX 61、62、63、65、66（高温型）、67（界面测量）
	E+H	FMR230系列 FMR240系列 FMR530系列	6GHz：FMR230、231、530、531、533； 26GHz：FMR240、244、245
	西门子	LR系列	LR100、110、120、140、150、PROBE LR、LR250PLA、LR250FEA等
美国	Enraf	97X系列	970、971、973、990
	Magnetro	R82系列	R82-510A-011
国产	慧博新锐	HBRD90X系列	HBRD909
	古大	GDRD5X系列 GDGW5X系列	GDRD55、GDGW51
	北京精波	Pwrd3X系列、pwrd5X系列	Pwrd31、pwrd32、pwrd53

（四）雷达液位计新技术和发展趋势

雷达液位计目前已经成为市场上的主流产品，低频率雷达（6GHz左右）虽然具有价格低廉的优点，但在主要领域中，属于逐渐被淘汰的产品。大多数经济型的雷达液位计都采用6GHz左右的微波频率，其辐射角较大（约30°），容易在容器壁或内部构件上产生干扰回波。即使是26GHz的微波频率，其辐射角也在10°左右，虽然加大喇叭天线尺寸可稍微减少发射角度，但体积增大，使用不便。并且当液面出现波动和泡沫时，信号散射脱离传播途径或吸收大部分能量，从而使返回的信号更加弱小或无信号返回以及产生虚假液位信号问题。导波雷达液位计又属于接触式雷达，对测量条件要求较高。因此雷达液位计需要更高的工作频率来减少发射角的大小，以及先进的回波处理和数据处理技术，使得雷达液位计的测量效果越来越好。

二、雷达液位计的选型与安装

雷达液位计只有合理地选型、正确地安装，才能保证仪表在现场的正常使用。下面以 VEGA、E+H 雷达液位计为例，阐述雷达液位计的选型和安装要点。

（一）雷达液位计选型

雷达液位计选型一般考虑如下几方面：一是雷达的选型首先决定于罐区储罐的容量，对于大容量的储罐，要选择可靠性较高的液位测量仪表。二是对于在罐区用于长输管道输送、装船等进行贸易结算的计量，其雷达液位计应选用计量级型。三是要根据储罐的形式选择合适的天线，如储罐为内浮顶罐，则雷达液位计须配用导波式，相配的天线类型为阵列天线。四是依据存储介质的性质选用合适的天线类型，如介电常数较低时选用抛物面天线，可以达到较好的测量目的。另外选型时根据被测介质介电常数、液面状况和操作条件等选择合适的过程接口。

（二）雷达液位计安装

雷达信号范围内没有障碍物是实现可靠测量的重要保证。在信号范围内出现安装物会产生虚假信号，虚假信号会导致测量精度下降，而且会导致液位跳变，所以应尽量避免在发射角内有造成假反射的装置，如限位开关、温度传感器等。调整仪表极性可以降低虚假信号的强度。如果无法避开安装物，就需要进行虚假信号抑制。

安装方式有多种可以选择：顶部安装、侧面安装、旁通管安装、导波管安装。

1. 雷达液位计安装位置要求

雷达液位计安装条件与安装位置要求如图 1-1 所示，罐壁与安装短管外壁间推荐安装距离 A（约为罐体直径的 1/6），但是，仪表安装位置与罐壁间的距离不得小于 15cm（5.91in）。请勿安装在中央位置（2），干扰会导致信号丢失。请勿安装在加料口上方（3），建议安装防护罩（1），避免变送器直接日晒雨淋。

2. 雷达液位计波束角 α 定义

波束角 α 定义为雷达波能量密度达到其最大值的一半（3dB 宽度）时的角度。微波会发射至信号波束范围之外，且可以被干扰物反射，波束宽度 W 取决于波束角 α 和测量距离 D（图 1-2）。

3. 雷达液位计安装波束角要求

在容器中安装，要求在信号波速范围内，雷达液位计避免安装在能够对信号产生干扰的设备装置（例如：限位开关、温度传感器、支撑、真空环、加热线圈、挡板等）附近，尤其要注意波束角 α（图 1-3）。

4. 雷达液位计在导波管中安装要求

在导波管中安装，要求金属管（无搪瓷涂层，可选塑料涂层）管径均匀。导波管直径不得小于天线口径，喇叭天线和导波管内径之间的管径差值应尽可能小，导波管焊缝应尽可能光滑，且与导波槽处于同一轴线上。导波槽的夹角为 180°（非 90°），导波槽的最大宽度和最大孔径为管径的 1/10，需要去除毛刺。长度和数量对测量无任何影响（图 1-4）。

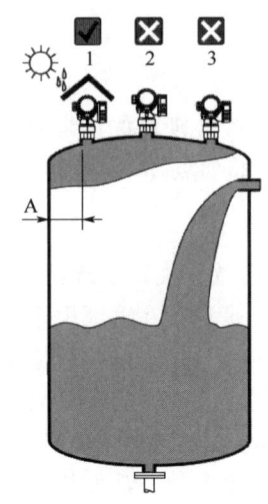

图 1-1　雷达安装位置要求

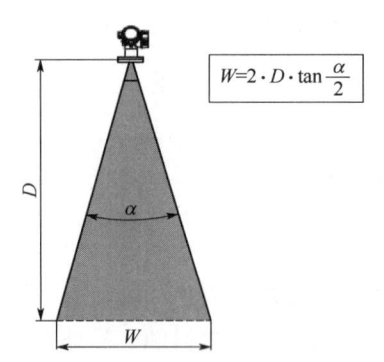

图 1-2　波束角 α、距离 D 和波束宽度 W 的关系

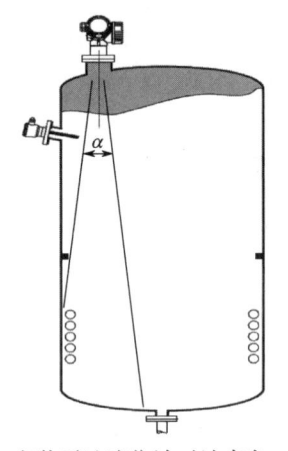

图 1-3　安装雷达液位计对波束角 α 的要求

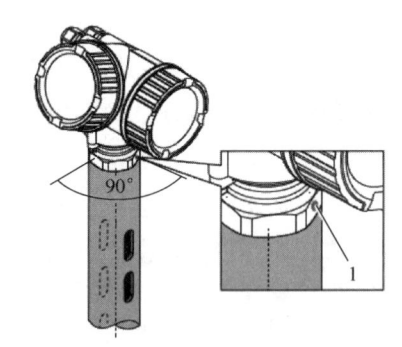

图 1-4　雷达液位计在导波管中安装要求

要选择尽可能大口径的喇叭天线。对于中间尺寸［例如：180mm（7in）］，应选择大一号天线，并进行机械调整（适应于喇叭天线），任何过渡段（例如：使用球阀或修补管段时），不得产生任何超过1mm（0.04in）的裂缝。导波管内必须始终光滑（平均表面光洁度 $RZ \leqslant 6.3\mu m$（248μin））。使用无缝或平行焊接的金属管，通过焊接法兰或套管可以延长导波管。法兰和管道需要在内侧精准对齐放置。请勿焊穿管壁，导波管内侧必须始终保持光滑，错误操作导致无意焊穿管道时，需要小心去除和打磨光滑焊缝和内侧的不平整部分。否则，会产生强干扰回波，并导致黏附。法兰焊接至管道上，确保准确定位（标记对准导波槽）。标称口径较小时，需要特别注意。

5. 雷达液位计电气连接

雷达液位计的供电电压分为直流和交流两种，在进行接线前，先检查确认设备的铭牌、标签及认证等级。本节列出了常用的 VEGA 和 E+H 雷达液位计的接线方式，其中图 1-5 是 VEGA W 型 60 系列双腔式壳体内部接线图，图 1-6 是 E+H 530 系列雷达液位计内部接线图。

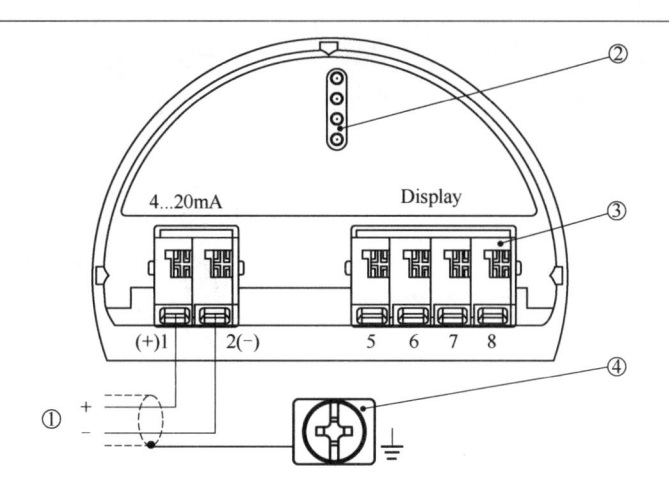

图 1-5 VEGA W 型 60 系列双腔式壳体内部接线图
1—供电，信号输出；2—用于显示和调整模块或接口适配器；
3—用于外部显示和调整单元；4—用于连接电缆屏蔽的接地端子

接线步骤如下：拧下壳体盖，轻轻向左旋转取出可能存在的显示和调整模块。拧松电缆螺纹接头上的锁紧螺母并取出塞头，去掉连接电缆大约 10cm（4in）的外皮，去掉芯线末端大约 1cm（0.4in）的绝缘。将电缆穿过电缆螺纹接头插入传感器中，按照接线图将芯线末端插入端子中。可通过轻拉来检查电线在端子中的安置是否正确。将屏蔽与内地线端子相连，外地线端子与电位补偿相连。拧紧电缆螺纹接头的锁紧螺母，密封环必须完全围住环绕电缆。重新装上可能存在的显示和调整模块，拧上壳体盖。

三、雷达液位计的参数设置与校验

VEGA 雷达液位计可以通过显示和调整模块 PLICSCOM 的四个键钮来操作仪表，也可以通过外部连接 Windows 电脑驱动 PACTware 进行调试。但由于受限于现场操作环境条件，一般使用 PLICSCOM 进行调试。E+H 雷达液位计一般也通过操作面板进行调试。

（一）VEGA 雷达液位计

VEGA 显示和调试模块 PLICSCOM 可以对 VEGA 仪表进行测量值显示、参数的设置和信号的处理，也可以通过诊断功能了解仪表的测量效果，是用于现场仪表调试、巡检和维护非常简易而重要的工具。

1. 按键说明

ESC：返回键，用于返回上一级菜单。

+：用于修改参数数值。

>：用于上下选择参数项。

OK：确认已更改的参数，或进入下一级菜单。

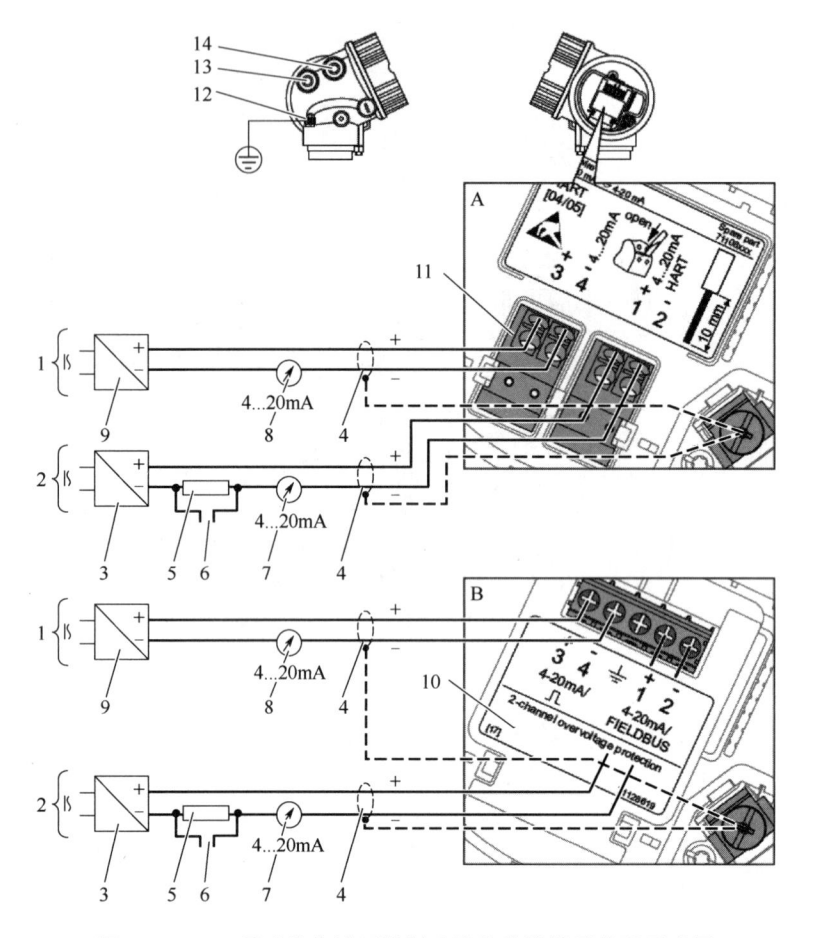

图1-6 E+H雷达液位计两线制连接的接线端子分配示意图

A—不带过电压保护单元；B—内置过电压保护单元；1—连接电流输出2；2—连接电流输出1；3—电流输出1的供电电压；4—电缆屏蔽层；5—HART通信阻抗（≥250Ω）；6—连接Commubox FXA195或FieldXpert SFX350/SFX370（通过VIATOR蓝牙调制解调器）；7—模拟式显示单元；8—模拟式显示单元；9—电流输出2的供电电压；10—过电压保护单元；11—电流输出2；接线端子3和4；12—等电势线接线端；13—电流输出1的电缆入口；14—电流输出2的电缆入口

2. 主菜单说明

调试：仪表基本参数的设置，包括仪表位号、应用、调整（量程）、阻尼，电流输出等设置。

显示：PLICSCOM模块的显示，包括显示值、语言、背光灯的设置。

诊断：仪表测量效果的显示，包括回波曲线的显示、仪表的状态信息、测量可靠性的显示等。

附加设定：包括干扰信号的抑制、仪表的复位等操作。

信息：仪表的型号等信息。

3. 调试菜单

VEGA雷达液位计调试菜单如图1-7所示。

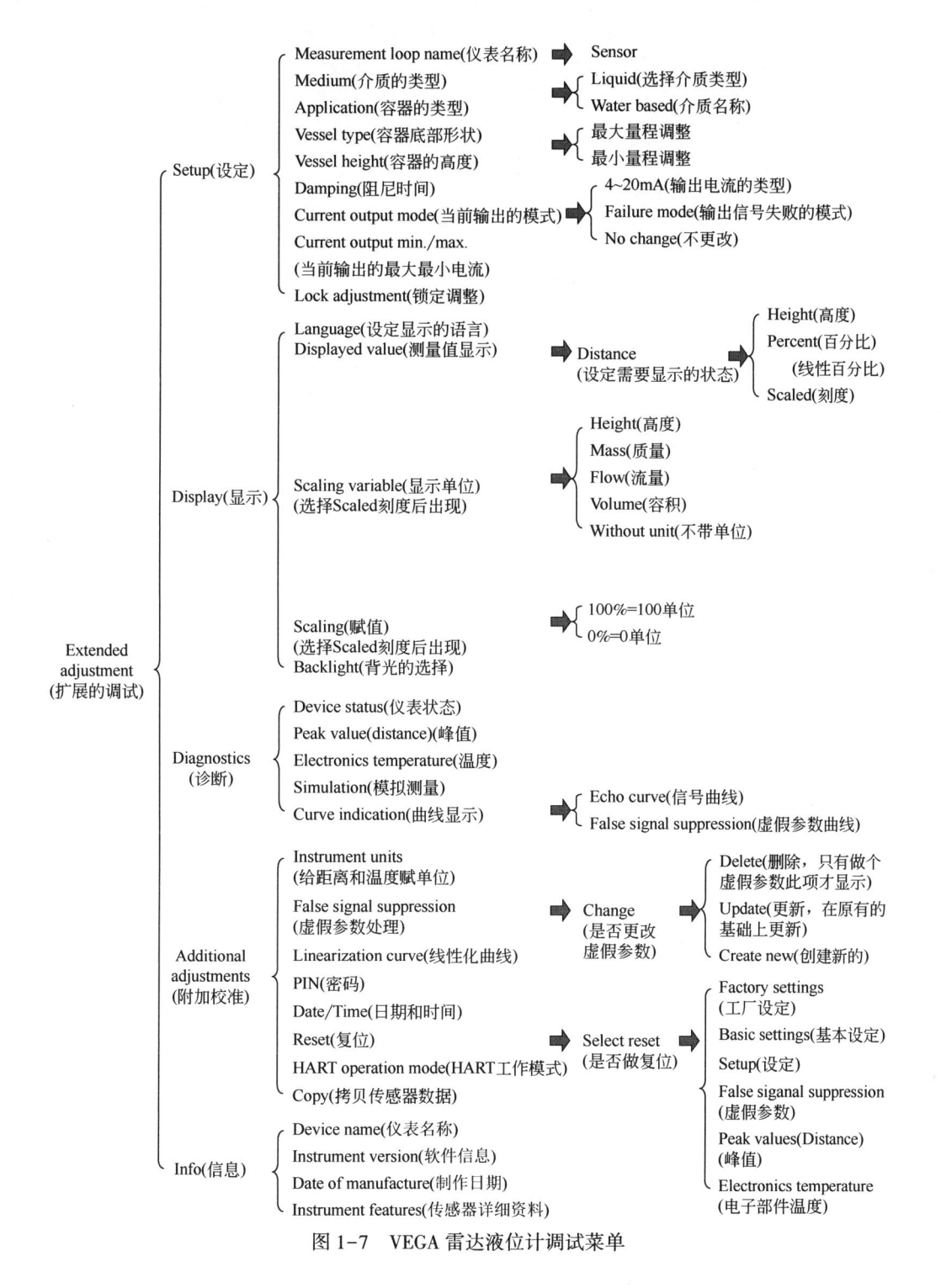

```
                    ┌ Measurement loop name(仪表名称) → Sensor
                    │ Medium(介质的类型)              → ┌ Liquid(选择介质类型)
                    │                                  └ Water based(介质名称)
                    │ Application(容器的类型)
                    │ Vessel type(容器底部形状)       → ┌ 最大量程调整
         ┌ Setup(设定) ┤ Vessel height(容器的高度)    └ 最小量程调整
         │          │ Damping(阻尼时间)
         │          │ Current output mode(当前输出的模式) → ┌ 4~20mA(输出电流的类型)
         │          │                                     │ Failure mode(输出信号失败的模式)
         │          │ Current output min./max.            └ No change(不更改)
         │          │ (当前输出的最大最小电流)
         │          └ Lock adjustment(锁定调整)
         │
         │          ┌ Language(设定显示的语言)                   ┌ Height(高度)
         │          │ Displayed value(测量值显示) → Distance   │ Percent(百分比)
         │          │                              (设定需要显示的状态)(线性百分比)
         │          │                                            └ Scaled(刻度)
         │          │                                     ┌ Height(高度)
         │          │                                     │ Mass(质量)
         │ Display(显示) ┤ Scaling variable(显示单位)   → │ Flow(流量)
         │          │ (选择Scaled刻度后出现)              │ Volume(容积)
         │          │                                     └ Without unit(不带单位)
         │          │
         │          │                                ┌ 100%=100单位
         │          │ Scaling(赋值)                → └ 0%=0单位
         │          │ (选择Scaled刻度后出现)
         │          └ Backlight(背光的选择)
Extended │
adjustment ┤        ┌ Device status(仪表状态)
(扩展的调试)│        │ Peak value(distance)(峰值)
         │ Diagnostics │ Electronics temperature(温度)
         │ (诊断) ┤ Simulation(模拟测量)
         │          │                                   ┌ Echo curve(信号曲线)
         │          └ Curve indication(曲线显示) →     └ False signal suppression(虚假参数曲线)
         │
         │          ┌ Instrument units                                  ┌ Delete(删除，只有做个
         │          │ (给距离和温度赋单位)                              │  虚假参数此项才显示)
         │          │ False signal suppression   → Change           → │ Update(更新，在原有的
         │          │ (虚假参数处理)               (是否更改              │  基础上更新)
         │ Additional │                             虚假参数)            └ Create new(创建新的)
         │ adjustments │ Linearization curve(线性化曲线)
         │ (附加校准) │ PIN(密码)                                       ┌ Factory settings
         │          │ Date/Time(日期和时间)                            │ (工厂设定)
         │          │ Reset(复位)               → Select reset      → │ Basic settings(基本设定)
         │          │ HART operation mode(HART工作模式) (是否做复位)   │ Setup(设定)
         │          └ Copy(拷贝传感器数据)                             │ False siganal suppression
         │                                                             │ (虚假参数)
         │          ┌ Device name(仪表名称)                            │ Peak values(Distance)
         │          │ Instrument version(软件信息)                     │ (峰值)
         └ Info(信息) ┤ Date of manufacture(制作日期)                  └ Electronics temperature
                    └ Instrument features(传感器详细资料)               (电子部件温度)
```

图1-7　VEGA雷达液位计调试菜单

4. 语言和显示值的设置

（1）语言和显示值的设置在主菜单的"显示"里按OK键。

（2）按>键，选择Extended adjustment（扩展的调试），按OK键进入。

(3) 按>键，选择 Display（显示），按 OK 键进入。

(4) 第一项即为 Menu language（菜单语言），按 OK 键进入。

(5) 按>键，选择 Chinese，按 OK 键确认。

(6) 现在已经显示为中文。按 ESC 键退出。

(7) 在"显示"菜单里，按>键，选择显示值1，按 OK 键进入。

(8) 按>键，选择充填高度，按 OK 键确认。再按 ESC 键退出到最初画面——测量值显示画面。

(9) 现在模块显示的是物位高度值，并配有物位高度柱状图，可看出容器内物位所在位置。

5. 应用设置

应用设置在主菜单的"调试"里，应用设置也就是对工况条件进行设置，仪表会根据所设置的工况条件，比如介质和容器类型，自动调整内部的专用参数，适应该工况。

(1) 按 OK 键。

(2) 按>键，选择"扩展的调试"，按 OK 键进入。

(3) 第一项即为"调试"，按 OK 键进入。

(4) 在"调试"菜单里，按>键，选择"应用"，按 OK 键进入。

(5) 第一项即为"介质"，按 OK 键进入。

(6) 可以根据介质的介电常数情况，选择介质的类型，按 OK 键确认。介质根据介电常数范围，分为以下三类：

① 溶剂及油类/<3。

② 化学混合物/3~10。

③ 水溶液/>10。

(7) 在"应用"菜单里，按>键，选择"应用"，按 OK 键进入。

应用里的容器类型包括：

① 存储罐，带搅拌的储罐。

② 船用储罐，搅拌罐（搅拌容器建议选该项）。

③ 塑料罐，配料容器（指小型配料罐）。

④ 可运输的塑料罐（移动的塑料容器）。

⑤ 演示，开口水渠（明渠）。

⑥ 雨水溢流槽，露天水域（露天水池）。

(8) 在应用里，对容器类型进行选择，按 OK 键确认。

(9) 在该菜单下，按>键，向下选择"容器高度/量程"。

(10) 按 OK 键，进入"容器高度/量程（测量范围）"的设置。

(11) 通过>键移动位数，通过+键设置数值，将容器的高度，也就是仪表的测量范围进行设置，然后按 OK 键确认。

注：由于容器的高度往往比仪表的最大测量范围小得多，所以需要根据容器高度，对仪表的测量范围进行限定。比如 VEGAPULS69 最大测量范围可以达到 120m，我们假设实际容器高度只有 10m，这样，可以通过该参数，将仪表的测量范围限定在 10m 内。

6. 量程设置

量程设置在主菜单的"调试"里。

(1) 在"调试"菜单里，按>键，选择"调整"，"调整"即为量程设置，然后按 OK 键进入。

(2) 按>键，选择"最小设定值"，也就是零点设置，按 OK 键进入，这是 0%量程的设置画面，按 OK 键进入。

注：雷达的量程通过"距离"进行设置。距离是指从雷达的基准面（一般为仪表法兰的下沿）往下雷达波传播的距离。因此高度的零点，也就是距离的最远处。

(3) 最下面一行小字，是当前实测距离值，如果是空罐状态，该距离值可作为零点设置的参考。

(4) 再按 OK 键。

(5) 按>选择位数，按+键设置数值。将零点的距离值设置进去，按 OK 键确认。然后按 ESC 键退出。

(6) 在"调整"菜单，选择"最大设定值"，也就是量程最高点设置，按 OK 进入，这是 100%量程的设置画面，按 OK 键进入。

注：雷达的量程通过"距离"进行设置。距离是指从雷达的基准面（一般为仪表法兰的下沿）往下雷达波传播的距离。因此高度的顶点，也就是距离的最近处。

(7) 最下面一行小字，是当前实测距离值，如果是满罐状态，该距离值可作为高度顶点设置的参考。

(8) 再按 OK 键。

(9) 通过>键选择位数，通过+键设置数值，将量程最高点的距离值设置进去，按 OK 键确认。

注：一般情况下，设置满量程时，容器上部都要留出一定空间，避免冒罐。

7. 干扰信号抑制

干扰信号抑制是指对由障碍物、料流或天线结露和黏附所产生的干扰信号进行抑制。干扰信号抑制在主菜单的"附加设定"里。

(1) 按 OK 键，进入"附加设定"。

(2) 在"附加设定"菜单里，按>键，选择"抑制干扰信号"，然后按 OK 键进入。

(3) 按 OK 键确认。

(4) 按>键，选择"新建"，然后按 OK 键进入（第一次做干扰信号抑制时，只能选"新建"）。

(5) 通过>键选择位数，通过+键设置数值，将抑制干扰信号的距离设置进去，按 OK 键确认。

注：距离设置完成后，在回波曲线图上，从距离 0m 一直到设置的距离（比如 1.5m）范围内，会形成一条抑制线，覆盖并抑制该范围的干扰信号，使其不会被检测。

距离值设置的原则：大于干扰信号的距离值，小于物位信号的距离值。

(6) 在"抑制干扰信号"里，按>键，选择"扩展"，然后按 OK 键进入。

注：仪表以前已做过干扰信号抑制的，如果出现新的干扰信号，用"扩展"的方式进

行抑制，而不用"新建"。因为用"新建"方式，会把以前做的干扰信号抑制线删掉。

（7）通过>键选择位数，通过+键设置数值，将抑制干扰信号的距离设置进去，按OK键确认。

注：该功能是在原有干扰信号抑制的基础上对干扰信号抑制线进行更新，抑制新产生的干扰信号。

距离设置的原则：大于干扰信号的距离值，小于物位信号的距离值。

8. 仪表的复位

如果仪表不知被改变了什么参数，导致测量出现问题，可以通过复位，然后重新设置参数来解决。

仪表的复位在主菜单的"附加设定"里。

（1）在主菜单"附加设定"里，按>键，选择"复位"，然后按OK键进入。

（2）按>键，选择"出厂设定"，然后按OK键进入。

此功能会将仪表内部所有参数恢复到供货状态，再次使用前需要重新对量程等参数进行设定。

9. 诊断功能介绍

通过诊断功能可了解仪表的运行状态和测量效果，对于雷达仪表来说，主要是可以显示回波曲线。

（1）在主菜单里找到"诊断"。

（2）按OK键进入。

（3）按>键，找到并选择"曲线显示"，然后按OK键进入。

（4）按>键，选择"回波曲线"，然后按OK键进入。

通过此界面可以观察回波曲线的变化，从而了解仪表的测量效果。

注：横坐标表示距离值，单位为m，也就是雷达波从仪表基准面往下传播的距离。纵坐标表示信号强度，用分贝值（dB）来表示。

（二）E+H雷达液位计

1. 雷达液位计操作选项（E+H Micropilot FMR51，FMR52 HART）

雷达液位计不同型号显示操作面板，可通过按键或触摸屏操作来进行现场操作（图1-8和图1-9）。

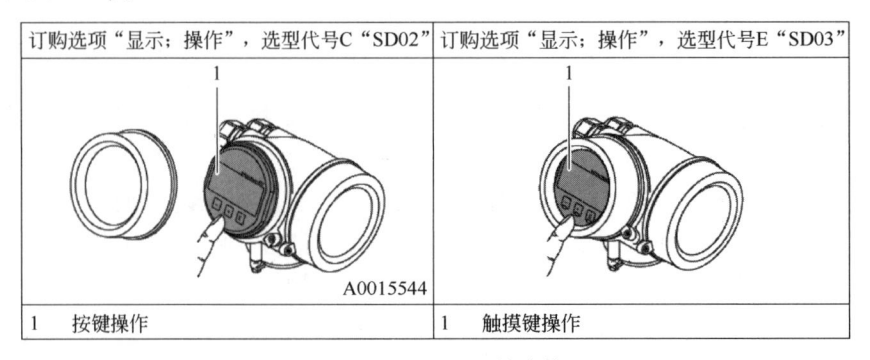

订购选项"显示；操作"，选型代号C"SD02"	订购选项"显示；操作"，选型代号E"SD03"
1 按键操作	1 触摸键操作

图1-8 显示屏型号功能

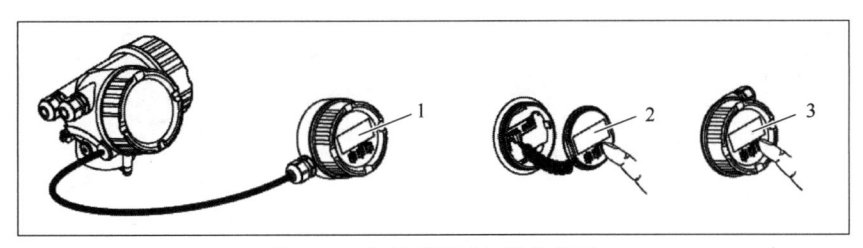

图 1-9 分离型显示与操作单元

现场操作的显示与操作单元的功能如图 1-10 所示。

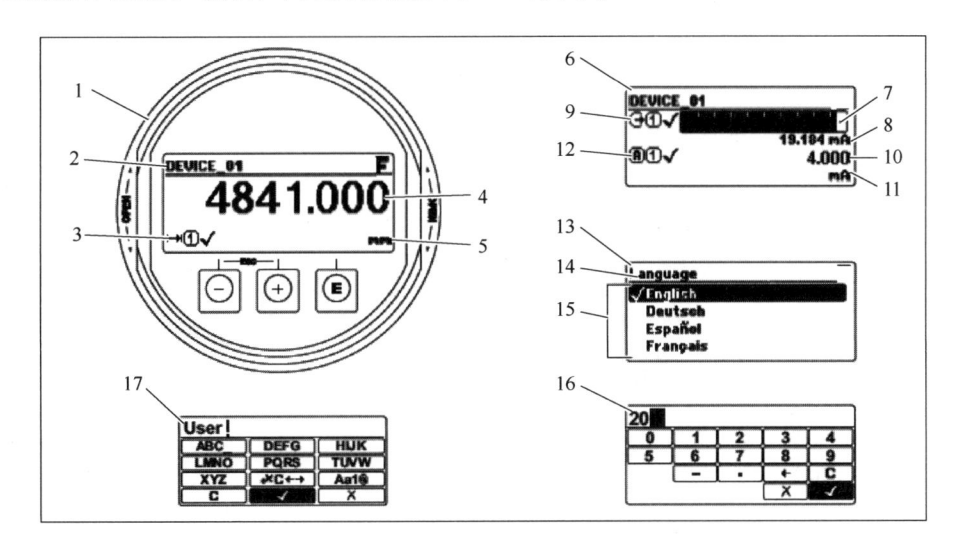

图 1-10 现场操作的显示与操作单元示意图

1—测量值显示（1 个数值，最大字体）；2—标题栏，包含位号和故障图标（发生故障时）；
3—测量值图标；4—测量值；5—单位；6—测量值显示（1 个棒图+1 个数值）；
7—测量值 1 的棒图显示；8—测量值 1（带单位）；9—测量值 1 的图标；10—测量值 2；11—测量值 2 的单位；
12—测量值 2 的图标；13—功能参数描述（图示：选择列表中的参数）；14—标题栏，
包含参数名和故障图标（发生故障时）；15—选择列表√表示当前参数值；
16—数字编辑器；17—字母和特殊字符编辑器

2. 雷达液位计按键功能及说明（E+H Micropilot FMR51，FMR52 HART）

雷达液位计按键功能及说明见表 1-2。

表 1-2 雷达液位计按键功能及说明

按键	说明
⊖	减号键 在菜单和子菜单中，在选择列表中向上移动。 在文本编辑器和数字编辑器中，在输入符位置处左移选择（后退）。
⊕	加号键 在菜单和子菜单中，在选择列表中向下移动。 在文本编辑器和数字编辑器中，在输入符位置处右移选择（前进）。

续表

按键	说明
$\boxed{E}$	回车键 测量值显示： (1) 按下按键，便捷地打开操作菜单。 (2) 按下按键，并保持 2s，打开文本菜单。 在菜单和子菜单中： (1) 便捷地按下按键。打开所选菜单、子菜单或功能参数。 (2) 按下按键，并保持 2s，如需要，打开功能参数的帮助文本。 在文本编辑器和数字编辑器中： (1) 便捷地按下按键。 ①打开所选功能组。 ②执行所选操作。 (2) 按下按键，并保持 2s，确认编辑后的参数值。
$\boxed{-}$ + $\boxed{+}$	退出组合键（同时按下） 在菜单和子菜单中： (1) 快速按下按键。 ①退出当前菜单，进入更高一级菜单。 ②帮助文本打开时，关闭参数帮助文本。 (2) 按下按键，并保持 2s，返回测量值显示（主显示界面）。 在文本编辑器和数字编辑器中，不改变，关闭文本编辑器或数字编辑器。
$\boxed{-}$ + $\boxed{E}$	减号/回车组合键（同时按下，并保持） 减小对比度（更亮设置）。
$\boxed{+}$ + $\boxed{E}$	加号/回车组合键（同时按下，并保持） 增大对比度（更暗设置）。
$\boxed{-}$ + $\boxed{+}$ + $\boxed{E}$	减号/加号/回车组合键（同时按下，并保持） 测量值显示，开启或关闭键盘锁定功能。

3. 雷达液位计数字、文本编辑器操作

雷达液位计数字、文本编辑器操作界面如图 1-11 所示。

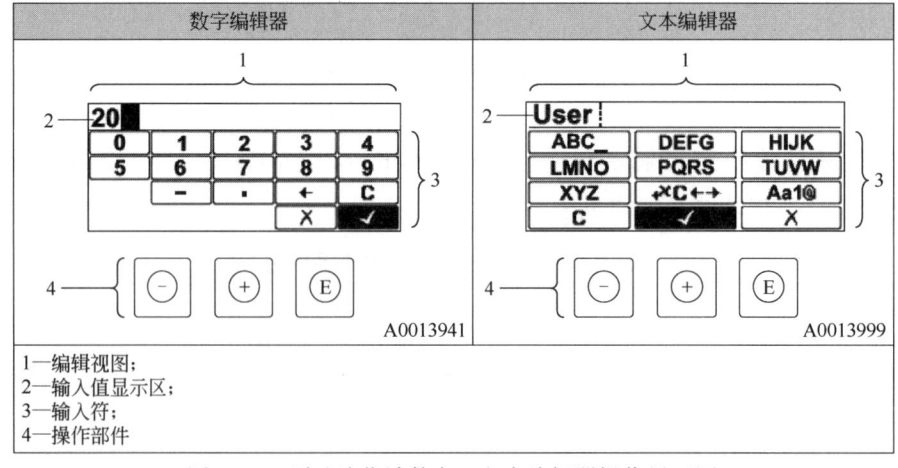

1—编辑视图；
2—输入值显示区；
3—输入符；
4—操作部件

图 1-11 雷达液位计数字、文本编辑器操作界面图

4. 雷达液位计测量时的参数设置

E+H 雷达液位计的设置如图 1-12 所示。

1）语言设定

菜单路径：点击显示面板 Ⓔ 键→主菜单语言选择项→ ⊕ 选择中文→按 Ⓔ 键确认→按 ⊕+⊖ 返回到主菜单（图 1-13）。

2）设备位号

菜单路径：点击 ⊕ 键进入设置菜单，点击 Ⓔ 键→设备位号 Ⓔ →输入设备位号（通过文本、数字编辑器）→选择√点击 Ⓔ 键保存，并返回到设置菜单页面（图 1-14）。

3）单位

菜单路径：设置菜单 ⊕ →单位 Ⓔ →选择距离单位（mm\m\ft\in）→点击 Ⓔ 键保存，并返回到设置菜单页面（图 1-15）。

图 1-12　雷达液位计测量时的设置参数
R—测量参考点；D—距离；L—物位；
E—空标（零点）；F—满标（量程）

4）罐类型参数

菜单路径：设置菜单 ⊕ →罐类型 ⊕ →选择旁通管/导波管→点击 Ⓔ 键保存，并返回到设置菜单页面（图 1-16）。

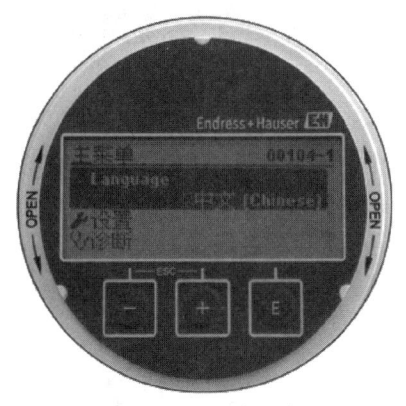

图 1-13　语言设定　　　　图 1-14　设备位号

5）旁通管/导波管径

菜单路径：设置菜单 ⊕ →旁通管/导波管管径 Ⓔ →输入管径尺寸选择√点击 Ⓔ 键保存，并返回到设置菜单页面（图 1-17）。

6）介质分组

菜单路径：设置菜单 ⊕ →介质分组 Ⓔ → ⊕ 选择"水基液体≥4"或"其他介质"→点击 Ⓔ 键保存，并返回到设置菜单页面（图 1-18）。

图 1-15 单位

图 1-16 罐类型参数

7）空标

菜单路径：设置菜单 ⊕→空标 Ⓔ→输入空标距离 E（图参考点至0%液位的距离）选择√，点击 Ⓔ 键保存，并返回到设置菜单页面（图1-19）。

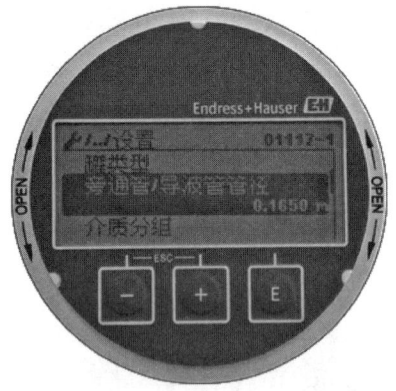

图 1-17 旁通管/导波管管径

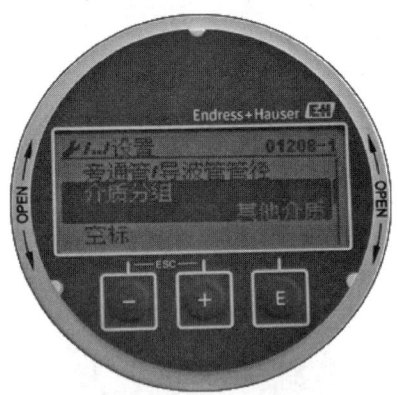

图 1-18 介质分组

8）满标

菜单路径：设置菜单 ⊕→满标 Ⓔ→输入满标距离（0%与100%间的物位）选择√，点击 Ⓔ 键保存，并返回到设置菜单页面（图1-20）。

图 1-19 空标

图 1-20 满标

9）物位

菜单路径：设置菜单⊕→物位→标识测量物位 L（只读）（图 1-21）。

10）距离

菜单路径：设置菜单⊕→距离→标识参考点 R 与物位 L 间的测量距离（只读）（图 1-22）。

图 1-21　物位

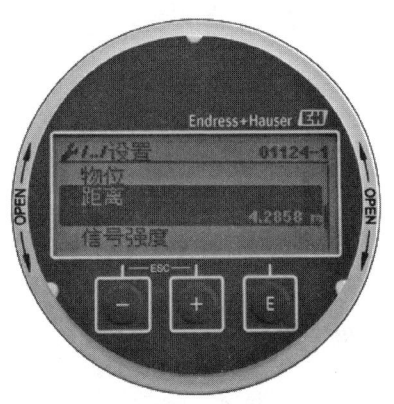

图 1-22　距离

11）信号强度

菜单路径：设置菜单⊕→信号强度→标识计算物位回波质的量（只读）（图 1-23）。

12）干扰抑制

菜单路径：设置菜单⊕→干扰抑制Ⓔ→距离调整⊕→比较显示单元上显示的距离和实际距离⊕，选择相应参数（手动抑制、距离正确、距离未知、距离过小、距离过大、空罐、出厂抑制），以便启动回波抑制→点击Ⓔ键保存，并返回到设置菜单页面（图 1-24）。

图 1-23　信号强度

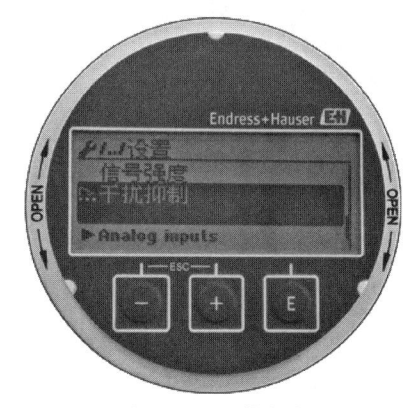

图 1-24　干扰抑制

13）高级设置

菜单路径：设置菜单⊕→高级设置Ⓔ→管理员→设置访问密码（设置最多 4 位数字访问密码）→开启设定参数密码保护→其他子菜单和功能参数设置：使设备适应特殊测量

条件，测量值处理（比例、线性化）、信息备份、恢复出厂设置、信号输出设置等（图1-25）。

14）查看包络图

菜单路径：在正常显示画面点击 E 键保持3秒→设置、备份设置、包络线、按键锁定打开→选择包络线点击 E 键→选择包络线显示，点击 E 键→连续按3次 + + + 键，返回到主显示画面（图1-26）。

图1-25 高级设置

图1-26 查看包络图

15）诊断

菜单路径：主菜单 + →诊断 E →诊断列表、事件日志→诊断事件概述、信息事件概述、筛选事件日志（全部、故障F 功能检查C、非工作状态S、需要维护M、信息I）（图1-27）。

四、雷达液位计日常检查与维护

雷达液位计是一种可靠性高、性能强的物料测量用仪表，主要由电子元件和天线构成，无可动部件，在使用中的故障极少。在作业过程中，除了要求按照使用要求正确使用之外，还需要做好日常维护。雷达液位计的日常维护主要有以下几个方面。

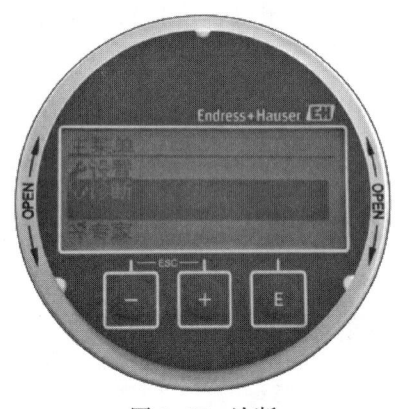

图1-27 诊断

一是检查电源电压和电流的输出是否正常。仪表通电后，大约需要几分钟左右的时间仪表就能正常工作。如果开始工作后仪表没有数据显示，则应检查电源是否真正接通，并检查熔断丝是否烧坏。对于不超过2个月的短期停运，不必切断电源。

二是检查仪表表体的温度是否正常。一般情况下，在运行时，导波雷达物位计的内部温度为65℃左右。但如果被测介质温度很高，雷达头内的使用温度可能超过65℃。这时，可以用少量的仪表风经 φ6×1 紫铜管子吹入雷达表头，将表头内部的温度降下来，绝对不要用水或其他液体对机械进行冷却处理。

三是储槽中有些易挥发的有机物会在雷达液位计的喇叭口或天线上结晶。介电常数很小的结晶物在干燥状态下对测量无影响，而介电常数很高的结晶物则对测量有影响。处理方法一是用压缩空气吹扫（或清水冲洗），冷却的压缩空气可降低法兰和电气元件的温度；方法二是用酸性清洗液定期清洗结疤，但在清洗期间不能进行测量。

四是雷达液位计在使用时，需要和设备连成一体，而且整个系统是密封的，所以平时还需要检查各部件连接处的密封情况是否完好，检查仪表与罐体连接得是否牢固，检查各电气部件连接处的密封情况是否良好。仪表电缆进线口、仪表盖密封不严会导致雨水或其他液体、粉尘、潮湿气体等进入仪表内部，引起仪表电路部分出现故障。因此一定要安装好密封接头，必要时增加保护盖。

五是在液位计取样短管和天线处会产生水蒸气或凝液，易出现冻凝现象，会阻断雷达波，所以需要加装伴热保温设施，使罐口附近温度基本保持恒定。

另外，VEGA 雷达液位计在日常维护中，可以用 PC 机远程观察反射波曲线图，对于后来可能新产生的干扰波，可以利用雷达液位计有识别虚假波的功能，除去这些干扰反射波的影响，保证准确测量。

事实上，只要能够对雷达液位计正确选型和安装，就能确保雷达液位计长期稳定可靠运行。所以仪表用户首先应从选型、安装等根源处着手，再在使用中采取最佳的消除干扰措施，以最大限度地降低仪表故障发生的概率，真正体现其可靠、高精度的特点，更好地使用雷达液位计，为生产过程控制提供精准的依据。

五、雷达液位计典型故障分析与处理

（一）VEGA 雷达液位计

1. 常见故障与处理

VEGA 雷达液位计常见故障与处理见表 1-3。

表 1-3　VEGA 雷达液位计常见故障与处理表

故障描述	原因	解决方法
指示突然回零	指示临近波形图上限死区（罐小易出现） 4~20mA 输出卡件故障 天线结晶物包裹	用手操器消除冒罐报错 更换 清洗
没有测量值	运行时传感器不能检测回波，天线系统受污染或损坏	检查或纠正安装情况或参数的设置及更改情况，清洁或更换过程组件或天线
量程太小	量程设置超出仪表规格	根据极限值来更改调整值（最小和最大测量差值≥10mm）
监测测量值失效	仪表处于启动阶段，还无法监测测量值	等待启动阶段结束，视采用的结构形式和参数的设置情况，可能需要最多约 3min
通信故障	电磁兼容性故障	消除电磁兼容性影响
仪表设置中有错	调试错误，干扰信号抑制失效，进行复位时出错	重复调试过程或进行复位

续表

故障描述	原因	解决方法
测量功能受到干扰	传感器不再进行测量，工作电压太低	检查工作电压，进行复位，短暂切断工作电压
电子部件错误	硬件损坏	更换电子部件，将仪表寄去维修
一般性软件错误	一般性软件错误	短暂切断工作电压

2. 故障案例分析

1）故障一

（1）故障现象：某厂脱硫与硫黄回收装置液硫池采用 VEGA 雷达液位计进行液位测量，某天工艺操作员反映指示不准，要求进行仪表处理。

（2）故障原因：雷达液位计天线被液硫蒸发产生的结晶物包裹住。

（3）处理方法：仪表人员将雷达液位计断电重启，无效后将发射头拆下，将天线上的结晶物清理干净，投入运行后测量正常。

2）故障二

（1）故障现象：雷达液位计测量值与实际液位存在偏差（最大可达 0.05m）。

（2）故障原因：液位计的天线周围空气湿度过大，水雾等对信号的干扰产生测量误差。

（3）处理方法：将雷达发射头拆下，将天线上冷凝水擦拭干净，重新安装好雷达后，雷达液位计显示正常。

（二）E+H 雷达液位计

1. 常见故障与处理

E+H 雷达液位计常见故障与处理见表 1-4。

表 1-4　E+H 雷达液位计常见故障与处理

故障现象	原因	解决方法
仪表不响应	供电电压与铭牌参数不一致	连接正确的电压
	供电电压的极性错误	正确连接极性
	电缆与接线端子接触不良	确保电缆和接线端子间的电气接触
无显示值	对比度设置过低或过高	同时按下 ⊕ 键和 Ⓔ 键增加对比度
		同时按下 ⊖ 键和 Ⓔ 键减小对比度
	显示模块电缆插头连接错误	正确连接插头
	显示模块故障	更换显示模块
启动设备或连接显示单元时，显示单元上显示通信错误	电磁干扰	检查设备接地
	显示电缆断裂或显示插头断开	更换显示单元
输出电流低于 3.6mA	信号电缆连接错误	检查连接
	电子模块故障	更换电子模块

续表

故障现象	原因	解决方法
HART 通信功能失效	通信阻抗丢失或安装错误	正确安装通信阻抗（250Ω）
	Commubox 连接错误	正确连接 Commubox
	Commubox 未切换至 HART 模式	将 Commubox 的选择开关放置在 HART 位置上
CDI 通信中断	计算机上的 COM 端口设置错误	检查计算机上的 COM 端口设置，如需要，更换 COM 端口
仪表测量错误	功能参数设置错误	检查并调节参数设置
测量值错误	距离测量值（"设置"菜单→距离）与实际距离一致时，标定错误	检查，如需要，调节空标参数
		检查，如需要，调节满标参数
		检查，如需要，调节线性化（线性化子菜单）
	在旁通管/导波管中测量： (1) 错误，罐体类型 (2) 错误，管径	选择罐类型=旁通管/导波管
		在旁通管/导波管管径参数中，输入正确管径
	输入错误管径	在偏置量参数中输入正确值
	距离测量值（设置→距离）与实际距离不一致时干扰回波	执行罐体抑制（调整距离参数）
在进料/排料过程中测量值无变化	安装短管或天线黏附导致的干扰回波	执行罐体抑制（调整距离参数）
		如需要，清洗天线
		如需要，选择更好的安装位置
非平静表面（例如进料、排料、搅拌器动作），测量值周期性跳转至较高液位	粗糙表面弱信号干扰回波，有时会更强	执行罐体抑制（调整距离参数）
		选择罐类型=带搅拌的过程罐
		增大积分时间
		优化天线安装位置
		如需要，选择更好的安装位置或更大的天线
在进料/排料过程中，测量值跳转至低物位值	多路回波	检查管类型参数
		如可能，不要选择中间安装位置
		如可能，使用导波管
错误信息 F941 或 FS941 "回波丢失"	物位回波太弱	检查介质分组参数
		如需要，在介质属性参数中选择更加详细的设置
		优化天线角度
		如需要，选择更好的安装位置和/或更大的天线
	物位回波抑制	删除抑制，并再次记录

续表

故障现象	原因	解决方法
罐体空罐时，仪表显示物位	干扰回波	罐体为空罐（距离调整参数），在整个测量范围内执行抑制
在整个测量范围内物位斜率错误	选择了错误的罐体类型	正确设置罐类型参数

2. 故障案例分析

1）故障一

（1）故障现象：液面不平静，例如：加注、放空、搅拌，测量值偶尔会跳到最高值。

（2）故障原因：信号被不平静的液面削弱了，干扰回波增强。

（3）处理方法：①做干扰抑制图，基本标定；②将过程条件 process cond（004）设置为"不平静表面 turb、Surface"或"搅拌器 agitator"；③增加输出阻尼（058）；④优化方向；⑤若有必要，选择更好的安装位置或更大的天线。

2）故障二

（1）故障现象：在进料/排料过程中，测量值跳转至低物位值。

（2）故障原因：多重回波。

（3）处理方法：①检查罐体形状"tank shape（002）"；②在盲区"blocking。Dist（059）"范围内无回波，调整比值；③若有可能，不要在罐的中心位置安装；④使用导波管。

3）故障三

（1）故障现象：回波丢失。

（2）故障原因：回波太弱。

（3）可能的原因：加注/放空时不平静的液面、搅拌器、泡沫、初始化时噪声太强。

（4）处理方法：①检查应用参数（002）、（003）及（004）；②优化方向，若有必要，选择更好的安装位置和更大的天线；③重新做空罐标定 Empty calibr（005）。

第二节 浮筒式液位计

一、浮筒式液位计

（一）概述

浮筒式液位计是属于变浮力式的。它和浮标、浮球不同，由于浮筒很重，它在工作时不漂浮在液面上，而是浸在液体之中。当液位变化时，浮筒的浸没高度不同，以至于作用在浮筒上的浮力不同。只要能测量出浮筒所受浮力变化的大小，便可以知道液位的高低。浮筒式液位计主要由变送器和显示仪表两部分组成。变送器的种类较多，但检测元件均是浮筒。浮筒式液位计能测量最高压力达 31.4MPa 的容器内的液位。浮筒的长度就是仪表的量程，一般为 300~2000mm。

（二）分类

浮筒式液位计按照结构分类，有弹簧式和扭力管式两种。按照安装方式分类，有内浮筒式和外浮筒式两种。

（三）工作原理（扭力管式）

浮筒式液位计结构如图 1-28 所示。浮筒是由一定重量的不锈钢圆筒制成，它被垂直地挂在转向杠杆一端，杠杆的另一端与扭力管、芯轴的一端相互垂直地紧固在一起，并由仪表外壳所支撑，扭力管的另一端通过法兰密封固定在仪表的外壳上。芯轴的另一端为自由端，用来输出角位移。

当被测容器内液位变化时，浮筒所受的浮力发生变化。当液位低于浮筒时（液位的最低点），浮筒没有被液体所浸没，浮筒不受力（浮力为零），浮筒的全部重量作用在杠杆上，此时作用在扭力管上的扭力矩最大，使扭力管的自由端朝逆时针方向扭转的角也最大，从而带动芯轴朝同一方向转过一个相应角度（约 7°），这一位置就是零液位。随着液位的上升，浮力变大，扭力矩减小，扭力管所产生的扭转角也相应减小（即扭力管与芯轴朝顺时针方向转回了一个角度）。在最高液位时，扭转角最小（约 2°）。因此液位越高扭转角越小（即芯轴转回角度越大）。这样就把液位的变化变换成了芯轴的角位移。再经过机械传动放大机构带动磁铁。通过霍尔元件将芯轴的角位移转换为相应的电信号，构成浮筒式液位变送器，则可进行远传和控制。

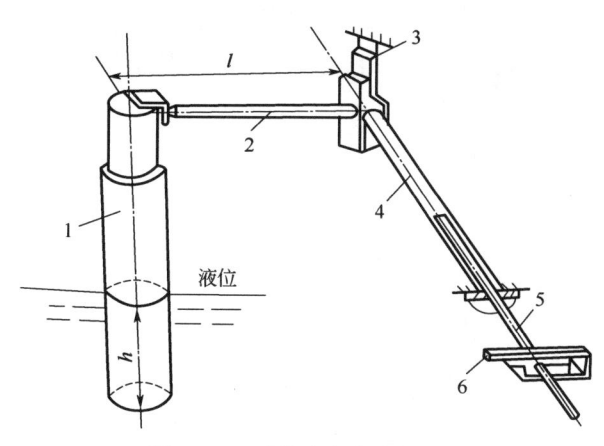

图 1-28 浮筒式液位计结构图
1—浮筒；2—转向杠杆；3—支点；
4—扭力管；5—扭力管芯轴；6—磁铁

浮筒式液位计可以用于测量两种密度不同的液体分界面。浮筒式液位计的输出信号不仅与液位高度有关，而且还与被测液体的密度有关，因此在密度发生变化时，要对密度进行修正。

二、浮筒式液位计的选型与安装

浮筒式液位计安装结构如图 1-29 所示。

安装时外浮筒必须垂直于水平面。

变送器与内筒连接器安装时，用手提着内筒上的连接器拉环，把连接器套入变送器杠杆顶端，再将拉环转到闭锁位置，内筒即被锁在杠杆上，如图 1-30 所示。

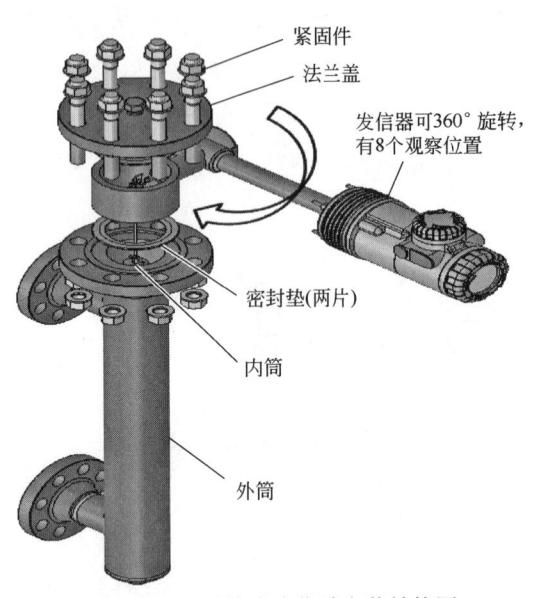

图 1-29　浮筒式液位计安装结构图

图 1-30　浮筒式液位计安装结构图

三、浮筒式液位计的参数设置与校验

（一）参数设置

1. FISHER 智能浮筒液位计

（1）正确连接手持终端 475 与变送器，如图 1-31 所示。

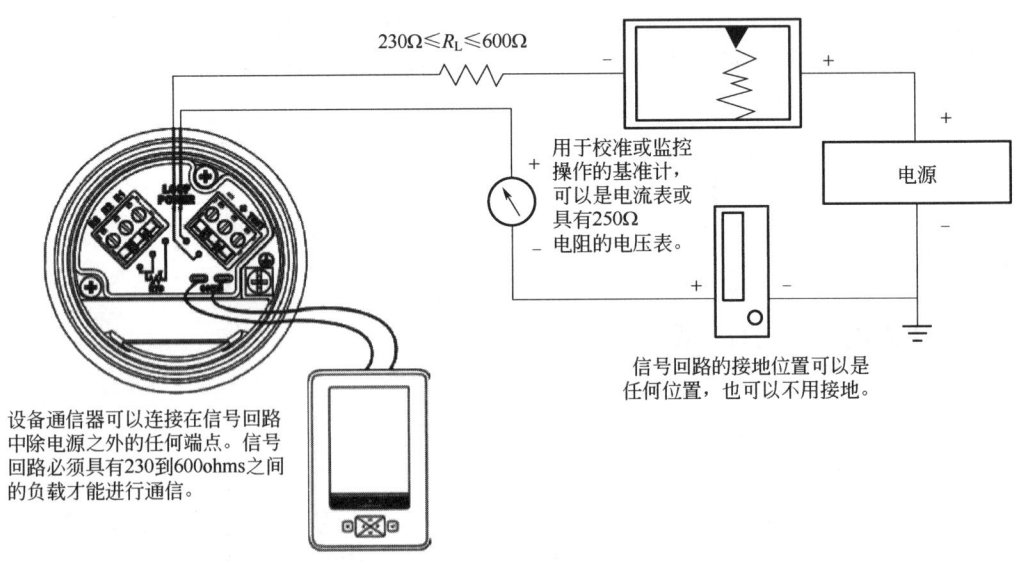

图 1-31　连接手持终端 475 与变送器

基本参数设置（图 1-32）。

```
2. Online          1. 重量单位kg
   在线            2. 体积单位mL
   ↓               3. 长度单位cm
2. Configure       4. 浮筒重量
   配置            5. 浮筒体积
   ↓               6. 浮筒长度
1. Guided Setup    7. 杠杆组件长度14.5cm
   设置指导        8. 选择左右安装方式
   ↓               9. 扭力管材质
1. Instrument Setup  10. 测量形式 ──→ 1. Level(液位)
   设备设置       11. level offset清零液位偏移(0)  2. Interface(界位)
                  12. OK                           3. Density(密度)
                  13. Direct
                  14. CM
                  15. (量程)20mA
                  16. (零点)4mA
                  17. OK
                  18. (SZU)界位(先轻密度后重密度)
```

图1-32 基本参数设置

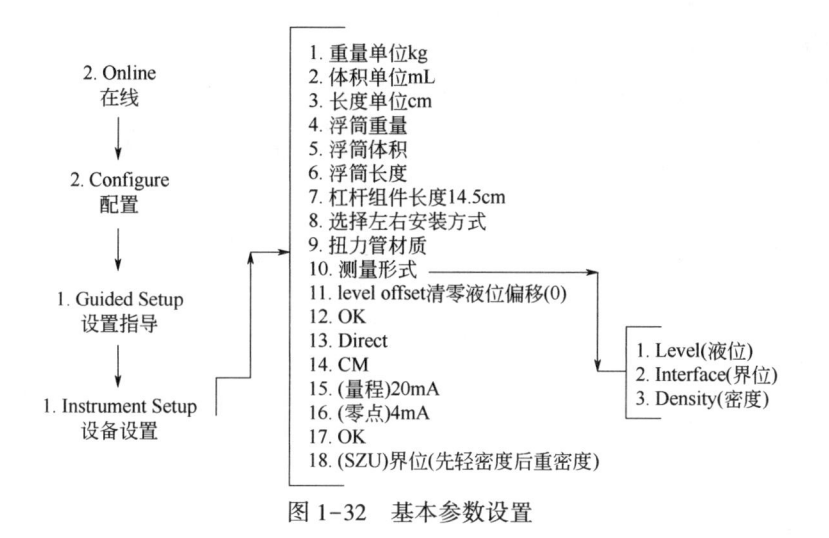

（2）两点校准（图1-33）

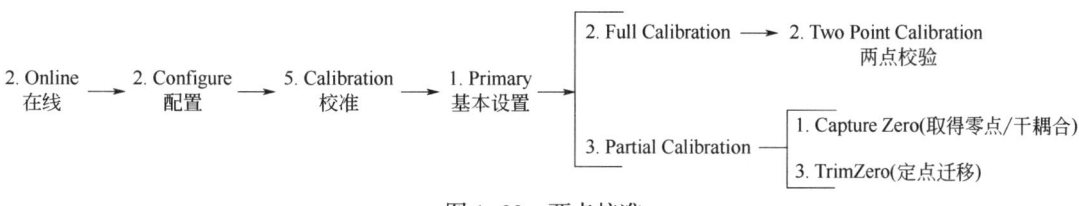

```
2. Online → 2. Configure → 5. Calibration → 1. Primary → 2. Full Calibration → 2. Two Point Calibration
   在线       配置           校准              基本设置                              两点校验
                                                         3. Partial Calibration → 1. Capture Zero(取得零点/干耦合)
                                                                                   3. TrimZero(定点迁移)
```

图1-33 两点校准

定点迁移可以实现任意点迁移，只需输入实际的液位值（具体的厘米数）。

2. FOXBORO144LD 智能浮筒液位计

FOXBORO144LD扭力管智能浮力变送器的零点、上、下限范围值和阻尼时间在工厂根据订单已经进行校准，启动时不需要校准。变送器的数据如下：

传感器的重力：1.5kg。

浮力：5.884N（0.6kg）。

指示：%。

阻尼时间：8s（63%time）。

变送器设计用于传感器重力最大限度2.5kg和2~20N的浮力。

调校过程如下：

通过手动按键进行校准：表头按键0%和100%用于校准下限值和上限值。

下限范围校准：挂上零点砝码重量，提起0%键保护盖，插入螺丝刀（直径不大于3mm）下压5s，变送器输出信号自动调整为4mA。

上限范围校准：挂好上限范围砝码重量，提起100%键保护盖，插入螺丝刀下压5s，变送器输出信号自动调整为20mA。

（二）校验

1. 仪表校验

1) 零部件完整，符合技术要求

(1) 铭牌应清晰无误。
(2) 部件应完好、齐全并规格化。
(3) 紧固件不得松动。
(4) 可动件应灵活。
(5) 电路接头无短路。
(6) 可调件应处于可调整位置。

2) 校准仪器

(1) 标准电流表，0.25级，4~20mA。
(2) 带标尺的玻璃液位计，1mm（分度）。
(3) 标准砝码1套。

3) 校准接线

水校接线（管）如图1-34所示。挂重法接线如图1-35所示。

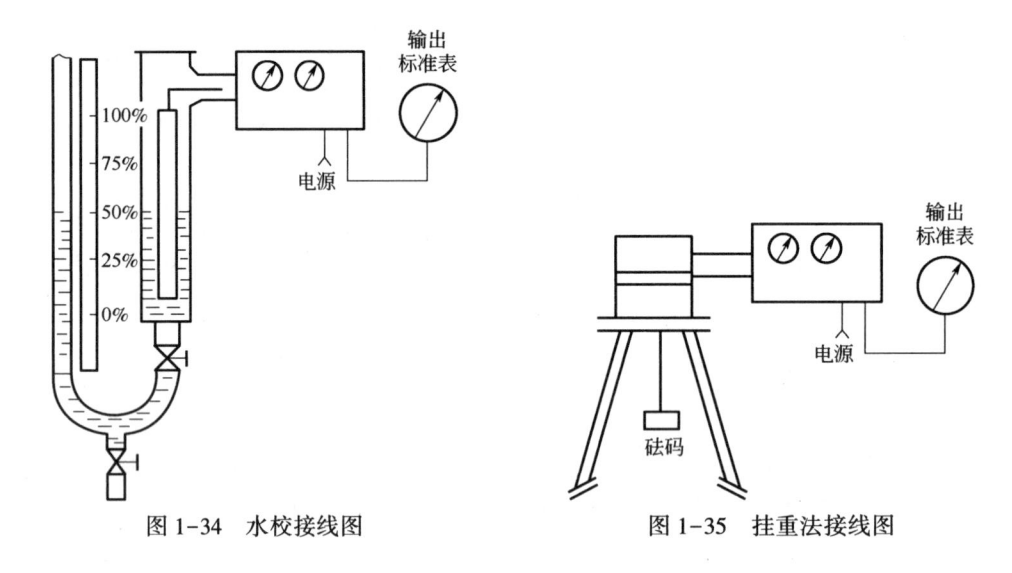

图1-34 水校接线图　　　　图1-35 挂重法接线图

4) 校准前的准备

(1) 仪表电路接好后，调整好电源电压。
(2) 检查各连接线是否完好。
(3) 采用水校法或挂重法，计算出各校准刻度点对应的注水量或挂重砝码重量。

水校法计算公式如下：

$$h_x = \frac{\gamma}{\gamma_x} \cdot h \tag{1-2}$$

式中　h_x——相应的注水高度，cm；
　　　γ——被测介质的密度，g/cm³；
　　　γ_x——水的密度，g/cm³；
　　　h——测量范围，cm。

挂重法计算公式如下：

$$W = G - Q_1 \tag{1-3}$$

$$Q_1 = \frac{\pi}{4}d^2 \cdot h \cdot \gamma \tag{1-4}$$

式中　W——相应的挂重量，g；
　　　G——浮筒的重量，g；
　　　Q_1——相应位置的浮力，N；
　　　d——浮筒直径，cm；
　　　h——相应的液位高度，cm；
　　　γ——液体的密度，g/cm³。

5）零位调整

排放完浮筒内液体，设定两点校验下限值，使输出指示为4mA。

如采用挂重法校准（内浮式），应挂上液位在0%时相应的砝码，设定两点校验下限值，使输出指示为4mA。

6）范围调整

向浮筒内注入100%液位时所对应的水位，或挂上100%液位时所对应的砝码，设定两点校验上限值，使输出指示为20mA。

7）误差校准

按测量范围0%、25%、50%、75%、100%等分刻度，依次向浮筒内注入对应的水量或挂上对应的砝码，读出正行程的输出指示并做好校准记录。

按测量范围100%、75%、50%、25%、0%刻度，依次做反行程校准，并做好校准记录。

反复调整零位、范围，使仪表误差符合性能指标要求。

8）液位调校

调校方法通常有两种，挂重法和水校法。一般现场使用水校法。当被测介质不是水时，可经换算用水代校。

当浮筒的部分长度 L 被水或被测液体浸没时，此时浮筒的指示重量即为浮筒质量与所受浮力的差值，分别为 $W_水$、W_x，则用下式表示：

$$W_水 = W - AL_水 \rho_水 \tag{1-5}$$

$$W_x = W - AL_x \rho_x \tag{1-6}$$

式中　A——浮筒的截面积，cm²。

当用水代替被测液体进行调校时，相同的输出，浮筒的指示质量须相等，即 $W_水 = W_x$，用水代校时被水浸没的相应长度为：

$$L_水 = \frac{\rho_x}{\rho_水} L_x \tag{1-7}$$

如调校满量程时，被水浸没的长度为：

$$L_水 = \frac{\rho_x}{\rho_水} L \tag{1-8}$$

上式是被测介质用水代校时浮筒浸没液体相应长度的计算公式。

例如：浮筒的长度为400mm，水的密度为1.0g/cm³，被测液体的密度为0.82g/cm³，当用水代校时浮筒应被水浸没的最大长度为：

$$L_{水} = \frac{0.82}{1.0} \times 400 = 328(\text{mm})$$

所以用水代校时，浮筒应被水浸没的最大长度为328mm。

9）界位调校

用浮筒液位计检测两种液体的界面时怎样用水代校进行灌水高度测试呢？

处于最高界面时浮筒全部被重组分浸没，但应确保水校时和测量时的浮力相等，则：

$$L_{重水} = \frac{\rho_{重}}{\rho_{水}} L \tag{1-9}$$

当处于最低界面时，浮筒全部被轻组分的液体浸没，则可求最低界面所相应的灌水高度。

$$L_{轻水} = \frac{\rho_{轻}}{\rho_{水}} L \tag{1-10}$$

故此，用水代校时界面的变化范围为：

$$L_{重水} - L_{轻水} = \frac{\rho_{重} - \rho_{轻}}{\rho_{水}} L \tag{1-11}$$

当液位低于浮筒下端时，浮筒的全部质量作用在杠杆上，此时作用力为：

$$F_0 = W \tag{1-12}$$

式中 W——浮筒的重力，g。

此时经杠杆作用在扭力管上的扭力矩最大，使扭力管产生最大的扭角 $\Delta\theta_{max}$（约为7°）。

当液位浸没整个浮筒时，作用在扭力管上的扭力矩最小，使扭力管产生最小的扭角为 $\Delta\theta_{min}$（约为2°）。

当液位为高度 H 时，浮筒的浸没深度为 $H-X$，作用在杠杆上的力为：

$$F_x = W - A(H-X)\rho g \tag{1-13}$$

式中 A——浮筒的截面积，cm^2；

X——浮筒上移的距离，cm；

ρ——被测液体的密度，g/cm^3。

浮筒上移的距离与液位高度成正比，即 $X=KH$（K 由生产厂家提供）。

所以，上式可以表示为：

$$F_x = W - AH(1-K)\rho g \tag{1-14}$$

因此，浮筒所受浮力的变化量为：

$$\Delta F = F_x - F_0 = -A(1-K)\rho g H \tag{1-15}$$

从上式可见，液位 H 与 ΔF 成正比关系。随液位 H 升高浮力增加。作用于杠杆的力 F_x 减小。扭力管的扭角 $\Delta\theta$ 也减小，将扭角的角位移由芯轴输出，并通过机械传动放大机构带动传感器指示液位的高度。也可以将此角位移转换为电动的标准信号，以适用远传和控制的需要。电动信号的转换是将扭力管输出的角位移转换为4~20mA 的电流进行输出。

2. 计算实例

分析大量来自生产实况的实例，不仅可以巩固已学的理论基础知识，并能加深理解，反过来指导生产实际，便于提高自己的实际技能。

例1：浮筒的长度为 $L=400$mm，被测液体的密度分别为 $\rho_1=0.82 g/cm^3$，$\rho_2=1.24 g/cm^3$。

以浮筒检测两种液体的界面，应如何确定浮筒的界面量限？

解：最高界面时浮筒全部被重组分液体 2 所浸没时：

$$L_2 = 400 \times \frac{1.24}{1.0} = 496 \text{mm}$$

在最低界面，浮筒全部被轻组分液体 1 所浸没时：

$$L_1 = 400 \times \frac{0.82}{1.0} = 328 \text{mm}$$

故用水代校时，界面的变化范围为：

$$L_水 = 496 - 328 = 168 \text{mm}$$

因浮筒最大只能测量 0~400mm 的范围，所以用水校验时最高水位只能加到 400mm。

调整水位，将浮筒室灌水至 328mm，此时将变送器的输出调整为 4mA。调整水位，升至 400mm，进行变送器的比例校验，此时将变送器的输出调整为 16.9mA，完成了整个调校程序。

例 2：已知浮筒长度为 $L = 1200 \text{mm}$，水密度 $\rho_水 = 1.0 \text{g/cm}^3$，被测液体的密度 $\rho_介 = 0.82 \text{g/cm}^3$，试计算用水校时，使浮筒的输出为 20%、40%、60%、80%、100% 时灌水的相应高度为多少？

解：用水代校时，浮筒被浸没的最大高度为：

$$L_水 = \frac{\rho_介}{\rho_水} \times L = \frac{0.82}{1.0} \times 1200 = 984 \text{（mm）}$$

现将 984mm 划分成 5 等份，即可求取与输出 20%、40%、60%、80%、100% 时相应的灌水高度分别是 196.8mm、393.6mm、590.4mm、787.2mm、984mm。

例 3：某装置溶剂再生塔液面采用沉筒液面计测量，量程为 800mm，被测介质重度 1.1gf/cm³，现场如何用水换算校验？

解：被测介质重度为 1.1gf/cm³，显然用水进行校验，则液面变化范围将超出测量范围 H。这种情况，可用缩小输出压力范围的方法进行换算，而液面变化范围仍为 H。换算：

$$\Delta I_水 = \Delta I_介 \cdot \frac{\gamma_水}{\gamma_介} = (20-4) \times \frac{1}{1.1} + 4 = 18.54 \text{（mA）}$$

即水液面高度变化 800mm，输出电流变化应为 18.54mA。

若校验 0%、50%、100% 三点，则：

当 $H_水 = 0$ 时，$I_出 = 4 \text{mA}$；

$H_水 = 400 \text{mm}$ 时，$I_出 = 11.27 \text{mA}$；

$H_水 = 800 \text{mm}$ 时，$I_出 = 18.54 \text{mA}$。

调整仪表零点和量程范围，使得三点精度均符合要求，即校验完毕。

四、浮筒式液位计日常检查与维护

（一）检查与维护要求

1. 每班至少进行两次巡回检查

（1）向当班人员了解仪表运行情况。

(2) 查看仪表电路是否正常。
(3) 查看仪表指示是否正常。
(4) 检查仪表管路、接头、阀门是否有泄漏、损坏、腐蚀。
(5) 发现问题及时处理，并做好巡回检查记录。

2. 定期维护内容

(1) 每周打扫仪表外部卫生一次。
(2) 每月打扫仪表内部卫生一次。
(3) 每3个月进行一次零位检查。

3. 维护安全注意事项

(1) 维护必须由两人以上作业。
(2) 对可能导致工艺参数波动的作业，必须事先取得工艺人员的认可后方能进行。
(3) 对有与调节系统联系的仪表作业时，必须事先解除自动控制状态。
(4) 排放有毒、有压介质时，必须采取安全措施。

4. 检修安全注意事项

(1) 仪表检修时，必须办理检修工作票。
(2) 确认浮筒、设备内无压力后，方可拆卸浮筒。
(3) 拆卸浮子及内件，不得撞击支撑刀口。
(4) 组装浮筒时，密封件材料应符合技术要求。
(5) 确认高温浮筒温度为常温时，方可拆卸浮筒。

5. 投运安全注意事项

(1) 投运必须两人以上作业。
(2) 投运前应与工艺人员联系。
(3) 投运时，防止介质大幅度波动。
(4) 高压设备投运时，应先开气相截止阀，后开液相截止阀，以免高压液体冲击内浮筒，使其损坏。

(二) 检查与维护内容

1. 运行正常，符合使用要求

(1) 运行时，仪表应达到规定的性能指标。
(2) 仪表在检修周期内，正常条件下可靠运行。

2. 设备及环境整齐、清洁，符合工作要求

(1) 整机应清洁、无锈蚀，漆层应平整、光亮、无脱落。
(2) 仪表管路敷设整齐。
(3) 管路标号应齐全、清晰、准确。
(4) 仪表附件应齐全。

3. 技术资料齐全、准确，符合管理要求

(1) 说明书、合格证、入厂检定证书应齐全。

(2) 运行记录、故障处理记录、检修记录、校准记录、零部件更换记录应准确无误。
(3) 系统原理图和管路安装施工图应完整、准确。
(4) 仪表参数及其更改记录应齐全、准确。

五、浮筒式液位计典型故障分析与处理

浮筒式液位计典型故障分析与处理见表 1-5。

表 1-5　浮筒式液位计典型故障分析与处理

故障现象	故障原因分析	处理方法
液位变化无指示	浮筒内有脏物或结垢，引压管堵塞	清洗浮筒
液位指示不准	介质密度设定与实际密度不符或零点飘移	重新组态、校验
仪表输出指示上不去或下不来	浮筒内有脏物或结垢，介质密度设定与实际密度不符，扭力管疲劳	清洗浮筒，重新组态、校验，更换扭力管
输出线性不好	扭力管、弹性元件性能变化，组态参数错误	更换扭力管、弹性元件，重新组态、校验
无液位，仪表指示最大	浮筒脱落	挂上浮筒
输出变差大	变送器内件、螺钉松动，浮筒与外壳摩擦	紧固内件和螺钉，处理摩擦

案例分析一：一炼化装置，高压分离罐液位控制为浮筒式液位计。工艺操作人员反映液位不准，仪表维护人员对该浮筒液位计进行维修。经过现场水校后，发现该表零点量程准确，但中间点不准，输出不线性。于是，对该表的内浮筒进行检查，发现内浮筒圆柱体被压力压扁变形不能使用。后对该表更换耐高压内浮筒，校验合格后投入使用。

案例分析二：某一油水分离罐，界位测量为浮筒式液位计。工艺操作人员发现该表的反应不灵敏，有时数值不动作。仪表维护人员对该液位计进行检修后，并没有发现问题。经与工艺操作人员详细了解情况，并到装置现场结合实际分析后，确认此现象是在冬季环境温度为-15℃以下产生的。查看浮筒液位计的外浮筒保温伴热完好没有结冻，但该液位计扭力管处没有保温。经分析，由于水汽上升，遇冷结冰冻住扭力管，使其不能发生角位移，导致此现象的发生。经过对扭力管处保温处理，仪表恢复正常。

第三节　伺服液位计

一、概述

伺服液位计是基于浮力平衡原理工作的，主要由浮子、钢丝、磁鼓、带伺服电动机的电子部分和接线端子等组成。伺服液位计不仅可以测量液位，还可以测量界位和罐内单点

及梯度密度。由于其高度的可靠性能和全面的测量功能，伺服液位计被广泛应用于石油化工、电厂等多种测量领域。

（一）测量原理

测量的基本原理是检测浮子上浮力的变化。浮子由缠绕在带有槽的测量磁鼓上的结实柔软的测量钢丝吊着。磁鼓通过磁耦合与步进马达相连接。浮子的实际重量由力传感器来测量。力传感器测得的浮子重量与预先设定的浮子重量比较。如果测量值和设定值之间存在偏差，先进的软件控制模块就会调整步进马达的位置，调整浮子上下移动重新达到平衡点，计数器记录了伺服电动机的转动步数，并自动计算出测量浮子的位移量，即液位的变化量。在测量液位的基础上，通过使用高精度的力传感器、独特的算法和经过标定的密度测量浮子，可以进一步测量产品的密度。

（二）应用场合

伺服液位计安装简单，测量精度高，适应环境温度性能强，适用面广，罐底沉积物和液体表面泡沫不影响测量精度，适用于多种储罐液位、界位、单点密度、梯度密度测量，伺服液位计可以测量产品液位以下多个点的密度，通过平均计算可以获得产品的密度和多个点的密度分布信息。使用伺服密度测量技术，避免了使用压力变送器需要不断标定的烦恼，可以常年保持高精度，是单一任务或多任务安装的理想选择。伺服液位计可以配备多项测量功能和输出方式，采用一体式结构设计，可以经济地安装在各种应用场合中使用。在石油行业油库中，满足罐区库存管理、库存控制、计量交接、损耗控制、总成本节约和安全操作的严苛要求，并且集成多项罐体传感器测量功能（水位、温度和压力），从炼油到油品储存都需要测量和管理多种介质，远程储罐计量与库存管理系统配套使用是测量和管理罐容的理想方法。在化工行业，提供多种接液部件，确保化学兼容性，保证长使用寿命。电厂燃油液位是主要测量点，要求高精度测量以确保安全生产。

（三）主要厂商和型号

国外比较知名的生产伺服液位计的企业有德国 E+H、美国霍尼韦尔 Enraf 等；国内有辽阳远东等（表1-6）。

表1-6　伺服液位计主要生产厂家和型号

生产厂家	主要产品系列	主要产品型号
E+H	NMS50、NMS80	NMS50、NMS80
Enraf	854ATG、854XTG	854ATG、854XTG
辽阳远东	CF5600	CF5600

二、伺服液位计的选型与安装

伺服液位计只有合理选型与正确安装，才能保证仪表在现场的正常使用。下面以 E+H 伺服液位计为例，阐述伺服液位计的选型和安装要点。

（一）伺服液位计选型

伺服液位计选型一般考虑如下几方面：

（1）伺服液位计的钢丝长度要满足储罐的高度。
（2）伺服液位计的浮子形状选择要与储罐的形式相对应。
（3）根据储罐的介质情况选择适合的浮子形状。

（二）伺服液位计安装

伺服液位计的安装应严格根据设计院的图纸进行，这里介绍的安装方法仅供参考。由于伺服液位计的浮子在储罐中升降移动会受到液体的扰动和冲击，因此为了保证测量的平稳和准确，建议加装稳液管。同时，仪表应确保水平安装，罐内有压力的地方应加装球阀，以保证维修的方便。

1. 在拱顶罐上安装伺服液位计

在拱顶罐上安装伺服液位计无需使用稳液管，为了保证测量的平稳和准确，建议加装稳液管（图1-36）。

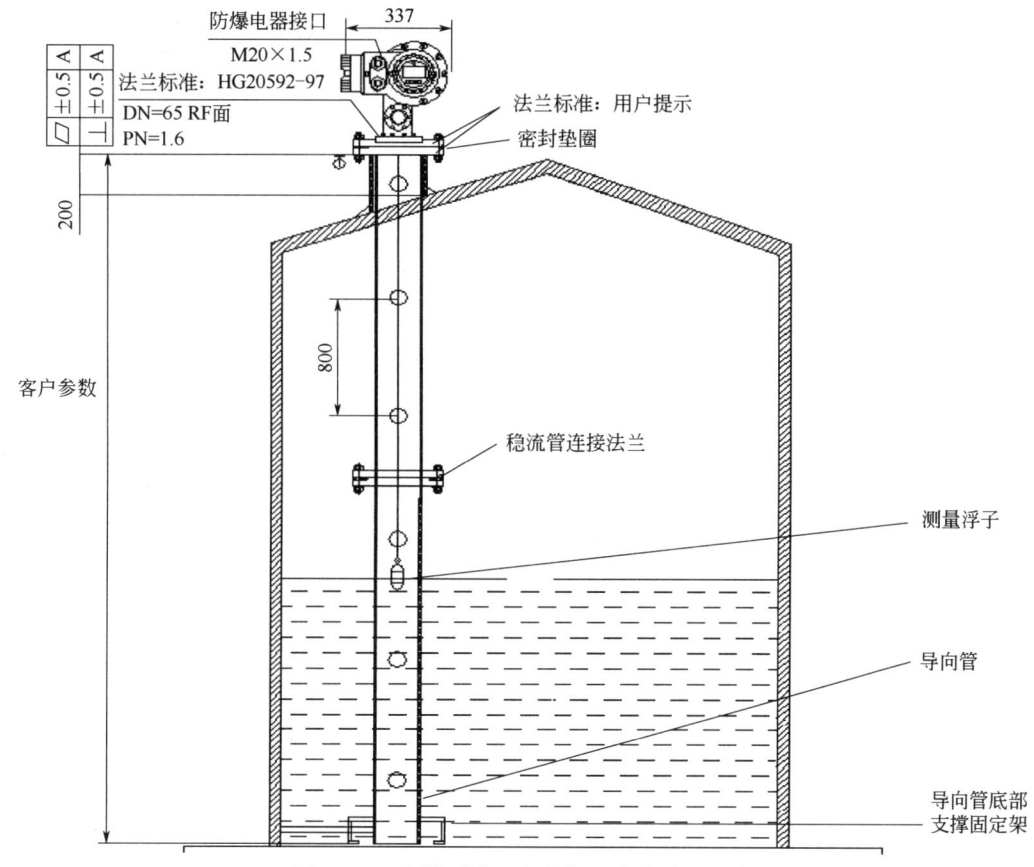

图1-36 在拱顶罐上安装伺服液位计的要求

2. 在浮顶罐上安装伺服液位计

在浮顶罐上安装伺服液位计，由于浮盘存在移动和转动的可能，为了保护测量钢丝不受浮盘的影响，建议安装稳液管。对于不希望安装稳液管的浮顶应用，应选择底部是平面的浮子，防止浮子在浮盘上滚动，影响测量。

3. 稳液管安装要求

稳液管安装要求：稳液管必须竖直，偏心度不超过 3mm。否则液位计可能无法正常工作。稳液管必须笔直，如果是用多节钢管焊接构成，则不得存在变径和弯曲。焊接必须使用套焊。整个导向管在罐底的投影必须是与管径一致且无变形的正圆。稳液管内部必须光滑没有毛刺，焊缝必须清除干净；开孔后必须将毛刺清除干净。

4. 伺服液位计电气连接

伺服液位计的供电电压分为直流和交流两种，在进行接线前，请先检查确认设备的铭牌、标签及认证等级。接线步骤如下：拧下壳体盖，拧松电缆螺纹接头上的锁紧螺母并取出塞头，去掉连接电缆大约 10cm（4in）的外皮，去掉芯线末端大约 1cm（0.4in）的绝缘。将电缆穿过电缆螺纹接头插入传感器中，将芯线末端插入端子中，可通过轻拉来检查电线在端子中的安置是否正确。将屏蔽与内地线端子相连，外地线端子与电位补偿相连。拧紧电缆螺纹接头的锁紧螺母，密封环必须完全围住环绕电缆。拧上壳体盖。本节列出了常用的 E+H 和辽阳远东伺服液位计的接线方式，其中图 1-37 是 E+H NMS80 系列端子接线腔（典型实例）和接地端子示意图，图 1-38 是辽阳远东 CF5600 系列接线图。

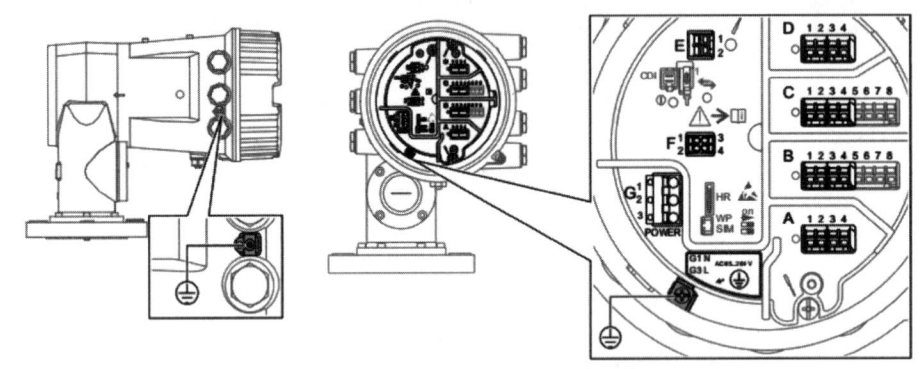

图 1-37 E+H NMS80 系列端子接线图

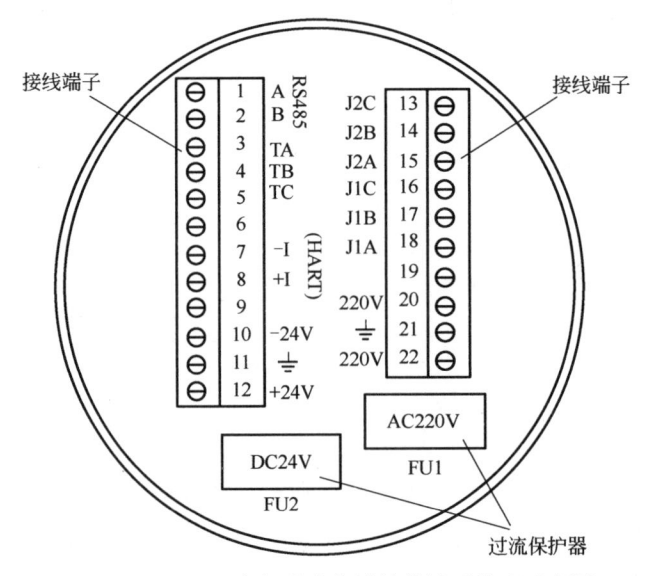

图 1-38 辽阳远东伺服液位计接线端子分配示意图

E+H NMS80 系列端子接线如下：

（1）接线区 A/B/C/D（输入/输出模块插槽），模块取决于订货号，最多安装四个输入/输出模块，带四个接线端子的模块可以安装在任意插槽中，带八个接线端子的模块可以安装在插槽 B 或 C 中，模块的实际安装插槽与设备具体型号相关。

（2）接线区 E，HART Ex i/IS 接口，E1：H+，E2：H-。

（3）接线区 F，分离型显示单元，F1：VCC（连接分离型显示单元的接线端子 81），F2：信号 B（连接分离型显示单元的接线端子 84），F3：信号 A（连接分离型显示单元的接线端子 83），F4：接地（连接分离型显示单元的接线端子 82）。

（4）接线区 G（适用高压交流电源和低压交流电源），G1：N，G2：未连接，G3：L。

（5）接线区 G（适用低压直流电源），G1：L-，G2：未连接，G3：L+。

（6）接线区：保护性接地，保护性接地连接头（M4 螺钉）。

辽阳远东伺服液位计 CF5600 接线端子见表 1-7。

表 1-7　辽阳远东伺服液位计 CF5600 接线端子表

端子编号	端子代码	端子功能	端子信号去向
1	A	RS485-MODBUS	输出
2	B	RS485-MODBUS	输出
3	TA	PT100-A 端	输入
4	TB	PT100-B 端	输入
5	TC	PT100-C 端	输入
6	—	未用	—
7	-I	4~20mA 负端	输出
8	+I	4~20mA 正端	输出
9	—	未用	—
10	-24V	24V 电源负端	输入
11	—	安全接地端	输入
12	+24V	24V 电源正端	输入
13	J2C	上限报警常开点	输出
14	J2B	上限报警公共点	输出
15	J2A	上限报警常闭点	输出
16	J1C	下限报警常开点	输出
17	J1B	下限报警公共点	输出
18	J1A	下限报警常闭点	输出
19	—	未用	—
20	AC220V	交流 220V 电源	输入
21	—	安全接地端	输入
22	AC220V	交流 220V 电源	输入

三、伺服液位计的参数设置与校验

E+H 和辽阳远东伺服液位计通过现场仪表操作面板进行调试，Enraf 伺服液位计通过 Ensite 调试软件进行调试。

（一）E+H 伺服液位计

液位测量是测量浮子在液体中的平衡位置（浸入点）。浮子始终随变化的液面调整其位置并测量液位。如需设置正确的液位测量，操作前需进行参数设置。

界面测量可以确定罐体中不同液体（例如水和油）之间的界面。最多可在三层界面内确定两个不同界面。罐体（仅单层液体界面）：设置上层介质密度。罐体（双层界面或三层界面）：还需设置中层介质密度和下层介质密度。进行界面测量时，不同界面间最小密度差不得少于 100kg/m³。出厂前设置以下三个液相的密度值：上层介质密度 800kg/m³，中层介质密度 1000kg/m³，下层介质密度 1200kg/m³。可根据实际密度值进行更改。

1. 设置密度

设置密度菜单路径：设置→上层介质密度、设置→中间介质密度和设置→下层介质密度，输入上层介质密度值、中层介质密度值和下层介质密度值。

2. 设置罐体高度

如需正确测量罐体液位，必须预先设置罐体参考高度和空罐液位（参考点至基准板的距离）。罐体参考高度：由客户设置，表示罐体高度，投尺基准至基准板的距离，用于百分比计算并作为空罐液位参考。空罐液位是仪表零点至基准板的距离。空罐液位由设置液位自动调节。设置空罐液位和罐体参考高度，菜单路径：设置→空罐高度，输入空罐液位值。菜单路径：设置→储罐参考高度，输入罐体参考高度值。

3. 设置高止位和低止位

高止位和低止位分别表示浮子移动的最高点和最低点。将这些数据设置为所需的实际上限值和下限值。如果浮子可确定低于基准板的罐底，将低止位设置为负值。为确保浮子移动至参考位置，将高止位设置为不小于空罐液位值。设置高止位和低止位，菜单路径：设置→上停止位，输入高止位实际值。菜单路径：设置→下停止位，输入低止位实际值。完成高止位和低止位设置。

4. 液位标定

设置液位标定的可能选项有 3 个，设置敞开式液体储罐，设置敞开式无液体储罐和设置封闭储罐。

（1）设置敞开式液体储罐。

液位设置步骤，菜单路径：设置→罐表命令；在罐表命令中选择液位，浮子自动搜索平衡点；等待直至浮子在液体上达到平衡；投尺以确定罐体液位（L）；菜单路径：设置→设置液位；在设置液位中输入确定的液位值。设置液位调整空罐高度，以显示新液位值。

（2）设置敞开式无液体储罐。

如果罐内无液体，遵照以下步骤将罐底或基准板设置为 0，以确定罐体液位。液位设置步骤，菜单路径：操作→罐表命令；选择 Bottom level 测量罐底液位；菜单路径：操作→"一次性指令"状态；等待直到显示已完成；菜单路径：操作→液位→罐底位置；读取罐底位置（B_v）；菜单路径：设置→空罐高度；读取实际空罐液位值（E_a）；使用以下公式计算新的空罐液位值，$E_n = E_a - B_v - Z_0$；在空罐高度中输入计算值，参数 Z_0 确定所需 0 液位值至实际罐底的距离（如果浮子测量基准板，则 $Z_0 = 0$mm（0in）），罐底液位测量中考虑浮子浸入深度。完成敞开式无液体储罐设置。

（3）设置封闭储罐。

储罐无法手动投尺时，遵循以下步骤操作。

液位设置步骤，菜单路径：操作→罐表命令；选择 Bottom level 测量罐底液位，NMS8x 测量罐底液位，在罐表后置命令设置为液位（默认）时返回至液位值；菜单路径：操作→"一次性指令"状态；等待直到显示已完成；菜单路径：操作→液位→罐底位置；读取罐底液位值（B_v）；菜单路径：操作→液位→储罐液位（a）；使用以下公式计算液位值（L）；$L = a - B_v$；菜单路径：设置→设置液位；在设置液位中输入值 L。完成液位设置。

（4）设置不带基准板的封闭储罐。

无法手动投尺不带基准板的封闭储罐时，遵循以下步骤操作。

设置空罐液位步骤，如果无法进行手动投尺且没有基准板作为底部液位参考，可使用空罐替代设置液位。在此特殊情况下，由于空罐并非代表罐表参考高度而是表示浮子浸入深度，因此需要进行调整。通过以下公式自动计算液位。空罐−距离＝液位，根据浮子移动更新距离绝对值，确定液位。菜单路径：设置→空罐高度；设置空罐为浮子浸入深度；菜单路径：设置→罐表命令；在罐表命令参数中选择液位；浮子自动搜索平衡点；等待直至浮子在液体表面达到平衡。完成液位设置。

（二）辽阳远东伺服液位计

1. 键盘操作说明

（1）仪表通电后首先进入 10s 倒计时，在此时按"▨"键仪表将进入完全停止时的参数设定状态，初次调试应在此状态下设定参数。当倒计时结束后按"▨"键仪表将在运行中设定参数。此时所设定的参数将马上有效。

（2）参数循环键"▨"是改变各种参数菜单的按键，进入参数设定菜单之前需要输入进入密码（防捣乱密码）10，方可进入基本参数设定菜单。

（3）参数增/减键"▲""▼"是改变各参数值的按键，它具有单次增/减数据功能和三种增/减数据速度功能。单次增/减数据方式：每按一次增/减键参数将增/减变化一个数据。三种增/减数据速度：按住增/减键超过三秒钟参数将以"慢速""中速""高速"的速度增/减数据。放开增/减键重新操作将重复上面过程。按键"▲"或"▼"也是手动时的浮球升/降按键（按不同的速度等级升/降浮球），每按一次"▲"或"▼"键浮球速度将增加或减少一个等级。还可改变方向运行，按"PRG"键将停止浮球运行。按键"▲"或"▼"还是自动测量时的浮球提升按键和恢复自动测量的按键，在自动测量时按"▲"键，仪表将向上提升浮球。只有按"PRG"键时浮球才停止运行，然后再按"▼"键将进入自动测量状态（浮球自动寻找液面）。

(4) 参数确认键"PRG"具有三种功能：

① 修改参数后的保存按键，否则所修改的参数无效。

② 在手动升/降浮球时和自动提升浮球时，按动"PRG"键将停止浮球的运动。

③ 在参数设定完成后，回到"请输入密码"状态时，按动"PRG"键将进入开机状态，并进入倒计时（为开机状态）。

(5) 复合按键"PRG+▼"功能：同时按下此复合键将实测介质密度（用于液界面测量）。

2. 调试方法

(1) 将CF5600正确接线并检查无误后接通电源（分AC220V或DC24V方式），在CF5600倒计时过程中用CF5600自带专用磁笔按"●"键进入密码输入，并按"▲"或"▼"键输入密码"10"，再按"●"键进入参数设置状态，进行参数设置。

(2) 设置所测罐体量程"F1"值，按"（1）"进入参数"F1"位置，按"▲"或"▼"键进行量程修改（如：10000mm），再按"PRG"键保存所改的量程值"10000"。

(3) 工作方式选择"F15"设置为"手动升/降"方式（按照"（2）"操作方法操作）。

(4) 高级参数进入方法。按"●"键到"F30"参数位置，按"▲"或"▼"键使其值为"188"然后按"PRG"保存。再按"●"键时则进入高级密码设置状态，此时输入"高级密码"（出厂为："0000"）方可进入高级参数设置状态，并对高级参数"F32~F52"进行设置修改。

(5) 密度设置方法。按照"（4）"进入参数"F42"设置上层介质密度值（若测液面设为0.000，若为界面设为上层介质的密度值），再进入参数"F43"设置下层介质密度值（若为水设为1.000）。

(6) 按"●"键使显示回到主界面，"手动升/降方式"显示器下面显示的三个数分别是"浮球拉力""浮球上行保护值"和"腔内温度"，此时按"▲"或"▼"键浮球会上或下移动，然后观察运行过程是否正常（液位值跟随浮球的运动而变化），正常后按"PRG"键停止浮球运行，进行液位值（或界位值）校准和输出电流校准。

3. 液位值（或界位值）校准方法

方法1：实位校准法（手动校准）。在"手动升/降方式"（F15）按"▲"或"▼"键，让浮球移动到已知的高度位置，或者在"自动测界液面方式"（F15）让浮子运行到液面位置，然后进入参数"F2"的"2"进行实际位置校准，后可设为"自动测界液面方式"。

方法2：沉底校准法（自动校准）。在"手动升/降方式"（F15）设定"F3"为"沉底校准"，然后按"PRG"键两次，浮球自动返回罐底部。当浮球到达罐底后会自动停止，再设置参数"F15"为"自动测界液面方式"然后按"●"返回主菜单。再按

"PRG"键使 CF5600 进入倒计时并完成后，此时浮球会自动回到液面（或界面），进入自动测量状态。如果所测液面（或界面）与实际有差异时可按本步中的"方法 1"进行校准（注：在此过程中会完成一些自动测量不必理会）。

方法 3：手动归位点校准法。先设置归位点高度（即 CF5600 玻璃视窗中心线高度），也是设置参数"F4"的数值（如：10000mm），然后在"手动升/降方式"或"自动测界液面方式"（F15）按"▲"键，让浮球向上移动到归位点高度，浮球会到归位点自动停止。然后设置参数"F2"的"2"进行"归位点校准"，再按"▼"键向下移动浮球或进入自动测量状态测量液面（或界面）。

4. 输出电流校准方法

（1）4mA 输出电流校准。进入参数"F26"，其参数值为"10922"。先按"PRG"键再按动"▲"或"▼"键会改变"F26"参数的大小同时检测输出电流值直到 4mA 为止，再按"PRG"键进行确认并保存。

（2）20mA 输出电流校准。进入参数"F27"，其参数值为"54612"。先按"PRG"键再按动"▲"或"▼"键会改变"F27"参数的大小同时检测输出电流值直到 20mA 为止，再按"PRG"键进行确认并保存。

（三）Enraf 伺服液位计

Enraf 厂家提供调试软件 Ensite 作为工具来设置液位计。

1. 常用的指令

HA：液位高报警值。

HH：液位高高报警值。

LA：液位低报警值。

LL：液位低低报警值。

MH：马达高限位。

ML：马达低限位。

MZ：提浮子限位值。

RL：参考液位值（在标定液位时设定）。

AR：液位计接受 RL 的值。

TI：罐号。

TT：罐高。

DV*：浮子体积。

DW*：浮子重量。

DE：液位类型。

DF：显示格式。

DG：0.1mm 选项。

GT：液位计种类（TOI）。

L2：释放浮子到罐底。

L3：测水操作。

S1，S2，S3：设定值1，设定值2，设定值3。

TA：通信地址。

TS：通信速率。

LT：提起浮子，到 MH/MZ 设定高度。

FR：在空中停住浮子。

CA：提起浮子，到标定接头内。

3A：查看液位计工作状态。

UN：取消 LT/FR/CA 操作指令，浮子到测量液位状态 I1。

I2：释放浮子到罐底。

DC：检查磁鼓周长是否和磁鼓上刻的一致。

DW：预设浮子的重量（数值刻在浮子上）。

DV：设置浮子体积（数值刻在浮子上）。

WT：力传感器保护设置。

W1：密码1。

W2：密码2。

2. 指令的修改过程

W2=ENRAF2，<回车>，W2在2级保护下，密码为ENRAF2。

输入所有要修改的值；EX<回车>，返回到操作模式。

3. 新表设置步骤

新的液位计送电后会显示+027.0000，这是出厂时的设置。

FR　<回车>，停住浮子。

DC　<回车>，检查磁鼓周长是否和磁鼓上刻的一致。

W2=ENRAF2　<回车>，输入2级密码。

DW=+.26540000E+03　<回车>，预设浮子的重量（数值刻在浮子上）。

DV=+.20040000E+03　<回车>，设置浮子体积（数值刻在浮子上）。

S1=+.25000000E+03　<回车>，预设测量液位 I1 的平衡值。

S2=+.05000000E+03　<回车>，设定浮子到罐底的平衡值。

TA=03　<回车>，新的仪表地址（原先是00或者其他）。

TI=TK-003　<回车>，输入罐的编号，空格补齐6位。

WT=EDE　<回车>，力传感器保护设置。

ML=-001.0000　<回车>，马达低限位由1m改成0。

EX　<回车>，退出。

液位计重新启动后，浮子会自动下降。

I2　<回车>，使浮子穿过液位，落到罐底。

等到液位计浮子落到罐底，显示如：+010.1234m INN　I2，则表示浮子落到罐底（由于导向管不垂直或者有毛刺导致浮子不能顺利落到罐底除外）。

W2=ENRAF2　<回车>，指令输入密码。

RL=+000.0050　<回车>，设定罐底为零。

AR <回车>，液位计接受 RL 的值，然后液位计自动重新启动。
I2 <回车>，使浮子落到罐底。
显示+000.0030m INN   I1，可能会有 2mm 的偏差。
CA <回车>，升起浮子到达液位计标定接头的卡死位置，这个过程需要很长的时间，直到浮子不再上升（由于导向管安装不垂直，球阀安装法兰焊接不平整，标定接头安装错位，球阀没有全开等情况除外）。
CQ <回车>，记下这个高度。
W2=ENRAF2。
TT=+000.0000 <回车>，CQ 高度。
EX。
UN <回车>，取消 CA 的命令。
I1 <回车>，落下浮子约 1m 的距离。
FR <回车>，停住浮子。
BT <回车>，液位计做平衡测试，需要 5~10min。等到出现 FR 后。
BU <回车>，最大不平衡重量。
BV <回车>，最小不平衡重量，BU-BV<3g。
BW <回车>，记下这个数值。
W2=ENRAF2 <回车>。
HH=+123.3456 <回车>，输入高高报警液位。
HA=+123.3456 <回车>，输入高报警液位。
LA=+123.3456 <回车>，输入低报警液位。
LL=+123.3456 <回车>，输入低低报警液位。
MH=+123.3456 <回车>，输入 MH=TT-0.2m 的值。
MZ=+123.3456 <回车>，输入 MZ=TT-0.2m 的值。
DW=+.12345678E+03<回车>，输入 BW 的值。
S1=+.12345678E+03<回车>，S1=DW-15g。
EX。
如果罐内有油品，则需要人工检尺校验，并将人工检尺的值输入液位计。
等待浮子平衡在液面显示+123.12340m INN   I1。
W2=ENRAF2 <回车>，指令输入密码。
RL=+123.1234 <回车>，输入人工检尺的值。
AR <回车>，液位计接受 RL 的值。
液位计调试完成。

四、伺服液位计日常检查与维护

只要能够对伺服液位计正确选型和安装，就能确保伺服液位计长期稳定可靠运行。所以仪表用户首先应从选型、安装等根源处着手，特别是浮子形状的选择，要适合测量介质的要求。再在使用中做好日常检查和维护，以最大限度地降低仪表故障的发生概率，真正体现其可靠、高精度的特点，更好地使用伺服液位计，为生产过程控制提供精准的依据。

伺服液位计的磁鼓、钢丝和浮子经过长时间的运行，可能有污渍，影响测量精度，甚至引起液位计无法测量液位，需要定期检查，发现污渍，及时清理。

检查仪表电缆进线口、仪表盖密封是否严密。仪表电缆进线口、仪表盖密封不严会导致雨水或其他液体、粉尘、潮湿气体等进入仪表内部，引起仪表电路部分出现故障。因此一定要安装好定密封接头，必要时增加保护盖。

在北方冬季，检查伺服液位计的保温设施。在液位计磁鼓、钢丝处会产生水蒸气或凝液，易出现冻凝现象，会使磁鼓无法转动，液位计不工作，所以需要加装保温设施。

五、伺服液位计典型故障分析与处理

E+H 液位计典型故障分析与处理见表 1-8。

表 1-8　E+H 伺服液位计常见故障与处理表

故障描述	原因	解决方法
设备无响应	无供电电压	正确连接电源
	电缆与接线端子接触不良	保证电缆与接线端子良好接触
无显示值	显示模块电缆插头连接错误	正确连接插头
	显示模块故障	更换显示模块
	显示模块对比度过低	设置→高级设置→显示→显示对比度、数值为≥60%
设备测量结果错误	参数设置错误	检查并更改参数设置
浮子无法达到平衡	罐体中无水	罐体中灌水
	液面不稳定	改变过程条件
	密度设置错误	检查密度设置
浮子未移动至参考位置	高止位液位	检查罐表状态
	张力过高	执行"释放过高张力"功能
浮子未测量底部液位	低止位液位	检查罐表状态
	张力过低	检查罐表状态
	罐底重量检测错误	在维护模式中检查罐底重量检测

ENRAF 伺服液位计典型故障分析与处理见表 1-9、表 1-10。

表 1-9　ENRAF 伺服液位计 XPU 错误代码（指令 EP）常见故障与处理

错误	原因	补救措施
021（SPU 启动失败）	SPU 没有安装好或损坏	重新安装好或更换
033（SPU 严重的错误）	SPU 没有安装好或损坏	重新安装好或更换
040（缺少 SPU 板）	缺少 SPU 板或没有安装好或损坏	重新安装好或更换
067（无效的液位格式）	液位格式设定错误	检查指令 LD，然后按照正确的液位设定
082（无效的密码）	密码输入错误	输入正确的密码 W1 和 W2

表 1-10 ENRAF 伺服液位计 SPU 错误代码（指令 ES）常见故障与处理

错误	原因	补救措施
0407（力传感器初始化错误）	马达单元未解锁	马达单元解锁
0605（测量钢丝上没有张力）	检测到测量钢丝断了	重新安装好或更换钢丝
	马达未解锁	马达解锁
	力传感器损坏	更换力传感器损坏
0610（测量钢丝上张力太小）	ML（马达低限位置）的值设定错误	调整指令 ML 的值
0611（测量钢丝上张力太大）	浮子有污渍	清洁浮子

第四节　电容液位计

一、概述

电容液位计是依据电容感应原理，当被测介质浸汲测量电极的高度变化时，引起其电容变化。它可将各种物位、液位介质高度的变化转换成标准电流信号，远传至控制室进行集中显示、报警或自动控制，而与介质的黏度、密度、工作压力无关。其良好的结构及安装方式可以被设计应用于全类型工业生产企业的绝大多数过程物（液）位的测量场合，且均能表现出安全、可靠、精确、长寿命、免维护、不受现场工况条件干扰的优异技术特点。

电容式液位计是采用测量电容的变化来测量液面的高低的。它是用一根金属棒插入盛液容器内，金属棒作为电容的一个极，容器壁作为电容的另一极。两电极间的介质即为液体及其上面的气体。由于液体的介电常数 ε_1 和液面上的气体介电常数 ε_2 不同，比如：$\varepsilon_1 > \varepsilon_2$，则当液位升高时，电容式液位计两电极间总的介电常数值随之加大，因而电容量增大。反之当液位下降，ε 值减小，电容量也减小。所以，电容液位计可通过两电极间的电容量的变化来测量液位的高低。

电容液位计的灵敏度主要取决于两种介电常数的差值，而且，只有 ε_1 和 ε_2 的恒定才能保证液位测量准确，因被测介质具有导电性，所以金属棒电极都有绝缘层覆盖。电容液位计体积小，容易实现远传和调节，适用于具有腐蚀性和高压的介质的液位测量。

电容物位计由电容物位传感器和检测电容的线路组成。其基本工作原理是电容物位传感器把物位转换为电容量的变化，然后再用测量电容量的方法求知物位数值。

电容物位传感器是根据圆筒电容器原理进行工作的，其结构如同 2 个长度为 L、半径分别为 R 和 r 的圆筒型金属导体，中间隔以绝缘物质，当中间所充介质是介电常数为 ε_1 的气体时，两圆筒的电容量为：

$$C_1 = \frac{2\pi\varepsilon_1}{\ln(R/r)} \cdot \frac{r}{R} \tag{1-16}$$

如果电极的一部分被介电常数为 ε_2 的液体（非导电性的）浸没时，则必须会有电容量的增量 ΔC 产生（因 $\varepsilon_2>\varepsilon_1$），此时两极间的电容量 $C=C_1+\Delta C$。假如电极被浸没长度为 l，则电容增量为：

$$\Delta C = \frac{2\pi(\varepsilon_2-\varepsilon_1)}{\ln(R/r)} \cdot l \tag{1-17}$$

当 ε_2、ε_1、R、r 不变时，电容量增量 ΔC 与电极浸没的长度 l 成正比，因此测出电容增量数值便可知道液位高度。

如果被测介质为导电性液体时，电极要用绝缘物（如聚乙烯）覆盖作为中间介质，而液体和外圆筒一起作为外电极。假设中间介质的介电常数为 ε_3，电极被浸没长度为 l，则此时电容器所具有的电容量为：

$$C = \frac{2\pi\varepsilon_3}{\ln(R/r)} \cdot \frac{l}{R} \tag{1-18}$$

其中：R 和 r 分别为绝缘覆盖层外半径和内电极外半径。由于 ε_3 为常数，所以 C 与 l 成正比。

二、电容液位计的选型与安装

（一）电容液位计的选型

由于被测介质的不同，电容液位计有不同的型式。错误的选型会直接导致测量不准。

（1）测量导电液体的电容液位计，容器（规则）和液体作为电容器的一个电极，插入的金属电极作为另一电极，绝缘套管作为中间介质，三者组成圆筒形电容器。当容器为非导电体时，需另加一个接地极，其下端浸至被测容器底部，上端与安装法兰有可靠的导电连接，以使二电极中有一个与大地及仪表地线相连，保证仪表正常测量。

（2）测量非导电液体的电容物位传感器，当用于较稀的非导电液体（如轻油等）时，可采用一金属电极，外部同轴套上一金属管，相互绝缘固定，以被测介质为中间绝缘物质构成同轴套筒形电容器。

（3）当测量粉状非导电固体料位和黏滞性非导电液体液位时，可采用金属电极直接插入圆筒形容器的中央，将仪表地线与容器相连，以容器作为外电极，料或液体作为绝缘介质构成圆筒形电容器。

所以应根据现场实际情况，即被测介质的性质（导电特性、黏滞性）、容器类型（规则/非规则金属罐、规则/非规则非金属罐），选择合适的电容液位（物位）计。

（二）电容液位计的安装

由于电容液位计本身的特点，必须掌握安装和调整的正确方法，才能保证整个系统测量工作的正常运行。

（1）电容液位计安装在室外时，不能将探头线裸露于容器以外，否则探极线在雨水天气沾水会出现测量不准的情况。

（2）电容液位计的外壳或接线盒下部的不锈钢过程连接部件，必须与容器外壁接地，且其接触电阻必须小于2。

（3）电容液位计在正常工作中，探极线在容器内禁止有大摆动幅度，否则会导致信号不稳定。

（4）在安装探极线时，尽量远离容器内壁，最小距离需大于100mm。当受条件限制不能满足这个条件时，必须保证它们之间的距离相对固定。

（5）对单线软件探极，多余的部分可以剪掉，然后接着拧紧螺栓；对于双绞线探极，多余部分可盘扎在被测液面以上，不允许将多余部分盘绕在容器底部或有效测量段。

（6）在容器内有搅拌或液体可能产生大量气泡时，可在容器内放置内径大于80mm金属或非金属管，管的下端应开口或留进液孔，液面以下留排气孔。使用金属管时，应保证探极线在管内位置相当稳定，必要时对探极线加支撑拉直。

（7）有些电容液位计内置石英绝缘护管，搬运、安装过程中要小心，不得磕碰、敲击仪表。安装时要小心，切勿损坏探极上的绝缘层。

（8）每台仪表都应具有独立的取样孔。不得在同一取样孔上并联多个液位测量装置，以免相互影响，降低液位测量的可靠性。

（9）在高温场合（如锅炉汽包液位计），当容器上两个连通管的中心距与仪表上的中心距的偏差较大时，扳开（或压缩）管间距时需要作消除应力处理（热处理）。

（三）系统连接

（1）拧动探头壳上盖时要用手扶住壳体的下部分，避免扭距力直接施加在探极上。

（2）切勿带电接线。

变送器接线图如图1-39所示。

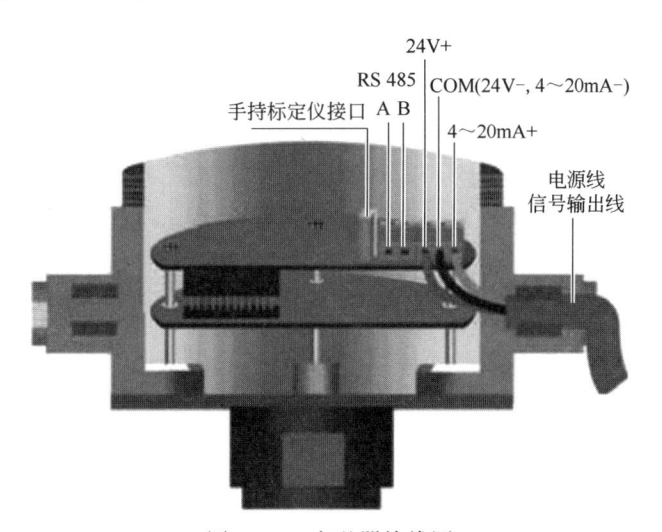

图1-39 变送器接线图

注：（1）变送器为三线制4~20mA电流输出（电源负极与电流输出负极共地），推荐的电源、信号连接电缆为三芯屏蔽电缆；（2）切勿将24v电源错接入RS485接口。

控制器接线图（带控制输出模块）如图1-40所示。

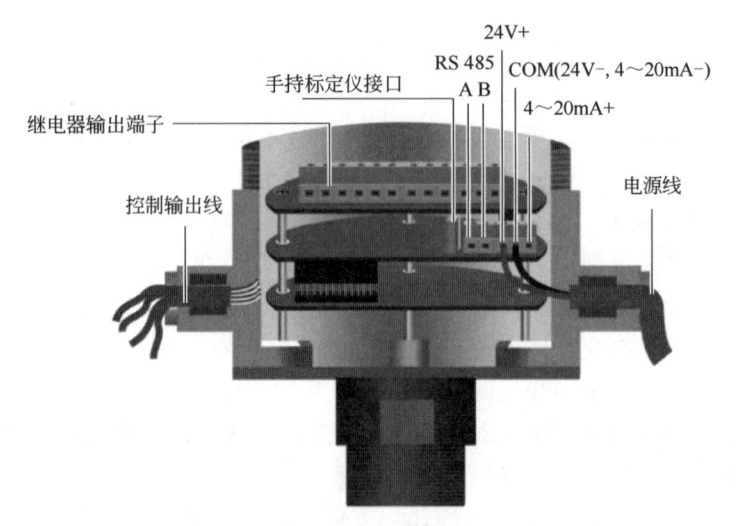

图 1-40 控制器接线图

注：(1) 控制器也可通过变送单元输出电流信号；(2) 接线时先接变送单元电源线（拧开控制单元），控制单元与变送单元的电气连接为 2×4 插针，插入控制单元时注意插针要对准；(3) 所有现场电缆绝缘电压至少为 250V；(4) 继电器接点端子要加保护以防人触电，绝缘电压至少为 250V；(5) 两个邻近接点之间最大工作电压应为 250V；(6) 切勿将 24v 电源错接入 RS485 接口。

三、电容液位计的参数设置与校验

以北京科普斯特 CAP-3000 系列电容液位计为例，测量参数可以通过手持标定仪或盘装编程显控仪进行设置，连接时需用四芯电缆，信号分别为：（RS485）A、（RS485）B、24V+和 GND。

（一）手持标定仪的使用

1. 开关机操作及电源管理

开机：在关机状态，长按"菜单"键 2s 以上。

关机：在开机状态，长按"菜单"键 2s 以上。

电源输出：当变送器未外接电源时，手持标定仪可给变送器提供 24V 电源。在开机后，电源默认关闭，可以使用"打开 24V 电源输出"菜单打开电源。手持标定仪输出的 24V 电源限制电流为 30mA。

电池电量：主页面左上角符号"▮▮▮▮"显示电池的电量，当显示"▯"时请更换电池。

自动关机：为了节约电池，在连续 10min 没有按键按下时，手持标定仪将自动关闭电源。

软件升级：在电源关闭时，先按"←"键再按"菜单"键保持 3s 以上，系统进入软件升级状态（此时 LCD 背光亮但无图形显示）；在软件升级状态如连续 1min 没有接收到正确的数据，系统将自动关机；如要强制退出升级状态可以断开电池 1s 以上。

2. 手持标定仪与变送器的连接

手持标定仪与变送器的连接通过 4 线 USB-A 型接口完成，连接时直接将 USB 连接线两端分别插入变送器和手持标定仪即可（图 1-41）。

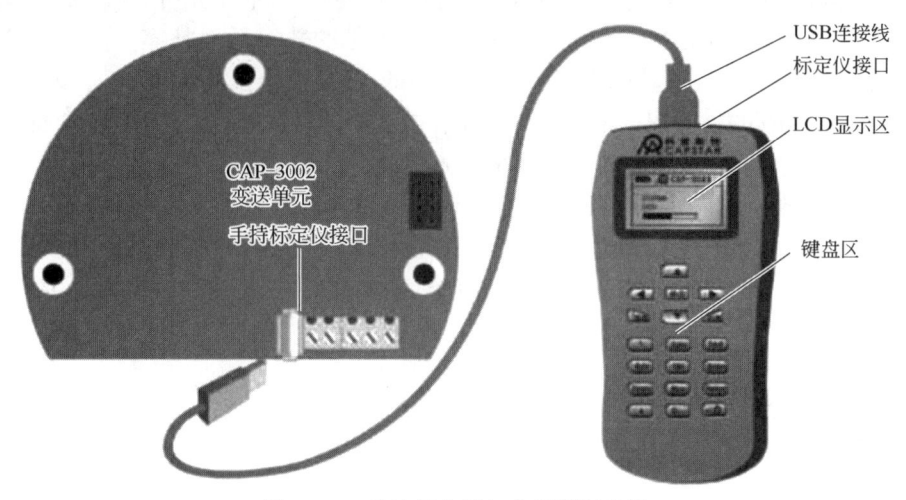

图 1-41　手持标定仪与变送器的连接

注意：标定仪左侧面的接口为厂家调试用，用户切勿使用！

3. 键盘说明

手持标定仪用于对变送器进行参数设定、诊断观察及数据显示。对系统的所有操作通过按键区的 19 个按键完成。手持标定仪的按键区如图 1-42 所示。

"菜单"键：用于在主页面进入菜单区域或开关机操作。

"确定"键：进入选定的菜单或确认输入的数据。

"后退"键：返回上一级菜单。

"△""▽""◁""▷"键：用于在菜单区域移动菜单选项或移动光标。

数据键：包括 0~9、小数点和负号。用于数据输入。

4. 菜单操作

1）手持标定仪菜单的使用

（1）在主页面按"菜单"键进入菜单区域。进入前需要输入密码确认。

（2）"△""▽""◁""▷"键可以移动选定菜单。

（3）按"确定"键进入选定的菜单页面。

（4）按"后退"键返回上一级菜单。

2）数值输入方法

（1）进入数据区。

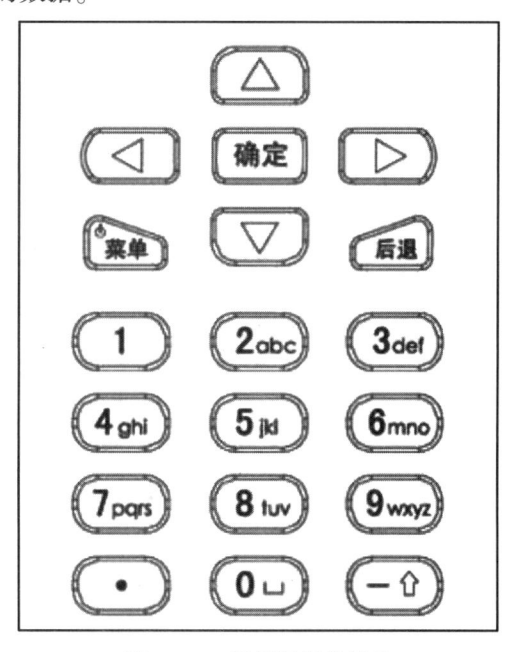

图 1-42　手持标定仪键盘

① 页面有多个参数时，按"△""▽"键可将光标移动至不同的参数。

② 按"后退"键返回上一级菜单。

③ 当前输入的数字反白显示。

(2) 数据输入：数据输入时（如进入"变送设定"菜单，光标停留在"4mA 对应值"后面），直接按相应的数字键输入数字即可，不足的数字后面补零。例如，进入"变送设定"菜单中的"4mA 对应值"后，假设原来的 4mA 设定值为 100.34，如需要设定为 0，由于原值中有 6 位数，所以需输入 000000，或者 0.0000 或者 0.．（系统会自动忽略第二个小数点后面的数值）。每输入一个数字后光标会自动移动至下一个数字处。

(3) 确认修改：输入后必须按"确定"键确认输入的参数。

(4) 放弃修改：按"后退"键返回上级菜单可放弃本次修改，当页面有多个参数时，移动"△""▽"键切换到另一个参数也可放弃本次修改（已经"确定"的参数不能放弃）。

5. 标定菜单

标定菜单如图 1-43 所示。

1) 零位修正

系统提供三个零位修正参数 E1、E2 和 E3。

其中 E1 为基本零位修正。由于仪表的零位与现场要求的零位可能不同，所以系统测量值及实际值可能存在一个固定的偏差，此时可进行零位修正。在所有型号中，测量值在输出前及 E1 直接相加。如果测量值偏高 h，则输入 $E1=-h$；如果测量值偏低 h，则输入 $E1=h$。

在多探极系统中，E2 为 1 号探极和 2 号探极之间的衔接处距离。E3 为 2 号探极和 3 号探极之间的衔接处距离（一般设为陶瓷接头厚度 5mm）。

单探极系统（CAP-3011）中只有 E1 有效。

2) 探极标定

在 CAP-3011 系统中，"探极标定"菜单直接进入数据标定，没有后续菜单。

Cl：低位电容（物位处于任一低位点时的电容测量值）。

Ch：高位电容（物位处于任一高位点时的电容测量值）。

Hl：低位高度（物位处于低位点时相对于仪表的物位值）。

Hh：高位高度（物位处于高位点时相对于仪表的物位值）。

3) 综合参数标定

综合参数用于除 3011 以外的系统标定。参数包括：

dA：下端介质的介电常数预设。

dB：上端介质的介电常数预设（用于 CAP-3031，一般设为"0"）。

bA：比较电容。对于 CAP-3031 系统，为上端介质自动补偿触发条件。对于 CAP-3022、CAP-3023 系统，为下端介质自动补偿触发条件。

bB：比较电容。对于 CAP-3031 系统，为下端介质自动补偿触发条件。对于 CAP-3022、CAP-3023 系统，用以设置 dA 刷新值下限（dAL）。

dT（dBL）：仅用于 CAP-3031，设置 dB 刷新值下限。在其他系统一般设置为"0"。

dX（dAL）：仅用于 CAP-3031，设置 dA 刷新值下限。在其他系统一般设置为"0"。

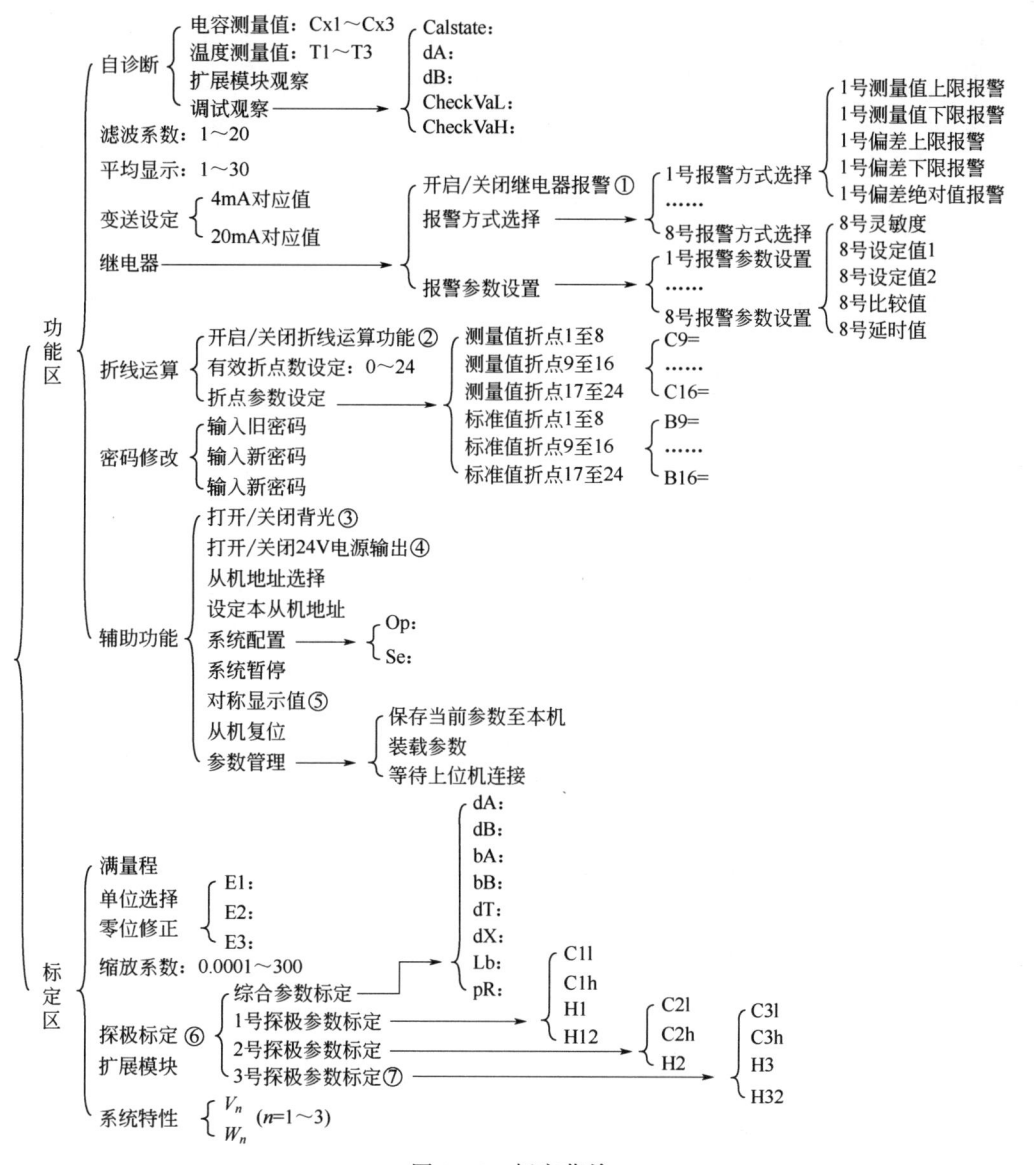

```
                           ┌ 电容测量值：Cx1~Cx3    Calstate:
                自诊断     │ 温度测量值：T1~T3      dA:
                           │ 扩展模块观察           dB:
                           └ 调试观察               CheckVaL:                                    ┌ 1号测量值上限报警
                                                   CheckVaH:                                    │ 1号测量值下限报警
                滤波系数：1~20                                        ┌ 1号报警方式选择          │ 1号偏差上限报警
                平均显示：1~30                      ┌ 开启/关闭继电器报警①  │ ……                 │ 1号偏差下限报警
                变送设定  ┌ 4mA对应值               │ 报警方式选择         └ 8号报警方式选择     └ 1号偏差绝对值报警
                          └ 20mA对应值              │                                            ┌ 8号灵敏度
                继电器 ──────────────────────────── │                      ┌ 1号报警参数设置     │ 8号设定值1
                                                   └ 报警参数设置 ─────── │ ……                 │ 8号设定值2
                                                                          └ 8号报警参数设置     │ 8号比较值
                                                                                                └ 8号延时值
      功能区    折线运算  ┌ 开启/关闭折线运算功能②  测量值折点1至8     C9=
                          │ 有效折点数设定：0~24    测量值折点9至16    ……
                          └ 折点参数设定            测量值折点17至24   C16=
                密码修改  ┌ 输入旧密码              标准值折点1至8     B9=
                          │ 输入新密码              标准值折点9至16    ……
                          └ 输入新密码              标准值折点17至24   B16=

                          ┌ 打开/关闭背光③
                          │ 打开/关闭24V电源输出④
                          │ 从机地址选择
                          │ 设定本从机地址
                辅助功能  │ 系统配置 ──── ┌ Op:
                          │                └ Se:
                          │ 系统暂停
                          │ 对称显示值⑤
                          │ 从机复位             ┌ 保存当前参数至本机
                          └ 参数管理 ─────────── │ 装载参数
                                                 └ 等待上位机连接

                                                 ┌ dA:
                                                 │ dB:
                                                 │ bA:
                                                 │ bB:
                满量程        ┌ E1:              │ dT:
                单位选择      │ E2:              │ dX:                ┌ C2l   ┌ C3l
                零位修正      └ E3:              │ Lb:   ┌ C1l        │ C2h   │ C3h
      标定区    缩放系数：0.0001~300              │ pR:   │ C1h  ┌ H1  │ H12   │ H3
                探极标定⑥    ┌ 综合参数标定      └       │      │     └       └ H32
                             │ 1号探极参数标定 ──────────┤      │ H12
                扩展模块     │ 2号探极参数标定           │      └
                             └ 3号探极参数标定⑦         └
                系统特性  ┌ V_n  (n=1~3)
                          └ W_n
```

图 1-43 标定菜单

注：①当继电器处于开启状态时显示为"关闭继电器报警"，反之显示为"开启继电器报警"；
②当折线运算功能处于开启状态时显示为"关闭折线运算功能，反之显示为"开启折线运算功能"；
③在该菜单处按"确定"键后页面不跳转，背光状态可直接从显示屏上看到；④当24V电源输出
处于打开状态时显示为"关闭24V电源输出"，反之显示为"打开24V电源输出"；⑤对称显示值只对
CAP-3031系统有效；⑥CAP-3011系统中，探极标定菜单直接进入数据标定，没有后续子菜单；
⑦仅在型号CAP-3023、CAP-3024、CAP-3031有该菜单。

Lb（dBH）：仅用于CAP-3031，设置dB刷新值上限。在其他系统一般设置为"1"。
pR（dAH）：仅用于CAP-3031，设置dA刷新值上限。在其他系统一般设置为"1"。
4）1#探极参数标定
C1l：1#探极测量空值。

C1h：1#探极测量满值（不参及运算）。

H1：1#探极实际制作长度。

H12：1#探极相对影射长度。

5）2#探极参数标定

C2l：2#探极测量空值。

C2h：2#探极测量满值（不参及运算）。

H2：2#探极实际制作长度。

6）3#探极参数标定

C3l：3#探极测量空值。

C3h：3#探极测量满值（不参及运算）。

H3：3#探极实际制作长度。

H32：3#探极相对影射长度。

（二）盘装编程显控仪的使用

接口定义及与变送器的连接如图1-44所示。

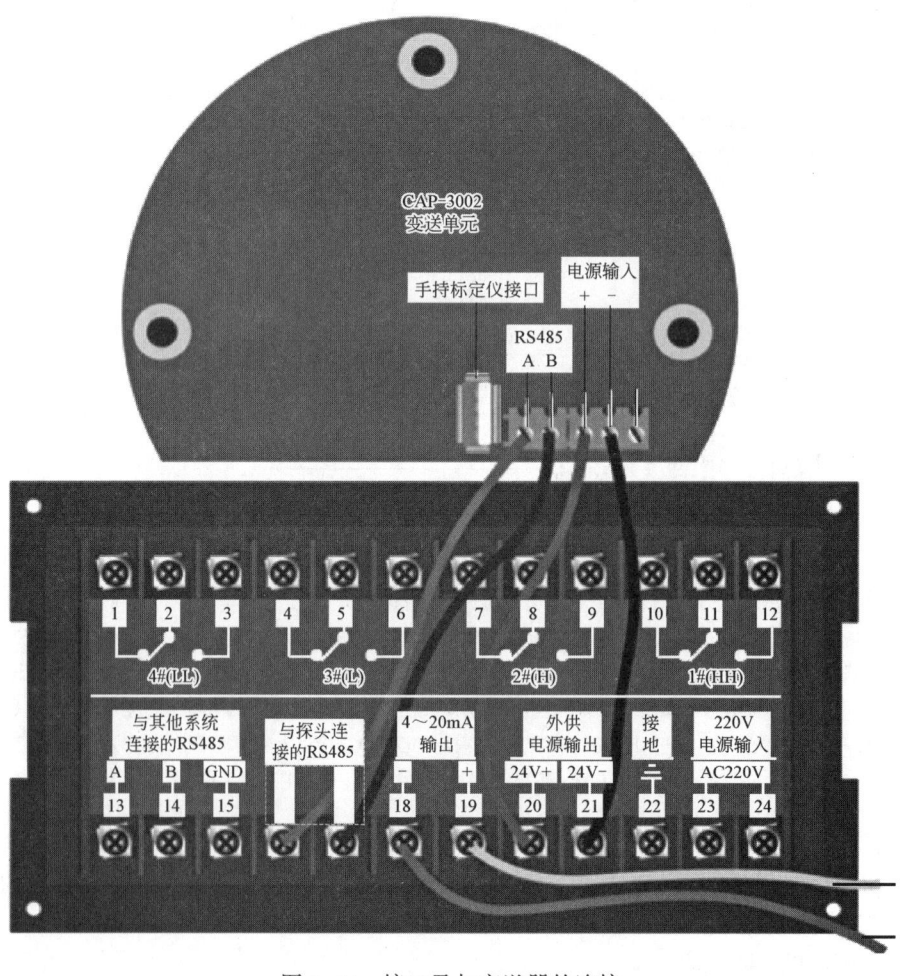

图1-44　接口及与变送器的连接

1. 面板及按键

显控仪用于对变送单元进行参数设定、诊断观察、数据显示及继电器控制输出和二次变送输出。对系统的所有操作通过前面板上的 16 个按键完成（图 1-45）。

图 1-45　CAP-3000 系列显控仪面板

其中"功能"键和"标定"键为复用键盘，当显控仪处于主页面时，按"功能"键和"标定"键分别进入功能区和标定区。在数据输入时，"功能"键用来输入"-"（负号），"标定"键用来右移光标。

"后退"键：返回上一级菜单，当系统处于主页面时，该键不起作用。

"←"键：在数据输入时左移光标。

数字键"0"~"9"及"."在数据输入时输入相应的数据，在菜单中用来选择进入对应的菜单（如按"功能"键进入功能区后，按"1"键即进入自诊断页面）。

"确认"键：数据输入后确认。

盘装编程显控仪菜单与手持标定仪相同。

2. 菜单使用方法

显控仪的菜单分为功能区和标定区，分别由"功能"键和"标定"键进入，功能区和标定区进入前均需要输入密码，进入功能区后可修改密码。

进入功能区或标定区后，每个菜单前面均有一个数字标号，按相应的数字键进入子菜单，例如进入自诊断中的"电容测量值"菜单方式：按"功能"键——输入密码，确认——按数字"1"键——按数字"1"键。

按"后退"键逐次返回直至主页面。

3. 数值输入方法

当需要数值输入时（如进入"变送设定"菜单后），直接按相应的数字键输入数字即可，不足的数字后面补零。例如：进入"变送设定"菜单后，假设原来的 4mA 设定值为 100.34，如需要设定为 0，由于原值中有 6 位数，所以需输入 000000，或者 0.0000 或者 0..（系统会自动忽略第二个小数点后面的数值）。每输入一个数字后光标会自动移动至下一个数字处。

如该数值不需要修改而需要修改下一个数值，则直接按"确认"键即可。例如：假设"变送设定"菜单中 4mA 对应的数值为 0，20mA 对应的数值为 1000，如果只想修改 20mA 对应的值，则在进入"变送设定"菜单后直接按"确认"键光标即进入 20mA 对应的数值中。

（三）自动标定键

为了简化标定，手持标定仪和显控仪均设有自动标定键。自动标定键用于在系统参数标定和系统状态修正时代替手工输入各个电容值。各个自动标定键定义见表1-11。

表1-11 自动标定键定义

仪器种类	显控仪	手持标定仪
自动标定1键	同时按下"标定"键和数字"1"键2s以上	同时按下"确认"键和数字"1"键2s以上
自动标定2键	同时按下"标定"键和数字"2"键2s以上	同时按下"确认"键和数字"2"键2s以上
自动标定3键	同时按下"标定"键和数字"3"键2s以上	同时按下"确认"键和数字"3"键2s以上
自动标定4键	同时按下"标定"键和数字"4"键2s以上	同时按下"确认"键和数字"4"键2s以上
自动标定5键	同时按下"标定"键和数字"5"键2s以上	同时按下"确认"键和数字"5"键2s以上
自动标定6键	同时按下"标定"键和数字"6"键2s以上	同时按下"确认"键和数字"6"键2s以上

四、电容液位计日常检查与维护

如果电容式液位计选型正确，安装合理，一般很少出现故障，因此在选型和安装时需特别注意。

（一）安装时的注意事项

（1）介质的介电常数稳定。

（2）安装时要避免碰撞。

（3）安装时法兰要同心。

（二）日常点检的主要内容和方法

（1）主要查看法兰连接处是否有泄漏。

（2）查看排污阀是否关紧，密封圈接头是否进水。

（3）查看一次阀开度是否保持在1/3~1/2，不需要开太大的开度。

五、电容液位计典型故障分析与处理

（1）电极故障：将室内来的仪表线与现场变送器脱开，电极引线及变送器电路板完全脱开，用万用表分别测量每一个电极引线的对地电阻，正常应该为无穷大（10MΩ以上），否则为电极故障（电极中任意一个有问题均会影响到液位计的正常测量）。

（2）电路损坏：将传感器断电，拆下传感器的引线，通电，用手触摸传感器的端子，同时查看输出电流是否会有变化，如若没有，则电路板有问题。

（3）液位指示波动大：首先要考虑液位是否真出现了波动，如果不是液位波动造成的，要考虑液位计的内部是否累积了脏的东西，导致测量不准，要进行排污处理。查看干扰的影响及接地是否良好。

（4）显示与实际液位出现偏差较小（≤10%）：需进行零点修正，打开手持标定仪，在标定区→零点修正，通过更改E1参数值即可，E2、E3参数勿动。

（5）显示与实际液位出现偏差较大（10%以上）：需进行空值标定。

① 将仪表排空，使测量筒内没有被测介质。

② 连接好手持标定仪，进入"标定区"查看并记录三个电极的电容值：C1l、C2l、C3l。

③ 进入"功能区"→"自诊断"→"电容测量值"页面，查看Cx1、Cx2、Cx3值，将这三个值记录下来并覆盖到标定区→电极标定中的C1l、C2l、C3l。

④ 调试完成后将"空气孔"堵头拧紧，防护罩盖好，关闭排污阀；缓慢打开仪表一次阀，保证筒内介质温度缓慢上升，防止由于升温过快对电极造成影响。

注：① 空值标定过程中需确保液位计中没有水。

② 整个过程只改动"C1l""C2l"和"C3l"三个参数，切勿改动其他参数。

（6）没有电流输出：当接收系统显示没有电流输出时，一般有两种情况产生：①电源没有正确供给；②电流布线问题。用万用表测量电压是否正常（21至30V之间，注意正负极）；如果正常进行以下步骤：将电流输出线拧开，再将电流输出端子拧紧，测量电流输出端子与公共端之间的电流。

第五节 质量流量计

质量流量计在测量过程中是直接测量质量流量，不受温度、压力、黏度和密度等因素影响，仪表测量精度高。没有可动的机械部件，易于清洗，应用范围广，在测量流量的同时，还可获得介质的密度信号，从而得到广泛使用。

一、质量流量计概述

（一）质量流量计测量原理

质量流量计的测量管在驱动线圈的作用下，以一定频率振动，被测流体在测量管中流动，其流动方向与振动方向垂直，在科氏力的作用下，测量管产生扭转角 θ，因此测量管两管端通过振动中心就产生了时间差，此时间差与质量流量 q_m 成正比，其关系式如下：

$$q_m = (K_s/8\gamma 2) \times \Delta t \tag{1-19}$$

$$\Delta t = \frac{2r\sin\theta}{u_p} = \frac{2r\theta}{\omega l} \tag{1-20}$$

式中 K_s——测量管的扭转弹性模量；

r——测量管的半径，m；

Δt——测量管两管端通过振动中心所需的时间差，s；

ω——为转动角速度，rad/s；

科氏力质量流量计是由传感器、变送器、显示器三部分组成，测量管发生形变，通过测量管上的左右检测线圈将扭曲信号转变成电信号，送入变送器，经滤波、积分、放大等电量处理后，转换成与质量流量成正比的 4~20mA 模拟信号、一定范围的频率信号或数字信号输出，显示器接受变送器来的信号，通常以数字的形式显示被测流体的瞬时流量、累积流量、质量流量、密度、温度等信号。测量管结构如图 1-46 所示，测量管工作原理如图 1-47 所示。

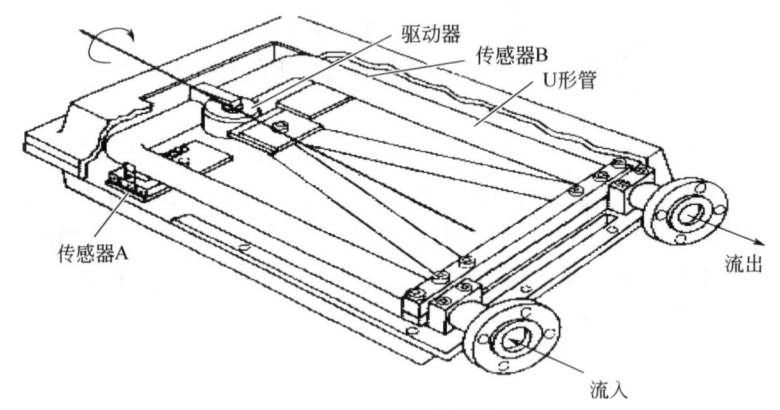

图 1-46 测量管结构

（二）质量流量计应用场合

质量流量计在石油化工原料交接、产品出库、输油管线交接、罐区定量装车、火（汽）车自动装运、燃气集输、内部装置之间的物料交接、企业内部工艺间的能源计量等环节以其低误差的性能一直获得青睐。

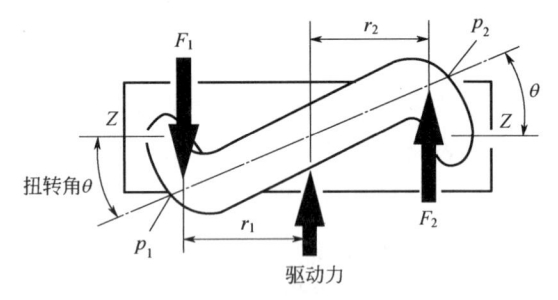

图 1-47 测量管工作原理

（三）质量流量计主要厂商和型号

质量流量计主要品牌有进口的，如艾默生 CMF 系列、E+H 80/83 系列、科隆、横河、西门子等，国产的有北京天辰博锐、太原太航等。

（四）质量流量计新技术和发展趋势

质量流量计未来发展趋势主要解决液体中含气体过多影响测量值和不能用于大口径的问题。

二、质量流量计的选型与安装投用

在了解了质量流量计原理、应用场合及主要厂商和型号后，我们还要对质量流量计所测介质的特性、工作流量、温度、压力、测量精度、安装地点、供电方式、工业管道尺寸、与控制室通信方式等进行进一步了解，以便对质量流量计进行选型与安装工作。

（一）质量流量计的选型

1. 被测介质的类型

（1）所测流体的名称、特性（腐蚀性、黏稠度、磨损性等）。

（2）工作流量（正常流量、最大流量、最小流量）。

（3）工作压力（最大、最小工作压力）。

（4）工作温度（最高温度、最低温度）。

（5）流体的电导率，要求必须具备一定的导电性（电导率≥5μS/cm）。

2. 选型原则

1）根据被测流体的类型选择流量计的结构

原则上，黏度不高的纯净液体对测量管无要求；当测量含有少量气泡的液体，含有固体颗粒的浆液以及高黏度液体时，应选用测量管不易聚集气泡或固体颗粒、内壁不易黏附介质的形状。

2）安全性原则

当测量具有腐蚀性介质时，应注意测量管的耐腐性能，并且传感器外壳也应具有一定的防腐性（对于常规流体，非强腐蚀性的酸、碱，质量流量计的阀体一般选用不锈钢304L或316L，对于强腐蚀性的流体，就需要选用哈氏合金、钛、钽、铂、铑等材料）；测量具有磨损性的介质，应考虑测量管的耐磨性。工艺压力较高时，注意传感器耐压等级；介质温度较高时，考虑传感器的使用温度范围。

3）流量范围

流量计的流量范围大于被测介质的工艺流量范围，常用工艺流量应在流量计的经济流量范围内（流量计上限流量的1/3以上范围称为准确度的经济流量范围）。

4）准确度

对准确度等级的要求，应根据测量对象和目的来确定，同时要注意产品准确度等级的计算方法以及达到该等级的使用条件或制约因素。在达到测量准确度要求的情况下，也要考虑价格因素，不必一味追求过高的准确度等级。

5）压力损失

当介质的密度、黏度和流量确定后，对于质量流量计的压损大小就是取决于口径、流通面积和测量管形状。当传感器的结构形式确定后，流量越大，压损越大。在选型中计算压损时，应考虑以下各点：传感器在允许压损条件下是否满足测量准确度的要求；介质的黏度和密度的变化对压损的影响；避免因压损过大使液体汽化；相同条件下，选压损较小的流量计。

6）性能价格比

这是选型的一条基本原则。质量流量计的性价比除了功能多、性能好外，还应体现在产品的售前、售中、售后服务。厂家的服务水平包括：对用户进行培训，让其掌握安装调试和以下常见故障的处理方法。交货周期长短、免费服务时间、出现故障时的响应速度、处理水平、备品备件的保障等。

（二）质量流量计的安装

1. 质量流量计传感器安装方式的选择

测量管为直管及 U 形管的传感器，见表 1-12，测量管为其他形式的传感器，见表 1-13。

表 1-12　测量管为直管及 U 形管传感器安装

被测介质	水平安装	垂直安装（旗式）
洁净的液体	可以采用。U 形管的传感器在下	可以采用。流向为自下而上通过传感器
带有少量气体的液体	可以采用。U 形管的传感器在下	可以采用。流向为自下而上通过传感器
气体	可以采用。U 形管的传感器在上	可以采用。流向为自上而下通过传感器
浆液（含有固体颗粒）	可以采用。U 形管的传感器在上	可以采用。流向为自上而下通过传感器

表 1-13　测量管为其他形式传感器安装

被测介质	水平安装	垂直安装（旗式）
洁净的液体	可以采用。传感器箱体在下	可以采用。流向为自下而上通过传感器
带有少量气体的液体	除 S 形测量管的传感器外，其余均可采用箱体在下的方式	除 S 形测量管的传感器外，不要采用此种方式
气体	除 S 形测址管的传感器外，其余均可采用箱体在上的方式	除 S 形测量管的传感器外，最好不要采用此种方式
浆液（含有固体颗粒）	除 S 形测址管的传感器外，其余均可采用箱体在上的方式	违议不要采用。但 S 形测试音的传感器可以采用

2. 安装质量流量计

（1）传感器和变送器出厂前是配套标定的，安装时须一一对应。如果更换了变送器，又没有重新配套标定，虽可通过组态重新输入使系统参数运行，但却可能产生一定的系统误差。

（2）质量流量计是通过传感器的振动来实现测量的，为了防止外界干扰，仪表安装地点不能有大的振动源，并采取加固措施来稳定仪表附近的管道。

（3）质量流量计工作时要利用激励磁场，因此它不能安装在大型变压器、电动机、机泵等产生较大磁场的设备附近，至少要和它们保持 0.6~1.0m 以上的距离，以免受到干扰。

（4）质量流量计的传感器和管道连接时不应有应力存在（主要是扭力），为此要将传感器在自由状态下焊接在已经支撑好的管道上。

（5）直管质量流量计最好垂直安装，这样，仪表停用时可使测量管道排空，以免结垢，如果水平安装，则需将两根测量管处于同一水平面上。

（6）弯管流量计水平安装时，如果测量液体，则应外壳朝下，以免测量管内积聚气体。如果测量气体，则应外壳朝上，以免测量管积聚冷凝液。

（7）传感器和变送器的连接电缆应按说明书规定，因为变送器接受的是低电平信号，所以不能太长，并应使用厂家的专用电缆。

（8）质量流量计的安装对前后直管段无特殊要求，对于液体介质应使流量计处于管道低点，在运行过程中必须保证介质充满管道，不能使测量管中存在两相流；对于气体介质不能使流量计处于管道局部低点，以避免测量管中有积液而产生测量误差。

实际应用（以液体满管为例），安装说明最佳安装位置：向上流动的垂直管道上

[图1-48(a)]。

良好的选择：安装在管道系统中低点的水平管道上[图1-48(b)]。

限制的安装位置如图1-49所示。

（1）避免安装在管道的最高点。

（2）避免安装在向下流动的垂直管道上。

（3）如果不可避免得安装于出口处。

（4）推荐在流量计下游使用管道限流器或截面较小的孔板。

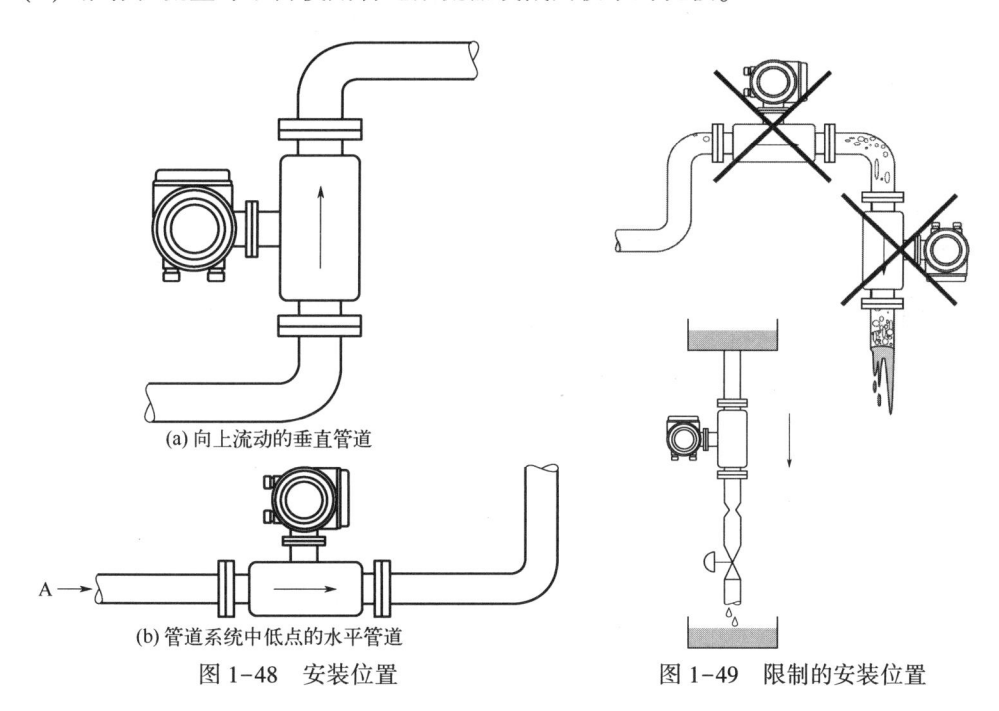

(a) 向上流动的垂直管道

(b) 管道系统中低点的水平管道

图1-48　安装位置

图1-49　限制的安装位置

避免沉淀固体和冷凝液影响如图1-50所示。

以下两种情况下，避免将测量管弯管向下安装：

（1）液体中夹带沉淀固体。

（2）水汽测量。

避免夹带气体如图1-51所示。

如果液体中存在气泡，请避免将弯管朝上安装以防止气泡聚集。

如果液体中含有气体时（例如：高黏度流体），可以通过增加背压（大约6~10bar）来将其去除。

安装在泵的高压侧并尽可能接近泵，通过压力的增加来压缩气体，降低测量影响。

3. 质量流量计的电气连接

1) 艾默生

（1）内部连接。

① 连接4线电缆（图1-52），红线>端子1（电源+），黑线>端子2（电源-），白线>端子3（RS-485/A），绿线>端子4（RS-485/B）。

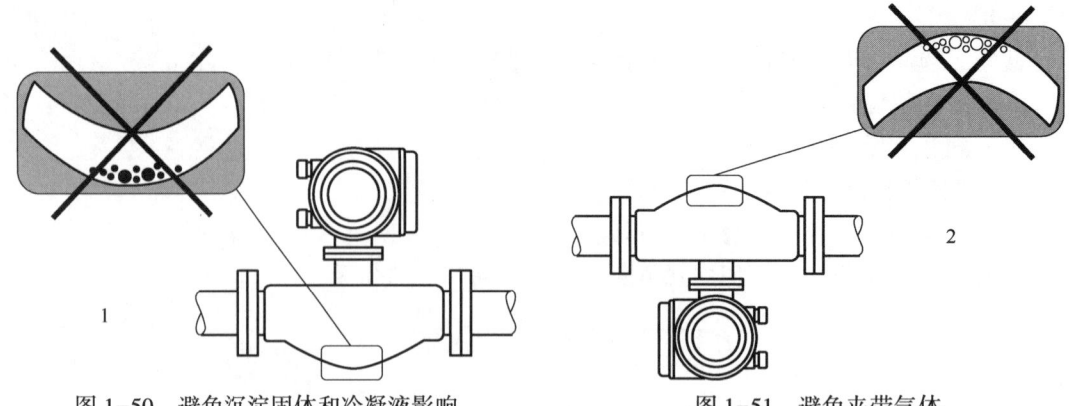

图 1-50 避免沉淀固体和冷凝液影响　　　　　图 1-51 避免夹带气体

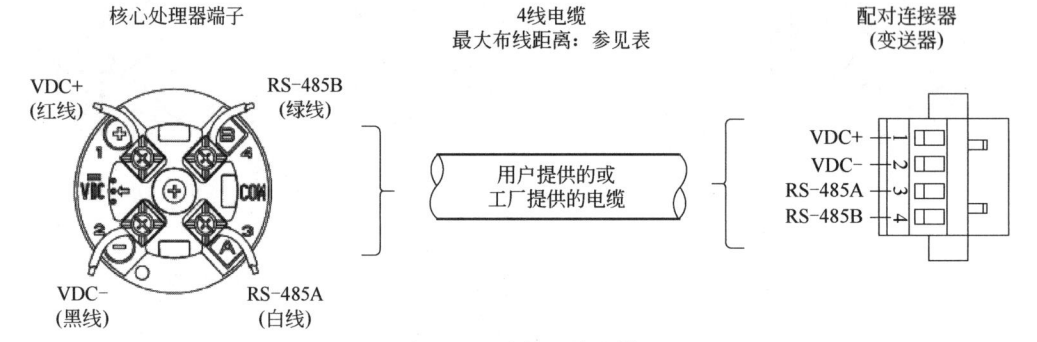

图 1-52 连接 4 线电缆

② 连接 9 线电缆（图 1-53）、表 1-14，电线颜色要一一对应。

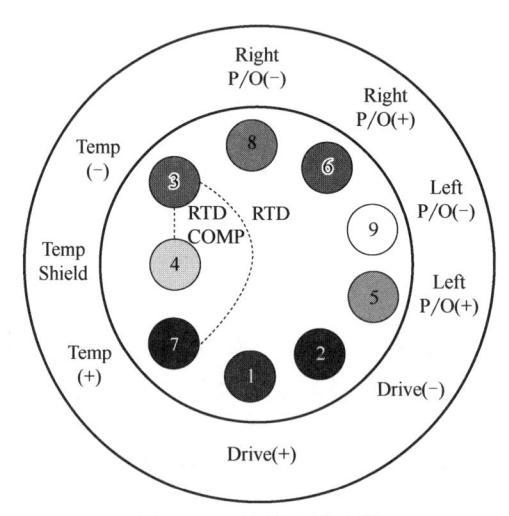

图 1-53 连接 9 线电缆

表 1-14 艾默生质量流量计 9 芯线对的颜色表

驱动线圈	左检测线圈	右检测线圈	温度传感器	导线长度补偿器
棕和红	绿和白	蓝和灰	黄和紫	黄和橙

（2）外部连接。

变送器电源的接线如图1-54所示。

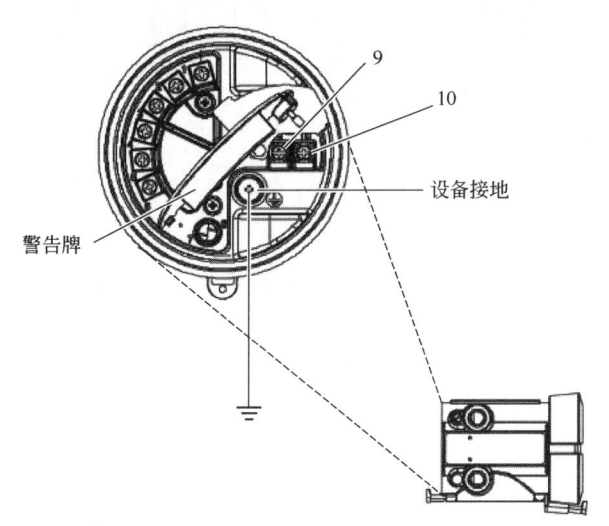

图1-54　变送器电源的接线

变送器输出接线示意图如图1-55所示。

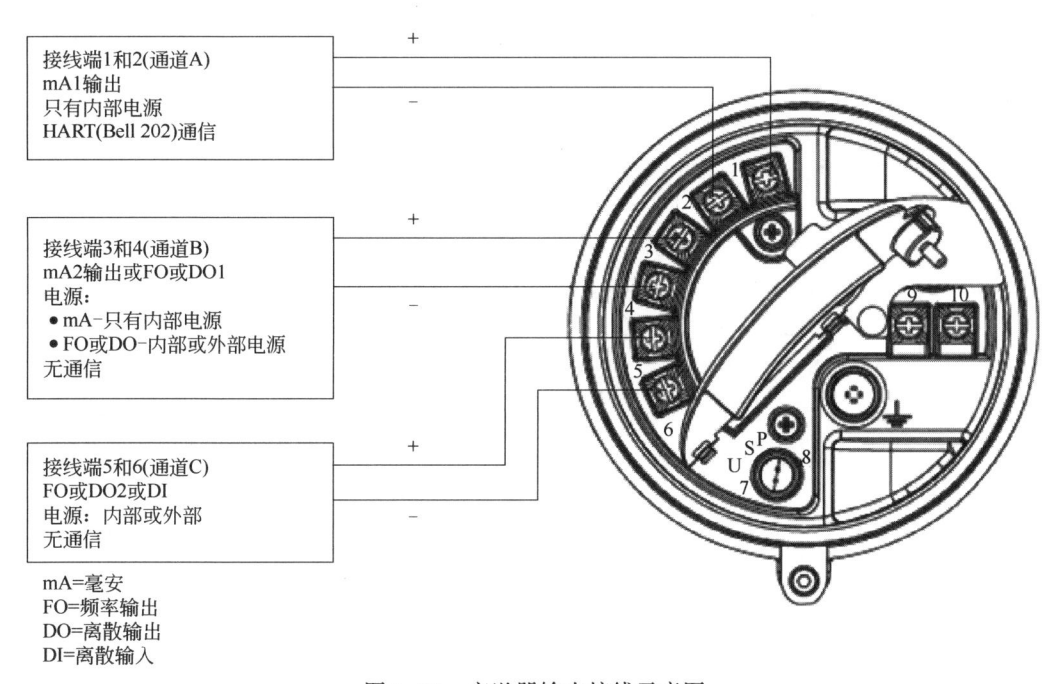

图1-55　变送器输出接线示意图

接线端1和2(通道A)
mA1输出
只有内部电源
HART(Bell 202)通信

接线端3和4(通道B)
mA2输出或FO或DO1
电源：
● mA-只有内部电源
● FO或DO-内部或外部电源
无通信

接线端5和6(通道C)
FO或DO2或DI
电源：内部或外部
无通信

mA=毫安
FO=频率输出
DO=离散输出
DI=离散输入

2) E+H

（1）内部连接如图1-56所示。

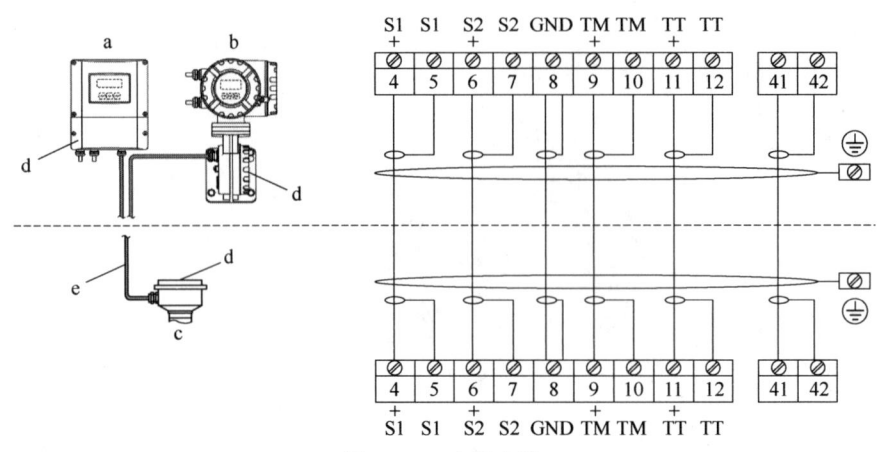

图 1-56 内部连接

表 1-15　E+H 质量流量计接线对应表

电缆颜色	接线端子
灰色	4
屏蔽线	5
绿色	6
屏蔽线	7
黄色	8
屏蔽线	8
粉色	9
屏蔽线	10
白色	11
屏蔽线	12
棕色	41
屏蔽线	42

（2）外部连接如图 1-57 所示，信号端子分配因型号不同而不同，连接时以具体型号为准。

接线—80 型、接线—83 型信号端子分配见表 1-16、表 1-17。

表 1-16　接线—80 型信号端子分配

订货号	端子号（输入/输出）			
	20~21	22~23	24~25	26~27
80＊＊-＊＊＊＊＊＊＊＊＊A	—	—	频率输出	电流输出 HART
80＊＊-＊＊＊＊＊＊＊＊＊D	状态输入	状态输出	频率输出	电流输出 HART
80＊＊-＊＊＊＊＊＊＊＊＊S	—	—	频率输出 Exi，无源	电流输出 Exi 有源，HART
80＊＊-＊＊＊＊＊＊＊＊＊T	—	—	频率输出 Exi，无源	电流输出 Exi 无源，HART
80＊＊-＊＊＊＊＊＊＊＊＊8	状态输入	频率输出	电流输出 2	电流输出 1HART

第一部分 现场仪表

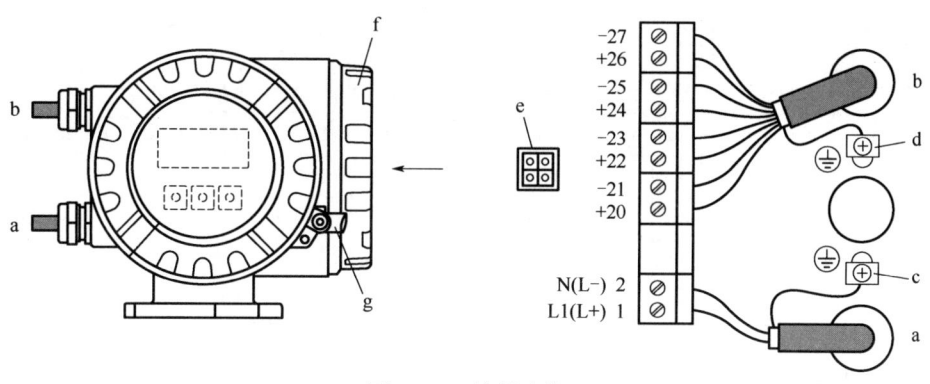

图 1-57 外部连接

表 5-17 接线—83 型信号端子分配

项目	端子号（输入/输出）			
订货号	20(+)/21(-)	22(+)/23(-)	24(+)/25(-)	26(+)/27(-)
端子固定				
83＊＊-＊＊＊＊＊＊＊＊＊＊A	—	—	频率输出	电流输出 HART
83＊＊-＊＊＊＊＊＊＊＊＊＊B	继电器输出	继电器输出	频率输出	电流输出 HART
83＊＊-＊＊＊＊＊＊＊＊＊＊F	—	—	—	PROFIBUS-PA Ex i
83＊＊-＊＊＊＊＊＊＊＊＊＊G	—	—	—	FOUNDATION Fieldbus Ex i
83＊＊-＊＊＊＊＊＊＊＊＊＊H	—	—	—	PROFIBUS-PA
83＊＊-＊＊＊＊＊＊＊＊＊＊J	—	—	—	PROFIBUS-DP
83＊＊-＊＊＊＊＊＊＊＊＊＊K	—	—	—	FOUNDATION Fieldbus
83＊＊-＊＊＊＊＊＊＊＊＊＊R	—	—	电流输出 2 Ex i 有源	电流输出 1 Ex i 有源 HART
83＊＊-＊＊＊＊＊＊＊＊＊＊S	—	—	频率输出 Ex i 无源	电流输出 Ex i 有源 HART
83＊＊-＊＊＊＊＊＊＊＊＊＊T	—	—	电流输出 Ex i 无源	电流输出 Ex i 无源 HART
83＊＊-＊＊＊＊＊＊＊＊＊＊U	—	—	频率输出 2Exi 无源	电流输出 1Exi 无源 HART
端子可变				
83＊＊-＊＊＊＊＊＊＊＊＊＊C	继电器输出 2	继电器输出 1	频率输出	电流输出 HART
83＊＊-＊＊＊＊＊＊＊＊＊＊D	状态输入	继电器输出	频率输出	电流输出 HART
83＊＊-＊＊＊＊＊＊＊＊＊＊E	状态输入	继电器输出	电流输出 2	电流输出 1HART
83＊＊-＊＊＊＊＊＊＊＊＊＊L	状态输入	继电器输出 2	继电器输出 1	电流输出 HART
83＊＊-＊＊＊＊＊＊＊＊＊＊M	状态输入	频率输出 2	频率输出 1	电流输出 HART
83＊＊-＊＊＊＊＊＊＊＊＊＊W	继电器输出	电流输出 3	电流输出 2	电流输出 1HART

续表

项目	端子号（输入/输出）			
83＊＊＊-＊＊＊＊＊＊＊＊＊0	状态输入	电流输出3	电流输出2	电流输出1HART
83＊＊＊-＊＊＊＊＊＊＊＊＊2	继电器输出	电流输出2	频率输出	电流输出1HART
83＊＊＊-＊＊＊＊＊＊＊＊＊3	电流输入	继电器输出	电流输出2	电流输出1HART
83＊＊＊-＊＊＊＊＊＊＊＊＊4	电流输入	继电器输出	频率输出	电流输出HART
83＊＊＊-＊＊＊＊＊＊＊＊＊5	状态输入	电流输入	频率输出	电流输出HART
83＊＊＊-＊＊＊＊＊＊＊＊＊56	状态输入	电流输入	电流输出2	电流输出HART

3）KROHNE

内部连接如图1-58所示。

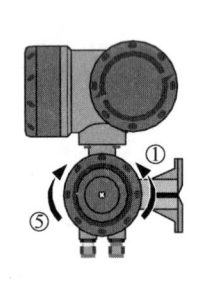

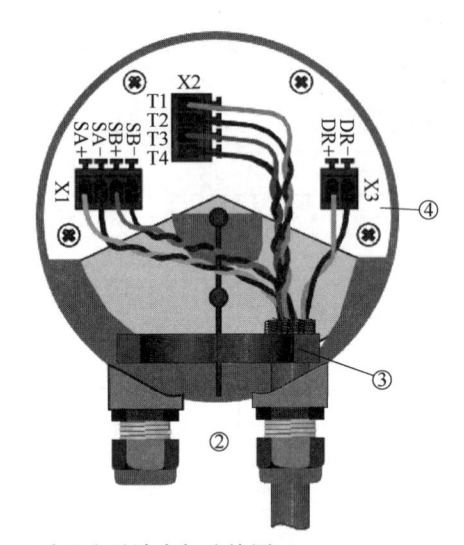

图1-58 KROHNE质量流量计内部连接图

表1-18 KROHNE质量流量计接线对应表

电缆线号	电缆颜色	接线端子
1	黄色	X1 SA+
1	黑色	X1 SA-
2	绿色	X1 SB+
2	黑色	X1 SB-
3	蓝色	X2 T1
3	黑色	X2 T2
4	红色	X2 T3
4	黑色	X2 T4
5	白色	X3 DR+
5	黑色	X3 DR-

外部连接如图 1-59 所示,端子分配见表 1-19、1-20,分固定式 I/O(输入/输出类型)和模块化 I/O(输入/输出类型)。

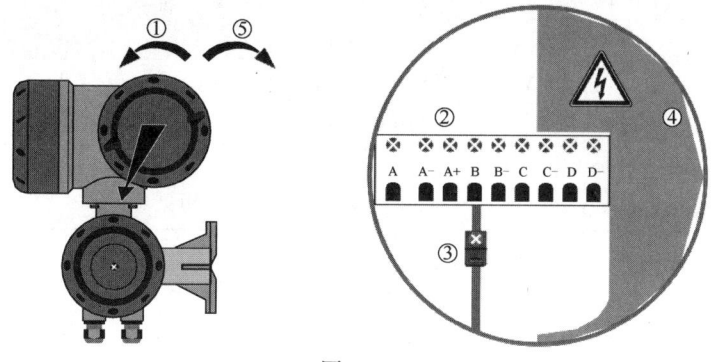

图 1-59

表 1-19 固定式 I/O(输入/输出类型)－不可更改

项目			端子							
I/Os	CG-编号		D-	D	C-	C	B-	B	A-	A	A+
基本标准	1	0	0	Pp/Sp (可更改)		Sp		Sp/Cp (可更改)	Ip+HART® 或(反向端子) Ia+HART®		
EEx-i 选项	2	0	0	PN/SN NAMUR (可更改)		Ia+HART® 有源					
	3	0	0	PN/SN NAMUR (可更改)		Ip+HART® 无源					
	2	1	0	PN/SN NAMUR (可更改)		Ia+HART® 有源		PN/SN/CN NAMUR (可更改)		Ia	
	3	1	0	PN/SN NAMUR (可更改)		Ip+HART® 有源		PN/SN/CN NAMUR (可更改)		Ia	
	2	2	0	PN/SN NAMUR (可更改)		Ia+HART® 有源		PN/SN/CN NAMUR (可更改)		Ip	
	3	2	0	PN/SN NAMUR (可更改)		Ip+HART® 无源		PN/SN/CN NAMUR (可更改)		Ip	
PA 总线 PROFIBUS (EEx-i) 选件	D	0	0	端子 PA- FISCO 装置	端子 PA+	端子 PA- FISCO 装置	端子 PA+				
	D	1	0	端子 PA- FISCO 装置	端子 PA+	端子 PA- FISCO 装置	端子 PA+	PN/SN/CN NAMUR (可更改)		Ia	
	D	2	0	端子 PA- FISCO 装置	端子 PA+	端子 PA- FISCO 装置	端子 PA+	PN/SN/CN NAMUR (可更改)		Ip	

续表

项目			端子					
FF 总线基金会现场总线（EEx-i）选件	E	0	0	端子 V/D-	端子 V/D+	端子 V/D-	端子 V/D+	
				FISCO 装置		FISCO 装置		
	E	1	0	端子 V/D-	端子 V/D+	端子 V/D-	端子 V/D+	PN/SN/CN NAMUR（可更改）	Ia
				FISCO 装置		FISCO 装置		
	E	2	0	端子 V/D-	端子 V/D+	端子 V/D-	端子 V/D+	PN/SN/CN NAMUR（可更改）	Ip
				FISCO 装置		FISCO 装置		

表 1-20 模块化 I/O（输入/输出类型）

项目			端子							
I/Os	CG-No		D-	D	C-	C	B-	B	A-	A	A+
模块化选项	4	—	—	Pa / Sa（可更改）		Ia+HART® 有源		端子.B+A 最多2个可选模块：Ia 或 Pa / Sa 或 Ca			
	8	—	—	Pa / Sa（可更改）		Ip+HART® 无源		端子.B+A 最多2个可选模块：Ia 或 Pa / Sa Ca			
	6	—	—	PP / Sp（可更改）		Ia+HART® 有源		端子.B+A 最多2个可选模块：Ia 或 PP / SP 或 CP			
	B	—	—	PN / SN（可更改）		Ia+HART® 有源		端子.B+A 最多2个可选模块：IP 或 PP / SP 或 CP			
	7	—	—	PN / SN NAMUR（可更改）		Ia+HART® 有源		端子.B+A 最多2个可选模块：Ia 或 PN / SN 或 CN			
	C	—	—	PN / SN NAMUR（可更改）		Ip+HART® 无源		端子.B+A 最多2个可选模块：IP 或 PN / SN 或 CN			
PA 总线 PROFIBUS 选件	D	—	—	端子 PA-	端子 PA+	端子 PA-	端子 PA+	端子.B+A 最多2个可选模块：Ia 或 Pa / Sa 或 CP			
FF 总线基金会现场总线选件	E	—	—	端子 V/D-	端子 V/D+	端子 V/D-	端子 V/D+	端子.B+A 最多2个可选模块：Ia 或 Pa / Sa 或 CP			
DP 总线 PROFIBUS 选件	F	—	0	RxD/TxD N	RxD/TxD P	RxD/TxD N	RxD/TxD P	端子 N	端子 P	端子 A 最多1个可选模块：选择请参见以下表格	

（三）质量流量计的投用和停用

1. 质量流量计的投用

1）投运前的检查

（1）首先检查传感器和变送器的全部连接情况，包括管道连接和电气连接、接地等均应符合要求。进而确认供电方式、供电类型、电压大小及电源线的连接，经过以上检查确认无误后，将流量计通电、预热。预热时间按流量计说明书中的要求决定。一般为 15～

20min，有自检功能的流量计首先进行自检，并显示相应的字码。在仪表预热的同时，让足够的工艺流体流过传感器，使测址介质充满测量管，并使传感器温度与工艺流体温度达到平衡。

(2) 在预热期间，进行组态的检查。虽然在流量计出厂时或投用前的检定中已根据工艺状态编制好测量程序，在此再次检查组态可纠止可能发生的错误，如需根据工况更改部分组态，也在这一步完成，流量计将以此为依据进行正常测量。

组态检查时应侧重以下几点：

① 过程变量的单位。

科氏力式质量流量计一般除测量质量流量外，还可测量介质的密度及温度，这些变量都有多个单位可供选择，不同的单位决定了同一变量可有不同数值的输出，因而单位的确定须加以注意。如弄错或混淆就可能造成测量正确而显示错误的情况。

② 流量范围及其对应输出。

流量范围是根据工艺选型确定的，不可随意更改，但在流量计的额定范围内，流量和变送器输出信号大小的对应关系，却可以根据需要很方便地在编程中修改。二次表是根据变送器的输出（包括电流信号或频率信号）来显示、记录的，因而确定流量与输出的对应关系十分重要。

③ 流动方向。

虽然传感器上标有流动方向并建议按此方向安装，若工艺需要将流向改变为反向或双向，只需在编程时予以更改即可，而不必将传感器重新安装，这也是科氏力式质量流量计的一个优势。

④ 小流量切除。

如果流量传感器的安装应力没能完全消除，或者由于管道内的工况变化造成介质的来回涌动，仪表会有较小的瞬时流量显示，从而造成流量计的误计量。设置小流量切除功能，可将这些虚假流量切除掉，不予显示、累积。但切除的比例不宜过大，一般控制在流量上限的 0.1%~1%。

⑤ 密度测量范围设置。

流量计出厂时设定的密度测量范围一般是比较大的，从气体到浆料都可适应。但对具体测量某一种介质的流量计来说，用户可将其密度测量范围设定得小一些。当测量管内被测介质的密度不在这个范围之内时，变送器就"认为"被测介质流动异常而置流量输出为零。

⑥ 离散量输出设置。

为了实现对工业生产中的工艺过程控制，流量计一般都提供有离散量输出，每个输出都可设计组态为测量参数的高/低报警，并将故障状态下的输出置于正常输出范围之外，使发生的故障能及时发现。

a. 检查导管孔是否密封；垫圈和 O 形环是否完整；所有盖子是否拧紧。

b. 检查仪表密封点是否有泄漏。

c. 检查仪表零位，并按制造厂规定的调整方法进行调零。

d. 给变送器通电，使它预热至少 30min，确保变送器处于允许流量计调整的安全模式。

e. 虽然质量流量计测量的是流体的质量流量，实际温度变化对质量没有影响，但会影响仪表零点的稳定性，因此要使得传感器温度示值接近正常的过程运行温度才能调零。

f. 保证传感器满管，关闭在流量计下游的截止阀，使流过传感器的流量为零，然后才能调零，调零过程中须保证流过传感器的流体完全不流动。

2）投运

（1）缓慢开启流量计进口阀门，确保流量计系统内的压力缓慢上升，观察法兰、阀门及其连接管线无渗漏。

（2）缓慢开启过滤器、放空阀、排净气体。

（3）缓慢开启流量计出口阀，观察表头示值正常，确认流量计运转正常。

（4）缓慢关闭旁通阀门。

3）质量流量计的停用

（1）停运流量计时先打开旁路阀。

（2）关闭流量计的进出口阀门。

（3）室外安装的流量计停运时间夏季超过 24h，冬季超过 8h，应扫净内余液。

三、质量流量计的菜单树

质量流量计在现场安装完成后，要对流量计进行基本参数设置，才能保证流量计正常工作，参数设置既可以现场面板操作也可以手操器操作。

艾默生质量流量计 HART475 菜单见表 1-21。

表 1-21　艾默生质量流量计 HART475 菜单

overview 查看	check status 检查状态	refresh alerts 刷新报警				
		Dev status 设备状态				
		comm status 通讯状态				
	primary purpose variables 主要变量	mass flow rate 质量流量				
		volume flow rate 体积流量				
		density 密度				
	shortcuts 快捷方式	device information 设备信息	product information 产品信息	tag 位号		
				mode 型号		
				xmtr software rev 变送器软件版本		
				CP software rev 核心处理器		

续表

overview 查看	shortcuts 快捷方式	device information 设备信息	product information 产品信息	option board		
				ETO number		
				final asmbly num		
				sensor serial num 传感器序列号		
				Hart DD information Hart DD 文件信息		
			mat of construction 材质			
			licenses 许可			
		totalizer control 累加器控制				
		zero calibration 调零				
		trends 趋势				
		meter verification 仪表自校验				
configure 组态	manual setup 手动设置	characterize 特性化	sensor type 传感器类型	curved tube 弯管	sensor tag parameters 传感器铭牌参数	flowcal 流量系数
						D1
						D2
						TC
						K1
						K2
						FD
				straight tube 直管	flow parameters 流量参数	flow FCF 流量系数
						FTG
						FFQ
					sensor tag parameters 传感器铭牌参数	D1
						D2
						DT
					density parameters 密度参数	DTG
						K1
						K2
						FD
						DFQ1
						DFQ2

续表

				sensor tag 位号				
configure 组态	manual setup 手动设置		characterize 特性化	parameters 参数				
		measurements 测量		flow 流量	flow direction 流向			
					flow damping 阻尼			
					mass flow cutoff 质量小流量切除			
					mass flow unit 质量流量单位			
					valume flow cutoff 体积小流量切除			
					valume flow unit 体积流量单位			
					mass factor 质量一般系数			
					volume factor 体积仪表系数			
				density 密度	density unit 密度单位			
					density damping 密度阻尼			
					density factor 密度系数			
					slug low limit 团状流低限			
					slug high limit 团状流高限			
					slug duration 团状流持续时间			
				temperature 温度	temperature unit 温度单位			
					temp damping 温度阻尼			
				update rate 刷新速度	update rate 刷新速度			

续表

configure 组态	manual setup 手动设置	measurements 测量					
			update rate 刷新速度	100 HZ variables 100 HZ 显示变量			
			set up special unit 设置特殊单位	mass special unit 质量特殊单位			
				volume special unit 体积特殊单位			
			set up extemal compensation 外部补偿	pressure unit 压力单位			
				enable press comp 启动压力补偿			
				flow cal pressure 流量标定压力			
				static pressure 静态压力			
				flow press factor 流量压力系数			
				dens press factor 密度压力系数			
				enable ext temp 启动温度补偿			
				extemal temperature 外部温度			
				extemal polling 外部轮询			
			set up GSV 设置标准气体体积	valume flow type 体积流量类型			
				gas density 气体密度			
				gas vol flow cutoff 气体体积流量切除			
				gas vol flow unit 气体体积流量的单位			
				gas density unit 气体密度单位			

续表

configure 组态	manual setup 手动设置	display 显示	display variable menu features 显示变量菜单特性	language 语言			
				totalizer reset 累加器复位			
				star/stop tatals 开始/停止累积			
				auto scroll 自动滚动			
				scroll time 滚动间隔			
				update period 更新周期			
				status LED blinking 状态灯闪烁			
			offline variable menu features 离线变量菜单特性	offline menu 离线菜单			
				alert menu 报警菜单			
				acknowledge all 确认全部			
				offline passcode 离线密码			
				alert passcode 报警密码			
			backlight 背光	control			
				intensity (0-63)			
			set up display variable 设置显示变量	display variable (1-5)			
				display variable (6-10)			
				display variable (11-15)			
			set up decimal places 设置小数点位	for process variables 过程变量			
				for totalizer variables 累积变量			
				for diagnostic variables 诊断变量			

续表

configure 组态	manual setup 手动设置	input/output 输入/输出	set up channels 通道	channel A 通道 A			
				channel B 通道 B			
				channel C 通道 C			
			set up mA output 毫安输出	primary variable 主变量			
				mA output setting 毫安输出设置	pv lrv 下限量程		
					pv urv 上限量程		
					pv min span 最小范围		
					pv lsl 仪表测量下限		
					pv usl 仪表测量上限		
					pv MAO cutoff 毫安切除小信号		
					pv added damping 附加阻尼		
				mA fault setting mA 报警设置	MAO fault action 毫安报警动作		
					MAO fault level 毫安报警电等级		
			set up frequency output 脉冲输出	FO setting 设置	third variable 第三变量		
					max pulse width 最大脉冲宽度		
					FO polarity 脉冲极性		
				FO fault parameter 故障参数	third variable 第三变量		
					FO fault action 故障动作		

续表

configure 组态	manual setup 手动设置	set up mA output 毫安输出	set up frequency output 脉冲输出	FO fault parameter 故障参数	FO fault level 故障等级		
					FO scaling method 定标方式		
				FO scaling 定标	set FO scaling 设置定标系数		
			set up discrete output 离散输出				
			set up RS-485 port RS-485端子				
			map variables 变量映射				
		info parameters 信息参数	transmitter info 变送器信息				
			sensor information 传感器信息				
		communication 通信	Hart address Hart 地址				
			tag 位号				
			device identification 设备识别				
			Dev ID (CP)				
			set up burst mode 设置阵法模式				
	alert setup 报警设置	configure alerts 报警组态	fault timeout 故障超时				
			MAO fault action 毫安故障动作				
			MAO fault level 毫安故障电压				
			FO fault action 频率输出故障动作				
			FO fault level 频率输出故障电压				
			comm fault action 通讯故障动作				

续表

configure 组态	alert setup 报警设置	configure alerts 报警组态	set alert severity 设置报警级别					
			view alert severity 查看报警级别					
		discrete output 离散输出						
		discrete events 离散事件						
service tools 服务工具	alerts 报警	refresh alerts 刷新报警						
		alert name 报警名称						
		additional information for above 额外信息						
	variables 变量	variable summary 变量总览						
		process variable 过程变量	mass flow rate 质量流量					
			volume flow rate 体积流量					
			density 密度					
			temperature 温度					
		mapped variable 映射变量	PV					
			SV					
			TV					
			QV					
		external variable 外部变量	external temperature 外部温度					
			external pressure 外部压力					
		totalizer control 累计量控制	all totalizers 所有累加器	start totalizers 开始累积				
				stop totalizers 停止累积				
				reset all totals 复位所有累加器				

续表

service tools 服务工具	variables 变量	totalizer control 累计量控制	all totalizers 所有累加器	mass total 复位质量流量			
				volume total 复位体积流量			
			mass 质量	mass flow rate 质量流量流速			
				mass total 复位质量流量			
				mass inventory 质量库存量			
				reset total 复位累积量			
			volume 体积	volume flow rate 体积流速			
				volume total 复位体积流量			
				volume inventory 体积库存量			
				reset total 复位累积量			
		output 输出	current 电流	current 电流			
				pv MAO 第一毫安电流			
				pv% range 百分比范围			
			frequency 频率	frequency 频率			
				present frequency output 现在的频率			
			DO state 离散				
	trends 趋势	process variable 过程变量					
		diagnostic variable 诊断参数					
	maintenance 维护	routine maintenance 常规维护	trim mA output 数调毫安输出				
			meter verification 仪表自校验				

续表

service tools 服务工具	maintenance 维护	zero calibration 调零	mass flow rate 质量流量				
			volume flow rate 体积流量				
			zero time 调零时间				
			zero value 零点值				
			standard deviation 标准偏差				
			perform auto zero 执行调零				
			restore factory zero 恢复出厂设置				
		density calibration 密度校准	density 密度				
			dens pt1（air）标定点（空气）				
			dens pt2（water）标定点（水）				
			dens pt3 T-series 标定点 T 系列				
			dens pt4 T-series 标定点 T 系列				
			flowing dens 流动密度				
		temperature calibration 温度校准	temperature 温度				
			temp cal factor 温度系数				
			offset calibration 偏移量				
			slope calibration 斜率标定				
		diagnostic variable 诊断参数	sensor mode 传感器型号				
			drive gain 驱动增益				
			input voltage 输入电压				
			LPO amplitude 左线圈幅值				

续表

service tools 服务工具	maintenance 维护	diagnostic variable 诊断参数	RPO amplitude 右线圈幅值			
			board temperature 电路板温度			
			tube frequency 传感器振动频率			
			live zero 活零点			
			Fld verification zero 现场确认零点			
	simulate 模拟	simulate output 模拟输出	mA output loop test 毫安输出回路测试			
			frequency output loop test 频率输出回路测试			
			discrete output loop test 离散输出回路测试			
		simulate sensor 模拟传感器	simulation mode 模拟方式			
			mass flow rate 质量流量			
			density 密度			
			temperature 温度			

E+H 质量流量计 HART475 菜单见表 1-22。

表 1-22 E+H 质量流量计 HART475 菜单

1. GROUP SELECT 快速设置	1. mesurin values 测量值	1. mass flow 4600 kg/h 质量流量
		2. volume flow 535 m³/h 体积流量
		3. cor. volume flow Nm³/h 标况体积流量
		4. density 8.5 kg/m³ 密度
		5. ref. density 1000kg/m³
		6. temperature 21 度
	2. system units 系统单位	
	3. operation 操作	1. language 语言
		2. access code 密码
		3. status access 查看状态密码
		4. access code cntr

续表

1. GROUP SELECT 快速设置	4. user interface 人机界面	1. assign line 1　massflow 显示第一行变量
		2. ssign line 2　totalizer 显示第二行变量
		3. format　＊＊＊＊数字格式
		4. display damping　1s 阻尼
		5. contrast LCD 50%对比度
		6. backlight　50%背光
		7. test display off 测试显示
	5. totalizer 1 累加器	
	6. totalizer 2 累加器	
	7. handing total. 累加器操作	
	8. current output 1 电流输出	1. assign current　mass flow 电流对应变量
		2. current span　4-20mA HART 电流范围
		3. value 20mA　36000kg/h 量程
		4. time constant 时间常数
		5. fall safe mode　min. 失效模式
		6. actual current 6.1mA
		7. SIMULATION CURR. 回路测试
	puls/freq out 脉冲/频率输出	
	communication 通讯	
	process parameter 工艺参数	assign If cutoff 选择流量切除对应的量
		on point If cutoff 启动值
		off point If cutoff 回复值
		empty pipe det 空管检测
		epe low value epd 下限
		epd value high epd 上限
		epd resp time epd 反应时间
		epd exc current
		fixed refernce density 固定参考密度值
		zero PT ADJ 零点标定
		density set point 密度设定值
		meas fluid 测量介质
		density adjust 密度标定
		restore o rig 回复原始值
		pressure mode 压力模式
		pressure 压力
	system parameter 系统参数	inst dir sensor 传感器方向
		measuring mode 测量模式

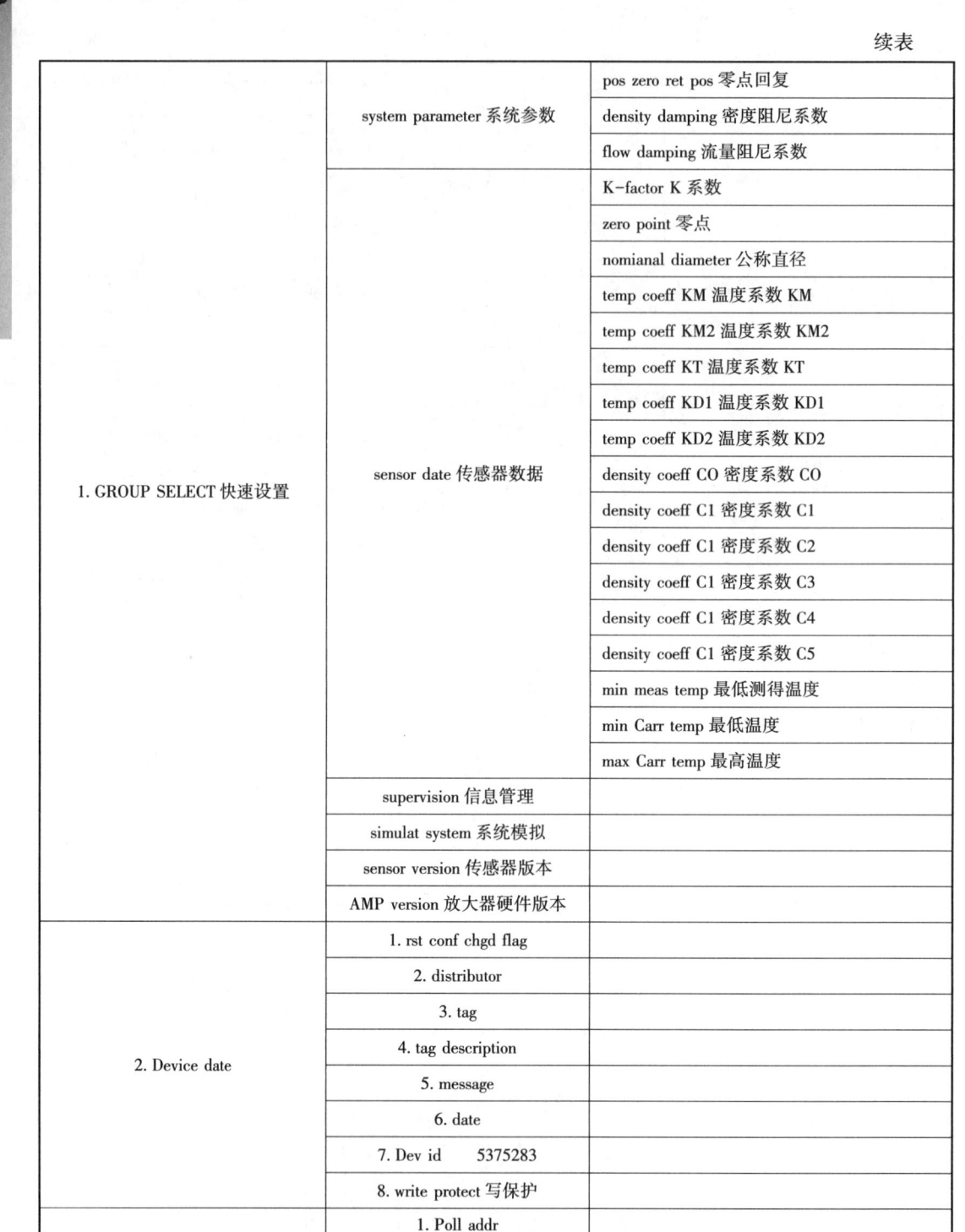

续表

1. GROUP SELECT 快速设置	system parameter 系统参数	pos zero ret pos 零点回复	
		density damping 密度阻尼系数	
		flow damping 流量阻尼系数	
	sensor date 传感器数据	K-factor K 系数	
		zero point 零点	
		nomianal diameter 公称直径	
		temp coeff KM 温度系数 KM	
		temp coeff KM2 温度系数 KM2	
		temp coeff KT 温度系数 KT	
		temp coeff KD1 温度系数 KD1	
		temp coeff KD2 温度系数 KD2	
		density coeff CO 密度系数 CO	
		density coeff C1 密度系数 C1	
		density coeff C1 密度系数 C2	
		density coeff C1 密度系数 C3	
		density coeff C1 密度系数 C4	
		density coeff C1 密度系数 C5	
		min meas temp 最低测得温度	
		min Carr temp 最低温度	
		max Carr temp 最高温度	
	supervision 信息管理		
	simulat system 系统模拟		
	sensor version 传感器版本		
	AMP version 放大器硬件版本		
2. Device date	1. rst conf chgd flag		
	2. distributor		
	3. tag		
	4. tag description		
	5. message		
	6. date		
	7. Dev id 5375283		
	8. write protect 写保护		
3. Hart output	1. Poll addr		
	2. num req preams 5		
	3. set primary mass flow		
	4. set secondary sum 1		
	5. set tertiary density		
	6. set 4TH variable temperature		

续表

4. ACTUAL SYS. COND		
5. PV 4497KG/H		
6. SV 1241608m3		
7. TV 8.59KG/M3 密度		
8. 4V 21 度		
9. ACTUAL CURRENT 6mA 当前电流输出		

KROHNE 质量流量计见表 1-23、表 1-24、表 1-25。

表 1-23 KROHNE 质量流量计 475 组态快速设置菜单

测量模式	选择菜单	选择子菜单	选择子菜单
		按>2.5 秒	
∧	A 快速设置	A1 Language 语言	
		A2 Tag 位号	
		A3 Reset 重置 (>∧)	A3.1 ResetErrors 重置错误
			A3.2. All Totalisers 所有计数器
			A3.3 Totaliser 1 计数器 1
			A3.4 Totaliser 2 计数器 2
			A3.5 Totaliser 3 计数器 3 (>∧)
		A4 Analogue Outputs 模拟量输出	A4.1 Measurement 测量
			A4.2 Unit 单位
			A4.3 Range 量程
			A4.4 Low Flow Cutoff 小流量切除
			A4.5 Time Constant 时间常数
		A5 Digital Outputs 数字量输出	A5.1 Measurement 测量
			A5.2 Pulse Value Unit 脉冲值单位
			A5.3 Value p. Pulse 脉冲当量
			A5.4 Low Flow Cutoff 小流量切除
		A6 GDC IR interface GDC 红外接口	
		A7 Flow Direction 流量方向	
		A8 Zero Calibration 零点标	
		A9 Operation Mode 操作模式	

表1-24 KROHNE质量流量计组态测试菜单

测量模式	选择菜单		选择子菜单		选择子菜单
			按>2.5秒		
∧	B Test 测试	>∧	B1 Simulation 模拟	>∧	B1.1 Mass Flow 质量流量
					B1.2 Volume Flow 体积流量
					B1.3 Density 密度
					B1.4 Temperature 温度
					B1._ Current Output X 电流输出 X
					B1._ Status Output X 状态输出 X
					B1._ Control Input X 控制输入 X
					B1._ Pulse Output X 脉冲输出 X
			B2 Actual Values 实际值		B2.1 Operating Hours 操作时间
					B2.2 Date and Time 日期和时间
					B2.3 Mass Flow 质量流量
					B2.4 Volume Flow 体积流量
					B2.5 Velocity 流速
					B2.6 Density 密度
					B2.7 Temperature 温度
					B2.8 Strain 1 张力 1
					B2.9 Strain 2 张力 2
					B2.10 Tube Frequency 测量管频率
					B2.11 Drive Level 驱动等级
					B2.12 Sensor A Level 传感器 A 等级
					B2.13 Sensor B Level 传感器 B 等级
					2.14 2 Phase Signal 双相流信号
					B2.15 SE PCB Temperature SE PCB 温度
					B2.16 Act. Operat. Mode 实际操作模式
			B3 Information 信息		B3.1 Status Log 状态日志
					B3.2 Status Details 状态详情
					B.3.3 C Number C 号码
					B3.4 Sensor Electronics 传感器电子元器
					B3.6 Electronic Revision 电子版本
					B3.7 Sensor Revision 传感器版本

第一部分　现场仪表

表1-25　KROHNE质量流量计475组态C设置菜单

测量模式	选择菜单		选择子菜单		选择子菜单
			按>2.5秒		
∧	C Setup 设置	> ∧	C1 Process Input 过程输入	> ∧	C1.1 Zero and Offset 零点和偏移
					C1.2 Density 密度
					C1.3 Filter 滤波
					C1.4 System Control 过程控制
					C1.5 Diagnosis 诊断
					C1.6 Information 信息
					C1.7 Flow Calibration 流量校验
					C1.8 Density Calib 密度标定
					C1.9 Simulation 模拟
			C2 Concentration 浓度		请参考浓度手册
			C3 I/O（输入/输出）		C3.1 Hardware 硬件
					C3._ Current Output X 电流输出X
					C3._ Frequency Output X 频率输出X
					C3._ Pulse Output X 脉冲输出X
					C3._ Status Output X 状态输出X
					C3._ Limit Switch X 限位开关X
					C3._ Control Input X 控制输入X
			C4 I/O Totalisers I/O 计数器		C4.1 Totaliser 1 计数器1
					C4.2 Totaliser 2 计数器2
					C4.3 Totaliser 3 计数器3
			C5 I/O HART		C5.1 PV 为
					C5.2 SV 为
					C5.3 TV 为
					C5.4 4V 为
					C5.5 HART 单位
			C6 Device 仪表		C6.1 Device Info 仪表信息
					C6.2 Display 显示
					C6.3 1st Meas. Page 第一个测量页
					C6.4 2nd Meas. Page 第二个测量页
					C6.5 Graphic Page 图像页
					C6.6 Special Functions 特殊功能
					C6.7 Units 单位
					C6.8 HART
					C6.9 Quick Setup 快速设置

四、质量流量计日常巡检和定期维护

（一）日常巡检

（1）向当班工艺人员了解仪表运行情况。
（2）查看仪表指示，累积是否正常。
（3）查看仪表供电是否正常。
（4）查看表体及其连接件是否损坏和腐蚀。
（5）查看仪表外线路有无损坏及腐蚀。
（6）查看表体与工艺管道连接有无泄漏。
（7）查看仪表电缆穿管、接线腔内是否潮湿，密封圈完好，螺纹上涂脂，密封不用的进线口。
（8）发现问题应及时处理，并做好巡回检查记录。

（二）定期维护

1. 零点检查和调整

零点漂移是质量流量计在实际运行中经常遇到的问题。造成零点漂移的因素很多，如传感器的安装应力，测量管的结构不对称，被测流体物理特性参数的变化等。尤其是在小流量测量时，零点漂移对测量准确度的影响较为严重。

零点检查至少每三个月进行一次。在生产允许的情况下，安装在重要监测点的质量流量计，零点检查的时间间隔应适当缩短。

2. 流量计密封性能的检查维护

流量计在现场使用，特别是应用在有腐蚀性气体、潮湿或粉尘多的环境中，要经常注意检查传感器接线口处的密封完好情况，以防腐蚀接线端子，造成仪表不能正常运行。

3. 工作参数检查

流量计在使用过程中，应经常注意所设的工作参数是否发生了变化，所显示的流量、密度、温度是否正常，如与实际情况有较大的出入，重新进行零点校准。若上述工作完成后仍感觉不正常，查看变送器内设置的工作参数是否正确。

4. 定期观察流量计的故障指示

根据流量计的型号、规格、生产厂家的不同，故障显示方式和内容也各有所异。对不同的故障警告指示，可查看产品使用说明书以确定故障原因，进行处理。

5. 定期全面检查维护

从传感器的外观、安装牢固程度、工艺管道的振动、变送器和显示仪表的指示等方面全面检查，发现问题及时处理。

6. 流量计的周期检定和比对

流量计使用一段时间后，应按要求进行周期检定，以确定流量计的使用性能。根据质量流量计国家检定规程，质量流量计的检定周期根据使用情况确定。用于贸易结算的一般不超过1年，用于其他场合的，检定周期一般不超过2年。在条件允许的情况下，可定期与其他计量手段进行比对，以确认流量计是否正常。

7. 建立流量计档案

建立流量计档案以及运行、故障记录和检定记录，尤其是记录每次调完零点后的零点偏置值，这样可以方便以后更好的管理维护质量流量计。

五、质量流量计典型故障分析与处理

（一）质量流量计故障分析步骤

（1）检查包括电源、信号接线是否正确。
（2）检查过程变量及内部参数设置是否正确。
（3）通过变送器状态指示灯、状态报警以及自诊断结果初步判断故障原因。
（4）检查传感器线圈、RTD和核心处理器电阻。
（5）检查流量计安装场所附近是否有振动或电磁场干扰。
（6）检查及确定测量介质的物理状态是否变化，例如密度、黏度、团状流、泡、杂质等。
（7）开启旁路，切断流量计，将流量计拆下，检查流量计是否堵塞、损坏以及管路是否畅通。
（8）将流量计重新检定，判断是否正常。

（二）通过状态灯、报警代码显示判断质量流量计故障

1. 艾默生质量流量计

状态灯判断故障见表1-26。

表1-26 状态灯判断故障

状态指示灯状态	报警优先级
绿色	正常运行
绿色闪烁	已改正但尚未确认的状态
黄色	已确认的低强度报警
黄色闪烁	未确认的低强度报警
红色	已确认的高强度报警
红色闪烁	未确认的高强度报警

报警代码含义见表1-27、表1-28、表1-29、表1-30。

表1-27 电子部件报警

报警代码	说明	措施
A009	上电后变送器执行自检	无需采取行动除非报警不能清除。如果报警不能被清除： 检查传感器接线 检查电源接线

续表

报警代码	说明	措施
A009	上电后变送器执行自检	确定传感器全满或全空 核对传感器组态 如果 A26 报警同时出现，检查核心处理器地址
A14	多种原因引起变送器的故障	流量计重新上电 传感器线圈与组织检查
A026	变送器与核心处理器之间通讯错误	检查核心处理器与变送器之间的接线（带分体安装变送器的分体核心处理器 检查变送器或接线处的环境噪声 检查核心处理器 LED 进行核心处理器电阻测试
A028	写入核心处理器时失败	流量计重新上电 流量计可能需要维修
A103（1）	变送器已重新启动	流量计重新上电 检查全部的当前组态以确定那些数据丢失。 重新组态丢失或不正确数据的设置
A107	变送器已重新启动	无需任何措施

表 1-28　传感器报警

警代码	说明	措施
A003	未检测到传感器测量管振动信号	检查测试点 检查传感器线圈 检查传感器接线 检查团状流 检查传感器测量管
A004	测量到的温度超出传感器测量限	检查传感器接线 核对传感器组态 检查测试点 检查传感器线圈及 RTD 核对过程温度是否在传感器及变送器的范围内
A016	传感器 RTD 故障	检查传感器接线 确保传感器类型组态正确 检查测试点 检查传感器线圈
A017	仪表 RTD 故障	检查传感器接线 确保传感器类型组态正确

表 1-29　过程报警

报警代码	说明	措施
A005	质量流量超出传感器测量限	检查测试点 核对过程数据检查传感器线圈 确定组态的单位正确 核对 4mA 和 20mA 的值 核对传感器组态的校准系重新调零数

续表

报警代码	说明	措施
A008	密度值超出传感器测量限	检查测试点 如果伴随 A3 报警，检查传感器线圈 核对传感器组态的校准系数 执行密度校准 核对过程数据
A010	校准过程失败，多种可能原因	确定没有流量通过感流量计重新上电。 检查传感器安装应力
A011	校准过程失败，由于反向流量通过传感器通过传感器	确定没有流量通过传感器。 检查传感器安装应力 流量计重新上电
A012	校准过程失败，由于有流量	确定没有流量通过传感器。 检查传感器安装应力 流量计重新上电
A013	密度值超出传感器限制	确定没有流量通过传感器 检查传感器安装应力 检查机械电气噪声 流量计重新上电
A100	分配给第一毫安输出的过程变量超出组态范围	使流量保持在传感器测量限内 检查测量单位 检查传感器 对于毫安输出，更改 20mA 和 4mA 的值 对于频率输出，更改频率与对应流量值，脉冲数/单位流量或单位流量数/脉冲
A102	测量管未振动或振动不稳定	测量管未振动或振动不稳定 确定传感器充满过程流体 确定传感器自由振动 核对传感器组态 确定流量在传感器测量限内
A105	在过程中检测到团状流	检查过程中是否存在气穴、闪蒸或泄漏现象 改变传感器安装方向 监控密度 如果需要，可输入新的团状流限. 如果需要，可增加
A113	分配给第二毫安输出的过程变量超出组态范围	使流量保持在传感器测量限内 检查测量单位 检查传感器 对于毫安输出，更改 20mA 和 4mA 的值 对于频率输出，更改频率与对应流量值，脉冲数/单位流量或单位流量数/脉冲
A115	HART 轮询连接外部设备故障	核对设备运行情况 检查接线
A116	过程温度超出 API 定义的外推限制	核对过程数据 核对 API 参考表和温度组态
A117	过程密度超出 API 定义的外推限制	核对过程数据 核对 API 参考表和密度组态

报警代码	说明	措施
A121	增强密度计算值超出组态数据范围	核对过程温度 核对过程密度 核对增强密度组态

表 1-30　过程报警

报警代码	说明	措施
A006	仪表被复位，所需校准参丢失	输入需要的数据
A020	仪表被复位，所需校准参丢失	输入需要的数据
A021	K1 值丢失或不正确，或传感器 RTD 数据不正确	核对特性化参数
A032（1）	仪表在线校验进行中，输出设置故障	使校验过程完成。如果需要，放弃过程并将输出设定为最后测量值，重新开始
A101	第一毫安输出被固定	启用回路电流模式的参数 退出毫安输出调整 退出毫安输出仿真 检查输出是否经数字通讯固定
A104	变送器当前正在进行流量或密度校准	无需任何措施
A106	变送器组态为阵发模式	无需任何措施
A111	频率输出被固定	退出频率输出仿真
A114	第二毫安输出被固定	退出毫安输出调整 退出毫安输出仿真 检查输出是否经数字通讯固定
A118	离散输出 1 被固定	取消离散输出 1 固定
A119	离散输出 2 被固定	取消离散输出 1 固定
A120	密度曲线的组态值不符合精度要求	核对增强密度组态。参见增强密度手册

2. E+H 质量流量计

报警代码含义见表 1-31、表 1-32、表 1-33。

表 1-31　硬件错误

类型	错误信息/代码	原因	解决措施
S☐	CRITICAL　FAILURE #001	严重仪表故障	更换放大板
S☐	AMP HW EEPROM #011	放大器：EEPROM 损坏	更换放大板

续表

类型	错误信息/代码	原因	解决措施
S □	AMP SW EEPROM #012	放大器：EEPROM 数据访问错误	重新启动测量仪表
S □	SENSOR HW DAT #031	传感器： 1. S-DAT 损坏 2. S-DAT 未插入 I/O 板	1. 更换 S-DAT 2. 将 S-DAT 未插入 I/O 板
S □	SENSOR SW DAT #032	传感器： 访问存储在 S-DAT 中的标定值时出错	1. 检查 S-DAT 是否正确插入放大器板 2. 如果 S-DAT 损坏，更换
S □	TRANSM HW-DAT #041	变送器 DAT： 1. T-DAT 损坏 2. T-DAT 未插入放大器板	1. 更换 T-DAT 2. 将 T-DAT 未插入 I/O 板
S □	TRANSM SW-DAT #042	变送器： 访问存储在 T-DAT 中的标定值时出错	1. 检查 T-DAT 是否正确插入放大器板 2. 如果 T-DAT 损坏，更换
S □	A/C COMPATIB #051	I/O 板和放大器板不兼容	使用匹配的模块
S □	HW F-CHIP #061	变送器 F-Chip： 1. F-Chip 损坏 2. F-Chip 未插入放大器板	1. 更换 F-Chip 2. 将 F-Chip 未插入 I/O 板

表 1-32 软件错误

类型	错误信息/代码	原因	解决措施
S □	CHECKSUM TOTAL #111	累积器求和校验出错	重启测量仪表

表 1-33 过程错误信息

类型	错误信息/代码	原因	解决措施
S !	POSITIVE ZERO PETURN #601	强制归零激活	关闭强制零点
S !	SIM. CURR. OUT. n #611……614	模拟电流输出激活	关闭模拟
S !	SIM. FREQ. OUT #621……624	模拟频率输出激活	关闭模拟
S !	SIM. PULSE #631……634	模拟脉冲输出激活	关闭模拟
P !	EMPTY PIPE #700	过程介质密度超过"EPD"功能中所设定的上限值和下限值 原因： 1. 测量管中含有空气 2. 测量管部分满管	1. 确保过程介质不含气体 2. "EPD" 功能中所设定的值适合当前的过程调件

类型	错误信息/代码	原因	解决措施
P !	EXC. CURR. LIM. #701	测量管励磁线圈最大电流值超限，如气体和固体含量高	当介质含气体或气体含量增加，采用下列措施增加系统压力： 1. 将仪表安装在泵的出口 2. 将仪表安装在向上的管道的最低点处 3. 安装节流装置，如在仪表下游安装节流孔板
P !	FLUID INHOW #702	由于介质不均匀，如含有气体或固体，使频率控制不稳定	当介质含气体或气体含量增加，采用下列措施增加系统压力： 1. 将仪表安装在泵的出口 2. 将仪表安装在向上的管道的最低点处 3. 安装节流装置，如在仪表下游安装节流孔板
P !	NOISE LIM. CH0 #703	内部模拟量和数字量转换器超速，原因： 气穴现象 极端的压力脉动 高气体流动	减少流量
P !	NOISE LIM. CH1 #704	内部模拟量和数字量转换器超速，原因： 气穴现象 极端的压力脉动 高气体流动	减少流量
P □	F LOW LIMIT #705	质量流量太高，电子模块测量范围超限	改变或改善过程条件，如降低流速
P !	ADJ. ZERO FALT #731	不能进行零点校正或零点校正被取消	确认只有在"ZERO FLOW"（V=0m）时才能进行零点校正

3. KROHNE 质量流量计

根据图形判断故障见表1-34。

表1-34 图形判断故障

符号	字母	状态信号	说明和结果
⊗	F	故障	无法进行测量
?	S	超出规格	可以进行测量，但是不再非常精确，需要进行检查
▽	M	要求维护	测量依旧精确，但是很快就会改变
▽	C	功能检查	测试功能可用；显示的或传输的测量值可能与实际的测量值不对应
	I	信息	对测量没有直接影响

报警代码含义见表 1-35、表 1-36、表 1-37、表 1-38、表 1-39。

表 1-35　KROHNE 质量流量计报警代码 F 类型含义

错误类型	事件组	单个事件	描述	消除事件的措施
F		F Sensor 传感器		
		Sensor Error 传感器错误	测量传感器的信号超出量程。无法进行流量测量	检查测量传感器和信号转换器（分体型）之间的连接或更换测量传感器
F		F Electronics 机芯		
		System Error 系统错误	机芯错误，由于内部总线通信或硬件错误	进行冷启动。如果再次出现、消息，请联系生产厂家
		System Error 系统错误 A		
		System Error 系统错误 C		
		HWCombination Error 硬件组合错误		
		BM Failure 错误		
		DM Failure 错误		
		Process Input Failure 过程输入错误		
		Fieldbus Failure 错误		
		PROFIBUS Failure 错误		
		Modbus Failure 错误		
		IO 1 Failure 错误		
		IO 2 Failure 错误		
		Tot 1 Failure 错误		
		Tot 2 Failure 错误		
		Tot 3 Failure 错误		
		IO A Failure 错误		
		IO B Failure 错误		
		IO C Failure 错误		
F		F Configuration 组态		

续表

错误类型	事件组	单个事件	描述	消除事件的措施
		BM Configuration 组态	启动仪表时检测到错误。可能的原因：未获允许的参数设置或者电子机芯部件的故障	检查适当功能的设置或读取出厂设置。如果错误持续，请联系生产厂家
		DM Configuration 组态		
		Process Input Config. 过程输入组态	过程输入设置无效	检查过程输入的设置或者读取出厂设置
		Density Calib. 密度标定	密度标定参数无效	进行密度标定。检查产品和功能模式
		Fieldbus Config. 组态		
		PROFIBUS Config. 组态		
		Tot 1 FB2 Unit Error	由于使用了未获允许的单位，计数器无法操作	
		Tot 2 FB3 Unit Error		
		Tot 3 FB4 Unit Error		
		Modbus Config. 组态		
		Display Config. 组态	显示器的设置未获允许	
		IO1 Configuration 组态	IO1 的设置未获允许	
		IO2 Configuration 组态	IO2 的设置未获允许	
		Tot1 Configuration 组态	计数器 1 的设置未获允许	
		Tot2 Configuration 组态	计数器 2 的设置未获允许	
		Tot3 Configuration 组态	计数器 3 的设置未获允许	
		IOA Configuration 组态	IO A 的设置未获允许	
		IOB Configuration 组态	IO B 的设置未获允许	
		IOC Configuration 组态	IO C 的设置未获允许	
		IOD Configuration 组态	IO D 的设置未获允许	
F	F Process 过程			

表1-36　KROHNE质量流量计报警代码C类型含义

错误类型	事件组	单个事件	描述	消除事件的措施
C	\multicolumn{3}{c|}{C Sensor 传感器}	
C	\multicolumn{3}{c|}{C Electronics 机芯}	
C	\multicolumn{3}{c|}{C Configuration 组态}	
		Sensor in Stop Mode	仪表处于停止模式。未进行任何流量测量。所有与流量相关的显示数值为候补值。测量管不起振	切换至测量模式进行正常操作
		Sensor in Standby Mode	仪表处于待机模式。未进行任何流量测量。所有与流量相关的显示数值为候补值。测量管继续振动	
		Sensor Simulation Active	模拟质量流量,体积流量,密度或温度	关闭测量值模拟
		Sensor Starting up	传感器处于启动模式。在从停止模式切换为测量模式后,这是一个正常的状态。当这一状态持续太久或者并未预料到时,错误消息"Sensor:Startup 传感器:启动"会被激活	
		Fieldbus Sim. Active	Foundation Fieldbus 模块中的模拟功能激活,正在使用	检查Fieldbus设置
		PROFIBUS Sim. Active	PROFIBUS 模块的模拟功能激活,正在使用	检查PROFIBUS设置
		IOA Simulation Active	IO A 模拟激活	关闭模拟
		IOB Simulation Active	IO B 模拟激活	
		IOC Simulation Active	IO C 模拟激活	
		IOD Simulation Active	IO D 模拟激活	
C	\multicolumn{3}{c|}{C Process 过程}	

表 1-37　KROHNE 质量流量计报警代码 S 类型含义

错误类型	事件组	单个事件	描述	消除事件的措施
S		S Sensor 传感器		
		Temp. Or Strain Res. Def.	温度和应力测量的电阻网络操作超出规格，可能存在错误。流量和密度的测量值仍然有效，但是精确度却无法确定。温度测量失败	检查测量传感器和信号转换器（分体型）之间的连接，或者更换测量传感器
S		S Electronics 机芯		
		Electr. Temp. A Out of Spec	信号转换器机芯的温度超出量程	保护信号转换器免受过程影响和阳光照射
		Electr. Temp. C Out of Spec		
		Electr. Temp. Out of Spec		
S		S Configuration 组态		
		PROFIBUS 不确定		
		IOA Overrange	输出值由滤波功能所限制	当限定输入值时，请参考此处所列的操作。请检查输出的量程设置
		IOB Overrange		
		IOC Overrange		
		IOD Overrange		
S		S Process 过程		
		Proc. Temp. Out of Range	过程温度超出量程。测量继续，但是无法确定精确度	
		Mass Flow Out of Range	流量超出量程。实际的流量高于显示的数值	检查过程条件
		Vol. Flow Out of Range		
		Prod. Density Out of Range	密度超出量程。测量继续，但是无法确定密度和流量的精确度	检查过程条件和密度标定
		Flow Out of Range	流量超出量程。实际的流量高于或低于显示的数值	检查过程条件和管径设置

表 1-38　KROHNE 质量流量计报警代码 M 类型含义

错误类型	事件组	单个事件	描述	消除事件的措施
M		M Sensor 传感器		
M		M Electronics 机芯		
		Backplane Data Faulty	底板数据记录存在错误	检查信号转换器机芯是否正确安装。更改一个参数后，消息应当在 1 分钟内消失；否则，请联系生产厂家
		Factory Data Faulty	出厂设置无效	联系生产厂家

续表

错误类型	事件组	单个事件	描述	消除事件的措施
		Backplane Difference	底板数据与仪表中的数据不同	更改一个参数后,消息应当在1分钟内消失;否则,请联系生产厂家
		PROFIBUS Baudrate	PROFIBUS 会搜寻电流的波特率	
M		M Configuration 组态		
		Backup 1 Data Faulty	检查备份1的数据记录时发现错误	使用"Setup > Device > Special Functions>Save Settings"来保存数据记录。如果消息持续出现,请联系生产厂家
		Backup 2 Data Faulty	检查备份2的数据记录时发现错误	
M		M Process 过程		

表 1-39　KROHNE 质量流量计报警代码 I 类型含义

错误类型	事件组	单个事件	描述	消除事件的措施
I		S Proc 过程:System Control 系统控制		
		System Control Active		
I		S Electr 机芯: Power Failure 电源故障		
		Tot 1 Power Failure	电源发生故障。计数器可能无效	检查计数器的数值
		Tot 2 Power Failure		
		Tot 3 Power Failure		
		Power Failure Detected		
I		I Electr. Operation Info. 机芯操作信息		
		Zero Calibr. Running	进行零点标定	
		PROFIBUS:no data	未通过 PROFIBUS 进行数据交换	
		Tot 1 Stopped	计数器1被停止	如果计数器继续计数,在菜单 C.y.9 中选择"是"(启动计数器)
		Tot 2 Stopped	计数器2被停止	
		Tot 3 Stopped	计数器3被停止	
		Control In A Active		
		Control In B Active		
		Status Out A Active		
		Status Out B Active		

续表

错误类型	事件组	单个事件	描述	消除事件的措施
		Status Out C Active		
		Status Out D Active		
		Disp. 1 Overrange		检查第一个测量行的设置
		Disp. 2 Overrange		检查第二个测量行的设置
		Optical Interf. Active		在光学接口的数据传输结束/移除大约 60 秒之后,可以再次操作按键

4. 质量流量计常见故障及处理

质量流量计常见故障分析及处理见表 1-40。

表 1-40　质量流量计常见故障分析及处理

质量流量计常见故障及分析		
序号	故障现象	故障原因	处理方法
1	瞬时流量恒示最大值	传输信号电缆线断或传感器损坏	更换电缆或更换传感器
2	转换器无显示	电源故障、保险管烧坏	检查电源、更换保险管
3	无交流电压但有直流电压	测量管堵塞	疏通测量管
		安装应力太大	重新安装
4	零位漂移	阀门泄漏	排除泄漏
		流量计的标定系数错误	检查消除
		阻尼过低	检查消除
		出现两相流	消除两相流
		传感器接线盒受潮	检查、修复
		接线故障	检查接线
		接地故障	检查接地
		安装有应力	重新安装
		是否有电磁干扰	改善屏蔽,排除电磁干扰
5	显示和输出值波动	阻尼低	检查阻尼
		驱动放大器不稳定	检查驱动放大器
		密度显示值不稳	检查密度标定系数
		接线错误	检查接线
		接地故障	检查接地
		振动干扰	消除振动干扰
		传感器管道堵塞或有积垢	检查清理管道,清洗传感器
		两相流	消除两相流

续表

序号	故障现象	故障原因	处理方法
6	质量流量计显示不正确	流量标定系数错误	检查标定系数
		流量单位错误	检查流量单位
		零点错误	零点调整
		流量计组态错误	重新组态
		密度标定系数错误	检查消除
		接线、接地故障	检查接线、接地
		两相流	消除两相流
7	密度显示不正确	密度标定系数错误	检查消除
		接线、接地故障	检查接线、接地
		两相流、团状流振动干扰	消除
		振动干扰	消除
8	有电源无输出	电源故障	检查传感器不同接线端间的电源
9	零点稳定但不能回零	安装问题	重新安装
		流体温度、密度与标校用水的差别较大	增大或减小调零电阻
		传感器测量管堵塞	疏通测量管

第六节 电磁流量计

一、电磁流量计概述

在炼油、化工生产中,有很多被测介质具有一定的导电性,电磁流量计是广泛应用于具有导电性被测液体的测量仪表,可适用于带有悬浮物、固体颗粒、纤维的泥浆、纸浆、矿浆、污水及化工导电液体的测量。电磁流量计具有结构简单、耐腐蚀性强、可靠性高、稳定性好、操作简单,测量结果不受温度、压力、密度、洁净度等介质物理特性和工况条件的影响,容易检修等特点。

二、电磁流量计选型与安装

(一) 电磁流量计的选型

电磁流量计是一种在工业流程中常见的流量测量仪表,电磁流量计的稳定与可靠,对于整个计量系统影响很大。保证电磁流量计稳定及可靠的工作,重要的是选型。一台不适合测量工况的电磁流量计,即使在日常使用中完全符合操作规范,频繁精细的保养维护,也无法避免频繁的故障。电磁流量计在选型中通常应注意以下七大要素:

1. 精度等级和功能

电磁流量计的精度等级高低不同。精度高的基本误差为±0.5%~±1%R，精度低的则为±1.5%~±2.5%FS。有些型号电磁流量计有更高的精确度，基本误差仅±0.2%~±0.3%R，但有严格的安装要求和参比条件，例如环境温度、前后置直管段长度等因素。因此在选型时应根据产品样本和工况条件进行综合对比。

电磁流量计测量功能差别也很大，简单的只是测量单向流量，输出模拟信号至控制系统或显示仪表；多功能的有测双向流、量程切换、上下限流量报警、空管和电源切断报警、小流量切除、流量显示和总量计算、自动核对和故障自诊断、与上位机通信和运动组态等。电磁流量计可选多种串行数字通信接口，如 HART 协议、PROFTBUS，FF 现场总线等。

2. 流速、满度流量和口径

电磁流量计满度流量时液体流速可在 1~10m/s 范围内选用，范围比较宽。上限流速在原理上虽不受限制，但通常建议不超过 5m/s，除非衬里材料能承受液流冲刷；实际应用中很少超过 7m/s，超过 10m/s 则更为罕见。满度流量的流速下限一般为 1m/s，有些型号电磁流量计则为 0.5m/s。用于有易黏附、沉积、结垢等物质的流体，选用流速不低于 2m/s，最好提高到 3~4m/s 或以上，起到自清扫、防止黏附沉积等作用。用于矿浆等磨耗性强的流体，常用流速应低于 2~3m/s，以降低对衬里和电极的磨损。在测量接近阈值的低电导液体，尽可能选定较低流速（<0.5m/s），因流速提高流动噪声会增加，而出现输出晃动现象。

电磁流量计口径从 10~3000mm 不等。电磁流量计口径选型不一定与管径相同，具体应根据流量范围结合选型样本进行确定。通常按流量范围可进行缩径或同径选择，当采用缩径处理时，一般不应缩至管径1/2 以下。

3. 液体电导率

选用电磁流量计的前提是被测液体必须是导电的，不能低于阈值下限值。电导率低于阈值会产生测量误差直至不能使用，超过阈值即使变化也可以测量，示值误差变化不大，通用型电磁流量计的阈值在 10^{-4} ~ ($5×10^{-6}$)S/cm，视型号而异。使用时还取决于传感器和转换器间流量信号线长度及其分布电容，制造厂使用说明书中通常规定电导率相对应的信号线长度。非接触电容耦合大面积电极的仪表则可测电导率低至 $5×10^{-8}$S/cm 的液体。

工业用水及其水溶液的电导率>10^{-4}S/cm，酸、碱、盐液的电导率在 10^{-4}~10^{-1}S/cm，计量不存在问题，低度蒸馏水为 10S/cm 也不存在问题。石油制品和有机溶剂电导率过低就不能使用。通常液体电导率宜比流量计制造厂规定的阈值至少大一个数量级。因为制造厂仪表规范规定的下限值是在各种使用条件较好状态下可测量的最低值，受到一些使用条件限制，如电导率均匀性、连接信号线、外界噪声等，否则会出现输出晃动现象等。

4. 液体中含有混入物

混入成泡状流的微小气泡仍可正常工作，但测得的是含气泡体积的混合体积流量；如气体含量增加到形成弹（块）状流，因电极可能被气体盖住使电路瞬时断开，出现输出晃动甚至不能正常工作。

对含有硬质固体颗粒介质的计量应用，应注意传感器衬里的磨损程度，测量管内径扩大会产生附加误差。这种场合应选用耐磨性较好的陶瓷衬里或聚氨酯橡胶衬里,同时建议传感器安装在垂直管道上,使管道磨损均匀,消除水平安装导致下半部局部磨损严重的缺点。也可以在传感器进口端加装喷嘴形护套,相对延长使用期。

5. 附着和沉淀

测量易在管壁附着和沉淀物质的流体时,若附着的是比液体电导率高的导电物质,信号电势将被短路而不能工作,若是非导电层则应注意电极的污染,譬如选用不易附着尖形或半球形突出电极、可更换式电极、刮刀式清垢电极等。

国外产品曾有电极上装超声波换能器,以清除表面垢层,但现已少见;也有暂时断开测量电路,在电极间短时间内流过低压大电流,灼烧清除附着油脂类附着层。易产生附着的场所可提高流速以达到自清扫的目的,还可以采取较方便的易清洗的管道连接,可不拆卸清洗传感器。非接触型电极电磁流量计附着非导电膜层,流量计仍能工作,但若为高导电层则同样不能工作。

6. 衬里材料的选择

电磁流量计常用衬里材料(或直接与介质接触的测量管)有氟塑料、聚氨酯橡胶、氯丁橡胶和陶瓷等。近年有采用高纯氧化铝陶瓷制成衬里的,但只限中小口径传感器。氯丁橡胶和玻璃钢用于非腐蚀性或弱腐蚀性液体,如工业用水、废污水及弱酸碱,价格低廉。氟塑料具有优良的耐化学腐蚀性,但耐磨性差,不能用于测量矿浆液。氟塑料中最早应用的是聚四氟乙烯,因与测量管间仅靠压贴,无长黏结力,不能用于负压管道,后开发各种改性品种,实现注塑成形,与测量管有较强结合力,可用于负压,聚氨酯橡胶有极好的耐磨耗性,但耐酸碱的腐蚀性较差。它的耐磨性相当于天然橡胶的 10 倍,适用于煤浆、矿浆等;介质温度要低于 40~60℃。氧化铝陶瓷有极好的耐磨耗性和对强酸碱的耐磨腐蚀性,耐磨性约为聚氨酯橡胶的 10 倍,适用于具有腐蚀性的矿浆;但性脆,安装夹紧时疏忽易碎,可用于较高温度 120~140℃,但要防止温度剧变,如通蒸汽灭菌,一般温度突变不能>100℃,升温 150℃要有 10min 时间。

7. 电极和接地环材料选择

1) 电极材料选择

电极对测量介质的耐腐是选择材料首先考虑的因素;其次考虑是否会产生钝化等表面效应和所形成的噪声。

(1) 电极耐腐蚀材料。

电磁流量计电极的耐腐蚀性要求很高,常用金属材料有含钼耐酸钢、哈氏合金等,几乎可覆盖全部化学液。此外还有适用于浆液等的低噪声电极,它们是导电橡胶电极、导电氟塑料电极和多孔性陶瓷电极,或包覆这些材料的金属电极。在原则上电极材料的选择应从使用者借鉴该介质在其他设备的应用实际和以往的经验来确定。

(2) 避免电极表面效应。

电磁流量计电极的耐腐蚀性是选择材料的重要因素,但有时候电极材料对被测介质有很好的耐腐蚀性,却不一定就是适用的材料,还要避免产生电极表面效应。电极表面效应分为表面化学反应、电化学和极化现象以及电极的催化作用三个方面。化学反应效应如电极表面与被测介质接触后,形成钝化膜或氧化层。它们对耐腐蚀性能可能起到积极保护作用，但也有可能增加表面接触电阻。例如，钽与水接触就会被氧化，生成绝缘层。对于避免或减轻电极表面效应的介质-电极材料匹配，还没有像腐蚀性那样有充足的资料可查，只有一些有限经验，尚待在实践中积累。

2）接地环材料选择

接地环连接在塑料管道或绝缘衬里金属管道的流量传感器两端，其耐腐蚀要求比电极低，可定期更换。接地环材料通常选用耐酸钢或哈氏合金，因体积大从经济上考虑较少采用钽、铂等贵重金属。因金属工艺管道直接与流体接触，电磁流量计不需要接地环。

（二）电磁流量计的安装

通常电磁流量传感器外壳防护等极为 IP65（GB 4208—2017《外壳防护等级（IP 代码）》规定的防尘防喷水级），对安装场所有以下要求：

(1) 测量混合相流体时，选择不会引起相分离的场所；测量双组分液体时，避免装在混合尚未均匀的下游；测量化学反应管道时，要装在反应充分完成段的下游。

(2) 尽可能避免测量管内变成负压。

(3) 选择震动小的场所，特别对一体型仪表。

(4) 避免附近有大电动机、大变压器等，以免引起电磁场干扰。

(5) 易于实现传感器单独接地的场所。

(6) 尽可能避开周围环境有高浓度腐蚀性气体。

(7) 环境温度在 $-10 \sim 50℃$，一体形结构温度还受制于电子元器件，范围要窄些。

(8) 环境相对湿度在 10%~90%。

(9) 尽可能避免受阳光直照。

(10) 避免雨水浸淋，不会被水浸没。

如果防护等级是 IP67（防尘防浸水级）或 IP68（防尘防潜水级），则无需上述（8）、（10）两项要求。

为获得正常测量精确度，电磁流量传感器上游也要有一定长度直管段，但其长度与大部分其他流量仪表相比要求较低。90°弯头、T形管、同心异径管、全开闸阀后，通常认为只要离电极中心线（不是传感器进口端连接面）5 倍直径（5D）长度的直管段，不同开度的阀则需 10D；下游直管段为 2~3D 或无要求；但要防止蝶阀阀片伸入到传感器测量管内。

传感器安装方向水平、垂直或倾斜均可，不受限制。但测量固液两相流体最好垂直安装，自下而上流动。这样能避免水平安装时衬里下半部局部磨损严重、低流速时固相沉淀等缺点。

水平安装时要使电极轴线平行于地平线，不要垂直于地平线，因为处于底部的电极易被沉积物覆盖，顶部电极易被液体中偶存气泡擦过遮住电极表面，使输出信号波动。

图 1-60 所示管系中，氟塑料衬里传感器须谨慎地应用于负压管系；正压管系应防止产生负压，例如，液体温度高于室温的管系，关闭传感器上下游截止阀停止运行后，流体冷却收缩会形成负压，应在传感器附近装负压防止阀。

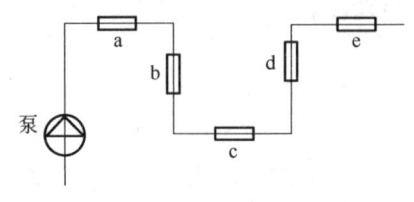

图 1-60　电磁流量计水平安装图

传感器必须单独接地（接地电阻100Ω以下）。分离型原则上接地应在传感器一侧，转换器接地应在同一接地点。如传感器装在有阴极腐蚀保护管道上，除了传感器和接地环一起接地外，还要用较粗铜导线（16mm²）绕过传感器跨接管道两连接法兰上，使阴极保护电流于传感器之间隔离。

有时候杂散电流过大，如电解槽沿着电解液的泄漏电流影响电磁流量计正常测量，则可采取流量传感器与其连接的工艺之间电气隔离的办法。同样有阴极保护的管线上，阴极保护电流影响电磁流量计测量时，也可以采取本方法。

三、电磁流量计的参数设置与校验

（一）ABB电磁流量计

下文以德国ABB公司电磁流量计类型FXE4000为例，进行电磁流量计操作与调试说明。

1. 表头外形

如图1-61所示，表头说明如下：

（1）ABB电磁流量计有三个功能键：DATA键、STEP键、C/CE键。其中DATA键与STEP键同时按下，为ENTER键。

（2）STEP键——向上键，表示菜单页的正向滚动。

（3）DATA键——向下键，表示菜单页的反向滚动。

（4）ENTER键——回车键，与实际中所使用回车有很大的区别；此处使用时，多是为了确认所有已执行过的组态，而切换至运行画面，或切换至组态画面。在确认所做的每一个组态步骤时，所用的回车是STEP键与DATA键同时按下或按住STEP键3s以上，直至屏显闪烁放开按键即可确认；ENTER键也用作打开或关闭保护程序，此处ENTER键用作修改参数的取值和接受新的值或进行选择；ENTER操作只在按下10s内有效，如果10s期间没有新的输入则转换器仅显示原来的值。

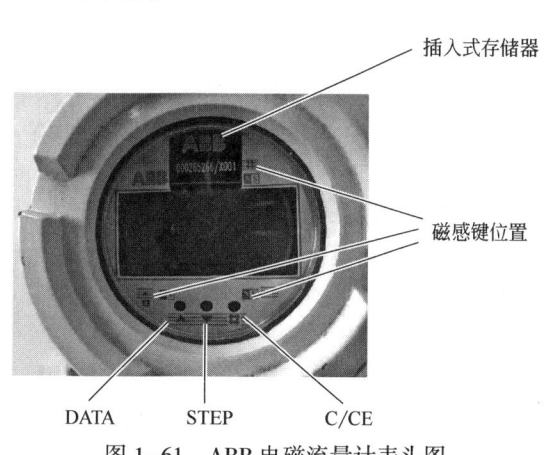

图1-61 ABB电磁流量计表头图

2. 接线图

ABB电磁流量计接线如图1-62所示。

（1）有/无源定标脉冲输出，接入端子：V8，V9。

（2）触点输出，在软件中选择的功能可为系统监视器、空管道、最大值、最小值、报警，接入端子：G2，P7。

（3）触点输入，可通过软件选择外部归零，外部累加器复位，外部累加器停止，接入

| V9 | V8 | P7 | G2 | X1 | + | - | N | L | = |

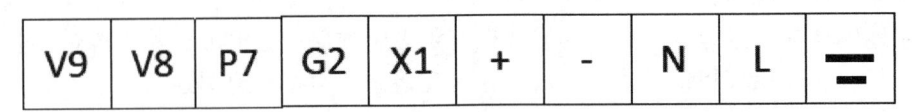

图 1-62 ABB 电磁流量计接线图

端子：G2，X1。

（4）可选电流输出，接入端子：+，-。

（5）电源，接入端子：N，L。

（6）接地，接入端子。

3. 调试过程

（1）在电磁流量计中，如进行累积量清零或对空管时的零点进行调整等高级设置，则需要特殊操作，具体如下：

① 在参数 PROG LEVEL 层，按 ENTER 进入，出现 LOCKED。在正常情况下，此项应处于锁定状态，按 ENTER 键解除锁定；同时，按上、下翻页键，找到 PROG LEVEL 的第三项，即 SERVERS 项，按 ENTER，出现进入口令 ENTER CODE，按 ENTER，出现进入输入项，输入 4000，确认即可解除 SERVERS 保护，这样，就可以解除程序保护（PROG PROJECT），程序菜单中会多出很多选项，其中之一是累积量允许清零，进行累积清零操作即可。

② 若在空管情况下，流量计仍然有瞬时流量值，说明流量计的零点有了飘移，修正操作如下：

a. 将万用表串联至被测量流量计回路中，测量在空管时的电流值是否为 4mA。

b. 确认进行解除了 SERVERS 保护操作。

c. 通过上、下翻页，找到 ADJECT 4mA 选项；按 ENTER 进入参数，此时，表显示 4mA（输出 4mA）。

d. 再按 ENTER 进入下一层，显示 4mA（当回路电流不为 4mA 时，要修正此值）。

e. 按 ENTER 进入，表头显示、要求输入（即要多少时，表头的输出为 4mA），把此时的回路电流（非 4.0mA 值）当作新的零点值输入，并确认，则新的回路电流更改为 4.0mA。

（2）程序保护与程序解锁操。

① 进入组态：在运行画面下，按一下 ENTER 键，此时屏幕显示按 STEP 键 3s，屏闪后放开按键，将 ON 改为 OFF，即可取消程序保护功能，可以更改组态，向上向下选择要更改的项和参数即可。

② 在修正操作完成后，一定要把 SERVERS 和 LOCKD 锁定，防止任意修改 PROG PROFETION ON。

PROG PROFETION OFF 更改完选项后，向上或向下选择选项将 OFF 状态改为 ON 状态；即可启动程序保护功能，组态完成，按 ENTE 键（同时按下 STEP 键与 DATA 键）切换至运行画面。

常用组态选项说明：

a. RANGE——量程。

b. LOW FLOW CUT OFF——小流量切除。
c. UNIT——单位。
d. ALARM——报警上下限。

如更修正其中一项：选至所选项，按 STEP 键 3s 以上或 ENTE 键即可进行修改。

(3) 其他参数设置（图 1-63）。

（二）科隆电磁流量计

下文以 KROHNE 公司电磁流量计类型 IFC 300 为例，进行电磁流量计操作与调试说明。

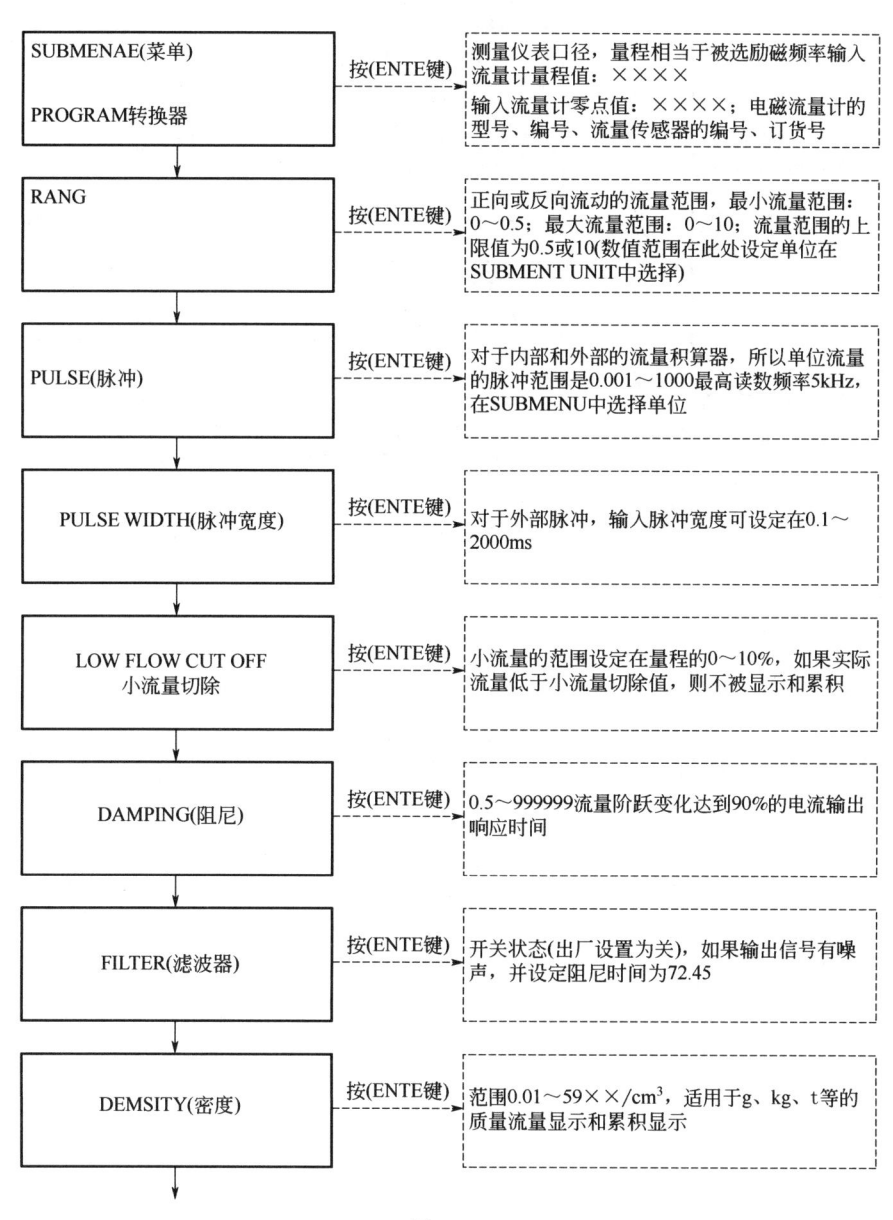

```
┌─────────────────────┐
│ SUBMENAE(菜单)      │──按(ENTE键)──▶ 测量仪表口径，量程相当于被选励磁频率输入
│                     │                流量计量程值：××××
│ PROGRAM转换器       │                输入流量计零点值：××××；电磁流量计的
└─────────────────────┘                型号、编号、流量传感器的编号、订货号
          │
          ▼
┌─────────────────────┐
│ RANG                │──按(ENTE键)──▶ 正向或反向流动的流量范围，最小流量范围：
│                     │                0~0.5；最大流量范围：0~10；流量范围的上
│                     │                限值为0.5或10(数值范围在此处设定单位在
│                     │                SUBMENT UNIT中选择)
└─────────────────────┘
          │
          ▼
┌─────────────────────┐
│ PULSE(脉冲)         │──按(ENTE键)──▶ 对于内部和外部的流量积算器，所以单位流量
│                     │                的脉冲范围是0.001~1000最高读数频率5kHz，
│                     │                在SUBMENU中选择单位
└─────────────────────┘
          │
          ▼
┌─────────────────────┐
│ PULSE WIDTH(脉冲宽度)│──按(ENTE键)──▶ 对于外部脉冲，输入脉冲宽度可设定在0.1~
│                     │                2000ms
└─────────────────────┘
          │
          ▼
┌─────────────────────┐
│ LOW FLOW CUT OFF    │──按(ENTE键)──▶ 小流量的范围设定在量程的0~10%，如果实际
│ 小流量切除          │                流量低于小流量切除值，则不被显示和累积
└─────────────────────┘
          │
          ▼
┌─────────────────────┐
│ DAMPING(阻尼)       │──按(ENTE键)──▶ 0.5~999999流量阶跃变化达到90%的电流输出
│                     │                响应时间
└─────────────────────┘
          │
          ▼
┌─────────────────────┐
│ FILTER(滤波器)      │──按(ENTE键)──▶ 开关状态(出厂设置为关)，如果输出信号有噪
│                     │                声，并设定阻尼时间为72.45
└─────────────────────┘
          │
          ▼
┌─────────────────────┐
│ DEMSITY(密度)       │──按(ENTE键)──▶ 范围0.01~59××/cm³，适用于g、kg、t等的
│                     │                质量流量显示和累积显示
└─────────────────────┘
          │
          ▼
```

图 1-63

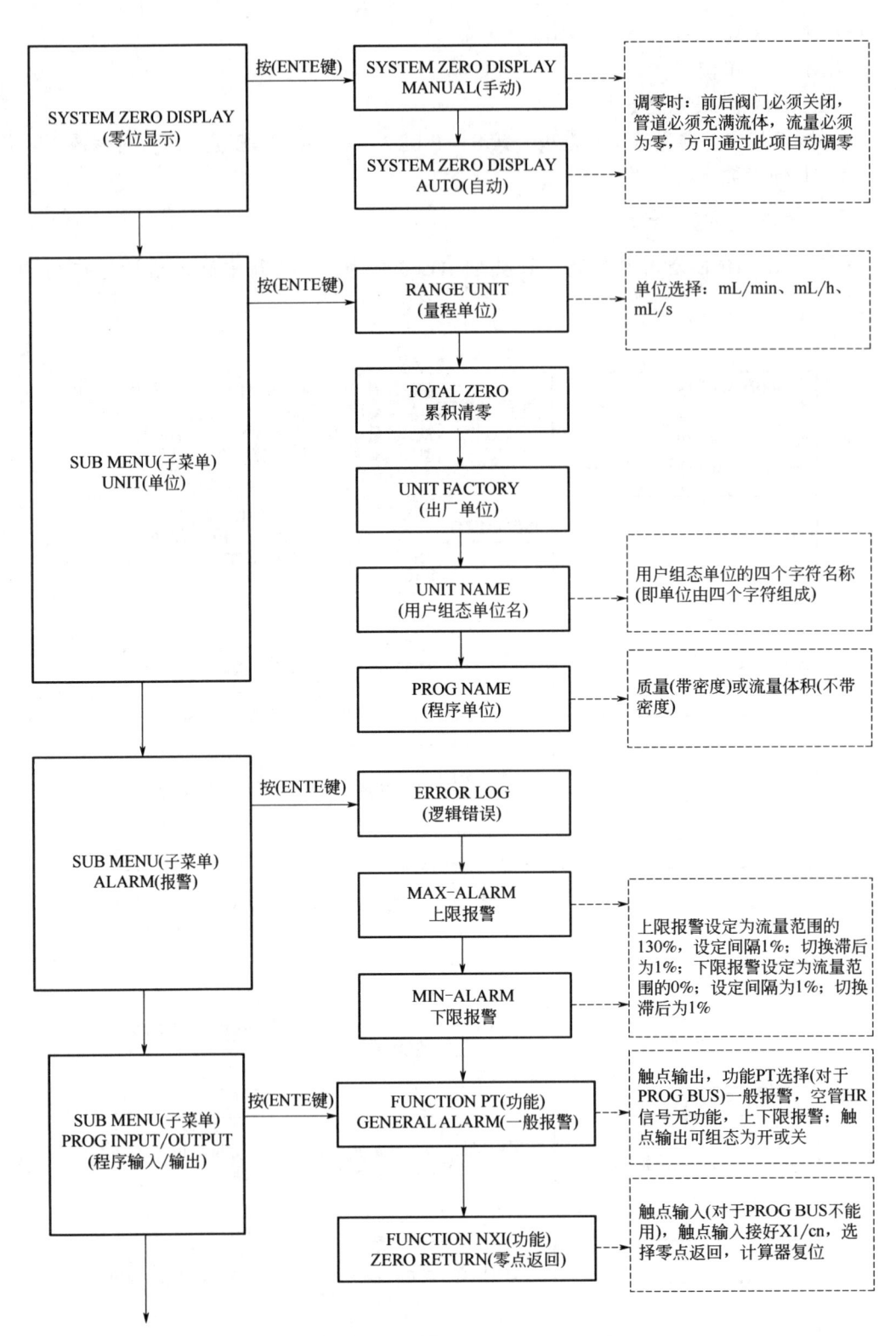

```
┌─────────────────────┐  按(ENTE键)  ┌─────────────────────────┐      ┌──────────────────────────┐
│ SYSTEM ZERO DISPLAY │ ──────────→ │ SYSTEM ZERO DISPLAY     │ ---- │ 调零时：前后阀门必须关闭， │
│    (零位显示)       │             │   MANUAL(手动)          │      │ 管道必须充满流体，流量必须 │
└──────────┬──────────┘             └─────────────────────────┘      │ 为零，方可通过此项自动调零 │
           │                                   │                     └──────────────────────────┘
           │                        ┌─────────────────────────┐
           │                        │ SYSTEM ZERO DISPLAY     │
           │                        │   AUTO(自动)            │
           │                        └─────────────────────────┘
           ↓
┌─────────────────────┐  按(ENTE键)  ┌─────────────────────┐  ---- ┌─────────────────────┐
│                     │ ──────────→ │   RANGE UNIT        │       │ 单位选择：mL/min、mL/h、│
│                     │             │   (量程单位)        │       │ mL/s                │
│                     │             └──────────┬──────────┘       └─────────────────────┘
│                     │                        ↓
│                     │             ┌─────────────────────┐
│   SUB MENU(子菜单)  │             │   TOTAL ZERO        │
│     UNIT(单位)      │             │   累积清零          │
│                     │             └──────────┬──────────┘
│                     │                        ↓
│                     │             ┌─────────────────────┐
│                     │             │   UNIT FACTORY      │
│                     │             │   (出厂单位)        │
│                     │             └──────────┬──────────┘
│                     │                        ↓
│                     │             ┌─────────────────────┐  ---- ┌─────────────────────────┐
│                     │             │   UNIT NAME         │       │ 用户组态单位的四个字符名称│
│                     │             │  (用户组态单位名)   │       │ (即单位由四个字符组成)  │
│                     │             └──────────┬──────────┘       └─────────────────────────┘
│                     │                        ↓
│                     │             ┌─────────────────────┐  ---- ┌─────────────────────────┐
│                     │             │   PROG NAME         │       │ 质量(带密度)或流量体积(不带│
│                     │             │   (程序单位)        │       │ 密度)                   │
└──────────┬──────────┘             └─────────────────────┘       └─────────────────────────┘
           ↓
┌─────────────────────┐  按(ENTE键)  ┌─────────────────────┐
│                     │ ──────────→ │   ERROR LOG         │
│                     │             │   (逻辑错误)        │
│                     │             └──────────┬──────────┘
│  SUB MENU(子菜单)   │                        ↓
│    ALARM(报警)      │             ┌─────────────────────┐       ┌─────────────────────────┐
│                     │             │   MAX-ALARM         │       │ 上限报警设定为流量范围的 │
│                     │             │   上限报警          │ ----  │ 130%，设定间隔1%；切换滞后│
│                     │             └──────────┬──────────┘       │ 为1%；下限报警设定为流量范│
│                     │                        ↓                  │ 围的0%；设定间隔为1%；切换│
│                     │             ┌─────────────────────┐       │ 滞后为1%                │
│                     │             │   MIN-ALARM         │       └─────────────────────────┘
│                     │             │   下限报警          │
└──────────┬──────────┘             └─────────────────────┘
           ↓
┌─────────────────────┐  按(ENTE键)  ┌─────────────────────────┐   ┌─────────────────────────┐
│                     │ ──────────→ │ FUNCTION PT(功能)       │   │ 触点输出，功能PT选择(对于│
│ SUB MENU(子菜单)    │             │ GENERAL ALARM(一般报警) │---│ PROG BUS)一般报警，空管HR│
│ PROG INPUT/OUTPUT   │             └──────────┬──────────────┘   │ 信号无功能，上下限报警；触│
│   (程序输入/输出)   │                        ↓                  │ 点输出可组态为开或关     │
│                     │             ┌─────────────────────────┐   └─────────────────────────┘
│                     │             │ FUNCTION NXI(功能)      │   ┌─────────────────────────┐
│                     │             │ ZERO RETURN(零点返回)   │---│ 触点输入(对于PROG BUS不能│
└──────────┬──────────┘             └─────────────────────────┘   │ 用)，触点输入接好X1/cn，选│
           ↓                                                       │ 择零点返回，计算器复位   │
                                                                   └─────────────────────────┘
```

图 1-63

第一部分　现场仪表

```
┌─────────────────┐          ┌─────────────────┐        ┌──────────────────────┐
│ SUB MENU(子菜单) │          │ CURRENT         │        │ 选择区间：0~20mA；4~20mA；0~│
│ CURRENT OUTPUT  │─按(ENTE键)→│ OUTPUT(0~20mA) │───────→│ 10mA；2~10mA          │
│ (电流输出)       │          │ (电流输出0~20mA)│        │ 0~5mA；0~10mA；10~20mA；4~│
└────────┬────────┘          └─────────────────┘        │ 20mA；12~20mA         │
         │                                              └──────────────────────┘
         ↓
┌─────────────────┐          ┌─────────────────┐
│ SUB MENU(子菜单) │          │ COMMUNICATION   │
│ DATA LINK(数据传输)│─按(ENTE键)→│ (通信)         │
└────────┬────────┘          └────────┬────────┘
         │                            ↓
         │                   ┌─────────────────┐
         │                   │ ENSTR ADDRESS   │
         │                   │ (仪表地址)      │
         │                   └────────┬────────┘
         │                            ↓
         │                   ┌─────────────────┐        ┌──────────────────────┐
         │                   │ BULLDRASTE      │───────→│ 范围0~28800           │
         │                   │ (波特率)        │        └──────────────────────┘
         │                   └─────────────────┘
         ↓
┌─────────────────┐          ┌─────────────────┐        ┌──────────────────────┐
│ SUB MENU(子菜单) │          │ FUNCTION TEST   │        │ 功能测试电流输出，以单位mA输入数据，│
│ FUNCTION TEST   │─按(ENTE键)→│ (功能测试)     │───────→│ 功能测试脉冲输出      │
│ (功能测试)       │          │ INPUT/OUTPUT   │        └──────────────────────┘
└────────┬────────┘          └────────┬────────┘
         │                            ↓
         │                   ┌─────────────────┐        ┌──────────────────────┐
         │                   │ FUNCTION TEST   │        │ 内部测试电流输出，    │
         │                   │ (功能测试)      │───────→│ RAM(ASIC)，NYRAM，EPROM，外部│
         │                   │ RAM(ASIC)       │        │ EPROM等              │
         │                   └─────────────────┘        └──────────────────────┘
         ↓
┌─────────────────┐          ┌─────────────────┐        ┌──────────────────────┐
│ SUB MENU(子菜单) │          │ BEFECTER E.PIPE │        │ OFF：检测器关；ON：检测器开；流量│
│ BEFECTER E.PIPE │─按(ENTE键)→│ (空管测试)     │───────→│ 计空管时显示信息；当空管检测打开时│
│ (空管测试)       │          │ ON(EMPTY空)    │        │ 见以下菜单           │
└────────┬────────┘          └────────┬────────┘        └──────────────────────┘
         │                            ↓
         │                   ┌─────────────────┐        ┌──────────────────────┐
         │                   │ BEFECTER E.PIPE │        │ 空管时PT/CN上没有信号检测到时的电│
         │                   │ (空管测试)      │───────→│ 流输出               │
         │                   │ ALARM E.PIPE    │        └──────────────────────┘
         │                   │ (空管报警)      │
         │                   └────────┬────────┘
         │                            ↓
         │                   ┌─────────────────┐        ┌──────────────────────┐
         │                   │ BEFECTER E.PIPE │        │ 0~20mA选择0~26mA；4~20mA选择│
         │                   │ (空管测试)      │───────→│ 3.6~26mA；流量超过130%时电流设定│
         │                   │ LOW OF EMPTY PIPE ON│    │ 26mA                 │
         │                   └────────┬────────┘        └──────────────────────┘
         │                            ↓
         │                   ┌─────────────────┐
         │                   │ BEFECTER E.PIPE │
         │                   │ (空管测试)      │
         │                   │ THRE SHOLD(阈值 │
         │                   │ 2300Hz)         │
         │                   └────────┬────────┘
         │                            ↓
         │                   ┌─────────────────┐
         │                   │ BEFECTER E.PIPE │
         │                   │ (空管测试)      │
         │                   │ ADINST(调整阈值 │
         │                   │ 2300Hz)         │
         │                   └─────────────────┘
         │
         │                   ┌─────────────────┐        ┌──────────────────────┐
         │                   │ BEFECTER E.PIPE │        │ 流量计满管调整设定值时2000Hz；│
         ↓                   │ (空管测试)      │───────→│ 空管调整值必须高于此值 │
                             │ ADINST(调整)    │        └──────────────────────┘
                             │ DETECFORE PIPE  │
                             └─────────────────┘
```

图 1-63

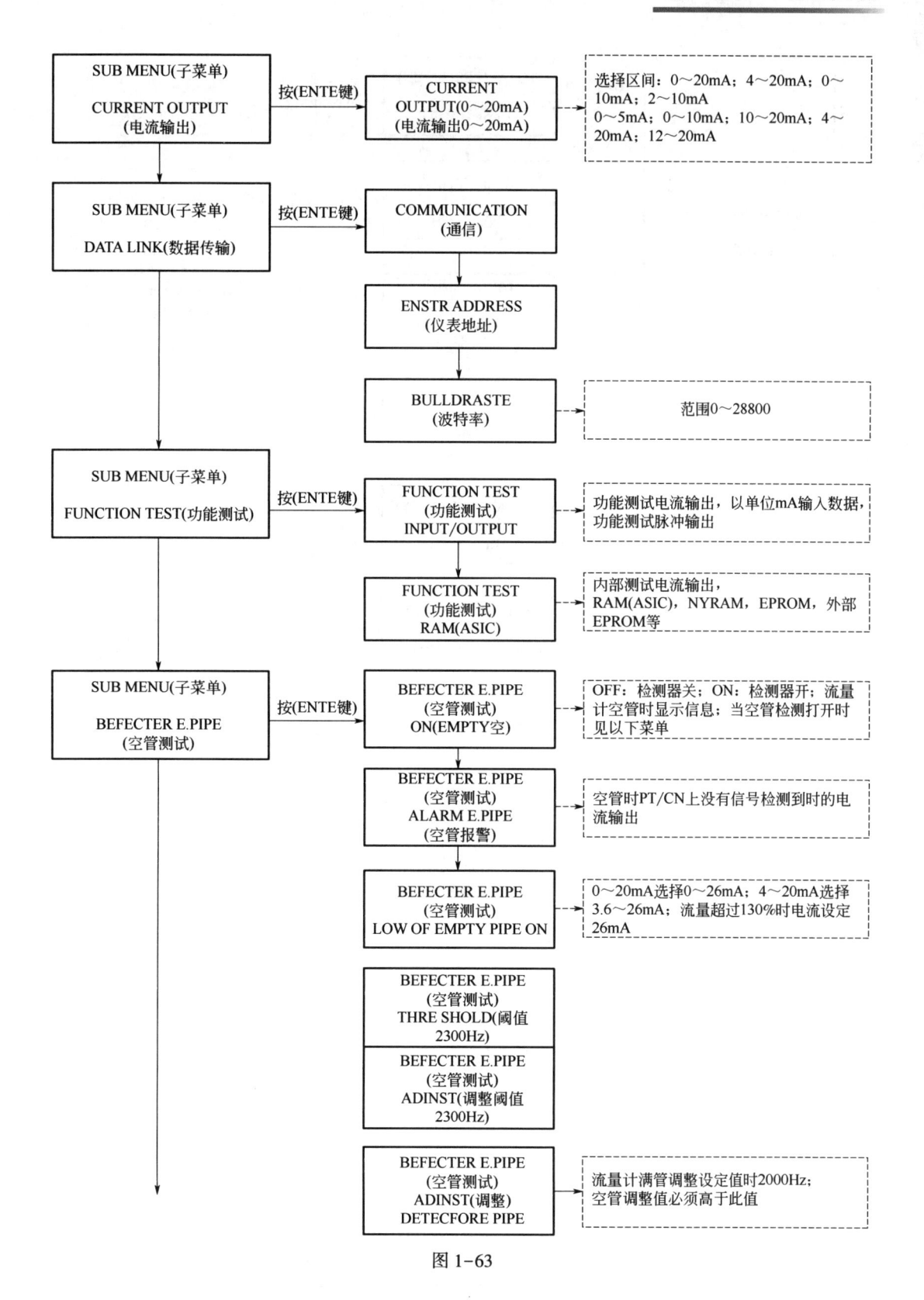

```
┌─────────────────┐  按(ENTE键)  ┌─────────────────┐ ---> ┌─────────────────────────┐
│                 │─────────────>│ TOTALIZER(积算器)│      │ 正向积算,如果累积溢出则显示│
│                 │              │   RESET(复位)   │      │ OVERFLOW-F/RESET         │
│                 │              └────────┬────────┘      └─────────────────────────┘
│                 │                       │
│                 │              ┌────────┴────────┐ ---> ┌─────────────────────────┐
│                 │              │ TOTALIZER(积算器)│      │ 预先设定积算器第二显示行(预设值)│
│ SUB MENU(子菜单) │              │   F(4697.00)   │      └─────────────────────────┘
│ TOTALIZER(积算器)│              └────────┬────────┘
│                 │                       │
│                 │              ┌────────┴────────┐ ---> ┌─────────────────────────┐
│                 │              │ TOTALIZER(积算器)│      │ 溢出计数器(最大值250;1次溢出:│
│                 │              │ FOVERFLOW溢出   │      │ 脉冲累加>9999999(显示值复位溢出│
│                 │              │   (MAX250)     │      │ 计数器加1)              │
│                 │              └────────┬────────┘      └─────────────────────────┘
│                 │                       │
│                 │              ┌────────┴────────┐ ---> ┌──────────┐
│                 │              │ TOTALIZER(积算器)│      │ 反向操作 │
│                 │              │       R         │      └──────────┘
└────────┬────────┘              └────────┬────────┘
         │                                │
         │                       ┌────────┴────────┐ ---> ┌──────────┐
         │                       │ TOTALIZER(积算器)│      │ 反向操作 │
         │                       │ ROVERFLOW溢出004 │      └──────────┘
         │                       └────────┬────────┘
         │                                │
         │                       ┌────────┴────────┐ ---> ┌─────────────────────────┐
         │                       │ TOTALIZER(积算器)│      │ 积算功能,标准=正向积算器和反向│
         │                       │ FUNCSTANDARD标准 │      │ 积算器的流量值,各自分开积算;差│
         │                       └─────────────────┘      │ 值积算器=正向积算器和反向积算器│
         │                                                │ 的值共同积算显示个值      │
         │                                                └─────────────────────────┘
         │
┌────────┴────────┐  按(ENTE键)  ┌─────────────────┐ ---> ┌─────────────────────────┐
│                 │─────────────>│    1STLINE      │      │ 瞬时流量XX%;直读工程单位累积│
│                 │              │      0%         │      │ 值(正向累积、反向累积、仪表信号、│
│                 │              └────────┬────────┘      │ 棒图)                   │
│                 │                       │               └─────────────────────────┘
│                 │              ┌────────┴────────┐
│                 │              │    2STLINE      │
│                 │              │   TOTALIZOR     │
│                 │              │   (积算器)      │
│ SUB MENU(子菜单) │              └────────┬────────┘
│  DISPLAY(显示)  │                       │
│                 │              ┌────────┴────────┐
│                 │              │ 1STLINE MULTIPL │
│                 │              │  (交替模式)     │
│                 │              │  QIBURGAPHS     │
│                 │              └────────┬────────┘
│                 │                       │
│                 │              ┌────────┴────────┐
│                 │              │ 2STLINE MULTIPL │
│                 │              │  (交替模式)OFF  │
│                 │              └────────┬────────┘
│                 │                       │
│                 │              ┌────────┴────────┐
│                 │              │ 2STLINE MULTIPL │
│                 │              │  (交替模式)OFF  │
└────────┬────────┘              └─────────────────┘
         │
         ▼
```

图 1-63

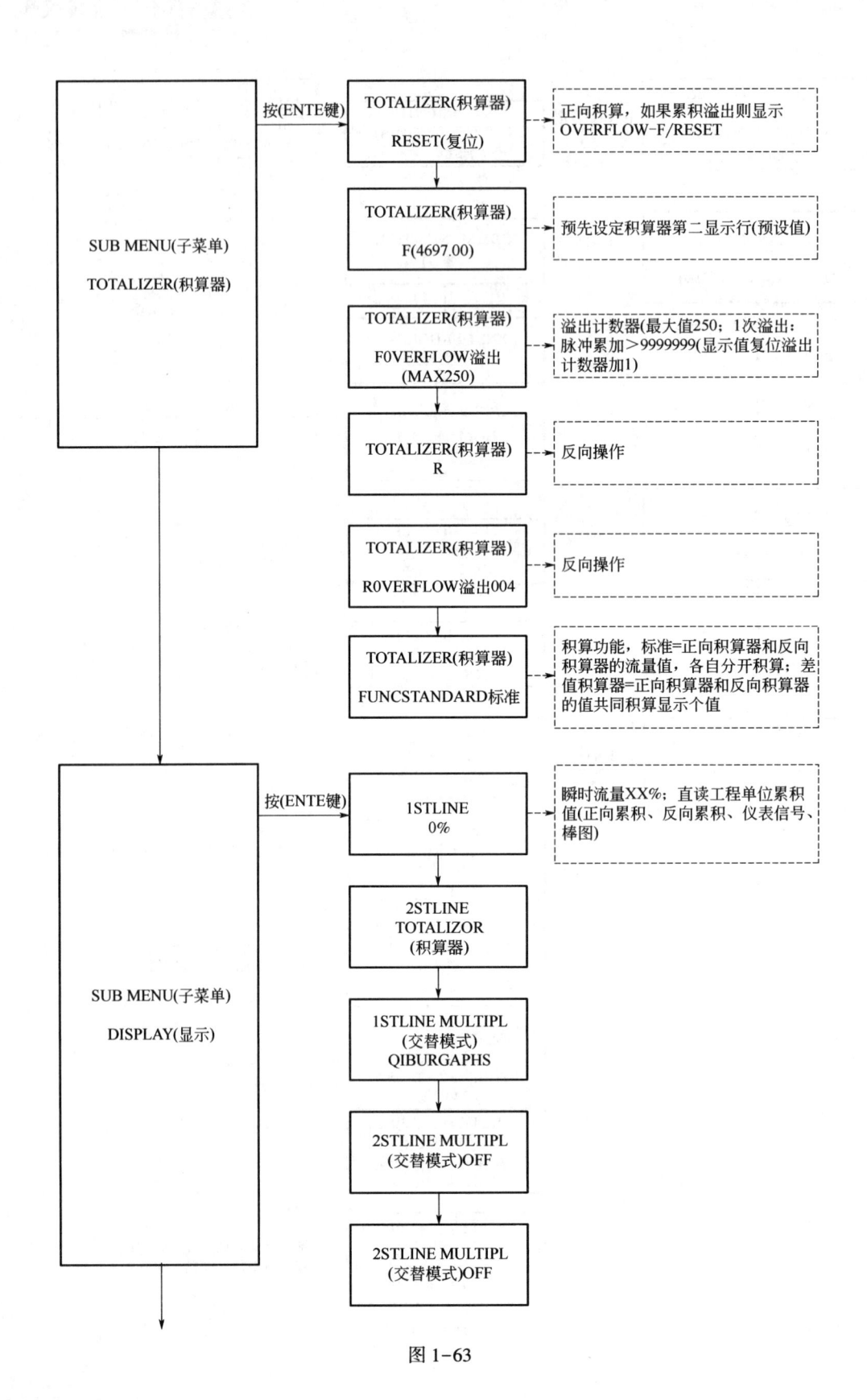

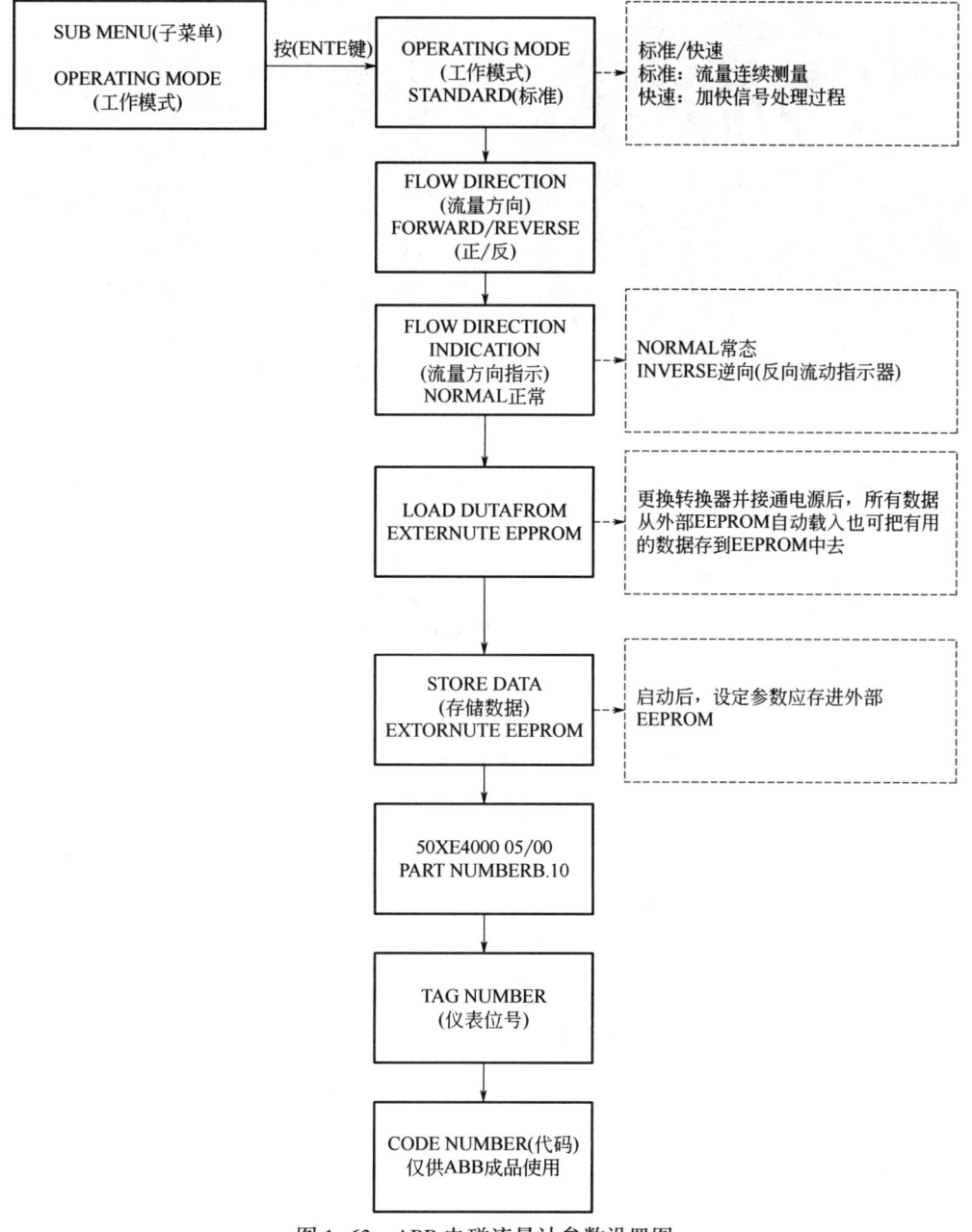

```
┌─────────────────┐          ┌──────────────────┐
│ SUB MENU(子菜单) │ 按(ENTE键)│ OPERATING MODE   │    标准/快速
│                 │─────────▶│   (工作模式)      │╌▶ 标准：流量连续测量
│ OPERATING MODE  │          │ STANDARD(标准)   │    快速：加快信号处理过程
│   (工作模式)     │          │                  │
└─────────────────┘          └──────────────────┘
                                      │
                                      ▼
                             ┌──────────────────┐
                             │  FLOW DIRECTION  │
                             │   (流量方向)      │
                             │ FORWARD/REVERSE  │
                             │     (正/反)       │
                             └──────────────────┘
                                      │
                                      ▼
                             ┌──────────────────┐
                             │  FLOW DIRECTION  │    NORMAL常态
                             │    INDICATION    │╌▶ INVERSE逆向(反向流动指示器)
                             │  (流量方向指示)    │
                             │   NORMAL正常      │
                             └──────────────────┘
                                      │
                                      ▼
                             ┌──────────────────┐    更换转换器并接通电源后，所有数据
                             │  LOAD DUTAFROM   │╌▶ 从外部EEPROM自动载入也可把有用
                             │ EXTERNUTE EPPROM │    的数据存到EEPROM中去
                             └──────────────────┘
                                      │
                                      ▼
                             ┌──────────────────┐
                             │    STORE DATA    │    启动后，设定参数应存进外部
                             │    (存储数据)     │╌▶ EEPROM
                             │ EXTORNUTE EEPROM │
                             └──────────────────┘
                                      │
                                      ▼
                             ┌──────────────────┐
                             │ 50XE4000 05/00   │
                             │ PART NUMBERB.10  │
                             └──────────────────┘
                                      │
                                      ▼
                             ┌──────────────────┐
                             │   TAG NUMBER     │
                             │   (仪表位号)      │
                             └──────────────────┘
                                      │
                                      ▼
                             ┌──────────────────┐
                             │ CODE NUMBER(代码) │
                             │  仅供ABB成品使用   │
                             └──────────────────┘
```

图 1-63　ABB 电磁流量计参数设置图

1. 表头外形

如图 1-64 所示，表头说明如下：

（1）图形显示器，带背光（白光）。

（2）用于指示不同测量变量的第 1 和第 2 显示行，以大字格式显示时只能有 1 个测量变量。

（3）第 3 显示行，这里显示的是条形图。

（4）光电键，无需打开端盖就可操作信号转换器。

（5）蓝色显示条。

① 在测量模式时显示台位号。

② 在设定模式时显示菜单/功能名。

（6）X 表示有键按动；表明红外传输在运行；4 表示光电键失效。

（7）表明状态列中有信息。

（8）连接 KROHNE GDC 总线的插座。

（9）用于无线传输（输入/输出）的光电接口。

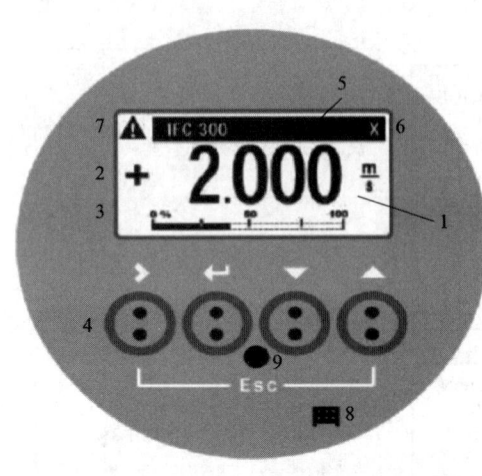

图 1-64　KROHNE 电磁流量计表头图

2. 接线图

KROHNE 电磁流量计接线如图 1-65 所示。

图 1-65　KROHNE 电磁流量计接线图

3. 调试过程

1）仪表量程设置

按住>键 2.5s 后释放—A QUICK SETUP（快速设置）—A4 ANALOG OUTPUTS（模拟输出）—A4.3 range（量程）。

2）流量仿真

按住>键 2.5s 后释放 B Test（测试）—B1 Simulation（仿真）—B1.2 Volume flow（体积流量）—Set value（打开编辑器，输入仿真值）start simulation?（启动仿真?）。

3）电流仿真

按住>键 2.5s 后释放—B Test（测试）—B1 Simulation（仿真）—B1.Y Current output

X（电流输出）—Set value（打开编辑器，输入仿真值）start simulation?（启动仿真?）。

4）脉冲仿真

按住>键2.5s后释放—B Test（测试）—B1 Simulation（仿真）—B1.Y Pulse output X（电流输出）—Set value（打开编辑器，输入仿真值）start simulation?（启动仿真?）。

5）频率仿真

按住>键2.5s后释放—B Test（测试）—B1 Simulation（仿真）—B1.Y frequency output X（电流输出）—Set value（打开编辑器，输入仿真值）start simulation?（启动仿真?）。

6）恢复出厂设置方法

按住>键2.5s后释放—C Setup（设置）—C5 Device（仪器）—C5.6 Special functions（特殊功能）—C5.6.03Loadsettings（加载设置）—factory settings（取出交货时的设定）。

7）校零

按住>键2.5s后释放—C Setup（设置）—C1 Processinput（过程输入）—C1.1 Calibration（校准）—C.1.1.01 Zerocalibration（零点校准）—automatic（将当前实际读数作为零位置）。

8）流量值的极性

按住>键2.5s后释放—C Setup（设置）—C1 Processinput（过程输入）—C1.2 Filter（滤波）—C1.2.02 Flow direction（流动方向）—normal direction（和传感器上流向箭头方向相同）opposite direction（和传感器上流向箭头方向相同）。

9）空管置零

按住>键2.5s后释放—C Setup（设置）—C1 Processinput（过程输入）—C1.3Self test（自测）—C1.3.01 Empty pipe（空管）—cond.+empty pipe（F）（电导率+空管（F）电导率和空管显示，应用故障类别（F）空管情况时，流量显示"=0"）。

10）口径

按住>键2.5s后释放—C Setup（设置）—C1 Processinput（过程输入）—C1.1Calibration（校准）—C1.1.02 Size（口径）—根据铭牌选取口径。

11）GKL系数

按住>键2.5s后释放—C Setup（设置）—C1 Processinput（过程输入）—C1.1Calibration（校准）—C1.1.05 GKL-根据铭牌设定数值。

12）磁场频率（Field frequency）

按住>键2.5s后释放—C Setup（设置）—C1 Processinput（过程输入）—C1.1 Calibration（校准）—C1.1.1Zero Calibration（零点校准）—C1.1.13 Field frequency（磁场频率）。

13）电流输出开启（Current output）

按住>键2.5s后释放—C Setup（设置）—C2 I/O（输入/输出）—C2.1 Hardware（硬件）—C2.1.1 Terminals A（端子A）—Current outputA）—Current output（电流输出开启）/Off（电流输出关闭，该端子无任何功能）。

14）频率输出开启（Frequency output）

按住>键2.5s后释放—C Setup（设置）—C2 I/O（输入/输出）—C2.1Hardware（硬

件）—C2.1.1 Terminals A（端子 A）—C2.1.4 Terminals D（端子 D）—Frequency output（频率输出）/Pulse output（脉冲输出）/Status output（状态输出开启）/Limit switch（限位开关开启）/Off（关闭，该端子无任何功能）。

15）量程（Range）

按住>键 2.5s 后释放（状态输出开启）/LimitC Setup（设置）—C2 I/O（输入/输出）—C2.2 Current output A（C2.2＝A，C2.3＝B，C2.4＝C）—C2.2.1 Range 0~100%（电流输出量程，例如 4~20MA）C2.2.6Range（量程）—测量范围为 0~100%。

16）极性（Polarity）

按住>键 2.5s 后释放—C Setup（设置）—C2 I/0（输入/输出）—C2.2 Current output A（C2.2＝A，C2.3＝B，C2.4＝C）—C2.2.1 Range 0~100%（电流输出量程，例如 4~20MA）—C2.2.7 Polarity（极性）—Both polarities（使用正、负数值）/Positive polarity（用正值，负值用力 0%代替）/Negative polarity（用负值，正值用 0%代替）/Absolute value（用测量值的绝对值作为电流输出）。

17）指示流量传感器的衬里材料（Liner）

按住>键 2.5s 后释放—C Setup（设置）—C1 Process input（过程输入）—C1.1 Calibraton（校准）—C1.4 Information（所有传感器的电子信息）—C1.4.1 Liner（指示流量传感器的衬里材料）—PTFE（聚四氟乙烯）、PFA（衬里）、NEOPRENE（氯丁橡胶）、POLYURETHANE（聚氨酯橡胶）。

18）指示电极材料（Electr. material）

按住＞键 2.5s 后释放—C Setup（设置）—C1 Process input（过程输入）—C1.1Calibraton（校准）—C1.4 Information（所有传感器的电子信息）—C1.4.2Electr. material（指示传感器电极材料）—MO2TI、HC、HB、TI、TA、PT。

19）在测量页中打开累加器（1ST meas. page 1）

按住>键 2.5s 后释放—C Setup（设置）—C1 Process input（过程输入）—C5 Device（设备）—C5.3 1st meas. page1（第一测量显示屏）—C5.3.8 measurement 2nd line（第二测量行）—counter1（在 Profibus 中为 FB2 累加器）。

20）在测量页 2 中打开电导率测量（2ST meas. page 2）

按住>键 2.5s 后释放—C Setup（设置）—C1 Process input（过程输入）—C5 Device（设备）—C5.4 2nd meas. page 2（第一测量显示屏）—C5.4.8 measurement 1st line（第一测量行）—conductivity（电导率）。

四、电磁流量计日常检查和维护

（一）电磁流量计日常检查

日常检查的目的是保证或证明电磁流量计是在受控状态下运行。日常检查的方式一般有在线检查和离线检查两种，主要是验证电磁流量计的流量测量值是否符合并保持预期的计量要求。

电磁流量计在工业中应用以流量控制为主，所测流体多具有腐蚀性和磨耗性。实际应用中，电磁流量计发生的故障多是由于腐蚀泄漏、绝缘下降、电极沾污或附着异物而引起。

电磁流量计传统的定期维护检查是将流量传感器卸下管线清扫和检查，然后实施流量校准。为减少流量传感器从管道上卸装损伤衬里，先在管线上测量绝缘电阻等推断有无异常现象，再决定下一步是否卸下管线检查或实流流量校准。检查电磁流量计，除零点检查外，还将流量传感器、转换器和连接电缆分开进行。

1. 整机零点检查

整机零点检查的技术要求是：流量传感器测量管充满液体且无流动。

2. 连接电缆检查

该项检查内容是检查信号线与励磁线各芯导通和绝缘电阻，检查各屏蔽层接地是否完好。

3. 转换器检查

该项检查内容是用通用仪表以及流量计型号相匹配的模拟信号器代替传感器提供流量信号进行调零和校准。

4. 流量传感器检查

该项检查内容是：通过对励磁线圈的检查和检查转换器所测得的励磁电流以间接评价磁场强度是否变化。

（二）电磁流量计维护

文中以德国 ABB 公司电磁流量计类型 FXE4000 为例，进行电磁流量计的日常维护工作。

（1）电磁流量计测量过程中出现较大波动时，需要修改励磁频率来稳定流量显示，具体操作如下：

① 单按 DATA↑OR STEP↓查找"Code Number"参数。

Code Number

② 显示为出厂密码输入菜单，长按 DATA↑进入菜单进行密码输入，密码为 4000。

Code Number
0

③ 进入菜单出现光标可以进行密码输入，单按 DATA↑进行数值增加，单按 STEP↓进行进位切换。

Code Number
40

Code Number
4

④ 单按 STEP↓。

Code Number
4 * 0
Code Number
4 * * 0

⑤ 单按 STEP↓密码键入后长按 DATA↑确认后自动返回至界面。使用上下键翻找参数后，长按 DATA↑确认后进入该菜单，显示使用上下键翻找。

Submenu
Primary
Code Number
Meter size
DN250 10ln
Span Cs 3.25Hz
56.123%

⑥ 用于所选励磁频率的流量计传感器量程数值 Cs，参见流量计传感器上的铭牌。

Zero Cz 6.25Hz
0.1203%

⑦ 用于所选励磁频率的流量计传感器零点数值 Cz，参见流量计传感器上的铭牌；该菜单所显示的 6.25Hz 为该表此时所使用的励磁频率，在出现波动时就将该频率修改成 12.5 或 25。

当选择 12.5 时的参数时，选择画面为两参数界面，并且将量程数值 Cs100% 和零点数值 Cz0% 参看流量计传感器上的铭牌的值进行修改（比如铭牌上的 Cs 值为 45.1%、Cz 值为 0.125%）。

Zero Cz 12.5Hz
0%
Span Cs 12.5Hz
100%

⑧ 长按 DATA↑进入参数修改。

Zero Cz 12.5Hz
0.125%
Submenu
Excitation

⑨ 修改完成后按 C/CE 退出菜单，查找长按 DATA↑进入该参数，查找界面，并长按 DATA↑进入将 6.25 选择成 12.5。

Debit Excitation
6.25 DC
Debit Excitation
12.5 DC

⑩ 按 C\CE 退出菜单后回到显示画面至此操作已完成。

（2）电磁流量计测量过程中出现干扰时，需要修改滤波参数来稳定流量显示，具体操作如下：

① 将程序保护关闭后，使用上、下键查找滤波参数。

Fiter
OFF

② 长按 DATA↑将 OFF 改为 ON。

Fiter
ON

③ C/CE 退出该参数操作基本完成。

④ C/CE 连续操作可最终退至显示画面。

（3）电磁流量计测量过程中出现较小波动，需要修改小信号切除来稳定流量显示，具体体操作如下：

① 将程序保护关闭后，使用上、下键查找小信号切除参数"Low flow cut-off"。

Low flow cut-off
0%

② 小信号切除的最大数值为2%，因此长按DATA↑进入将数值最大可修改为2.0%。

Low flow cut-off
2.0%

③ C/CE 退出该参数操作基本完成。
④ C/CE 连续操作可最终退至显示画面。

五、电磁流量计典型故障分析与处理

通常检查电磁流量计测量系统和判断故障时，首先检查环节包括电磁流量计本身的传感器和转换器以及连接两者的电缆，电磁流量计上位的工艺管道，下（后）位显示仪表连接电缆。

电磁流量计常见故障现象如下：
（1）无流量信号输出故障原因：
① 电源未通等电源方面故障。
② 连接电缆（激磁回路，信号回路）系统方面故障。
③ 液体流动状况方面故障。
④ 传感器零部件损坏或测量内壁附着层引起等方面的故障。
⑤ 转换器元器件损坏方面的故障。
（2）输出晃动故障原因：
① 流动本身是波动或脉动的，实质上不是电磁流量计的故障，仅如实反映流动状况。
② 管道未充满液体或液体中含有气泡。
③ 外界杂散电流等电、磁干扰。
④ 液体物性方面（如液体电导率不均匀或含有较多变颗粒/纤维的浆液等）的原因。
⑤ 电极材料与液体匹配不妥。
（3）零点不稳定故障原因：
① 管道未充满液体或液体中含有气泡。
② 主观上认为管系液体无流动而实际上存在微小流动；其实不是电磁流量计故障，而是如实反映流动状况的误解。
③ 传感器接地不完善受杂散电流等外界干扰。
④ 液体方面（如液体电导率均匀性，电极污染等问题）的原因。
⑤ 信号回路绝缘下降。
（4）引起测量流量与实际测量不符的故障原因：
① 转换器设定值不正确。
② 传感器安装位置不妥，未满管或液体中含有气泡。
③ 未处理好信号电缆或使用过程中电缆绝缘下降。
④ 传感器上游流动状况不符合要求。
⑤ 传感器极间电阻变化或电极绝缘下降。

⑥ 所测量管系存在未纳入考核的流入/流出值。
（5）输出信号超满度值的故障原因：
① 传感器方面：电极间无液体连通，从液体引入电干扰。
② 连接电缆方面：电缆断开，接线错误。
③ 转换器方面：与传感器配套错误，设定错误。
④ 后位仪表方面：未电隔离，设定错误。

第二章　气动执行器

第一节　执行机构的结构和分类

一、调节阀的结构

调节阀是过程控制系统中用动力操作去改变流体流量的装置。调节阀由执行机构和调节机构（阀）组成。执行机构起推动作用，而调节机构起调节流量的作用。调节阀是执行器的主要类型。执行器是一种直接改变操纵变量的仪表，是一种终端元件，除调节阀外，执行器还包括气动马达、气动机械手、电磁阀、电动调速泵等产品。

执行机构是将控制信号转换成相应的动作来控制阀内截流件的位置或其他调节机构的装置。信号或驱动力可以为气动、电动、液动或这三者的任意组合。阀是调节阀的调节部分，它与介质直接接触，在执行机构的推动下，改变阀芯与阀座之间的流通面积，从而达到调节流量的目的。

以压缩空气为动力源的调节阀称为气动调节阀（图2-1）；以电为动力源的调节阀则为电动调节阀（图2-2）。这两种是用得最多的调节阀。此外，还有液动调节阀、智能阀、电液调节阀等。

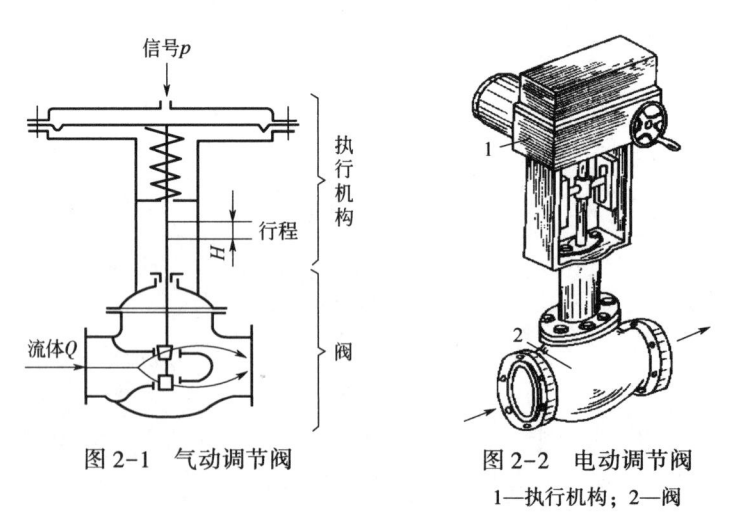

图 2-1　气动调节阀

图 2-2　电动调节阀
1—执行机构；2—阀

阀是由阀体、上阀盖组件、下阀盖和阀内件组成的。上阀盖组件包括上阀盖和填料函。阀内件是指与流体接触并可拆卸的，起到改变节流面积和截流件导向等作用的零件的总称，例如阀芯、阀座、阀杆、套筒、导向套等，都可以叫阀内件。

二、调节阀的组成和分类

调节阀的产品类型很多，结构多种多样，而且还在不断地更新和变化。一般来说，阀是通用的，既可以和气动执行机构匹配，也可以与电动执行机构或其他执行机构匹配使用。

根据需要，调节阀可以配用各种各样的附件，使它的使用更方便，功能更完善，性能更好，这些附件有阀门定位器、手轮机构、电气转换器等。

调节阀的组成及分类可以用图2-3表示。

三、常见气动执行机构

（一）气动薄膜执行机构

气动薄膜执行机构是一种最常用的机构，如图2-4所示。它的结构简单，动作可靠，维修方便，价格低廉。

气动薄膜执行机构分正作用和反作用两种形式，国产型号为ZMA型（正作用）和ZMB型（反作用）。信号压力一般为20~100kPa，气源压力的最大值为500kPa。信号压力增加时推杆向下动作的叫正作用执行机构；信号压力增加时推杆向上动作的叫反作用执行机构。正、反作用执行机构基本相同，均由上、下膜盖、波纹薄膜、推杆、支架、压缩弹簧、弹簧座、调节件、标尺等组成。在正作用执行机构上加上一个装O形密封圈的填块，只要更换个别零件，即可变为反作用执行机构。

这种执行机构的输出特性是比例式的，即输出位移与输入的气压信号成比例关系。当信号压力通入薄膜气室时，在薄膜上产生一个推力，使推杆移动并压缩弹簧。当弹簧的反作用力与信号压力在薄膜上产生的推力相平衡时，推杆稳定在一个新的位置。信号压力越大，在薄膜上产生的推力就越大，则与它平衡的弹簧反力也越大，即推杆的位移量越大。推杆的位移就是执行机构的直线输出位移，也称为行程。

国产气动薄膜弹簧执行机构的行程规格有10mm、16mm、25mm、40mm、60mm、100mm等。薄膜的有效面积有200cm^2、280cm^2、400cm^2、630cm^2、1000cm^2、1600cm^2六种规格。有效面积越大，执行机构的位移和推力也越大，可根据实际需要进行选择。

（二）气动活塞式执行机构

没有弹簧的气动活塞式执行机构如图2-5所示。它的活塞随气缸两侧的压差而移动，在气缸两侧输入一个固定的信号和一个变动信号，或者在两侧都输入变动信号。气动活塞式执行机构的气缸允许操作压力可达700kPa，因为没有弹簧抵消推力，所以有很大的输出推力，特别适用于高静压、高压差的工艺条件。这是一种较为重要而常用的气动执行机构。它的输出特性有比例式及两位式两种。所谓比例式是指输入信号压力与推杆的行程成比例关系，这时它必须带有阀门定位器。两位式是根据输入执行机构活塞两侧的操作压力差来完成的。活塞由高压侧推向低压侧，就使推杆由一个极端位置推移到另一个极端位置。所以，两位式执行机构控制阀门的开关动作即这种执行机构的行程一般为25~100mm。

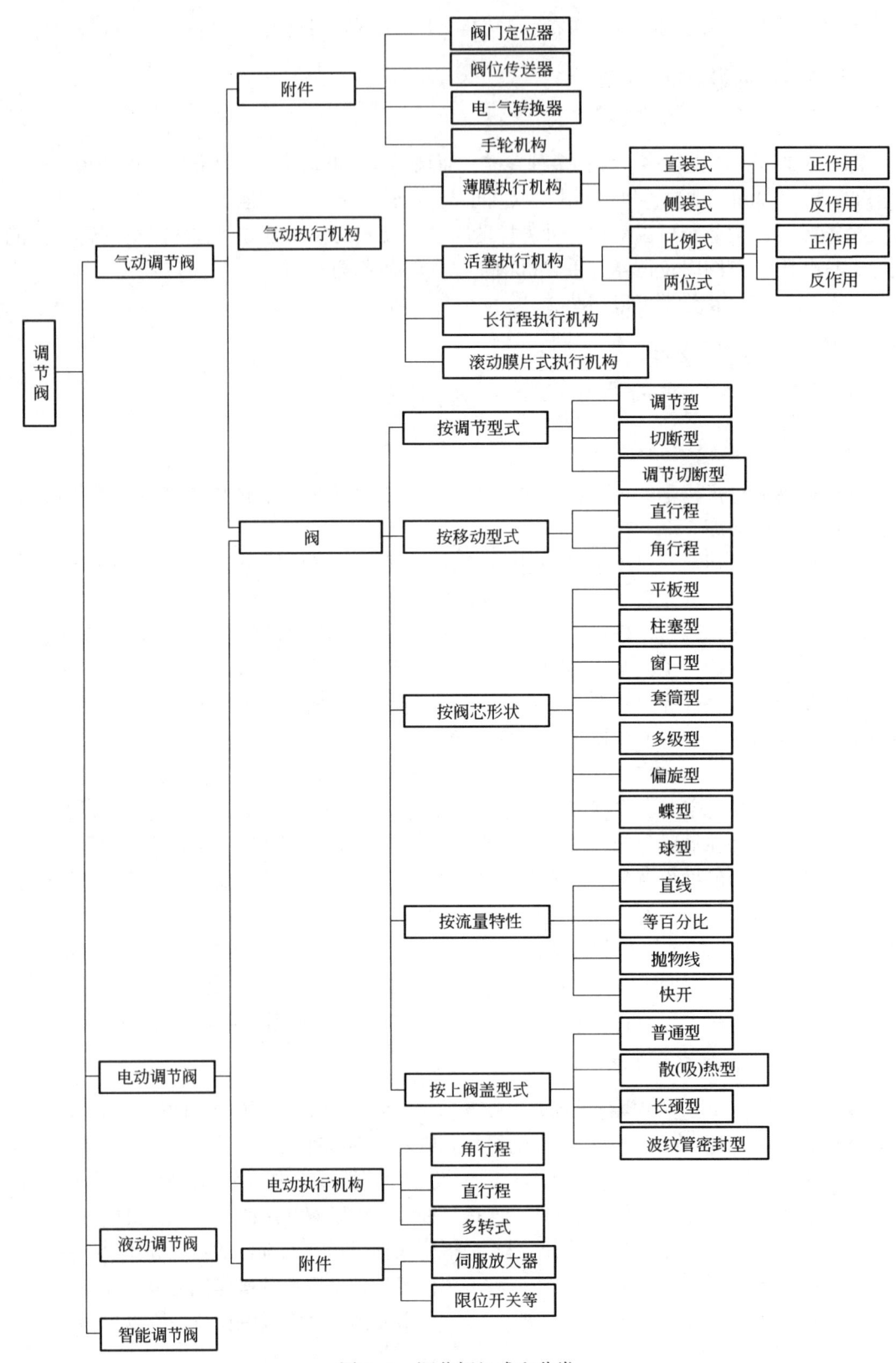

图 2-3　调节阀组成和分类

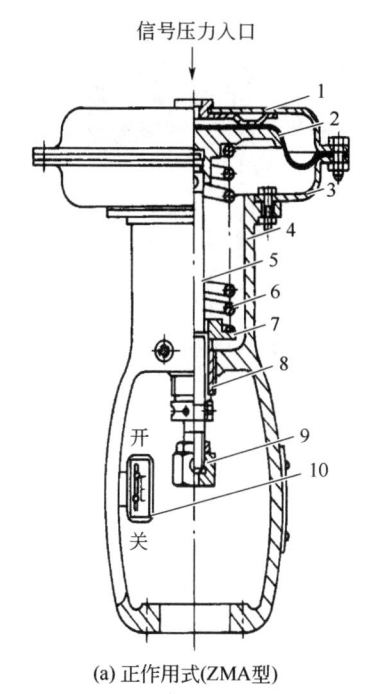

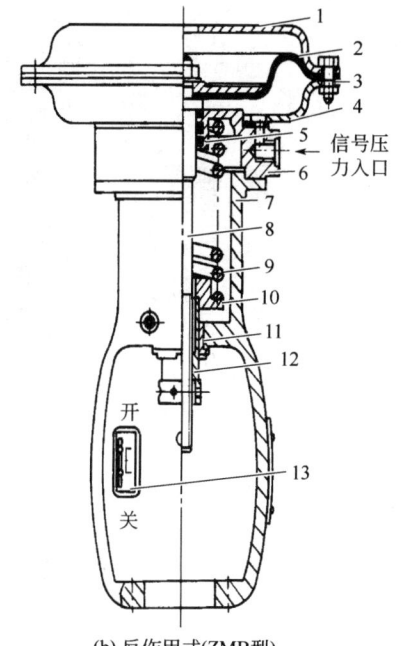

第一部分 现场仪表

(a) 正作用式(ZMA型)
1—上膜盖；2—波纹薄膜；3—下膜盖；4—支架；
5—推杆；6—压缩弹簧；7—弹簧座；8—调节件；
9—螺母；10—行程标尺

(b) 反作用式(ZMB型)
1—上膜盖；2—波纹薄膜；3—下膜盖；4—密封膜片；
5—密封环；6—填块；7—支架；8—推杆；9—压缩
弹簧；10—弹簧座；11—衬套；12—调节件；
13—行程标尺

图 2-4　气动薄膜执行机构

（三）长行程执行机构

如图 2-6 所示的长行程执行机构，具有行程长（200~400mm）、转动力矩大的特点，适用于输出力矩和输出一个转角的阀门，如蝶阀、风门等。

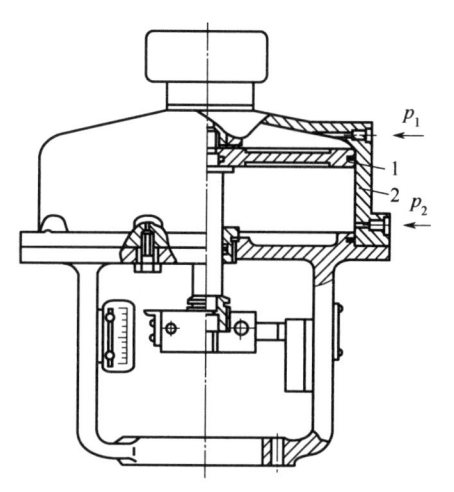

这种气动长行程执行机构是按力矩平衡原理工作的。当进入波纹管的信号压力增加时，推力增加，推动杠杆绕支点转动，带动滑阀向上移动，从而使下缸压力 p_2 增大，上缸压力 p_1 降低，活塞便向上移动，带动输出摇臂输出角位移。这时，连在活塞杆上的导槽也带动正弦机构的反馈杆转动，连在同一转轴上的反馈凸轮转动，通过滚轮把弧形杠杆推向下转动，拉伸反馈弹簧，增加杠杆的拉力。当弹簧拉力与波纹管推力相平衡时，杠杆和滑阀一起又回到原来的平衡位置，仪表达到平衡状态。随

图 2-5　气动活塞执行机构
1—活塞；2—气缸

着压力的增加，活塞位移和摇臂转角也相应成比例增加。针形阀用以调节活塞的动作速度，平衡阀作为自动与手动切换之用，在自动位置时，气源与滑阀接通；在手动位置时，切断气源，连通上、下缸气路。

把气动长行程执行机构的结构稍加改变之后，可以用电信号来控制，只要用磁钢、动

117

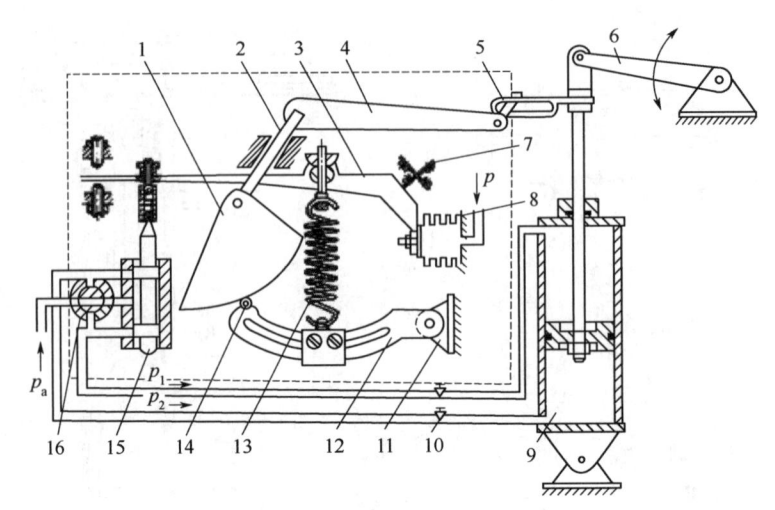

图 2-6 气动长行程执行机构

1—反馈凸轮；2—转轴；3—杠杆；4—反馈杆；5—导槽；
6—输出摇臂；7—杠杆支点；8—波纹管；9—气缸；
10—针型阀；11—弧形杠杆支点；12—弧形杠杆；
13—反馈弹簧；14—滚轮；15—滑阀；16—平衡阀

圈组件代替波纹管组件，在通入 0~10mA 电流信号到动圈之后，就会推动杠杆而带动滑阀，使滑阀的阀杆移动而改变气缸两侧的压力，输出角位移。这样的装置，称为电信号气动长行程执行机构。

此外，还有大功率的长行程机构，所用的气缸直径很大，因此，最大的输出力可达 35kN，最大的输出力矩达到 6000N·m。

四、常见的电动执行机构

（一）直行程电动执行机构

执行机构的输出轴输出大小不同的直线位移，通常用来推动单座、双座、三通、套筒等各种调节阀。

（二）角行程电动执行机构

执行机构的输出轴输出角位移，转动角度范围小于 360°，通常用来推动蝶阀、球阀、偏心旋转阀等转角式调节机构。

（三）多转式电动执行机构

执行机构输出轴输出各种大小不等的有效转圈数，用来推动闸阀或由执行电动机带动旋转式调节结构，如各种泵等。

第二节　智能定位器原理及应用

随着工业技术和计算机技术的发展，阀门定位器从最初的气动挡板力平衡式、线圈力平衡式、电气集成力平衡式阀门定位器，发展到加入微控制器的智能型电气阀门定位器，并向全数字化和使用现场总线技术方向发展。在实际工业控制工程中，生产对流量控制方面的要求越来越高，不但要求控制精度高、响应速度快，同时要求控制方式上多样化，这就对阀门定位器的性能提出了更高要求。

目前，智能型电气阀门定位器已经越来越广泛地应用在各种工业控制领域并发挥着重要的作用。例如，美国Fisher-Rosemount公司生产的基于现场总线式DVC系列阀门定位器系统，德国Siemens公司生产的SIPART PS2系列阀门定位器等，依靠各自的特色和稳定可靠的性能，已经被广泛应用于各大炼化企业中，成为生产过程控制中的重要组成部分。

一、智能阀门定位器的基本原理

每种定位器在设计上都有它自己的独到之处，但在其基本原理上还是大致相同，只是在放大器的结构上采用了不同处理方法，有普通式、三位式和压电阀式等几种。而且有很多厂商在双输出调节时采用外接辅助放大器来实现。

其基本原理如下：外部条件应具备4~20mA的信号源与可以驱动调节的气源，接通气源将减压阀压力调整为调节阀额定压力并给定>4mA的控制信号驱动定位器的电路模块及微处理器。假设给定信号值为8mA，电信号通过A/D转换模块将模拟信号装换为数字信号给微处理器将驱动EPM（电气转换）驱动模块，控制EPM模块再将气信号给气动放大器，那么定位器产生气输出，调节阀动作同时带动定位器的反馈杆动作，通过VTD（位置传感器）将位移转换成4~20mA的电信号给A/D转换器由微处理器进行比较处理，当给定值=控制量的时候调节阀也就稳定下来。那么微处理器的给定值（比较值）初始化以后，针对不同行程的调节阀和不同的反馈杆安装位置都会产生相应的值。在这里要说明的是，VTD位置传感器的动作是靠反馈杆上的大齿轮带动传感器上的小齿轮，位置传感器转角并不是360°。在最大值和最小值工作区间以外有一个小的缺口，也就是定位器的盲区。所以每款定位器都有自己的转角要求。

智能定位器原理图如图2-7所示。

二、智能阀门定位器的用途

电-气阀门定位器可以用于控制气动直行程或角行程调节阀，实现阀门的准确定位。这种定位器接受来自调节器或控制系统的电流信号（例如4~20mA），用这个信号改变执行机构气室的压力，使阀门的位置达到给定值。这种定位器适用于有弹簧执行机构的单作用状况，也适用于无弹簧执行机构的双作用状况；可为防爆结构，也可以是非防爆结构。

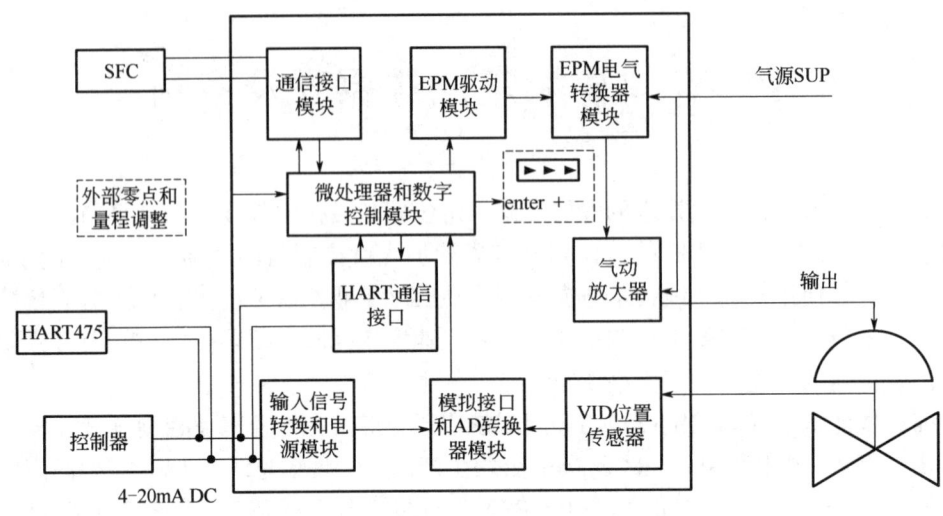

图 2-7 原理图

三、智能阀门定位器的结构特点

装有高集成度的微处理器智能型现场仪表既可安装在直行程执行机构上，也可以安装在旋转式执行机构上。主要组成部分由压电阀、模拟数字印刷电路板、LCD（液晶显示）、供输入组态数据及手动操作的按键、行程检测系统、壳体和接线盒等部分组成。

有替换的功能模板具有下列功能：

(1) 提供二线制 4~20mA 的阀位反馈信号。

(2) 通过数字信号指示两个行程极限，两个限定值可独立设置最大值和最小值，用数字显示。

(3) 自动运行过程中，当阀位没有达到给定值时能进行报警，微处理器有故障时也能报警，报警时信号中断。

四、智能阀门定位器的组态说明

在组态方式下，可根据现场需要进行如下设置：

(1) 输入电流范围 4~20mA。

(2) 给定的上升或下降特性。

(3) 定位速度的限定（设定值的上升时间）。

(4) 分程控制，可调的初值和终值。

(5) 阶跃响应、自适应或整定。

(6) 作用方向，输出压力随设定值增大的上升、下降特性。

(7) 输出压力范围，初始值和终值。

(8) 位置限定，最小值与最大值（报警值）。

(9) 根据所需的阀特性，可对行程进行纠正并作如下选择：直线；等百分比 1∶25；

等百分比 1∶50；其他特性。

五、智能阀门定位器的安装及调试

智能定位器的安装工作是整个调校过程中比较重要的环节。很多故障都源自于安装位置（包括反馈杆、反馈凸轮的安装位置和型号的选择）。安装定位器时一定要注意定位器的支架牢固可靠，保证定位器与调节阀之间为刚性连接。反馈杆的位置也应在该定位器厂商规定的标准范围内（注：各厂商有不同的转角要求）。风管线的配置也要符合标准，选用与风管精密配合的卡套接头或快速接头，从而保证调节阀气源无泄漏。在接头密封时采用四氟带或固、液体密封剂时要保证其不进入放大器内，在调节阀气源投用时应提前做好管线的吹扫工作（此项工作在新建装置的投运前尤为重要）并加装过滤器减压阀。保证压缩空气的干燥和清洁，可提高阀门定位器的使用寿命。因为现在智能式阀门定位器的气动放大器不同以往使用的气动和电-气阀门定位器的气动放大器，其结构多为紧密型压模封装或采用压电阀结构不可拆卸，一旦进入杂质将会堵塞放大器或使放大器损坏，导致无输出、输出振荡或无信号有输出现象，从而无法正常工作。

另外调节阀的阀杆安装长度、弹簧的预紧力大小、调节阀的额定风压及膜头尺寸都直接影响行程大小，在安装前首先确认调节阀开度大小是否满足额定行程和工作需要。

在使用 BOOSTER 时定位器都会出现振荡现象，需要降低 BOOSTER 的灵敏度，直至振荡消除。

此外还需注意的是，在调节阀上安装辅助设施，如电磁阀等，在接线时一定要正确连接电缆，切勿将 24V 或更高的电源压力接入到定位器的信号输入端子，以免损坏定位器。定位器的工作环境温度一般在 $-25 \sim 80$℃，超出这一范围将加速定位器内部元件的老化和损坏。

六、常见智能阀门定位器的使用调校方法

在实际生产过程中，如需调校阀门，一定要确认管线是否有旁路，是否有联锁，是否可以将阀门改变为手动模式进行校验，在保证安全生产的前提下，方可进行。

（一）FISHER DVC6200 系列智能阀门定位器

1. 阀门定位器概述及特点

DVC6200 无连接非接触式阀门定位器无机械连接，具有非接触式反馈结构，磁条内装有霍尔效应感应器，磁性阵列的磁条与执行机构的阀杆或阀轴相连接，霍尔感应器将磁场和电流变化关系转换为电信号。

2. 安装

阀门无论在全开或全关状态下，校准板上的标准线（指示器上的白线，指示的是定位器阀位传感器的位置）在反馈磁条上标准的有效行程范围内（图 2-8）。

3. 校验

（1）DVC6200 与 HART475 通信器阀门引导设置校验调试步骤。

图 2-8　DVC6200 定位器安装图

HART475 与 DVC6200 连接，开机，选择 HART 中的在线选项在 Online 页面中选择 Configure（组态）后按 ENTER（图 2-9）。

在 Configure 页面中选择 Guided Setup（引导设置）后按 ENTER（图 2-10）。

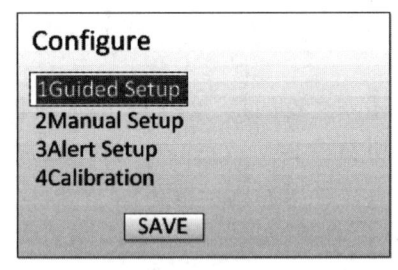

图 2-9　组态　　　　　　　　　　图 2-10　引导设置

在 Guided Setup 页面中选择 Device Setup（设备设置）后按 ENTER（图 2-11）。

警告菜单选择 Out of Service（非投用状态）后按 ENTER（非投用状态下允许进行参数修改和运行诊断）（图 2-12）。

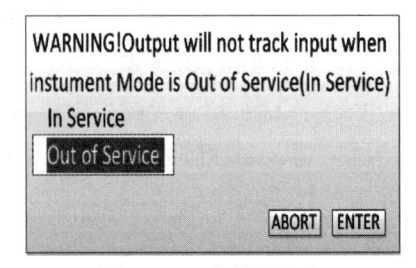

图 2-11　设备设置　　　　　　　　图 2-12　非投用状态

根据执行机构铭牌信息选择压力单位后按 ENTER（图 2-13）。

放大器类型选择 A or C 单作用或双作用执行机构 B 为反作用执行机构选择后按 ENTER（图 2-14）。

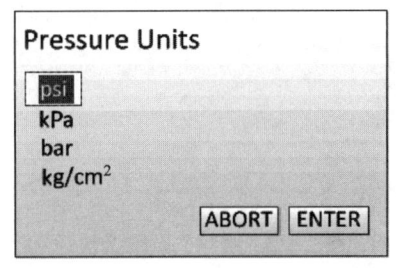

图 2-13　压力单位

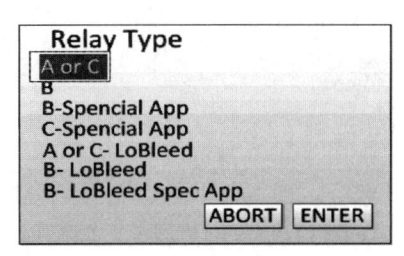

图 2-14　放大器类型

在行程压力控制页面选择行程控制后按 ENTER（如果是双作用执行机构必须设置成行程）（图 2-15）。

执行机构铭牌信息设置最大压力（图 2-16）。

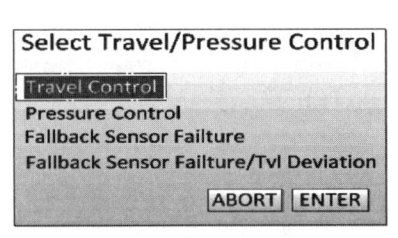

图 2-15　行程压力控制

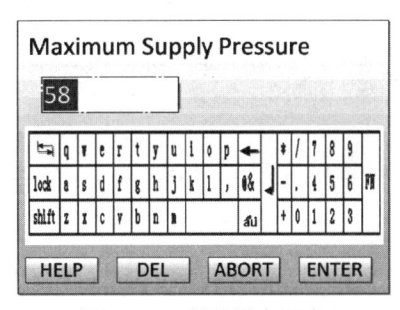

图 2-16　设置最大压力

选择执行器制造商，如未在其中选择 Other（其他）然后按 ENTER（图 2-17）。

选择执行机构型号，在铭牌上可以找到执行机构的型号信息，如未出现在列表中选 Other（图 2-18）。

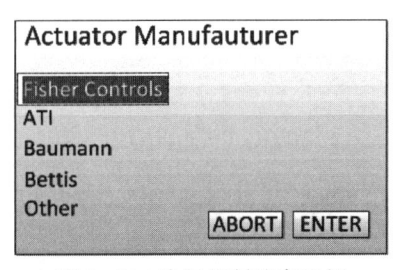

图 2-17　执行器制造商选择

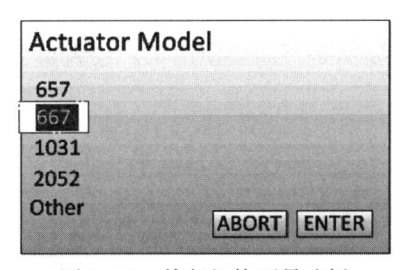

图 2-18　执行机构型号选择

选择执行机构尺寸，在铭牌上可以找到执行机构的尺寸，选择后按 ENTER（图 2-19）。

阀门失电状态下的位置，根据实际情况选择，选择后按 ENTER（图 2-20）。

开始驱动阀门，设置传感器动作点击 YES（图 2-21）。

自动抓捕定位器传感器方向，等待 20s 后弹到下一个界面（图 2-22）。

询问是否在设备中安装了快排或气体流量放大器如没有选择 NO（图 2-23）。

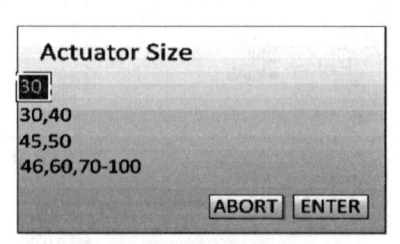

图 2-19　执行机构尺寸选择

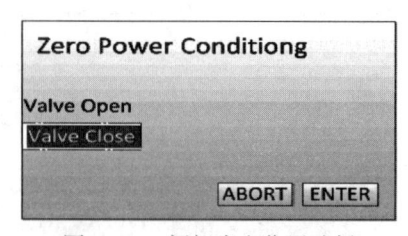

图 2-20　阀门失电位置选择

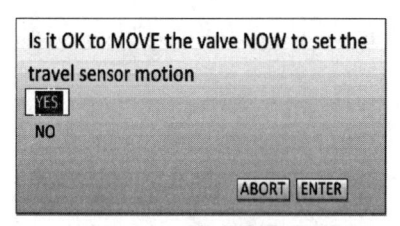

图 2-21　设置传感器动作

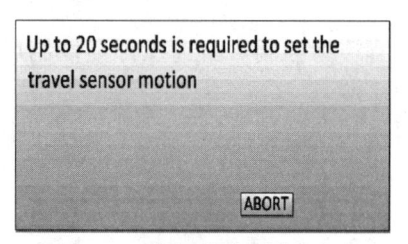

图 2-22　捕捉传感器动作方向

发送设备设置数据给仪表，点击 SEND 后，ENTER 确认进入下一界面（图 2-24、图 2-25）。

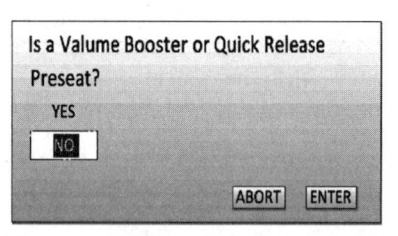

图 2-23　快排或气体流量放大器选择

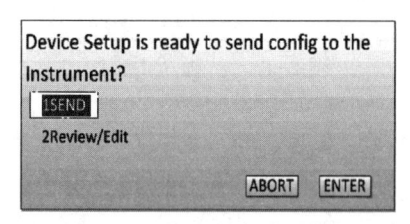

图 2-24　发送设备设置数据

根据提示是否需要使用工厂设置选择 YES（图 2-26）。

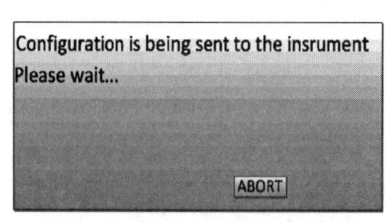

图 2-25　等待

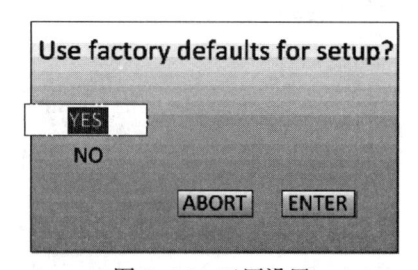

图 2-26　工厂设置

发送完工厂设置后，等待几秒，跳转到下一界面，设备设置完成，点击 OK 进入下一界面（图 2-27、图 2-28）。

完成阀门设置，需要运行阀门行程自动校验，选择 OK（图 2-29）。

是否希望阀门开始自动检测，点击 YES，阀门开始自动校验（图 2-30）。

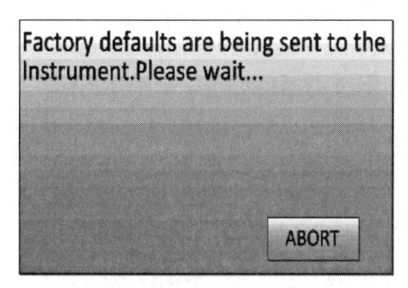

图 2-27　工厂设置等待

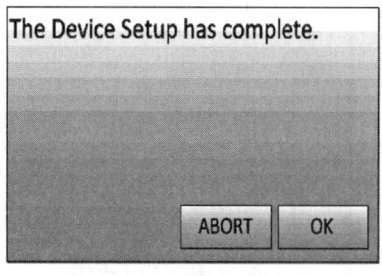

图 2-28　设备设置完成

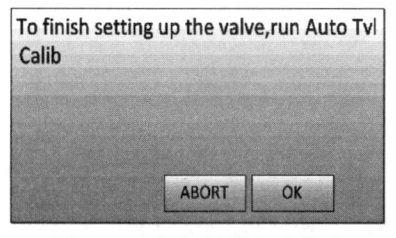

图 2-29　阀门行程自动校验

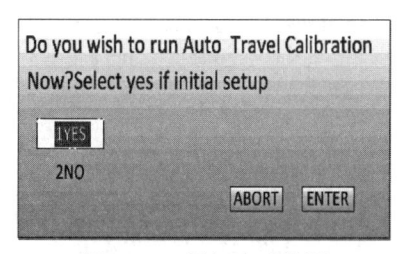

图 2-30　阀门自动检测

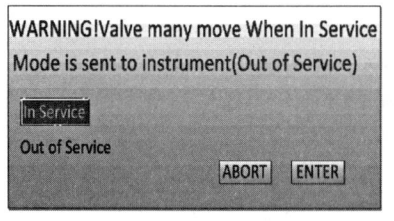

图 2-31　投用状态

校验完毕后需将定位器改为投用状态 In Service（图 2-31）。

（2）DVC6200 与 HART475 通讯器直接校验行程（引导设置已经完成，可直接进行校验）。

HART475 与 DVC6200 连接，开机，选择 HART 中的在线选项，在 Online 页面中选择 Configure（组态）后按 ENTER（图 2-32）。

在 Configure 页面中选择 Calibration（校验）后按 ENTER（图 2-33）。

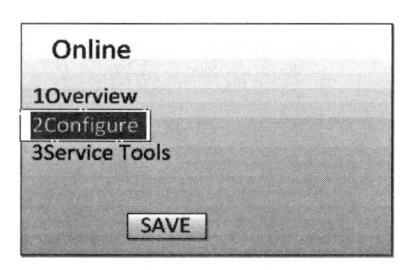

图 2-32　组态

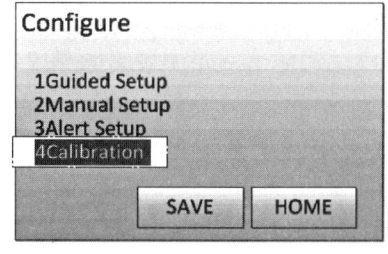

图 2-33　校验

在 Travel Calibration 页面中选择 Auto Calibration（自动校验）后按 ENTER（图 2-34）。
选择 Out of Service（非投用状态）后按 ENTER（图 2-35）。
警告！阀门将会突然改变输出，点击 Continue 后确认（图 2-36）。
自动校验完，点击 OK 键进行确认，进入下一步（图 2-37）。

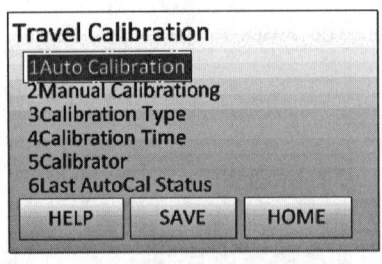

图 2-34 自动校验

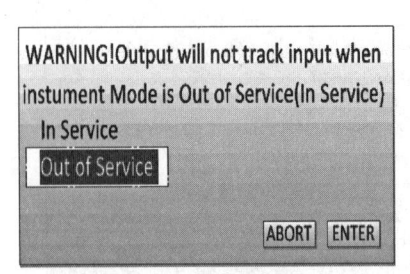

图 2-35 非投用状态

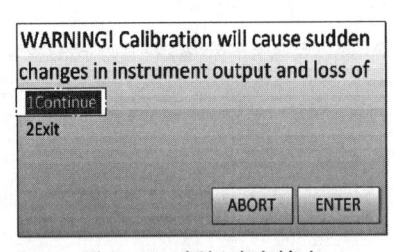

图 2-36 阀门改变输出

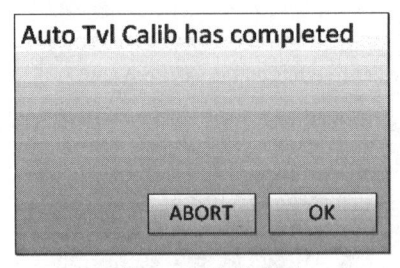

图 2-37 校验完毕

点击 OK，将定位器改为投用状态 InService，校验完毕（图 2-38、图 2-39）。

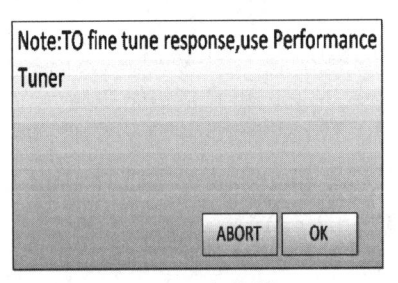

图 2-38 响应微调

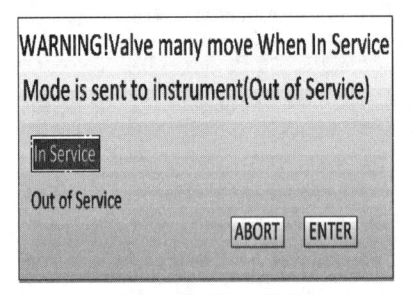

图 2-39 投用状态

（3）DVC6200 反馈调试步骤。

DVC6200 反馈输出回路中要有直流 24V 驱动，否则即使激活反馈，系统也不会检测到反馈。

在 Configue 菜单中选择 Manual Setup（手动设置）后按 ENTER（图 2-40）。

在 Manual Setup 菜单中选择 Mode and Protection（模式保护状态）后按 ENTER（图 2-41）。

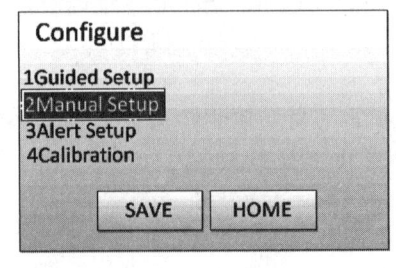

图 2-40 手动设置

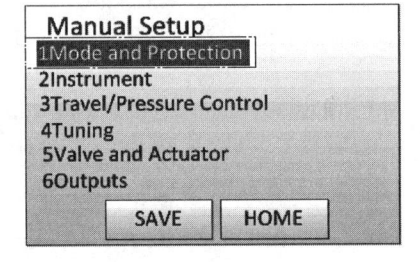

图 2-41 模式保护状态

在 Mode and Protection 菜单中选择 Change Instrument（改变仪表模式）后按 ENTER（图 2-42）。

选择 Out of Service（非投用状态）后按 ENTER（图 2-43）。

图 2-42　改变仪表模式　　　　图 2-43　非投用状态

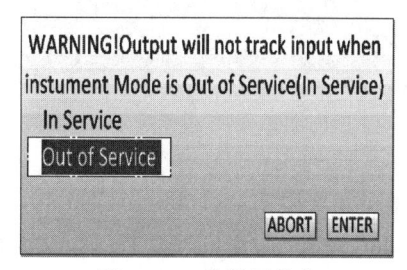

提醒选择 OK，进入下一界面（图 2-44）。

在 Manual Setup 菜单中选择 Outputs（输出）选项按 ENTER（图 2-45）。

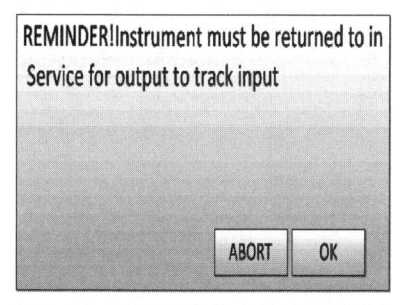

图 2-44　回到正常状态输出跟踪输入　　　图 2-45　输出

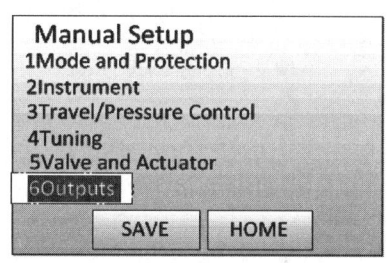

选择 Outputs 菜单中的 Out Terminal Configure 选项后按 ENTER（图 2-46）。

选择 Out Terminal Config 菜单中的 Output Terminal Eable（激活反馈）后按 ENTER（图 2-47）。

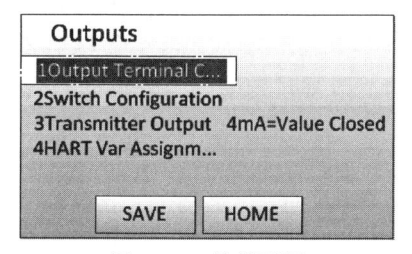

图 2-46　终端配置　　　　图 2-47　激活反馈

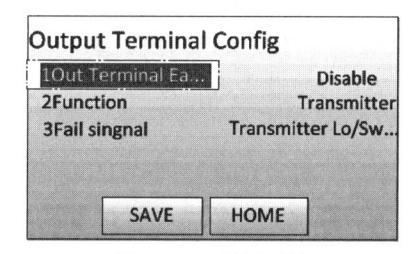

选择 enable 确定（图 2-48）。

要用 SEND 发送完后完成反馈使用设置，操作完毕后更改进入投用状态 Inservice（图 2-49）。

要用 SEND 发送完后完成反馈使用设置，操作完毕后更改进入投用状态 Inservice。

通过改变阀门的增益和积分，来提高阀门的响应速度和输出气压的稳定性。

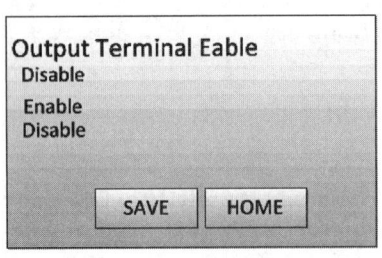

图 2-48 选择确定　　　　图 2-49 发送

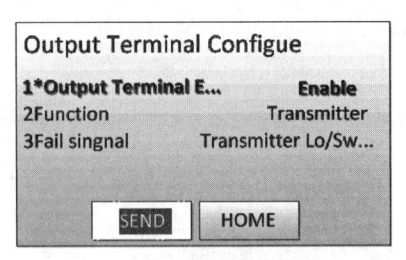

在 Configure 菜单中选择 Manual Setup（手动设置）选项按 ENTER 键（图 2-50）。
在 Manual Setup 菜单中选择 Tuning（调谐）选项按 ENTER 键（图 2-51）。

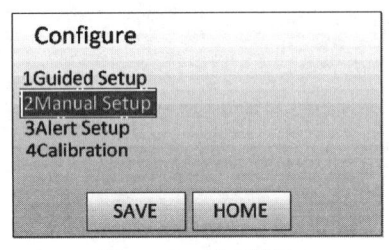

图 2-50 手动设置　　　　图 2-51 调谐

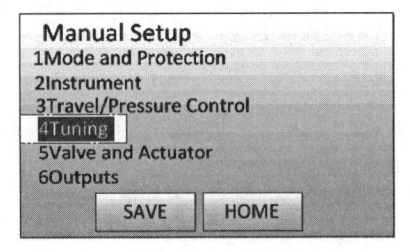

在 Tuning 菜单中选择 Travel Tuning 选项按 ENTER 键（图 2-52）。
在 Travel Tuning 菜单中选择 Travel Tuning Set 选项按 ENTER（图 2-53）。

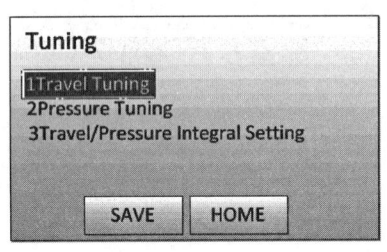

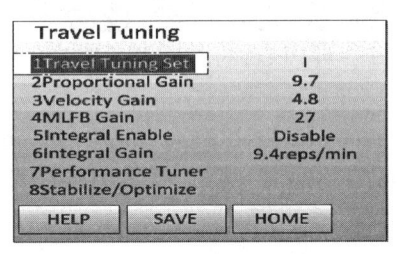

图 2-52 行程调谐　　　　图 2-53 行程调谐设置

如果不知道选择哪一组整定参数比较合适的，请暂时先用一组较慢的整定参数进行校验（图 2-54）。

设定完毕后，将定位器返回到 Inservice 状态，如果在校验过程中出现喘振，可先减小增益，向 C 值方向改变参数，在进行校验（图 2-55）。

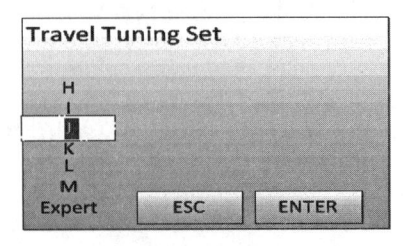

图 2-54 行程调谐选择　　　　图 2-55 发送

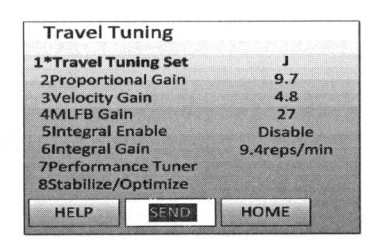

4. 自动校验行程中的错误信息及纠正方法

错误信息：自动行程校验过程中出现电源故障。

纠正方法：仪表的模拟输入信号必须大于 3.8mA，调整控制系统的电流输出或电流源，以提供至少 4.0mA 的电流。

错误信息：未能在规定时间内完成自动行程校验。

纠正方法：问题可能是以下两个的其中之一：

（1）所选整定参数太低，阀门在分配行程内没有达到行程终点。依次选择手动设置>整定>行程整定>稳定/优化，然后选择增强响应（选择下一个更高的整定参数）。

（2）所选整定参数太高，阀门运行不稳定，不能再分配时间内稳定到行程终点。依次选择手动设置>整定>行程整定>稳定/优化，然后选择削弱响应（选择下一个更低的整定参数）。

错误信息：驱动信号超出下限，检查气源压力。

纠正方法：检查气源压力（对于反作用式放大器），摩擦力太大。

错误信息：驱动信号超出上限，检查气源压力。

纠正方法：检查气源压力（对于正作用式放大器），摩擦太大。

（二）梅索尼兰系列智能阀门定位器

1. 定位器的安装

（1）在执行机构上安装支架。

（2）安装磁极组件。

（3）检查磁极的方向。

在支架上将定位器取下，观察磁极方向。对于旋转阀或其他小于 60°的执行器其磁铁的安装位置如图 2-56 所示。

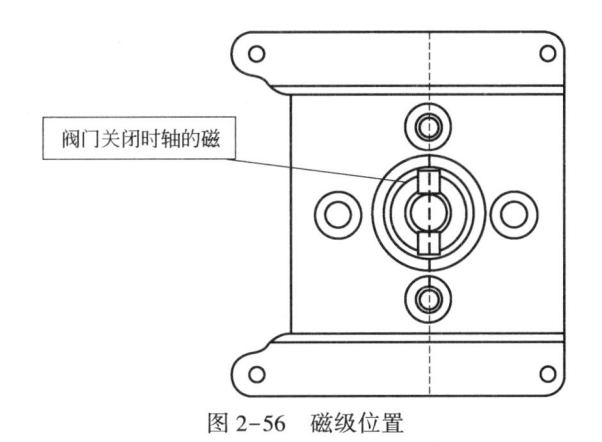

图 2-56 磁级位置

对于旋转角度大于 60°的执行器，磁极部件安装如图 2-57 所示。

（4）将定位器安装在支架上。

对于直行程阀门，可调的连接螺母必须与阀门的反馈杆平行，在关闭时检查支架在控制杆上孔的位置，确定支架使用了合适的孔进行了安装。直行程阀门安装孔与双向螺纹杆对应关系见表 2-1，直行程阀门安装孔如图 2-58 所示。

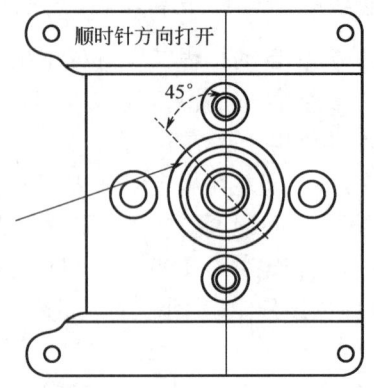

图 2-57 磁级位置

表 2-1 直行程阀门安装孔与双向螺纹杆对应关系

执行机构尺寸	行程（mm）	安装孔	反馈杆孔
6~10	12.7~20.32	A	A
10	12.7~20.32	A	A
10	20.32~38.1	B	B
16	12.7~20.32	B	A
16	20.32~38.1	C	B
16	38.1~63.5	D	C
23	12.7~20.32	B	A
23	20.32~38.1	C	B
23	38.1~63.5	D	C

（5）对于单作用式定位器，在出口 I 处上引出气管连接到阀门执行器上。对于双作用式定位器，输出口 I 处引出气管连接到阀门执行器一侧，输出口 II 接到执行器的另一侧。

（6）供气压力：单作用定位器供气压力 20~100PSI；双作用定位器供气压力 20~150PSI。供气压力必须大于阀门驱动器弹簧最大压力上限 5-10PSI，但不能大于其额定压力。

（7）为定位器提供的供电电流为 3.3~22mA，供电电压最低不小于 9V，输入信号 4~20mA 对应的电压为 9~11V。

2. 校验

本地面板按钮的定义（图 2-59）。

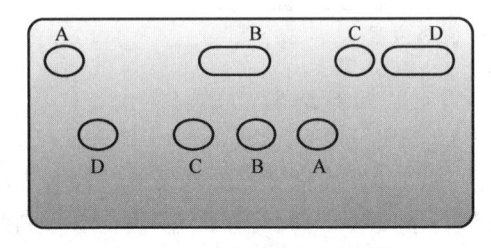

图 2-58 直行程阀门安装孔

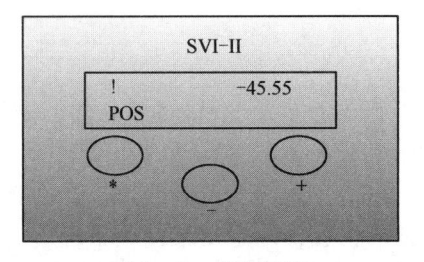

图 2-59 控制面板

＊：表示选择或接受当前显示数值或参数选项。

－：表示返回上一菜单，减少显示屏上当前显示数字，向下压住按钮可更快减少显示数字。

＋：表示在结构菜单中向下移动菜单，增加显示屏上当前数字，向下压住可更快增加数字。

在重新配置参数前可通过按钮检查原始参数：

（1）通过按钮在 MANUAL 模式下按"＋"进入 VIEW DATA 菜单。

（2）在 VIEW DATA 菜单按"＊"检查配置信息。

（3）按"＋"键翻动菜单，查看出厂配置信息。

（4）按"＋"键直到 MANPOS 出现。

（5）按"＊"键对参数进行选择。

（6）当调整屏幕出现时，按"＋"键可执行阀门打开操作，开始速度较慢，之后会加快。

（7）可设置几个不同的阀门位置值。

（8）检查阀门动作方式是否正确。

（9）按"＋"键进入重新设置菜单 SETUP。

（10）在 SETUP 模式下按"＊"键进入 CONFIGuration 菜单。

（11）在 CONFIG 菜单中设置参数值。

（12）在 CALIBrate 和 CONFIGure 时按住"＊"改变参数。

（13）返回到 NORMAL 模式，阀门在新的校验参数下移动到指定的位置。

（14）确认阀门位置是否按设置动作。

对 SVI-II AP 进行校准：

（1）在给 SVI II AP 供电后观察显示屏，看它在一般模式还是在手动模式下。

（2）如在一般模式下，屏幕上会轮流显示"POS"和"SIGNAL"。

（3）如在手动模式下，屏幕上会轮流显示"POS-M"和"SIGNAL"。

（4）在手动模式下，要进行手动操作，按"＊"键选择进入。

（5）按"＋"键 CONFIG 出现，再按"＋"键 CALIB 出现。

（6）通过按"＊"键选择进入 CALIBRA 校验菜单，STOP 出现，按"＊"阀门从全开走到全关，查看所有警告信息。

（7）按"＊"键阀门进入自动校验。

（8）在 STOP 运行完毕后，按"＋"键两次直到出现 TUNE。

对 SVI-II AP 进行自整定：

（1）按"＊"键开始自整定，该步骤 3~10min，阀门开始动作，来校验最佳位置响应。

（2）在自动校验过程中，屏幕会显示一些数字，表示过程进行中。

（3）当自动校验结束后会显示 TUNE。

（4）重复按"＋"键直到 SETUP 出现。

（5）按"＊"键回到 SETUP 菜单出现 CALIB 选项。

用 475 与 SVI-II AP 通信校验（图 2-60），连接 475 手操器，打开手操器（图 2-61）。

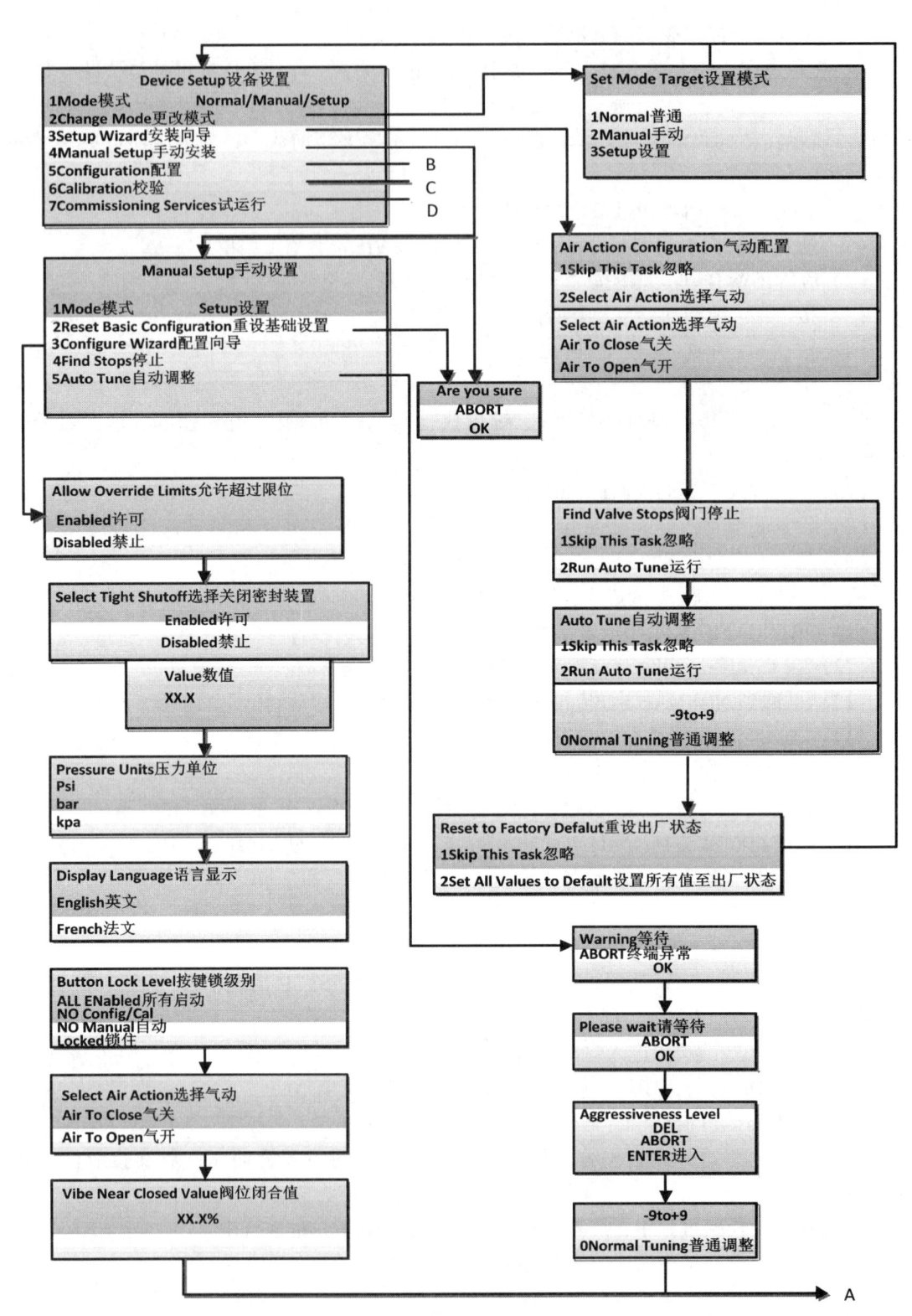

图 2-60

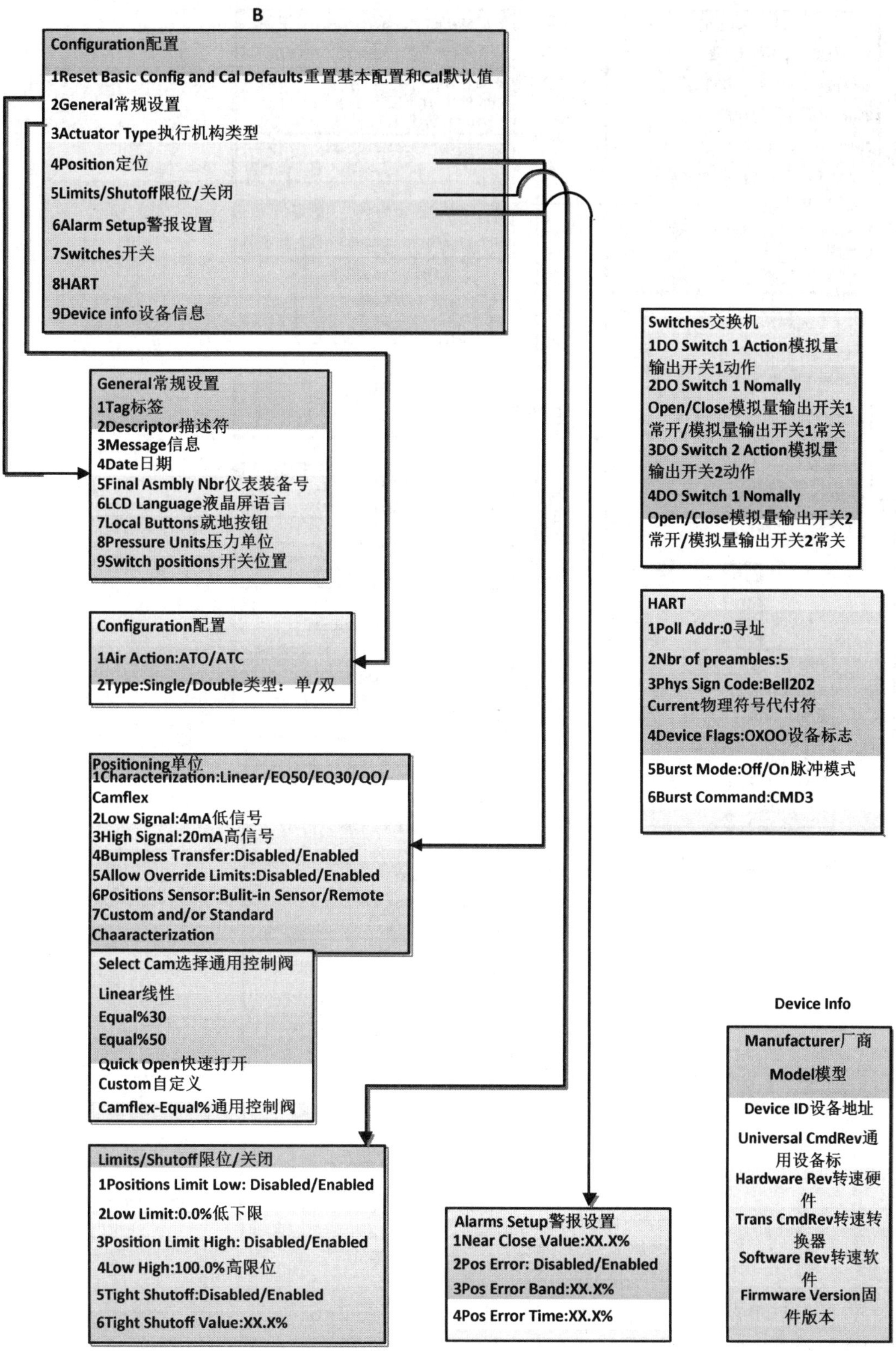

第一部分　现场仪表

B

Configuration配置
1 Reset Basic Config and Cal Defaults重置基本配置和Cal默认值
2 General常规设置
3 Actuator Type执行机构类型
4 Position定位
5 Limits/Shutoff限位/关闭
6 Alarm Setup警报设置
7 Switches开关
8 HART
9 Device info设备信息

General常规设置
1 Tag标签
2 Descriptor描述符
3 Message信息
4 Date日期
5 Final Asmbly Nbr仪表装备号
6 LCD Language液晶屏语言
7 Local Buttons就地按钮
8 Pressure Units压力单位
9 Switch positions开关位置

Configuration配置
1 Air Action:ATO/ATC
2 Type:Single/Double类型：单/双

Positioning单位
1 Characterization:Linear/EQ50/EQ30/QO/Camflex
2 Low Signal:4mA低信号
3 High Signal:20mA高信号
4 Bumpless Transfer:Disabled/Enabled
5 Allow Override Limits:Disabled/Enabled
6 Positions Sensor:Bulit-in Sensor/Remote
7 Custom and/or Standard Chaaracterization

Select Cam选择通用控制阀
Linear线性
Equal%30
Equal%50
Quick Open快速打开
Custom自定义
Camflex-Equal%通用控制阀

Limits/Shutoff限位/关闭
1 Positions Limit Low: Disabled/Enabled
2 Low Limit:0.0%低下限
3 Position Limit High: Disabled/Enabled
4 Low High:100.0%高限位
5 Tight Shutoff:Disabled/Enabled
6 Tight Shutoff Value:XX.X%

Switches交换机
1 DO Switch 1 Action模拟量输出开关1动作
2 DO Switch 1 Nomally Open/Close模拟量输出开关1常开/模拟量输出开关1常关
3 DO Switch 2 Action模拟量输出开关2动作
4 DO Switch 1 Nomally Open/Close模拟量输出开关2常开/模拟量输出开关2常关

HART
1 Poll Addr:0寻址
2 Nbr of preambles:5
3 Phys Sign Code:Bell202 Current物理符号代付符
4 Device Flags:OXOO设备标志
5 Burst Mode:Off/On脉冲模式
6 Burst Command:CMD3

Alarms Setup警报设置
1 Near Close Value:XX.X%
2 Pos Error: Disabled/Enabled
3 Pos Error Band:XX.X%
4 Pos Error Time:XX.X%

Device Info
Manufacturer厂商
Model模型
Device ID设备地址
Universal CmdRev通用设备标
Hardware Rev转速硬件
Trans CmdRev转速转换器
Software Rev转速软件
Firmware Version固件版本

图 2-60

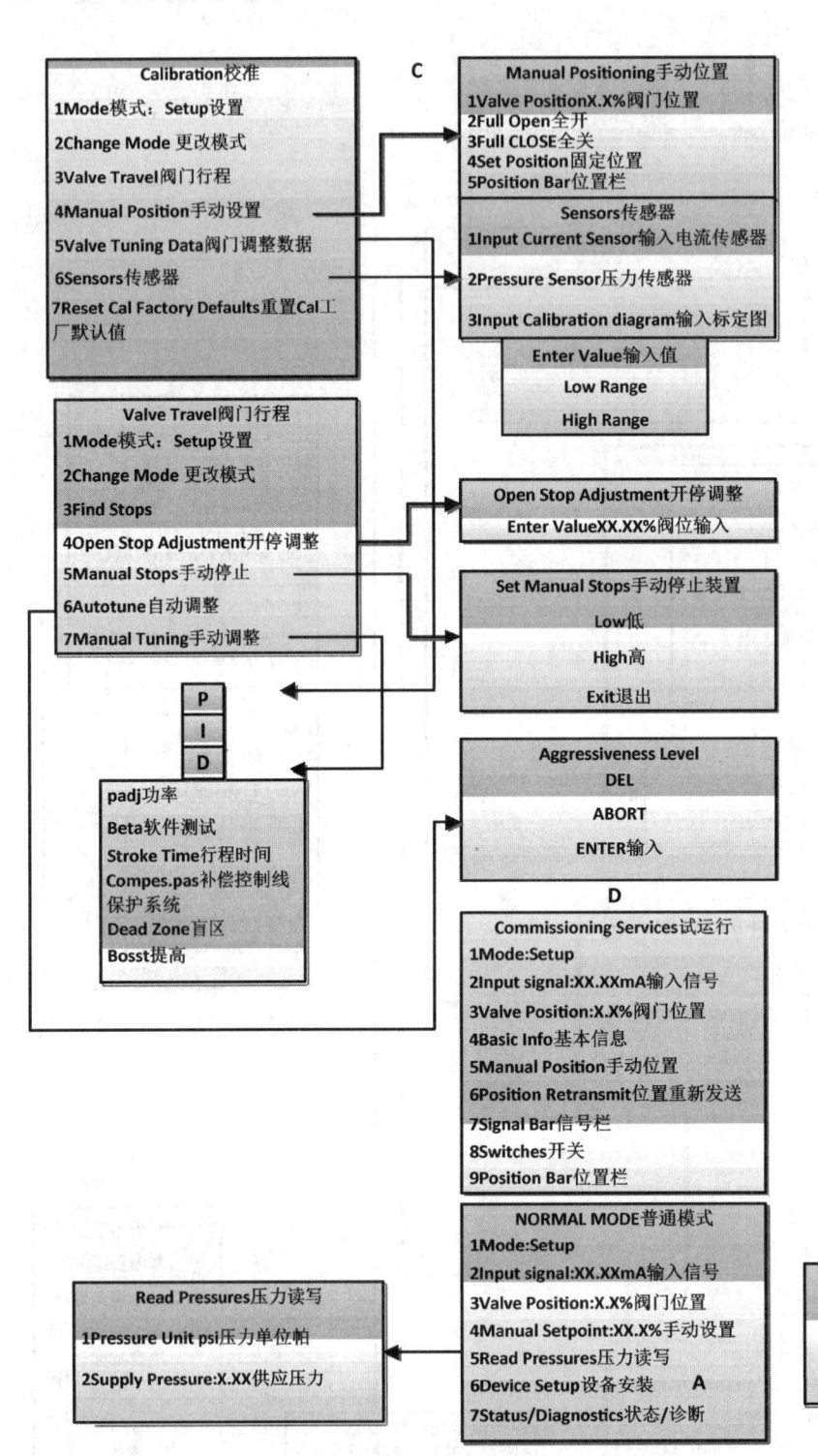

图 2-60 参数设置菜单

Calibration 校准
1. Mode 模式：Setup 设置
2. Change Mode 更改模式
3. Valve Travel 阀门行程
4. Manual Position 手动设置
5. Valve Tuning Data 阀门调整数据
6. Sensors 传感器
7. Reset Cal Factory Defaults 重置Cal工厂默认值

Manual Positioning 手动位置
1. Valve Position X.X% 阀门位置
2. Full Open 全开
3. Full CLOSE 全关
4. Set Position 固定位置
5. Position Bar 位置栏

Sensors 传感器
1. Input Current Sensor 输入电流传感器
2. Pressure Sensor 压力传感器
3. Input Calibration diagram 输入标定图

Enter Value 输入值
Low Range
High Range

Valve Travel 阀门行程
1. Mode 模式：Setup 设置
2. Change Mode 更改模式
3. Find Stops
4. Open Stop Adjustment 开停调整
5. Manual Stops 手动停止
6. Autotune 自动调整
7. Manual Tuning 手动调整

Open Stop Adjustment 开停调整
Enter Value XX.XX% 阀位输入

Set Manual Stops 手动停止装置
Low 低
High 高
Exit 退出

P
I
D

padj 功率
Beta 软件测试
Stroke Time 行程时间
Compes.pas 补偿控制线
保护系统
Dead Zone 盲区
Bosst 提高

Aggressiveness Level
DEL
ABORT
ENTER 输入

Commissioning Services 试运行
1. Mode:Setup
2. Input signal:XX.XXmA 输入信号
3. Valve Position:X.X% 阀门位置
4. Basic Info 基本信息
5. Manual Position 手动位置
6. Position Retransmit 位置重新发送
7. Signal Bar 信号栏
8. Switches 开关
9. Position Bar 位置栏

NORMAL MODE 普通模式
1. Mode:Setup
2. Input signal:XX.XXmA 输入信号
3. Valve Position:X.X% 阀门位置
4. Manual Setpoint:XX.X% 手动设置
5. Read Pressures 压力读写
6. Device Setup 设备安装 A
7. Status/Diagnostics 状态/诊断

Read Pressures 压力读写
1. Pressure Unit psi 压力单位帕
2. Supply Pressure:X.XX 供应压力

梅索尼兰 475手持通讯器SVI-IIAP指南

图 2-60 参数设置菜单

选择 HART Application，Online 进入下一界面（图 2-62）。
选择第 7 项 Device setup，进入下一界面（图 2-63）。

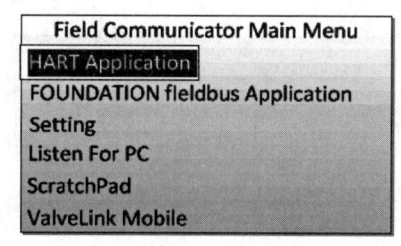

图 2-61　HART 应用

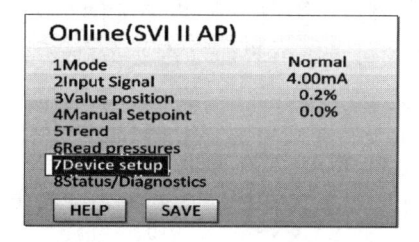

图 2-62　设备设置

1—模式 正常模式；2—输入信号 4mA；3—阀门开度 0.2%；4—手动设置点 0.0%；5—趋势；
6—读取压力；7—设备组态；8—状态/诊断

在 Device Setup 中选择第 2 项改变模式，进入下一界面（图 2-64）。

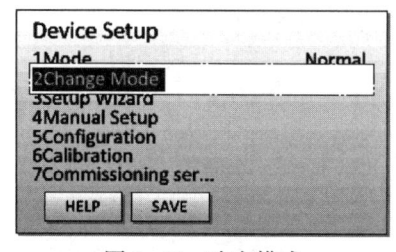

图 2-63　改变模式　　　　　　　　图 2-64　设置

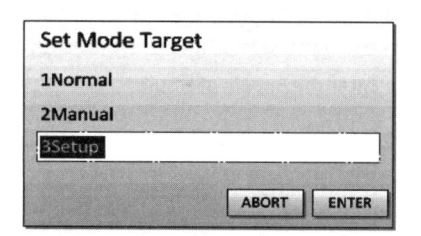

选在 Set Mode Target 中选择 Setup 进入下一界面（图 2-65）。

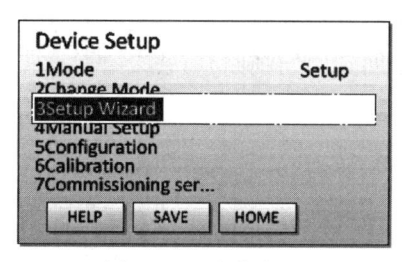

图 2-65　安装向导

1—模式；2—改变模式；3—设置向导；4—手动设置点；5—组态；6—校验；7—试车

在 Device Setup 界面中选择 Setup Wizard 进入下一界面（图 2-66）。
在 Air Action Congiguration 中选择第 1 项进入下一界面（图 2-67）。

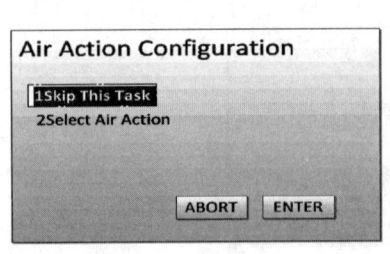

图 2-66　跳过任务　　　　　　　图 2-67　停止运行

在 Find Value Stops 中选择第 2 项进入下一界面（图 2-68）。
在 Auto Tune 中选择第 2 项进入下一界面（图 2-69）。

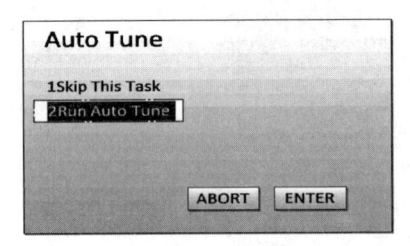

图 2-68　自动调整　　　　　　　图 2-69　摩擦系数

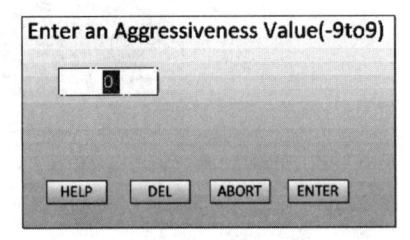

默认为 0 进入下一步（输入供气压力）（图 2-70）。
按执行机构铭牌信息输入供气压力进入下一步（图 2-71）。

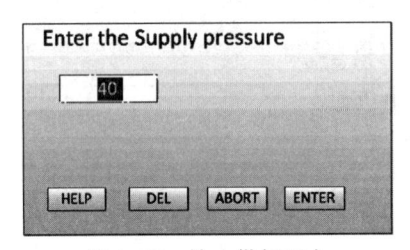

图 2-70　输入供气压力　　　　　图 2-71　跳过任务

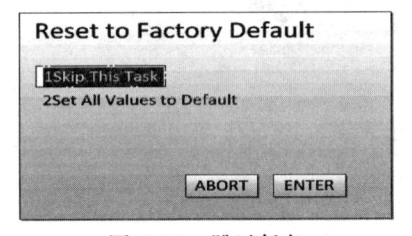

选择第 1 项进入下一步（设置目标模式）（图 2-72）。
选择第 1 项进入下一步（回到原始画面）（图 2-73）。

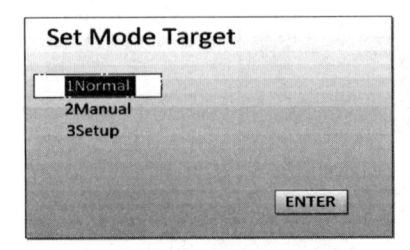

图 2-72　正常模式　　　　　　　图 2-73　安装向导

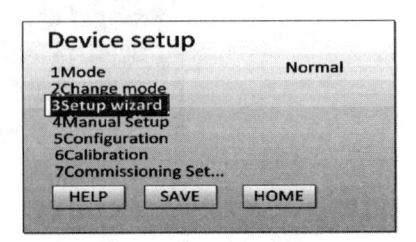

调试结束。

3. 一般故障处理

（1）按住"＊"键和"+"键查看故障信息 VIEW ERR。

（2）查看内部故障信息，例如供电原因会出现 RESET 状态，在没有气源状态下供电会出现 POSERR 故障信息。

（3）按"+"键可查看所有故障信息。

（4）按"＊"键返回到手动模式。

（5）按"+"键直到 CLR ERR 出现。

（6）按"＊"键清除故障 CLR ERR，显示 WAIT 等待 1~2s。

（三）福斯 Logix520MD+系列智能阀门定位器

1. 设备组件概述

福斯 Logix520MD+系列智能阀门定位器控制面板如图 2-74 所示。

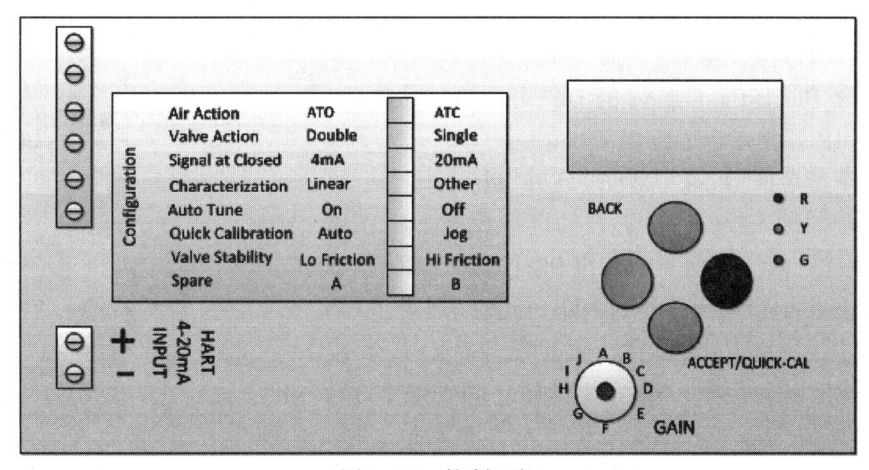

图 2-74 控制面板

Air Action：ATO（气开阀），ATC（气关阀）。

Valve Action：Double（双作用执行机构），Single（单作用执行机构）。

Signal at Closed：4mA（4mA 全关，通常用于气开阀），20mA（20mA 全关，通常用于气关阀）。

Characterization：Linear（线性特性），Other（其他）。定位器输入信号与阀门对应关系（线性、等百分比、自定义），可用显示屏，手操器进行更改。

Auto Tune：On（自动调整增益，根据自动校验期间的阀门响应时间，来决定 PID 的增益 B-J，实际增益=GAIN X 校验时的响应参数）。Off（固定为工厂设定的增益 B-J）。

Valve stability：Lo Friction（低摩擦力设定），Hi Friction（高摩擦力设定）高摩擦力时定位器增加了微分时间。

Quick Calibration：Auto（定位器根据阀门或执行机构的机械限位自动设置 0% 和 100% 的位置），Jog（定位器根据阀门或执行机构的机械限位自动设置 0%，对于 100% 位置由操作人员干预设定）。

以上所有拨码开关的改变，需要重新进行定位器执行校验后才有效。

2. 校验

(1) 自动行程校验 Auto（图 2-75）。

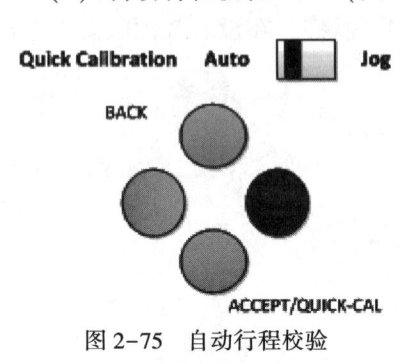

① 设置 Quick Calibration 的 DIP 开关在 Auto 位置，检查其他 DIP 开关在合适位置。

② 按下蓝色的 Quick-CAL 按钮并保持 3s。

③ 定位器进入校验程序，自动进行校验，LED 显示 G-R-G-Y，阀门自动关闭/打开两次，确定 0%和 100%位置并记录阀门响应速度，若本次校验和前一次校验存在偏差，则 LED 显示 R-G-R-Y 提醒，此时按下蓝色按钮，校验继续进行。阀门自动打开到 50%位置，确定阀门的稳定性。

图 2-75 自动行程校验

④ 在自动校验期间快速按下 BACK 按钮，自动校验进程终止，所有参数恢复到校验前状态。

(2) 手动行程校验 Jog（图 2-76）。

① 设置 Quick Calibration 的 DIP 开关在 Jog 位置，检查其他 DIP 开关在合适位置。

② 按下蓝色的 Quick-CAL 按钮并保持 3s。

③ 定位器进入校验程序，自动进行校验，LED 显示 G-R-G-Y，阀门自动关闭获得 0%位置，LED 显示 G-R-R-R，提示将阀门打开到 100%位置，通过上/下按钮将阀门打开到 100%位置，用蓝色 Quick-CAL 按钮确认，重复以上步骤，阀门自动打开到 50%位置，确定阀门的稳定性。

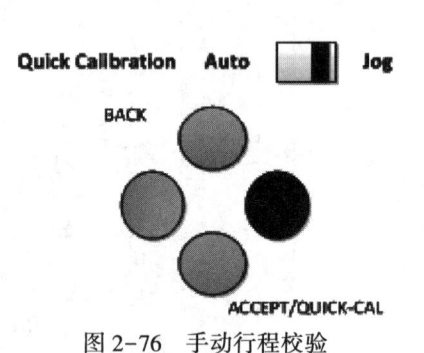

图 2-76 手动行程校验

④ 在自动校验期间快速按下 BACK 按钮，自动校验进程终止，所有参数恢复到校验前状态。

(3) 其他操作指令（图 2-77）。

① 手动操作阀门：同时按下三个黄色按钮，保持 3s，LED 显示 G-R-R-Y，提示定位器进入手动操作状态，使用上按钮开阀，使用下按钮关阀。快速按下蓝色 Quick-CAL 键定位器退出手动状态。

② 命令源复位：定位器可接受命令为 4~20mA 模拟信号、HART 数学信号。同时按下上、下按钮保持住，快速按下蓝色 Quick-CAL 按钮，命令源自动切换到 4~20mA 模拟模式。

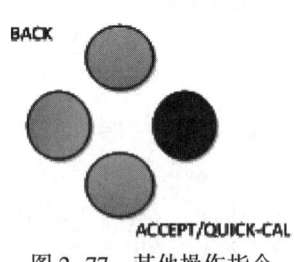

图 2-77 其他操作指令

③ 复位到工厂设置：断开定位器电源，按下蓝色 Quick-CAL 按钮并保持，接通定位器电源，定位器所有参数全部恢复到出厂设置（进行此项操作，定位器必须重新进行校验）。

④ 模拟输入校验：同时按下 BACK 和 Quick-CAL 按钮，保持 3s，LED 显示 G-R-Y-G，调整电流值至对应的 0%位置的值，快速按下 Quick-CAL 按钮，LED 显示 G-R-Y-Y，调整电流值至对应的 100%位置的值，快速按下 Quick-CAL 按钮，校验结束。

3. 定位器的常见故障

(1) 故障现象：LED 灯不亮。

可能原因：电流低于 3.7mA，线路极性接反，电路板故障。

处理：检查回路电流，检查接线是否正确，更换电路板。

(2) 故障现象：通信不稳定，或不能通信。

可能原因：电缆长度或线路阻抗，安全栅干扰，现场受大电流或大电磁干扰。

处理：检查回路阻抗，更换合适的隔离式安全栅，检查现场是否有大功率电动机或强电流电磁设备。

(3) 故障现象：定位器不响应模拟信号。

可能原因：定位器工作在数字信号方式，校验期间出现错误，定位器不在工作状态。

处理：切换到模拟信号方式，处理校验中的错误并重新进行校验，使用手操器切换到定位器的工作状态。

(4) 故障现象：定位器震荡。

可能原因：电气转换部件污染，控制参数不正确，执行机构操作压力波动，阀门填料过紧，阀门前后压差过大，气动管路泄漏，气动其他部件损坏，工艺参数波动频繁，控制系统输出波动，现场管线振动。

处理：检查气源质量，更换电气转换部件，调整控制参数，检查供气压力，检查阀门填料，检查阀门压差是否超过设计压差，检查气路接头，执行机构内漏，检查快排阀、气控阀、气动放大器等元件，查看控制系统历史趋势来进行判断，检查控制系统的输出信号，检查定位器安装现场，对于不可避免的振动考虑分体式定位器。

(5) 故障现象：行程偏移。

可能原因：没有行程校验，死区设置过大，定位器设置特性不正确，软限位功能激活。

处理：进行行程校验，使用手操器检查行程死区，检查定位器特性是否设置到"=%"或用户自定义方式，使用手操器检查组态是否正确。

(6) 故障现象：定位器在全开、全关或不响应命令信号。

可能原因：没有行程校验，霍尔传感器没有连接，作用方式组态错误，执行机构配管错误，电气转换部件故障，反馈部分故障。

处理：进行行程校验，检查传感器等硬件连接，检查 ATO、ATC 设置，检查执行机构配管，更换电气转换部件，检查反馈杆是否脱落，反馈检测元件。

(四) 西门子 SIPART PS2 系列智能阀门定位器

1. 设备组件的概述

西门子 SIPART PS2 系列智能阀门定位器面板如图 2-78 所示。

2. 安装

传动比选择器设置见表 2-2。

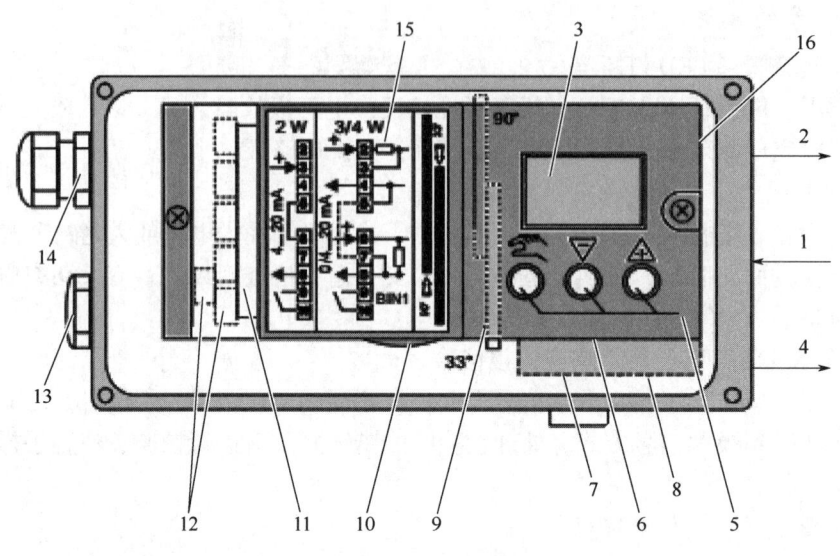

图 2-78 定位器面板

1—输入：供气 PZ；2—输出：驱动压力 Y1；3—显示屏；4—输出：驱动压力 Y2[17]；5—按钮；
6—单作用执行机构的限制器 Y1；7—双作用执行机构的限制器 Y1；8—双作用执行机构的限制器 Y2；
9—传动比选择器[27]；10—摩擦离合器调节轮；11—电路板；12—选件模块的接线端子；13—保护插头；
14—电缆压盖；15—模块盖板上的接线图；16—吹扫空气选择器

表 2-2 设置传动比选择器

行程，mm	传动比选择器的位置
5…20	33°
25…35	90°
40…130	90°

图 2-79 显示

1) 连接定位器

(1) 连接合适的电流源或电压源，定位器处于手动模式，显示屏显示当前电位计的电压（百分数）（图 2-79）。

(2) 将执行机构与定位器连接到气动管路。

(3) 为定位器提供压缩空气源。

2) 设置执行机构

(1) 检查机械装置是否可在整个行程范围内自由移动，+或-可将执行机构移至相应结束位置（同时按下+、-键可快执行机构的移动速度），阀杆移动过程中，液晶屏数值显示不能"---"。

(2) 将执行机构移至反馈杆的水平位置。

(3) 显示屏上将显示一个"P48.0"至"P52.0"之间的值。

(4) 如果显示屏上的值超出此范围，必须移动摩擦离合器，直到值处于"P48.0"至"P52.0"之间，该值越接近"P50.0"，定位器确定的行程越准确。

3. 校验

1) 自动初始化

自动初始化阶段见表 2-3。

表 2-3 自动初始化阶段

自动初始化阶段	说明
启动	—
RUN1	确定动作方向
RUN2	检查执行机构行程，调整上下档块
RUN3	确定并显示行程时间（同时进行泄漏测试）
RUN4	最小化控制器增量
RUN5	优化瞬时响应
结束	

初始化顺序，"向上/向下"名称表示执行机构的动作方向（图 2-80）。

以直行程执行机构自动初始化为例，＊阀门在初始化前要处于零点位置。

切换到"组态"模式，按住手形键 5s，屏幕上会出现执行机构的安装方式，按+/-键选择是直行程 WAY，还是角行程 TURN（图 2-81）。

图 2-80 执行机构动作方向

图 2-81 直行程

（1）短按手形键设置执行机构行程参数 YAGL，检查屏幕上显示的参数和传动比选择器的参数是否一致，如有需要可将传动比选择器设置成 33°或 90°（图 2-82）。

图 2-82 传动比选择

（2）短按手形键确定总行程 YWAY 参数（单位 mm）此项信息可不做任何设置（图 2-83）。

（3）短按手形键调用 INITA 参数（图 2-84）。

（4）按下+号键并持续 5s，开始进行自动初始化，屏幕会显示（图 2-85）。

在自动初始化的五个初始化步骤中，定位器始终运行，从"RUN1"到"RUN5"的初始化步骤显示在显示屏的下面一行，初始化的过程取决于所用的执行机构，最多占用 15min（图 2-86）。

图 2-83 总行程参数　　图 2-84 INITA 参数　　图 2-85 自动初始化

图 2-86 完成　显示自动初始化完成

2) 手动初始化

手动初始化与自动初始化调校步骤基本一致，其特点是不需硬性驱动执行机构到终点位置即可进行初始化，杆的开始和终止位置可手工进行设定。初始化剩下的步骤如同自动初始化一样自动进行。

激活手动初始化前满足以下要求：定位器准备就绪可在直行程机构上使用，执行机构的轴可完全移动，显示电位计位置处于允许范围内"P5.0"至"P95.0"。

（1）切换到"组态"模式，按住手形键 5s，屏幕上会出现执行机构的安装方式，按 +/-键选择是直行程 WAY，还是角行程 TURN（图 2-87）。

（2）短按手形键设置执行机构行程参数 YAGL，检查屏幕上显示的参数和传动比选择器的参数是否一致，如有需要可将传动比选择器设置成 33°或 90°（图 2-88）。

图 2-87 直行程　　图 2-88 传动比选择

（3）短按手形键确定总行程 YWAY 参数（单位 mm）此项信息可不做任何设置（图 2-89）。

（4）短按两次手型键到 INITM 参数（图 2-90）。

（5）按下+号键并持续 5s，开始进行手动初始化，屏幕会显示（图 2-91）。

图 2-89 总行程参数　　图 2-90 INITM 参数　　图 2-91 手动初始化

（6）5s 后屏幕上会显示当前电位计值（图 2-92）。

（7）按+或-号键驱动执行机构到所要求设定的第一个位置，按手形键确定进入下一步（图 2-93）。

（8）按+或-号键驱动执行机构到所要求设定的第二个位置，按手形键确定，开始进行初始化，"RUN1"到"RUN5"直到屏幕出现 FINISH，整个过程 5~10min（图 2-94）。

图 2-92　第一位置确认　　图 2-93　第二位置确认　　图 2-94　完成

(9) 按住手形键，退出手动初始化，继续按手形键 5s+退出组态，此时定位器处于手动状态，在按手形键从手动可切换到自动，组态校验完毕。

3) 相关参数的组态信息

在实际生产中，可以利用定位器中的一些组态信息改变阀门的正反作用，线性/等百分比，也可通过改变死区来减少阀门的震荡。

(1) 改变阀门的正反作用及显示信息。

① SDIR 设定值方向：

RISE：更高的设定值输入值将导致阀门打开。

FALL：更高的设定值输入值将导致阀门关闭。

② YDIR 显示和位置反馈受控变量方向：RISE FALL。

上述两项信息设置需要一致。

(2) 改变阀门的线性或等百分比（表 2-4）。

表 2-4　SFCT

阀特性		使用参数值进行设置
线性		Lin
等百分比	1∶25	1-25
等百分比	1∶33	1-33
等百分比	1∶50	1-50
反等百分比	25∶1	n1-25
反等百分比	33∶1	n1-33
反等百分比	50∶1	n1-50
自由调整		FrEE

(3) 改变死区。

DEBA：通过改变此项可以改变死区大小，抑制控制震荡，提高控制精度。

4) 一般故障处理

在西门子定位器初始化过程中，由于安装或者气源的问题，定位器无法完成初始化过程。总结起来通常会出现以下几种类型问题。

(1) 初始化第一步（RUN1），出现"ERROR"（图 2-95）。

对于第一步出现 ERROR 故障，基本与定位器无关。需要从安装和气路等找原因，比如仪表风压太低，反馈没有拧紧，气路接反等。

(2) 初始化第二步（RUN2）（图 2-96）。

图 2-95　ERROR 故障

对于上述故障,通过拨动"滑动夹紧装置调节轮",使代码中出现"0"。P 后的开度值在 5~10 即可,然后退至第 4 步,进行自动初始化(图 2-97)。

(3)初始化第二步(RUN2),出现"UP1"(图 2-98)。

图 2-96　故障现象　　　图 2-97　故障处理　　　图 2-98　UP 故障

对于上述故障,通过拨动"滑动夹紧装置调节轮",使 P 后的开度值在 90~95 即可(图 2-99)。

对于角行程执行机构,底部出现"90_95"符号,不出现也不影响操作和精度。然后退至第 4 步,进行自动初始化(图 2-100)。

在少数情况下,会出现 两者交替出现的情况。在这种情况下,可以修改传动比率选择器的角度关系来改善。比如目前角度是 33°,将其改为 90°。

(4)初始化第二步(RUN2),出现"MIDDL"(图 2-101)。

此时,实际阀位应在行程的两端,点击 △ 键和 ▽ 键趋动执行机构到行程中间位置。然后退至第 4 步,进行自动初始化。

图 2-99　故障处理　　　图 2-100　故障处理　　　图 2-101　MIDDL 故障

(5)初始化第二步(RUN2),出现"U-d<"(图 2-102)。

对于上述故障,通过拨动"滑动夹紧装置调节轮",使 P 后开度值显示比较低的数值。或者将参数 2 的角度关系更改一下。然后退出重新初始化即可。

图 2-102　U-D 故障

(6)初始化第三步(RUN3),出现"NOZZL"(图 2-103)。

对于上述故障,定位时间太长,打开压电阀上的限流器到允许最高值。自动或手动方式只能向一个方向移动:压缩空气中含水,将定位器拆下放入 50~70℃ 的温箱中干燥。

(7)初始化过程中,出现"RANGE"(图 2-104)。

图 2-103　NOZZL 故障　　　图 2-104　RANGE 故障

出现以上代码的原因是由于所选终点位置超出允许的测量范围或者是测量跨度太小。这时我们通过调整滑动夹紧装置调节轮调整电位器显示值或调整反馈杆安装位置即可解决。

（五）azbil SVP3000 山武智能阀门定位器

山武智能阀门定位器 AVP 是一种可以连接到 4~20mA 控制器输出信号线的智能阀门定位器。因为电气方式可以进行所有调整，因此可任意设定输入信号与控制阀位置之间的关系，也可简单设定分程和其他特殊设定，可分为一体型和分体型（表 2-5）。

表 2-5 定位器型号分类

类型	型号	模式
一体型	AVP300 型	不带开度变送模拟信号（DC4~20mA）
	AVP301 型	带开度变送模拟信号（DC4~20mA）
	AVP302 型	HART 通信协议型
分体型	AVP200 型	不带开度变送模拟信号（DC4~20mA）
	AVP201 型	带开度变送模拟信号（DC4~20mA）
	AVP202 型	HART 通信协议型

1. 设备组件的概述

设备组件如图 2-105 所示。

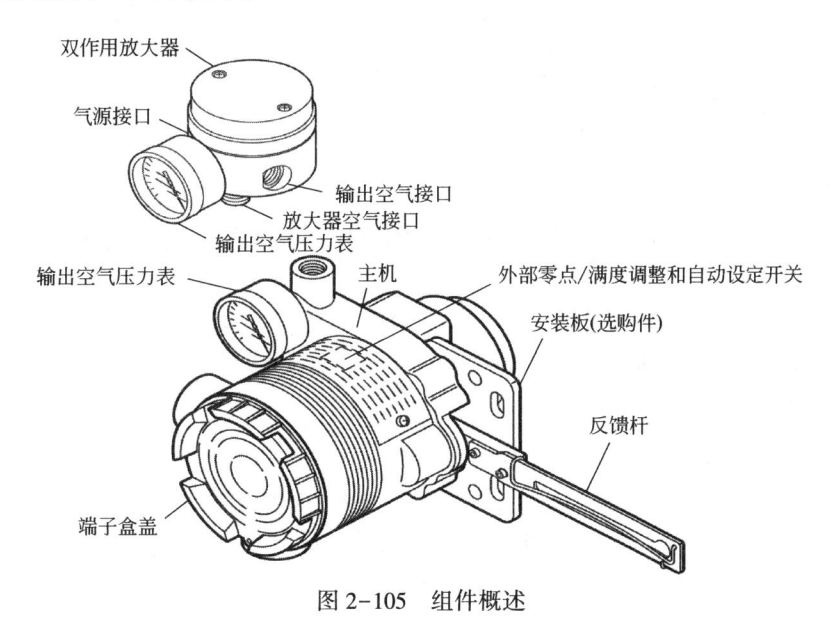

图 2-105 组件概述

2. 安装

安装 AVP 前需要注意的问题如下：
(1) 请不要将 AVP 安装在大型变压器、高频炉或其他产生设备磁场的附近。
(2) 当安装控制阀时，请预留足够的维修空间，并确定阀门方向是否正确。
(3) 安装阀门时请不要对反馈杆施加过分的压力或弄弯反馈栓。

（4）请务必拧紧 AVP 和控制阀上的螺母和螺栓。

连接反馈杆和反馈栓：将 AVP 的反馈杆和反馈栓连接到执行机构上，这些部分必须正确连接：

（1）只能使用直径为 6mm 的栓。

（2）该栓必须搭在导轨和弹簧上。

（3）从上向下看时，反馈杆与反馈栓必须成 90°。

（4）用附带的 2 个六角螺栓安装反馈杆和 AVP，允许反馈杆从水平位置向上旋转 20°（行程 40°），若超过极限，AVP 将无法工作。

（5）对于大型执行机构，可使用附带的反馈杆加长杆（图 2-106）。

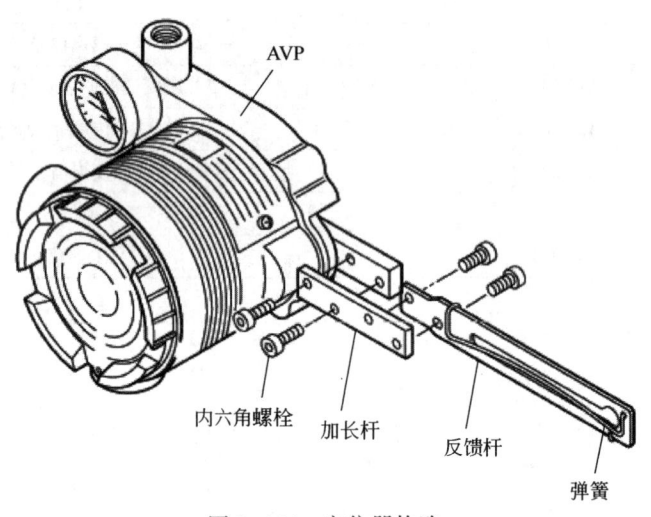

图 2-106 定位器构造

安装用于无弹簧执行机构的双作用 AVP：当 AVP 安装到无弹簧（双作用）执行机构的阀门时，在执行机构膜片上需要空气压力，以提供与控制信号成正比的阀门开闭，采用双作用放大器来提高这一目的。

（1）从输出空气接口中拔出防尘塞。

（2）将双作用放大器的空气接口旋入 AVP 上部输出空气接口（图 2-107）。

3. 现场校验

（1）将 AVP 的输入信号设定在 DC18±1mA。

（2）使用一字螺丝刀顺时针旋至零点-满度调整螺栓，直到转不动为止。

（3）保持该位置直到阀门开始动作（3s），将启动自动设定程序。

（4）阀门将从全关到全开往返 2 次，然后阀门停在 50% 位置并保持 3min。

（5）通过改变输入信号确定自动设定程序是否完成。整个自动设定大概 3min。

（6）当正在执行自动设定程序时若输入信号在 4mA 以下，自动设定将失败，需重新启动自动设定程序，完成自动设定后，至少 4mA 以上保持 30s。

调整方向：零点满度调整螺栓起到作为 ON/OFF 开关功能，当顺时针或逆时针旋转 90°，反馈杆分别向上或向下移动，通过反复打开、关闭开关来调整阀门位置。当开关置于 OFF 时，将记忆反馈杆位置。因为零点和满度相互不干扰，可单独调整二者（图 2-108）。

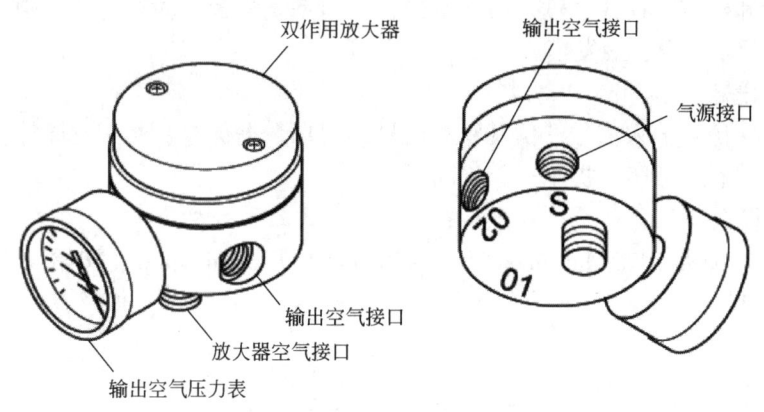

图 2-107　双作用放大器

当顺时针旋转调节螺栓时，反馈杆向上移动。

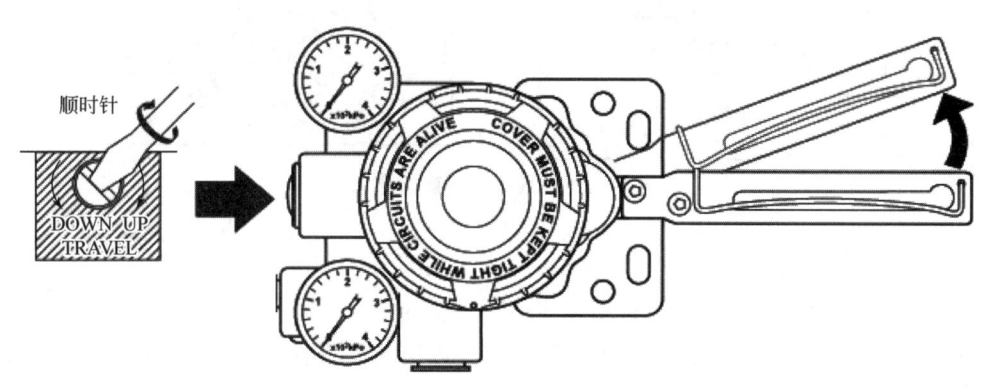

当逆时针旋转调节螺栓时，反馈杆向下移动。

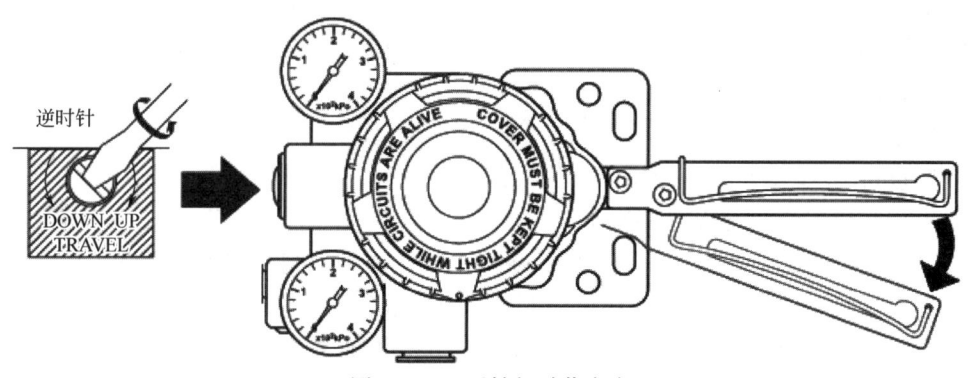

图 2-108　反馈杆动作方向

HART 通讯装置功能：

（1）启动通信。

（2）确认和修改一般信息：设备信息和厂商。

（3）设备条件：电流输入值、输入信号百分比值、阀门开度、驱动信号、温度、上次配置数据等。

（4）配置和标定：模式、输入信号范围、阀门系统配置、动态特性、阀门特性、开度截止、标定、诊断参数、触发模式。

（5）初始设定。

（6）维修：仿真输入信号、仿真驱动信号、用户数据保存、修正复原等。

（7）设备状态：故障、提示、阀诊断等。

主要参数设置：

与 HART475 通信，在 Main menu（主菜单）中的 Initial setup（初始设定）中选择以下选项（图 2-109）。

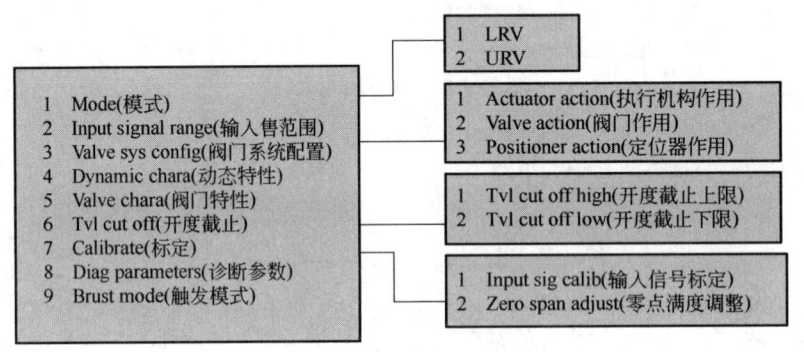

```
1  Mode(模式)                          1  LRV
2  Input signal range(输入售范围)       2  URV
3  Valve sys config(阀门系统配置)
4  Dynamic chara(动态特性)              1  Actuator action(执行机构作用)
5  Valve chara(阀门特性)                2  Valve action(阀门作用)
6  Tvl cut off(开度截止)                3  Positioner action(定位器作用)
7  Calibrate(标定)
8  Diag parameters(诊断参数)            1  Tvl cut off high(开度截止上限)
9  Brust mode(触发模式)                 2  Tvl cut off low(开度截止下限)

                                       1  Input sig calib(输入信号标定)
                                       2  Zero span adjust(零点满度调整)
```

图 2-109　HART 手操器通讯

4. 一般故障排除

将 AVP 连接到控制阀并执行自动设定或手动标定。

（1）若 AVP 不工作（无输出工作压力），按以下步骤查找问题：

① 确认执行机构的尺寸，滞后等 AVP 内部设定是否与控制阀匹配。

② AVP 的反馈杆角度不得超过 20°，若超过该角度，请在反馈杆上添加一个长杆，提供足够的反馈长度。

③ 检查供气是否存在泄漏。

④ 检查电气输入信号。

⑤ 检查自动/手动开关是否处于自动状态。

⑥ 检查挡板和滤网的清洁状况。

（2）控制阀的异常动作（虽然提供了输出空气，而控制阀没有正常操作）。

① 将 A/M 开关切换成手动，用调节阀从全开到全关调节空气压力，观察阀杆是否流畅动作，若不流畅动作，表示阀门压封填料可能出现磨损或硬化。

② 确认执行机构的尺寸，滞后等 AVP 内部设定是否与控制阀匹配。

③ 振荡、超程：将摩擦系数从"中"设定为"重"，若问题仍然存在，将摩擦系数设定为"重"，然后将执行机构尺寸设定变更为较小的 PRAM 号。同时检查反馈杆的可旋角度。

④ 无法达到满量程，响应慢：检查零点（全关）和满度（全开）的调整是否正确，检查 EPM 驱动信号是否位于 50+/-25% 范围内，检查滤网和挡板的清洁状况。

（3）无法与 HART 通讯装置进行通讯。

① 检查输入信号接线，为了 AVP 正常操作，必须为 4mA 的输入信号。
② 检查 HART 通讯装置与 AVP 接线是否正确。
③ HART 通讯装置电源无法打开，检查电池。

（六）SAMSON 3730 智能阀门定位器

1. 定位器的安装

1）直行程安装型式

（1）将两个螺栓拧在杆连接器的框架上，将随动板放在其顶部并用螺栓将其固定，对于行程最大至 60mm 的，将较长的随动板直接拧在杆连接器上。对于行程超过 60mm 的，首先安装框架然后将随动板与螺栓和螺钉一起装在框架上。

（2）按下述步骤将 NUMAR 框架安装到调节阀上，对于连接 NUMAR rib，使用 M8 螺栓和齿形锁紧垫圈直接拧在框架凹槽中，对于接合到带柱形框架的阀，使用两个 U 形螺栓夹在框架上，按照凸出的刻度调整 NAMUR 框架在阀的行程中间位置使随动板的槽与 NAMUR 框架中心对准。

（3）在定位器上安装连接板或带压力表的框架要确认两个密封圈放在正确的位置上。

（4）按列于下表的执行器的尺寸和阀的行程选择要求的臂的尺寸和销钉的位置，如果需要一个带标准的安装臂 M，不同于位置 35 的销钉位置，或需要臂的尺寸是 L 或 XL，按表 2-6 进行。

表 2-6　接合行程表

用于按 DIN IEC6534-6（NUMAR）接合的行程表					
SAMSON 的阀			其他阀	要求的臂	销钉位置
	cm²	公称行程 mm	最小　行程　最大		
3271 型执行器	60 和 120	7.5	3.6　　　17.6	S	17
			5.0　　　17.6	M	25
	120/240/350	15	7.5　　　35.4	M	35
	700/2800	15 和 30/30	10.0　　　50.0	M	50
			14.0　　　70.8	L	70
	1400/2800	60	20.0　　　100	L	100
	2800	120	40.0　　　200	XL	200
旋转执行器		旋转角	24°至 100°	M	90°

（5）将随动销钉拧在如表所列的指定的杆的孔中，只能使用包括在安装套件中的较长的随动销钉。

（6）将臂放在定位器轴上并使用片形弹簧和螺栓将其拧紧。

（7）将定位器放在 NAMUR 框架上，使随动销钉停在随动板的槽中，相应的调整臂，使用第二个固定螺栓将定位器拧在 NUMAR 框架上（图 2-110）。

2）角行程安装型式

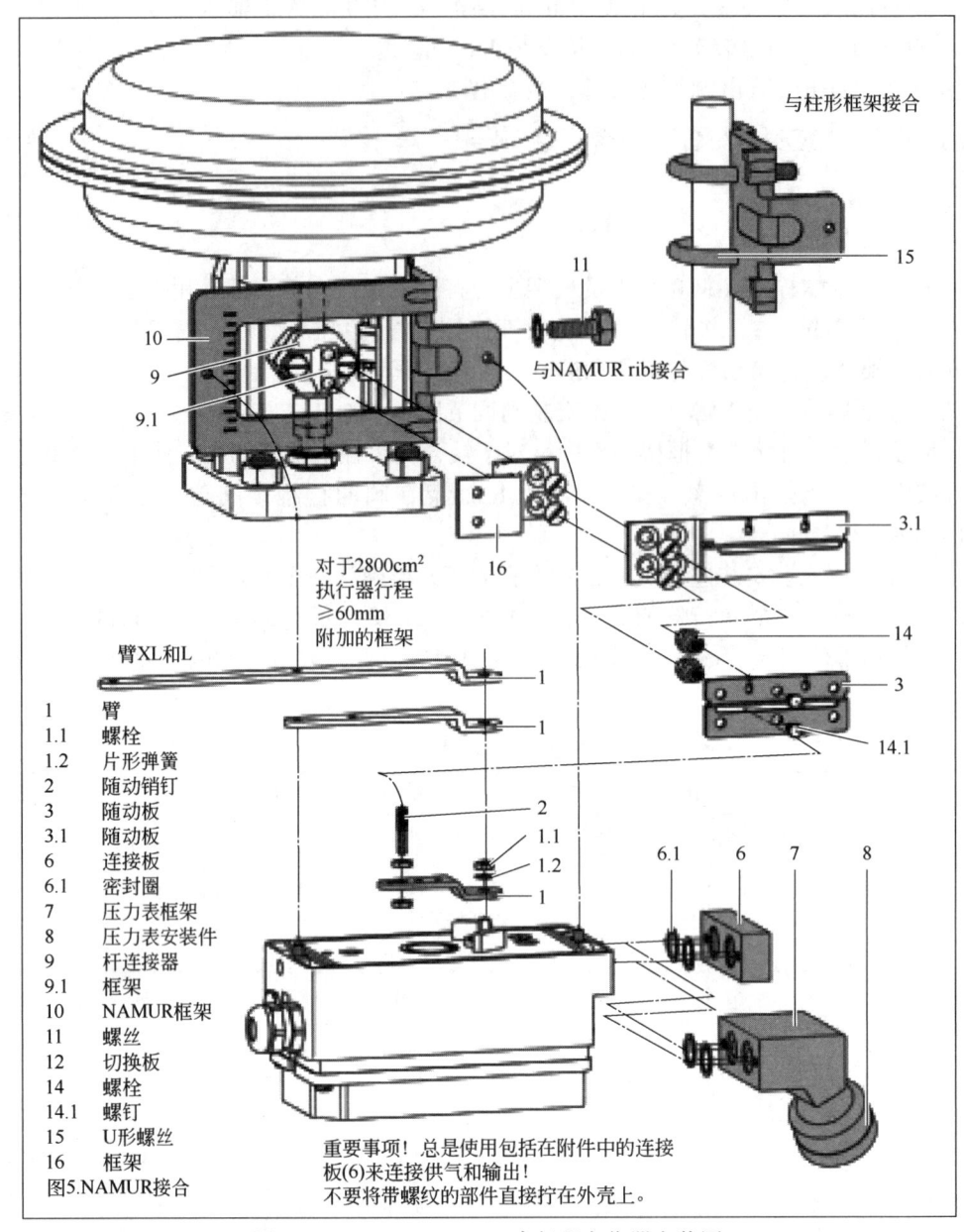

图 2-110　SAMSON 3730 直行程定位器安装图

1	臂
1.1	螺栓
1.2	片形弹簧
2	随动销钉
3	随动板
3.1	随动板
6	连接板
6.1	密封圈
7	压力表框架
8	压力表安装件
9	杆连接器
9.1	框架
10	NAMUR框架
11	螺丝
12	切换板
14	螺栓
14.1	螺钉
15	U形螺丝
16	框架

图5.NAMUR接合

重要事项！总是使用包括在附件中的连接板(6)来连接供气和输出！不要将带螺纹的部件直接拧在外壳上。

SAMSON 3730 角行程定位器安装如图 2-111 所示。

（1）将随动夹子放在开槽口的执行器轴或距离片上。

（2）将平面一边对着执行器的连接轮放在随动夹子上，调整槽口使阀门关闭位置时与旋转方向匹配。

（3）将连接轮和包括螺栓和片形弹簧的随动夹子拧紧在执行器轴上。

（4）将其弯曲面对着执行器壳的内部或外部的二个底部框架拧到执行器外壳上，放好顶部框架并将其拧紧。

（5）在定位器上安装连接板或带压力表的框架，要确认两个O形圈的位置放置正确，用于双向动作的没有弹簧的旋转执行器，需要反向放大器以便将定位器接合到执行器。

（6）从定位器的臂 M 上拧下标准随动销钉，使用包括在安装套件中的金属随动销钉拧紧在销钉位置 90°。

（7）将定位器放在框架的顶部并拧紧，考虑执行器的旋转方向，调整臂使其与它的随动销钉仪器咬合到连接轮的槽口，必须保证在执行器旋转整个转角的一半时臂与定位器长边平行。

（8）将刻度盘黏在连接轮使箭头指向关闭位置，且当阀安装后可以容易读取刻度。

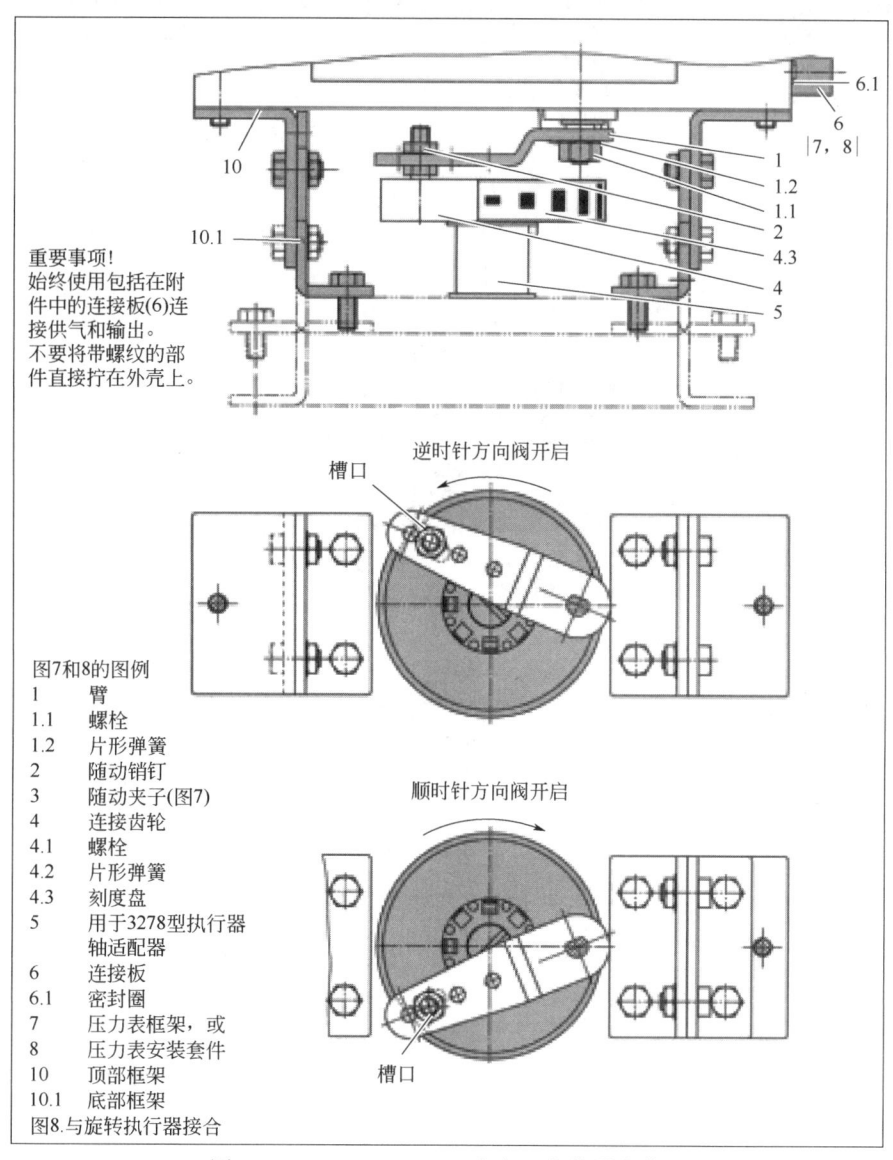

重要事项!
始终使用包括在附件中的连接板(6)连接供气和输出。
不要将带螺纹的部件直接拧在外壳上。

图7和8的图例
1 　 臂
1.1 　螺栓
1.2 　片形弹簧
2 　 随动销钉
3 　 随动夹子(图7)
4 　 连接齿轮
4.1 　螺栓
4.2 　片形弹簧
4.3 　刻度盘
5 　 用于3278型执行器轴适配器
6 　 连接板
6.1 　密封圈
7 　 压力表框架，或
8 　 压力表安装套件
10 　顶部框架
10.1 底部框架
图8.与旋转执行器接合

图 2-111　SAMSON 3730 角行程定位器安装图

2. 校验

定位器主要通过旋转按钮来选择或设定代码、参数和值，及按下它进行确认，滑动开关用来让定位器适配执行器的操作方向，对于供气压力打开阀的执行器的安全复位位置：弹簧关闭阀，开关位置 AIR TO OPEN。对于供气压力关闭阀的执行器的安全复位位置：开关位置 AIR TO CLOSE（图 2-112）。

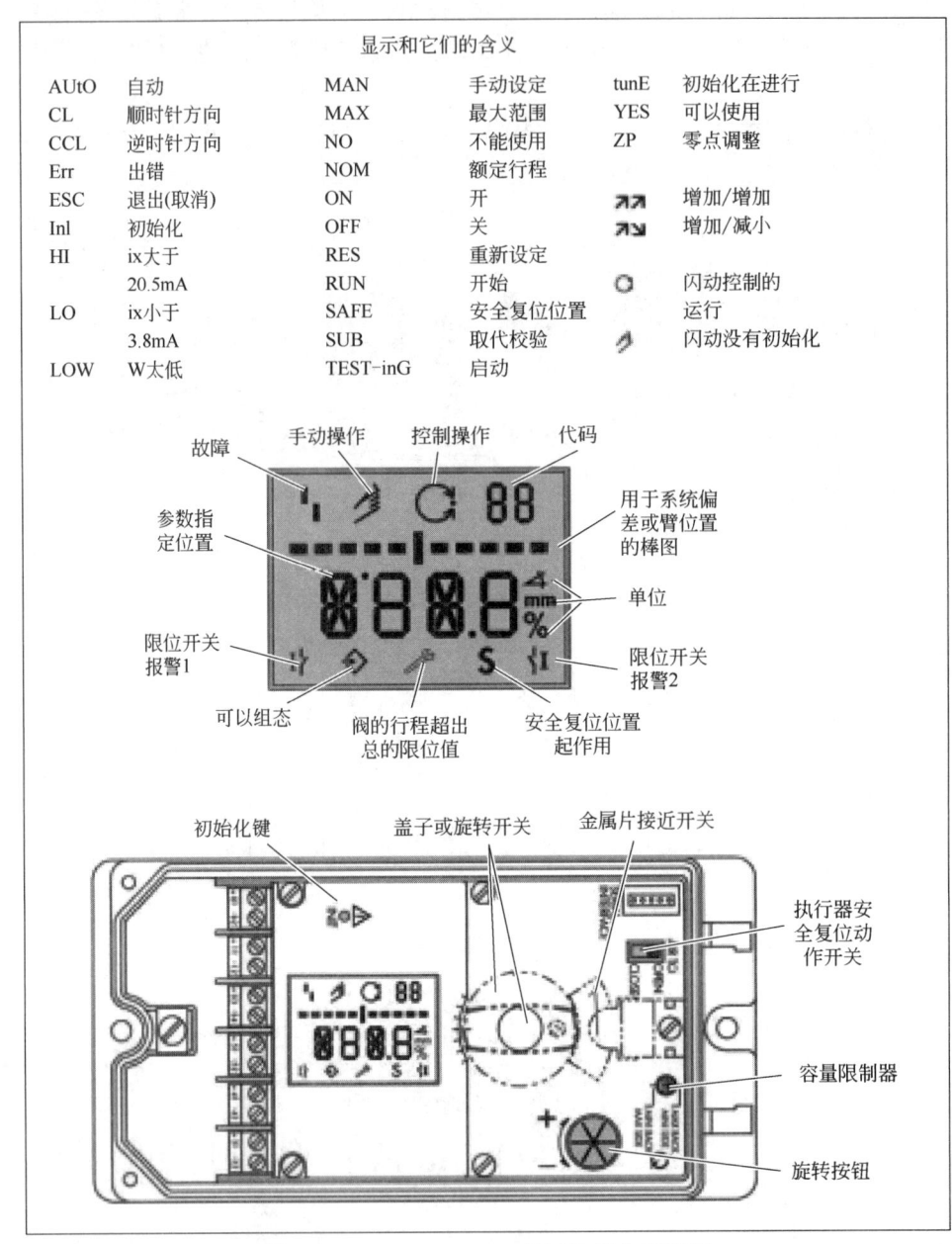

图 2-112　SAMSON 3730 显示和操作控制图

SAMSON 智能定位器自整定步骤如下：
（1）初始定位器控制面板（图 2-113）。
（2）调整定位器控制面板旋转按钮至 2 显示（图 2-114）。

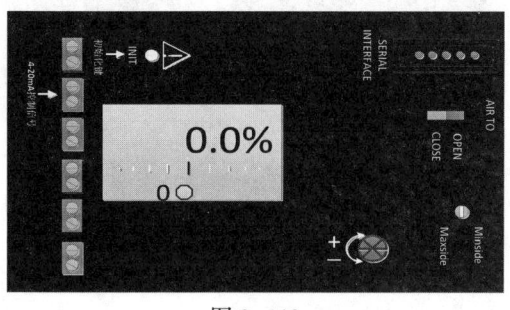

图 2-113

图 2-114

（3）调整定位器控制面板旋转按钮至 3 显示（图 2-115）。
按下旋钮后，将 NO 改为 YES，按下旋转按钮（图 2-116）。

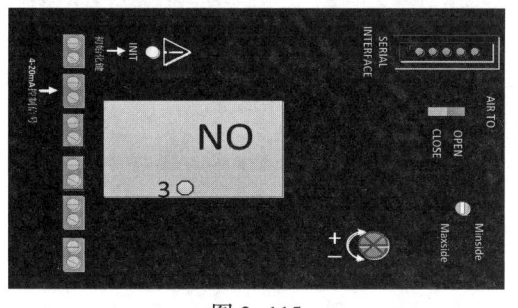

图 2-115

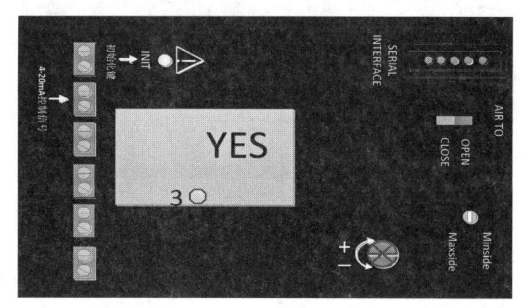

图 2-116

（4）调整定位器控制面板旋转按钮至 4 显示（销钉安装位置）（图 2-117）。
（5）调整定位器控制面板旋转按钮至 5 显示（阀的公称行程）（图 2-118）。

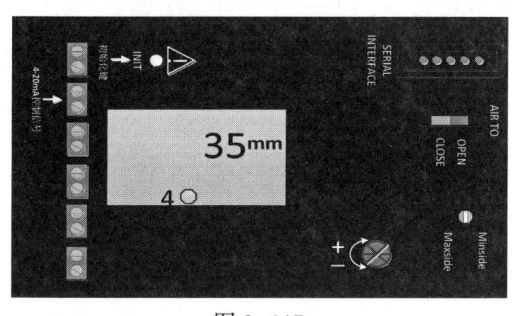

图 2-117

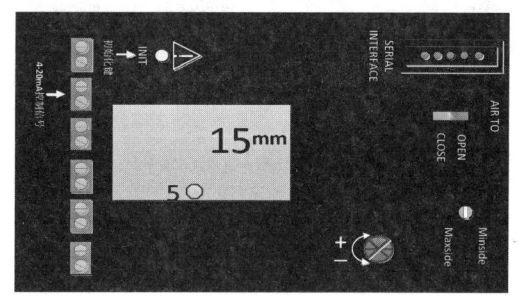

图 2-118

（6）调整旋钮至图（图 2-119）。
按下旋转按钮后，将 NOM 改为 MAX，按住旋转按钮确认（图 2-120）。
完成以上步骤后，用小螺丝刀捅入 INIT 内，自整定开始（图 2-121）。
整定画面在 TUNE 和 MAX 之间来回转换（图 2-122）。
整定后显示屏画面显示 WAIT（图 2-123）。

图 2-119

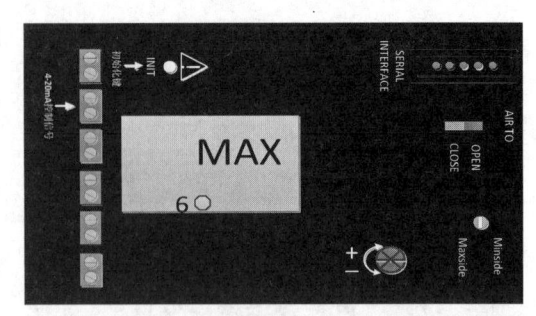

图 2-120

图 2-121

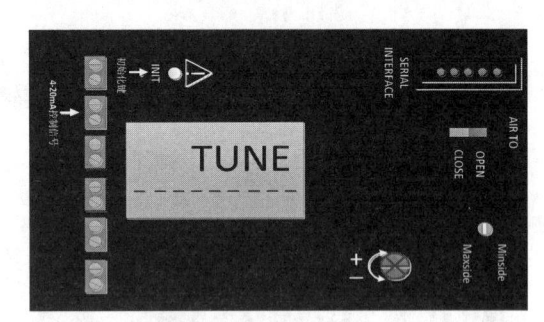

图 2-122

然后跳转到 TEST，自整定结束（图 2-124）。

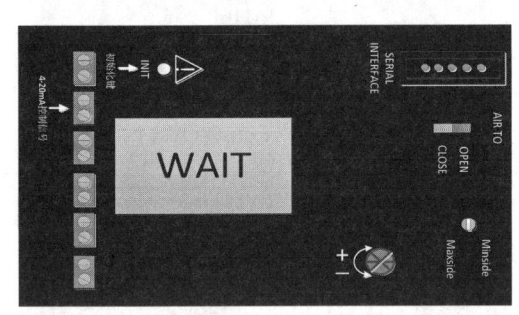

图 2-123

图 2-124

SAMSON 智能定位器控制面板代码见表 2-7。

表 2-7　SAMSON 智能定位器控制面板代码表

代码号	参数-显示-数值［内定］	说明
重要事项：代码带（*）标记必须在组态之前使用代码 3 使其为能		
0	运行模式 MAN AUtO SAFE ESC	MAN=手动模式　　　　AUtO=自动模式 SAFE=安全范围位置　　ESC=退出（取消） 从自动模式切换至手动模式是平滑的； 在安全复位模式，符号 S 在面板上显示； 在 MAN 和 AUtO 模式，系统偏差用棒图单元显示； 当定位器初始化之后，表示阀的位置或旋转角数字显示以%表示，其他相对于中轴的传感器的位置以度（°）表示

续表

代码号	参数-显示-数值［内定］	说明
1	手动 W 公称范围的 0 至 100 ［0］%	使用旋转按钮调整手动设定点，当定位器已经初始化后其行程/旋转角以%显示，其他相对于中轴的传感器的位置以度（°）表示
2	读取方向 1234 或 4351 ESC	显示器读取方向旋转180°
3	使能组态 ［OFF］ ON ESC	激活选择以修改数据 （没有数据输入，经120s后自动改为禁止）
4*	销钉位置 OFF 17，25，35，50mm 70，100，200mm 用于旋转执行器90° ESC	按照阀的行程/旋转角，随动销钉必须插入正确的销钉位置； 对于使用 NOM 或 SUb 来初始化，此时销钉位置必须输入
5*	公称范围 15.0mm 或角度（°） ESC	使用 NOM 或 SUb 来初始化，阀的公称行程/旋转角必须输入； 代码 5 通常禁止，提供的代码 4 是 OFF，即首先输入一个销钉位置之后，代码 5 可以改变， 在初始化成功完成之后，初始化达到的最大公称行程/角度会显示出来
6*	INIT 模式 MAX NOM MAN SUb ZP ESC	选择初始化模式 MAX：调节阀的最大范围，在执行器上从关闭位置至其反方向停止点的关闭部件的行程/角度； NOM：调节阀的公称范围，从关闭位置至显示的开的位置所测量的关闭部件的行程/角度； MAN：手动调整：上限 X~范围值； SUb：没有自调整（紧急模式）； ZP：零点调整
7*	w/x ［↗↗］ >> ↗↘ <> ESC	参考变量 w 的作用方向； 对着行程/旋转角 x； （增加/增加或增加/减小）； 显示或必须选择； 附注：在制造厂组态并安装到阀上的定位器成下列运行方向； 安全复位操作"执行器杆伸长"； 动作方向：增加/增加［↗↗］，mA 信号增加时单座阀开启； 安全复位操作"执行器杆收缩"； 动作方向：增加/减小［↗↘］，其 mA 信号增加时单座阀关闭
8*	下限 x-范围值公称范围的 0.0 至 80.0 ［0.0］%，以 mm 或度（°）显示，设定提供的代码 4 ESC	用于行程/旋转角在公称或运行范围的下限范围值（参见代码 10 运行范围的定义），显示的值或必须输入、输入取决于在可调整范围内的如第 61 页表上所列销钉位置，特性是自适应的，见代码 9 的举例
9*	上限 x-范围值公称范围的 20.0 至 100.0 ［100.0］%，以 mm 或度（°）显示，设定提供的代码 4 ESC	在公称或运行范围的上限行程/旋转角、显示值或必须输入、输入的值取决于在可调整的范围内如第 61 页表上所列的，销钉位置特性是自适应的； 例如：将修正过的（极限）运行范围用于尺寸搞得太大的调节阀；此功能参考变量的全部解析范围被转换为新的极限，在显示屏上的0%相当于设定下限而100%相当于设定上限

续表

代码号	参数-显示-数值 [内定]	说明			
	销钉位置表	销钉位置代码4	标准代码5和9	调整范围代码5和9	调整范围代码8和35
	数据显示为 mm 旋转执行器为角度（°）；附注：如果使用代码4将销钉距离选择得太小，为安全理由此装置切换成 SAFE 模式	17	7.5	3.6 to 17.7	0 to 14.0
		25	7.5	5.0 to 25.0	0 to 20.0
		35	15.0	7.0 to 35.4	0 to 28.0
		50	30.0	10.0 to 50.0	0 to 40.0
		70	40.0	14.0 to 70.7	0 to 56.0
		100	60.0	20.0 to 100.0	0 to 80.0
		200	120.0	40.0 to 200.0	0 to 160.0
		90°	90.0	24.0 to 110.0	0 to 86.0
10*	下限 x-限制 OFF 运行范围的 0.0 至 49.9% ESC	行程/旋转角的限制向下至输入值，其特性没有自适应； 运行范围是调节阀的实际行程/旋转角值并受下限 x-范围值（代码8）和上限 x-范围值（代码9）的限制； 正常状态，运行范围和公称范围是一致的，公称范围可以使用下限 x-范围值和上限 x-范围值限制运行范围。在减小的范围特性不能自适应，见代码11的举例			
11*	上限 x-限制 [100%] 运行范围的 50.0 至 120.0 [100] % OFF ESC	行程/旋转角的限制向上至输入值，特性不能自适应； 例如：在某些应用中，限制阀的行程是有意义的，如需要某一介质的最小流量或必须不能达到的最大流量。 下限必须用代码10来调整，上限用代码11。如设定了紧密关闭功能，它优先于行程限制； 此功能设定为 OFF 时，使用4至20mA 范围之外的参考变量可以将阀移动超出公称行程			
12*	w-start 参考变量范围的 0.0 至 75.0 [0.0]% ESC	可以使用的参考变量的下限范围值，必须小于 w-末端的最终值，0% = "4mA. 参考变量范围是在 w-末端和 w-起始端之间的差，必须为 Δw ≥ 25% = "4mA； 对于可调整的参考变量范围 0 至 100% = 4 至 20mA，调节阀必须移动通过它的全部从 0 至 100%行程/旋转角的运行范围； 在分量程操作，阀用小的参考变量操作，将为控制二个阀的调节器的控制信号是这样分割，例如，只在输入信号的一半阀移动通过全行程/旋转角（第一个阀设定参考变量为 0 至 50% = 4 至 12 mA，而第二个阀设定为 50 至 100% = 12 至 20mA）			
13*	w-末端 参考变量范围的 25.0 至 100.0 [100.0]% ESC	可应用的参考变量范围的上限值，必须高于 w-起始端，100% = 20mA			
14*	最终位置 紧密关闭功能< [OFF] 定位器内部设定点的 0.0 至 49.4 [1.0]% ESC	如果内部设定点降至低于输入值，执行器完全排空（对于安全复位位置：执行器杆伸长）或将最大信号压力加到执行器上（对于安全复位位置：执行器杆收缩），通过代码16； 可以限制信号压力，代码14/15优先于 8/9/10/11			
15*	最终位置 ＞ [OFF] 定位器内部设定点的 50.0 至 100.0% ESC	如内部设定点超过输入值，调节阀的阀杆由于最大执行器最大力而伸长； 代码14/15优先于 8/9/10/11			

续表

代码号	参数-显示-数值［内定］	说明
16*	压力极限 ［OFF］ 1.4、2.4、3.7 巴 ESC	显示在初始化时所决定的压力极限并可以修改（只用于安全复位位置阀 CLOSED/AIR TO OPEN；初始化之后用于阀 OPEN/AIR TO CLOSE 始终是［OFF］，即全部供气压力加到执行器上。其次，供气压力也可以限制以防止不能允许大的执行器力）； 附注：在改变调整了的压力极限之后，执行器必须放空一次（如选择安全复位位置，代码 0）
17*	K_p 设定 0 至 17 [7] ESC	显示或改变 K_p 关于改变 K_p 和 T_v 间隔的附注： 在进行定位器初始化时，优化了 K_p 和 T_v 值，由于其他的干扰，定位器可能有过高的后脉冲振荡的趋势，初始化之后 K_p 和 T_v 的间隔可以适配，为此，T_v 的间隔既可以以增量增加直至达到所要求的响应行为，或当达到最大值 4 时，K_p 间隔可以以增量减小。 注意：改变 K_p 间隔影响系统偏差，K_p 间隔增加时这个效果减小
18*	T_v 间隔 ［OFF］ 1 2 3 4 ESC	显示或改变 T_v 见 K_p 间隔的附注。 T_v 间隔的改变对系统偏差没有影响
19*	误差带 运行范围的 0.1 至 10.0 [5]% ESC	使用误差监视 相对于运行范围的误差带的决定； 附带的时间迟后 30s 是一个恢复判据； （如果，在初始化）进行时，决定一个过渡时间，它的 6 倍>30s，6 倍过渡时间可以接受作为时间迟后
20*	特性 0 至 9 [0] ESC	选择特性 0：线性；　　　　　　　5：旋转阀芯阀线性； 1：等百分数；　　　　　6：旋转阀芯阀等百分数； 2：可逆等百分数；　　　7：部分球阀线性； 3：蝶阀线性；　　　　　8：部分球阀等百分数； 4：蝶阀等百分数；　　　9：用户定义* * 使用带 SAMSON TROVIS-VIEW 软件或 HART 通信的 SSP 接口来定义
21*	W-ramp 开启 0 至 240s [0] ESC	当阀开时通过运行范围所需要的时间； 过渡时间的限制（代码 21 和 22）； 在某些应用中要求限制执行器的过渡时间以防止在运行过程中咬合得太快
22*	W-ramp 关闭 0 至 240s [0] ESC	当阀关闭着时通过运行范围所需要的时间
23*	阀的全行程 0 至 9999 [0] 接着 10E3-99E7 RES ESC	全部二倍阀的行程经 RES 可以恢复至 0
24*	LV 阀的全行程 1000 至 9999 [1000000] 接着 10E3-99E7 ESC	阀全行程的极限值。如果超出了极限值，显示故障符号和扳手符号； 对于 10000 行程循环以上的指数显示

续表

代码号	参数-显示-数值 [内定]	说明
25*	报警模式 0 至 3 [2] ESC	当触发了和基本类型没有供电单元时软件限位开关报警 A1 和 A2 的切换模式： (1) 按 EN 60947-5-6Ex 类型 0：A1≥2.1mA，　　A2≤1.2mA； 1：A1≤1.2mA，　　A2≤1.2mA； 2：A1≥2.1mA，　　A2≥2.1mA； 3：A1≤2.1mA，　　A2≥2.1mA。 (2) 没有防爆保护类型： 0：A1=不导通，　　A2 R=3.48Ω； 1：A1 R=3.48Ω，　A2 R=3.48Ω； 2：A1=不导通，　　A2=不导通； 3：A1 R=3.48Ω，　A2=不导通
26*	极限值 A1 OFF 运行范围的 0.0 至 120.0 [2.0]% ESC	显示或依照运行范围的关系改变软极限值 A1；当感应接点安装之后设定不起作用
27*	极限值 A2 OFF 运行范围的 0.0 至 120.0 [98.0]%。 ESC	显示或依照运行范围的关系改变软极限值 A2
28*	报警试验 读数方向 内定　　　旋转 [OFF]　　[OFF] RUN1　　1RUN RUN2　　2RUN RUN3　　3RUN ESC　　　ESC	试验软件限位开关报警 A1 和 A2 及 A3 接点出错报警，如果试验启动了，相应的接点切换 5 次。 RUN1/1RUN：软件限位开关 A1； RUN2/2RUN：软件限位开关 A2； RUN3/3RUN：出错报警接点 A3
29*	定位器 X/1X″ [↗↗]　　＞＞ ↗↘　　　＜＞ ESC	定位器的运行方向；基于阀关闭位置显示行程/角度位置如何加到输出信号 1 上
30*	出错报警 1X″ [OFF]　HI　LO ESC	用来选择是否要经位置变送器输出发出由故障报警开关触点所产生的故障信号以及如何发出故障信号。 H11x>20.5mA 或 LOix<3.8mA
31*	位置变送器试验： 运行范围的 0.0 至 100.0 [50.0]%。 ESC	试验位置变送器，可以按照运行范围输入数值。 例如，必须让电流信号 12mA 出现在 50%
32*	显示特定功能 NO　[YES] ESC	经显示和用于特定功能，如零点调整、初始化和试验等的出错报警接点进行出错报警
33*	显示阀的全行程 NO　[YES] ESC	当超出阀的全行程极限值后经显示和出错报警接点进行报警

续表

代码号	参数-显示-数值[内定]	说明
34*	关闭方向 CL　　[CCL] ESC	CCL：逆时针方向、CL：顺时针方向。 阀移动至关闭位置后调整方向（当定位器的盖打开时可观察到旋转开关的运动）； 只能在定位器没有初始化时输入，而且只有对于要求初始化模式 SUb（代码6）才需要
35*	固定位置 [0] mm/° ESC	输入固定位置距离； 加大至关闭位置； 只能在初始化模式 SUb
36*	恢复 [OFF]　　RUN ESC	将全部参数恢复为内定值（工厂设定）。 附注：设定 RUN 之后，此装置必须重新初始化
37*	位置变送器 [NO]　　YES ESC	显示是否安装了选件位置变送器； 当不能自动辨别位置变送器的存在时，通常必须进行设定
38*	感应报警 [NO]　　YES ESC	显示是安装了或未安装感应接点（选件）
39	系统偏差 e 信息 -99.9 至 999.9%。	只有显示，显示与设定点位置之间的偏差
40	开启过渡时间信息 0 至 240s [0]	只有显示，在初始化时决定了最小开启时间
41	关闭过渡时间信息 0 至 240s [0]	只有显示，在初始化时决定了最小关闭时间
42	自动　信息 全量程的 0.0 至 100.0% 4～20mA	只有显示，显示提供的相当于 4～20mA 自动参考变量
43	固定信息 XXXX	只有显示，显示此装置的目前固件版本
44	Y 信息 -200 至 200 [0]	只有显示，在初始化之前已阻塞了； 在初始化之后：以%指示执行器压力； 0 至 100%：从 0 至 100%调整行程/角度范围的压力范围，如执行器压力为 0 巴，例如，由于在底部紧密关闭或安全复位操作，在面板上显示 OP； 对于 $X=100\%$，如执行器的压力高于需要的压力时，例如由于在顶部紧密关闭，在面板上显示 MAX； 在初始化时决定数值
45	电磁阀信息 YES　　　　NO	只有显示，显示是否安装了电磁阀
46*	询问地址 0 至 63 [0] ESC	选择总线地址

续表

代码号	参数-显示-数值［内定］	说明
47	HART 写入保护 YES ［NO］ ESC	当写入保护功能启动后，装置数据为只读
	出错代码- 纠正	当提示 Err 显示时，出错报警符号激活，如果存在任何出错信息，在此显示； 在选用代码 3 "使能组态" 和选择出错代码并按下 ⊕ 二次之后，可以确认任何剩下的出错信息
初始化出错（在面板上显示 "Fault" 符号）		
48	X>范围	测量信号提供的值或是太高或太低，测量传感器位置靠近机械极限： （1）销钉位置不正确； （2）在 NAMUR 接合状态滑动的框架或定位器没有对中； （3）随动板接合不正确。 如果出错在初始化之前，将阀移动至安全复位位置以防止机械部件损坏
	纠正	检查接合和销钉位置，重新初始化此装置
49	ΔX<范围	传感器的测量量程太小： （1）销钉位置不正确； （2）臂不正确
	纠正	检查接合，重新初始化此装置
50	接合	（1）装置接合不正确； （2）在对 NOM 或 SUb 模式初始化状态未能达到公称行程/角度（代码 5）（没有允许的向下偏差）； （3）机械的或气动出错，如选择不正确的臂或运动至所要求位置的供气压力太低
	纠正	检查接合和供气压力，重新初始化装置； 通过输入实际的销钉的位置然后在 MAX 下初始化，在某些情况就可以检查最大行程/旋转角； 在初始化完成之后，代码 5 显示阀能达到的最大行程或旋转角
51	初始化时间>	初始化进程持续时间太长： （1）供气管道没有压力或泄漏； （2）定位器输出信号压力太小
	纠正	检查接合和供气管道，重新初始化装置
52	初始化-5V	（1）电磁阀安装了（代码 45=YES）但是没有连接或正确连接所以执行器没有压力，当下列情况时信息出现： ①着手进行装置的初始化； ②在还没有初始化前着手手动操作该装置。 （2）在安全复位位置（SAFE）着手进行该装置的初始化
	纠正	（1）检查连接和电磁阀的供电电压； （2）经代码 0，设定 MAN 运行模式。 接着重新初始化装置

续表

代码号	参数-显示-数值［内定］	说明
53	过渡时间<	在初始化时决定的执行器过渡时间太短而定位器不能适配其自身为最佳
	纠正	检查容量限制器的位置，重新初始化装置
54	销钉位置	对于所选择的初始化模式 NOM 和 Sub 因为要求输入销钉位置初始化被中途终止了
	纠正	使用代码 4 输入销钉位置和使用代码 5 输入公称行程/角度。重新初始化

出错符号显示在面板上的运行出错

代码号	参数-显示-数值［内定］	说明
55	控制回路 出错报警接点其他信息	控制回路出错，调节阀在控制变量（容差带报警代码 19）的容差时间内没有反应： （1）执行器机械阻塞； （2）进而定位器的接合延误了； （3）供气压力不够
	纠正	检查接合
56	零点出错 报警接点的其他信息	零点位置漂移大于±5%。 由于移动了的排列/定位器的偏移或阀芯不对。特别是软密封阀芯，可能产生此误差
	纠正	检查阀和定位器的接合，如果一切都正常，使用代码 6 调整零点
57	自动校正	如果定位器在数据范围方面产生错误，自监测功能识别并自动校正它
	纠正	自动
58	致命错误 出错报警接点其他信息	检测到有关安全数据的错误，不能自动校正，此情况可能是 EMC 干扰引起的。 调节阀移动至安全复位位置
	纠正	使用代码 36 重新设定，重新初始化装置

硬件出错（出错信号显示在面板上）

代码号	参数-显示-数值［内定］	说明
59	X 信号 出错报警接点其他信息	对于执行器的测量值的判定已经失败，导电塑料有缺陷。 装置连续运行在紧急模式，需要尽快更换，以闪动的控制符号和替代位置指示的 4 个横道来指示显示在面板上的紧急模式。 关于控制的附注： 如果测量系统出了故障，定位器仍在可靠状态； 定位器切换到紧急模式在此位置不再能精确控制； 但是定位器仍按照它的参考变量信号连续运行，因此生产过程仍在安全状态
	纠正	将装置送到 SAMSON AG 去检修
60	W 太小	参考变量比 4mA（0%）小很多；产生原因是定位器的电源不符合标准。用闪动的 LOW 在定位器的显示屏上显示这种状态，将定位器移动至安全复位位置 SAFE
	纠正	检查参考变量，如需要，限制电流源的下限使其能提供不小于 4mA
61	I/p 转换器（y） 出错报警接点其他信息	I/p 转换器的回路中断了，定位器移动至安全复位位置 SAFE
	纠正	不能补救。装置送到 SAMSON AG 修理

续表

代码号	参数-显示-数值［内定］	说明
出错附录		
62	硬件 出错报警接点其他信息	如硬件出错,定位器移动至安全复位位置 SAFE
	纠正	确认出错并回到自动运行模式,此外,进行再设定和将装置重新初始化;如果此办法不成功,将装置送 SAMSON AG 修理
63	数据存储 出错报警接点其他信息	数据写入至内存始终不工作,如写入的数据与读取的数据有偏差,阀移动至安全复位位置
	纠正	将装置送 SAMSON AG 检修
64	检验计算 出错报警接点其他信息	用检验计算来监测硬件定位器
	纠正	确认出错,如此状况不可能,将装置送 SAMSON AG 修理
数据出错		
65	控制参数 出错报警接点其他信息	控制参数出错,如由于 EMC 干扰
	纠正	确认出错进行再设定,重新初始化装置
66	电位器参数 出错报警接点其他信息	数字电位器参数出错
	纠正	确认出错进行再设定,重新初始化装置
67	HART 参数	HART 参数出错但对于控制功能并不是关键的
	纠正	确认出错,校验,如需要,重新调整参数
68	信息参数	信息参数出错但对于控制功能并不是关键的
	纠正	确认出错,校验,如需要重新设定要求的参数

1. 模拟量位置变送器：如果位置变送器（选件）安装好而其安装已经使用代码 37 确认了,就只能访问代码 29/30/31

故障信息消除：当定位器上出现 S 字符表示某种错误信息影响定位器的操作,如果想定位器继续执行操作,可通过 0 选项改为 MAN 后消除 S 故障,在进入第 6 步重新对定位器进行校验,此外进入第 36 项可对定位器进行初始化,消除 S 故障（注意：初始化后会对定位器之前设定的某些参数消除,在初始化前一定要对定位器信息进行确认后在决定是否初始化）。

第三节　执行机构附件

一、电磁阀

电磁阀是用来控制流体方向的自动化基础元件，属于执行器，通常用于机械控制和工业阀门上面，对介质方向进行控制，从而达到对阀门开关的控制。

电磁阀由电磁线圈（电磁铁）和磁芯以及包含一个或几个孔的阀体。当电磁线圈通电或断电时，磁芯的运动将导致流体通过阀体或被切断。电磁线圈被直接装在阀体上，阀芯被封闭在密封管中，构成一个简洁、紧凑的组合（图2-125）。

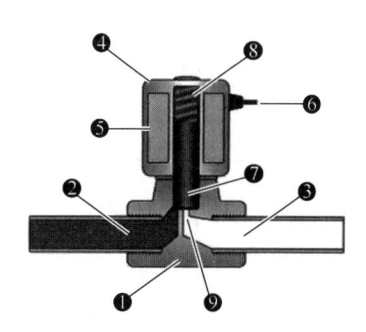

图2-125　电磁阀构成
1—阀体；2—进气口；3—出气口；
4—导线；5—线圈；6—接线处；
7—动铁芯；8—柱塞；9—节流孔

（一）电磁阀的分类

电磁阀从原理上可分为三大类：直动式电磁阀（图2-126）、分布直动式电磁阀、先导式电磁阀。

1. 直动式电磁阀的工作原理及特点

原理：通电时，电磁线圈产生电磁力把关闭件从阀座上提起，阀门打开；断电时，电磁力消失，弹簧把关闭件压在阀座上，阀门关闭（图2-127）。

特点：在真空、负压、零压时能正常工作，但通径一般不超过25mm。

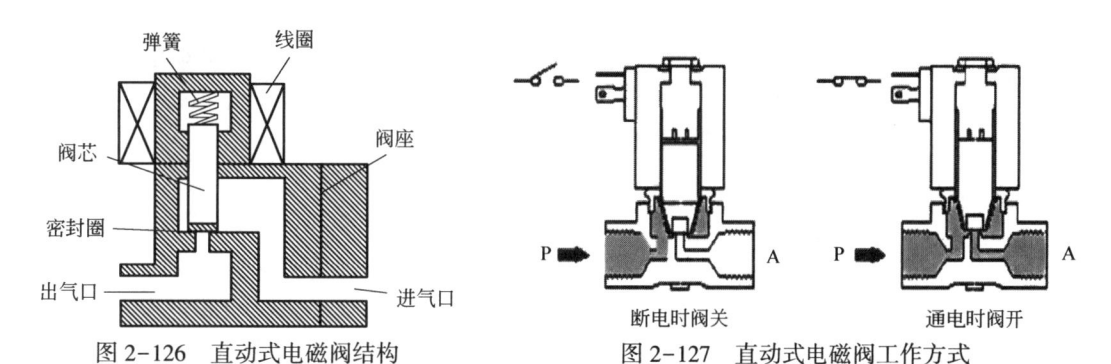

图2-126　直动式电磁阀结构

图2-127　直动式电磁阀工作方式

2. 分布直动式电磁阀的工作原理及特点

原理：它是一种直动和先导式相结合的原理，当入口与出口没有压差时，通电后，电磁力直接把先导小阀和主阀关闭件依次向上提，阀门打开。当入口和出口达到启动压差时，通电时，电磁力先导小阀，主阀下腔压力上升，上腔压力下降，从而利用压差把主阀向上推开；断电时，先导阀利用弹簧力或介质压力推动关闭件，向下移动，使阀门关闭

163

(图2-128)。

特点：在零压差或真空、高压时都可动作，但功率较大，要求必须水平安装。

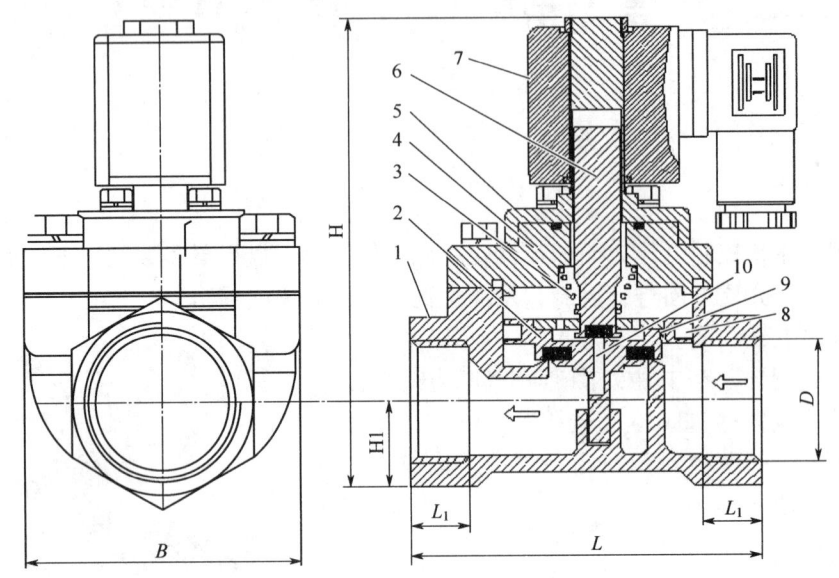

图2-128 分布直动式电磁阀结构

1—阀体；2—活塞；3—活塞弹簧；4—中盖；5—上盖；6—动铁芯；7—线圈；8—活塞环；9—节流孔；10—先导孔

3. 先导式电磁阀的工作原理及特点

原理：通电时把先导孔打开，上腔室压力迅速下降，在关闭件周围形成上低下高的压差，流体压力推动关闭件向上移动，阀门打开；断电时，弹簧力把先导孔关闭，入口压力通过旁通孔迅速，腔室在关阀件周围形成下低上高的压差，流体压力推动关阀件向下移动，关闭阀门（图2-129）。

特点：在零压差或真空、高压时都可动作，但功率较大，要求必须水平安装。

（二）电磁阀的技术指标

1. Cv值流量系数

电磁阀的Cv值与调节阀的Cv值一样，表示介质通过电磁阀的流通能力，它取决于以下三个因素：介质的最大和最小流量；介质通过阀门的最大和最小压差；介质的相对密度、温度和黏度。

2. 电磁线圈外壳的密封等级

一般传统的金属密封和整体模压的环氧树脂结构，在选用时要根据现场的实际使用条件即防水、防腐、防爆及环境温度来选取相应的适用等级。

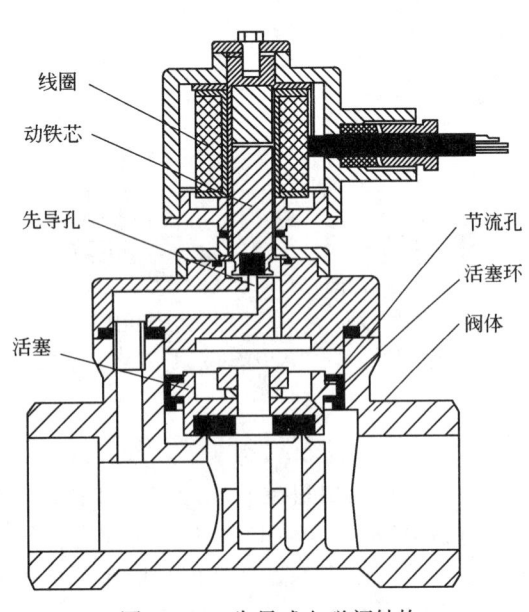

图2-129 先导式电磁阀结构

3. 最大操作压力差

最大操作压力差是指确保电磁线圈安全操作阀门时可承受的阀门入口与出口键的最大压力差。若阀门出口压力是未知的，可把供给压力当作最大差压。需要注意，同口径的电磁阀使用交流电驱动与使用直流电驱动其最大操作压力差不同。

4. 最小操作压力差

最小操作压力差是指开启阀门或保持阀门开启所需的最小压差。对于二通浮动活塞或浮动膜片阀来说，实际压差低于最小操作压力差时，阀门将开始关闭。

5. 安全操作压力

安全操作压力是指阀门可以承受的无损害的管路或系统压力。试验压力是安全工作压力的 5 倍。

6. 流体最高温度

阀门所允许使用的被控介质的最高工作温度。

7. 阀体材质

应确保不与介质起化学反应。如果大气环境中含有腐蚀性气体，也须慎重选择阀体材质。

8. 动作时间

阀门从全闭到全开或反之的时间成为动作时间。它取决于阀门尺寸和操作形式、电力供给、流体黏度、入口压力和温度等。

（三）如何选择电磁阀

1. 按使用介质或功能选用

电磁阀一般按使用介质及用途而标注名称，如可用在蒸汽的标为蒸汽电磁阀。常用电磁阀有二位二通电磁阀、二位三通电磁阀、二位四通电磁阀、二位五通电磁阀、蒸汽电磁阀、微压电磁阀、制冷电磁阀、渣油电磁阀、高温电磁阀、真空电磁阀、煤气电磁阀、防爆电磁阀、自锁电磁阀、多功能电磁阀和组合电磁阀等。

2. 按电磁阀工作原理选用

不同电磁阀适用于不同压力压差的场合。

3. 按电磁阀口径选用

一般电磁阀通径与工艺管道通径相同。在石油化工装置的联锁控制系统，电磁阀一般用于操作仪表风去控制调节阀的动作。此时，电磁阀通径也与风管管径相同。若电磁阀上压降较大，在大口径时从节约与可靠性考虑，可选择比工艺管道通径小一挡的电磁阀。

除一般应考虑工作介质的温度、黏度、悬浮物、腐蚀性、压力、压差等因素外，选用电磁阀还必须考虑下列问题：

（1）为防止线圈烧坏，应限制电磁阀每分钟通断的工作次数。

（2）介质进入导阀前，一般应先经过过滤器防止杂质堵塞阀门。

(3) 介质压力低于电磁阀的最小工作压力时，介质不通过阀门，只有当介质压力大于最小工作压力时才能通过阀门。

(4) 电磁阀有电开型和电闭型两种，未特别说明的一般为电开型。

(5) 通常电磁阀是水平安装。若垂直安装，电磁阀将不能正常工作。

（四）电磁阀选型注意事项

1. 安全性

腐蚀性介质宜选用塑料王电磁阀和全不锈钢；对于强腐蚀性的介质必须选用隔离膜片式。中性介质也宜选用铜合金为阀壳材料的电磁阀，否则，阀壳中常有锈屑脱落，尤其是动作不频繁的场合。

2. 爆炸性环境

必须选用相应防爆等级产品，露天安装或粉尘多的场合应选用防水、防尘品种。

电磁阀的最高标定公称压力一定要超过管路内的最高压力，否则使用寿命会缩短及产生其他意外情况。

3. 适用性

介质特性为气体、液态或混合状态分别选用不同品种的电磁阀。

介质温度应在电磁阀适用范围内，否则线圈会受温度影响烧坏，同时密封件老化，影响适用寿命。

介质黏度通常在 50CST 以下，通径小于 15mm 选用高黏度电磁阀。

介质清洁度不高时，应在电磁阀前配反冲过滤阀，压力低时选用直动膜片式电磁阀。

4. 电磁阀的位和通

几位：是指阀有几种工作状态。

几通：按阀的且通口，包括输入口、输出口、排气口数目进行分类：有两通阀、三通阀、四通阀、五通阀等。

5. 图形符号含义

用方框表示阀的工作位置，有几个方框就表示有几"位"。

方框内的箭头表示气路处于接通状态，但箭头方向并不一定表示气流的流动方向。

方框内符号"⊥"或"⊤"表示该通路不通。

方框外部链接的接口有几个就表示几"通"（图 2-130）。

具体电磁阀图例分别如图 2-131 至图 2-135 所示。

（五）电磁阀在阀门气路中的应用

安全问题在石油化工装置设计与正常运行中得到了越来越多的重视。目前很多装置的设计中增加了 HAZOP（Hazard and Operability Study，工厂危害和可操作性研究）和 IPF Study（Instrumented protective function study，仪表保护功能研究），其中包括 SIL（Safety integrity level）评级等。

有时安全保护联锁的发生不是由于工艺过程异常造成的，而是由仪表本身的故障引起的。为了降低误停车率，可以考虑引入冗余的配置，例如，由 2oo2 代替 1oo1，由 2oo3

（对于检测单元而言）或者 2oo4（对于阀门而言）代替 1oo2，但这需要做 ALARP（As Low As Reasonably Practicable）经济分析评估。

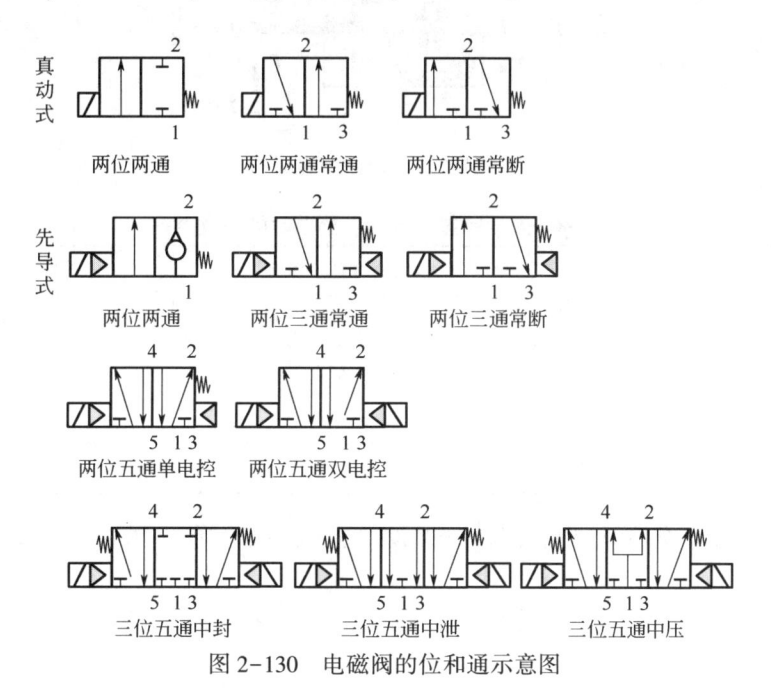

图 2-130 电磁阀的位和通示意图

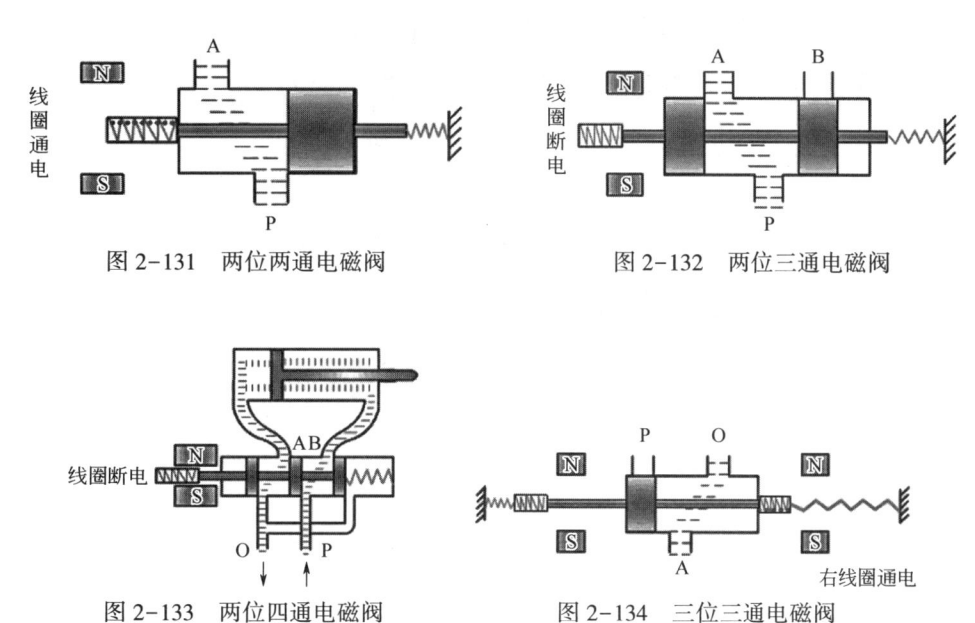

图 2-131 两位两通电磁阀

图 2-132 两位三通电磁阀

图 2-133 两位四通电磁阀

图 2-134 三位三通电磁阀

通过采用双电磁阀配置实现切断电磁阀信号线路的冗余配置，以减少因电缆断线引起的误停车。

在生产实践过程中 SIL1、SIL2 安全等级联锁系统，采用单一的控制阀，根据需要配套电磁阀，特别是采用冗余手段可将关键控制阀联锁可靠性提高（表 2-8）。

右线圈通电

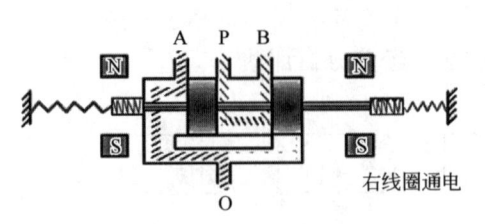

图 2-135　三位四通电磁阀

表 2-8　安全完整性等级：要求时的失效概率

安全完整性等级（SIL）	要求时的平均失效概率	目标风险降低
4	$\geq 10^{-5} \sim <10^{-4}$	$>10000 \sim \leq 100000$
3	$\geq 10^{-4} \sim <10^{-3}$	$>1000 \sim \leq 10000$
2	$\geq 10^{-3} \sim <10^{-2}$	$>100 \sim \leq 1000$
1	$\geq 10^{-2} \sim <10^{-1}$	$>10 \sim \leq 100$

当系统要求高安全性时，冗余电磁阀配置方式为串联冗余（图 2-136）。

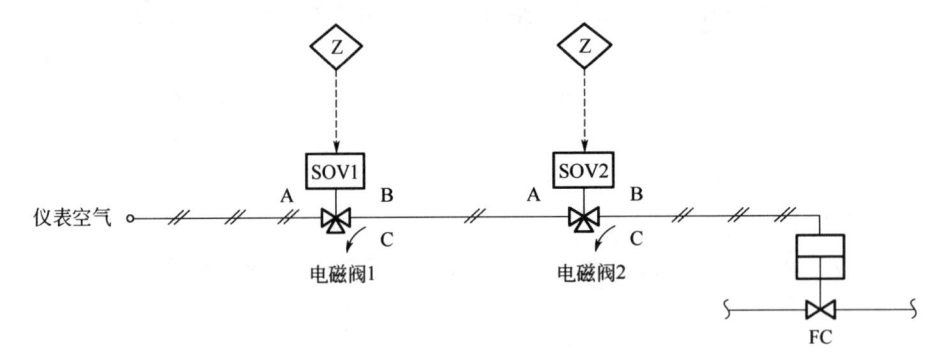

图 2-136　切断阀带冗余电磁阀配置示例

当系统要求高可用性时冗余电磁阀配置方式为并联冗余（图 2-137）。

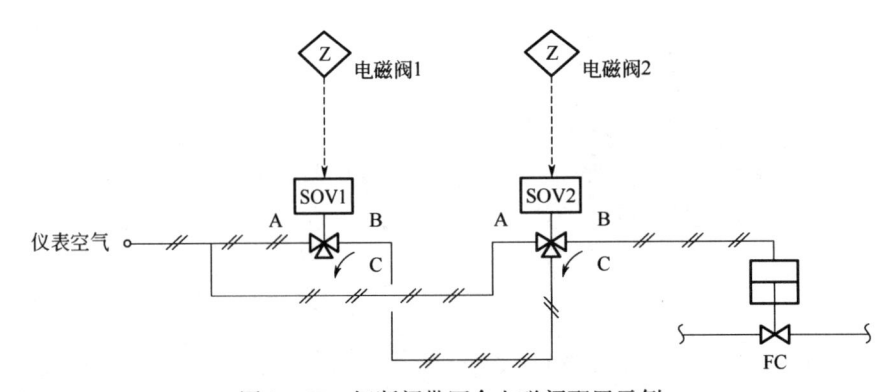

图 2-137　切断阀带冗余电磁阀配置示例

在联锁阀门上，电磁的冗余，主要考虑以下两点：
（1）防止误动作，考虑到仪表设备发生故障时，阀门不该动作而动作造成装置停工的采用电磁阀串联。

（2）防止不动作，考虑到仪表设备发生故障时，阀门该动作而无法动作造成事故扩大采用电磁阀并联。

二、空气过滤减压阀

空气过滤减压阀是气动薄膜调节阀组合单元的一个辅助装置，经输入 0.3~1.0MPa 压缩空气后，可向气动遥控板和阀门定位器提供 0.1~1MPa 的洁净气源，空气过滤减压阀属于先导活塞式减压阀。由主阀、活塞、弹簧等零件组成。通过调节调节弹簧压力设定出口压力、利用膜片传感出口压力变化，通过导阀启闭驱动活塞调节主阀接口部位过流面积大小，实现减压稳压功能。

（一）动作原理

顺时针方向选择调节螺栓时调节弹簧收到力开始压隔膜，这时隔膜压杆，同时圆盘被打开向二次侧供气。当二次压力上升到设定压力，二次压力作用于隔膜的力和调节弹簧反馈力平衡，从而保持设定压力。

如果二次压力超过设定压力，那么二次压力作用于隔膜压调节弹簧，导致隔膜垫上升。这时缓解垫被打开向大气排气达到设置压力为止。相反二次压力比设置压力低的时候调节弹簧作用于隔膜顶着二次压力把隔膜向下压。这时圆盘被推开供给一次压，二次压力上升到设定压力时，弹簧推力和二次压力相平衡，圆盘回到原来位置堵住气流口称为稳定状态（图2-138）。

（二）使用方法

（1）向空气过滤减压阀供气之前将调节螺栓逆时针方向充分旋转到弹簧不受力为止。

（2）在压力表接口或排除二次压力的端口安装压力表。

（3）把出口端口和压力表端口用堵塞堵住后供给一次压力。

（4）查看设置在出口段的压力表，把调节螺栓按顺时针方向慢慢旋转，这时二次压力开始上升。

（5）当二次压力上升到所需压力时选择锁定螺母直到螺栓不能旋转为止。

（6）使用时的注意事项：

① 应在流体是空气的情况下使用。

② 减压阀在受到冲击时有可能

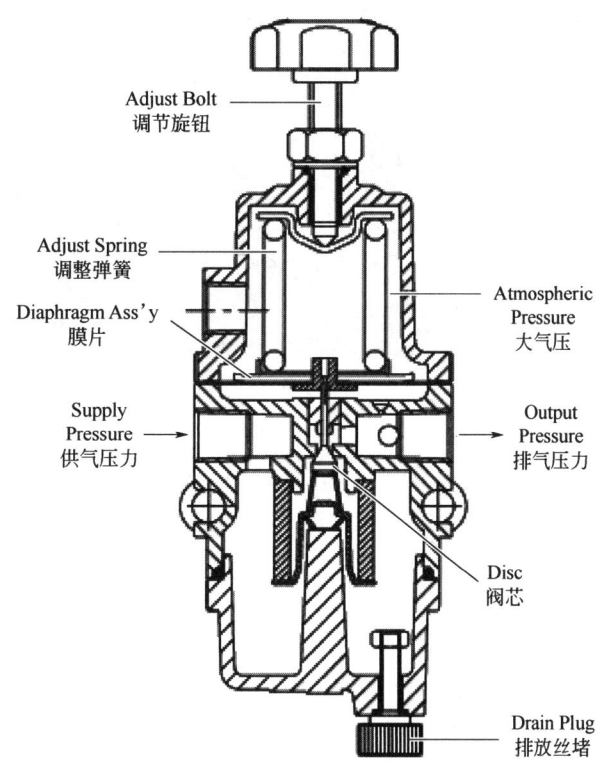

图 2-138 空气过滤减压阀动作原理

会损坏，因此在安装和运行时要注意根据实际使用场所和使用情况定期打开排水盖将凝结液排出。

③ 使用无凝聚液和异物的空气

④ 在设定压力后将锁定螺母锁紧，以防止调节螺栓因振动等其他问题导致松动。

（三）故障案例

某装置切断阀门非正常关闭，经过排查发现过滤减压阀不过仪表风，致使切断阀失去动力，导致关闭，在解体该过滤减压阀弹簧腔过程中，发现腔内有高度约4cm的结冰。检查弹簧腔结构，发现排气孔较大、位置较高，有一定倾斜角度，且没有配置防水帽，在雨季或消防演习时进水且无法排出，最后在冬季形成积冰（图2-139）。

图2-139　空气过滤减压阀弹簧腔结冰

处理后空气过滤减压阀弹簧腔如图2-140所示。

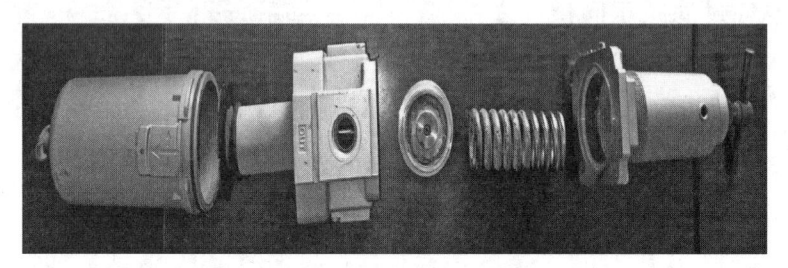

图2-140　空气过滤减压阀弹簧腔处理后

总结与启示：

（1）在项目建设或申报备件过程中，选用弹簧腔排气孔孔径小，位置低，不易进水的过滤减压阀。

（2）排查易进水的过滤减压阀，适度储备结构合理的过滤减压阀备件，在具备条件时更换。

（3）对无法及时更换的易进水的过滤减压阀，采取增加防雨帽等措施。

（4）加强日常仪表维护巡检，当发现减压阀压力表指示过低等问题时，要加以重视，提前作出应急预案。

三、阀门回讯器

阀门回讯器是一种自动阀门位置和信号反馈的现场仪表。用于检测和监视阀门开关位置。具有机构紧凑、质量可靠、输出性能稳定等特点，应用广泛（图 2-141）。

阀门回讯器又称阀门位置反馈器，可安装于角型阀、隔膜阀、蝶阀等开关型阀门上，将阀门状态以开关信号形式输出，可方便接至现场 PLC 或 DCS 系统中，实现阀门开关状态的远程反馈。

国内外对阀门反馈器的研究情况基本一致，仅在产品质量和价格上有一定差别。阀门反馈器一般可分为接触式和非接触式。接触式反馈器大多由机械限位开关构成，由于存在机械接触部分，容易产生火花，所以在防爆场合使用时需增加隔爆壳体，十分笨重，如果阀门频繁动作，反馈器的精度和寿命都会有所下降。非接触式反馈器一般采用 NAMUR 接近开关，虽然克服了接触式反馈器的缺点，但在防爆场合需配接安全栅使用，成本较高。

图 2-141　阀门回讯器

NAMUR 是德国测量与控制标准委员会制定的一项标准，由 P+F 提出，该标准适用于安全栅厂家和 PLC、DCS 厂家的 I/O 模块。NAMUR 信号为世界上应用最广泛的本质安全的数字量输入和频率量输入的标准信号，最早为德国标准（DIN 19234）后成为欧洲标准（EN 50227，DIN EN 60947-5-6），NAMUR 信号为无源二线制，标称 8V DC 供电，1mA 和 3mA 开关信号。

NAMUR 型传感器均为本质安全防爆仪表，通常与隔离式安全栅配合使用。由隔离栅提供 8V DC 电源，并检测其电流信号（图 2-142）。

图 2-142　NAMUR 型传感器

检测点通常为 ≤1.2mA 和 ≥2.1mA，隔离栅将此开关信号转换为继电器信号，有源或无源的 0~24V 晶体管开关信号。而 NUMAR 型接近开关经常被集成在阀门上作为阀门回讯。

常闭型 NAMUR 回讯开关，电流通常在 2.1~6mA，反之为 0.35~1.2mA。一般低于 0.35mA 电流认为线路存在开路故障，高于 6.5mA 电流认为线路存在短路故障。

第四节　执行器的故障分析与处理

在调节阀使用过程中经常会出现各种形式的故障，这些故障的产生直接影响到工艺流程的控制和生产装置的平稳运行。在本节主要介绍调节阀在应用过程中的故障形式和处理方法。

调节阀的故障很多，而且多种多样，而某一种故障的出现也可能有不同的原因。

一、执行机构的主要故障元件

不同类型的调节阀及不同部位有一些关键元件，这些元件也是容易出现故障的元件。

(一) 气动执行机构

1. 膜片

对薄膜式气动执行机构来说，膜片是最重要的元件，在气源系统正常的情况下，如果执行机构不动作，就应该想到膜片是否破裂、是否没安装好。当金属接触面的表面有尖角、毛刺等缺陷时就会把膜片扎破，而膜片绝对不能有泄漏。另外，膜片使用时间过长，工作环境温度过高，材料老化也会影响使用。

2. 推杆

要检查推杆有无弯曲、变形、脱落。推杆与阀杆连接要牢固，位置要调整好，不漏气。

3. 弹簧

要检查弹簧有无断裂。制造、加工、热处理不当都会使弹簧断裂。有些弹簧在过大的载荷作用下，也可能断裂。

(二) 电动执行机构

1. 电动机

检查电动机是否能转动，是否容易过热，是否有足够的力矩和耦合力。

2. 伺服放大器

检查伺服放大器是否有输出，是否能调整。

3. 减速机构

各厂家的减速机构各不同，因此要检查其转动零件——轴、齿轮、蜗轮等是否损坏，是否磨损过大。

4. 力矩控制器

根据具体结构检查其失灵原因。

二、阀的主要故障元件

（一）阀体

要经常检查阀体内壁的受腐蚀和磨损情况，特别是用于腐蚀介质和高压差、空化作用等恶劣工艺条件下的阀门，必须保证其耐压强度和耐腐、耐磨性能。

（二）阀芯

因为阀芯起到调节和切断流体的作用，是活动的截流元件，因此受介质的冲刷、腐蚀、颗粒的碰撞最为严重，在高压差、空化情况下更易损坏，所以要检查它的各部分是否破坏、磨损、腐蚀，是否要维修或更换。

（三）阀座

阀座接合面是保证阀门关闭的关键，它受腐受磨的情况也比较严重。而且由于介质的渗透，使固定阀座的螺纹内表面常常受到腐蚀而松动，要特别检查这一部位。

（四）阀杆

要检查阀杆与阀芯、推杆的连接有无松动，是否产生过大的变形、裂纹和腐蚀。

（五）导向套

导向套与阀芯导向部分的间隙是最容易被忽视的，在检修时要对其间隙进行测量。因为导向间隙过大会使阀芯与阀杆的连接在较大压差下折断。导向间隙根据阀门工作温度选取。

（六）连接件

要检查连接件内螺纹是否完好，当阀杆旋入或夹紧时能否满足调节阀动作需求。

（七）填料

检查聚四氟乙烯或者其他填料是否老化、缺油、变质，填料是否压紧。

（八）垫片及O形圈

这些易损零件不能裂损、老化。

（九）上、下阀盖平衡孔

检查上、下阀盖的平衡孔是否堵塞。

调节阀的检修和日常维护是延长调节阀使用寿命的重要环节。在检修时通过对故障现象的查找和判断，能够快速确认故障位置，提高检修效率。当调节阀采用石墨—石棉为填料时，大约三个月应在填料上添加一次润滑油，以保证调节阀灵活好用。如发现填料压帽压得很低，则应补充填料，如发现聚四氟乙烯填料硬化，则应及时更换；应在巡回检查中注意调节阀的运行情况，检查阀位指示器和调节器输出是否吻合；对有定位器的调节阀要经常检查气源，发现问题及时处理；应经常保持调节阀的卫生以及各部件完整好用。

三、故障产生的原因和处理方法

（一）提高寿命的方法

1. 大开度工作延长寿命法

让调节阀一开始就尽量在最大开度上工作，如90%。这样，汽蚀、冲蚀等破坏发生在阀芯头部上。随着阀芯破坏，流量增加，相应阀再关一点，这样不断破坏逐步关闭。使整个阀芯全部充分利用，直到阀芯根部及密封面破坏不能使用为止。同时大开度工作节流间隙大冲蚀减弱，这比一开始就让阀在中间开度和小开度上工作提高寿命1~5倍以上。

2. 减小 S 增大工作开度提高寿命法

减小 S 即增大系统除调节阀外的损失，使分配到阀上的压降降低，为保证流量通过调节阀，必然增大调节阀开度。同时，阀上压降减小，使气蚀、冲蚀也减弱。具体办法如下：

（1）阀后设孔板节流消耗压降。

（2）关闭管路上串联的手动阀，至调节阀获得较理想的工作开度为止。对一开始阀处于小开度工作时，采用此法十分简单、方便、有效。

3. 缩小口径增大工作开度提高寿命法

通过把阀的口径减小来增大工作开度，具体办法如下：

（1）换一台小一挡口径的阀，如 DN32 换成 DN25。

（2）阀体不变更，更换小阀座直径的阀芯阀座。

4. 转移破坏位置提高寿命法

把破坏严重的地方转移到次要位置，以保护阀芯、阀座的密封面和节流面。

5. 增长节流通道提高寿命法

增长节流通道最简单的就是加厚阀座，使阀座孔增长，形成更长的节流通道。一方面可使流闭型节流后的突然扩大延后，起转移破坏位置，使之远离密封面的作用；另一方面，又增加了节流阻力，减小了压力的恢复程度，使汽蚀减弱。有的把阀座孔内设计成台阶式、波浪式，就是为了增加阻力，削弱汽蚀。这种方法在引进装置中的高压阀上和将旧阀加以改进时经常使用，也十分有效。

6. 改变流向提高寿命法

流开型向着开方向流，汽蚀、冲蚀主要作用在密封面上，使阀芯根部和阀芯、阀座密封面很快遭受破坏；流闭型向着闭方向流，汽蚀、冲蚀作用在节流之后，阀座密封面以下，保护了密封面和阀芯根部，延长了寿命。故作流开型使用的阀，当延长寿命的问题较为突出时，只需改变流向即可延长寿命1~2倍。但在改变流向时执行机构必须具有足够的推力和弹簧的反作用力，否则阀门全部关闭时会产生开启困难的现象。

7. 改用特殊材料提高寿命法

为抗汽蚀（破坏形状如蜂窝状小点）和冲刷（流线型的小沟），可改用耐汽蚀和冲刷的特殊材料来制造节流件。这种特殊材料有 6YC-1、A4 钢、司太莱、硬质合金等。为抗腐蚀，可改用更耐腐蚀，并有一定机械性能、物理性能的材料。这种材料分为非金属材料（如橡胶、四氟、陶瓷等）和金属材料（如蒙乃尔、哈氏合金等）两类。

8. 改变阀结构提高寿命法

采取改变阀结构或选用具有更长寿命的阀的办法来达到提高寿命的目的，如选用多级式阀、反汽蚀阀、耐腐蚀阀等。

（二）调节阀经常卡住或堵塞的防堵（卡）方法

1. 清洗法

管路中的焊渣、铁锈、渣子等在节流口、导向部位、下阀盖平衡孔内造成堵塞或卡住使阀芯曲面，导向面产生拉伤和划痕，密封面上产生压痕等。这经常发生于新投运系统和大修后投运初期。遇此情况，必须卸开进行清洗，除掉渣物，如密封面受到损伤还应研磨；同时将底塞打开，以冲掉从平衡孔掉入下阀盖内的渣物，并对管路进行冲洗。投运前，让调节阀全开，介质流动一段时间后再纳入正常运行。

2. 外接冲刷法

对一些易沉淀、含有固体颗粒的介质采用普通阀调节时，经常在节流口、导向处堵塞，可在下阀盖底塞处外接冲刷气体和蒸汽。当阀产生堵塞或卡住时，打开外接的气体或蒸气阀门，即可在不动调节阀的情况下完成冲洗工作，使阀正常运行。

3. 安装管道过滤器法

对小口径的调节阀，尤其是超小流量调节阀，其节流间隙小，介质中不能有一点点渣物。遇此情况堵塞，最好在阀前管道上安装一个过滤器，以保证介质顺利通过。带定位器使用的调节阀，定位器工作不正常，其气路节流口堵塞是最常见的故障。因此，带定位器工作时，必须处理好气源，通常采用的办法是在定位器前气源管线上安装空气过滤减压阀。

4. 增大节流间隙法

如介质中的固体颗粒或管道中被冲刷掉的焊渣和锈物等因过不了节流口造成堵塞，卡住等故障，可改用节流间隙大的节流件–节流面积为开窗、开口类的阀芯、套筒，因其节流面积集中而不是圆周分布的，故障就能很容易地被排除。如果是单、双座阀可将柱塞形阀芯改为 V 形口的阀芯，或改成套筒阀等。

5. 介质冲刷法

利用介质自身的冲刷能量，冲刷和带走易沉淀、易堵塞的东西，从而提高阀的防堵功能。常见的方法如下：

（1）改作流闭型使用。
（2）采用流线型阀体。
（3）将节流口置于冲刷最厉害处，采用此法要注意提高节流件材料的耐冲蚀能力。

6. 直通改为角形法

直通为倒 S 流动，流路复杂，上、下容腔死区多，为介质的沉淀提供了便利。角形连接，介质犹如流过90℃弯头，冲刷性能好，死区小，易设计成流线形。因此，使用直通的调节阀产生轻微堵塞时可改成角形阀使用。

（三）调节阀外泄的解决方法

1. 增加密封油脂法

对未使用密封油脂的阀，可考虑增加密封油脂来提高阀杆密封性能。

2. 增加填料法

为提高填料对阀杆的密封性能，可采用增加填料的方法。通常是采用双层、多层混合填料形式，单纯增加数量，如将3片增到5片，效果并不明显。

3. 更换石墨填料法

大量使用的四氟乙烯填料，因其工作温度在-40~250℃，当温度上、下限变化较大时，其密封性便明显下降，老化快、寿命短。柔性石墨可以克服这些缺点，使用寿命长。

4. 改变流向，置 p_2（阀后压）在阀杆端法

将压力较低一端置于阀后，降低了填料发生外漏的可能。

5. 更换密封垫片

可采用石墨缠绕垫片或高强石墨垫片。

（四）调节阀振动的解决方法

1. 增加刚度法

对振荡和轻微振动，可增大刚度来消除或减弱，如选用大刚度的弹簧，改用活塞执行机构等办法都是可行的。

2. 增加阻尼法

增加阻尼即增加对振动的摩擦，如套筒阀的阀塞可采用O形圈密封，采用具有较大摩擦力的石墨填料等，这对消除或减弱轻微的振动还有一定作用。

3. 增大导向尺寸，减小配合间隙法

轴塞形阀一般导向尺寸都较小，所有阀配合间隙一般都较大，有0.4~1mm，这对减弱机械振动有帮助。因此，在发生轻微的机械振动时，可通过增大导向尺寸，减小配合间隙来削弱振动。

4. 改变节流件形状，消除共振法

因调节阀的所谓振源发生在高速流动、压力急剧变化的节流口，改变节流件的形状即可改变振源频率，在共振不强烈时比较容易解决。具体办法是将在振动开度范围内阀芯曲面车削0.5~1.0mm。如某厂家属区附近安装了一台自力式压力调节阀，因共振产生啸叫影响职工休息，将阀芯曲面车掉0.5mm后，共振啸叫声消失。

5. 更换节流件消除共振法

其方法有：更换流量特性，对数改线性，线性改对数。更换阀芯形式：如将轴塞形改为V形槽阀芯，将双座阀轴塞型改成套筒型；将开窗口的套筒改为打小孔的套筒等。如某氮肥厂一台DN25双座阀，阀杆与阀芯连接处经常振断，我们确认为共振后，将直线特性阀芯改为对数性阀芯，问题得到解决。如某航空学院实验室用一台 DN200 套筒阀，阀塞产生强烈旋转无法投用，将开窗口的套筒改为打小孔的套筒后，旋转立即消失。

6. 更换调节阀类型以消除共振

不同结构形式的调节阀，其固有频率自然不同，更换调节阀类型是从根本上消除共振的最有效的方法。如某维尼纶厂新扩建工程选用一台 DN200 套筒阀，DN300 的管道随之跳动，阀塞旋转，噪声 100 多分贝，共振开度 20%~70%，考虑共振开度大，改用一台双座阀后，共振消失，投运正常。

7. 减小汽蚀振动法

对因空化汽泡破裂而产生的汽蚀振动，自然应在减小空化上想办法。具体方法：让气泡破裂产生的冲击能量不作用在固体表面上，特别是阀芯上，而是让液体吸收。套筒阀就具有这个特点，因此可以将轴塞型阀芯改成套筒型；采取减小空化的一切办法，如增加节流阻力，增大缩流口压力，分级或减压等。

8. 避开振源波击法

外来振源波击引起阀振动，这显然是调节阀正常工作时所应避开的，如果产生这种振动，应当采取相应的措施。

（五）调节阀稳定性较差时的解决办法

1. 改变不平衡力作用方向法

在稳定性分析中，已知不平衡力作用同与阀关方向相同时，即对阀产生关闭趋势时，阀稳定性差。对阀工作在上述不平衡力条件下时，选用改变其作用方向的方法，通常是把流闭型改为流开型，一般来说都能方便地解决阀的稳定性问题。

2. 避免阀自身不稳定区工作法

有的阀受其自身结构的限制，在某些开度上工作时稳定性较差。双座阀，开度在 10% 以内，因上阀芯处流开，下阀芯处流闭，带来不稳定的问题；不平衡力变化斜率产生交变的附近，其稳定性较差。如蝶阀，交变点在 70% 开度左右；双座阀在 80%~90% 开度上。遇此类阀时，在不稳定区工作必然稳定性差，避免不稳定区工作即可。

3. 更换稳定性好的阀

稳定性好的阀其不平衡力变化较小、导向好。常用的球型阀中，套筒阀就有这一大特点。当单、双座阀稳定性较差时，更换成套筒阀稳定性一定会得到提高。

4. 增大弹簧刚度法

执行机构抵抗负荷变化对行程影响的能力取决于弹簧刚度，刚度越大，对行程影响越小，阀稳定性越好。增大弹簧刚度是提高阀稳定性的常见的简单方法，如将 20~100kPa 弹簧范围的弹簧改成 60~180kPa 的大刚度弹簧，采用此法主要是配合安装了定位器的阀门，否则，使用的阀门要另外配上定位器。

5. 降低响应速度法

当系统要求调节阀响应或调节速度不应太快时，阀的响应和调节速度却又较快，如流量需要微调，而调节阀的流量调节变化却又很大，或者系统本身已是快速响应系统而调节阀却又带定位器来加快阀的动作，这都是不利的。这将会产生超调，产生振动等。对此，应降低响应速度。办法有：将直线特性改为对数特性；带定位器的可改为转换器、继动器。

6. 改变流向消除喘振法

两位型阀为提高切断效果，通常作为流闭型使用。对液体介质，由于流闭型不平衡力的作用是将阀芯压闭的，有促关作用，又称抽吸作用，加快了阀芯动作速度，产生轻微水锤，引起系统喘振。对上述现象的解决办法是只要把流向改为流开，喘振即可消除。类似这种因促关而影响到阀不能正常工作的问题，也可考虑采取这种办法加以解决。

7. 克服流体破坏法

最典型的阀是双座阀，流体从中间进，阀芯垂直于进口，流体绕过阀芯分成上下两束流出。流体冲击在阀芯上，使之靠向出口侧，引起摩擦，损伤阀芯与衬套的导向面，导致动作失常，高流量还可能使阀芯弯曲、冲蚀、严重时甚至断裂。解决的方法：提高导向部位材料硬度；增大阀芯上下球中间尺寸，使之呈粗状；选用其他阀代用。如用套筒阀，流体从套筒四周流入，对阀塞的侧向推力大大减小。

8. 克服流体产生的旋转力使阀芯转动的方法

对 V 形口的阀芯，因介质流入不对称，作用在 V 形口上的阀芯切向力不一致，产生一个使之旋转的旋转力。特别是对 $DN \geqslant 100$ 的阀更强烈。由此，可能引起阀与执行机构推杆连接的脱开，无弹簧执行机构可能引起膜片扭曲。解决的办法有：将阀芯反旋转方向转一个角度，以平衡作用在阀芯上的切向力；进一步锁住阀杆与推杆的连接，必要时，增加一块防转动的夹板；将 V 形开口的阀芯更换成柱塞形阀芯；采用或改为套筒式结构；如系共振引起的转动，消除共振即可解决问题。

9. 调整蝶阀阀板摩擦力，克服开启跳动法

采用 O 形圈、密封环、衬里等软密封的蝶阀，阀关闭时，由于软密封件的变形，使阀板关闭到位并包住阀板，能达到十分理想的切断效果。但阀要打开时，执行机构要打开阀板的力不断增加，当增加到软密封件对阀板的摩擦力相等时，阀板启动。一旦启动，此摩擦力就急剧减小。为达到力的平衡，阀板猛烈打开，这个力同相应开度的介质作用的不平衡力矩与执行机构的打开力矩平衡时，阀停止在这一开度上。这个猛烈而突然起跳打开的开度可高达 30%~50%，这将产生一系列问题。同时，关闭时因软密封件要产生较大的变化，易产生永久变形或被阀板挤坏、拉伤等情况，影响寿命。解决办法是调整软密封件对阀板启动的摩擦力，这既能保证达到所需切断的要求，又能使阀较正常地启动。具体办法有：调整过盈量；通过限位或调整执行机构预紧力、输出力的办法，减少阀板关闭过度给开启带来的困难。

（六）在高、低温下阀工作不正常的解决方法

1. 统一线膨胀减小双座阀泄漏量法

双座阀在常温试验时，泄漏量不太大。可是，一投入高温使用泄漏量猛增。这是因为双座固定在阀体上的阀座密封面的线性膨胀与阀芯双密封面的线性膨胀不一所致。如一个 $DN50$ 的双座阀，阀芯为不锈钢，阀体为碳钢，在室温 70 ℉ 的温度中使用时，阀座密封面与阀芯密封面线膨胀差 0.06mm，使泄漏量增加可达 10 倍以上。解决办法：选用阀体与阀

芯均用同种材质的，即不锈钢阀。但不锈钢阀比碳钢阀价格高了3倍以上。从经济考虑，选用套筒阀代之，因密封面在套筒上，套筒与阀塞是同种材料。

2. 阀座密封焊法

当温度高达750°F时，螺纹连接的阀座在与阀体连接的密封面和螺纹处引起泄漏，并能将螺纹冲蚀，产生阀座掉落的危险，遇到这种故障，应对阀座进行密封焊，以防止松动和脱落。

3. 衬套定位搭焊法

作为对阀芯、阀塞、阀杆导向的衬套，绝大部分场合是静配合。调节阀在室内组合，在高、低温下工作，因线膨胀不一而造成配合直径产生微小变化，衬套的配合偶尔会遇到过盈量最小，或衬套与阀芯因异物卡住，在阀芯运动的拉动下，衬套会脱落。这种故障并不多，却时有发生。对此，可对衬套进行定位搭焊，以保证衬套不脱落。

4. 增大衬套导向间隙法

在高低温下，当轴径与衬套内孔径的线膨胀不一，且轴的膨胀大于衬套内孔的膨胀时，轴的运动或转动将产生卡跳现象，如高温蝶阀。如果这时阀的实际工作温度又符合阀的工作温度要求时，可能就是制造厂的质量问题。对解决问题来讲，自然是增加导向间隙。简单的办法是把导向部位的轴径车小0.2~0.5mm，并应尽量提高其光洁度。

5. 填料背对背安装法

对深冻低温阀，在冷却时因管线内形成真空，若从填料处向阀体内泄时，可将双层填料的上层或填料的一部分改为背对背安装，来阻止大气通过阀杆密封处内泄。

（七）调节阀的动作迟钝

1. 阀杆仅在单方向动作时迟钝

气动薄膜执行机构中膜片破损泄漏；执行机构中O形密封泄漏。

2. 阀杆在往复动作时均有迟钝现象

阀体内有黏物堵塞；聚四氟乙烯填料变质硬化或石墨—石棉填料润滑油干燥；填料夹得太紧，摩擦阻力增大；由于阀杆不直导致摩擦阻力大；没有定位器的气动调节阀也会导致动作迟钝。

（八）电动调节阀的常见故障

电动调节阀与气动薄膜调节阀相比，具有动作灵敏可靠、信号传输迅速和传送距离远等特点，便于使用在气源安装不方便的场合。电动调节阀的故障现象多种多样。

1. 电动机不转

原因：电动机线圈烧坏。如使用环境不良、进水或渗透有腐蚀性的气体而造成短路或电动机转子卡死不动，电动机线圈发热、烧坏。

判断故障方法：用万用表测量电动机引出线正、反和零线之间的电阻，正常值约为160Ω，如偏差过大或过小，证明线圈已烧坏。

2. 两个微动开关位置不当

当调节阀动作时，带动反馈连杆移动，行程至零点和满度时，微动开关应关闭，使电流不会流过电动机，从而达到保护电动机的目的。如微动开关位置过开，使阀杆动作已达零点或满度时仍不能断开，电流继续通过电动机，但此时电动机已无法转动，将会造成电动机堵转烧坏。处理方法是移动微动开关位置，使之与阀杆行程位置相对应。

3. 分相电容失效或被击穿。

分相电容如果坏了，电动机不会启动。

4. 电动调节阀一动作就引起熔断丝熔断

原因：电动机线圈漆包线绝缘漆脱落，线圈绕组与阀体短路；分相电容容量过大。

根据制造厂家的出厂标准，各种规格型号的调节阀使用的分相电容有相应的容量。如DKZ-200 型的分相电容为 630V、3μF。分相电容过大，启动电流就大。

判断方法：将交流电流表与电动机引出线串接，测出其电流数值。

5. 电动操作器一投入自动，调节阀就处于全开或全关位置

原因：调节阀反馈线路部分故障，无反馈电流输出。

处理方法：检查有无提供反馈线路的电源；检查反馈线圈（差动变压器）的初级和次级是否断路；检查差动变压器的初级电压和次级电压是否正常。如以上各项都正常，则检查电压及电流转换电路（表2-9）。

表2-9 电动调节阀常见故障和灵敏度解决办法

常见故障	产生原因	预防和排除的方法
电动机不启动	没有输入电源	接通电源
	断线或导线接触不良	改换电线或正确接好导线
	电源电压不符或电压低	用仪器检查电压
	热保护动作（周围温度高或使用频率高）	降低周围温度，降低使用频率或灵敏度
	电力电容器被击穿	更换电力电容器
	输入信号错误	更换输入信号选择
在自动运行途中自行停止	因过大负载而过载保护	检查调节阀排除过负载
	热保护动作	检查调节阀排除过负载
	调节阀里面咬住异物	即使手动操作也很费劲，拆卸阀
	填料压盖过分拧紧	松动压盖
手动操作费劲	填料压盖过分拧紧	松动压盖
	阀门内部发生意外	拆卸阀门检查
没显示开度信号	开度信号线接触不良或断线	检查开度信号线的连接
开度信号达不到全闭	电位器安装不良	检查电位器安装情况
用限位开关电动机不停止	上下限给定凸轮调整不良	重新调整
	限位器接触不良	更换限位开关
控制灵敏度降低 电动机力矩减少	电动机电压不足	用仪器检查电压，使之正常
	电源电压低或不符	
振荡	灵敏度过高	调整灵敏度电位器，降低灵敏度

四、实际检修案例分析调节阀常见故障及其解决方案

（一）炼油厂焦化装置 FCV2415 填料外漏

1. 概述

送检单位：炼油厂焦化装置。
类型：单座阀。
规格：DN50，PN2.5MPa。

2. 存在问题

炼油厂焦化装置调节阀 FCV2415，工作介质为焦油。这台调节阀的送检频率较高。平均 2 个月就要送修一次而且每次的故障都相同，就是填料发生外漏。

3. 原因分析

以前用传统方法更换聚四氟填料绳，配合石墨填料绳，但效果不佳。原因是介质温度太高聚四氟填料开始老化，失去了原有的密封性能。

决定填料密封性能的因素如下：

(1) 填料阀杆的光洁度。
(2) 填料与阀杆，填料与填料函内壁的贴合程度。
(3) 填料的长短。
(4) 压紧力的大小。

但在检修时发现阀杆的光洁度非常好，填料的长短也十分合适。石墨填料也无破损。但取出两个石墨绳填料后发现聚四氟乙烯填料绳已经变硬，并且缩小。

这样判断肯定是四氟填料失去弹性，体积缩小。导致整个填料函内的填料整体高度降低，压紧力小于原有的压紧力。故填料失去了原有的密封性能。

4. 处理方法及结果

本次检修采用石墨环填料，它的耐高温能力强，且强度高。适用于高温场合。但是石墨环填料不能过多否则容易抱死阀杆，在填料函中加入一个能够填补间隙的不锈钢环，操作方法是先将 3 根石墨填料加入填料函内再放入不锈钢环然后再加入 3 根石墨填料（图 2-143），不仅减少了不必要的填料而且还减小了填料的摩擦力。检修后该调节阀的外漏现象明显好转。检修周期达到原先的 5 倍。

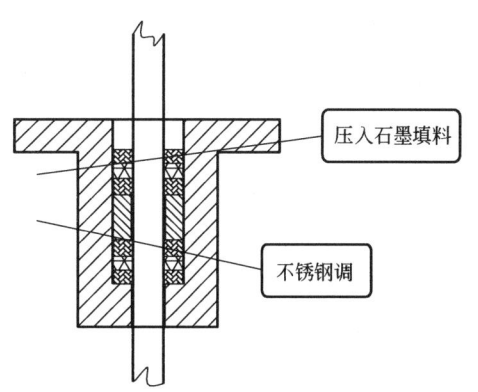

图 2-143 填料压入的方法

5. 经验总结

在之前的检修工作中没有认真细致地了解介质的工作温度就去选择填料，导致了检修周期的缩短。在今后的检修工作中要首先核实现场工况后再进行检修。

（二）PTA 装置 1209 泵 4 台高压球阀内漏

1. 概述

送检单位：芳烃厂 PTA 装置。
类型：球阀。
规格：$DN100$、$PN15MPa$。

2. 存在问题

芳烃厂 PTA 装置 1209 泵的 4 台高压球阀发生内漏，设备工作压力 12.0MPa。

3. 原因分析

阀门工作压力较大，当全部关死时阀门前后压差大。导致球体向一侧有偏移，所受摩擦力不均匀。致使球体有严重磨损。还有阀座间隙小，导致阀杆产生扭曲变形。使阀杆与球体连接部位出现变形，间隙过大导致阀门开关不到位。

4. 处理方法及结果

更换变形的阀杆。主要工作就是调整阀座间隙，经测量球体直径，两端阀座之间距离，阀座密封面角度后得出在阀座两侧均匀增加 0.20mm 的石墨纸垫片，增大了两密封面之间的距离，减小阀座与球体之间的正压力。但还要保证密封性能，所以我们将原有的近似于线密封的阀座密封面加宽，减轻了阀座对球面的切削力，然后将磨损的球体表面涂镀硬质合金以提高其表面的耐磨性。

5. 经验总结

阀座间隙是装配工作的重要数据，两端阀座的间隙调整好就不会在球体表面产生过大的正压力，改变了阀座的密封面角度能够降低切削力，阀杆的作用力就不会产生过大的扭矩，阀杆就不会产生扭曲和变形现象。

（三）炼油厂 LV2403 调节阀阀芯脱落

1. 概述

送检单位：炼油厂。
类型：直通单座。
规格：$DN50$、$PN6.0MPa$。

2. 存在问题

这台调节阀是 FISHER 公司生产的直通单座调节阀。检修过程中发现销钉折断，阀杆脱落。

3. 原因分析

由于工作压差较大故阀内加装导向套深入阀体内，在受到流体不平衡力的作用时阀杆向一侧偏离导致阀杆导向部位与导向套之间形成异向偏接触，形成了导向套的偏心磨损，在一侧间隙加大，导向间隙达到一定程度后将失去导向作用，阀芯在导向套中产生振荡，频繁的振荡使销钉达到材料的疲劳强度，两个销钉折断，在检修过程中发现阀芯与阀杆脱落。

4. 处理方法及结果

将上阀盖导向套取出重新加工使导向套和阀芯导向的间隙在 0.2mm 内,同轴度为 0.02mm。加工内孔时提高车床的转速减少切削量使表面粗糙度达 Ra1.6。提高了光洁度,减小了阀杆运行时的摩擦力。检修结束后提高了阀芯、阀座的同心度,降低了阀芯的振动(图 2-144)。但这样的处理方法仍不能从根本上解决问题,只是保证使用到下一个检修周期,调节阀产生这样的损坏是调节阀结构不合理造成的,当压差较大时应首选套筒阀或球阀。如果介质温度较高不宜选择软密封。

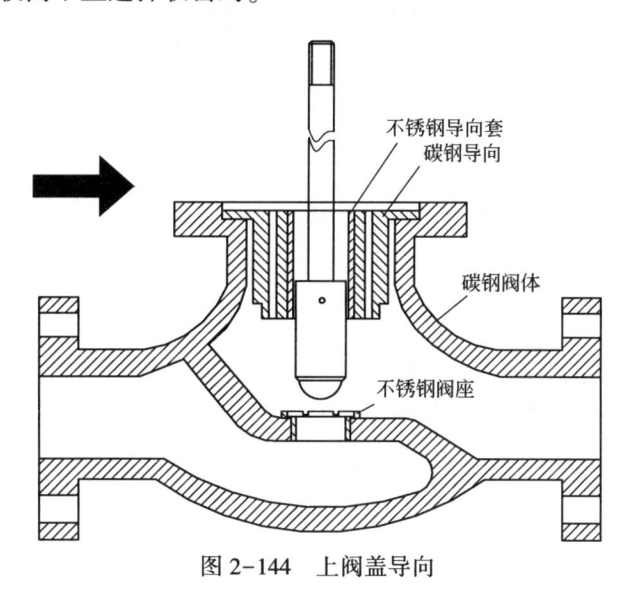

图 2-144 上阀盖导向

5. 经验总结

在检修中要对上下导向套和连接销进行重点检查,但从调节阀结构上进行分析故障原因也是检修工作的重点,不能单单只对现有故障进行检修,还要对故障原因进行判断,将信息反馈给用户,在今后装置的扩建和改造过程中,在调节阀选型上避免结构不合理的情况出现。

(四) 炼油厂脱硫装置 FCV1205 上阀盖外漏

1. 概述

送检单位:炼油厂脱硫装置。

位号:直通单座。

规格:$DN40$、$PN4.0MPa$。

2. 存在问题

在检修过程中发现调节阀阀盖密封处出现外漏。解体以后经检查发现阀体及导向部分有明显的凹痕。

3. 原因分析

密封面表面出现凹痕,降低了上阀盖的密封性能。凹凸不平导致齿型垫片密封不严。

4. 处理方法及结果

将上阀盖密封面及阀体密封面车削成平面更换垫片为高强石墨。更换原因有两个，一是因为高强石墨耐高温，且密封性能好。二是上阀盖无内圈限位，且阀体上的法兰凹槽较浅，如果使用缠绕垫片会在压紧后产生垫片开裂和定心不准。所以采用高强石墨垫片。这样既不改变阀体结构，也提高了密封性能。

5. 经验总结

结合实际工况和阀的结构类型选择合适的垫片材质，并对调节阀的密封部位重点检查。

(五) 芳烃厂 PCV2038B 调节阀内漏

1. 概述

送检单位：芳烃厂。

类型：直通单座。

规格：$DN50$、$PN3.0MPa$。

2. 存在问题

芳烃厂送检 PCV2038B 单座阀（风关），调节阀送检原因是内漏在检修时将阀芯密封面车削并与阀座进行研磨回装后进行泄漏量试验并未发现泄漏，故检修完成调节阀出室。2日后该阀又送回，原因还是内漏，怀疑是定位器的故障。经校验后并未发现异常。

3. 原因分析

在无载荷情况下阀门行程满足全关要求，排除了定位器输出量程小于额定行程的可能。分析可能的原因是阀芯作用面积太大，造成阀前后压差过高导致阀门在全关时被介质顶开，联系芳烃厂仪表得知阀门前后压差达 $17kgf/cm^2$。提出建议改变流向将流开型改为流闭型以增加密封性能，但现场仪表已经试验过这种方法，出现了阀门关闭后打不开的现象。根据结构原理和使用特性分析单座阀在压差大的场合下是不适用的。采用单座阀是选型上的缺陷。

4. 处理方法及结果

为保证其使用，临时将调节的工作气压加大到 $3kgf/cm^2$ 问题得到解决，但是阀门膜片的耐用度将受到严重影响。所以建议芳烃厂重新选择套筒式调节阀。因为套筒型阀芯为平衡型结构，可克服较大的压差。问题得到解决，芳烃厂采纳建议，重新选择调节阀结构类型。

5. 经验总结

检修时要首先了解阀门使用环境的工作情况，仔细查找故障隐患。分析故障原因时要结合阀门的特性综合分析，并形成可行性意见。也为新建、改建装置时调节阀选择上提供参考依据。

(六) 芳烃厂 FCV6208 阀芯脱落

1. 概述。

送检单位：芳烃厂。

类型：双座阀。

规格：DN100、PN4.0MPa。

2. 存在问题

调节阀 FCV6208 阀芯脱落。导致检修后两天返修。

3. 原因分析

在第一次检修时按照检修委托单的检修内容进行检修，处理内漏。经车削、研磨等方法处理后内漏消除，但是在准备回装时发现原有阀芯与阀杆的连接处采用 3 点焊接加固。但焊点已经出现开裂。所以在检修时准备将已经开焊的焊点进行补焊加工，由于工作的不细心只告诉焊工焊上。但焊接后将阀杆取回，这时发现阀芯和阀杆已经满焊。以为会增加连接的强度，所以就开始回装。过了两天该阀又送回，说明没有流量可能是阀杆脱落。这时意识到焊接后阀杆内的残余应力没有经去应力退火。在载荷下折断。

4. 处理方法及结果

将阀芯取出重新加工内孔和螺纹，再换上新的阀芯，利用两根成 90°的销钉进行铆接。既增加了连接强度，又避免了焊接后产生的残余应力无法消除的隐患。

5. 经验总结

在故障处理时考虑问题过于简单，没有对采用的方法进行论证就盲目检修。这也为我们敲响警钟，在检修方法的采用上要深入分析原因结合工艺条件。找出最合理、最优化的解决方案。

(七) 芳烃厂某蝶阀开关不到位

1. 概述

送检单位：芳烃厂。

类型：蝶阀。

规格：DN100、PN2.0MPa。

2. 存在问题

调节阀在开关过程中存在不到位的现象，也就是说蝶阀的旋转不能满足 0~90°的要求。该调节阀为风开阀两位式，在联校期间发现全开位置没有达到 90°，在线进行调整，将执行机构两端的限位螺栓向外旋进行调整，阀门开度满足 90°。但全关时阀门并没有回到 0°。

3. 原因分析

当我们对执行机构进行调整时还是按照传统的活塞式执行机构进行调整的，也就是说传统的活塞式执行机构的限位螺栓只能限制活塞向外位移的距离，要调整位移时需两端同时调整，但尚不了解 FLOWSERVE 公司已将执行机构的限位形式作出了改进（图 2-145）。在图的右侧限位螺栓能够限制活塞向外位移的距离。在图的左侧与右侧的结构形式有所不同，从它的结构上可以看出左侧的限位可以限制活塞向内的位移。

4. 处理方法及结果

将压缩空气由 P2 端通入执行机构将阀门打开，然后将左侧螺栓向内旋转，然后切断

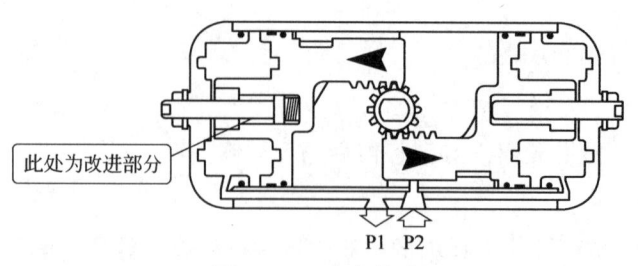

图 2-145 内部构造

P2 端气源,将压缩空气由 P1 端通入执行机构使调节阀关闭,检查调整后的转角是否满足要求。

5. 经验总结

主要是对结构形式的不了解导致第一次调整出现阀门不能全关的现象。但通过此次检修发现这种形式的执行机构安装在软密封蝶阀上就能够显示出它的优势,因为软密封特别是橡胶密封的同轴蝶阀在关闭时如果达到 0°,那么在开启时就会产生开启跳动。实际上软密封蝶阀在工作时不达到 0° 的位置也能够保证其密封性能。那么通过对执行机构的限位就能够消除开启跳动。还有就是检修时如果要对气缸活塞进行拆卸一定要做好标记,不要将两端活塞装反,否则会出现气缸内转轴旋转方向发生改变。

(八)校验时打坏夹板螺纹

1. 故障现象

有一台调节阀(气开)校验时,需要调整阀杆位置,将校验信号降到零,然后松开阀杆夹板,刚一松就听到砰的一声,一看夹板螺纹已经打坏,只好重新加工夹板装配好再校验。

2. 故障分析及处理

校验用定值器将信号降到 0.2MPa,但上气缸作用在活塞的压力还有几十兆帕,一松夹板,几十兆帕的压力作用在膜头阀杆上,松动了的夹板,托不住推杆,因此将螺纹打坏。正确的操作应该把薄膜气室内通入一定的压缩空气使调节阀的阀芯离开阀座,这时压缩空气就将弹簧的作用力抵消。此时再松夹板推杆也不会下移。

(九)烯烃厂乙二醇 FCV4401 调节阀外漏

1. 概述

送检单位:烯烃厂乙二醇。
类型:直通单座。
规格:$DN50$、$PN3.0MPa$。

2. 存在问题

处理时发现调节阀上阀盖外漏,阀杆动作时有不到位的现象。在以往乙二醇装置调节阀故障处理时这样的问题已经是共性问题。在多年的检修过程中也从未遇到过新装置开车不到一年就分别出现,调节阀阀体损坏、导向套损坏、上阀盖损坏出现汽蚀、腐蚀等较为严重的问题。

3. 原因分析

外漏原因是上阀盖导向处为圆锥型，采用石墨缠绕垫片内圈没有限位，当压紧上阀盖时垫片变形开裂。在检修过程中发现阀座螺纹腐蚀、脱落。这在之前的检修中我们也经常遇到这类问题。只是在新装置开车仅 1 年不到的时间里就频繁出现此类问题还是首次见到。所以对调节阀出现这样的问题不应只进行检修，还要查找引起故障的原因，从根本上解决问题。

在二醇装置，进一步了解阀门使用情况和工艺流程中可能诱发腐蚀和损坏的原因。在 PID 图中找出这一年中送检的调节阀，发现了一个共性问题，在管路和调节阀连接处有很大程度的缩径。可以判断出汽蚀的原因是管路直径远远大于阀门的公称直径，使流速急剧增加但液体达到饱和时就会有大量的气体析出形成气泡，气泡破裂的位置与调节阀的流向有着直接的关系，当采用直通单座调节阀时，由于介质低进高出故气泡破裂点的位置应靠近上阀盖。如果采用套筒流向为高进低出，气泡破裂的位置应在阀体底端。在与检修过的阀门故障位置进行比对，也充分证实了该判断。阀体的损坏是由汽蚀造成的，那么阀座的脱落原因需要继续分析。从《介质化学分析单》中看出其介质 pH 值偏弱碱性。按其腐蚀程度不会有这么快的速度。但在产品检测中心的一份报告中指出，低纯度的乙二醇溶液为电解质溶液。那么两种不同材质的金属（特别是电位差较高的金属）接触后浸泡在电解质溶液中就会产生电势差，从而造成电化学腐蚀。所以在不锈钢的阀座和碳钢阀体的螺纹连接处出现了腐蚀，而在阀座本体和阀芯上确没有发生损坏。

4. 处理方法及结果

将上阀盖锥形导向车削成圆柱型使垫片内圈有限位，对阀座的处理为焊接后车削找正加工出新的内螺纹，在阀座拧入部分的螺纹上附着一层绝缘胶。隔离两种金属之间的直接接触，消除由于电势差产生的电流。处理后经一段时间的使用效果良好。但在阀体已经严重损坏的调节阀上建议采用同种材质的阀体和阀内件。尽量采用 316L 不锈钢制品。

（十）定位器有输出，调节阀却无动作

1. 故障现象

有一台气开型直通单座调节阀，额定气源压力为 0.14MPa，现定位器已输出 0.14MPa，但调节阀仍无动作。

2. 故障分析及处理

（1）阀体内的物料结晶导致阀杆没有位移空间。

（2）阀芯阀座间有异物卡住。

（3）阀杆弯曲。

（4）膜片破裂。

（5）填料老化将阀杆抱死。

以上五种原因我们在解体时都做了相应的检测，但并没有发现哪个部位存在缺陷。接下来的分析是在检修过程中最容易被忽视的环节，即平衡孔的清洁程度。因为平衡孔一旦堵塞将会在上阀盖导向容腔内形成真空，也会使调节阀无法动作。在检查过程中发现这台阀并没有设计平衡孔，而且没有留出在加工平衡孔的角度和位置，存在较大的设计缺陷。这样一来就要对阀芯的形状进行调整。在圆柱形的阀芯导向位置锉削出一个平面，或者用机加工手段在阀芯导向部位切削出一条凹槽（图2-146）。

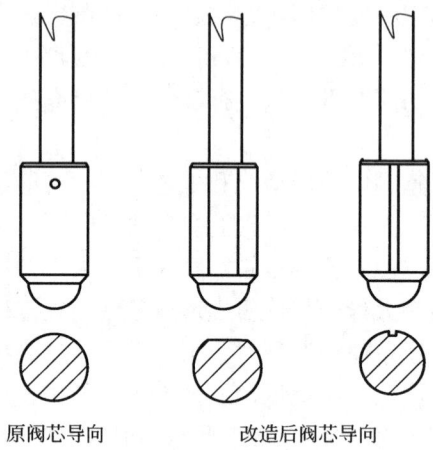

原阀芯导向　　　改造后阀芯导向

图 2-146　阀芯

第三章 分析仪表

第一节 氧化锆分析仪

本节共五部分内容，从氧化锆分析仪的工作原理、日常维护、标定方法、实际操作等几个方面详细介绍氧化锆分析仪。

一、氧化锆分析仪的原理

电解质溶液靠离子导电，具有离子导电性质的固体物质称为固体电解质。固体电解质是离子晶体结构，靠空穴使离子运动而导电，与P型半导体靠空穴导电的机理相似。

纯氧化锆（ZrO_2）基本是不导电的，但掺杂一定比例的低价金属物作为稳定剂，如氧化钙（CaO）、氧化镁（MgO）、氧化钇（Y_2O_3），就具有高温导电性，成为氧化锆固体电解质。

由于低价金属离子如Ca置换了Zr原子的位置，由于Ca^{2+}和Zr^{4+}离子价数不同，因此在晶体中形成氧空穴。由于CaO的存在，晶体中产生许多空穴。如果有外加电场，这时就会形成氧离子O^{2-}占据空穴的定向运动而导电。类似PN结的原理（图3-1）。

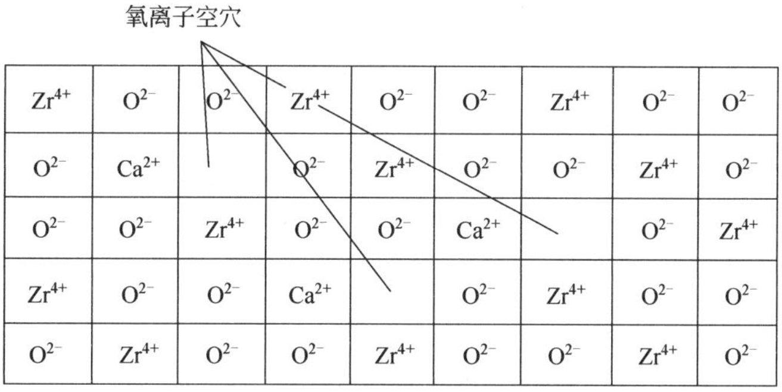

Zr^{4+}	O^{2-}	O^{2-}	Zr^{4+}	O^{2-}	O^{2-}	Zr^{4+}	O^{2-}	O^{2-}
O^{2-}	Ca^{2+}	O^{2-}	O^{2-}	Zr^{4+}	O^{2-}	O^{2-}	Zr^{4+}	O^{2-}
O^{2-}	O^{2-}	O^{2-}	Zr^{4+}	O^{2-}	O^{2-}	Ca^{2+}	O^{2-}	Zr^{4+}
Zr^{4+}	O^{2-}	O^{2-}	O^{2-}	Ca^{2+}	O^{2-}	O^{2-}	Zr^{4+}	O^{2-}
O^{2-}	Zr^{4+}	O^{2-}	O^{2-}	Zr^{4+}	O^{2-}	O^{2-}	Zr^{4+}	O^{2-}

氧离子空穴

图3-1 氧离子空穴形成示意图

氧化锆的传感元件为封闭式管或者圆盘，由与氧化钇或氧化钙相平衡的陶瓷氧化锆制成。里层和外层的多孔铂涂层充当催化剂或电极。在高温下（一般高于1200℉/650℃）与铂电极相接触的氧分子变成离子态。只要元件两侧的氧分压相同，那么在两侧没有定向的离子净流动，亦即电流。但是如果元件两侧的氧分压不同，就会产生离子的定向流动，从而产生电势和电流（因此，氧化锆的测量要求被测介质压力稳定）。此时，电极两端产生的电势的大小为两侧氧分压之比的函数。如果其中一侧电极所接触的气体内氧含量已知

(这一侧气体通称参比气)，则可以通过运算得出另一端气体的氧含量。一般情况下，因为空气的氧含量总是稳定在 20.9%，可作为良好的参比气使用在氧化锆的测量中。

电动势的简要计算关系：

$$E = \frac{RT}{nF} \lg \frac{P_X}{P_A} \tag{3-1}$$

式中　E——电动势，V；

　　　R——气体常数；

　　　T——温度，K；

　　　n——4；

　　　F——法拉第常数；

　　　P_X——被测气体浓度，kPa；

　　　P_A——参比气体浓度，kPa。

二、氧化锆分析仪的选型与安装方式

（一）氧化锆选型实例

氧化锆被设计用来适应各种类型的工况，跟其他仪表一样，根据工况的不同，需要进行选型，以横河氧化锆为例，ZR22G/ZR402G 型氧化锆的变送单元及现场探头选型表（表 3-1、表 3-2）。

表 3-1　ZR402G 氧化锆变送单元选型表

型号	后缀代码	选项代码	说明
ZR402G	------------	------------	分离型氧化锆氧分析仪，变送器
变送器配线螺纹	-P-------- -G-------- -M-------- -T--------	------------	G1/2 Pg13.5 M20×1.5mm 1/2NPT
显示	-J------- -E------- -G------- -F------	------------	日语 英语 德语 法语
使用手册	-J----- -E---	------------	日语 英语
—	-A-	------------	常项-A
选项	标牌	/H--------- /SCT------ /PT--------	防雨罩（*2） 不锈钢标牌（*1） 丝印标牌（*1）

表 3-2　ZR22G 探头选型表

型号	后缀代码	选项代码	说明
ZR22G	....	....	分离式氧化锆氧分析仪，探头

续表

型号	后缀代码	选项代码	说明
长度	-015	…………	0.15m（高温使用）（*1）
	-040	…………	0.4m
	-070	…………	0.7m
	-100	…………	1.0m
	-150	…………	1.5m
	-200	…………	2.0m （*2）
	-250	…………	2.5m （*2）
	-300	…………	3.0m （*2）
	-360	…………	3.6m （*2）
	-420	…………	4.2m （*2）
	-480	…………	4.8m （*2）
	-540	…………	5.4m （*2）
湿体部分材料	-S	…………	SUS 316
	-C	…………	不锈钢带 Inconel 校正气管 （*7）
法兰（*3）	-A	…………	ANSI CLASS 150-2 RF
	-B	…………	ANSI CLASS 150-3 RF
	-C	…………	ANSI CLASS 150-4RF
	-E	…………	DIN PN10-DN50-A
	-F	…………	DIN PN10-DN80-A
	-G	…………	DIN PN10-DN100-A
	-K	…………	JIS 5K-65-FF
	-L	…………	JIS 10K-65-FF
	-M	…………	JIS 10K-80-FF
	-P	…………	JIS 10K-100-FF
	-R	…………	JIS 5K-32-FF （用于高温）（*4）
	-S	…………	JPI CLASS 150-4-RF
	-W	…………	JPI CLASS 150-3-RF
			Westinghouse
参比气	-C	…………	自然对流
	-E	…………	外部连接（仪器用气）
	-P	…………	压力补偿
气体连接螺纹	-R	…………	Rc1/4
	-T	…………	1/4 FNPT
接线盒螺纹	-P	…………	G1/2
	-G	…………	Pg13.5
	-M	…………	M20×1.5mm
	-T	…………	1/2 NPT
	-Q	…………	快速连接 （*9）
使用手册	-J	…………	日语
	-E	…………	英语
—	-A	…………	常项-A
选项		/D………	DERAKANE 涂层 （*10）
		/C………	Inconel 螺钉 （*5）
		/CV……	止回阀 （*6）
		/SV……	截止阀 （*6）

续表

型号	后缀代码	选项代码	说明
选项		/F1……	粉尘过滤器
		/SCT……	不锈钢标牌　（*8）
		/PT……	丝印标牌　　（*8）

（二）氧化锆的安装

一般的氧化锆安装，可选用探头直插管道形式，当探头安装时，应考虑到以下因素：

（1）仪表安装的环境位置应能确保维护人员在现场进行检查和维护时进行安全方便的操作。

（2）环境温度不超高，接线盒不受热辐射的影响，对于横河氧化锆而言，环境温度超过150℃仪表会输出温度报警，对于其他厂家的氧化锆而言，过高的温度也会造成仪表原件老化损坏问题。

（3）安装位置无振动，检测介质为无任何腐蚀性气体的清洁环境，这两方面实际在现场安装时很难保证，也是造成氧化锆仪表老化损坏的主要因素。

（4）测量气体无压力波动。

以横河氧化锆 ZR402G/ZR22S 为例，说明加热炉烟气测量工况下氧化锆分析仪的应用安装。

在测量介质温度低于700℃的情况下进行氧化锆分析仪安装，探头 ZR22G 通过法兰连接直接插入管道，二次表 ZR402G 根据需要可以安装在现场，也可以安装在室内壁挂或盘装。探头与二次表间通过信号及供电电缆连接。现场配校正气体管线及参比气体管线，与标定装置 ZA8F 进行连接，以进行现场手动标定。如图 3-2 所示。

部分加热炉的介质温度不超过700℃，可以通过这样的结构进行安装。

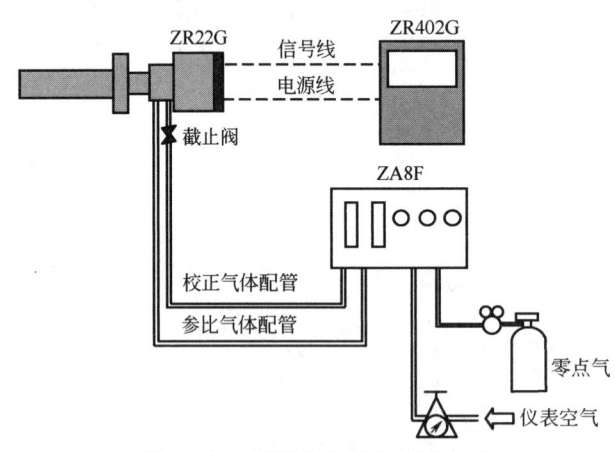

图 3-2　一般的氧化锆安装示意图

因为氧化锆的使用特性，经常被应用在介质温度较高，或有一定的空间限制的环境下使用。那么当样气温度超过700℃或因为维护空间限制而使用时，探头需要与高温探头适配器（型号 ZO21P-H）配套使用。

该配置还适合于炉膛内为负压，需将炉膛内样气抽出的情况，探头 ZR22G 安装在适配器上，适配器外配辅助排放器，通入适当压力的仪表风，通过虹吸效应将炉内样气抽出，如图 3-3 所示。

在实际安装中，探头适配器的使用需注意以下几方面的要求：

（1）当炉内压力为负压时，调节适当的仪表风压来确保被测气的流量。

（2）当炉内压力为正压时，关掉样气出口的针形阀以减小排气流量。

（3）当探头适配器有保温材料时，拆除保温材料。确保探头适配器的温度在冬天不要降低到气体的露点以下。

（4）防止温度因热辐射而上升，在炉壁和探头适配器之间插入绝热材料。

（5）为了防止温度因热传导而上升，将安装法兰距炉壁尽可能远地安装。

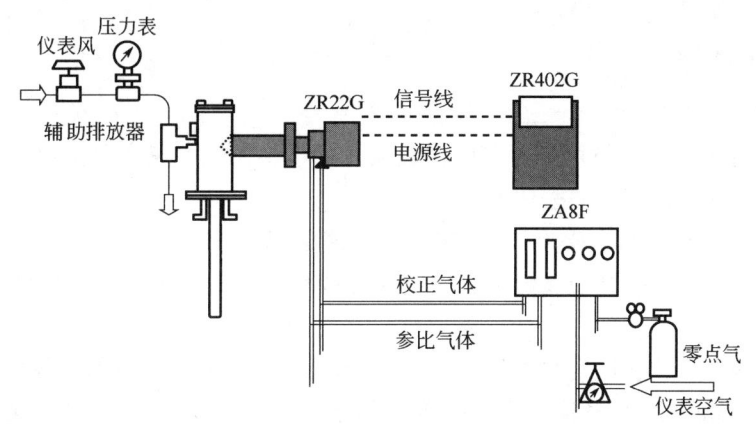

图 3-3　高温负压情况下氧化锆安装示意图

探头与二次表之间使用两根屏蔽电缆连接，分别为两芯加热器电源线及六芯信号传输电缆。接线方式如图 3-4 所示。

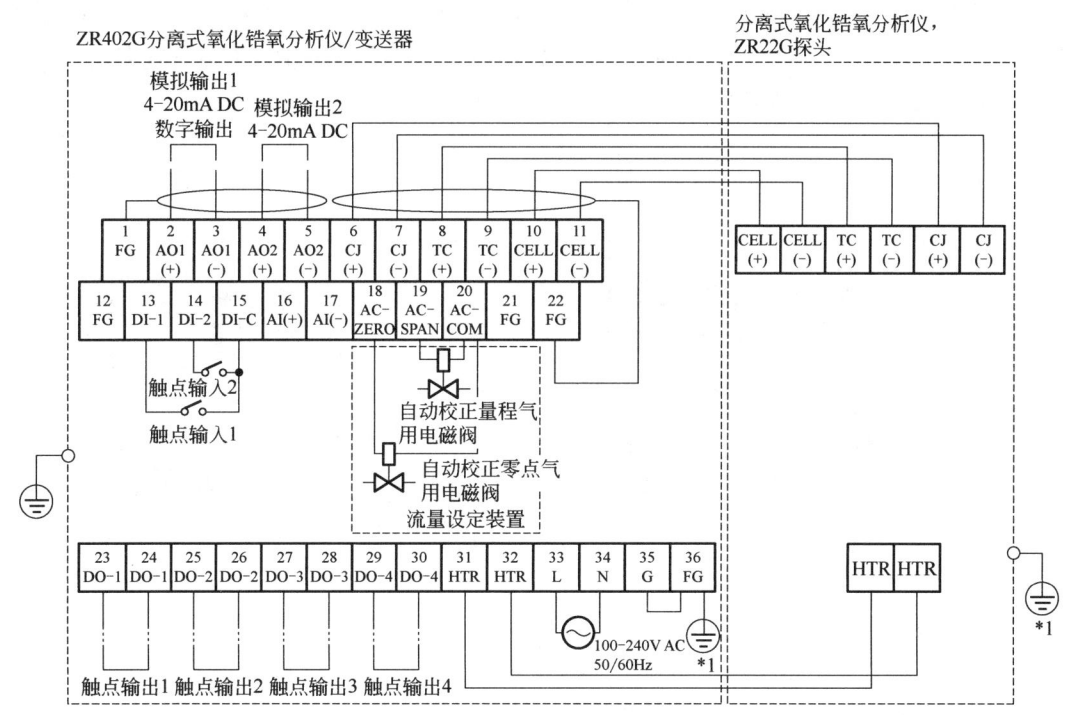

*1 变送器的接地保护应与设备中的接地保护端子或外壳的接地保护端子连接。
　　关于接地的标准：JIS D型(三级接地)，接地电阻：≤100Ω

图 3-4　氧化锆接线图

三、氧化锆的参数设置与校验

主要以横河氧化锆 ZR402G/ZR22S 为例，说明氧化锆分析仪在安装完成后进行调试组态的操作。

（一）投用准备

（1）检查配管和配线已经完全正确连接。

（2）确认标定零点气及用作标定的仪表风及用作参比气的仪表风正常供应，先关闭零点气阀门，打开标定仪表风向表内通入。

（3）参比气路在被测介质为常压或微负压的情况下，可以省略，将仪表参比气开口打开直接对大气即可，但在介质高温、有一定压力或环境大气中偶有可燃气体的情况下，必须设置参比气路。

（4）在仪表风用作参比气的情况下，调节气体设定器二级压力，使气体压力等于测量气体压力加上大约 50kPa。打开流量设定装置中的参比气流量设置阀，达到 800～1000mL/min 的流量。

（5）在炉膛负压的情况下，调整辅助排放器进口仪表风压力表，使排放器出口有明显温热气体喷出，但温度不至于引起烫伤即可，表明炉内样品已经抽出。

（二）上电升温

向变送器通电。随后出现如图 3-5 所示显示的探头传感器的温度。随着传感器的加热，温度逐渐升高到 750℃。这段时间从电源打开后，根据环境温度和测量气温度，大约需要 20min。在传感器温度稳定在 750℃ 时，变送器进入测量模式。然后显示面板显示如图 3-6 所示的氧气浓度，称为基本面板显示。因为开机前向表内通入了仪表风，所以显示实测的仪表风氧含量。

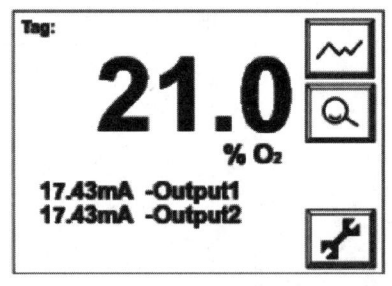

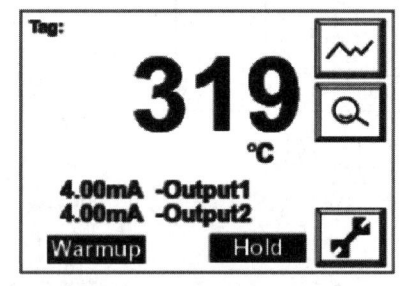

图 3-5　上电升温画面　　　　图 3-6　基本面板显示画面

（三）简要基本操作

上电稳定后，变送器显示画面如图 3-7 所示。

位号名显示区：显示设置的位号名称。

主/副及第三显示值内容：显示设置选择的项目。

开关显示区：根据面板显示，显示开关和功能选择图 3-8。

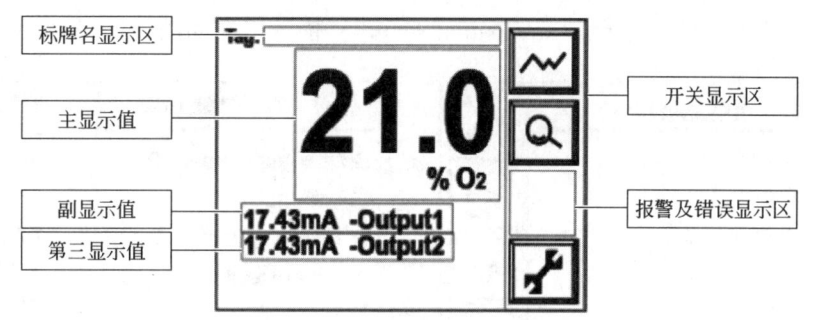

图 3-7 基本面板显示画面说明

报警和错误显示区：有报警或错误发生时显示，进入显示错误或报警资料信息。

图 3-8 开关的功能

在需要输入数字或者文本的时候，如图 3-9、图 3-10 所示操作。

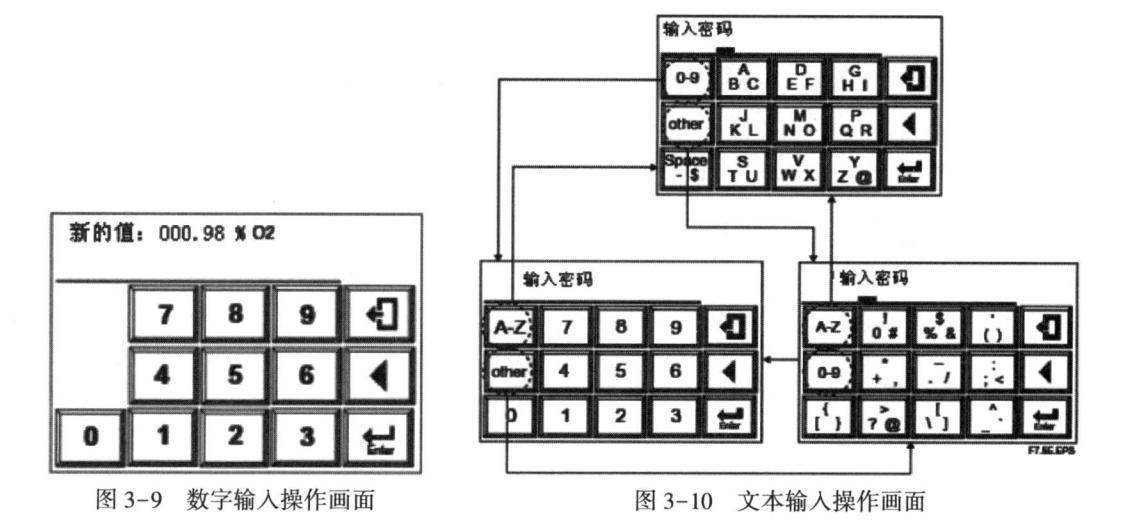

图 3-9 数字输入操作画面　　　　图 3-10 文本输入操作画面

（四）基本功能组态

1. 模拟输出范围设置

（1）在主画面按设置键，显示设置菜单，如图 3-11 所示。

（2）在设置显示中，选择"mA-output setup"，接着出现如图3-12所示显示。

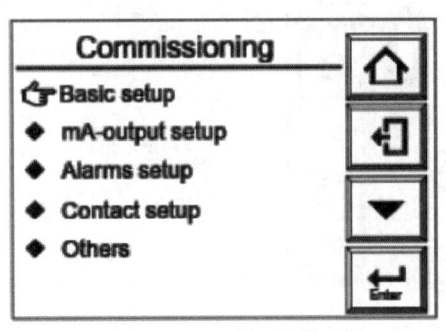

图3-11 设置菜单

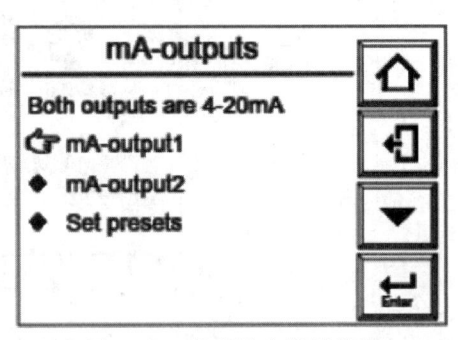

图3-12 毫安输出设置菜单

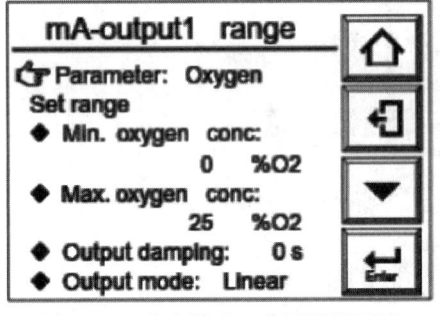

图3-13 毫安输出1范围设置画面

（3）从"mA-outputs"显示中选择"mA-output1"。接着出现如图3-13所示的"mA-output1 range"显示。

（4）选择"Min. oxygen con."并按［ENTER］键显示数字值输入显示，在4mA输出点输入氧浓度值；如：10%的浓度测量输入［010］。

（5）选择"Max. oxygen con."。用同样的方式输入20mA所对应的氧浓度值。

（6）采用上述适当步骤的同样方式设置mA-output2。

2. 设置显示项目

（1）按压基本面板显示中的设置键设置菜单，然后在设置菜单中选择维护。

（2）从维护面板显示选择显示设置（图3-14）。接着就出现显示设置显示（图3-15）。

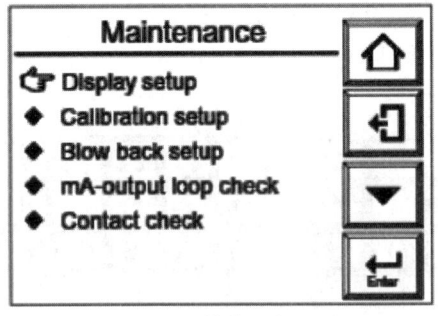

图3-14 维护面板显示

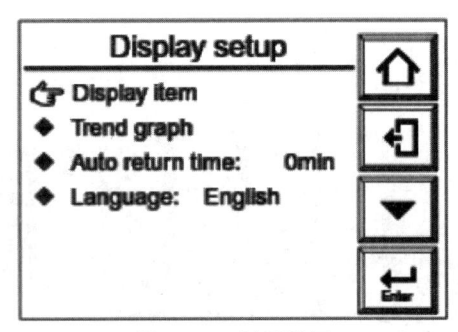

图3-15 显示设置

（3）在上述的显示设置显示中，选择显示内容。接着就出现显示内容显示（图3-16）。从该显示中，选择主显示值并按［ENTER］显示显示选择内容显示（图3-17）。

（4）用上述步骤同样的方法设置副显示和第三显示值；

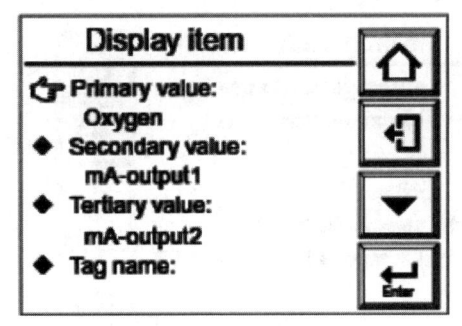

图 3-16　显示内容显示　　　　　　　图 3-17　显示内容选择

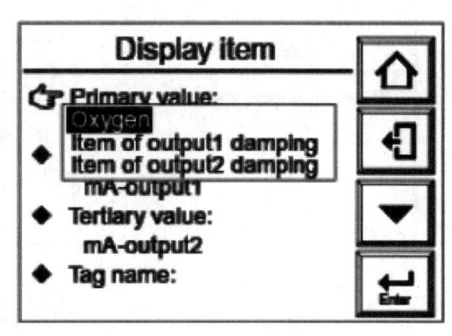

(五) 氧化锆分析仪的在线标定

主要以横河氧化锆 ZR402G/ZR22S 为例，说明氧化锆分析仪的标定操作步骤，以及在标定过程中的注意事项等。

横河氧化锆 ZR402G/ZR22S 变送器是通过测量实际的零点气和量程气氧含量并进行测量值的修正来进行校正。有三种有效的校正方式：

(1) 手动校正：手动进行零点和量程校正，或依次进行其中一种校正。

(2) 半自动校正：使用触摸面板或触点输入信号，根据预设的校正时间及稳定时间进行校正操作。

(3) 自动校正：在预设的周期内进行全自动的校正。

手动校正需要使用 ZA8F 流量设定装置手动提供校正气。半自动校正和自动校正需要 ZR40H 自动校正装置自动提供校正气。因为一般的装置现场大部分情况下都没有配置该自动校正装置，以下部分详细阐述手动校正的步骤。

1. 校验准备

(1) 确认标定零点气及用作标定的仪表风及用作参比气的仪表风正常供应。

(2) 在进行手动校正前，确保 ZA8F 流量设定装置零点气流通阀完全关闭。

(3) 打开零点气瓶压力调节器，使二级压力等于测量气压力加大约 50kPa。

2. 量程和零点校验

(1) 在基本面板显示中按设置键显示执行/设置显示。然后在执行/设置显示中选择校正。这样操作后，出现如图 3-18 所示的显示。

(2) 按 [ENTER] 键选择量程气校正。出现如图 3-19 所示手动校正显示。检查该显示中的校正气氧浓度与实际使用的校正气氧浓度一致，如不一致可以进入修改，之后在手动校正显示中选择下一步。

(3) 图 3-20 所示的显示信息是为了打开量程气流通阀。在这个画面下可以调节进气流量，缓慢调节量程气流量计的调节针阀，设置量程气流量为 600mL/min±60mL/min。

(4) 在图 3-20 所示中选择"Valve opened"，显示氧气的实时测量趋势曲线，如图 3-21 所示。在面板底部区域闪现"CAL. TIME"。观察趋势曲线并等到测量值稳定在曲线上接近 20.9%处。这时，量程气校正执行完毕，略有偏差也没问题。

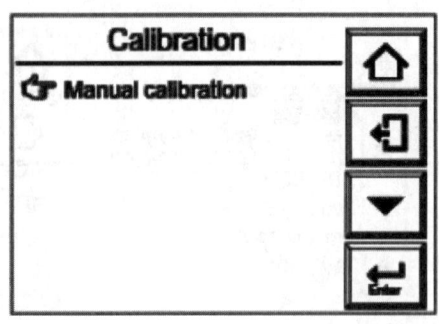

图 3-18　校正显示

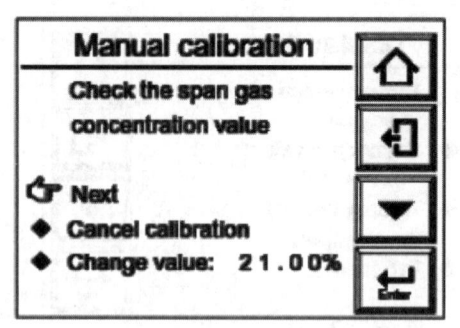

图 3-19　手动校正

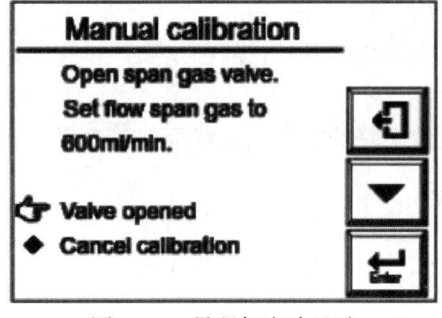

图 3-20　量程气流动显示

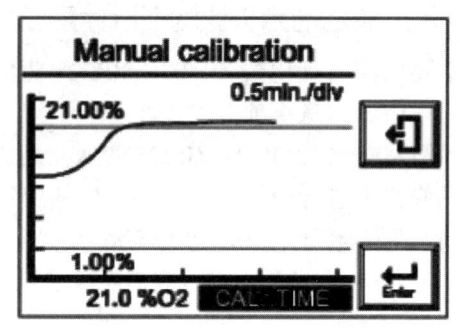

图 3-21　手动校正趋势曲线

（5）测量值稳定后，按［ENTER］键显示"span-calibration complete"如图 3-22 所示。这时，测量值正好等于量程气浓度设定值。关好量程气流通阀门以防量程气泄漏。

（6）如图 3-23 所示选择零点校正后，显示零点气浓度检查显示（手动）。检查确认零点气氧浓度值和校正气氧浓度值一致，如不一致可以进入修改，之后在画面显示中选择下一步。

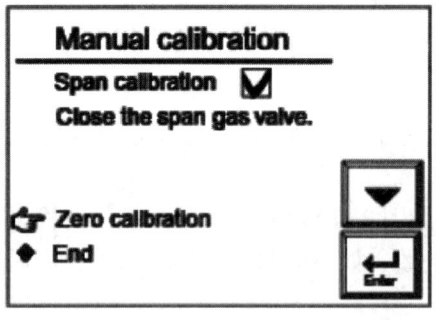

图 3-22　量程气校正完成

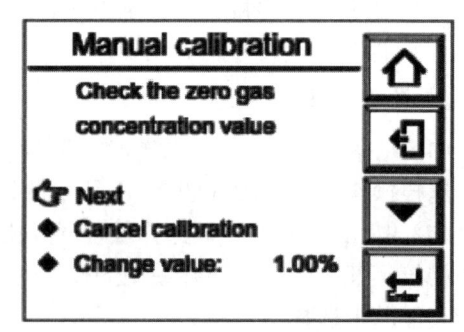

图 3-23　零点气浓度检查显示

（7）在图 3-24 所示的显示中按照说明打开零点气流通阀。在这个画面下可以调节进气流量，缓慢调节零点气流量计的调节针阀，设置气流量为 600mL/min±60mL/min。

（8）选择"Valve open"，出现氧浓度实时测量趋势曲线如图 3-25 所示。在面板底部区域闪现"CAL.TIME"。观察趋势曲线并等到测量值稳定在曲线上的零点气浓度值附近。

这时，气体校正已执行完毕，略有偏差也没问题。

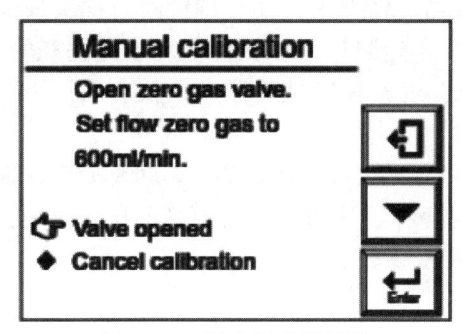

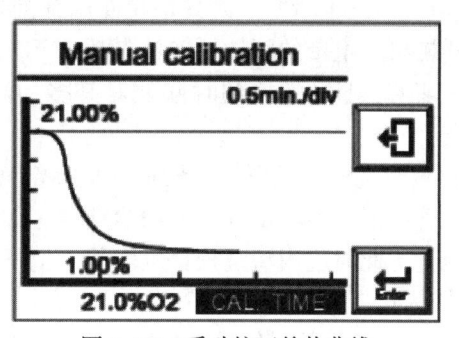

图 3-24　零点气流量显示　　　　图 3-25　手动校正趋势曲线

（9）测量值稳定后，按［ENTER］键显示"zero-calibration complete"如图 3-26 所示。这时，测量值正好等于零点气浓度值，与设定值相符。关好零点气流通阀以防气体泄漏。

（10）如图 3-26 在显示中选择"END"。实时氧气趋势曲线出现，底部有"HOLD TIME"闪烁。此时为输出稳定时间。当预设的输出稳定时间过后，手动校正就完成了。如果在输出稳定时间内按［ENTER］或［Return］键，也可以结束手动校正。

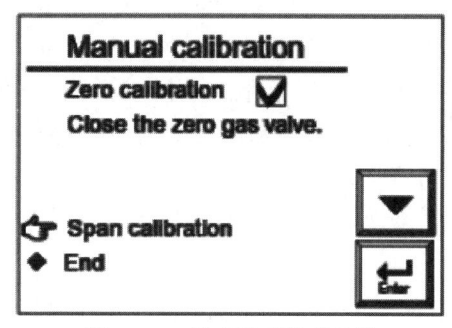

图 3-26　零点校正完成显示

3. 注意事项

（1）标定前注意零点气是否在有效期内，否则有气体变质的可能，造成标定不准确。

（2）标定时，在通入量程和零点气期间，注意等待测量值完全稳定，再执行下面的步骤，否则可能造成标定不准确。

（3）标定期间参比气流量始终保持，不能中断。

四、氧化锆分析仪日常维护及故障处理

主要以横河氧化锆 ZR402G/ZR22S 为例，说明氧化锆分析仪的日常维护项目及易发故障处理，同时对其他厂家及形式的氧化锆分析仪维护及故障处理进行简要介绍。

（一）日常维护

氧化锆是一类比较耐用的分析仪表，因其原理结构简单，经常能够应用在非常恶劣的工况条件下，也因为此，氧化锆从设计到日常维护，主要集中在对于恶劣工况的克服上。

对氧化锆的日常维护，主要体现在以下几个方面：

（1）检查各路气体的存量及流量，在实际标定中，使用装置仪表风作为量程气以及参比气，零点气则需要钢瓶供应，这些气体需要日常检查，保证其流量及存量符合使用要求。

(2) 应用在测量炉膛内氧含量的氧化锆,其测量工艺介质温度高,经常还伴有燃料油/气渣,易发生堵塞。尤其是在使用辅助排放器的情况下,样气持续经过探头适配器从排放器排出,携带的固体、液体杂质,不定期、不定量地沉积在探头和上述路径管壁上,易造成堵塞,日常巡检的时候要对其多加注意,观察辅助排放器进口仪表风压力,适当调节。

(3) 清洗校正气配管。校正气从标定盘的校正气入口进入探头,流过配管到达探头顶端。配管可能会被测量气中的粉尘堵塞。如果堵塞了,则可能需要更高的压力才能达到指定的流量,此时应当清洗校正气配管。清洗配管步骤如下:

① 从安装装置拆下探头。
② 取下四颗紧固传感器的螺钉和相关垫圈,配管支撑件以及 U 形管。
③ 使用直径为 2~2.5mm 的棒清洗通透探头内部的校正气管。这个过程中,保持仪表风以大约 600mL/min 的流量流入校正气管内部。注意,对普通型探头不要将棒插入深度超过 40cm,对高温探头不要超过 15cm。
④ 清洗 U 形管。可用水冲洗,但在安装前必须晾干。
⑤ 重新安装清洗拆下的所有部件。将所有部件重新安装在原来位置。但一定要更换新的 O 形圈。

部件分解如图 3-27 所示。

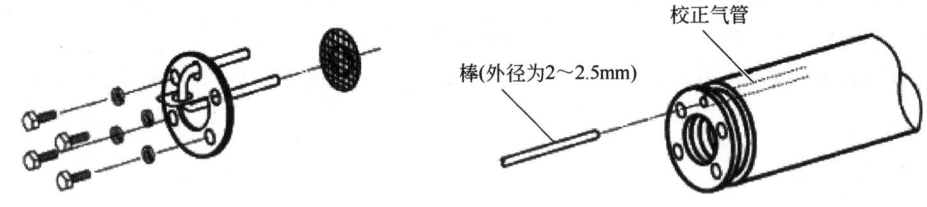

图 3-27 部件分解图及清洗示意

(二) 传感器装置的更换

在实际使用过程中,传感器(氧化锆池)的表面会被污染,使得其性能降低。当传感器老化到无法正常检测时,例如,当标定不能将测量值迁移至零点气浓度 100±30% 或量程气 0±18% 以内时。另外,如果传感器损坏,不能再进行测量时,需更换传感器装置。传感器分解如图 3-28 所示。

1. 探头的拆卸步骤

(1) 更换传感器装置前,应断电等待足够的时间让探头从高温冷却下来。否则容易引起烫伤。
(2) 从探头上取下四颗螺钉和相关的弹簧垫圈。
(3) 取下与 U 形管连在一起的 U 形管支撑件,取下过滤器。
(4) 顺时针旋转,拔出传感器单元。同时取下在装置和传感器间的金属 O 形圈。拆卸过滤器。小心传感器不要擦伤或让与金属 O 形圈接触的端面出现凹痕,以免影响密封性。
(5) 使用钳子拔出在传感器顶端凹槽里的接点。

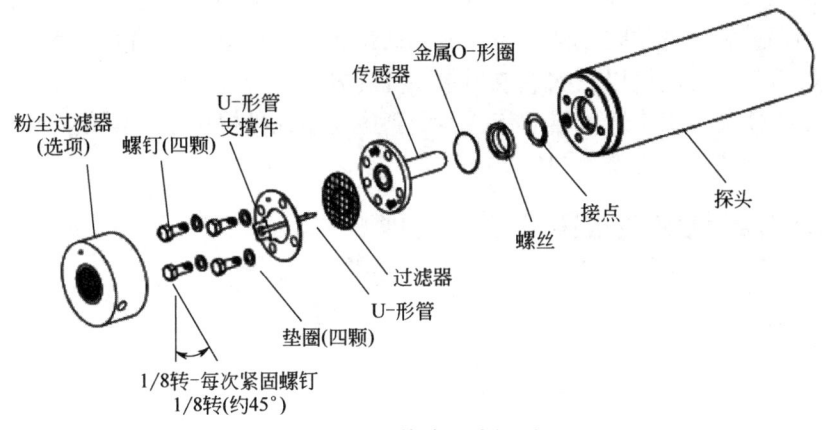

图 3-28 传感器分解图

(6) 清洗传感器装置,尤其是金属 O 形圈接触表面,除去污染物。

2. 探头部件装配步骤

(1) 首先,安装接点。轻拿轻放,不要弯曲线圈使之变形,将其端正地放在环形凹槽内,以保证接触回路的可靠性,如图 3-29 所示。

(2) 在 O 形槽上安装金属 O 形圈,然后顺时针旋转将传感器插入到探头上。确保金属 O 形圈与探头 O 形圈接触表面接触,用螺钉开孔校直 U 形管插入孔。

(3) 将 U 形管与过滤器一起连接到支撑上,然后将 U 形配管和支撑件完全插入到探头中。

(4) 在四颗螺钉上均匀涂抹防粘油脂,然后与垫圈一起旋紧。按照对角紧固顺序保持适当的力矩逐个紧固,如果他们上得不规则,传感器或加热器可能损坏。

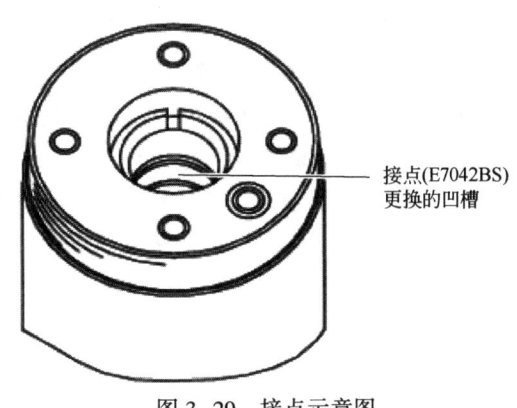

图 3-29 接点示意图

(5) 紧固后,传感器装置的更换完成。即可安装探头并启动操作。注意在投用前需进行校验。

（三）加热器装置的更换

氧化锆的传感器或陶瓷加热炉核心内部结构不能受到强烈的振动和冲击,有可能损坏,此时需要更换。因为加热器工作时高温并有高压。因此,维护应该在关闭电源、加热器装置降到常温时进行。

（四）高温探头适配器的清洗

高温探头的结构设计适合于被测气体直接进入带高温探头适配器的探头中。因此,如果适配器内部气路和样气出口堵塞,由于无气体流动,将出现测量无响应或不准确等故障。所以高温型探头一定要定期检查,如果有任何部分明显被粉尘堵塞,则需要清洗。如发现粉尘黏在探头上，应吹掉。如果吹后粉尘仍然黏附在上面，可以使用用金属棒等去除掉。另外，如果粉尘发现黏附在样气出口的辅助排放器或针形阀（堵塞）上，也需要拆下这些部件进行清洗。清洗可以用吹气或用水冲洗的方式。

注意，不要使高温探头适配器的传感器受到震动。这种探头是由碳化硅（SiC）制成，如果受到强烈震动或热冲击就会损坏。

五、氧化锆分析仪典型故障分析与处理

（一）故障处理

1. 测量值持续高于真实值的原因

（1）测量气体压力变大，需联系工艺确认。

（2）参比气（仪表风）的湿度变化了，需从空分系统溯源。

（3）因为泄漏，校正气（量程气）或环境空气混入探头内，需要检查内部管线以及外壳等位置，适配器有可能因为安装位置附近小幅长期存在的设备振动而产生裂缝。

（4）参比气混入测量气和测量气混入参比气，因为传感器正极和负极的氧分压差别变得很小，测量值也会很高。

（5）检测器损坏。

2. 测量值持续低于真实值的原因

（1）测量气体压力变小，需联系工艺确认。

（2）参比气中湿度变化大。

（3）因为泄漏，校正气（零点气）混入探头内。

（4）在测量气中存在易燃成分。如果易燃成分存在于测量气中，会在传感器中燃烧造成氧浓度降低。检查有没有可燃烧成分。

（5）探头锆池温度达到750℃或更高。

（6）检测器损坏。

3. 有时显示不正常值的测量

（1）线路干扰或接触不良，需要检查变送器和探头是否可靠接地，检查信号线是否与其他电源线混在一起，并紧固接线。

（2）在测量气中含有易燃物可能进入传感器。

（3）传感器有裂纹或在传感器安装部分泄漏。如果浓度变化趋势与炉内的压力变化趋势同步，需要检查是否传感器有裂纹或传感器安装问题。

（4）校正气配管泄漏。炉内部压力是负压时，如果指示浓度随炉内压力的变化而变化，检查是否校正气配管有泄漏。

（5）排放辅助器堵塞不畅通，造成检测气体置换慢，甚至无置换，可能导致仪表长时间检测异常。需要疏通排放辅助器到探头适配器再到探头的气路。

（6）作为辅助检测手段，可以通过锆池毫伏值来判断锆池状态，在检测状态下，进入详细数据显示画面，可以读取当前锆池毫伏值，一般的情况下，1%氧值对应毫伏值为67.1±10mV，21%氧值对应毫伏值为0±10mV，信号的偏离程度也显示出锆池寿命的损耗。

另外，仪表本身也有报警或错误信息显示，其信息详情见表3-3、表3-4。

表3-3　仪表报警信息

报警	报警类型	发生原因
报警1	氧气浓度报警	当测量的氧气浓度超出或低于设置的报警值时发生
报警6	零点校正系数报警	当零点修正因子在自动和半自动校正中超出 100±30% 范围时发生
报警7	量程校正系数报警	当量程修正因子在自动和半自动校正中超出 0±18% 范围时发生
报警8	电动势稳定时间超出	当锆池（传感器）电压在自动和半自动校正中校正时间完成后仍没有稳定时发生
报警10	冷端温度报警	当安装在探头接线盒的冷端温度超过 155℃ 或低于 -25℃ 时发生
报警11	热电偶电压报警	当热电偶的电压超过 42.1mV（大约 1020℃）或低于 -5mV（大约 -170℃）时发生

表3-4　仪表错误信息

错误	错误类型	发生原因
错误-1	锆池电压故障	输入给变送器的锆池（传感器）电压信号低于 -50mV
错误-2	加热器温度故障	在加热过程中加热器温度没有上升，或降到 730℃ 或在加热完成后不超过 780℃
错误-3	A/D 转换器故障	变送器内部电路中 A/D 转换器故障
错误-4	存储器故障	在变送器内部电路中数据不能写入存储器

（二）仪表停用

一般来讲，氧化锆不需要经常停用，正常的短期窗口检修期间，如不涉及氧化锆的维护检修，则不需要停电，这是因为氧化锆的工作温度较高，而送电停电过程中温度的急剧变化，容易造成检测器的催化剂涂层或锆池本体因热胀冷缩效应产生裂痕。

在需要长期停用，或仪表本身需要维修，确实需要停电的情况下，应首先停止所有气体介质流动，使整个仪表系统处于静态稳定的状态，再将电源关闭。使探头经自然缓慢降温至常温，以避免温度急剧变化造成损坏。在进行任何操作前，也需要等待仪表自然冷却至常温，以防止烫伤。

第二节　COD 分析仪

一、COD 概念及测量原理

化学需氧量 COD（Chemical Oxygen Demand）是以化学方法测量水样中需要被氧化的还原性物质的量，也指污水中能被强氧化剂氧化的物质（一般为有机物）的氧当量。在工业废水的运行管理中，是重要的有机物污染指标。目前 COD 的测量主要应用 E+H、哈希等公司的国标重铬酸钾法测量的 COD 分析仪，优点在于测量准确，符合国标要求，但测量过程中会产生重金属化合物及强酸污染，对于不上传环保平台的测点，如污水处理中间环节的测量点来说，也采用电化学法 COD 分析仪，非国标认可，但测量方便快捷，且无有害污染物残余。

国标法的 COD 测量应用 Lambert-Beer 定律来实现。

Lambert 定律阐述为：光被透明介质吸收的比例与入射光的强度无关；在光程上每等厚层介质吸收相同比例值的光。

Beer 定律阐述为：光被吸收的量正比于光程中产生光吸收的分子数目。

水样的 COD 浓度可通过计算光在透过水样前和透过水样后的强度变化而得出。光透过吸收性介质后，其强度会衰减，吸光度取决于水样浓度（色度）。

在水样中加入已知量的重铬酸钾溶液，并在强酸介质下以银盐作催化剂，经沸腾回流后，以试亚铁灵为指示剂，用硫酸亚铁铵滴定水样中未被还原的重铬酸钾，由消耗的重铬酸钾的量可以计算出消耗氧的质量浓度。试样中加入已知量的重铬酸钾溶液，在强酸介质中，以硫酸银为催化剂，经高温消解后，用分光光度法测定剩余的重铬酸钾浓度，进而计算出 COD 值。

二、COD 分析仪的安装

以 E+H 的 CA80COD 分析仪来对 COD 分析仪的现场安装进行说明。

一套完整的 COD 测量系统应至少由二个部分组成，如图 3-30 所示。

（1）基于分光光度法测量的主机 CA80COD。

（2）给 CA80COD 主机提供水样的 Y 型预处理。

图 3-30　COD 基本构成示意图

这是最简单的 COD 分析仪配置，采用进样处理+分析仪的配置，在样水状态良好，无太多污染物的情况下，即可稳定持续测量。

CA80COD 分析仪支持两种安装方式：墙体安装及基座安装。

（一）CA80COD 墙体安装

（1）将支架固定在仪表背面，螺栓固定好（图 3-31）。

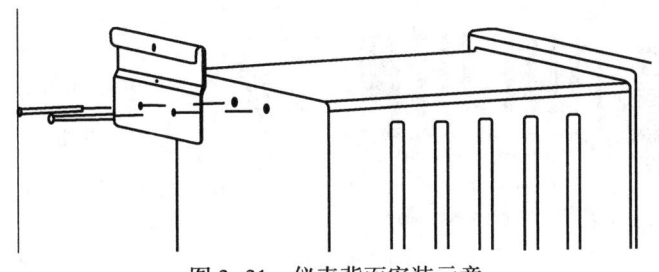

图 3-31 仪表背面安装示意

（2）将另外一块支架固定在墙上。如果多台仪表仪器固定，最小间距为 33cm（图 3-32）。

图 3-32 背板支架安装最小间距

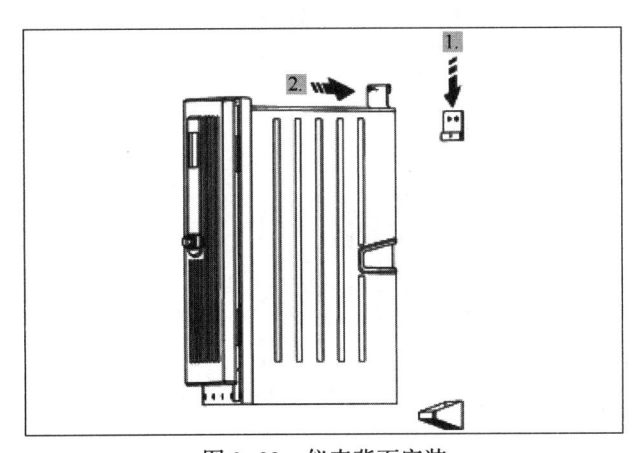

图 3-33 仪表背面安装

（3）将分析仪固定在墙上，同时将包装中的螺栓固定。同时将支撑架安装在 CA80COD 下方（图 3-33）。

（4）CA80COD 分析仪底部距离地面建议 90cm（基座高度），方便操作仪表和地面放置废液桶。

（二）CA80COD 基座安装

将分析仪放置在基座上面，使用 6 个螺栓将基座固定在分析仪上面（图 3-34）。

CA80COD 分析仪下方有废液管路和进水管路以及相关线缆，原厂基座中间镂空，如果使用非原厂基座时，一定要预留空间，使废液和进水通畅，线缆无挤压。

（三）Y 型预处理安装

Y 型预处理安装方向及注意事项如图 3-35 所示，采样管顺向水流方向，且采样管不可接触到管壁。

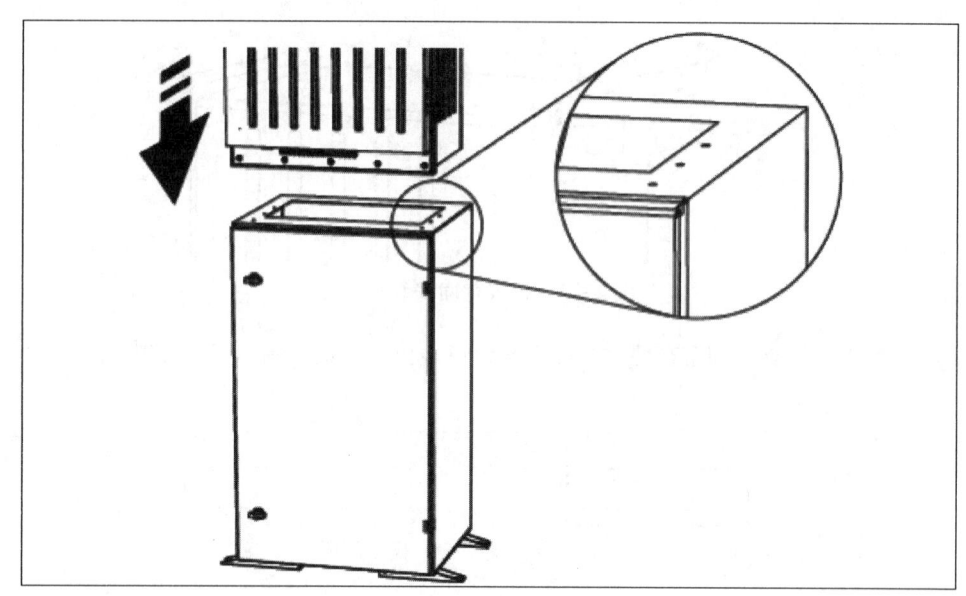

图 3-34 仪表基座安装示意

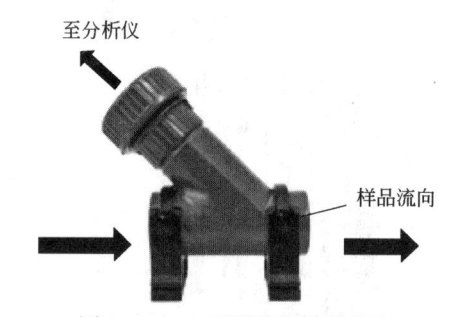

图 3-35 Y 型预处理样品流向

（四）CA80COD 接线

（1）电源线，CA80COD 出厂电源线为三孔插头，可以直接使用，当然也可以将电源线接入 PLC 或 DCS 系统内。一定要有接地线。

（2）输入输出线，CA80COD 提供多种输入输出，接线如图 3-36 所示。

现场接线示意如图 3-37 所示。

（五）CA80COD 管路连接

将随仪表带的黑色细管（3m）一端接到水样泵，另外一端使用白色接头（下图红色处）连接到 Y 型过滤器即可。采样管（黑色细管）可以截取 50cm，留作今后标液的测量用（防止采样管因污染导致测量标液出现误差），但需要设置采样管的长度。如果仪表是带稀释装置的话，随机会有两根黑色细管，其中一根用来接测量水样，一根用来接稀释用水（图 3-38）。

将废液管一端接到废液阀下方的连接处，另外一端插入废液桶内，废液桶盖需有呼吸孔，避免憋压。

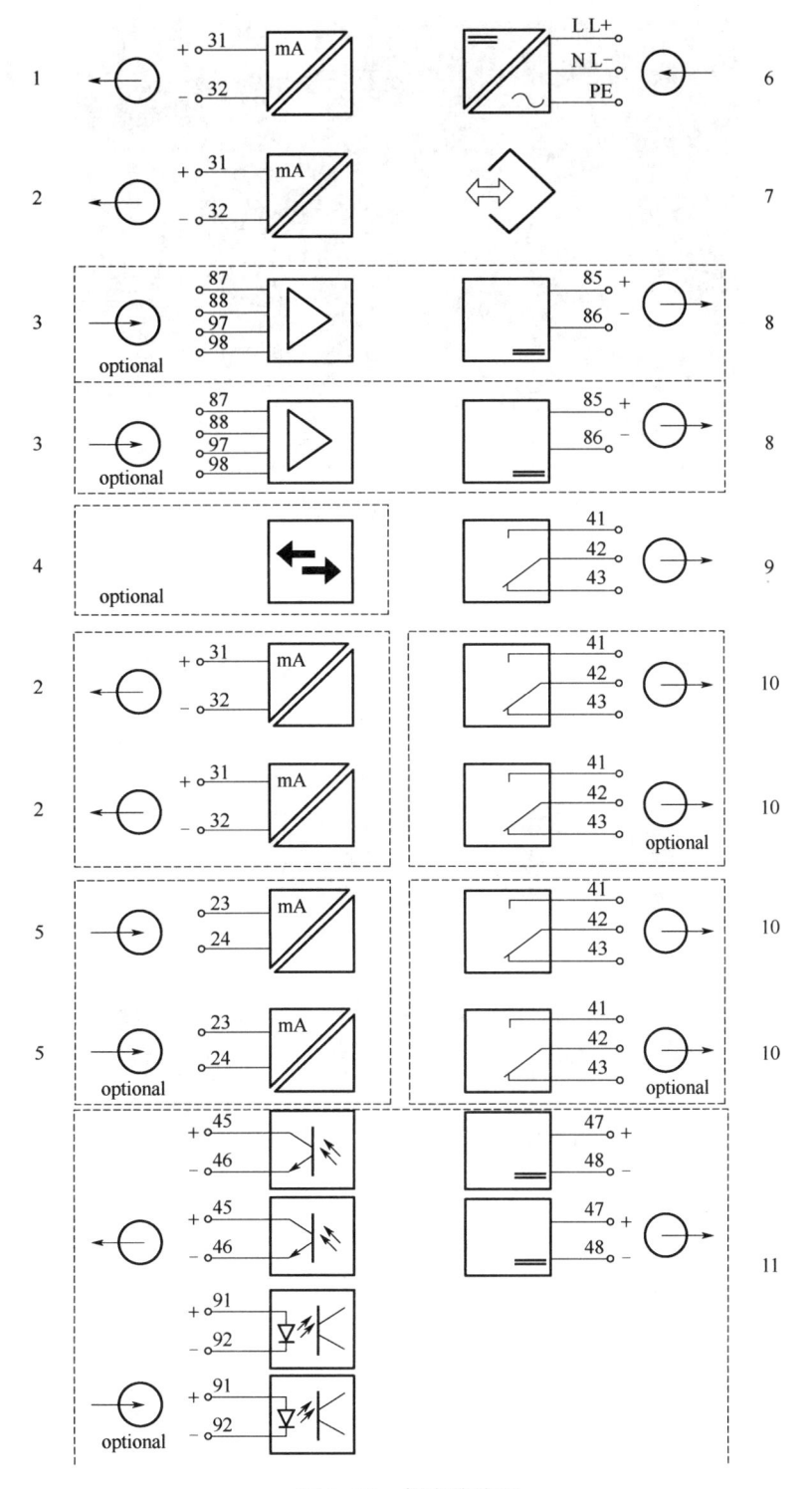

图 3-36 仪表接线图

1—电流输出 1∶1；2—电流输出；3—2 路 Memosens 输入（1 路可选）；4—Modbus/以太网（可选）；
5—2 路电流输出（可选）；6—电源；7—服务接口；8—电源、传感器带整体电缆；
9—报警继电器；10—2 路或 4 路继电器（可选）；11—2 路数字式输入和输出（可选）

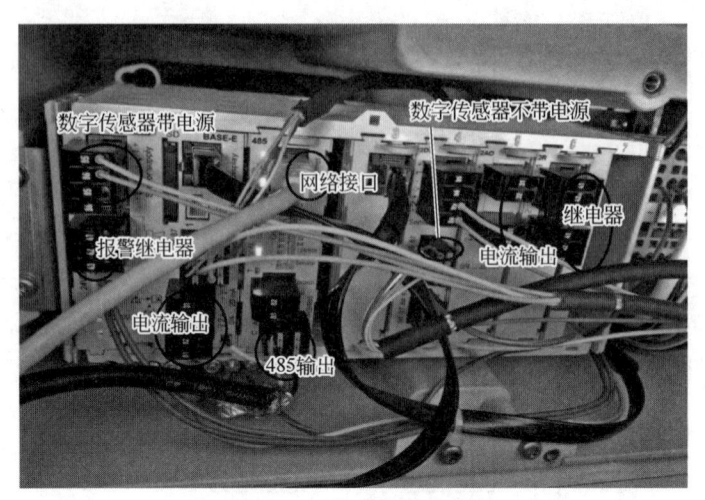

图 3-37 仪表接线实景

(六) 试剂准备

CA80COD 分析仪需用的 COD 试剂包括试剂 RB、RK、RN 及 RX，其中 RB、RK、RN 都不需配置，为液态瓶装，可马上使用，RX 需要倒入废液桶，用来将废液中未反应的六价铬转化为三价铬，降低废液毒性。200gRX 试剂可以处理 15L 废液。

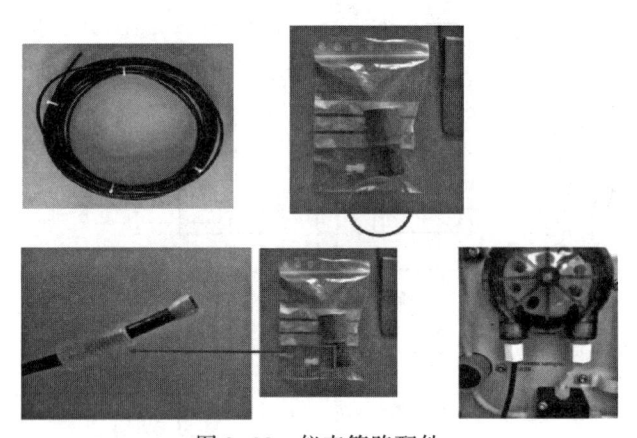

图 3-38 仪表管路配件

试剂主要成分：RN 为浓硫酸；RB 为重铬酸钾；RK 为硫酸汞。
标液包括零点标液以及 1500mg/L 标液，不需额外的清洗剂。
试剂及标液需要与仪表相连，管路如图 3-39 所示。

三、COD 分析仪的调试步骤

(一) 仪表开机

仪表正常安装完成后，可以接通电源，在仪表上电后，CA80COD 会出现 F377 废液桶报警，需要进入"菜单/操作/维护/废液桶"，重置填充液位，报警即可消除。在"菜单/

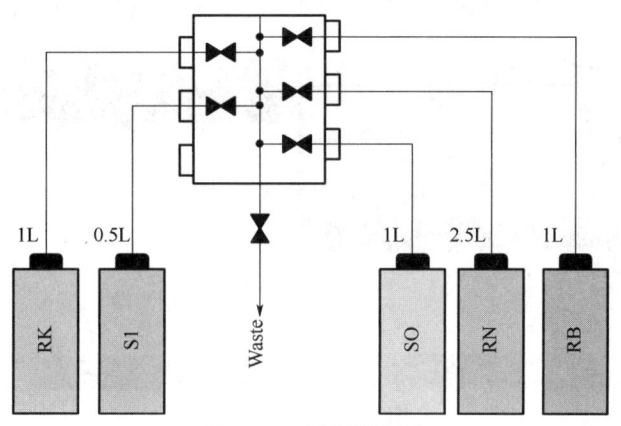

图 3-39 试剂管路图

设置/分析仪/扩展设置/诊断设定"中可以选择是否开启废液桶的液位监测，或设置废液桶体积。在这个菜单中，还可以设置其他的监测项是否打开，或设置相应的检测限，如在采样瓶菜单中可以设置试剂液位监测等（图 3-40）。

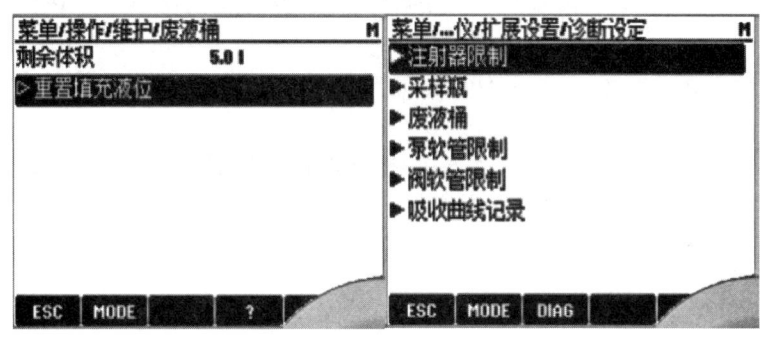

图 3-40 废液桶重置填充液位及试剂配件检测限

（二）设置采样管长度

根据采样管的实际长度在仪表中进行设置，进入"菜单/设置/分析仪/扩展设置"，设置采样管长度。该操作会影响仪表对采样管的清洗，因此很有必要。仪表自带黑色采样管为 3m，如自行剪短，则软管长度需要设置成剪短后的长度（图 3-41）。

（三）COD 确定量程

在"菜单/设置/分析仪"中确认测量范围，需现场人工分析来确认水样实际 COD 值是否在该测量范围中，如果不是，在"专家/设置/分析仪/扩展设置"中将量程切换改为手动，然后手动修改测量范围。修改后将量程切换再次切换到自动。在仪表内部量程分为 10~500mg/L、10~3000mg/L 和 2500~5000mg/L，高低量程 COD 值算法不同，每个量程需要单独标定，因此如现

图 3-41 设置采样管长度

场初始量程设置不正确，则会在测量一次后再次标定，浪费现场工作时间（图 3-42）。

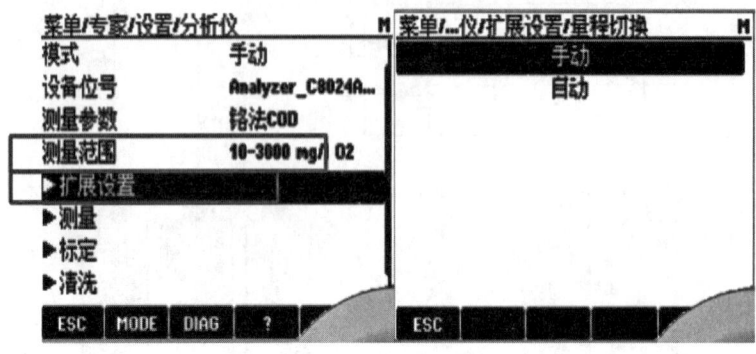

图 3-42　量程设置

（四）基本设置及试运行

（1）确认试剂瓶装入：在"菜单/设置/分析仪基本设置/试剂瓶"插入中选择所有试剂，并确认试剂瓶装入。一定要把所有试剂都选上。

（2）清洗试剂：在"菜单/操作/手动操作"，选择开始清洗试剂，该步骤可以将试剂充满管路。

（3）设置标液浓度：在"菜单/设置/分析仪/标定/设置"设置标定液浓度，这个浓度与现场所使用的标定液浓度一样。

（4）试运行：COD 调试时要在"菜单/操作/维护/调试"，执行开始试运行。这个操作会进行两次零点标定，保证仪表状态稳定。

（五）标定

CA80COD 在"菜单/操作/手动操作"点击确定零点和标定系数，仪表进行标定零点液和标准液的标定。一般该操作时间较长，通常使用确定标定因子这一项进行标定（图 3-43）。

（六）开始测量

在"菜单/操作/手动操作"点击开始测量，仪表进行手动测量一次现场水样。如果测量瓶内水样，则将采样管连接 Y 型过滤器一端放入相应的瓶内（图 3-44）。

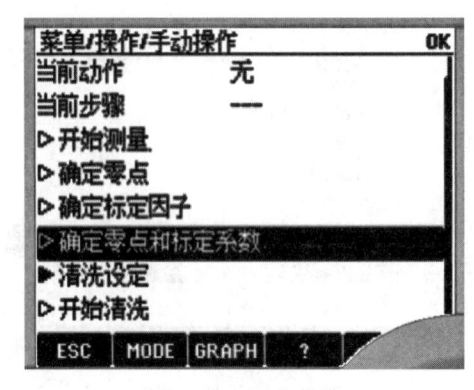

图 3-43　标定菜单　　　　　　　　图 3-44　开始测量

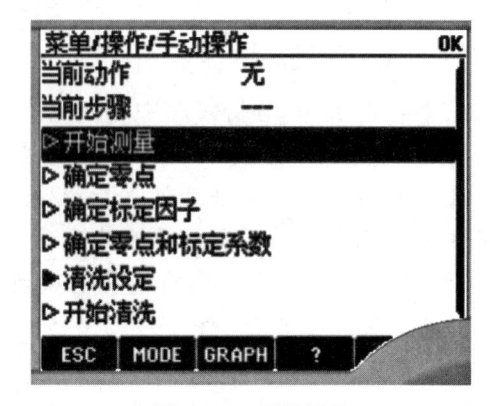

考虑到 COD 标定和测量时间比较长，可以在开始试运行后，设置自动标定和自动测量（启动模式为立即），将仪表设置成自动模式。这样仪表在试运行后会自动进行零点和标定因子标定，并开始水样自动测量。上述试运行步骤完成后，才可以执行标定测量等操作。

可以在"菜单/设置/分析仪/标定"中查看标定结果，或者在"菜单/诊断/日志/分析仪标定事件"查看过去的标定结果。

（七）模拟输出设置

在菜单-设置-输出设置中，选择相应的电流输出，设置数据源以及对应的电流输出范围（图3-45）。

（八）自动模式设定

在"菜单/设置/分析仪基本设置"中设置自动模式下测量、标定、清洗的程序（起始时间和间隔等）。常用的启动条件是"日期/时间"，清洗功能请一定要打开（清洗间隔建议是一周一次）。注意测量标定和清洗的启动时间错开，以避免时间冲突导致某次测量未进行（图3-46）。

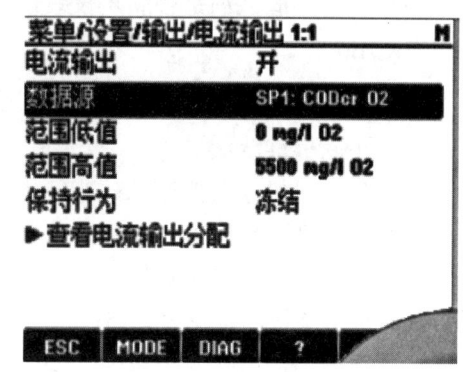

图 3-45　设置电流输出

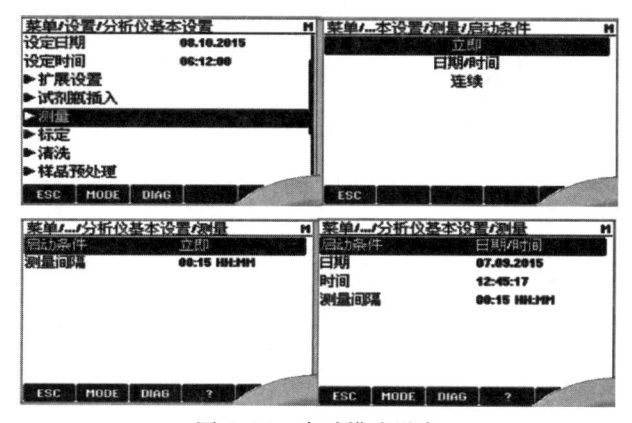

图 3-46　自动模式设定

点击操作界面下面的"MODE"按钮。选择仪表是自动模式、还是手动模式、现场总线。在信息菜单可以看到仪表当前状态及测量过程中进行到哪一步骤。

四、CA80COD 分析仪日常检查与维护

（一）日常维护

1. 每日维护部分

远程（上位机）检查仪表历史数据，查看有无死数或零值或不合理数据，如有则到现场检查仪表运转情况。

2. 每周维护部分

（1）检查 Y 型过滤器是否有堵塞情况，必要时进行清洗。

（2）检查所有管路是否堵塞或者污染，必要时进行各个清洗。

（3）检查反应试剂是否满足仪表使用要求。如不能则及时添加。并保证反应试剂在有效期内使用。

3. 每月维护部分

（1）更新标准溶液。

（2）每个月给注射器涂抹硅脂，提高注射器使用寿命，条件允许每三个月或者六个月更换注射头。仪表默认使用时间为六个月。现场可以根据使用情况酌情增加使用时间。

（3）每三个月更换废液管。

其他日常维护内容见表3-5。

表 3-5 日常维护内容

间隔	CA80COD 维护
每周	检查反应试剂是否满足需要和是否在质保期内，及时添加或更换； 检查零点标液 S0 和标液 S1 是否满足需要和是否在质保期内，及时添加或更换； 对 Y 型预处理进行清洗； 废液阀软管需每周移动一次，并使用硅油润滑，以延长使用寿命。 清理废液桶
每 1 个月	使用氢氧化钠溶液清洗计量管； 对注射器涂抹硅脂，保证其润滑性； 对各个接头（试剂接头，高压阀接头等）进行拧紧
每 3 个月	更换废液管
每 6 个月	清洗过滤网 更换注射器 更换蠕动泵管
每 12 个月	更换反应器 O 形圈
每 24 个月	更换反应器（包含加热丝和 PT1000）

（二）高级维护

1. 系统清洗-停止调试

在进行任何部件的更换和维护时，都需要先进行系统清洗，即停止调试步骤。进入"菜单/维护/停止调试"，完整的清洗过程需要三步：

（1）将所有试剂管从试剂瓶中取出（包括样品管从管道中取出），试剂中含有硫酸，注意防护安全。点击排空软管，等待动作完成。该步骤将管路中残留的试剂和样品排空。

（2）将所有试剂管（包括样品管）放入装有去离子水的烧杯中，点击水清洗，等待动作完成。该步骤使用去离子水对系统进行清洗。

（3）重新将所有试剂管（包括样品管）放到空气中，点击排空软管，等待动作完成。该步骤将管路中残留的去离子水排空。完成停止调试后，管道中不会有试剂或水残留，可进行下一步的更换和维护操作（图3-47）。

2. 计量管清洗

观察计量单元是否被污染，如计量管上端污染严重或有液体意外进入计量单元的安全光栅，会导致 F366 计量单元污染，清洗方法如下：需要客户配置 3mol/L NaOH 溶液，将样品管插入 NaOH 溶液中，进入菜单-专家-操作-维护-Service function，运行 Start Service Function 1，仪表会使用 NaOH 溶液和硫酸自动清洗计量单元，该清洗过程大约需要 40min（图 3-48）。

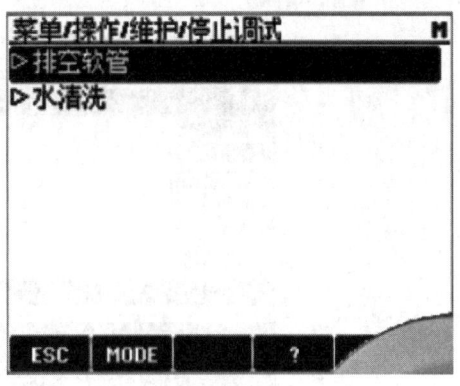

图 3-47 仪表停止调试画面

3. 更换注射器

在日常使用中可以使用硅油润滑注射器活塞。在常规维护中，需每六个月更换注射器。更换步骤如下：

（1）一年维护包中的注射器附带底座，可松开与注射器连接的管路，按下注射器固定器两边的卡扣，将注射器与底座一起更换即可，重新连接注射器与管路，注意只可用手进行紧固。更换后在"菜单/操作/维护/注射器更换"中，选择重置运行时间计数器，注射器的使用时间将被重置。

计量单元污染　　安全遮光板受污染导致F366报警

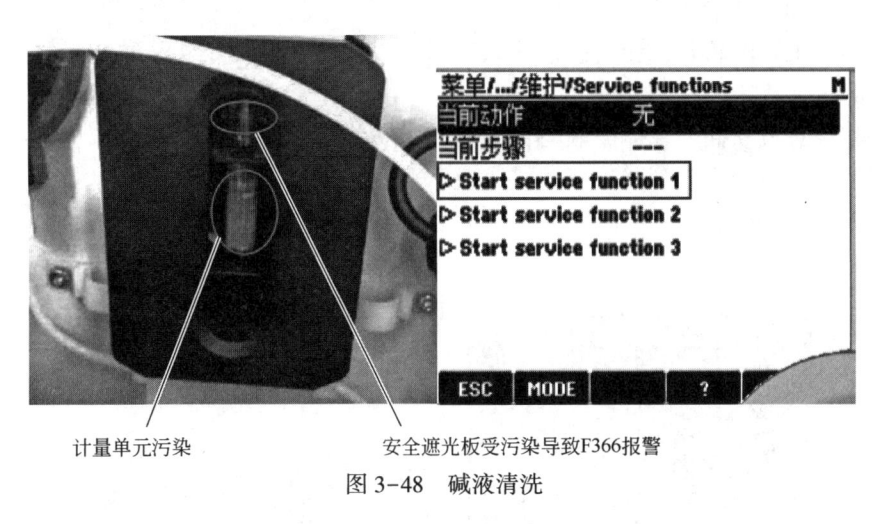

图 3-48 碱液清洗

（2）若只更换注射器，则需要在该菜单中选择停注注射器，待注射器活塞被拉开后，打开注射器的固定器和底座，将注射器取下。

（3）更换新的注射器，重新使用底座与固定器将注射器固定。选择排空注射器，注射器将被复原。重新连接注射器与管路，注意只可用手进行紧固。选择重置运行时间计数器，注射器的使用时间将被重置（图 3-49）。

4. 更换蠕动泵软管

在常规维护中，蠕动泵软管需每六个月进行更换。如使用一年维护包，内含蠕动泵头附带泵软管，如单独订购蠕动泵软管，则不含泵头。具体步骤如下：

（1）拧开蠕动泵的进出口螺纹，脱开进出口管路。

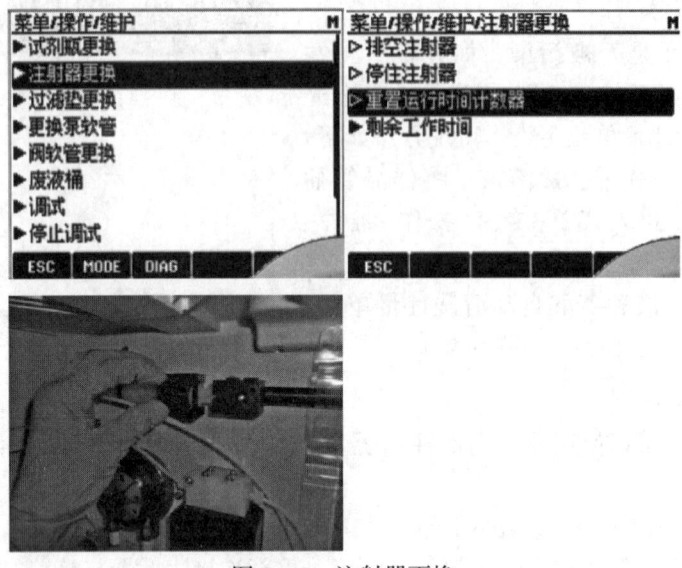

图 3-49　注射器更换

（2）握住泵头，稍作逆时针旋转，即可将泵头从泵体上取下。
（3）将蠕动泵软管从泵头上取下。
（4）取一根新的软管，使用硅油将软管润滑。并重新将软管装入泵头。注意软管在泵头中有一定的松紧度。
（5）将泵头重新插入泵体，顺时针旋转完成安装。
（6）将蠕动泵进出口管路重新连接完成。

在菜单-操作-维护-更换泵软管中，重置运行时间计数器，软管的使用时间将被重置（图 3-50）。

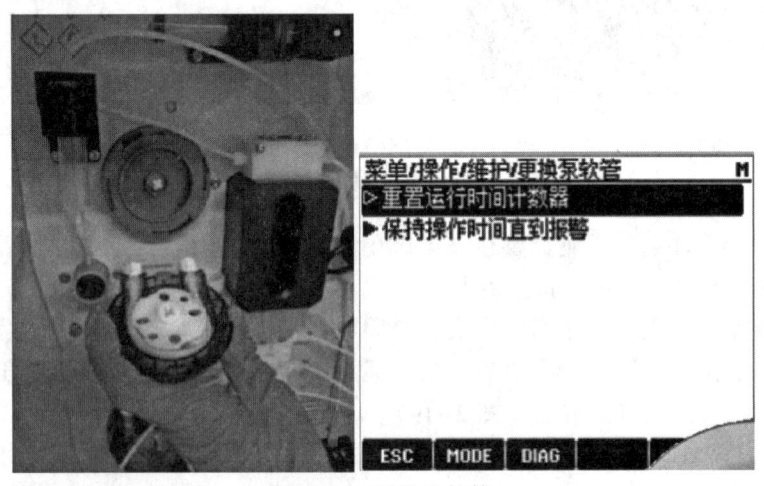

图 3-50　更换泵软管

5. 更换废液阀软管

废液阀软管需每周移动一次，并使用硅油润滑，以延长使用寿命。每三个月需更换废液阀软管，方法如下：

(1) 从废液阀中取下软管，断开软管两端的连接。

(2) 使用硅油润滑新的软管。

(3) 将润滑后的软管重新装入废液阀中，并连接软管两端。为防止软管在运行中从阀体滑出，可在"菜单/诊断/系统测试/分析仪/阀门"中选择排水。

(4) 重复打开、关闭操作，测试软管是否安装到位（图3-51）。

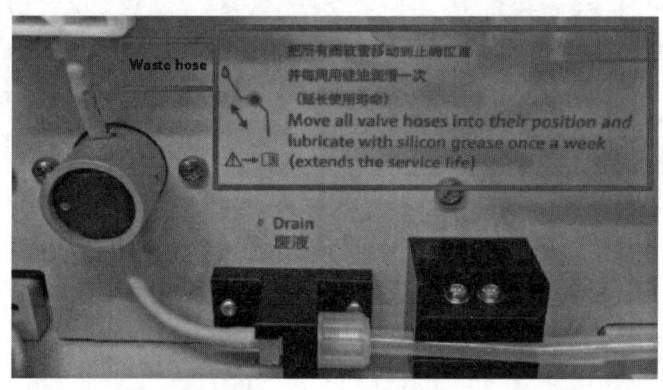

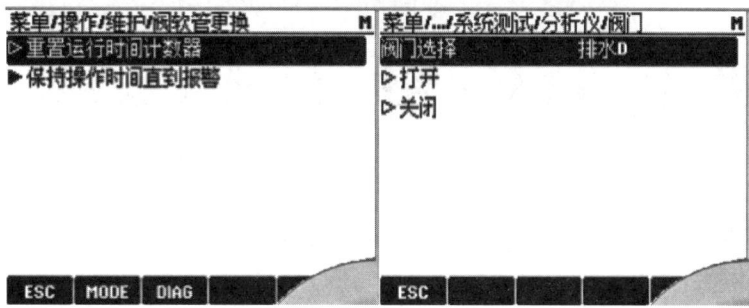

图3-51 更换废液阀软管

五、COD分析仪典型故障分析与处理

(1) 工艺反映COD分析仪测量值一直不变，与手工监测不一致，现场检查计量单元错误故障报警，分析仪停止测量，输出保持（图3-52）。

对定量管进行清洗，检查内部光栅，重新校正后，投用正常。

(2) COD投运几天后，偶尔出现报警停止测量的故障现象（图3-53）。

经过一天一晚的现场观察，发现定量管底部的排放管接头处因腐蚀偶尔有渗漏，更换管后，投用正常（图3-54）。

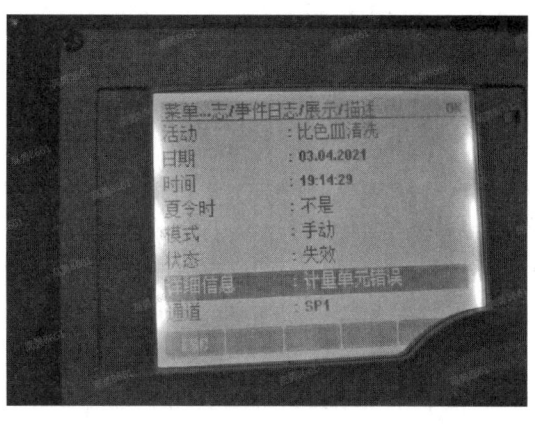

图3-52 故障报警示意

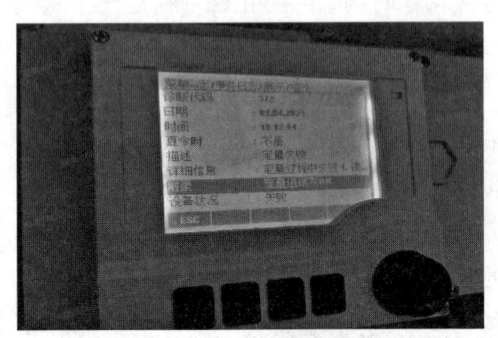

图 3-53 仪表报警示意　　　　　　　图 3-54 泄漏位置示意

胶皮管、抽气管等耗材要按期进行更换，同时各种试剂、标液、蒸馏水等也要及时补充，加强平时的维护保养，能够防止故障发生。

第三节　CEMS 烟气排放连续监测系统

一、CEMS 概述

烟气排放连续监测系统（CEMS）是专用于固定污染物烟气排放的连续监测系统，是根据国家环保形势的需要而开发研制的，根据不同的需要，可以选择不同的测量参数（如 SO_2、NO_x、CO、O_2、m^3/h、T、P、尘 mg/m^3、湿度等）。广泛应用于各种固定污染物烟气排放连续监测，脱硫、脱硝、CDM 等装置。

CEMS 系统所有的相关操作必须由经授权的人员执行且有专家确认。操作人员必须经专家认可（培训、教育、经验）并且了解相关的标准、规范、事故防范规章和系统特性。还有至关重要的一点就是能及时判断和避免潜在危险的发生。

操作人员要清楚操作过程中可能的危险，如：高温、有毒气体、带压气体、气液混合物或其他介质，故操作人员要经过专门的培训。

烟气排放连续监测系统采用抽取式的测量方法，将被测气体从烟道中抽出，通过取样单元、样气传输单元、预处理单元，送至红外线气体分析仪器。从而检测出气态污染物的浓度。并在控制单元的控制下实现反吹、校准、报警等功能。颗粒污染物的监测采用粉尘浓度测量仪，完成对烟气排放中颗粒污染物的连续监测。污染物烟气排放的其他参数，则可以通过其他不同原理、性能的设备进行测量（图 3-55）。

测量数据通过数据监控系统，完成数据采集、数据处理、数据存储、数据传输以及报表、打印等工作，并可以经过数据采集通讯装置，通过调制解调器（Modem、GPRS、

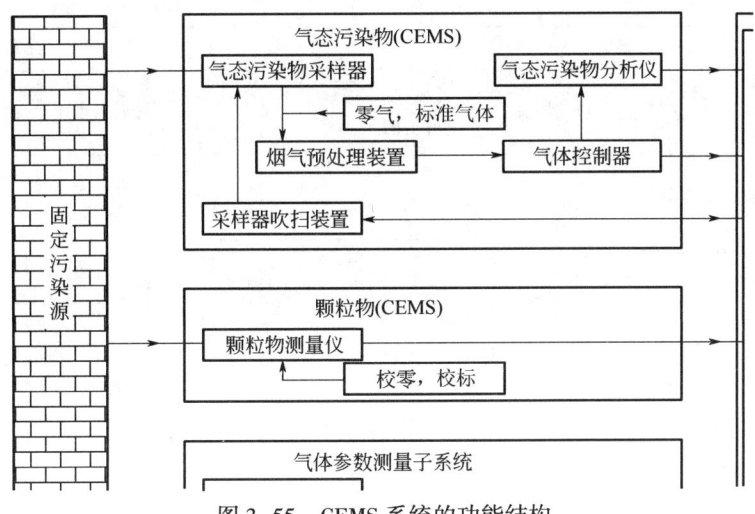

图 3-55 CEMS 系统的功能结构

CDMA）将数据传送至环保行政主管部门，使用单位也可以将信号远传，接入 DCS 系统进行远程的监测。

CEMS 系统，因生产厂家不同，系统外观，操作稍有不同，但实现功能基本一致，下面以西克麦哈克公司的 SMC-9021 型 CEMS 系统为例，对安装及操作维护进行说明。

二、CEMS 分析仪的安装

CEMS 系统主要由以下几个组成部分构成：
(1) 取样单元。
(2) 样气传输单元。
(3) 样气预处理单元。
(4) 样气分析单元。
(5) 颗粒物分析单元。
(6) 其他气体参数测量单元及 DAS 系统。

表 3-6 提供了整个项目计划中所需执行的注意事项，以保证正确安装和实现设备功能。

表 3-6 CEMS 系统安装技术要求

任务	要求		步骤	√
确定测量点和探头安装点	出入口处预留足够的长度，至少 3×"直径"（Dh）	圆形和方形管道：Dh = 管道直径	参照安装说明选择最佳安装点，如果出入口处太短，入口段>出口段	
		矩形管道：Dh = 4×横截面积/周长		
	均匀的流量分布；具有代表性的烟气分布	如果可能，无弯曲、横截面积不变、出入口处无其他安装件	确保流量剖面达到要求且选择最佳安装点	
	采样探头的安装位置	不要垂直安装在水平管道底部	选择最佳安装点	

续表

任务	要求		步骤	√
确定测量点和探头安装点	易到达处、应有安全防护措施	设备必须安装于易于接近和安全的测量点	需提供平台	
	安装点无振动		采取适当的措施消除/减小振动	
	工况	参照"技术参数"极限值	如有必要，配置防护罩，屏蔽/隔离设备部件	
选择分析柜安装点	分析柜的安装点，应置于分析屋内，尽可能的靠近探头安装点，且低于探头安装点		分析机柜可以靠自重放置，有条件可用分析柜底部的安装孔	
	分析屋内的环境	参照"技术参数"极限值		
	干净的气源	含尘量极低，无油质、湿气和腐蚀性气体	选择最佳入口位置	
管线的安装	最小弯曲半径为0.5m。自取样探头开始，复合气体取样管应以不小于1%的坡度向下倾斜至分析间			
计划环保开口	容易接近	简便、安全	需提供平台/基架	
	与测量点的距离	与探头间无相互干扰	在测量和检测平面间留有足够的距离（距离大约在500mm）	

需要特别注意的是复合取样伴热管线的装配，取样管线应布置在桥架中，且与桥架中的电缆分开，水平走向最少每隔2m应有固定，垂直走向每隔1.5m固定，最小弯曲半径为0.5m。为延长管线使用寿命，最好要避免阳光直射。自取样探头开始，复合气体取样管应以不小于1%的坡度向下倾斜至仪器室。整个取样管线不能有U形弯曲最后进入到仪器室内。必须保证在任何时候，取样管与墙壁之间也不会发生刮蹭。样品气传输管线、标准气传输管线安装后必须经过压缩空气反复吹扫2~3次后方可与系统连接。完成后应对气路进行检漏。

CEMS系统的安装是极为专业严格的过程，不属于仪表维护工种范围，限于篇幅不详细说明。

三、CEMS分析仪的调试步骤

（一）基本条件

（1）启动运行前确认电器连接是否正确。
（2）启动运行前确认气路连接是否正确、完好、洁净。

（二）基本步骤

按要求依次给设备供电、启动：
（1）取样探头，待取样探头加热后，进行下一步操作。

(2) 复合加热管线，待取样探头加热后，进行下一步操作。

(3) 打开机柜系统总电源，接通压缩机冷凝器、PLC、取样泵的电源。压缩机冷凝器启动后有制冷过程，达到设定温度后方可正常工作（一般工作温度2~5℃）。

(4) 接通S710型分析仪的电源。仪器需进行预热。待预热结束后，方可进入调试和测量状态。

(5) 一切正常（无任何报警出现）后可进行试运行操作。

(6) 接通工控机的电源，启动工控机待自检完毕后，进入SMC-9021M型烟气污染物排放总量自动监测系统的控制系统。

(7) 其他参数的测量设备的启动：烟尘测定仪、流速测定仪、温度/压力变送器、湿度测定仪。

(8) 检查所有的信号采集是否正确。

(9) 检查所有的信号输出是否正确。

(10) 将系统切换至自动运行状态，检查系统运行是否正确。

（三）系统的手动操作

系统中设有手动操作的按钮（若系统中配有数据处理系统，即DAS系统，在DAS系统中也可进行手动操作），这些按钮可以完成系统的各部调试、测试等功能（图3-56）。

图3-56 CEMS系统操作按钮面板

1. 状态切换

【手动/自动】系统初始为手动状态，按下【手动/自动】后，且该指示灯亮，为自动状态。系统进入自动运行状态。自动运行时其他按键不起作用。

2. 手动取样

按下【手动取样】按钮系统进行手动取样工作，其目的是检测系统的取样状态是否能正常工作。期间可以观察、调节流量计，使气体流量满足取样的要求（若分析器配有流量传感器，可进行参考）。一般情况下，将样气流量调至0.5L/min，其多余的样气从旁路放空。

若发现气体流量达不到要求，则应检查气路是否有堵塞或泄漏情况发生，并及时排除。其检查内容为：取样探头、探头滤芯、取样管线及取样泵的工作是否正常，制冷器是否堵塞等。

3. 手动反吹

按下【手动反吹】按钮，系统执行手动反吹工作。其目的是用手动反吹方式疏通管线和探头滤芯。在此过程中系统中的程序完成两项任务，第一是充气程序，第二是反吹程序。

4. 手动校准

在手动校准前先检查零点气 N_2。当按下【手动校准】按钮时，系统处于手动校准状态（校准指示灯亮）。此时可按下校准组分的按钮，进行校准。

通常情况下，第一要校准气体分析仪的零点，按一下【N_2】按钮，【N_2】灯亮后系统的零点气 N_2 阀打开，零点气 N_2 向气体分析仪供气，这时可以调节样气流量计使之满足流量后（即气体分析仪的流量指示正常）即可操作"气体分析仪"进行其零点校准。零点校准完毕后，再按动【N_2】按钮，使其恢复原状（【N_2】灯熄灭），这时 N_2 气阀关闭，但此时校准的全过程尚未完毕。

第二：按一下【O_2】按钮，【O_2】灯亮后系统的空气阀打开，取样泵抽气。当流量达到气体分析仪的要求后，可对气体分析仪中的 O_2 模块进行跨度校准。O_2 跨度（终点）校准完毕后，按动【O_2】按钮，使其恢复原状（【O_2】灯熄灭），这时 O_2 气阀关闭。

第三：按下【标气】按钮，可分别通入其他组分的标准气体，对气体分析仪进行分析组分的跨度校准。在校准过程中，同样应满足气体分析仪的流量要求等（图3-57）。

图3-57 校准气体选择按钮

当完成以上工作后，按动【手动校准】按钮使之弹起，此时整个校准过程完毕。若要重复某一过程，可重复上述操作，使之处于某种校准状态。

（四）系统处于手动状态下的操作及注意事项

（1）若在操作中按下手动、取样、反吹、校准中的两个以上的按钮，系统将执行最先按下的按钮的功能，后按下的按钮功能视为无效操作。该按钮的指示灯将出现频闪，提示操作错误，请将该按钮弹起复位。

（2）在结束前一个动作功能后，再开始下一个动作功能，以免造成不必要的误操作，影响系统的正常运行。

（3）系统中自动运行状态的优先级为最高。即任何手动状态功能在未结束的状态下，只要启动自动运行功能，系统就转为自动运行状态，其他手动功能视为无效，并有频闪指示，提醒复位。

（4）当系统处于自动状态下，此时若开启任意"手动"功能，均视为无效操作，且指示灯频闪，提示复位。

当按下【手动/自动】按钮后，且指示灯亮为自动状态。系统进入自动运行状态。在该运行状态下系统可完成：自动采样；自动反吹；自动校准（非系统的标准配置）；自动报警等功能。并能向相关设备（DAS 系统、DCS 系统）提供监测数据、运行状态和系统故障报警等信息。

四、CEMS 的日常检查与维护

CEMS 系统的日常维护是一件十分重要的工作，它是保证 CEMS 系统安全和平稳运行不可缺少的一环。CEMS系统的日常维护大致有以下几项工作内容：

（一）巡回检查

日常检查的工作主要是巡视检查，当发现工作异常时应及时进行处理。

（1）检查进入到分析仪器的样气流量：样气流量应为0.5~0.8L/min，如果超出范围，可以通过样气及旁路气流量计的针阀来进行调节；如果仅仅通过调整针阀已经不能满足流量的要求（流量太低）时，则表明气路中有堵塞的情况，一般情况下为取样探头的过滤器滤芯堵塞，此时需要更换探头滤芯（更换滤芯的操作见维护部分）。

（2）检查压缩机制冷器的工作温度显示情况：工作温度应为2~5℃，如果超过此温度，会影响到分析仪器主机的工作情况，需要立即停止系统的工作，通知专业技术人员维护。

（3）查看仪器的数据显示是否正常：如果数据显示值SO_2含量很低，或氧含量很高，则表明气路中出现了泄漏，需要通过检漏的方法查找出泄漏点；如果系统中无泄漏点，而显示的数值仍然不正常，表明分析仪器工作不正常，需要使用标准气进行标定。

（4）检查压缩空气工作压力，压力低于0.4MPa，则不能保证系统正常工作。

（二）定期排污、清扫

定期排污、清扫主要有两项工作。并不是所有部件都需要做此项工作，其周期可根据实际情况自行确定。此项工作主要针对采样、烟尘、压差、压力、温度、湿度等。由于测量的烟气介质含有粉尘、油垢、微小颗粒等，在测量管内沉积，直接或间接影响测量。

（三）保温、伴热

检查系统的保温、伴热，是系统日常维护工作的内容之一，它关系到系统的正常运行和测量数据的准确性。

日常维护通常还包括对于一些问题的检查与处理。

（1）泄漏检查：当发现分析仪器的显示值很低时，有可能是由于系统漏气造成的；需要对系统进行泄漏检查。

（2）系统在取样分析状态下，将样气进口管拆下，堵住样气的进口，如果在约1min左右的时间之内，样气流量计的流量不能降低到0，说明系统机柜之内存在泄漏点。

（3）可能的泄漏原因及处理方法：

① 排水蠕动泵泵管损坏（蠕动泵泵管的寿命大约在1年左右）：拆下蠕动泵的进、出口的连接管路，逆时针方向扭动泵管卡子，拆下泵管进行检查，如果泵管损坏，更换泵管。

② 气路连接接头松动：检查连接接头螺母有无松动情况，如有，紧固螺母。

③ 堵住进气口、开泵，约30s左右的时间之内，样品气流量计的流量已经降至0左右，则表示系统机柜内部无泄漏，泄漏点在取样探头部分。

④ 一般情况下，取样探头泄漏，主要原因是滤芯密封不好，检查密封O形圈是否变形，若无变形的情况，紧固压紧螺钉即可密封。

（四）更换取样探头滤芯

取样探头工作时被加热到130℃，更换探头滤芯时要戴好防护手套，以免被烫伤。在更换取样探头滤芯之前，必须关闭样品抽气泵。

(1) 打开探头防护罩，拆下保温套，逆时针方向松开压紧螺钉，取出滤芯组件。
(2) 握住滤芯组件，逆时针方向转动松开滤芯压紧件，拆掉滤芯。
(3) 将滤芯组件表面的灰尘清理干净。
(4) 按照相反的步骤更换新的滤芯。
(5) 检查滤芯组件 O 形圈的情况，如果破损、变形，需要更换 O 形圈。
(6) 清理探头的密封端面。
(7) 按照滤芯组件的箭头标注方向安装滤芯组件，并拧紧压紧螺钉。
(8) 装好保温套，盖好探头防护罩。

五、CEMS 典型故障分析与处理

(1) 探头部分故障的诊断及处理方法（表 3-7）。

表 3-7 探头部分故障的诊断及处理方法

故障现象	可能的原因	处理方法
不能加热	未接通电源	接通电源，且牢固正确
	取样探头伴热带损坏或内部短路	用万用表检查判断短路或断路情况。更换伴热带等
滤芯堵塞	长期未进行维护	清理或更换滤芯
探杆部分堵塞	烟气灰尘含量高，反吹效果不好	疏通
空气开关跳闸	探头内部加热线路短路	用万用表检查，必要时更换加热元件
	空气开关损坏	更换空气开关

(2) 复合伴热管线部分故障的诊断及处理方法（表 3-8）。

表 3-8 复合伴热管线部分故障的诊断及处理方法

故障现象	可能的原因	处理方法
不能加热	未接通电源	接通电源，且牢固正确
	电伴热带损坏	用万用表检查，必要时更换复合伴热线
管路堵塞	长期未进行维护	疏通：将复合伴热管线两端与设备断开，接通仪表气吹扫。并检查探头有无漏尘现象，并及时维护

(3) 系统机柜部分故障的诊断及处理方法（表 3-9）。

表 3-9 系统机柜部分故障的诊断及处理方法

故障现象	可能的原因	处理方法
机柜没电	未接通电源	接通电源，且牢固正确
		检查各供电开关位置是否正确
操作按键，按下后系统不按指示工作（PLC 无 IN 信号）	按键损坏	更换按键
	24V 开关电源损坏	更换 24V 开关电源
	24V 电源没接通	检查连线是否正确

续表

故障现象		可能的原因	处理方法
操作按键，按下后系统不按指示工作（PLC 有 IN 信号，无 OUT 信号）		PLC 损坏	更换 PLC 且从新写入程序
		PLC 程序丢失	重新写入程序
		有报警	查找报警源，并排除报警
操作按键，按下后系统不按指示工作（PLC 有 IN 信号，有 OUT 信号）		PLC 所控制部件损坏	更换损坏部件
		PLC 所控制部件没供电	检查连线是否正确
测量值不正确：SO_2、NO 数值偏低或 O_2 数值偏高	气路漏气，可能的漏气点：抽气泵前各部件及接头、接嘴	蠕动泵的泵管损坏	更换泵管
		蠕动泵安装不正确	正确安装
		手动校准阀门在校准气通的位置	转换到校准气断位置
		取样探头滤芯密封圈损坏	更换密封圈
		取样探头外反吹接口漏气	重新密封
		取样电磁阀 Y1.1 损坏	更换
		取样电磁阀 Y1.1 密封不严	更换
		抽气泵膜片损坏	更换膜片
		负压管路部分接头松动或损坏	检查，紧固或更换接头
样气流量低	抽气泵故障	抽气泵膜片损坏	更换膜片
		抽气泵损坏	更换泵
		抽气泵进气口膜片损坏	更换进气口膜片
	气路漏气，可能的漏气点：抽气泵后各部件及接头、接嘴	前面板上（气路控制板），手动阀门在校准通的位置	关闭该阀门
		接头松动或损坏	检查，紧固或更换接头
		冷凝报警接头腐蚀断裂	更换
	气路堵塞，可能的部位	探头滤芯	清理或更换
		制冷器缸体	清理
		三通电磁阀	清理，严重时更换
		冷凝报警弯头	清理，严重腐蚀时更换
		流量计针阀堵，流量计管壁、浮子脏	清理
S710 显示数值与工控机或 DCS 不对应		S710 模拟输出参数量程设置与工控机或 DCS 不同	修改模拟输出参数设置，或修改 DCS 或工控机的量程
		S710 模拟输出通道故障。进入硬件测试菜单	检查模拟输出是否正常，如果是有偏差，可以使用模拟输出校准菜单校准输出电流值；如果是输出通道损坏，则需要更换到另一通道输出或返厂修理 S710
		信号隔离器故障	信号隔离器的输入/输出值不同；需要更换信号隔离器
		信号接混，或信号的+/-方向反了	检查并修改

续表

故障现象	可能的原因	处理方法
S710 测量数值异常	长时间未进行校准，测量值漂移	进行仪器校准
	仪器气室进水污染	返回公司维修
	仪器部件损坏	返回公司维修
压缩机冷凝器不制冷	压缩机故障	返回公司修复；或通过当地的电冰箱维修部修理
	致冷剂泄漏	
温度显示低于 0℃	温度控制故障	返回公司修复

(4) 其他参数测量设备故障的诊断及处理方法（表 3-10）。

表 3-10　其他参数测量设备故障的诊断及处理方法

故障现象	可能的原因	处理方法
其他参数测量，无测量值	未接通电源	接通电源，且牢固正确
	测量信号未接入或接入错误	用万用表检查，正确连接
	测量设备损坏	更换
其他参数测量，测量值不正确	长期未进行维护	按要求进行维护
	安装位置不符合安装要求	重新选择安装位置
	测量设备故障	按所选测量设备要求处理

(5) DAS 系统故障的诊断及处理方法（表 3-11）。

表 3-11　DAS 系统故障的诊断及处理方法

故障现象	可能的原因	处理方法
DAS 系统不启动	未接通电源	接通电源，且牢固正确
	DAS 设备损坏	返厂维修
DAS 系统没有数据或缺少数据	DAS 系统的数据线没接好（两条）	检查数据线，且牢固正确
	DAS 系统缺少气体组分数据	检查数据线，且牢固正确
	DAS 系统缺少其他参数测量数据，隔离端子有损坏或 PLC A/D 模块损坏	更换
DAS 系统不能打印	未接通打印机电源	接通电源，且牢固正确
	未接通打印机数据线	接好打印机数据线

(6) 报警和故障信息（表 3-12）。

表 3-12　报警和故障信息

报警信息	可能的原因	处理方法
系统报警之：液位报警 PLC M-1.0	积液桶中，液位超限	倒掉污水，清理测头
	液位测头被污染	清理测头
系统报警之：露点报警 PLC M-0.7	露点报警器有露水出现	必须查明原因，排出隐患，否则后果严重
	露点测头被污染	清理测头

续表

报警信息	可能的原因	处理方法
系统报警之：温度报警 PLC M-0.4	环境温度不符合要求	改善环境温度
	制冷温度不符合要求	参见：6.3 中压缩机冷凝器
系统报警之：探头报警 PLC M-0.6	探头温度不符合要求	参见：6.1 中内容
系统报警之：仪器报警 PLC M-1.2	进入仪器菜单，查清故障原因	参见：S700（SIDOR）系列模块式微机化气体分析仪说明书第 11 章，故障原因
系统报警之：流量报警 PLC M-1.1	系统样气流量不符合要求	参见：6.3 中，样气流量低

第四节　硫比值分析仪

一、硫比值分析仪工艺介绍及仪表概述

（一）Claus 工艺

在现代化工工艺生产流程中，Claus 工艺是处理炼油生产过程中产生的富 H_2S 酸性气的标准工艺，在反应方程式中，H_2S 被氧化：

$$3H_2S+3/2O_2 \rightarrow SO_2+H_2O+2H_2S$$

催化转化炉使燃烧产物再反应，产生不同结晶形式的元素硫：

$$2H_2S+SO_2 \rightarrow 2H_2O+3/XS_X$$

（二）分析的必要性

从以上第二步反应式可以推断出，典型的 Claus 反应最佳效率是当 H_2S 与 SO_2 的化学当量比为 2∶1 时，从第一步反应式可以看出，该比例可通过在反应过程中调节氧气含量来控制。

因此硫磺回收的效率取决于"Air Demand 需氧量"信号，该信号通知 DCS 进行氧含量调整。Air Demand 需氧量用（2［SO_2］-H_2S）乘以一个换算系数来计算。要得到实时的 Air Demand 需氧量值需要对 Claus 尾气中的 H_2S 和 SO_2 含量进行连续、准确的浓度测量。

另外，它可以用来测量尾气中的 COS 和 CS_2，如这部分介质含量高会降低效率或引起潜在的催化剂问题。

（三）TLG-837 型硫比值分析仪

AAI 公司（Applied Analytics）TLG-837 分析仪是专为现代炼厂硫磺回收装置 claus 工艺尾气分析而设计的。以该型号仪表为例对硫比值分析仪进行说明。

TLG-837 尾气分析仪可以对各关键参数进行测量：

(1) H_2S 浓度。
(2) SO_2 浓度。
(3) Air Demand 需氧量。
(4) COS 浓度 [可选]。
(5) CS_2 浓度 [可选]。

二、硫比值分析仪分析原理及分析过程简述

（一）基于物质的吸收光谱原理进行分析

物质与光可以以多种方式相互作用，其中之一就是吸收。一种特定物质的分子能够吸收特定波长的光，主要是因为每一种化合物独一无二的分子结构的作用；这种吸收现象被量化为吸光度，或者入射光强度（进入混合物）与透射光强度（透出样品）之间的差值。以吸光度为 y 轴，波长为 x 轴绘制吸收光谱图，就能够观察到吸光度的独特曲线（形状）。每一种化合物在吸光度曲线中都有特定的自然标识，可以在混合物总吸光度中检测到其信息。

（二）TLG-837 分析过程简述

TLG-837 采用 UV-Vis 紫外可见光谱仪，光谱范围为 200~800nm。采用这个波长范围是因为所有待测物（H_2S、SO_2，COS，CS_2 等）只在该紫外波长范围内都有强而明显的吸收曲线。其分析过程如下：

(1) 光谱仪内部的光源发出紫外-可见光，光信号通过光纤连接分析仪和流通池（流通池是样品/信号界面，工艺介质的分子在这个位置与光信号相互作用）。

(2) 光信号通过流通池路径时，各波长的强度都由于样品中化学物质的吸收而减少，一种分子由于其独特的电子结构吸收特定波长的光。

进出流通池的光强度之间的差就是吸光度，可以波长为 X 轴画成曲线，特定物质的吸光度与其浓度成正比例。

(3) 带有样品化合物信息的光信号从流通池返回到分析仪中的光谱仪。色散全息光栅将信号分成各组成波长，每个不同波长集中到 1024 二极管阵列中一个指定的光电二极管，分析仪从每个二极管收集光强度数据，产生一个实时的吸光度光谱。

三、仪表结构详细构成及除雾探头功能

（一）TLG-837 典型的分析仪整体结构

TLG-837 典型分析仪详细构成如图 3-58 所示。
其中包括以下组成部分：
(1) nova Ⅱ 分光光度计。
① 光源：脉冲氙灯。
② 狭缝：用来限制入射光束的大小，以保证每个波段的波长只到达相应的光电管上。
③ 全息光栅：将光信号按波长进行物理分离，而且成像在二极管阵列的不同点。

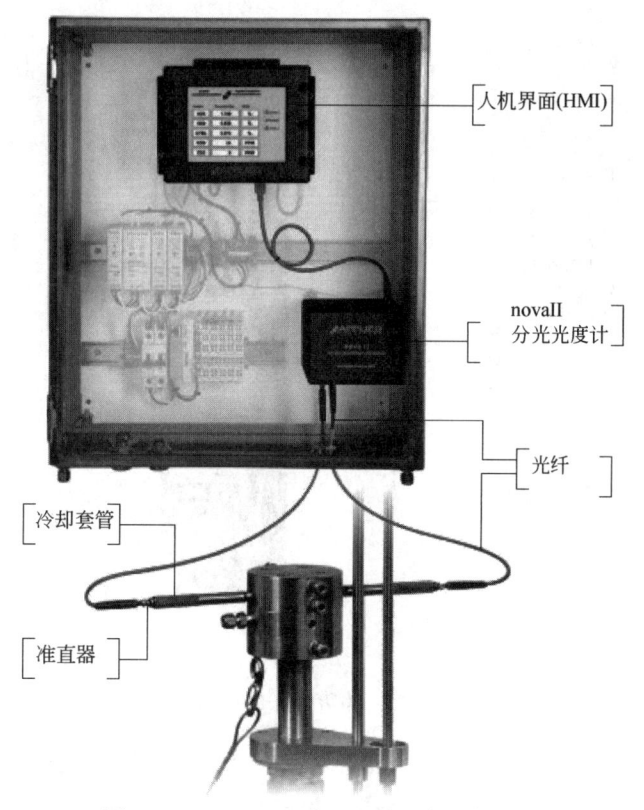

图 3-58 TLG-837 典型的分析仪整体结构

④ 光电二极管阵列：用于接收分离后的光信号，该阵列有 1024 个元件。

（2）HMI（人机界面）：触摸屏控制器，内装 Eclipse^{TM} 运行软件进行操作。

（3）冷却套管：冷却套管保护光纤探头顶端不被尾气热量所伤，套管拧在流通池两端的探头。

（4）光纤：传送吸光度信号的介质。分光光度计和探头流通池之间的信号回路都是由光纤电缆形成。

（5）准直器：在光信号中产生光线平行调准，消除光的散射，确保从准直器窗口进和出的直射光线在一条直线上。

（二）仪表配套的特制除雾探头

TLG-837 的除雾探头直接安装在工艺管道上，用于连续的将样品气引入仪器进行分析，物理测量过程就发生在探头内部，使样品传输时间最小，并具有将硫蒸汽除掉的功能。

探头内部结构如图 3-59 所示。

因为在工艺气中含有元素硫，会快速液化从而堵塞系统或阻碍光信号。尾气在线分析需要除硫以便正常操作。

除雾探头能够将上升中的样品中的硫除去。利用 Claus 工艺中产生的蒸汽，探头控制本身的温度，使上升样品中的硫蒸汽冷凝为硫液滴下来并返回到工艺管线中。这样到达探

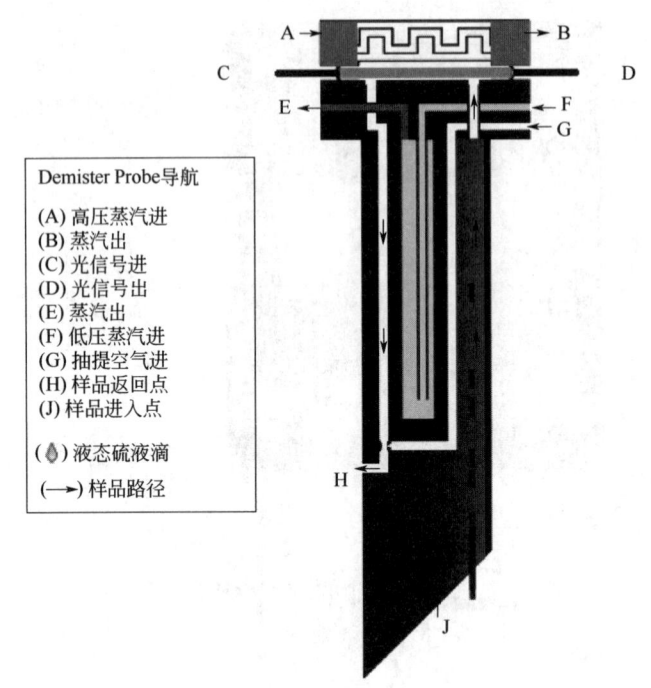

图 3-59 除雾探头内部结构

头顶部测量池的样品可视作无硫样品，没有堵塞、冻结或干扰的危险。

在探头内部有一个内置的"除雾"室（与探头本体同轴），通入低压蒸汽。由于低压蒸汽温度大大低于尾气，因此除雾室对于上升样气有冷却作用。因为元素硫是尾气中所含组分中凝点最低的，由于内部探头温度保持为低压蒸汽温度，因此样品中的元素硫可以通过冷凝而被选择性的除去了，而同时高度完整的样品继续上升至探头顶部进行分析。

光与样品气之间的相互作用点就在探头顶部里面的流通池盘中。流通池盘带有高压蒸汽通道，加热流通池并且确保残留的硫为气态，可防止其凝结在光学窗口镜片上。

四、仪表分析校准模块和自动标定设置

（一）分析校准模块（ACM）

ACM 是将被测介质浓度与吸光度关联起来的模块。一套 ACM 包括两个方面：

1. 校准标样光谱仪

校准标样是系统运行一个已知浓度的标准样品时得到的吸收光谱，这是测得的吸光度和化学物浓度之间相关系数。这个值在测量光谱每个波长都是精确、唯一的。

例如，为测量 0~1000ppm 的 H_2S，要建立一个 ACM，则需要使用 1000ppm H_2S 的满量程标样，溶液组成要与工艺背景相似。运行 ECLIPSE 软件得到 1000ppmH_2S 在每个波长处的校准标样光谱，对应每 1ppmH_2S 软件将曲线分成 1000 份，每份为一个单位。当测量工艺样品时，软件会连续的确定在总吸光度中有多少份上述单位。

2. 波长范围

ACM 另一需要设定的是参与计算的波长范围，观察每种化合物的不同吸收光谱，就会发现在一个特定的区域非常活跃（由该物质独特的分子构造决定），剩下的就是无吸收的区域。无吸收的区域对于确定相关性没有价值（除非作为参考基线），所以可确定 ACM 波长范围为含有任何明显吸收峰的活性区域。

（二）自动标定设置

分析仪在出厂前进行初始设定期间进行一次标定，或者由厂家派遣调试工程师在现场完成校验。而正常运行维护中无需现场重新校验。因为按照校准流程，系统将创建一个绝对吸光度与组分浓度之间确定的数学系数。那以后，系统只需要进行调零，即利用一些零吸收的物质（如氮气、空气）来进行检测器空白试验，以消除零位偏差。通过此过程重置初始信号强度，光谱可抵消任何灯强度变化。可以保证系统稳定避免漂移。

调零可由样品处理系统自动进行（Auto-Zero 功能）或者"按需要"由人工通过软件界面进行。

（三）调零频率及持续时间

调零频率要看应用及用户要求，比较典型的是每 8h 进行一次调零，一次调零（未设置延时时间）需要大约 2min。

要计划和配置一个自动调零：

（1）如在线程序运行则关闭。在在线运行界面上点击 STOP，如图 3-60 所示。

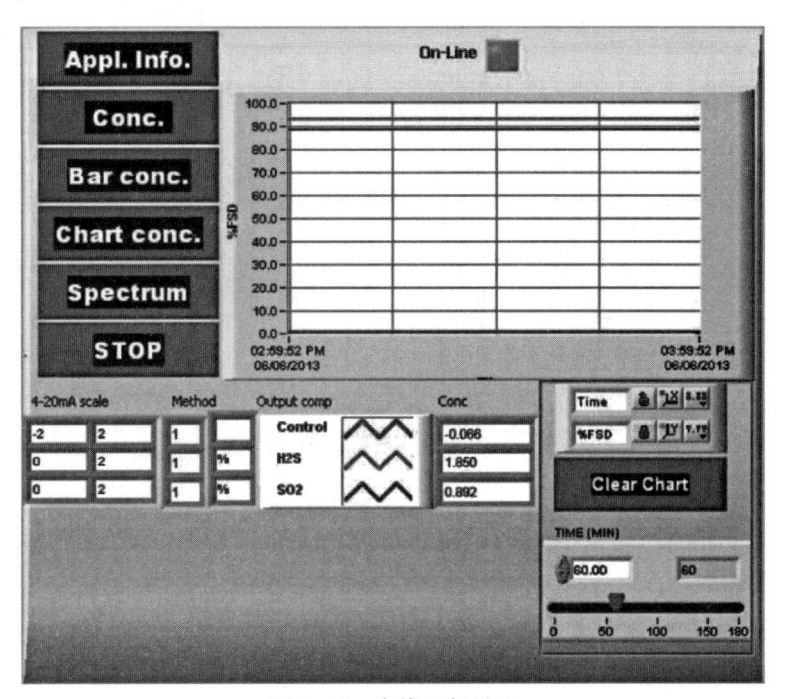

图 3-60　在线运行界面

（2）启动离线程序，从离线程序主屏幕选择"Setup par"，如图 3-61 所示。

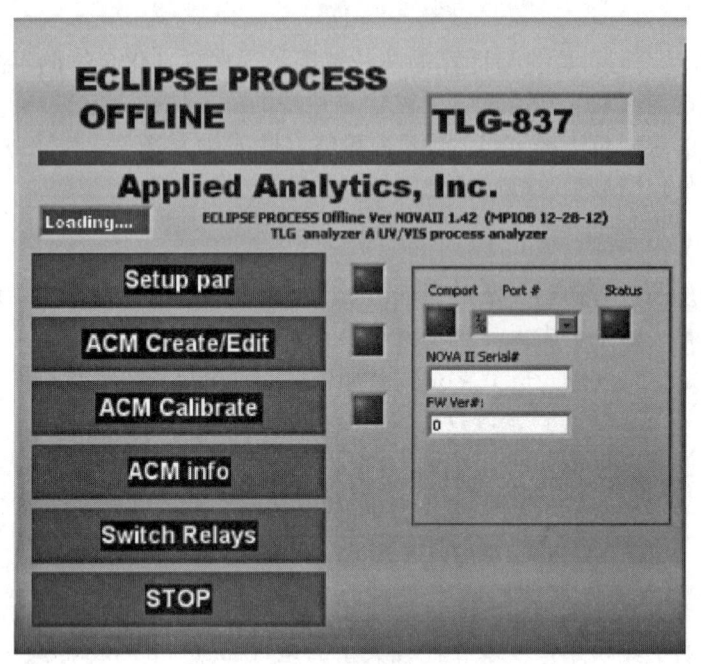

图 3-61 离线程序主屏幕

(3) 在"SETUP Parameters"下拉菜单，选择"Setup Zero & Span."，如图 3-62 所示。

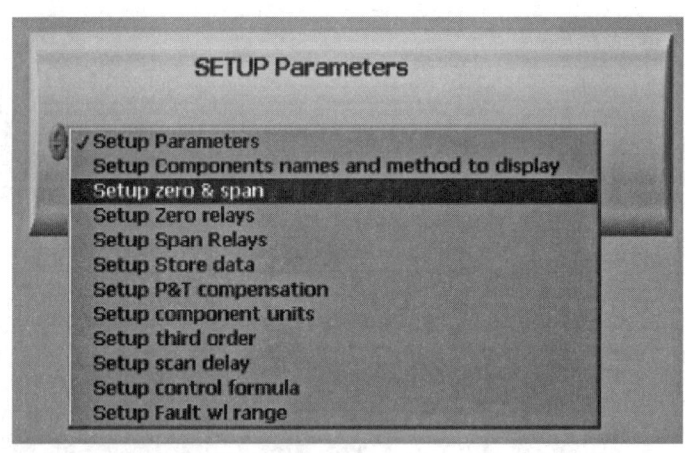

图 3-62 "SETUP Parameters"下拉菜单

(4) 进入 ZERO 零点配置屏幕，如图 3-63 所示。

屏幕参数说明：

① 自动调零计划间隔。该开关为 ON，就会要求软件在执行自动调零之间需要等待多久，键入 480 则软件自动调零每 8h 进行一次。

② 自动调零日计划。该开关为 ON，就会要求软件每天同一时间进行一个自动调零，输入 24HR 使自动调零在该时间进行。

③ Zero Fluid Delay 零点样品延迟。要求软件在获取零点光谱之前零点样品吹扫流通池

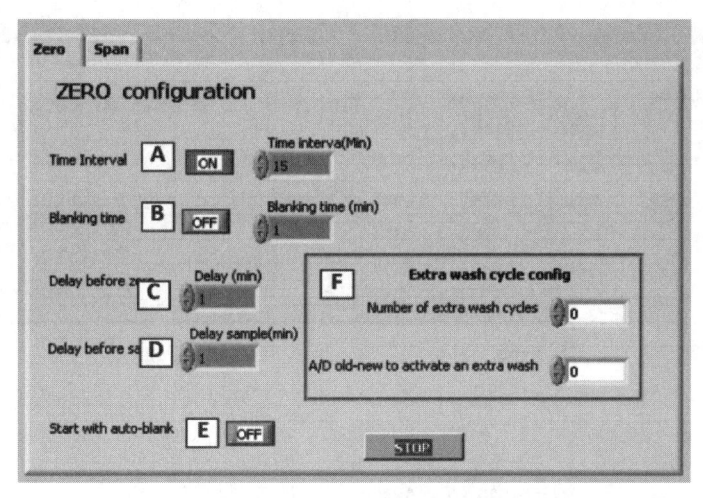

图 3-63　ZERO 零点配置屏幕

需要多久，依具体应用而定。

④ Sample Fluid Delay 样品延时。调零结束后重新进行正常分析前，为样品设置一个多长的延时，以具体应用为准。

⑤ Start with Auto-Zero 启动自动调零。该开关为 ON，会在在线程序运行时立即启动一个自动调零。

⑥ Extra Wash Cycle Configuration 冗余清洗周期设置。设置在进行调零前启动/不启动冗余清洗周期，保证在获取零点光谱钱对流通池进行彻底的吹扫，在某些应用中适用。

（5）当利用上述设置计划自动调零后完成计划自动调零后，点击屏幕下面的"STOP"，软件会询问是否取代某些标定配置文件。点击 Replace，如图 3-64 所示。

图 3-64　软件询问是否取代某些标定配置文件

（四）自动调零外观

在正常操作时，自动调零按用户设定来进行。假设是每 4h 一调零的情况，可以在显示屏上看到自动调零时序。

（1）正常运行时间显示（浓度屏幕）返回到背景，自动调零 & 清洗继电器时序开始运行，如图 3-65 所示。

该时序自动操作切换阀使流通池中充满调零液体，进行新的调零操作，完成后再引入样品重新开始连续分析，延迟时间由用户设定以确保整个过程中有足够的吹扫时间。

（2）时序正确完成后，会显示零点光谱图屏幕，其上会显示新的光强度光谱作为原始信号，可检测光源有何变化。自动调零时序会自动接收新的零点，但如为手动模式，则用户可选择是接受新的零点，还是拒绝后继续运行得到新零点光谱，如图 3-66 所示。

对于多数现场情况下，定期调零是需要定期执行的，默认的是每 8h 进行一次。

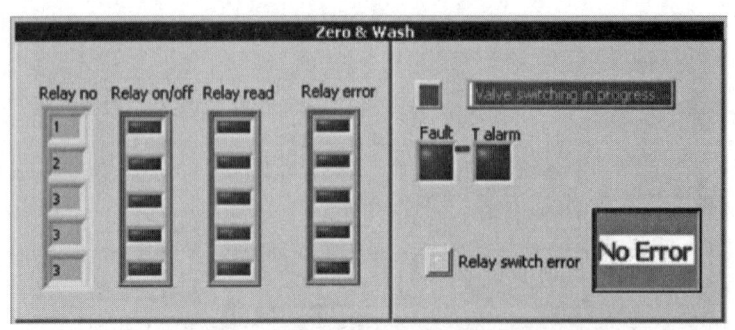

图 3-65　自动调零 & 清洗继电器时序画面

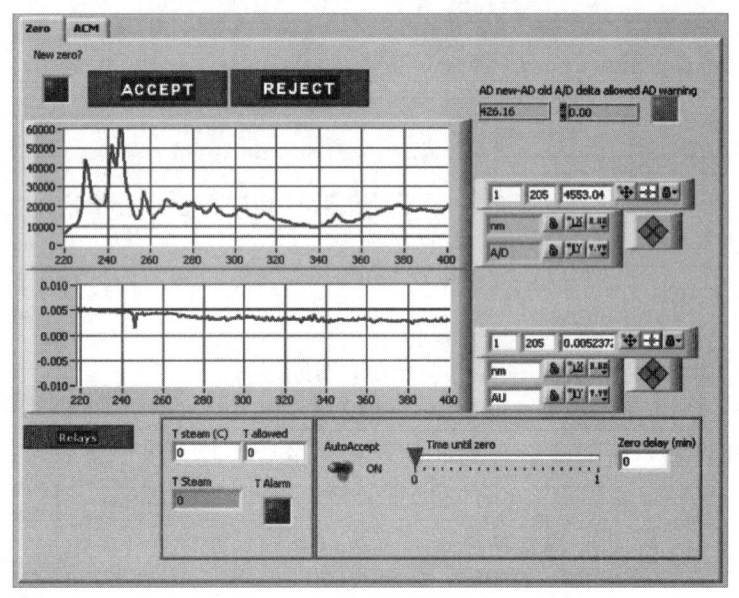

图 3-66　零点光谱图屏幕

（五）手动标定调零

手动调零需要人为开阀使零点样品充满流通池获取零点光谱。这是在样品处理系统不带自动调零时的典型做法。

（1）在开始手动调零前，要开阀使流通池中充满零点样品。如果是液体应用，要有背压阀防止流通池起泡，起泡会阻挡光线并引起光的散射。

（2）在线程序画面中打开应用信息主屏幕，如图 3-67、图 3-68 所示。

（3）选择"ZERO"，进入菜单可以选择自动调零或手动调零，手动调零需要人为开阀使零点样品充满流通池获取零点光谱。

（4）选择"MANUAL"选项，出现零点功能屏幕，如图 3-69 所示。

（5）等待软件获取分光光度计读数，等待图表中显示数据，同时通过屏幕上面的"ACM"选项卡可以随时进入 ACM 修改关键波长范围等设置。

屏幕导航：

① ACCEPT/REJECT 接受/拒绝。接受或拒绝新零点，如果接受就会保存当前的被测

光谱作为新定义的零点吸收,而且浓度输出都会作为空白是零。

图 3-67 在线程序画面

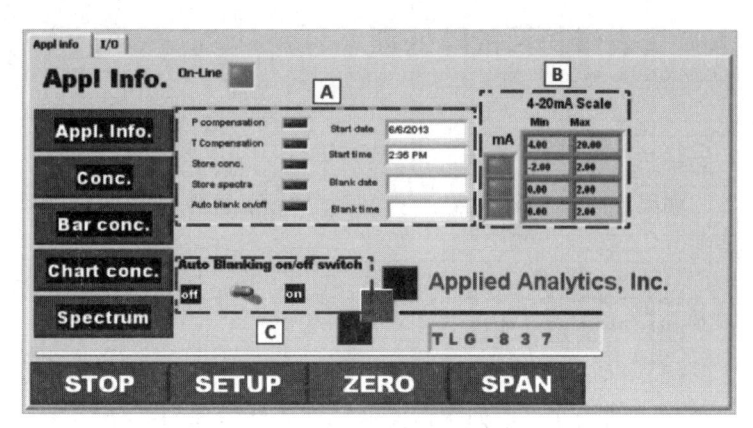

图 3-68 应用信息主屏幕

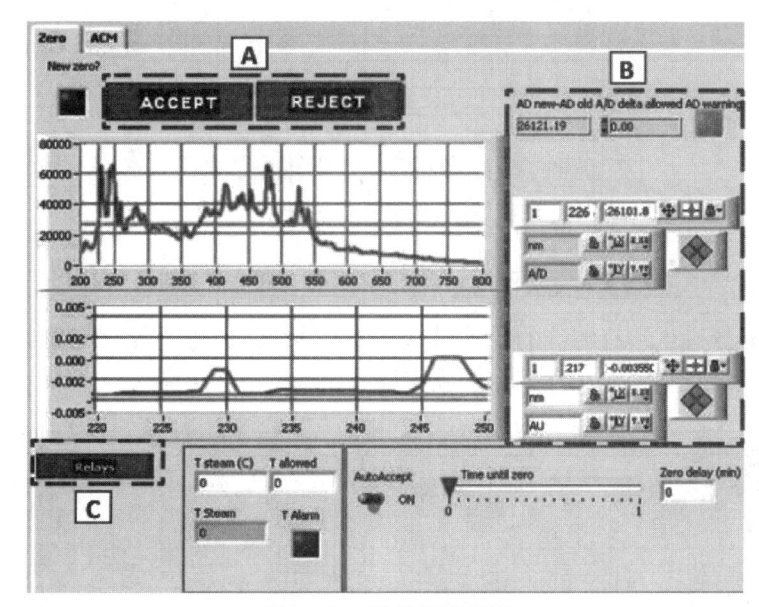

图 3-69 零点功能屏幕

② Graph Tools 图表工具。图表格式工具。

③ Control Relays 控制继电器。可以方便进入软件继电器屏幕,但要有样品处理系统。如果系统已经启动了软件继电器控制,可用此功能使流通池充满零点液体。

另外,图中上面的曲线代表光水平,下面曲线代表系统噪声。

(6) 确认"AutoAccept 自动接受"开关为 OFF,这样就可以手动接受或拒绝零点。

(7) 确认系统噪声图像曲线是在此范围内: $-0.005AU<noise<0.005AU$,为正常区间。

重点提示:"noise 噪声"曲线需要时间达到稳定,比较典型的情况是当分光光度计刚启动,或是做了能够影响光源性能的改动之后。建议等待 30min 使吸光度噪声稳定在可接受范围($-0.005AU<X<0.0005AU$)之内。这就是通常说的"warm-up 升温"时间,对于光度计仪器来说这是必需的,因为此时光源确实正在迅速升温。

（8）如果噪声图可接受，可以选择"ACCEPT"保存新的零点并返回在线分析。

五、仪表维护及故障处理

（一）噪声不稳定

如果在手动调零过程中，经过 30min 的升温时间后噪声仍不稳定，则可做如下调整措施：

（1）调整积分时间。
（2）清洗光学部件。
（3）确认光纤传输。
（4）使用零点样品吹扫流通池除去残余样品气/液。

观察噪声曲线，波动范围应在满足 $-0.005\text{AU}<X<0.0005\text{AU}$ 之内，如图 3-70 所示。

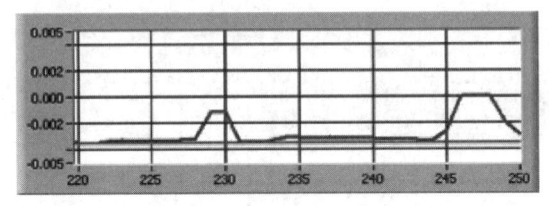

图 3-70 噪声曲线

（二）工艺介质波动，探头测量气室污染

特制的除雾探头虽然有特殊的设计以除去硫磺蒸汽，但也不能完全避免工艺介质温度波动时硫磺蒸汽冷凝在气室镜片上，造成测量值异常波动。如图 3-71 所示。

图 3-71 硫磺蒸汽在气室镜片上冷凝成液硫或固态硫

此时应去除凝结的硫单质，并使用软布或棉花擦拭清洗干净。如镜片出现划痕或者损伤严重，需要更换。

（三）测量异常出现 LOW LIGHT LEBEL 报警

原因可能为光源不发光或者发光频率不规则。

此时应检查 15V DC 光源供电和电容两端直流电压是否为 600V DC，发光频率是否正常（2s 一次），若不是更换光源触发器。若还不发光更换光源，如图 3-72 所示。

图 3-72　光源

第四章 典型仪表事故事件案例分析与处理

第一节 操作原因

一、LNG 公司天然气着火事故

（一）事故发生经过

2020 年 11 月 2 日上午，承包商安排作业人员进行 LNG 公司 TK-02 储罐 $DN300$ 富液装车分支管道甩头施工，即对 TK-02 储罐罐前二层平台 LNG 外输管线动火施工作业，在原有 $DN300$ 的低压泵出口总管上切除一段长 500mm 的短节后增加一个三通管道。

8：00 左右，LNG 公司计量化验中心化验员唐某到达 TK-02 储罐罐前平台准备进行可燃气体采样作业。

9：30 左右，LNG 公司接收站运行处主任袁某、LNG 公司安全总监陈某到达作业现场。孙某检查完施工准备工作后离开现场。气体采样结果合格（LEL10%以下合格），LEL 为 9.36%，梁持在用火作业许可证上签字。

9：45 左右，袁某、陈某依次在用火作业许可证上签字，随后两人离开现场去参加 10 时召开的例行调度会，在临行时交代再次进行吹扫，让可燃气体含量更低并汇报。

10：00，宋某因其他工作离开 TK-02 储罐返回办公区。

11：00，气体采样合格数值为 LEL3.82%。

11：14，唐某在现场填写采样分析结果、签字后离开。庞某稍早一些先行离开。几分钟后，卢某也离开平台，下到地面时发现施工人员开始作业。作业管道第一道口切割 50%左右后，陈某 4 人便一起离开。

11：20 左右，宋某返回作业平台，发现作业管道靠近罐体一侧已经切割完毕。

11：00，调度会结束，袁某、宋某、张某等人分别回到办公室。

11：30 左右，宋某收到梁某对讲机呼叫，询问强制关闭阀门的仪表联锁工作票办理执行情况。宋某随后拿仪表联锁工作票到调度室交给张某办理，便返回自己办公室。

11：37，张某电话联系接收站检维修中心仪表工程师崔某，要求崔某拿票交给检维修中心主任雷某签字。

11：40，宋某电话催促崔某尽快办理仪表联锁工作票，崔某当时正在吃饭，便交待旁边的赖某去调度室拿票。赖某到达调度室，从张某处拿到仪表联锁作业票，出门后在走廊遇到宋某。宋某催促赖某赶快办理。赖某未执行仪表联锁工作票后续的审签、确认签字等一系列流程，在没有其他仪表工程师的监护情况下，进入工程师站（宋某也一同进入），独自进行操作。

11：44，宋某骑自行车离开现场。

11：44：48（以下事件时间统一以罐区 SIS 系统时钟为基准），赖某操作 SIS 系统对 0301-XV-2001 阀门进行强制关闭操作，随即 0301-XV-2001 阀门开启，LNG 开始喷射而出。

11：45：00 阀门全开。

LNG 喷射出后约 10s，TK-02 储罐罐前平台起火。

11：51：59，0301-XV-2001 阀门失电关闭（事后调查发现为阀门控制回路电缆正端对地短路，机柜内对应回路熔断器熔断导致失电）。TK-02 储罐罐前明火随阀门关闭熄灭。

图 4-1　TK-02 储罐管线切口处情况

LNG 发生喷射着火时 TK-02 储罐罐前平台有梁某等 8 人，罐顶有田某 1 人事故储罐现场如图 4-1 至图 4-3 所示。

图 4-2　罐顶勘查情况

图 4-3　TK-02 储罐事故后情况

截至 2020 年 12 月 2 日，事故造成 7 人死亡。根据《企业职工伤亡事故经济损失统计标准》（GB/T 6721—1986）计算，直接经济损失 2029.30 万元。

（二）直接原因

在实施二期工程项目贫富液同时装车工程 TK-02 储罐二层平台低压泵出口总管动火作业切割过程中，隔离阀门 0301-XV-2001 开启，低压外输汇管中的 LNG 从切割开的管口中喷出，LNG 雾化气团与空气的混合气体遇可能的点火能量产生燃烧。经分析，着火源是受低温 LNG 喷射冲击后绝缘保护层脆化、脱落的线缆可能产生的点火能量。

（三）间接原因

0301-XV-2001 阀门隔离方式不当。该动火作业按照规定，属于"特级用火作业"

"应进行可靠封堵隔离"。TK-02储罐0301-XV-2001阀门采用仪表逻辑隔离方式,而未采用隔绝动力源的物理隔离方式,出现操作中隔离失效导致事故发生。

仪表工程师赖某在仪表联锁作业时,未按规定执行仪表联锁审批程序和操作程序。在仪表联锁工作票还未完成审批且没有监护人的情况下,开始SIS联锁强制作业,操作失误导致0301-XV-2001阀门开启。作业完成后未对SIS联锁强制输出结果进行确认。

动火施工作业条件确认不充分。未按《储罐富液管线安装阀门泄漏测试与动火施工工艺隔离方案》的规定确认0301-XV-2001阀SIS强置联锁完成的情况下,开始切管作业,导致在阀门异常开启时LNG从切开的管口中喷出后着火。

（四）总结

强化特殊作业安全管理。LNG公司要深刻吸取事故教训,严格按照GB 30871—2022《危险化学品企业特殊作业安全规范》的要求实施特殊作业管理,进一步加强特殊作业安全管控。一是强化作业活动安全风险分析和管控。在安排动火、进入受限空间等特殊作业前,要全面开展危险有害因素识别和风险分析,根据风险分析结果,严格落实安全管控措施,严格按规程作业,分管负责人必须亲自组织对现场作业安全条件进行严格确认,确保作业安全。二是健全完善特殊作业安全管理制度和操作规程。特殊作业管理制度必须明确签票人的岗位、职务等内容,严格落实"谁批准、谁签字、谁负责"的要求。三是强化重点时段特殊作业安全风险辨识和管控。对所有构成重大危险源的危险化学品罐区动火作业全部按规定升级管理。

强化承包商安全管理。一是要严格承包商资质条件审核。LNG公司要与相关项目承包商进一步明确安全管理范围与责任,将承包商作业统一纳入企业安全管理范围,严禁"以包代管"和"包而不管"。二是要加强承包商作业人员的安全教育培训。作业人员必须经培训考核合格后方可进场作业。三是严格落实作业前的风险交底、技术交底和安全交底。落实作业全过程安全监督,强化现场作业安全管理和关联性作业的组织协调。

二、U283 AASH2104联锁停车事件

（一）事件经过

2月5日19：10仪表人员接到中控室U283操作员工电话,要求检查PT2178变送器,在多次询问工艺相关人员得到PT2178没有联锁的确认后,对变送器进行检查。

20：00,AASH2104联锁,造成氧化反应联锁动作停车。

仪表车间技术人员到现场进行原因分析,通过检查SOE发现PSL2178联锁动作导致CN2102透平切除。PV2178_1阀门关闭,PV2178_2因PRC2178处于手动没有自动打开,反应系统压力从1.91MPa上升到2.09MPa,致使反应器尾气氧含量仪表测量值变大达到联锁值而停车。

21：05,装置通氧开车。

（二）事故分析

2月5日19：24：00,CN2102透平入口低压PT2178A_LL动作:关PV21781、

RV2110，开 US2197；执行透平吹扫开 US2184，US2196，关 US2199。19：25：53，AASH2104 联锁动作，接着停通氧关 FV2152、停加热关 TV2143，LV2123，氧化反应停车。

（三）直接原因

检查校验 PT2178，未识别出有联锁需旁路。排放使低压联锁 PSL2178 触发动作，停尾气透平。这期间调节器 PRC2178 打手动，是尾气系统憋压，导致尾氧测量表进气量增加，测量值升高达到联锁值，触发 AASH2104 联锁动作，氧化反应停车。

（四）间接原因

培训深度不够，员工对联锁仪表位号掌握业务不熟。

（五）总结

维护人员对装置联锁仪表位号掌握不牢，风险识别不到位，需要通过强培训来提升；现场仪表的联锁警示牌要明显可见，形成目视化提醒；通过此次事件，要提升仪表作业票证的执行力度，坚决做到"见票作业"，提升作业票证的管理。

三、重整装置联锁切除停车事故

（一）装置简介

重整-歧化联合装置由 $150×10^4$ t/a 预处理部分，$140×10^4$ t/a 连续重整部分及 1360kg/h 催化剂连续再生部分、50000m³/h 氢气产能 PSA 提纯部分、$138×10^4$ t/a 歧化部分、$182×10^4$ t/a 苯-甲苯分馏部分及 $136×10^4$ t/a 二甲苯分馏部分、邻二甲苯部分组成。原料为炼油厂常减压装置提供的加工俄罗斯的低辛烷值直馏石脑油及炼油厂加氢裂化装置提供的加氢裂化重石脑油。主要产品是拔头油、燃料气、液化气、氢气、苯、混合二甲苯、邻二甲苯、重芳烃等，其中含氢气体和 PSA 提纯氢气为加氢改质装置提供氢源。

流量变送器 FT2602A/B/C 用于循环氢压缩机出口管线含氢气体流量测量，参与 UC261（F261~F264 加热炉）联锁，联锁由装置 SIS 系统（霍尼韦尔公司产品 SM 系统）实现，为三取二联锁，联锁动作为关闭重整加热炉燃料气阀 UV-2610/UV-2611；关闭重整进料换热器入口阀 UV-2601；关闭重整进料加热炉燃料气阀 UV-2612；关闭 1#中间加热炉燃料气阀 UV-2613；关闭 2#中间加热炉燃料气阀 UV-2614；关闭 3#中间加热炉燃料气阀 UV-2615。仪表测量量程为 0~160000m³/h，联锁设定值为 51500m³/h。三块仪表测量信号输入装置 SIS 系统参与联锁后，通过 RS-485 通信传送至 DCS 控制系统。

（二）事件经过

2020 年 2 月 24 日 3：01，重整装置 DCS 上 FT2602A/B/C 显示突然降为零。

3：03，DCS 上 FT2602A/B/C 显示自动恢复正常。

3：30，应工艺当班班长要求摘除联锁，仪表人员在摘除联锁过程中发生装置联锁停车。

2020 年 2 月 24 日 3：01 工艺人员发现 DCS 上 FT2602A/B/C 显示突然降为零，2min 后又自动恢复正常，在这个过程中没有发生联锁停车；3：30 工艺班长要求将其联锁摘除，安排仪表人员准备到现场检查 FT2602A/B/C 变送器，仪表人员在摘除联锁过程中误操作导致装置联锁停车（图 4-4、图 4-5）。

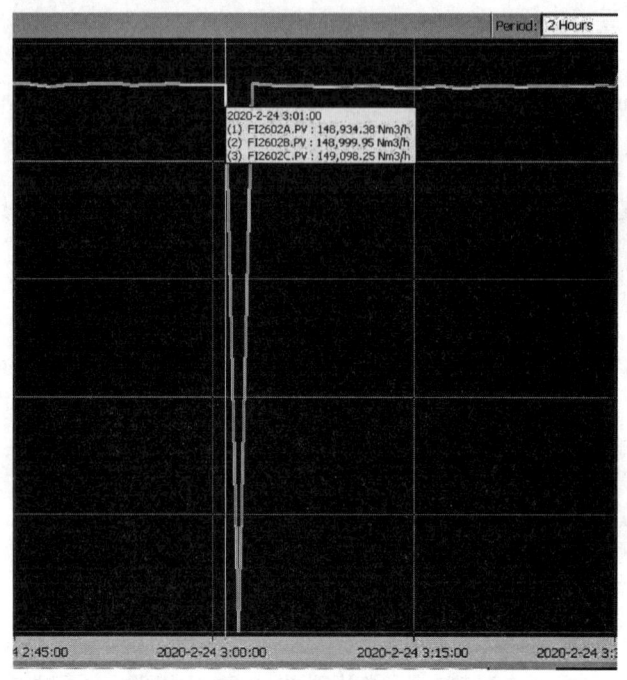

图 4-4　DCS 上 FT2602A/B/C 趋势记录

对仪表控制系统进行检查，发现以下问题：

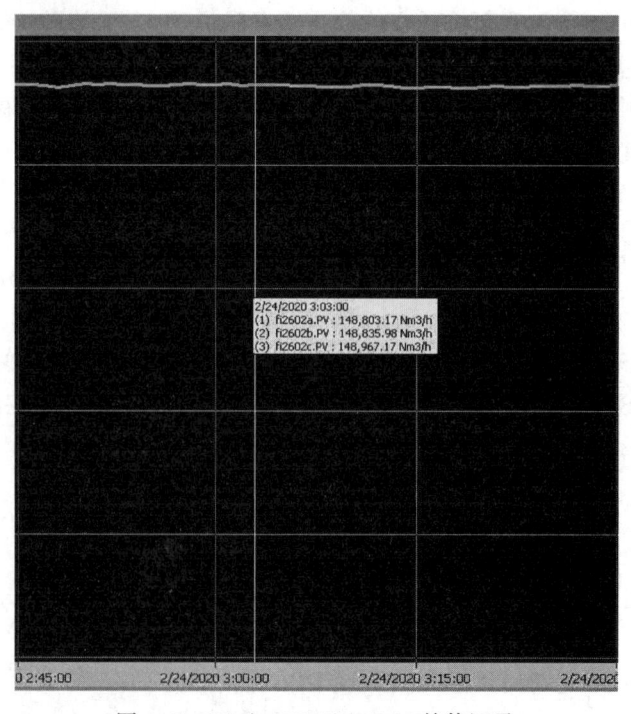

图 4-5　SIS 上 FT2602A/B/C 趋势记录

FT2602AB/C 变送器测量信号直接输入至 SIS 系统参与联锁，然后将指示信号通过通信方式传送到 DCS 控制系统显示和记录。通过 DCS 和 SIS 趋势画面可以判定，FT2602A/B/C 指示及联锁功能正常，只是 SIS 与 DCS 之间的通信有故障，并持续 2min 后自动恢复。工艺人员对此通信故障未能准确判断，直接通知仪表人员摘除联锁检查流量变送器。

仪表人员对联锁摘除画面未认真识别，并且盲目听从工艺人员指挥，在工艺未开具联锁摘除申请票的情况下错误地将小流量燃料气按钮当作联锁摘除，导致联锁误动作，发生联锁停车（图 4-6）。

图 4-6 SIS 上 FT2602A/B/C 联锁逻辑画面局部放大图
FT2602BS 为联锁摘除按钮；HS2600 为小流量燃料气按钮

（三）直接原因

仪表人员对联锁摘除误操作，造成联锁停车。

（四）间接原因

当班人员未执行公司联锁管理规定，无票证进行联锁摘除作业；工艺人员未认真履行联锁摘除确认职责。

未能深刻吸取 U283 联锁停车事故教训，执行力存在逐级衰减现象；车间管理存在漏洞，联锁管理流于形式；工艺和仪表专业对本装置联锁设置掌握程度肤浅，员工培训不到位。

（五）总结

加强联锁摘除作业管控，严肃联锁摘除申请和操作流程，避免误操作。

对于影响 DCS、SIS 等控制系统控制、通信等功能负荷的组态变更，应由发起部门申请组态变更并得到相关部门审批方可执行。

加大员工培训力度，将装置联锁内容纳入操作人员上岗考试范围中。会同工艺专业定期进行联锁操作联合演练，切实提高基层员工业务水平，降低误操作率。

四、乙二醇装置 LT3503 联锁投用停车事件

（一）装置简介

乙烷/乙二醇 2007 年 12 月建成投产，装置采用壳牌工艺，配套 ESD 联锁保护系统，其中 ESD101 为装置进料停车保护系统。

本装置采用乙烯纯氧氧化法，在银催化剂作用下反应生产环氧乙烷，经过吸收解吸系

统送至环氧乙烷精制工段，在 C303 塔/C323B 塔精馏采出环氧乙烷成品，少量环氧乙烷水溶液送乙二醇工段，生产乙二醇、二乙二醇等副产品。

（二）事件经过

2017 年 4 月 9 日 11：17，工艺人员发现 LT3503 液位低低，触发工艺联锁，ESD352\ESD101 动作，造成乙二醇装置紧急停车。仪表人员接到通知后立即对 LT3503 变送器、信号电缆、ESD 卡件、接线端子等进行检查，均未发现问题。经查 ESD 系统事件报警记录，发现 11：17：47 LT3503 低低，触发 ESD352\ESD101 动作，11：17：48 乙二醇装置紧急停车。

（三）事件分析

ESD352 联锁逻辑：LT3503 触发低低联锁，导致 ESD352 动作，同时触发 Buffer_ESD101，导致引起 ESD101 动作。调取系统 SOE 记录，并对逻辑程序进行分析，确定原因为 LT3503 液位低低，触发工艺联锁，ESD352\ESD101 动作，造成乙二醇装置紧急停车。

仪表人员通知工艺操作人员做好工艺参数调整，密切监盘，做好应急处置准备，办理相关作业手续，落实安全措施。拆卸 LT3503 送仪表厂检修，经检查、校验确认双法兰液位计无问题。

（四）直接原因

乙二醇装置由于液位 LT3503 出现低低联锁导致 ESD101 动作，环氧乙烷装置非计划停车。

（五）间接原因

2019 年装置大检修期间乙二醇装置 ESD 系统进行了软硬件升级改造，改造后系统再次上电，相关逻辑程序恢复到初始状态，导致 LT3503 等 5 台仪表的联锁又处于投用状态。因此，在 4 月 9 日 LT3503 达到联锁动作值，触发了乙二醇装置的联锁停车。

工艺人员在 C303 塔操作上长期处于低液位状态，偏离设计工况，控制指标和参数不明确，未引起足够重视。

2016 年大检修后装置开车前联锁回路校验流于形式，未对回路进行 100%校验。

联锁变更管理混乱，乙二醇装置 ESD 系统进行了软硬件升级改造，系统再次上电，逻辑程序恢复到初始状态，各级管理人员未对联锁变更再次确认。

未落实公司"基础管理主题月"活动要求，未认真吸取其他单位因联锁原因造成停车的教训，未对联锁台账逐一梳理排查。

此次停车事故反映出仪表车间对联锁保护系统敬畏不强，对系统变更重视不够，对控制系统改造方案确认及调试投用不够严谨，管理上存在漏洞。

（六）总结

严格落实关于取消 LT3503 等 5 台仪表联锁的会议纪要，在装置运行不具备修改组态程序的条件下，先在 ESD 系统程序中用强制手段取消联锁功能，待装置有停车检修的机会，再将这些联锁的程序逻辑组态进行删除。

认真吸取本次事故教训，对照联锁台账，排查 SIS 系统、ESD 系统及机组控制系统的程序组态情况，查找隐患并落实整改。

加强联锁系统、控制系统的各种变更管理，确认变更溯源，补全变更执行记录。

严格执行公司关于联锁的三级管理要求，严格联锁系统密码管控级别，对于重要的联锁摘除及投用要求车间主任、管理工程师、班组运行工程师三级人员把关，确保仪表联锁系统操作安全受控。

做好 ESD 系统的联锁摘除及投用应急操作步骤卡以及停车应急预案。

重点抓变更管理，并指派专人负责，涉及联锁逻辑修改的，优先考虑程序修改、下装处理，杜绝联锁误动作发生。

第二节　施工作业隐患

一、聚乙烯装置 A 线离心机温度高停车事件

（一）装置简介

聚乙烯装置 A 线采用德国 Hoechst 工艺，于 1979 年 12 月建成，设计生产能力为 3.5×10^4 t/a。该装置离心机自德国福乐伟公司进口，其相关设备均为原装进口，投用时间为 2019 年 9 月。该离心机共有 6 个温度探头 T21~T26，每个温度探头的联锁值均为不小于 130℃，未设置报警值。

（二）事件经过

2020 年 7 月 10 日凌晨 3：34 左右，聚乙烯 A 线离心机紧急停车，联锁停车信号显示 T21（TAZH14633）高高联锁，初步判断为离心机进料端浮环温度超高联锁动作停车。3：40 仪表车间技术人员和工艺生产人员对系统全面检查分析，确认聚乙烯 A 线离心机其他测量参数正常，系进料端浮环温度 T21（TAZH14633）信号误动作。检查现场接线盒 X52 内接线端子，发现电缆线锥压接不牢，存在施工质量问题，将线锥取消并重新接线，观察 T21 温度稳定后，机组具备开车条件。4：18 聚乙烯 A 线离心机自动启动，机组运行平稳，具备生产条件，工艺对系统进料。7 月 16 日 8：30 聚乙烯车间安排计划停车，打开离心机壳体检查 A 线离心机温度探头，发现 T21、T24 探头引线多处被压损，仪表车间对温度探头重新加工引线，安装后温度无明显波动。

（三）直接原因

T21 温度高高联锁导致机组停机。

当离心机停车后，对停车记录进行检查，发现停车系 T21 温度高高联锁所致。

由于 A 线离心机为橇装设备，程序保密，系统内没有添加 T21 历史趋势曲线，所以从硬件入手对回路进行检查，从温度探头到系统柜的环节是：探头→X52 接线盒→温度安全栅→AI 卡。检查系统柜内无异味，外观正常，无系统报警，系统卡件正常，安全栅状态

正常。其中探头和 X52 接线盒在现场，检查 X52 接线盒内端子情况发现 X52 内接线端子排是压接式，施工单位在安装时电缆线锥压接不牢，存在施工质量问题，导致线路接触不良。X52 接线盒内 T21 端子，发现压接端子排未压紧，用手不费力可把电缆线芯从压接的线锥中拽出，仪表人员重新压接端子。7 月 16 日，聚乙烯车间安排计划停车，对 A 线离心机温度探头进行全面检查，检查发现 T21、T24 温度引出线都存在施工造成的线路破损，直接导致测量值不稳定，波动大（图 4-7、图 4-8、图 4-9）。

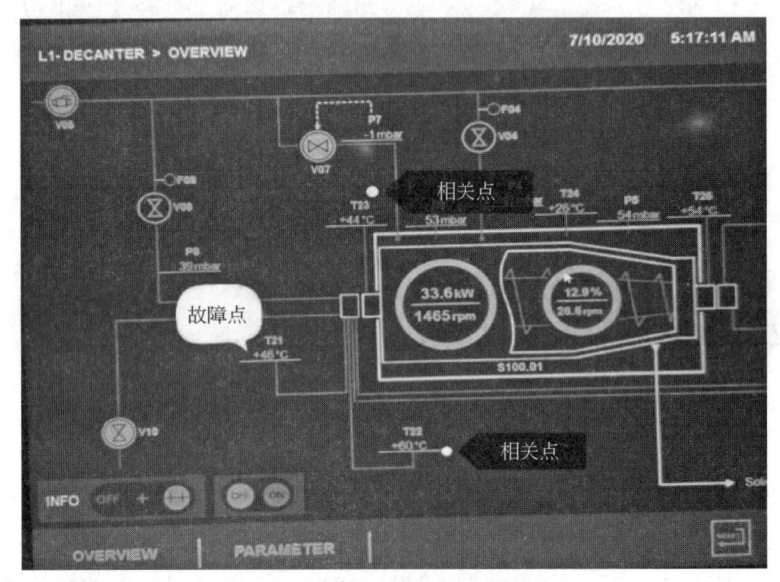

图 4-7 故障点及相关点

图 4-8 现场接线端子对应测量点

（四）间接原因

2019 年 9 月聚乙烯装置 A 线离心机自德国福乐伟公司进口，安装过程中，施工单位野蛮施工，造成现场热电阻引出线路压损，导致测量值大幅度波动；现场接线盒 X52 内接线端子排是压接式，施工单位在安装时电缆线锥压接不牢，未使用规范工具进行压接，存在施工质量问题，导致线路接触不良。

管理原因：仪表车间对机组联锁保护系统管理不到位，对离心机施工质量监督不够。日常检查工作流于形式，没能排查出仪表线路故障问题。

（五）总结

对车间范围内该形式的联锁仪表线路进行再排查，做好统计，待工艺具备条件时，一并检查处理，杜绝该类隐患。

图 4-9 重新加工引线

在今后的各种改造、项目、施工中督促各级人员严把质量关，对施工单位的工作认真验收，加强考核，从源头上保证仪表系统运行稳定。

以此次事件为资源，组织员工培训，吸取经验教训，提高巡检质量，提高员工应急处理能力，对重点监测设备加强巡护，做到早发现、早处理。

二、PX 装置 K761 循环氢压缩机停机事件

（一）装置简介

$70×10^4$ t/a PX 装置，建于 2005 年，原始产能为 $45×10^4$ t/a，由 SEI 设计，采用 UOP 吸附分离技术。经过历次扩能改造，目前装置产能达到 $70×10^4$ t/a。该装置产品为 PX，是重要的生产装置之一。K761 为汽轮机驱动的异构化循环氢压缩机组，压缩机由沈阳鼓风机集团股份有限公司制造，汽轮机为杭汽公司生产。

（二）事件经过

2019 年 8 月 18 日 9：06，PX 装置循环氢压缩机 K761 联锁停车。仪表人员立即赶往机柜室进行检查，检查发现机组透平轴振动信号接线端子内部虚接，继而导致联锁停车。于是立即对机柜内所有端子进行紧固。紧固之后确认无问题后，具备启机条件，交工艺启动压缩机。10：45，循环氢压缩机 K761 启机正常。

（三）直接原因

机组停车前，并无仪表人员作业，操作人员并无相关操作，因此排除人为原因。

查看报警记录，透平支撑、止推轴承温度无异常变化，轴位移信号无异常变化，透平进气、排气压力无异常变化。现场透平振动探头连接无误、紧实，前置器示值在正常范围内，因此排除机械故障。

VSA7850/7851/7852/7853 为四个机组透平振动信号，由现场传至本特利 3500 40 卡，在 3500 系统内完成透平振动联锁停车逻辑给机组 PLC 控制系统，参与机组总的联锁停车逻辑。

本特利 3500 系统联锁信号输出 1 个开关量信号，经端子排 33 号端子传送给机组 PLC

控制系统。由于33号端子内部虚接，导致压缩机振动信号VSA7850/7851/7852/7853动作联锁停机，并引起其他相关信号报警和联锁。

本特利送PLC系统振动信号端子虚接，导致机组停机。

（四）间接原因

大检修检修质量不高。未认真对机柜内的端子紧固情况进行确认和检查，导致端子内部连接效果较差，长时间运行虚接，引起联锁动作停机。

仪表车间控制系统管理存在漏洞，巡检工作流于形式，存在巡而不检情况。

仪表车间大修管控水平不高。2016年大修未全面对机柜内端子进行紧固。

（五）总结

举一反三紧固K761压缩机控制系统机柜内所有端子。

建立端子紧固台账。制定端子紧固计划，实施紧固工作，落实责任人，保证紧固效果。

加强控制系统巡检，提高巡检质量。重点检查接线端子是否松动、机柜室温、湿度是否正常、控制系统是否存在报警等。

加强检修质量管控。完善窗口、大修等各类检修计划，接线端子紧固列入检修计划，利用窗口检修和大检修机会进行全面的端子紧固。

第三节　设计缺陷原因

一、二催化装置进料自保联锁故障原因分析

（一）装置简介

二催化装置为$80×10^4$t/a重油催化裂化装置。DCS系统为霍尼韦尔PKS系统，其自保联锁在2014年时是在DCS系统中实现的。

（二）事件经过

2019年8月4日15：05二催化装置操作员在对进料自保联锁开关投用操作时发生联锁动作，造成进料阀关闭，原料旁通阀打开，再生、待生滑阀关闭。

二催化装置在控制室操作台上设有辅操台，上面有多个联锁开关和复位按钮，操作员可以对其进行相关操作。进料自保联锁开关就设在辅操台上，用于对进料阀和旁通阀进行切除/投用/急停的相关操作。此开关有三个挡位，中间挡位为联锁切除位，左侧挡位为手动紧急停车挡，右侧挡位为联锁投用挡。由于二催化装置上次开工进料时工艺将此联锁开关打到联锁切除位（中间挡），具备联锁投用条件后，操作员将此开关从中间挡位打到联锁投用位，此时发生联锁动作。

事后查看DCS报警和事件记录，没有查到此开关动作的事件记录，所以无法判定是否

是人为误操作，将开关打至手动停车位（左侧挡位）造成此后果。仪表车间在6月5日装置停检期做联锁逻辑测试时对此开关进行了检查实验，动作正常。

此开关在上次停工前一直处于投用状态。随后仪表车间将此开关与逻辑脱开，对其进行测试检查，动作正常，排除了开关故障和线路问题。最后工艺车间将原料进料阀打侧线，对此开关进行在线实验，当操作员将开关打至联锁投用位时又发生联锁动作。检查DCS逻辑图发现原来停工时发生的工艺联锁（如原料流量低低联锁FI1217等）在值恢复正常后操作员没有按"复位"按钮（在联锁开关上方），导致此工艺联锁条件没有消除，还保持在联锁状态，这样当联锁开关打到投用位时直接由此条件触发联锁动作。按下"复位"按钮后再将开关打到投用位时联锁投用正常，没有发生联锁动作。说明工艺操作顺序存在问题，应先复位再投用联锁。

（三）直接原因

此联锁逻辑存在设计缺陷，联锁发生后在没有按复位按钮时，将开关打到切除位时进料阀和旁通阀直接动作恢复正常状态，没有操作员对联锁条件的确认和复位过程。

（四）间接原因

复位按钮及相关逻辑关系没有在操作画面上做显示，操作员不知道是否需复位或复位有没有起作用，容易造成类似的操作失误。尤其是工艺联锁复位功能，当有复位需求时在操作画面上没有醒目的提示，提醒操作员需要复位才能进行联锁投用操作，并且没有复位前和复位后的状态变化，操作员无法判断是否复位成功。

技术人员对联锁逻辑理解不够充分，没有发现设计中存在的问题。对联锁相关概念培训不足。

生产车间组织的联锁测试存在漏洞，没有将问题在联锁测试中反映出来，没有达到联锁测试的真正目的。

（五）解决措施

与相关部门沟通修改逻辑关系，将复位功能放在联锁切除开关的后面，保证即使联锁切除时也需操作员复位后才能让联锁阀动作（图4-10、图4-11）。

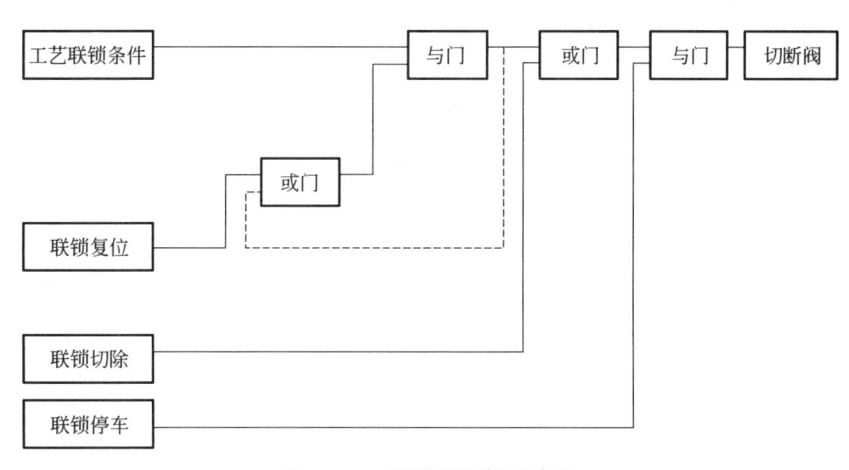

图4-10　原联锁逻辑示意图

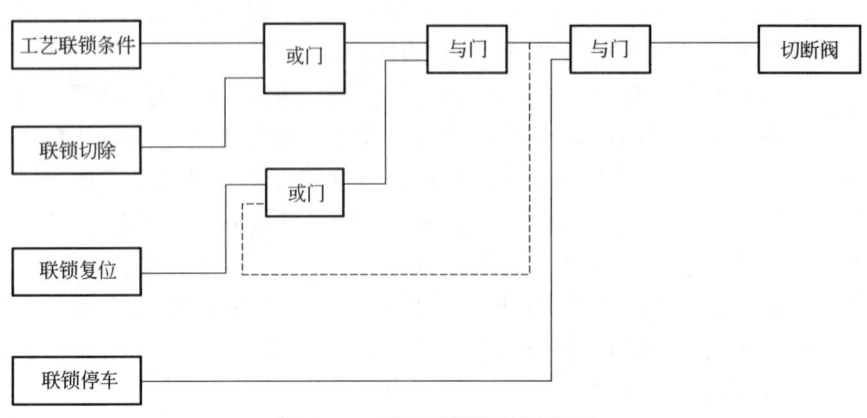

图4-11 现有联锁逻辑示意图

(六)总结

排查其他联锁逻辑是否存在类似问题,如果存在问题,择机修改。

在上位画面上增加联锁回路的逻辑关系及复位按钮,复位状态设置醒目提示,使操作人员可以按照提示进行操作。将联锁逻辑操作写入工艺卡片规范操作,加强操作人员培训,确保每一个操作人员均熟练操作该联锁功能。

二、氢压缩机二次表故障停机故障原因分析

(一)装置简介

蜡加氢装置氢压机是往复式压缩机,为装置反应提供高压氢气。该机组集新氢、循环氢压缩于一体,新氢为二级压缩,循环氢为一级压缩。机组控制系统为西门子公司的S7-300 PLC,现场控制盘为正压防爆柜无上位机,温度、压力等数据是由WEST8010数显表来显示的,操作人员通过现场控制柜面板上的数显二次表进行机组运行监测。

(二)事件经过

2020年12月21日18:00,蜡加氢装置氢压机K9001/2联锁停机,18:15工艺启备机K9001/1运行正常。

(三)直接原因

氢压机K9001/2新氢压缩机吸入压力PIT9411≤0.2MPa低联锁触发,现场压力变送器4~20mA信号入盘柜上的WEST8010数显二次表,经二次表转化为开关量结点信号入PLC进行联锁。现场检查发现二次表故障导致吸入压力低于联锁值,联锁触发,解体检查发现数显二次表电路板有烧毁痕迹,判断为二次表设备故障导致联锁停机(图4-12)。

压缩机入口压力PIT9411二次表WEST8010设备故障,内部常开触点23、24断开,继电器K40失电,K40辅助触点23、24断开,入PLC逻辑信号I3.1正常为带电状态,K40失电后导致该DI点失电,PLC联锁逻辑启动,机组联锁停机(图4-13、图4-14)。

第一部分　现场仪表

图 4-12　新氢入口压力数字显示和二次表电路板图

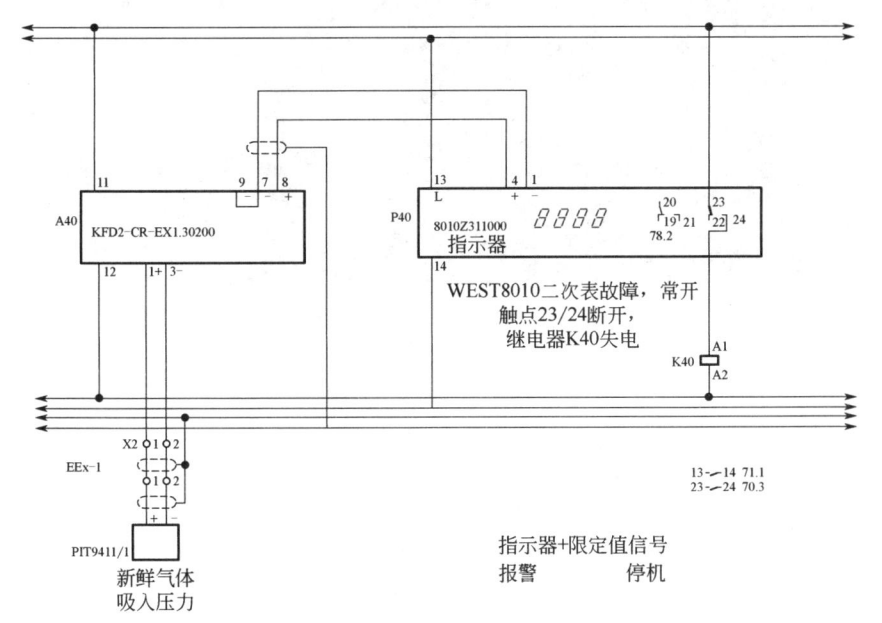

图 4-13　数字显示图二次表电路故障点示意图

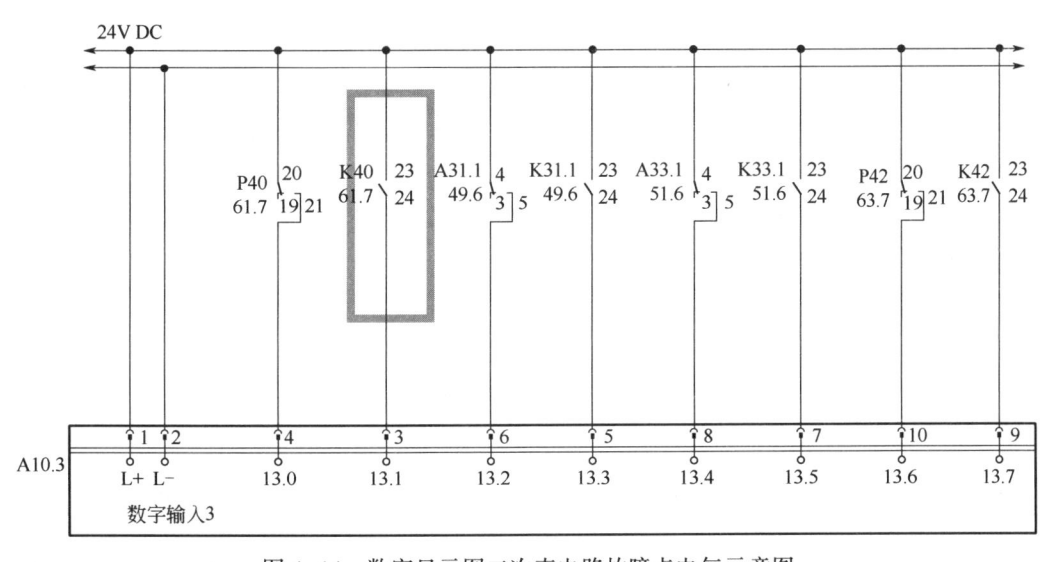

图 4-14　数字显示图二次表电路故障点电气示意图

(四) 间接原因

单点联锁存在仪表误动作风险。

系统升级改造方案考虑不全面。2013年系统改造过程中，对S5-95U系统升级为S7-300，但只对原DI/DO卡件进行更换，对于模拟信号，仍维持当前设计，导致中间环节多，出现问题的概率大大增加（图4-15）。

图4-15 更换故障二次表

(五) 解决措施

对机组及装置单点联锁进行全面排查，制订整改措施，优化联锁方案，进行二取二等联锁改造，在窗口检修期间进行实施。

排查联锁回路二次表使用情况，对当前在用控制系统进行扩容改造，增加模拟量输入卡，将现场仪表模拟信号通过信号分配器方式直接引入PLC联锁逻辑，减少故障环节。

利用热成像仪，对公司各装置336套控制系统机柜控制器、电源、卡件、隔离栅、继电器及端子板进行温度监测，对温度超过55℃的卡件，采取降温等措施，同时根据使用年限，利用窗口检修机会，逐年进行强制更换。

(六) 总结

强化联锁等关键仪表管理，对达到使用寿命的关键设备、配件逐年进行更换。对单点联锁方案进行优化，通过增加取源或其他条件等方式，逐步实现2取2或3取2联锁，确保联锁回路稳定运行。对无法优化的单点联锁回路，利用热成像仪等监测设备，对高功耗、高温的关键设备进行定期监测，缩短设备使用寿命，强制更换，确保装置关键设备长周期平稳运行。

三、丙烯酸装置冰机故障原因分析

(一) 装置简介

8×10^4 t/a丙烯酸及10×10^4 t/a丙烯酸酯装置，采用先进可靠的丙烯气相两步氧化法技术生产丙烯酸和连续酯化法技术生产丙烯酸甲/乙酯、丁酯。装置产生的废气采用催化焚烧技术进行处理，合格后排入大气。装置产生的工艺废水采用热力焚烧技术进行一级处理后，排入公司污水处理厂进行再处理。

该装置于 2006 年 7 月 16 日开工建设，2007 年 10 月 30 日全面中交。2008 年 4 月 18 日，装置正式投料试车。

MaxE YK 型冷水机组一般用于大型空调系统，但也可以用于其他场合。该机组包括一台压缩机（带整体式增速齿轮），开启式电动机、冷凝器、蒸发器和流量控制。

冷水机组的运行由最先进的微电脑控制中心来控制，操作人员可以其编程，以适应不同工程的需求。

运行时，载冷剂（冷冻水或盐水）流过蒸发器，蒸发器内的制冷剂蒸发。随后载冷剂被泵送到风机盘管或其他空调末端装置中去。

来自蒸发器的制冷剂蒸发流入压缩机，经旋转叶轮加压升温后排入冷凝器。冷凝后的制冷剂液体从冷凝器流入流量控制室，由里面节流装置来控制蒸发器的制冷剂供液量，这样就完成了整个制冷剂的循环。

（二）事件经过

2017 年 6 月 28 日 17：05，丙烯酸装置冰机故障停机，仪表人员检查发现安装在压缩机冷凝器的电源控制箱因振动大个别端子松动，仪表人员检查处理后冰机具备开车条件。

17：40，开机程序启动，润滑油压力正常、温度正常，冰机正常开机。开机后 5min，调整压缩机导叶开度时，发现压缩机页面处于"登出"状态，联系工艺技术员询问登录密码，未登入操作界面，在手动停车开关不起作用时，冰机主板重启，仪表人员通过断 UPS 供电停机。停机后，显示"推力轴承—间隙探头超出范围"及"油—变速泵—驱动器开关开路"报警信息。

6 月 29 日，设备专业对冰机止推轴瓦进行检查，打开后发现止推轴瓦磨损、轴承径向磨损。

（三）直接原因

冰机主板与显示屏中间的排线转接板（型号 031-01765）电路有烧断虚接，电路板线路接地造成稳压电源输出电压 5.1V 不稳。

止推轴瓦、轴承径向磨损的原因是冰机主板重启过程中停机开关不起作用，同时辅助润滑油泵会短暂停止运行（45s），主电动机润滑油缺少造成磨损。

主板重启的原因是冰机主板与显示屏中间的排线转接板（型号 031-01765）电路有烧断虚接，电路板线路接地造成稳压电源输出电压 5.1V 不稳。

化肥厂丙烯酸装置冰机故障的原因是给控制盘主板及 I/O 板供电稳压电源模块电压偏低，控制盘重启，辅助油泵停机，润滑油量不足导致止推轴瓦、轴承径向磨损。

（四）间接原因

电源控制箱固定在冷凝器上，振动大。

将停车开关和联锁控制功能全部设计进主板，未单独设置紧急停车按钮，故障状态下无法做到紧急停车。

机组润滑油在设计上存在缺陷，当主板失电和故障及油路控制变频板故障都不停油泵。

对化肥厂丙烯酸装置制冷冰机维护不精细，思想上不重视。对机组多次停机后，故障查找不彻底，未意识到电源模块供电偏低对机组的影响。

（五）解决措施

将电源控制箱从冷凝器上移开，解决因机体振动大造成端子松动的问题。

现场增加紧急停车按钮操作柱，解决机组故障后停车开关无法停机的问题。

（六）总结

化肥厂丙烯酸装置制冷冰机控制为单板机，从 2006 年装置开车以来，关键数据未在 DCS 系统中显示，工艺人员需到现场记录数据并操作，个别数据出现异常时，工艺很难在短时间内发现并处理，冰机停机后，故障原因很难分析。鉴于此，仪表专业人员将单板机内部分重要参数通信至 DCS，并增加历史趋势，解决故障原因分析难的问题。

第四节 设备故障原因

一、PSA 装置 K701B 压缩机假信号停机事件

（一）装置简介

$7\times10^4 m^3/h$ PSA 装置分为膜分离部分和 PSA 部分。膜分离部分采用大连理工大学高压膜分离氢气技术；PSA 部分采用四川××公司变压吸附技术。膜分离部分以现有炼油厂脱硫混合干气、芳烃厂 PSA 解吸气以及本装置 PSA 部分解吸气、新建汽油加氢装置分馏塔顶气、渣油加氢装置汽提塔顶气为原料，经过原料气压缩、氢气膜分离、渗透气压缩后生产渗透气送往 PSA 部分提纯；渗余气送入公司燃料气管网。PSA 部分以新建重整装置所产重整氢气、渣油加氢装置低分气和排放废氢以及本装置膜分离部分所产渗透气为原料，经过变压吸附分离得到纯度≥99.9%的氢气送入公司氢气管网，解吸气送往本装置膜分离部分回收氢气。

（二）事件经过

2020 年 7 月 16 日 16：14 干气压缩机 K701B 停机信号传至 DCS 系统，触发 IS-7007 联锁，关闭压缩机入口切断阀 XOV7008 和压缩机出口切断阀 XOV7011，导致混合干气压力 PI7001 指示波动，造成生产小幅波动。

16：30，工艺人员发现生产波动后赶往现场检查，发现 K701B 现场运行正常，但压缩机入口切断阀 XOV7008 和压缩机出口切断阀 XOV7011 已经关闭，经上报批准后现场手动关闭干气压缩机 K701B，并将备用机组 K701A 启动。

18：22，电气开始校验电动机运行信号。

8：30，仪表人员再次对仪表线路及仪表元器件进行检查并通过实验分析故障原因（图 4-16、图 4-17）。

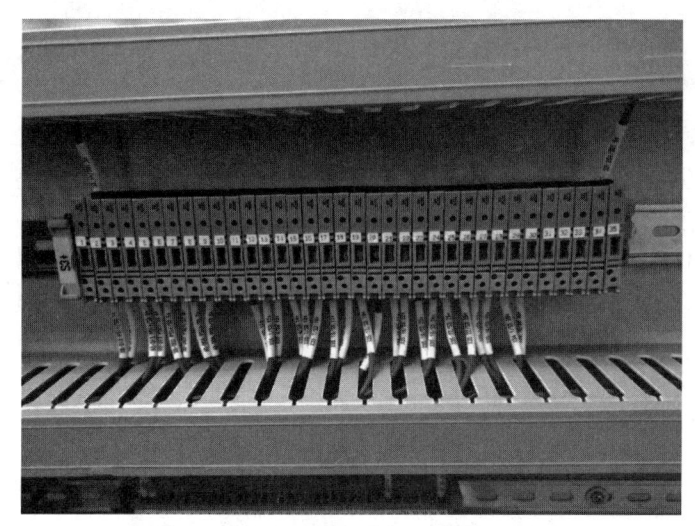

图 4-16　仪表系统机框端子接线示意图　　　　图 4-17　24V 电源 S29 刀闸
　　　　　　　　　　　　　　　　　　　　　　　　　　开关熔断丝熔断

（三）直接原因

仪表端子排供电线路松动导致继电器失电。

测量回路线路有接地现象，将继电器工作电压拉低，导致继电器不能正常工作。

电缆屏蔽不良，遇到信号干扰，造成继电器误动作。

仪表人员首先对来自电气的 DI 点 K701B 主电动机运行信号的线路、继电器及系统卡件进行常规检查，未发现异常，并与电气人员对该点进行联校实验，信号动作正常。

仪表人员在 SOE 记录中发现 2020 年 7 月 15 日 16：14：32.327 干气压缩机 B 中压低报警 PA7303B、干气压缩机 B 停机压力低报警 PA7304B、干气压缩机 B 电动机吹扫完毕 PNS7305B、干气压缩机 B 主电动机运行 MCC7301B 和干气压缩机 Ba 油泵运行 MCC7302B 这 5 个信号同时故障失电的现象，在检查中发现故障点同在 DI3 卡件，接线都接在 X34 端子排上，仪表人员在确认卡件工作正常无故障后，对接线端子排进行细致检查，未发现端子松动、虚接和脱落现象，但在检查环形供电（S29 和 S30 两路刀闸开关引出 24V DC 同时供给 X34 端子排）是否完好时发现 S29 刀闸开关的熔断丝已经熔断，只有 S30 一路供电，未形成环形供电。经仪表人员反复试验一路供电不影响仪表继电器正常运行。

仪表人员在电气专业的配合下使用摇表对仪表端子排 X34 上全部 8 组线路测量绝缘电阻，均未发现有接地现象，测试合格。

针对 SOE 记录中备用机组 K701A 盘车电动机停止时 PA7303B、PA7304B、PNS7305B、MCC7301B 和 MCC7302B 这 5 个点同时故障失电的现象，仪表人员怀疑 K701A 盘车电动机的启停可能对故障点有干扰，并与工艺人员做了如下实验：将 5 个故障点的正极接线端子全部断开，串入电流表分别监测各点在 K701A 盘车电动机启停时的电流变化，结果各点电流均为 35mA，无异常。

为验证一台仪表继电器故障或虚接是否会对其他继电器产生影响，仪表人员反复多次对主电动机运行信号 MCC7301B 的继电器 K33 进行在线插拔实验，结果其他继电器均无异常动作，可排除继电器故障原因。

仪表人员对进入机柜的电缆屏蔽进行检查，电缆均有屏蔽线且均与机柜接地端子紧密连接，未发现异常。

DI 回路带电信号有可能接地时。某一路信号有接地情况时，将导致供电导向大地，在设备没有负载时，烧坏 24V 电源熔断丝。同时，由于 24V 供电引入大地且接地和 24V 负端非共地，导致现场所有供电信号不能返回，全部失电。

DI 回路带电信号有可能受到干扰时。由于此压缩在停机前，其相邻压缩机在做盘车试验，尤其是 A 台压缩机做盘车试验结束后 200ms，B 台压缩机停止运行。当仪器仪表的工作位置附近有大功率的变压器或交流电动机及高压电网等，会造成仪器仪表的工作空间内产生较强的电磁干扰，这就可能会使经过该空间的仪表连接导线产生感应电势，导致回路中电势较大，烧掉电源熔断丝，致使回路失电，信号失真。

（四）间接原因

二次电源分配不应通过熔断丝分配，由于环路电源，如果熔断丝烧毁，电阻丝两端等电压，没有压降，指示灯为二极管不能发出提示信号。应改为单联空气开关，可以消除以上问题。

由现场引至控制室端子排，不应采用刀闸式开关。应设计为熔断式开关。

（五）总结

当仪表端子排采用环形供电时，每个回路的供电（正）端子应加装通道熔断器，这样任何一路信号出现接地的情况不会影响其他回路。

当采用冗余环形供电的方案时，主冗余刀闸熔断器如果一路出现熔断，这时刀闸上的断路二极管因受另一路供电的影响导致指示灯不会亮，因此在具备检修条件时将刀闸熔断器更换为空气开关，以便于日常检查能及时发现故障。

对于橇装机组，应深挖安全隐患，提高验审设计隐患意识。

二、空压站 2 号空压机停机事件

（一）装置简介

空分二车间芳烃空压站是北京××设计院负责总体设计，1995 年建成投运。空压机采用陕西××厂设计生产的 3EP420-10.7/0.99 型离心压缩机，其机组主要零部件设计寿命 $10×10^4$h，单机供出压缩空气 420m³/min。共有三台空压机，分别由 3 套西门子 S7-400 系列 PLC 控制，共用 3 台操作站。

（二）事件经过

2020 年 8 月 14 日 8：30，仪表二车间动力仪表班组配合电气二车间进行空压站 3#空压机停机信号联校工作。

8：54，空压站 2#空压机控制系统机柜停电，同时空压机停机。

8：58，空压站启动 3#空压机，空气管网压力未产生波动，未对生产造成影响。

9：10，仪表人员检查 2#控制系统机柜，发现辅助电源（机柜风扇机照明）空气开关掉电无法投用，并且上级电源空气开关掉电致使整个控制柜失电，PLC 停止运行。

9:40，经检查发现机柜正面照明灯架短路。摘除辅助电源空气开关负载，机柜成功上电，CPU 重新启动，运行正常（图 4-18、图 4-19）。

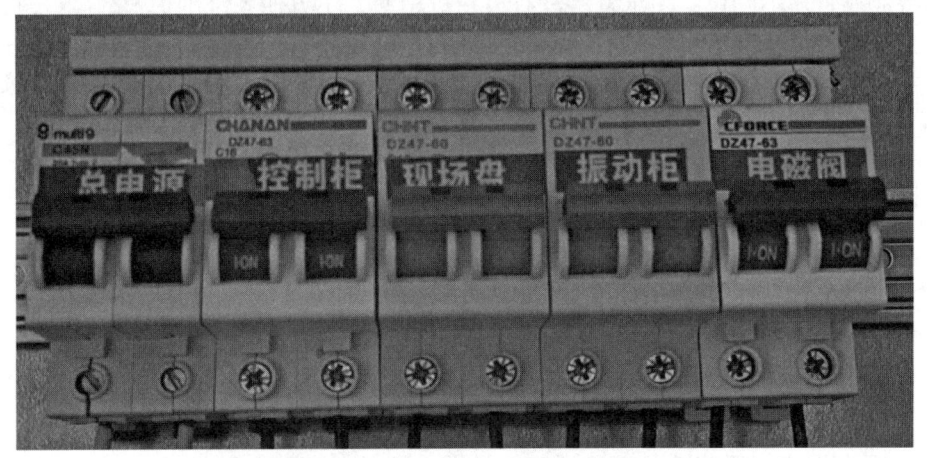

图 4-18 仪表系统供电现场示意图

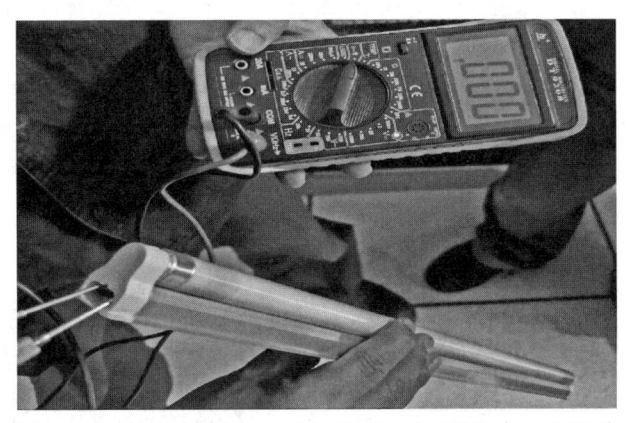

图 4-19 测量灯架电阻，指示为零，表示该灯架已经短路

（三）直接原因

辅助照明灯架短路是此次事件的直接原因。灯架短路后，造成辅助电源空气开关掉电，并引起上级电源空气开关掉电，致使整个控制柜失电，PLC 停止运行，2#空压机停机。

按当前控制系统电源管理规定，辅助电源应与控制系统电源分开，而芳烃空压站的控制系统没有满足要求。

辅助电源空气开关容量过大。整个机柜有 2 个照明灯和 2 个风扇，功率较小，空气开关设计为 10A，明显容量过大，而且上级空气开关容量为 16A，裕度较小容易引起上级空气开关掉电。

（四）间接原因

芳烃空压站控制系统长期存在隐患问题得不到解决，使员工产生麻痹大意思想，对待问题视而不见，得过且过。

各项隐患排查工作不认真，导致辅助电源应与控制系统电源没有分开的隐患，在各项排查中没有识别出来。

图纸资料管理不到位，图纸资料没有放在机柜室，不方便系统维护及故障处理。

机柜室管理混乱。该机柜室原由动力厂和芳烃厂共同管理，目前整合后由两个班组管理。由于多头管理，完成管理缺失，管理效果差。

（五）总结

将辅助设备电源与控制系统分开，使用市电。图纸、资料摆放机柜间，加强班组培训。

三、7号空压机停机事件

（一）装置简介

7号空压机是空气压缩机，于2008年9月投入运行。其供风系统生产能力为20000m³/h，可根据生产需要，调节公用风和仪表风的分配量。该装置采用GE公司90-70系列PLC控制系统。

（二）事件经过

2018年8月19日23：42，空一内操人员发现PLC系统显示V701A/B工艺风压力PIA7301L、PIA7302L低报，遂到现场检查发现放空阀FV7107打开，机组未停机。工艺人员立即用手轮操作将阀关到10%。8月20日凌晨0：10，仪表人员到达现场进行原因查找与分析，判断定位器故障，更换定位器。

8月20日1：09，在仪表人员拆卸定位器时，定位器限位报警信号电缆与外壳接触，造成24V电源接地，熔断器熔断，DI卡断电，机组联锁停机。凌晨1：27，更换24V电源熔断器，卡件恢复正常（图4-20）。4：14，7号空压机开机运行正常。

（三）直接原因

检查PLC控制系统报警，8月19日23：42仅有V701A/B工艺风压力低，无其他报警信息。

现场检查电磁阀带电，电磁阀输入、输出均无风压，检查阀门定位器，输入电流为12mA时无风压输出，判定阀门定位器故障。

拆卸阀门定位器时，定位器限位报警信号电缆与外壳接触，造成24V电源接地，由于设计时无独立的DI通道熔断器，只有DI卡总熔

图4-20 24V电源熔断器熔断

断器，造成 DI 卡总熔断器熔断断电，机组联锁停机。

将拆下的阀门定位器拆送仪表厂进行检查，确认阀门定位器的 I/P 转换器故障。

（四）间接原因

更换定位器过程中防护不当，造成信号线与定位器外壳接触。

对关键仪表设备的突发性故障预估不足以及操作过程中对电源接地的风险评估不足。

（五）解决措施

对故障定位器进行更换。

对 24V 电源熔断器进行更换。

利用装置停车检修机会，将 DI 卡通道的普通端子更换为带独立保险的端子。

（六）总结

对使用时间长的关键部位仪表元件和设备进行定期更换，为降低修理费，可将更换下来的仪表元件和设备应用到非关键部位。

加强操作培训和经验分享，在现场更换仪表作业时，拆除电缆前一定要先在机柜内对该回路进行停电或断线操作。

在工程项目设计审查时，要求所有 DI、DO 通道都要设计独立的与负荷相匹配的熔断器端子。

第五节　事故案例总结

坚信"一切事故都是可以避免的"理念，强化"安全第一"的首位意识，层层传递压力，深化责任落实，以创建标准化管理为契机，深化落实各项仪表运行管理规定，从人员、设备、故障资源三方面，全面夯实基础工作，保证长周期稳定运行。

（1）完善作业人员责任体系，加强作业风险识别。

要对标法律法规、标准规范和集团公司新发布的安全生产管理规定等制度，对作业许可等管理制度进行系统梳理和修订，形成"易学、能懂、会用"的维修制度体系。

利用不间断巡检、"五位一体"巡检等手段，及时发现并消除现场隐患。严密组织、落实责任，制定整改方案和落实整改单位，按属地原则组织整改实施。跟踪进度和完成整改时间。

（2）强化事故事件资源化管理。

以事故事件为资源，深入剖析直接间接和管理原因，制定切实可行、举一反三的整改措施。分析报告及时下发，逐级组织员工学习讨论，避免发生同类事故事件，实现整改一项问题，提升一类管理。

（3）做实做好预知检修。

根据设备运行特点，做实做好预知检修，摒弃不坏不修。维修就要维修到位，绝不再次出现故障。作业人员要有敬畏心里，维修、作业的最终目的要保证装置安全，人员安全，依法合规。在装置设计、改造、建设等诸多阶段，要依据标准规范，发挥专业技术水平，消除一切可能发生事故的隐患。

(4) 提升应急处理能力。

持续优化专业技术能力培训，提高专业技术水平，加大岗位技术练兵。实现能力和意识双提升。要突出岗位员工重点培训风险辨识与应急技能，强化岗位协同操作和处理突发事件的团队协作能力。提高施工运维管理业务能力和安全素质。加强应急管理，完善应急预案。加强应急预案的培训与演练，提升应对突发情况的实用本领。

中国石油天然气集团有限公司统建培训资源

仪表维修工技师培训教材

（控制系统仪表分册）

中国石油天然气集团有限公司人力资源部　编

石 油 工 业 出 版 社

内 容 提 要

本书主要介绍了仪表维修工技师应掌握的相关知识，主要内容包括检测仪表、气动执行器、分析仪表、典型仪表事故事件案例分析与处理、机组状态监测仪表、过程控制和仪表管理系统、网络通信、石油化工典型控制方案应用与PID参数整定等内容。

本书可作为仪表维修工技师的工具书，也可作为仪表维修相关员工的培训教材。

图书在版编目（CIP）数据

仪表维修工技师培训教材/中国石油天然气集团有限公司人力资源部编．--北京：石油工业出版社，2025.3．
ISBN 978-7-5183-6982-9

Ⅰ．TE967.07

中国国家版本馆 CIP 数据核字第 2024MU1953 号

出版发行：石油工业出版社
（北京市朝阳区安华里二区1号 100011）
网　　址：www.petropub.com
编辑部：（010）64251613
图书营销中心：（010）64523633
经　　销：全国新华书店
印　　刷：北京晨旭印刷厂

2025年3月第1版　2025年3月第1次印刷
787×1092毫米　开本：1/16　印张：37.5
字数：900千字

定价：129.00元（全2册）
（如出现印装质量问题，我社图书营销中心负责调换）
版权所有，翻印必究

《仪表维修工技师培训教材》
编委会

主 编：郭长城

副 主 编：赵 哲　任国焱

编写人员：陈毓民　杨为民　杜旭刚　谢 龙　高 勇
　　　　　张 翔　马 鑫　黄可鑫　马英伟　李 哲
　　　　　王春光　赵 钊　王虎威　王 哲　张云鹏
　　　　　汪春竹　杨俊辉　孙明亮　熊炎炎　闻争争
　　　　　李 颖　吴 平　吴禹铮　吕永涛　杨 霖
　　　　　杨宝星　孟凡超　崔永哲　高媛媛　刘丛堂

前 言

为进一步提高炼化企业仪表高技能人才队伍建设，提升仪表实操培训师技艺传承能力，健全仪表检维修技能培训体系，推动仪表技师工种实训资源建设，中国石油辽阳石化公司组织编写了《仪表维修工技师培训教材》（以下简称《教材》）。《教材》以炼化企业过程仪表和控制系统的应用情况为依据，总结长期从事自动化仪表检维修工作经验，从提高仪表检维修人员实际动手解决问题能力出发，详细介绍了化工仪表和控制系统日常维护和故障处理知识，具有以下几个特点：（1）紧密贴合仪表检维修实际工作情况，详细介绍化工仪表和控制系统选型、安装、参数设置、校验和组态等内容。（2）针对仪表检维修工作特点，详细介绍了化工仪表和控制系统日常检查与维护内容。（3）以实例介绍了多种化工仪表和控制系统典型故障分析与处理过程。

《教材》所选取的仪表、调节阀、控制系统等都是现场使用频率较高的主流自动仪表，是技师、高级技师应掌握和提高的技术内容。《教材》中的技术知识和检维修案例均来源于现场实践，是理论、规范、标准、实践相结合的典范，对提高炼化企业仪表检维修水平会发挥重要的作用。《教材》源于实践、高于实践，通俗易懂，具有针对性、通用性、实用性强等特点，可作为炼化企业仪表检维修人员的参考书和专业培训的辅助教材。

《教材》分为现场仪表与控制系统仪表两部分。现场仪表部分共分四章，主要内容包括：检测仪表、气动执行器、分析仪表、典型仪表事故事件案例分析与处理等。控制系统仪表部分共分四章，主要内容包括：机组状态监测仪表、过程控制和仪表管理系统、网络通信、石油化工典型控制方案应用与 PID 参数整定等。

《教材》由中国石油辽阳石化公司负责组织编写，大连石化公司参与编写。参加编写的人员有辽阳石化公司郭长城、赵哲、任国焱、陈毓民、杨为民、杜旭刚、谢龙、高勇、张翔、马鑫、黄可鑫、马英伟、李哲、王春光、赵钊、王虎威、王哲、张云鹏、汪春竹、杨俊辉、孙明亮、熊炎炎、闻争争、李颖、吴平、吴禹铮、吕永涛、杨霖、杨宝星、孟凡超、崔永哲、高媛媛，大连石化公司刘丛堂。参与本书编写和审定的人员均为长期从事仪表管理或现场维护的专家，在此一并对《教材》的编写、审定、编辑人员表示诚挚的感谢。对《教材》存在的问题和不足，敬请读者提出宝贵意见，便于改正，谢谢！

目 录

第一部分 现场仪表

第一章 检测仪表 ... 3

第一节 雷达液位计 ... 3
一、雷达液位计概述 ... 3
二、雷达液位计的选型与安装 ... 5
三、雷达液位计的参数设置与校验 ... 7
四、雷达液位计日常检查与维护 ... 18
五、雷达液位计典型故障分析与处理 ... 19

第二节 浮筒式液位计 ... 22
一、浮筒式液位计 ... 22
二、浮筒式液位计的选型与安装 ... 23
三、浮筒式液位计的参数设置与校验 ... 24
四、浮筒式液位计日常检查与维护 ... 29
五、浮筒式液位计典型故障分析与处理 ... 31

第三节 伺服液位计 ... 31
一、概述 ... 31
二、伺服液位计的选型与安装 ... 32
三、伺服液位计的参数设置与校验 ... 36
四、伺服液位计日常检查与维护 ... 41
五、伺服液位计典型故障分析与处理 ... 42

第四节 电容液位计 ... 43
一、概述 ... 43
二、电容液位计的选型与安装 ... 44
三、电容液位计的参数设置与校验 ... 46

四、电容液位计日常检查与维护 ……………………………………… 52
　　五、电容液位计典型故障分析与处理 …………………………………… 52
　第五节　质量流量计 …………………………………………………………… 53
　　一、质量流量计概述 …………………………………………………… 53
　　二、质量流量计的选型与安装投用 …………………………………… 54
　　三、质量流量计的菜单树 ……………………………………………… 66
　　四、质量流量计日常巡检和定期维护 ………………………………… 82
　　五、质量流量计典型故障分析与处理 ………………………………… 83
　第六节　电磁流量计 …………………………………………………………… 95
　　一、电磁流量计概述 …………………………………………………… 95
　　二、电磁流量计选型与安装 …………………………………………… 95
　　三、电磁流量计的参数设置与校验 …………………………………… 99
　　四、电磁流量计日常检查和维护 ……………………………………… 108
　　五、电磁流量计典型故障分析与处理 ………………………………… 112

第二章　气动执行器

　第一节　执行机构的结构和分类 ………………………………………………… 114
　　一、调节阀的结构 ………………………………………………………… 114
　　二、调节阀的组成和分类 ………………………………………………… 115
　　三、常见气动执行机构 …………………………………………………… 115
　　四、常见的电动执行机构 ………………………………………………… 118
　第二节　智能定位器原理及应用 ………………………………………………… 119
　　一、智能阀门定位器的基本原理 ………………………………………… 119
　　二、智能阀门定位器的用途 ……………………………………………… 119
　　三、智能阀门定位器的结构特点 ………………………………………… 120
　　四、智能阀门定位器的组态说明 ………………………………………… 120
　　五、智能阀门定位器的安装及调试 ……………………………………… 121
　　六、常见智能阀门定位器的使用调校方法 ……………………………… 121
　第三节　执行机构附件 …………………………………………………………… 163
　　一、电磁阀 ………………………………………………………………… 163
　　二、空气过滤减压阀 ……………………………………………………… 169
　　三、阀门回讯器 …………………………………………………………… 171
　第四节　执行器的故障分析与处理 ……………………………………………… 172

  一、执行机构的主要故障元件 ……………………………………………… 172
  二、阀的主要故障元件 …………………………………………………… 173
  三、故障产生的原因和处理方法 ………………………………………… 174
  四、实际检修案例分析调节阀常见故障及其解决方案 ………………… 181

第三章 分析仪表 …………………………………………………………… 189
 第一节 氧化锆分析仪 ……………………………………………………… 189
  一、氧化锆分析仪的原理 ………………………………………………… 189
  二、氧化锆分析仪的选型与安装方式 …………………………………… 190
  三、氧化锆的参数设置与校验 …………………………………………… 194
  四、氧化锆分析仪日常维护及故障处理 ………………………………… 199
  五、氧化锆分析仪典型故障分析与处理 ………………………………… 202
 第二节 COD 分析仪 ……………………………………………………… 203
  一、COD 概念及测量原理 ………………………………………………… 203
  二、COD 分析仪的安装 …………………………………………………… 204
  三、COD 分析仪的调试步骤 ……………………………………………… 208
  四、CA80COD 分析仪日常检查与维护 ………………………………… 211
  五、COD 分析仪典型故障分析与处理 …………………………………… 215
 第三节 CEMS 烟气排放连续监测系统 ………………………………… 216
  一、CEMS 概述 …………………………………………………………… 216
  二、CEMS 分析仪的安装 ………………………………………………… 217
  三、CEMS 分析仪的调试步骤 …………………………………………… 218
  四、CEMS 的日常检查与维护 …………………………………………… 220
  五、CEMS 典型故障分析与处理 ………………………………………… 222
 第四节 硫比值分析仪 ……………………………………………………… 225
  一、硫比值分析仪工艺介绍及仪表概述 ………………………………… 225
  二、硫比值分析仪分析原理及分析过程简述 …………………………… 226
  三、仪表结构详细构成及除雾探头功能 ………………………………… 226
  四、仪表分析校准模块和自动标定设置 ………………………………… 228
  五、仪表维护及故障处理 ………………………………………………… 234

第四章 典型仪表事故事件案例分析与处理 ……………………………… 236
 第一节 操作原因 …………………………………………………………… 236
  一、LNG 公司天然气着火事故 …………………………………………… 236

二、U283 AASH2104 联锁停车事件 238
三、重整装置联锁切除停车事故 239
四、乙二醇装置 LT3503 联锁投用停车事件 241
第二节 施工作业隐患 243
一、聚乙烯装置 A 线离心机温度高停车事件 243
二、PX 装置 K761 循环氢压缩机停机事件 245
第三节 设计缺陷原因 246
一、二催化装置进料自保联锁故障原因分析 246
二、氢压缩机二次表故障停机故障原因分析 248
三、丙烯酸装置冰机故障原因分析 250
第四节 设备故障原因 252
一、PSA 装置 K701B 压缩机假信号停机事件 252
二、空压站 2 号空压机停机事件 254
三、7 号空压机停机事件 256
第五节 事故案例总结 257

第二部分　控制系统仪表

第五章　机组状态监测仪表 261
第一节　本特利电涡流振动/位移探头 261
一、电涡流传感器的组成及工作原理 261
二、传感器系统的常用术语 262
三、探头的安装 265
四、前置器的安装 270
五、延伸电缆的安装 272
六、电涡流传感器的校验 273
七、常见故障分析及处理 277
第二节　转速探头 279
一、转速探头的工作原理及组成 279
二、转速探头拆装及校验 283
三、转速探头典型故障分析及处理 289
第三节　机组监测系统 290

一、本特利 3500 监测系统介绍 290
二、本特利 3500 系统硬件配置与软件组态 291
三、本特利 3500 系统操作与维护 311
四、本特利 3500 系统故障诊断与处理 317

第六章 过程控制和仪表管理系统 324

第一节 PLC 控制系统 324
一、DCS 与 PLC 的区别 324
二、DCS 与 PLC 的相同点 325
三、西门子 S7-400 系统硬件配置与软件组态 326
四、西门子 S7-400 系统操作与维护 343
五、西门子 S7-400 系统故障诊断与处理 351
六、西门子 S7-400 系统软件使用 361

第二节 DCS 集散控制系统 389
一、DCS 系统概述 390
二、浙江中控 ECS-700 系统硬件配置与软件组态 391
三、ECS-700 系统操作与维护 410
四、ECS-700 系统故障诊断与处理 416
五、ECS-700 系统组态实例 424

第三节 SIS 安全仪表系统 438
一、SIS 系统概述 439
二、浙江中控 TCS-900 系统硬件配置与软件组态 440
三、浙江中控 TCS-900 系统操作与维护 450
四、浙江中控 TCS-900 系统故障诊断与处理 458
五、浙江中控 TCS-900 系统组态实例 466

第四节 IDM 智能仪表设备管理系统 511
一、IDM 系统概述 511
二、霍尼韦尔 FDM 系统配置与组态 512
三、霍尼韦尔 FDM 系统操作与维护 523
四、智能仪表设备故障诊断与处理 528

第七章 网络通信 535

第一节 Modbus 通信 535
一、Modbus 通信概述 535

二、Modbus 通信实例 ·· 536
　　三、Modbus 通信故障诊断与处理 ·· 539
　第二节　OPC 通信 ·· 541
　　一、OPC 通信概述 ··· 541
　　二、OPC 通信实例 ··· 543

第八章　石油化工典型控制方案应用与 PID 参数整定 ································ 556
　第一节　石油化工典型控制方案应用 ·· 556
　　一、石油化工典型流体输送设备控制方案简介 ·································· 556
　　二、精馏塔控制方案 ·· 557
　　三、反应器控制方案 ·· 559
　　四、压缩机控制方案 ·· 560
　第二节　PID 参数整定 ··· 563
　　一、单回路 PID 参数调整 ··· 563
　　二、串级回路 PID 参数调整 ·· 569

第二部分
控制系统仪表

第五章 机组状态监测仪表

第一节 本特利电涡流振动/位移探头

旋转机械状态监测，系指用各种仪器和仪表，对反映旋转机械运行状态的参数进行测量和监视，从而了解其运行状态，保证安全运转，提高设备的科学管理水平。

目前，采用常规仪表固定安装，长期监测的状态参数主要有：轴的径向振动值、轴向位移值、机器的转速、轴承温度等。

状态监测中采用的传感器分为接触传感器和非接触传感器两种。接触传感器有速度传感器、加速度传感器等，这类传感器多用于非固定安装，只测取缸体机壳振动的地方，其特点是传感器直接和被测物体接触。非接触传感器不直接和被测物体接触，因此可以固定安装，直接监测转动部件的运行状态。其种类很多，最常用的是永磁式趋近传感器和电涡流式趋近传感器（也称射频式趋近传感器）。

电涡流式趋近传感器测量范围宽，抗干扰能力强，不受介质影响，结构简单，因此得到广泛应用。

一、电涡流传感器的组成及工作原理

常规仪表状态监测系统一般由固定安装在转轴附近的传感器（探头）、前置器和状态监视仪三部分组成。

电涡流传感器由平绕在固体支架上的铂丝线圈构成，用不锈钢壳体和耐腐蚀的材料将其封装，再引出同轴电缆猪尾线和前置器的延伸同轴电缆相连接。

根据麦克斯韦电磁场理论，趋近传感器线圈中通入高频电流之后，线圈周围会产生高频磁场，该磁场穿过靠近它的转轴金属表面时，会在其中感应产生一个电涡流。根据楞次定律，这个变化的电涡流又会在它周围产生一个电涡流磁场，其方向和原线圈磁场的方向刚好相反，这两个磁场相叠加，将改变原线圈的阻抗。

线圈阻抗的变化既与电涡流效应有关，又与静磁学效应有关，如果磁导率、激励电流强度、频率等参数恒定不变，则可把阻抗看成是探头顶部到金属表面间隙的单值函数，即两者之间成比例关系（图5-1）。

只要设置一个测量变换电路，将阻抗的变化测出，并转换成电压或电流输出，再用二次表显示出来，即可反映间隙的变化。

电涡流传感器在监测径向振动的同时又能监测轴向位移，其监测原理基于电涡流传感器探头测出的与瞬时位移量 $X(t)$ 正比的输出信号，包含有直流分量 X 和交流分量 $S(t)$（图5-2）。

图 5-1 线圈阻抗

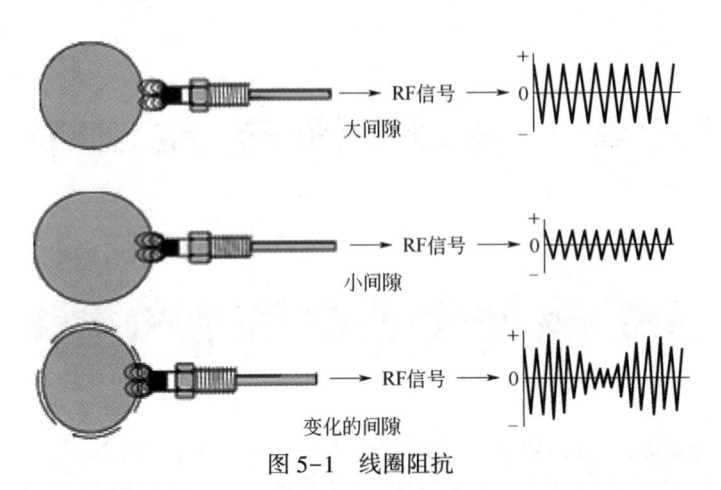

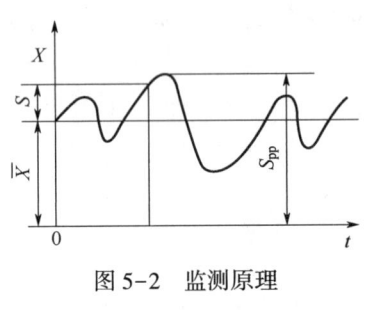

图 5-2 监测原理

3300XL 系列 8mm 涡流传感器系统可以测量机械的振动、轴的位置或者机械的其他部分与探头的相对位置。传感器系统借助于探头顶端与被观察的导体表面之间的间隙，来测量振动及相对位置。该系统可给出与间隙成正比的负电压，这一电压信号，可以送给监测器、手提式仪器或者故障诊断仪，这些仪表可以应用这一信号给出径向振动、轴向位移、键相信号以及其他各种监测参数。

二、传感器系统的常用术语

（一）涡流探头（Proximitor Probe）

这是一个非接触式探头，它可以测量被观测表面相对于探头的径向位置及振动。实际上涡流探头都用于旋转机械的测量，它利用电涡流的原理进行工作。它测量轴相对于轴承壳的位移运动及轴的径向位置（图 5-3、表 5-1）。

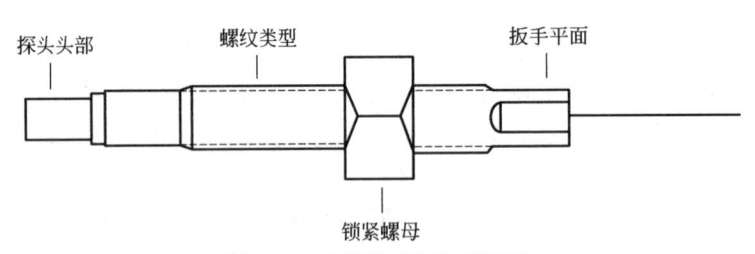

图 5-3 非接触式探头示意图

表 5-1 非接触式探头参数表

描述	8mm 探头	5mm 探头
探头头部	8mm	5mm
螺纹类型	M10×1, 3/8-24 或无螺纹	M8×1, 1/4-28

续表

描述	8mm 探头	5mm 探头
扳手平面	8mm 或 5/16in	7mm 或 7/32in
锁紧螺母	六方 17mm 或 9/16in	六方 13mm 或 7/16in

以 330104-00-11-10-02-00 为例（图 5-4）。

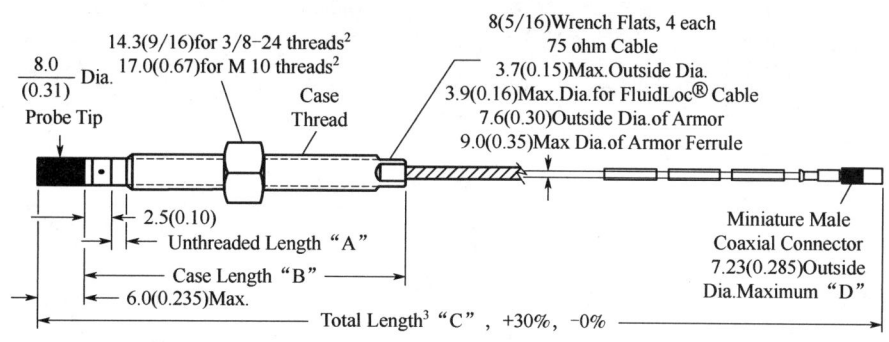

图 5-4 330104 型号探头详细尺寸图

型号说明：

330104：M10×1 螺纹，铠装。

A00：无螺纹长度 0mm。

B11：壳体总长度 110mm。

C10：总长度 1m。

D02：微型同轴 ClickLocTM 接头，标准电缆。

E00：批准机构无要求。

探头标准电阻见表 5-2。

表 5-2 探头标准电阻

探头所带的电缆长度（m）	中心导体和外层导体（Ω）
0.5	7.45±0.50
1.0	7.59±0.50
1.5	7.73±0.50
2.0	7.88±0.50

（二）延伸电缆（Extension Cable）

它是一根具有特定电长度的同轴电缆，用来联系探头和前置器。

以 330130-040-00-00 为例（图 5-5）。

型号说明：

330130：延伸电缆型号。

A040：电缆长度 4m。

B00：标准电缆。

C00：批准机构无要求。

延伸电缆标准电阻见表 5-3。

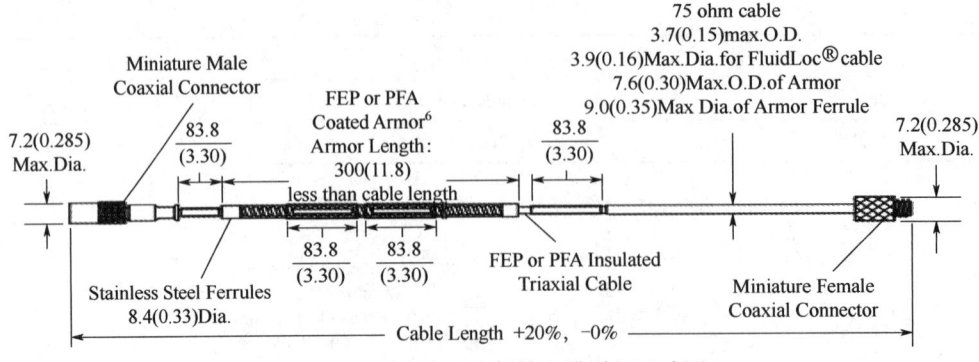

图 5-5 330130 型号延伸电缆详细尺寸图

表 5-3 延伸电缆标准电阻

延伸电缆长度（m）	中心导体与中心导体之间的电阻（Ω）	外层导体到外层导体的电阻（Ω）
3.0	0.66±0.10	0.2±0.04
3.5	0.77±0.12	0.23±0.05
4.0	0.88±0.13	0.26±0.05
4.5	0.99±0.15	0.30±0.06
7.0	1.54±0.23	0.46±0.09
7.5	1.65±0.25	0.49±0.10
8.0	1.76±0.26	0.53±0.11
8.5	1.87±0.28	0.56±0.11

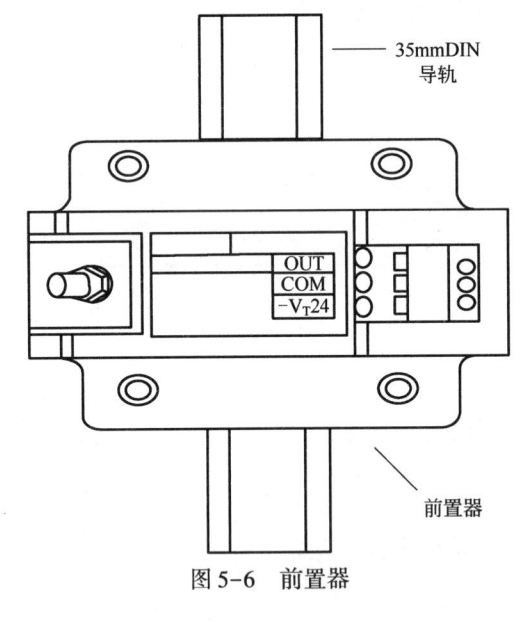

图 5-6 前置器

（三）前置器（Proximitor）

本特利内华达公司的信号调节装置，它发射一个无线电频率信号给涡流探头，并解调探头的输出，同时提供一个输出信号，该信号与平均的和动态的探头间隙成正比，它也称为振荡解调器（图 5-6）。

（四）电长度（Electrical length）

1m 电长度的电缆，与在低无线频率下的 1m 物理长度的理想的同轴电缆再加上某一安全系数，具有相同的电特性。加上这一安全系数，是为了保证最小物理长度是 1m。探头所带电缆和延伸电缆，对于一个完整的传感器系统，一定要有正确的电长度，以使其正确运行。

（五）被观测表面（Observed Surface）

被探头观测的表面与探头二者之间有一定间隙，探头监测这一间隙的变化。

（六）校准曲线（Calibration curve）

它是探头间隙（mil，1mil＝25.4μm）和前置器输出电压（Vdc）之间的关系曲线。这一曲线可代表探头、延伸电缆和前置器的运行特性。

三、探头的安装

标准探头的应用方式包括径向振动测量、轴向位移测量。

常用的探头安装方法有两种，一种为机械测隙法，即用塞尺测量探头和金属表面间的间隙，因为受安装位置的限制，这种方法在探头安装中采用较少。另一种为电气测隙法，即将探头、延伸电缆、前置器接好并送电，用数字万用表观察前置器输出电压，计算确定探头和被测表面的间隙，这种方法不受探头安装位置限制，安装精度比较高，广泛用于本特利公司各种监视仪探头安装。例如，刻度系数为 200mV/mil 的 3300XL 系列探头前置器系统，通常探头装到间隙电压 10V DC 位置，可算出探头和被测表面间隙为 50mil。如果装探头时需将时间间隙增大 2mil，则间隙电压应升高 0.4V。对于刻度系数为 100mV/mil 的探头前置器系统，也可按此方法计算安装。

（一）在安装探头之前需要考虑的问题

1. 探头与探头之间的距离

探头端部都有一个磁场，如果两个探头安装得太靠近，其磁场会互相干扰，这会导致一个小振幅交流信号叠加在前置器输出的信号上。为防止互相干扰，两个探头顶部之间的距离应满足某些条件（图 5-7）。

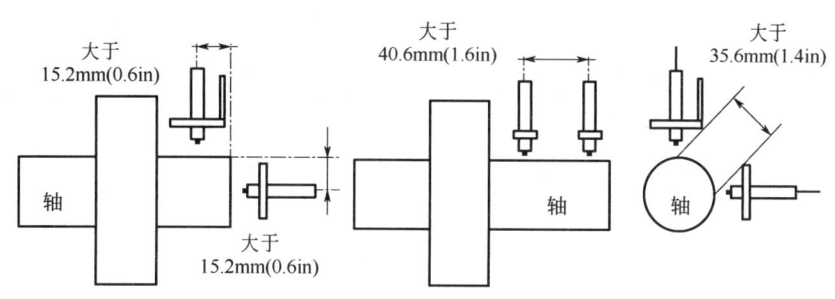

图 5-7 不同安装型式探头间距离示意图

由于无线电频率（RF）信号磁场，要向外扩展到探头顶部的外侧，因而一定要把接近探头端部外侧留有足够的间隙，如果不这样做，系统就会产生错误的信号。平面侧向距离，平底孔的直径以及后表面距离对校准曲线有影响。侧面对于探头要留有一定距离，正确安装，调整探头的间隙，或者加工成平底孔的方法，把导体材料拿掉，就会避免上述问题的产生。

2. 内部探头安装支架

用于安装探头的支架，一定要用角铁或者其他构件做成一个刚体。当采用安装支架时，在现场要检查它的共振频率，其共振频率至少要为机器转速的 10 倍。检查其共振频率，要把探头安装在支架上，用锤子敲打支架，同时用示波器观察前置器的输出信号。

支架一定要把探头固定在正确位置，应该垂直于被观测的表面，探头的轴心线可以偏离垂直线方向 15°，这样不会影响传感器系统的工作（图 5-8）。

图 5-8 内部探头安装支架示意图

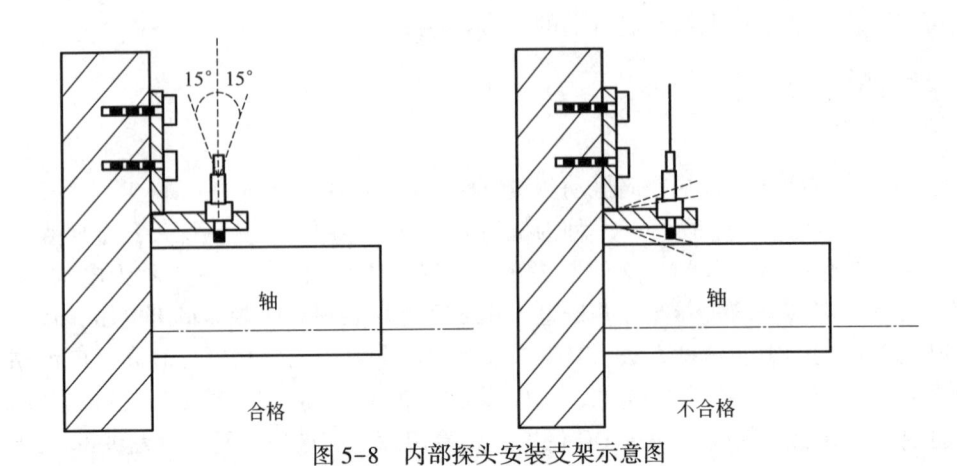

3. 探头外部安装附件

探头也可以用附件，通过机器的外壳，诸如机器的轴承盖进行安装固定。在很多情况下，用一外部安装附件，对安装探头是很有用的，采用箱体组件，不必把机器拆开，就可以调整间隙、移开或调换探头。

如果探头套筒长度超过 12in，就需要用一个安装支架，把套筒支撑起来。如果没有一个具有合适刚度的支撑，探头套筒就会振动。用户一定要检查每一个探头的安装，并保证套筒的振动在可以接受的范围之内。其共振频率应该至少是机器转速的 10 倍。

4. 探头安装间隙

安装探头时，应考虑传感器的线性测量范围和被测量间隙的变化量，当被测间隙总的变化量与传感器的线性工作范围接近时，尤其要注意（在订货选型时应使所选的传感器线性范围大于被测间隙 15% 以上）。通常，测量振动时将探头的间隙设在传感器的线性中点；测量位移时，要根据位移往哪个方向的变化较大来决定其安装间隙的设定。当位移向远离探头端部的方向变化时，安装间隙应设在线性近端，反之，应设在线性远端（图 5-9）。

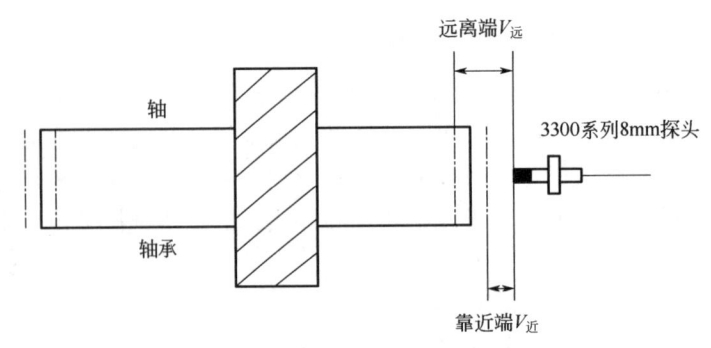

图 5-9 探头安装间隙示意图

可以通过窜量值来计算出安装探头的间隙电压，首先确定窜量值，通过机组参数说明书获取，其次需要设备人员将转子撬到远端或近端。

假设窜量值用 C 表示，零点电压间隙为 L，灵敏度为 M，零界电压值为 V，得出的公式：

$$V_{远} = (L+C/2) \times M \tag{5-1}$$
$$V_{近} = (L-C/2) \times M \tag{5-2}$$

假设审量值为32道，即0.32mm。

远离端 $= (L+C/2) \times M = (1.27+0.32/2) \times 7.87$

$V_{远} \approx 11.25\text{V DC}$（靠近端安装0点电压）

靠近端 $= (L-C/2) \times M = (1.27-0.32/2) \times 7.87$

$V_{近} \approx 8.7\text{V DC}$（远离端安装0点电压）

对于径向振动测量，探头的间隙在所有的情况下，都一定要保持在传感器的工作范围之内。在具有大轴承的机器上，其总的机械间隙，接近于传感器工作范围，这样其间隙就不能设在工作范围的中间。例如，对于卧式机械，垂直安装的探头，由于在机器启动时，轴会抬高0.25mm（10mil），因而要求间隙电压为-11.0VDC，而不是正常的电压-10VDC。

5. 探头所带电缆长度

探头和延伸电缆是特殊加工的，其最小的物理长度等于所指定的电长度。例如，当探头具有1.0mm（3.28ft）物理长度的电缆，它一般应介于1.0mm（3.28ft）和1.3mm（4.27ft）之间，要保证探头所带电缆具有足够的长度，以使探头与延伸电缆的连接处能处于机壳外面，这样当延伸电缆损坏或联接处弄脏时，不需要打开机壳，即可修理或更换延伸电缆。当拧进探头时，要同时转动它所带的电缆，以免把探头拧坏。所以，当安装带有较长电缆的探头时，一定要把电缆与探头一起转动。

6. 防潮密封

由于接头本身不防水，所以需要用本特利内华达公司的连接保护套把接头包起来。可以用本特利内华达公司零件号为40113-02的可收缩套管，它由室温硫化混合物（RTV）胶囊包着。也可以用本特利内华达公司零件号为04580124或其他型式的接头保护装置及密封装置。但不要把具有硫化混合物的保护套用在具有酸基的环境。不要用黏性的电工胶带，因为油会溶解胶带上的黏性物质，使接头容易变脏。

在探头所带电缆伸出机壳处，有必要把电缆的一周都密封住，但密封会带来一个特殊的问题，因为电缆的绝缘特氟隆，在受到高压时会发生冷变形。这种高压可来自很多密封装置，如果在整个密封域，压力差是1atm，或小于1atm，可以用诸如本特利内华达公司零件号为43501低压电缆密封装置；如果压力差大于1atm，用户一定要采用特殊探头。

7. 化学相容性

探头在直接接触到空气、水、润滑油、氨氢氧化物等物质后，其性能不受影响。虽然探头可以和大多数具有化工物质的环境相容，但具有pH值小于4的强酸环境和pH值大于10的强碱环境以及某些有机溶剂（例如二甲酰胺）可能损坏探头。

为使暴露在外面的连接探头所带电缆与延伸电缆的接头绝缘，采用一种成套的特氟隆可收缩套管，该套管已装在延伸电缆上，也可以用其他型式的接头保护及密封装置保护接头，加热即可使特氟隆套管收缩。

8. 接头压力的密封

3300XL探头可以用在压力高达0.69MPa（100psi）的环境里，压力额定值适用于在探头端部和机壳之间的密封。压力额定值对所有探头都仅作参考之用。这一压力值，是为了帮助用户能选择合适的传感器，以便在有压力的环境中应用。如果探头发生泄漏，用户有责任保证所有液体和气体都被包容起来，并能安全地加以控制。另外，具有高或低pH值的溶液，有可能腐蚀探头端部组件，导致与周围环境之间有中等程度的泄漏。

（二）被观测表面的考虑

当采用3300系列或3300XL系列8mm传感器系统时，对于能否得到精确的校准以及测量的结果是否可靠，都是非常重要的。传感器系统的校准及其精度，取决于被观测轴的一些特性。

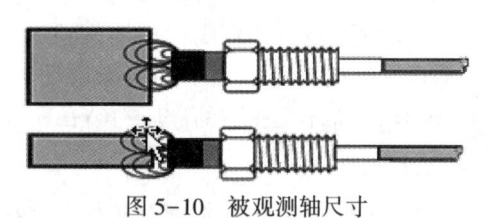

1. 被观测轴尺寸及材料

为了得到传感器系统的满量程（线性）范围和灵敏度、观测对象的面积，其最小直径尺寸应当为15mm（0.6in），而被观测轴的最小直径应为20mm（0.8in）。被观测表面的尺寸太小，将对测量信号的准确性产生影响（图5-10）。

图5-10 被观测轴尺寸

2. 有镀层的表面

当被探测轴的表面有镀层时，传感器系统的灵敏度就要变化。因为探头能探测到轴表层材料的下面，其灵敏度会受镀层厚度及其特性的影响。例如，如果被探测对象的材料是镀铬，其镀层一定要均匀，并至少要有0.67mm（30mil）的厚度。

3. 机械和电的问题导致的径向跳动（Runout）

正确的探头安装，要求轴上被观测部分，其表面应该是规则的、光滑的，并且没有剩磁（磁性物质在外界磁场消除后保留的磁性）。如果有，就会导致测量有误差。这种误差称为电或机械的径向跳动（Runout）。

为避免表面的不规则，诸如锤击的痕迹、抓伤、有肩台、凸起、洞眼或键槽等，导致径向跳动。本特利内华达公司推荐表面不平度应当为0.41~0.76μm，轴表面要抛光。因为粗糙的表面会产生一个小的机械径向跳动（Runout）。API 670推荐剩磁为0.5MT。此外，任何型式的镀层（包括铬），都有不均匀的厚度，这有可能导致电的或机械的径向跳动。

（三）探头的安装

安装探头的步骤是检查安装螺孔、调整探头间隙以及紧固探头与所带电缆。在安装探头之前，安装人员应该进一步检查轴的表面，结合现场实际考虑安装细节。

检查安装孔。要确保安装探头的螺孔内没有任何杂物，如果往孔里拧进探头不顺利，可用合适的丝锥攻一下螺孔。攻螺孔时，要把轴承盖从转子轴承总成上取下，以免金属屑掉进机壳内或混入润滑油中，导致对轴或轴承的破坏。在往螺孔内拧进探头时，要把探头部分和电缆分开，以保证探头能自由拧进，这样可以防止探头所带电缆发生扭转而折断。

1. 调整探头间隙

典型的情况是，当调整探头顶部与轴表面之间的间隙时，要使探头位于线性范围的中点。调整探头可以根据间隙电压调整，也可以根据机械间隙调整。当根据机械间隙调整时，把探头拧入安装螺孔内，用非金属的厚薄规去测量间隙，本特利内华达公司厚薄规的零件号为 19013-01，它可以防止碰伤探头顶部或被监测表面。当把探头拧进安装螺孔时，如果有与探头电缆相连的延伸电缆，要把延伸电缆从探头所带电缆上拆下来。当机器在旋转时，不要调整探头间隙，因为探头端部可能被切断。如果用间隙电压调整间隙，则要按下列程序进行：

（1）当机器不转时，把探头拧进安装螺孔，一直到探头顶部接触到轴的表面，然后退回 1.25 圈。

（2）把延伸电缆与探头所带电缆以及前置器连接起来。

（3）供给前置器一合适电压（-23VDC～-26VDC）。

（4）在前置器输出端与公共终端之间加一数字电压表/万用表。

（5）在前置器的输出端与公共端之间，连一个 10kΩ 的负载，模拟监测器的输入阻抗。

（6）调整安装在螺孔里的探头，同时观察传感器输出电压，当探头往机器里拧进时，传感器输出将保持低电压。这是因为探头探测到了在螺孔周围的金属材料。当探头继续拧进，伸出安装孔时，传感器输出电压将要增到它的最大值。最后，当探头端部接近被观测表面时，输出电压将要降低。

（7）把测量得到的输出电压与校准曲线上给出的电压相比较，即可知道间隙大小。调整探头顶部与轴表面之间距离，直到测量得到的间隙电压与所要求的间隙在校准曲线上的相应电压一致，这时，上述二者之间的距离即为需要设定的间隙。

固定探头和所带电缆。把锁紧螺母拧紧以固定探头，推荐拧紧的力矩为 11.3N·m（100in·lbf），不要把锁紧螺母拧得太紧，以免把螺纹弄坏或者把探头体弄坏。同时要把探头所带电缆在机器内固定好，以避免由于油流、气流或者应力作用造成疲劳破坏。可用诸如特氟隆电缆固定装置或其他固定设备把电缆固定，用其他夹紧装置或电缆固定装置也可以。只要它们在电缆上不会产生很大的力，使得特氟隆绝缘层产生冷变形即可（所谓冷变形是指由于持久作用力导致的尺寸改变或者变形）。

2. 径向振动探头的安装

对于 X、Y 测量径向振动探头的理想安装方式，是使它们一个在垂直方向，一个在水平方向，二者夹角为 90°±5°。另一种经常采用的安装方法是把两个探头分别装在中心线两侧 45°处，两者夹角保持 90°，两个探头实际上可以安装在围绕轴的任何位置，只要二者夹角为 90°，在不同位置来观察轴的定位变化。这两个探头必须正交安装（也就是，两者的角度为 90°），一般我们把探头安装在垂直位置两边相应的轴承上（图 5-11）。

在整个机组上，要求把探头安装在同一平面上，可以简化平面，方便对所测结果进行比较，同时从单个平面的运动，还可以提供附加的保护。探头要安装在靠近轴承的地方，这样由探头所测的最大的轴振动就和轴承中发生的振动一样（表 5-4）。

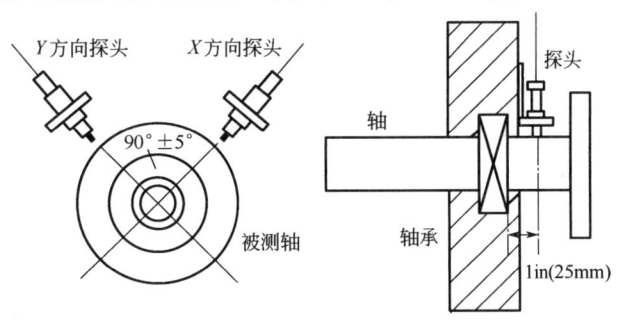

图 5-11 径向振动探头安装方式

表 5-4 探头技术规格

轴承直径	0~76mm（0~3in）	76~508mm（3~20in）	508mm（0~3in）
径向探头与轴承最大距离	25mm（1in）	76mm（3in）	152mm（6in）

除特殊情况外，应采用探头保护导管在机壳外部安装，以便拆装维护。径向振动探头一般采用电气测隙法，其安装调试步骤如下：

先找到相应的前置器和延伸电缆，检查相互连接情况并送电，用数字万用表直流电压挡接到前置器信号输出和公共端子上。

（1）检查探头安装孔，螺纹应无损伤，无异物。

（2）将探头旋进相应的螺丝孔中，待旋进一定深度之后，将探头和延伸电缆连接上，并注意观察万用表电压。

（3）继续旋探头，一直到数字万用表上直流电压读数合适为止。

（4）上紧背帽，固定紧探头，连接好电缆接头，并做好绝缘包扎。

3. 轴向位移探头的安装

测量轴向位移探头的安装，要能直接观测到连在轴上的某一平面，这样测量的结果才是轴的真实位移。测量轴向位移的探头，要安装在距离止推法兰的 305mm（12in）范围之内，如果把测量轴向位移的探头装在机器的端部，距离止推法兰很远，则不能保护机器不受破坏，因为这样测量的结果既包括轴向位置的变化，也包括差胀在内。典型的系统都是应用两个探头同时监测轴向位移的，即使有一个传感器损坏或失效，依然可以对机械进行保护。至少有一个探头与轴是一个整体的表面，这样如果止推法兰在轴上松动了，也不会失掉所要探测的位移量。

轴向位移探头一般也采用电气测隙法，但需要机械检修人员配合方能准确安装，其步骤为：

（1）在机组检修完成但尚未装联轴节时，由机械检修人员把轴撬到零位参考位置。

（2）按径向振动探头安装步骤和注意事项将探头安装到预定位置，即探头特性曲线中点，也就是轴向位移表校验时的零位。

（3）探头装好之后，还需和监视仪核对，看表针是否为零。若不为零，应查明原因进行处理。

（4）由机械检修人员将轴撬到非零位参考位置两端的尽头，分别看监视仪所示的上下行窜量是否和机械检修人员用机械表测得的轴窜量一致，若不一致，可以从机械、仪表两方面找原因。

（5）若监视仪指示和机械表测得的窜量一致，其误差在精度允许范围内，参照振动探头所述安装步骤固定好探头和电缆。

四、前置器的安装

（一）前置器的安装

要把前置器安装在一个盒子里，这样可以保护前置器免遭机械性破坏，并不受污染。环境保护箱或铸铝的箱子可以提供最佳保护，使其免遭机械性损坏或者由于周围不良环境所造成的损坏。在有腐蚀气体以及有溶液的环境中，要把防护箱用干净的、干燥的压缩空气或者惰性气体加以净化。要保证防护箱内不能有残存的金属物，因为金属碎片等导电材料可能导致前置器终端短路。要保证任何较长的以及铠装电缆被固定在远离前置器终端的地方。本特利内华达公司建议把尽可能多的前置器都放在同一个箱内，这样可以保证所有可以装在里面的东西，不会改变连接探头和前置器电缆的电长度。把很多前置器安装在同一防护箱里，可以减少安装费，并可简化铺设从前置器到监测器电缆的工作（图5-12）。

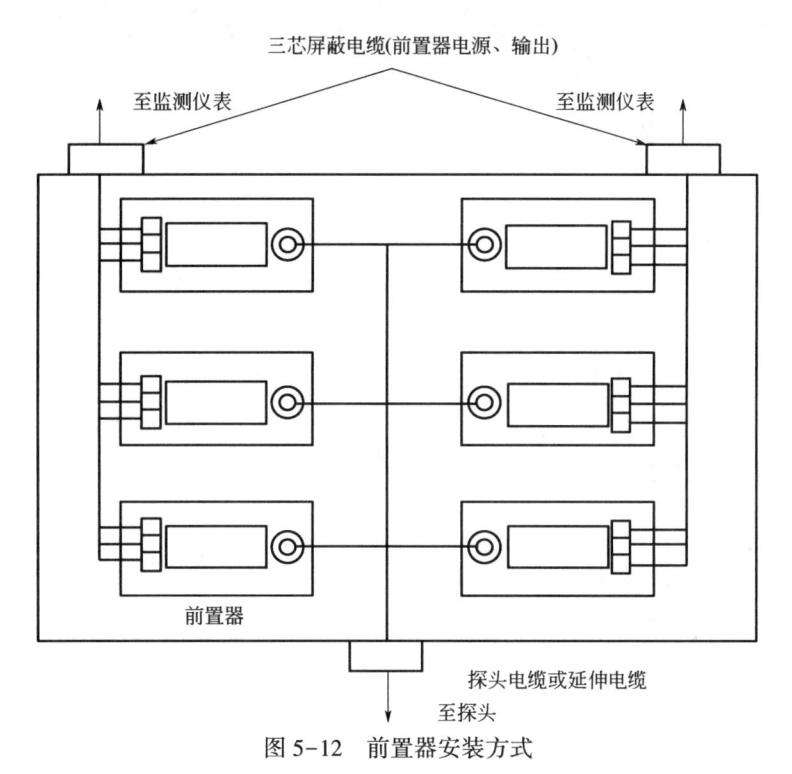

图 5-12　前置器安装方式

（二）前置器的绝缘

3300XL 前置器，其内部已具有电绝缘的装置，这可以减少在地面上形成回路的可能性。建议把所有的前置器都与地进行绝缘，并且装在一个保护箱里的前置器互相之间也要绝缘。把前置器进行电绝缘，并把在监测器上的电缆屏蔽接地，这样可以使在信号导体内感应的噪声水平减小到最小。

（三）前置器的现场接线

前置器输出、电源的输入以及前置器与监测器之间的信号传递，可以采用三芯屏蔽信号电缆进行连接。如果采用安保器，前置器可以放在距离监测器304m（1000ft）的地方，这一距离不会降低其性能。如果不采用安保器，则前置器可以放在距离监测器3660m（12000ft）的地方，而不会降低其性能。

在连接电源和信号线之前，要确认前置器电源对应于电源公共端一定在-23VDC～-26VDC。连线之后，如果采用外部安保器，在前置器终端，其实际供给的电压，可能会降到-17.5VDC，其原因是在经过安保器时，有一电压降，其实际存在的电压，取决于安保器的型式、探头与被测表面之间的间隙以及系统中采用的电源长度。当采用-24VDC 电源时，3300XL 系列 8mm 涡流传感器系统有 80mil 的线性范围，如果电源电压降到 -18VDC，其线性范围相应降低。

每一根现场连接电缆的屏蔽层，只是在靠近监测器框架的那一端接地，把现场电缆的屏蔽都连到同一个框架中，一块接地并接到同一地点，这样可避免形成地面回路。如果在连线中，没有安保器，则把每个屏蔽连接各自框架中监测器信号模块的公共终端上。当应用安保器时，则要把屏蔽连到接地的母线上去，并且要拿掉位于电源输入模块的公共终端与地面之间的短路接块搭接板。

五、延伸电缆的安装

安装延伸电缆的步骤是检查电长度，加上标签，铺设电缆，然后连接延伸电缆。要掌握预防措施、温度界限、化学相容性以及对于探头所带电缆和延伸电缆的密封技术。

（一）检查电长度

要保证延伸电缆的长度加上探头（所带电缆）的电长度等于前置器所要求的电长度 5.0m（29.5ft）或 9m（29.5ft）。例如应用于 4m（16.4ft）的延伸电缆和 1m（3.3ft）的探头电缆，对于系统长度为 5m（16.4ft）的前置器，其电长度就是正确的。

（二）给延伸电缆加上标签

在延伸电缆的两端，都具有透明特氟隆套管，在里面各附上一个标签，以便识别该电缆。可以加热使套管收缩，借以固定标签。热源不要超过 149°C（300°F）。如果电缆有铠装，则把标签装在铠装里。

（三）在管道里延伸电缆

把管道的一端接到接线盒上，该接线盒内包括探头所带电缆和延伸电缆，管道的另一端，则连接到装前置器的箱子上。延伸电缆及探头所带电缆二者都有特氟隆外套铠装编织物，虽然这个铠装编织物可以保护内部有外套的电缆，使其不受切割损坏并可防止磨损，但是仍必须注意，使其不要受到尖锐东西或粗糙表面的切割和摩擦。为了保护接头不受污染，在装进管道之前要把每个接头都包上。

（四）铺设带有铠装延伸电缆

如果铺设电缆不用管道，则需要有铠装的延伸电缆，可采用安装电缆的夹紧装置或类似的装置，把带有铠装的电缆固定住。应把延伸电缆安排在安全地带，以减少电缆损坏的机会。把铠装的一端连到接线盒上，另一端则连到安放前置器的箱子里。

（五）连接延伸电缆

在采用管道铺设电缆时，如果一定要把接头取下，则要按照本特利内华达公司的要求或请专业技术人员去安装接头。重新装配接头，会导致系统对间隙灵敏度的变化，在重新装配接头以后，要进行重新校准检查。另外要把装在前置器箱内过长的铠装电缆固定住，并远离前置器的终端。暴露在外面的用来连接探头所带电缆及延伸电缆的接头，要用特氟隆可收缩套管绝缘，可用加热的办法使特氟隆套管收缩，或者采用其他型式的接头保护或密封装置绝缘。

六、电涡流传感器的校验

（一）所需检测设备

所需检测设备见表5-5。

表5-5 所需检测设备清单

序号	设备及材料名称	规格型号	数量	备注（厂家）
1	电涡流传感器校验仪	TK-3E	1台	本特利内华达公司
2	前置放大器	330180-51-00	1台	本特利内华达公司
3	前置放大器	330180-91-00	1台	本特利内华达公司
4	延伸电缆	330130-040-00-00	1根	本特利内华达公司
5	延伸电缆	330130-080-00-00	1根	本特利内华达公司
6	振动探头	330104-00-11-10-02-05	1个	本特利内华达公司
7	数字万用表	FLUKE	1台	
8	24V稳压电源	GW GPC3030N	1台	固纬电子（苏州）有限公司

检查上述设备外观及内部可动附件是否完好，标准仪器的合格证是否在有效期内。

（二）根据前置器的型号选择合适的延伸电缆和探头

前置器的选型原则见表5-6。

表5-6 前置器的选型原则

前置器 330180-A××-B××			
总长度和安装选项A××		批准机构选项B××	
50	5.0m（16.4ft）系统长度，面板安装	00	无要求
51	5.0m（16.4ft）系统长度，导轨安装	05	多许可协议
52	5.0m（16.4ft）系统长度，无安装硬件		
90	9.0m（25.9ft）系统长度，面板安装		
91	9.0m（25.9ft）系统长度，导轨安装		
92	9.0m（25.9ft）系统长度，无安装硬件		

延伸电缆的选型原则见表5-7。

表5-7 延伸电缆的选型原则

延伸电缆 330130-AXXX-BXX-CXX					
电缆长度AXXX		接头保护器和电缆选项BXX		批准机构CXX	
030	3.0m（9.8ft）	00	标准电缆	00	无要求
035	3.5m（11.5ft）	01	铠装电缆	05	多许可协议

273

续表

延伸电缆 330130-AXXX-BXX-CXX			
电缆长度 AXXX		接头保护器和电缆选项 BXX	批准机构 CXX
040	4.0m (13.1ft)	02	带有接头保护器的标准电缆
045	4.5m (14.8ft)	03	带有接头保护器的铠装电缆
070	7.0m (22.9ft)	10	FluidLoc® 电缆
075	7.5m (24.6ft)	11	铠装 FluidLoc® 电缆
080	8.0m (26.2ft)	12	带有接头保护器的 FluidLoc® 电缆
085	8.5m (27.9ft)	13	带有接头保护器的铠装 FluidLoc® 电缆

探头的选型原则见表 5-8。

表 5-8 探头的选型原则

探头 330XXX-AXX-BXX-CXX-DXX-EXX							
330101 3300 XL 8mm 探头 3/8-24UNF 螺纹，非铠装				330102 3300 XL 8mm 探头 3/8-24UNF 螺纹，铠装			
无螺纹长度 AXX		壳体总长度 BXX		总长度 CXX	接头和电缆类型选项 DXX	批准机构 EXX	
最大长度	8.8in	最大长度	9.6in	05	0.5m	00	不装接头，标准电缆	00	无要求
最小长度	0.0in	最小长度	0.8in	10	1.0m	01	带有接头保护器的微型同轴 Click-LocTM 接头，标准电缆	05	多许可协议
				15	1.5m	02	微型同轴 ClickLocTM 接头，标准电缆		
				20	2.0m	10	不装接头，FluidLoc® 电缆		
				50	5.0m	11	带有接头保护器的微型同轴 Click-LocTM 接头，FluidLoc® 电缆		
				90	9.0m	12	微型同轴 ClickLocTM 接头，FluidLoc® 电缆		
探头 330XXX-AXX-BXX-CXX-DXX-EXX									
330103 3300 XL 8mm 探头 M10X1 螺纹，非铠装				330104 3300 XL 8mm 探头 M10X1 螺纹，铠装					
无螺纹长度 AXX		壳体总长度 BXX		总长度 CXX	接头和电缆类型选项 DXX	批准机构 EXX	
最大长度	230mm	最大长度	250mm	05	0.5m	00	不装接头，标准电缆	00	无要求
最小长度	0.0 mm	最小长度	20 mm	10	1.0m	01	带有接头保护器的微型同轴 Click-LocTM 接头，标准电缆	05	多许可协议
				15	1.5m	02	微型同轴 ClickLocTM 接头，标准电缆		
				20	2.0m	10	不装接头，FluidLoc® 电缆		
				50	5.0m	11	带有接头保护器的微型同轴 Click-LocTM 接头，FluidLoc® 电缆		
				90	9.0m	12	微型同轴 ClickLocTM 接头，FluidLoc® 电缆		

前置放大器型号 330180-51-00 所需电缆长度为 5m，与其匹配的延伸电缆和探头的总长度要求为 5m，即延伸电缆型号 330130-040-00-00，振动探头型号 330104-00-11-10-02-05。

前置放大器型号 330180-91-00 所需电缆长度为 9m，与其匹配的延伸电缆和探头的总长度要求在 9m，即延伸电缆型号 330130-080-00-00，振动探头型号 330104-00-11-10-02-05。

（三）根据所选的探头、延伸电缆、前置器进行正确连线

连线示意如图 5-13 所示。

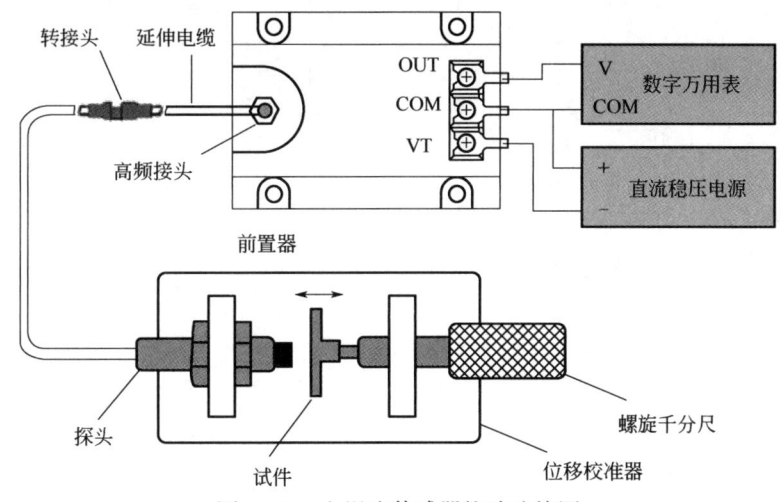

图 5-13 电涡流传感器校验连接图

1. 连接步骤

（1）稳压电源 DC 正极连接前置器 COM 端（负极），DC 负极连接前置器 VT 端（正极）（此为反接电源）。

（2）数字万用表测电压正极连接 OUT 端（正极），负极连接 COM 端（负极）。

（3）前置器——延伸电缆——探头——微型同轴接头依次连接即可。

2. 连接时注意事项

（1）先连接电路，确认接线完整无误后，才可以打开稳压电源开关。

（2）稳压电源与前置器为反接方式，电源提供 DCV 24V 电压，前置器收到 DCV-24V 电压。

（3）数字万用表用于测量电压值，不是电流值。

（4）连接微型同轴接头时，必须听到断口旋紧的咔哒声，确保充分连接。

（四）校验

1. 轴向静态位移测量

（1）打开稳压电源，调整电压为 DCV（24±0.5）V。

（2）螺旋千分尺水平放置，固定在-0.25mm 处，调整卡具高度使探头安装时处于金属表面正中，安装探头使其完全贴合金属表面，此时数字万用表显示为 DCV-0.621V 左右。

（3）开始旋转螺旋千分尺至 0mm 处，开始依次测量金属表面每 0.25mm（螺旋千分尺半圈）位移时电压的变化，（0，0.25……2.25，2.5）mm，并记录数字万用表 DCV 的

测量值。

（4）画出轴位移传感器校验曲线，如图5-14所示。

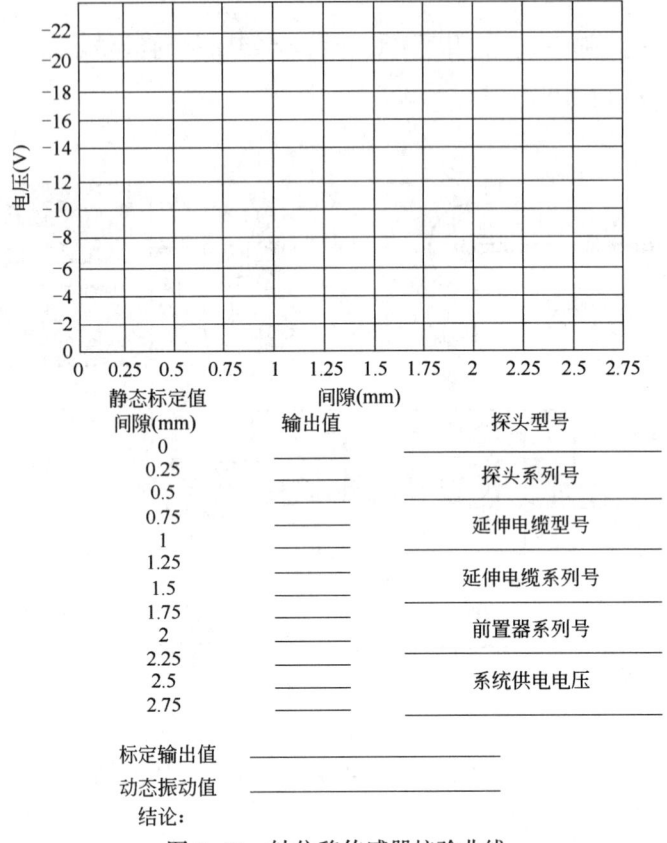

图5-14　轴位移传感器校验曲线

（5）计算标定探头灵敏度（绝对值）。

$$\frac{X_{2.25}-X_{0.25}}{2.25-0.25}\approx Y(\text{V/mm}) \tag{5-3}$$

（6）静态校验结论：灵敏度允许变化±5%，变化范围7.87×(1±5%)V/mm，即7.48～8.26V/mm。

2. 径向动态振动测量

（1）TK-3e连接电源线，打开220V电源。

（2）将千分表安装在探头旋转靶盘中心位置上，通过探头角度固定旋钮，选择测量距离。

（3）选择好测量距离后，将需要校验的探头，安装在探头旋转靶盘上，数字万用表打到DCV挡，安装探头，调整探头与金属表面距离，使数字万用表显示DCV-(10±0.5)V，固定好探头。

（4）根据公式计算出测量值。

$$\frac{\text{XXX}_{交流电压值(\text{mV})}\times 2\sqrt{2}}{7.87}\approx \text{XXX}_{动态振动值}(\mu m) \tag{5-4}$$

（5）根据测量结果与实际千分表的测量距离相比较。

（6）在实际生产过程中，一般情况下要求振动值小于50μm，如压缩机的振动报警值会设置在60μm，联锁值在80μm。当探头对准靶心，转动TK3e靶盘，会得到一个交流信号，通过计算得到振动值，如果此振动值已经超越了要求的报警值，可判断探头不合格。

七、常见故障分析及处理

（一）探头安装的常见错误

探头安装常见错误形式及结果见表5-9。

表5-9　探头安装常见错误形式及结果

错误的形式	错误的结果
在安装探头时，测量不够准确，因而就不能把探头装在正确位置	探头的安装，一定要重新设计
在机器壳体上钻的孔，对于轴的中心线偏一个角度	探头的表面距轴的中心线一侧太远，这样无法校准，并有不正确的低的峰值读数
探头被用来探测有镀铬的表面、联轴节凸缘上的皱缩处	探头信号的读数不稳定
测量轴向位移的探头，被装在轴的某一端的对面，而这一端是远离止推轴承的	探头输出的轴向位移信号，会有很大的变化，而它与止推轴承的状态已无联系
探头装在支架或箱体里，但并未穿过整个孔	监测器给出错误的"正常"指示，当探头并未监测轴的表面时，监测器却指示它正在监测
安装探头支架的刚度不够	共振会使探头有很大振幅的振动，振动信号读数没有意义
导管附在探头体上，这样会使探头过分拉紧	探头所带电缆可能损坏，或者探头被破坏
探头安装间隙1.0mm（40mil），因为它有2.0mm（80mil）的线性范围	探头安装间隙并未处于它的线性范围的中部，因为线性范围开始于0.25mm（10mil）的地方，并不是0
探头所带电缆以及延伸电缆在有机械破坏可能的危险地区，没有足够的保护	在机器旁边正常工作的电缆可能被破坏
铺设延伸电缆的导管密封不当	在安装前置器的箱子里，会充满润滑油或者油在箱子内以凝结的形式出现
在安装探头时，是用其所带电缆把探头拧进的	探头电缆会损坏
当调整探头间隙，以便有一合适的间隙电压时，延伸电缆没有拆下来	延伸电缆或探头所带电缆，会被扭转或破坏
探头互相安装得太靠近	信号相互干扰
安装时，加在探头壳体上的扭矩过大	探头壳体会损坏
延伸电缆电长度与探头所带电缆和前置器不匹配	读数很高或很低，不能校准
很多延伸电缆都安装在普通的管道里，但没有标志	探头往往接到错误的前置器上
装在内部的探头所带的电缆没有紧固	气流的力量会损坏探头所带电缆

续表

错误的形式	错误的结果
延伸电缆的型式（零件号），对于探头和前置器不匹配	读数很高或很低，无法校准
延伸电缆、探头绝缘不良	测量读数不稳定，存在波动

（二）传感器系统故障分析

1. 常见故障一

故障现象：在前置器公共端（COM）与其电源终端（Vt）之间，其电压不在-23V DC 到-26V DC 的范围内（如有安保器，则为-17.5V DC 到-26V DC）。

可能的原因：前置器有问题，电源错误或在电源与前置器之间的连线错误。

故障处理：从监测器上的电源接线端拆下外接电缆，测量电源输出电压，如果电源输出电压不在-23V DC 和-26V DC 的范围内，则要更换电源。如果电源输出电压在-23V DC 到-26V DC 的范围内，则问题出在电源和前置器之间的连接电缆或者出在前置器上。在监测器电源接线端重新接上电缆，而把接在前置器一端的电缆拆下。如果接到前置器上这一端电缆的电压不正确，则要更换有问题的电缆；如果电压没有问题，则要更换前置器。

2. 常见故障二

故障现象：在前置器输出端和公共端之间的电压保持在0VDC。

可能的原因：电源电压不对；现场接线短路；接到前置器输出端的仪器短路；前置器有问题。

故障处理：首先要保证上述的"常见故障一"错误不存在。把接在前置器输出端的电缆拆下，测量前置器输出端与公共端之间的电压。如果所测电压不是0VDC，则要更换用于连接输出端的电缆或者更换在前置器输出终端的仪器，如果所测电压依然为0VDC，则要更换前置器。

3. 常见故障三

故障现象：在前置器输出端与公共端之间的电压，保持在0VDC 到-1.0VDC 之间，但不等于0VDC。

可能的原因：电源电压不对；前置器有问题；探头短路或开路；延伸电缆短路或开路；接头短路或开路；在探头顶端与被测表面之间的间隙小于0.25mm；探头探测到的是安装探头的埋头孔或机壳，而不是轴表面。

故障处理：首先要保证上述"常见故障一"错误不存在。从前置器上拆除延伸电缆，把一个已知的性能完好的探头直接接在前置器上，而不用延伸电缆，并且不要把探头对着金属表面，测量在前置器输出端和公共端之间的电压。如果该电压保持原样没有变化，则要更换前置器。如果电压发生了变化，变化后其电压与前置器的公共端和电源（Vt）端之间的电压（当电源为-24VDC 时，一般是-23.5VDC）相差在几伏之内，则原来的探头或延伸电缆存在短路或开路的问题。

还应该检查探头所带电缆与延伸电缆的接头，要保证连接完好和清洁，如果探头脏了，要用诸如异丙基酒精溶液清洗。还要测量连接在探头上的延伸电缆的外层导体（不是铠装编织物）和内部导体之间的电阻，正常的电阻对于 5m（16.4ft）长的系统，应该是 8.73±0.70Ω。对于 9m（29.5ft）长的系统，应该是 9.87±0.90Ω。如果存在有开路或短路的情况，要把延伸电缆拆下来，分别测量探头所带的电缆和延伸电缆，把有问题的探头或延伸电缆换掉。

4. 常见故障四

故障现象：在前置器输出端与公共端之间的电压，保持在和公共端与电源（Vt）终端之间的电压相差几伏之内，但和公共端与电源（Vt）终端之间的电压（当电源为-24VDC时，一般是-23.5VDC）并不一样。

可能的原因：在探头顶部与被测观察表面之间，对于传感器测量来说，其间隙太大；前置器有问题。

故障处理：首先要保证"常见故障一"的错误不存在。把延伸电缆从前置器上拆下来，测量前置器的输出电压，如果电压在-0.4 VDC 和-1.1 VDC 之间，说明探头的间隙不正确。如果电压不在-0.4 VDC 和-1.1 VDC 之间，则要把前置器换掉。

5. 常见故障五

故障现象：在前置器输出端与公共端之间的电压与公共端和电源（Vt）终端之间的电压保持相等。

可能的原因：电源电压不对；前置器输出端和电源（Vt）终端之间短路；前置器失效。

故障处理：首先要保证"常见故障一"不存在，把连在前置器输出端的连线拆掉，测量在前置器输出端与公共端之间的电压，如果这一电压小于电源电压，则在前置器输出端与其电源终端之间存在短路，如果该电压不变则要更换前置器。

第二节 转速探头

石油化工装置大型机组的原动机一般有电动机和汽轮机（即透平机）两种，大型石化装置的机组采用汽轮机作驱动的居多。其中汽轮机作驱动，因其速度调节性能好是普遍采用的方式。

转速探头按照测量原理可分为磁电感应式、光电效应式、霍尔效应式、磁阻效应式、介质电磁感应式及电涡流式等。一般大型汽轮机采用磁阻效应式或电涡流式转速探头。

一、转速探头的工作原理及组成

这里以常用的 AI-TEK 磁阻效应式转速探头为例，将其工作原理做一个简单介绍。

（一）工作原理

典型的 AI-TEK 变磁阻传感器的内部结构由磁铁、磁性片和线圈组成（图 5-15）。磁场（磁力线）从磁铁延伸出来，通过极性片和在传感器末端空间中的线圈。磁场回归的路径从空间到磁铁的另一端。当一个铁性物体通过极性片的尖端时，磁场会因为物体通过极性片而先后增大和减小。这种磁场的突然或迅速变化会在线圈内部感应出一个交流电压信号。对于一个与理想目标相匹配的传感器，感应电压是正弦波形状。正如我们看到的，产生的频率信号与单位时间通过极性片的铁磁体的数量成正比。输出电压的幅值与铁磁体通过极性片的速度成正比。在 AI-TEK 变磁阻传感器的许多应用中都使用轮作为对象。对不同的对象典型传感器的输出波形如图 5-16 所示。用测试传感器与齿轮而不是其他不连续体如链轮、键槽、螺栓头等，是因为它的输出的可预测性和可重复性。通常所用的齿轮术语如图 5-17 所示。

$$径向齿距(DP) = \frac{齿数+2}{齿轮外径(in)}$$

当用齿轮作为对象时，传感器的性能可以很容易确定。AI-TEK 变磁阻传感器用 AGMA 标准齿轮测试；性能曲线包括在样本中。AI-TEK 变磁阻传感器与其他传感器制造商的不同在于性能曲线和测试参数。大多数已有的数据是在 1000in/s 的表面速度和 0.005in 的气隙。

图 5-15 典型的 AI-TEK 变磁阻传感器的内部结构

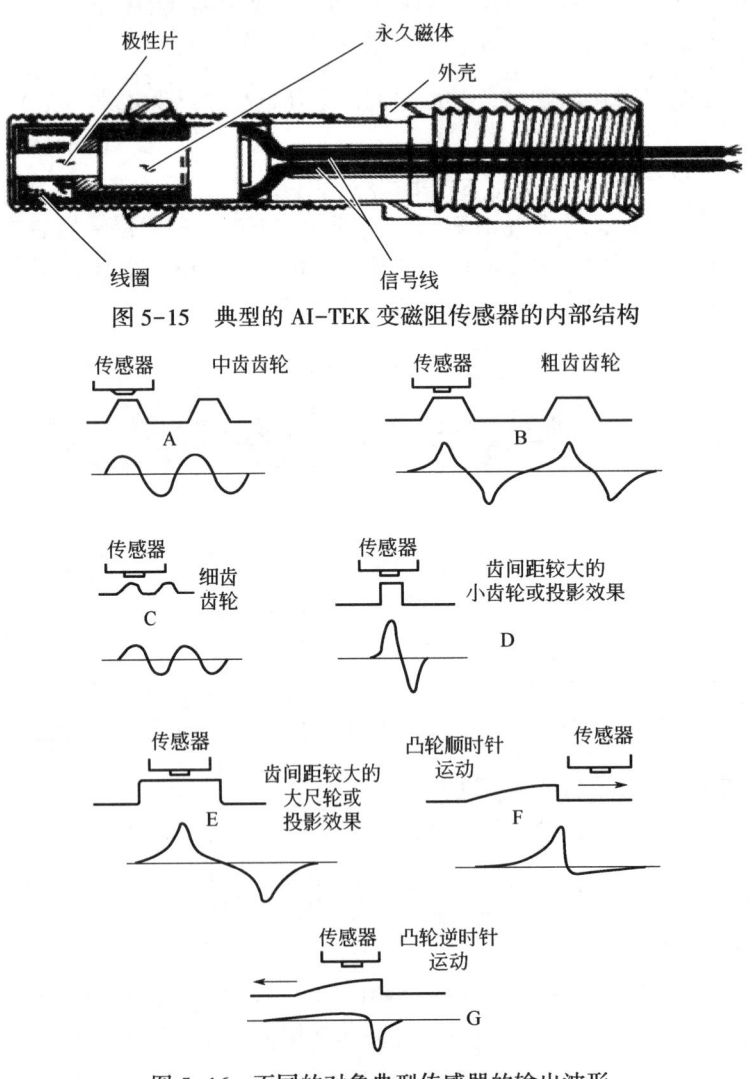

图 5-16 不同的对象典型传感器的输出波形

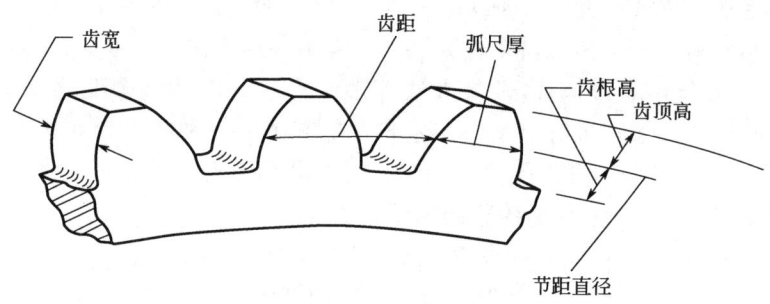

图 5-17 齿轮术语

(二) 磁性传感器的选择

传感器的输出电压依赖于：
(1) 表面速度——对象通过极性片的速度。
(2) 气隙——对象和极性片之间的距离。
(3) 对象尺寸——极性片和对象的几何关系。
(4) 负载电感——与传感器相联。

一个齿轮的表面速度与它自己的直径和转速有关。表面速度（in/s）（IPS）的方式表达为：

$$表面速度(in/s) = \frac{每分转速 \times 外径(in) \times \pi}{60} \tag{5-5}$$

为了从传感器得到尽可能高的输出可以选择优化了的齿距，但只是少数情况下需要。图 5-18 显示的是为了优化传感器的输出，齿的尺寸和空间的关系。相对于一个较大的磁极片直径的传感器，使用小齿的齿轮，由于磁通也通过附近的齿，使得总的磁通变化减小，最终感应电压减小。磁极片直径和齿轮齿距之间的关系和它对传感器输出的影响见表 5-10。负载电感与传感器内部电感的关系，对传感器输出电压的影响要看负载的情况。磁性传感器的设计满足对实际中最小电感能提供最大的的输出。负载电感相对于与它相连的传感器的电感要高，以减小通过线圈和提供给负载的最大输出的压降。列于样本上的大

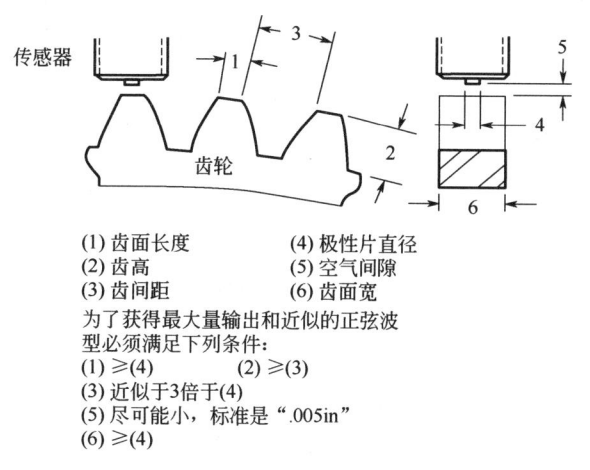

(1) 齿面长度　(4) 极性片直径
(2) 齿高　　　(5) 空气间隙
(3) 齿间距　　(6) 齿面宽

为了获得最大量输出和近似的正弦波型必须满足下列条件：
(1) ≥(4)　　(2) ≥(3)
(3) 近似于3倍于(4)
(5) 尽可能小，标准是".005in"
(6) ≥(4)

图 5-18 为优化传感器的输出，齿的尺寸和空间的关系

多数输出电压是基于负载电感为 100kΩ。一般负载电感应该为传感器的 10 倍以上。AI-TEK 变磁阻传感器为每一个传感器系列提供了一输出—速度曲线。通过调查应用的极端情况即最高速度/最小气隙和最低速度/最大气隙，传感器输出的整个变化量就能很容易确定。我们也用两种方式来确定每个系列，标准为在 1000in/s 和间隙为 0.005in 时的最小输出电压。保证点为在 500in/s 和间隙为 0.030in 时的最小输出电压。

具有直径 0.187in 的极性片的传感器测试方法为：

用一个径向齿距（DP）为 8 的齿轮，100kΩ 的负载来测试；直径 0.106in 和较小极性片的传感器用一个径向齿距（DP）为 20 的齿轮和 100kΩ 的负载。

表 5-10 关于齿轮齿数的相对输出

极性片直径，in	齿数						
	8	12	16	20	24	32	48
0.187	1.00	0.83	0.33	0.16	—	—	—
0.106	1.41	1.41	1.27	1.00	0.70	0.28	0.07
0.093	1.25	1.25	1.25	1.00	0.75	0.37	0.12
0.062	0.95	1.07	1.00	1.00	0.92	0.90	0.36
0.042	1.00	1.00	1.00	1.00	1.00	1.00	0.60

（三）输出电压的计算

选择合适的 AI-TEK 变磁阻传感器要求对传感器的输出进行计算，以保证对特定的应用能够正常工作。考虑下列典型的应用：要求速度显示，具有超、低速控制和到 PLC 的 4~20mA 信号。速度范围是 0~3600r/min 时，低速设置点为 150r/min，安装齿轮的轴直径为 2.000in 和 0.030 的气隙最为理想。

选择一个 Tachtrol30，P/NT77630-10 和一个 60T、铸铁拼合齿轮，P/NG79870-202-1901，考虑使用传感器 P/N70085-1010-001。

可以列出下列的参数：

Tachtrol30：负载电感为 12kΩ、灵敏度为 200mV 均方根（RMS）。

拼合齿轮：外径为 5.166in，径向齿距为 12，齿数为 60。

传感器：标准输出电压为最小 40V（P-P）（峰-峰输出电压），保证点为最小 3.4V（P-P）；直流阻抗为最大 130kΩ；标准电感：参照 33mH。

步骤 1：计算齿轮表面速度。

$$SS = \frac{转速 \times 外径 \times \pi}{60} = \frac{300 \times 5.166 \times 3.14}{60} = 81 \text{in/s}$$

步骤 2：确定峰—峰输出电压。

在 81in/s 和气隙 0.030in 时，传感器 P/N70085-1010-001 在性能曲线的最小输出电压大致为 0.3V（P-P）。事实上相对于表面速度的输出电压接近线性；因此，确定输出电压的另一种方式是用保证点来建立。

例如：

$$\frac{3.4V(P-P)}{500\text{IPS}} = \frac{E}{81}$$

$$E = 55(P-P)$$

步骤3：校正齿距。

从表5-10中，对于一个极性片直径为0.106in和一个径向齿距（DP）为12的齿轮的校正因子是1.41。

$$E_c = 0.55 \times 1.41 = 0.78V(P-P)$$

步骤4：转换成均方根电压。

$E_c = 0.78 \div 2 = 0.39V$ 均方根

步骤5：负载校正。

0.39V或390mV均方根的传感器输出电压通过负载和传感器的阻抗来划分。负载阻抗为12000Ω。传感器的阻抗具有电阻和电感成分，低频时电感成分很小，因此可以省略，只用考虑最大的直流阻抗130Ω。负载校正因子（fL）可以表示为：

$$fL = \frac{Z(负载)}{Z(负载)+Z(传感器)} = \frac{12000}{12130} = 0.99$$

$E_c = 0.99 \times 390 = 386mV$ 均方根

最后调整值是386mV均方根。

如前面所述，Tachtrol30在规定的条件下的灵敏度或门限值是200mV（均方根）。选择P/N70085-1010-001可以满足。如果E_c的最终值稍微低于200mV，降低气隙（从0.30in到0.25in）可以把输出放大到200mV以上。

二、转速探头拆装及校验

（一）AI-TEK转速探头拆装工序卡

1. 工作准备

螺丝刀、手电筒、万用表、尖嘴钳、记号笔、活扳手、PVC胶布、抹布、毛刷、带绑线的塞尺。

2. 步骤

1) 拆卸步骤

（1）确认是否为运行设备，运行中的设备必须开工作票或者征得运行人员同意，做好安全措施，必须完成申请手续。

（2）如果机组没有运行，需要机组静止后才可拆卸。

（3）在现场核实所要拆除的设备确实为要解列设备，核实KKS编码。

（4）用毛刷清理探头附近杂物。

（5）拆除转速探头与延伸电缆接头，向下轻压，逆时针方向旋转再拔出。

（6）用PVC胶布粘好接口，防止接口处进油及灰尘。

（7）用合适扳手将探头拧松并拆下。

（8）用干净抹布将窟窿堵好，防止灰尘进入且要防止抹布掉进轴承箱。

（9）用记号笔对探头、延伸电缆以及轴承箱做好标示。

（10）清理场地，清理探头周围的杂物等。

2）安装步骤

（1）确认现场位置，核实 KKS 编码。

（2）确认机组已静止，顶轴油泵未启动。

（3）打开转速探头右侧观察口，清空上衣兜中物品，防止掉入轴承箱。

（4）将转速探头轻轻装上，暂时先不用扳手固定。

（5）从观察口中观察齿轮与哪些探头相对，调节间隙。

（6）将塞尺绑线绑好，防止掉入轴承箱，调整间隙为 1.15~1.20cm。

（7）间隙调整好后用扳手固定死。

（8）再次确认间隙是否合适。

（9）运行人员开启顶轴油泵，手动盘车并观察探头与齿轮的相对方向，将探头调整为正对齿轮方向。

（10）停盘车和顶轴油泵，继续调整剩余探头间隙，调整好后用扳手固定。

（11）连接探头与延伸电缆接头，向下轻压，逆时针旋转松开即可。

（12）观察主控信号是否正常。

（13）清理现场，清理转速探头周围的杂物等。

（二）转速表基本特性介绍

1. 供电方式

交流（220V AC）或者直流电源（24V DC）。

2. 参数特性

大大提升仪表的准确性、处理速度以及响应时间，有频率、周期或者计算器模式；用户自定义输入逻辑水平、平均值、报警设定值以及延时；通过信号标准化和数学运算功能可以操作输入的信号。结果可以根据用户定义的单位显示；接受正弦波和方波信号；接受双向探头输入；2 支固定式继电器（快速响应）和 2 支机械式继电器（大功率）；模拟输出：0~20mA，4~20mA，-20mA~0~（+）20mA（用于双向探头）。

3. 编程方式

有两种编程方式，就地显示器上的控制面板或者用 USB2.0 连接到 TACHLINK，一个 PC/windows 基础的 GUI（用户界面）。这个 GUI 能被用于数据显示、组态、执行安全功能、诊断、模拟输出调整和实时数据记录。

4. 安装形式

转速表装在防爆盒或 NEMA4X 外壳里；通用的 RS485 通信接口连接也满足全部的 GUI 功能以及更长的通信距离（达到 8000ft）；驱动 8 个远程显示器（TT plus），一个独立的显示器可以通过简单的 RJ11（听筒插口），连接距离可以达到 1000ft。较长时间的运行、电缆型号和显示器数量都会影响通信距离。

（三）转速表功能、组态、实际应用

1. 转速表功能

TACHPAK 和 TACHTROL 都是高度可组态的仪器，这样仪器就能对复杂的工作简单执行。两种转速表都能通过专用的 LAN（局域网）与远程 TACHTROL plus 显示器通信。各系列转速表至多都能与八个远程 TACHTROL plus 显示器连接（当用 TACHTROL 系列时，仪表本身就相当于一个显示器），一个装载 TACHLINK 的 PC 能同时通过 USB2.0 和 RS485 相互通信。仅一个转速表能连接到给定的网络并作为那个网络的总线主控。TACHPAK 和 TACHTROL 不能同时与同一网络连接。组态可以通过任一 TACHTROL 面板或远程 PC 完成。任何时候用户要改变转速表里的组态数据时，只有那个端口是不被锁定的而其他所有端口都被锁定，直到组态完成。在组态过程中，其他所有端口或者 LAN 都将继续监控和显示实时数据。所有的组态常量都储存在转速表内并且是对整个网络。每个显示器都能被组态成显示不同的数据。例如：远程显示器 1 能被组态成显示 A 通道和 B 通道数据而远程显示器 2 可以显示 B 通道以及运算结果。

2. 转速表组态

组态可以通过仪表面板或者通过 TACHLINK。组态就是通过面板利用一系列的菜单来完成。

用户可以通过选择菜单然后通过上、下、左、右键来更改参数。

1）组态基本规则

（1）指数。

这种转速表设计了标准指数表示式用于数值过大或过小时的显示。例如：

① $1.5674e-3 = 1.5674\times10^{-3} = 1.5674\times0.001 = 0.0015674$。

② $1.5674e+3 = 1.5674\times10^{3} = 1.5674\times1000 = 1567.4$。

③ $-1.5674e-3 = -1.5674\times10^{-3} = -1.5674\times0.001 = -0.0015674$。

④ $-1.5674e+3 = -1.5674\times10^{3} = -1.5674\times1000 = -1567.4$。

（2）数轴。

TACHTROL 和 TACHPAK 都被设计成能显示正负的真实数据。负的速度应被理解为与目标方向相反的速度。

例如，-50>-100，但+50<+100，当然+100>-100。

例如，一个继电器设定值为-100（报警停机）以及这报警设为在转速大于设定值时触发继电器（EA），所以-99 就会触发报警停机。

2）运用 Tachtrol 以及 Tachtrol plus 前端的控制面板

这两个控制面板都有同样的配置和相同的操作。各面板都包括：一个 LCD 显示器、上/下/左/右四个选择键，一个确认键以及两个功能键。

（1）功能键：两个功能键可进入不同的组态模块和操作功能。键的实际功能显示在显示屏上，试用者可自行选择。在显示屏上，F1 被用于进入主菜单（MENU）而 F2 进入安全模块（SECURITY）。

①（主菜单）F1 用于进入主菜单，包括：转速表模式、柜台模式、验证模式以及诊断模式，使用者可进入这些子菜单更改组态常数。一旦进入这些子菜单，F1 就是个返回键，用于退到主显示屏。

② F2 用于进入安全区域。在这里可以重设报警、报警延迟、锁/解锁键盘、设定显示器地址以及更改密码。F2 的另一个功能就是在一系列的画面中，用于进入下一画面。

（2）上/下/左/右四键：

上/下键用于菜单浏览的上下选择，也用于增大和减小定义的常数。左/右键用于同一行定义常数的位置变更。上/下/左/右键同样也是 1 到 4 的数字键，他们被用于组态以及密码的输入。

（3）确认键。

ENTER 键有几个基础功能，用于选择菜单项。

（4）参数类型。

固定范围参数：就是从转速表里预设定好的参数菜单里选择组态参数，通过上/下键操作。例如：等式（Equation）就是从转速表已设定好的等式里选取，包括：A，1/A，1/B，A-B，B-A，A×B，A/B，B/A，（A-B）/A×100，（B-A）/A-100。

可变范围参数：参数的值及其他一些可变的参数单位等，都可以通过上/下键更改，左/右键用于同一行间的切换。当参数更改完成时，可以按 F1（PREV）返回，直到回到主菜单，然后再按下 F1（MAIN），然后转速表就会显示一个问题：

"Changes have been made to system parameters. Save the changes? Yes/No."选择 Yes 就可以保存修改，当显示器回到主画面时，表示转速表系统已经接受了参数的更改。

3. 实例应用

1）基础设定

一泵的转速为 2000r/min，一个 4in，30 齿的转子。使用者要在转速 1900r/min 以下设一报警，一旦转速回升到 1980r/min 报警清除。不要求超速报警和显示。

（1）器材要求。

① 1 个 TACHPAK10（TP10）：用于测转速。

② 1 个 AI-TEK 被动式转速探头。

（2）接线说明。

① 电源接线（24V DC 与 220V AC 均可）。

② 将探头接到 TP10。

③ 将报警继电器接到 TP10 提供转速报警。

（3）组态设定。

转速表的设定在 Tachometer mode，组态监控和反馈泵的转速。由于没有显示器，因此只能通过 TACHLINK 来组态。

① 输入设定：Tachometer Mode（转速表模式），所有的设定都在 Tachometer Mode 里执行。

② Direction Direction Direction Direction（方向设定）：方向设为 off。

③ Equation&Units（关系式和单位）：转速表由 A 通道输入，没关系式运用，不需要单位设定。

④ Logic low&High（逻辑电压低与高）：逻辑水平是能过调整和设定的正面数值，逻辑电压的低与高主要基于探头的输出电压决定。这个探头数值建议如下设置，如果由于噪声问题影响可以重新调整。

Logic low = 0.1volts，High = 2.0volts。

⑤ Averaging（平均值）：平均值被用于转速输出的顺畅，当平均值被投入，所有的输出包括数字输出、继电器输出、模拟输出以及显示器输出都将被影响。Averaging = on；平均周期（sec）= 0.5。

⑥ Normalization（标准值）：为了转速表的显示为 r/min，探头的频率（pulses/sec）必须标准化或通过数学计算来显示转速（r/min）。

(pulses/sec)×(1 转/30pulses)×(60sec/min)= 2r/min，因此，输入的值必须被乘以 2 才是显示的转速。

Normalization 以指数形式输入：2.000e+0。

⑦ Units（单位）：单位为 r/min。

⑧ Input Type（输入形式）：选择 frequency（频率）。

⑨ Min Freq（最小频率）：MinFreq=100Hz。

1 号继电器设定。

⑩ Source（信号源）：浏览到 1 号继电器输出设定，选择 A 为输入源。

⑪ Latch Mode（锁存模式）：选 off。

⑫ On/Off Delay（延迟开/关）：没延迟要求。两个都输入 0.00。

⑬ Output Switching（输出开关）：1 号继电器被用于确定转速不掉到 1900r/min 以下。选择 EB（低于触发）。

输入报警设定点+1.900e+3。

输入解除报警点+1.980e+3。

⑭ 1 号和 2 号数字显示，2 号继电器和模拟输出：没有这些功能运用，各信号源都设为 None。

⑮ 安全设定：由于没显示器，因此安全设定只能通过 TACHLINK。

⑯ Alarm Hold-off（报警延迟）：设为 Off。

⑰ Keyboard lock（键盘锁）：设为 Locked。

2）媒介设定

一个 4in，94 齿，直径 24in 的转子，使用者想在显示屏上看见转速，以及有 4~20mA 的转速信号输出。同时需要设定 4 个报警。报警 1 和 2 为失效保护，这样就可以利用机械继电器现有常闭触点。报警 3 和 4 将利用数字输出设定上限和下限转速。上限和下限转速分别为 300r/min 和 400r/min，都有 50r/min 的滞后。失效转速限制在正常设定值的 10%之间（270 和 440），上限转速与下限转速分别有 80r/min 和 90r/min 的滞后。控制室里要求有一远程显示器。

(1) 器材要求。

1 只 TACHTROL 30（TT30）：用于转速显示和模拟输出。

1 只 TACHTROL plus（TTplus）：用作转速表的远程显示。

1 只 AI-TEK 的转速探头。

(2) 接线说明。

根据接线章节说明接线：

① 电源（24V DC 与 220V AC 均可）。

② 将远程显示器 TACHTROL plus 接到 TACHTROL 30 上。

③ 探头接到 TACHTROL 30 上。

④ 模拟输出。

⑤ 报警继电器（常闭触点）从 TT30 接到失效报警。

⑥ 将数字输出报警 1 和 2 从 TT30 接到速度报警。

(3) 组态设定。

① Tachometer Mode（转速表模式）。

② Direction（方向设定）：方向设为 off。

③ Equation&Units（关系式和单位）：转速表由 A 通道输入，无关系式运用，不需要单位设定。

④ Logic low&High（逻辑电压低与高）：

Logic low＝0.6volts。

Logic high＝2.6volts。

⑤ Averaging（平均值）：

Averaging＝off；平均周期（sec）＝0。

⑥ Normalization（标准值）：为了转速表的显示为 r/min，探头的频率（pulses/sec）必须标准化或通过数学计算来显示转速。

(pulses/sec)×(1 转/94pulses)×(60sec/min)＝0.6383r/min，因此，输入的值必须被乘以 0.6383 才是显示的转速。Normalization 以指数形式输入：$6.383e-1$。

⑦ Units（单位）：单位为 r/min。

⑧ Input Type（输入形式）：选择 frequency（频率）。

⑨ Min Freq（最小频率）：Min Freq＝0.100Hz。

1 号数字输出（上限转速报警）。

⑩ Source（信号源）：浏览到 1 号数字输出设定，选择 A 为输入源。

⑪ Latch Mode（锁存模式）：选 off。

⑫ On/Off Delay（延迟开/关）：无延迟要求。两个都输入 0.00。

⑬ Output Switching（输出开关）：一号数字输出用于确定转速不能超过 400r/min，选择 EA（超过触发）；报警点：$4.000e+2$；安全点：$3.500e+2$。

2 号数字输出（上限转速报警），所有触点设定同 1 号。

⑭ Output Switching（输出开关）：一号数字输出用于确定转速不能低于 300r/min。选择 DA（低于触发），报警点：$3.000e+2$；安全点：$3.500e+2$。

1 号继电器输出设定。

⑮ Source（信号源）：浏览到 1 号继电器输出设定，选择 A 为输入源。

⑯ Latch Mode（锁存模式）：选 off。

⑰ On/Off Delay（延迟开/关）：无延迟要求。两个都输入 0.00。

⑱ Output Switching（输出开关）：一号继电器输出用于超过 440r/min 时的转速失效。选择 DA（超过释放），报警点：$4.4000e+2$；安全点：$3.500e+2$。

2 号继电器输出设定。所有触点设定同 1 号。

⑲ Output Switching（输出开关）：一号继电器输出用于低于 270r/min 时的转速失效。选择 DB（低于释放），报警点：$2.700e+2$；安全点：$3.500e+2$。

模拟输出设定，浏览到模拟输出，4～20mA 分别被用于显示最小转速和最大转速。

⑳ Source（信号源）：选择 A 为输入源。

㉑ Rang（范围）：4～20mA。

㉒ Min/Max Value（最小/大值）：设定最大、最小值用于转速范围内的监控。万一转速在失效转速范围时也能显示。
Min Value=+2.000e+2（200r/min），Max Value=+5.000e+2（500r/min）。安全设定。
㉓ Alarm Hold-off（报警延迟）：设为 Off。
㉔ Keyboard Keyboard Keyboard Keyboard lock（键盘锁）：设为 Locked。
㉕ Change Security Code（更改密码）：显示器设定。
㉖ 显示器线路 1 号和 2 号：1 号线路到 Input A，2 号到 off。
㉗ Backlight Timeout（背光持续时间）：设为 off（背光持续）。
㉘ Contrast（反差）。

三、转速探头典型故障分析及处理

（一）事故经过

2006 年 2 月，某催化裂化装置四机组发生超速联锁停机，防喘振阀打开放空，装置发生主风流量低低联锁切断进料。值班人员到现场检查发现转速探头回路故障开路，随后更换了故障转速探头，并对烟气部位进行了简单处理，交付装置开工。

（二）事故处理过程

（1）接到工艺通知发生联锁停机后，仪表人员首先检查 SOE 记录，确认是烟机转速测量回路发出高报警和高高联锁报警，是所有联锁信号中的第一联锁原因。

（2）根据前期转速探头损坏情况和 SOE 记录，仪表人员检查并确认烟机转速探头也出现故障开路，判断为转速探头故障引发的本起事故。

（3）仪表人员立即组织更换探头，用准备好的转速探头更换了故障探头，维修人员对烟气泄漏部位采取了临时处理。

（4）仪表人员敷设临时风管，用仪表风降低烟机转速探头环境温度。

（5）恢复生产后，仪表人员组织转速探头导致超速联锁动作原因的专项调查。通过 SOE 和历史趋势确认，烟机转速到达 6734r/min（联锁值为 6730r/min），但是机组中的汽轮机转速记录仍为正常值，即烟机超速信号为假信号。后翻查系统检修历史记录，烟机测速回路存在干扰脉冲，探头故障时的反向电压抬高了干扰脉冲幅值，被 TRICON 系统检测为转速信号，导致超速联锁停车。

（三）原因分析

（1）烟机转子测速孔加工质量不佳，导致干扰长期存在。根据检修记录，2002 年机组改造开工时就发现烟机转速比正常值高一倍，用示波器监控到存在周期的大幅值干扰波形，机组检修时确认测速孔加工孔径偏小，深度不足且内有台阶，易形成干扰脉冲，不满足转速探头对安装检测面的要求。

（2）烟气泄漏导致转速探头先后损坏，转速探头线圈故障开路时会形成反向电压抬高干扰脉冲的幅值，导致干扰脉冲被系统检测到，发出虚假的超速联锁停车信号。

第三节 机组监测系统

一、本特利3500监测系统介绍

(一) 本特利3500系统概述

本特利内华达公司所生产的3500系统主要应用在大型旋转和往复机械设备的保护上，作为机组控制系统的重要组成部分，它可以向保护系统提供联锁信号，同时也可以向DCS或状态监测系统提供监测用的动态变量（振动）和静态变量（位移、温度等参数）。本特利3500监测系统适用于机械保护应用，并完全符合美国石油协会API 670标准对该类系统的要求。目前，本特利3500系统在化工行业有着广泛的应用。

(二) 本特利3500系统的主要特点

（1）单元模块化结构安装于标准框架中，主要包括：电源模块、接口模块、键相模块、监测模块、通信模块等。

（2）各功能模块都有一颗单片微控制（MCU），用于实现各模块的智能化功能，如组态设置、自诊断、信号测试、报警保护输出、数据通信等。

（3）通过机架接口卡件可以与上位机的本特利3500组态软件连接，对各个模块进行组态设置，并下载到各个模块的非易失性存储器中。

（4）双重冗余供电电源模块。

（5）支持带电拔插功能。

(三) 本特利3500系统的组成

一个完整的本特利3500系统主要由电源卡件、机架接口卡件、继电器卡件、各种功能的监视器卡件、前置器、延长电缆和探头组成，个别系统可能还有以太网关或MODBUS通信卡件。其中探头、延长电缆、前置器和监视器构成一个完整的检测回路，如图5-19所示。

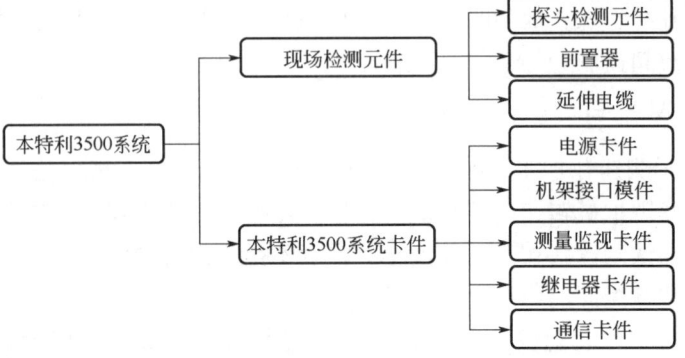

图5-19 本特利3500系统的组成方框图

二、本特利 3500 系统硬件配置与软件组态

（一）本特利 3500 系统硬件配置

本特利 3500 系统能提供连续、在线监测功能，适用于机械保护应用，并为早期识别机械故障提供重要的信息。该系统高度模块化的设计见表 5-11。

表 5-11　本特利 3500 系统高度模块化设计

序号	名称	型号	数量	配置要求
1	仪表框架	3500/05	一套	必须
22	电源模块	3500/15	一或两块	必须
33	接口模块	3500/20	一块	必须
44	键相器模块	3500/25	一或两块	可选
55	监测器模块	3500/XX（42、45、53、50）	一或多块	必须
66	继电器模块	3500/32	一或多块	可选
77	三重冗余继电器模块	3500/34	一或多块	可选
88	通讯网关模块	3500/92	一或多块	可选
99	3500 框架组态软件			必须

组态软件中机架布置如图 5-20 所示。

图 5-20　组态软件中机架布置

系统的工作流程是：从现场取得的传感器输入信号提供给本特利 3500 监测器框架内的监测器和键相位通道，数据被采集后，与报警点比较并从监测器框架送到一个地方或多个地方处理。

本特利 3500 框架中模件的共同特征是带电插拔和内部、外部接线端子。任何主模件

(安装在本特利3500框架前端）能够在系统供电状态中拆除和更换而不影响不相关模块的工作。如果框架有两个电源，插拔其中一块电源不会影响本特利3500框架的工作。外部端子使用多芯电缆（每个模块一根线）把输入\输出模块与终端连接起来，这些终端设备使得在紧密空间内把多条线与框架连接起来变得非常容易，内部端子则用于把传感器与输入\输出模块直接连接起来。外部端子块一般不能与内部端子、输入/输出模块一起使用（图5-21）。

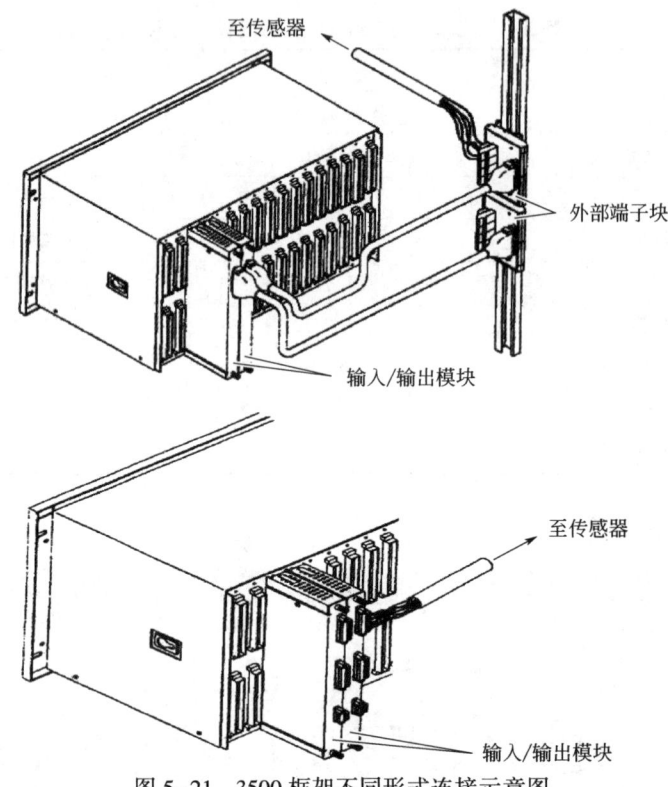

图5-21 3500框架不同形式连接示意图

1. 本特利3500/05系统框架

本特利3500框架用于安装所有的监测器模块和框架电源。它为本特利3500各个框架之间的互相通信提供背板通信，并为每个模块提供所要求的电源。

本特利3500框架有两种尺寸：

（1）全尺寸框架：19in EIA框架，有14个可用模块插槽。

（2）迷你型框架：12in框架，有7个可用模块插槽。

电源和框架接口模块必须安装于最左边的两个插槽中。其余14个框架位置（对于迷你型框架来说是其余7个位置）可以安装任何模块。

2. 本特利3500/15电源模块

本特利3500电源是半高度模块，必须安装在框架左边特殊设计的槽口内。本特利3500框架可装有一个或两个电源（交流或直流的任意组合）。其中任何一个电源都可给整个框架供电。如果安装两个电源，第二个电源可作为第一个电源的备份。当安装两个电源时，上边的电源作为主电源，下边的电源作为备用电源，只要装有一个电源，拆除或安装第二个电源模块将不影响框架的运行。本特利 3500 电源能接受大范围的输入电压，并可把该输入电压转换成其他本特利 3500 模块能接受的电压。对于本特利 3500 机械保护系统，有以下三种电源：

（1）交流电源。
（2）高压直流电源。
（3）低压直流电源。

输入电源选项：175~264VAC rms；（247~373VAC, pk），47~63Hz。该选项使用交流电源且为高电压（通常为 220V）交流电源输入模块（PIM）。安装版本 R 以前的交流电源输入模块（PIM）和/或版本 M 以前的电源模块要求电压输入：175~250VAC rms。

85~132VAC rms；（120~188VAC, pk），47~63Hz。该选项使用交流电源并且是低电压（通常为 110V）交流电源输入模块（PIM）。安装版本 R 以前的交流电源输入模块（PIM）和/或版本 M 以前的电源模块要求电压输入：85~125VAC rms。

88~140VDC：该选项使用直流电源，并且是高电压直流电源输入模块（PIM）（图 5-22）。

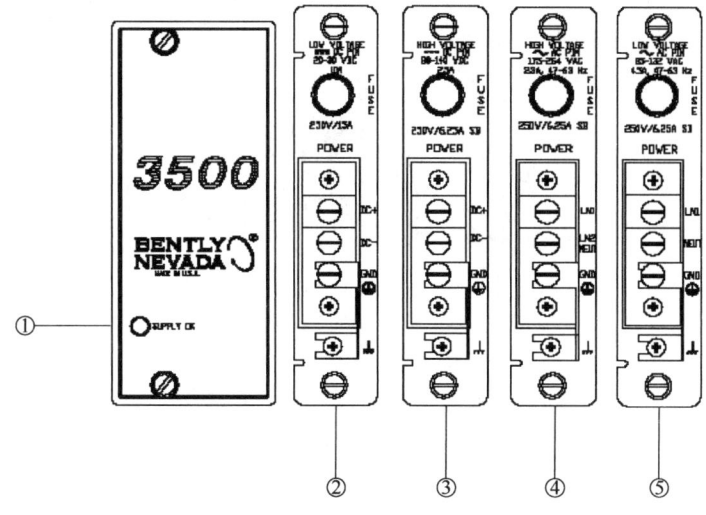

① 电源OK指示灯；
② 低压直流电源输入模块；
③ 高压直流电源输入模块；
④ 低压交流电源输入模块；
⑤ 高压交流电源输入模块；

图 5-22　电源及电源输入模块的前后视图

3. **本特利 3500/20 框架接口模块**

框架接口模块（RIM）是本特利 3500 框架的基本接口。它支持本特利内华达公司用于框架组态并调出机组中信息的专有协议。框架接口模块必须放在框架中的第一个槽位（紧靠电源的位置）。RIM 可以与兼容的本特利通信处理器，如 TDXnet、TDIX 和 DDIX 等连接。虽然 RIM 为整个框架提供某些通用功能，但它并不是重要监测路径中的一部分，对整个监测系统的正确和正常运行没有影响。每个框架需要一个框架接口模块。

其前面板上有 RS-232 串行接口，可以与主机连接进行数据采集和框架组态，波特率最大38.4K，电缆长度要求最长30m。后面的I/O（输入/输出）模块上有RS-232/RS-422串行接口，同样可以与主机连接进行数据采集和框架组态，最大波特率38.4K，电缆长度：RS232为最长30m，RS422为最长1200m。RS422接口还能使多台本特利3500框架以菊花链连接同本特利3500主机软件进行通信。

前面板上各LED（发光二极管）含义。OK LED：当框架接口模块操作正常时闪亮；TX/RX LED：当RIM与本特利3500框架中的其他模块相互通信时闪亮；TM LED：当本特利3500框架处于报警倍增状态时闪亮；CONFIG OK LED：当本特利3500框架的组态正确时闪亮。

前面板各硬件开关作用。框架复位按钮：清除锁定的报警和延时正常通道（Timed OK）失败，同输入/输出模块上的"框架复位"触点有相同的功能。地址开关：用来设置框架地址，共有63个可选地址。组态钥匙锁：用来设定本特利3500框架处于"RUN"（"运行"）模式或"PROGRAM"（"编程"）模式。RUN模式允许框架正常操作并且锁定任何组态变化。PROGRAM模式允许框架正常运行并且允许对框架进行远程或本地组态。钥匙键可以在框架中的两个位置之间任意转还，允许开关保持在RUN或PROGRAM位置。锁定至RUN方式可以防止任何非授权的框架组态。锁定至PROGRAM方式可以在任何时间对框架进行远程组态（图5-23）。

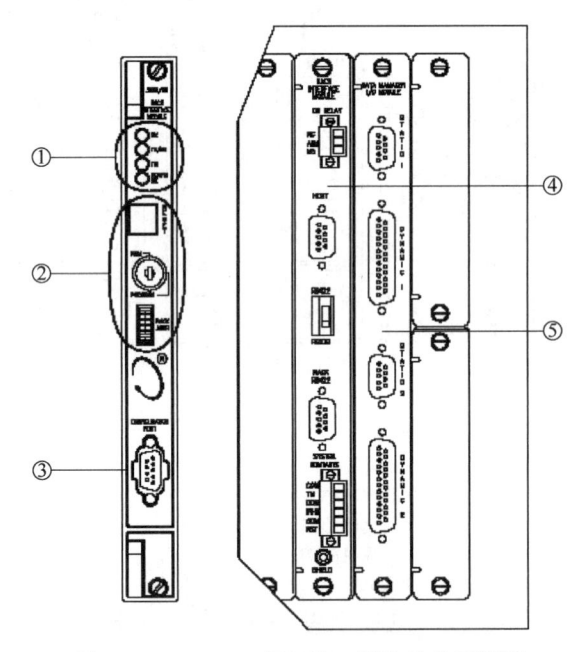

图5-23 3500/20框架接口模块的前后视图
①LED：显示模块运行状态；②硬件开关；③组态端口：使用RS-232协议，从框架中组态或调出机械数据；④框架接口I/O模块：使用RS-232和RS-422通信协议以菊花链形式连接；⑤组态框架；
数据管理者系统I/O模块：连接两个本特利通信处理器到本特利3500框架

4. 本特利3500/22瞬态数据接口

本特利3500瞬态数据接口（TDI）是本特利3500监测系统和本特利内华达System 1TM机械管理软件之间的接口。TDI结合了本特利3500/20框架接口模块（RIM）和通信处理器，如 TDXnet 的功能。TDI 运行在本特利 3500 框架的 RIM 插槽中，与 M 系列监测器（本特利 3500/40M、本特利 3500/42M 等）配合使用，连续采集稳态和瞬态波形数据，并通过以太网将数据传送到主计算机软件。TDI 具有标准的静态数据采集功能，但是采用可选的通道使能磁盘，也可采集瞬态或动态数据。TDI 与以前的通信处理器相比，除了将通信处理器的功能集成到本特利 3500 框架中以外，还有其他几方面的改进。

TDI 为全部框架提供通用功能，但并不是关键监测通道的组成部分，不影响整个监测系统的正确和常规运行。每个框架要求一个 TDI 或 RIM。TDI 只占用框架中的一个槽位，必须位于第一个插槽中（紧邻电源模块）。

对于三重模块冗余（TMR）应用，本特利 3500 系统要求 TMR 形式的 TDI。除了所有标准 TDI 的功能，TMR TDI 还具有"监测器通道比较功能"。通过选择监测器选项的安装功能，本特利 3500TMR 组态执行监测表决功能。采用这种方式，TMR TDI 连续比较三个冗余监测器的输出。如果 TMR TDI 检测出其中一个监测器的输出信息与其他两个监测器不相等（在组态的百分比之内），它就会向监测器发出错误指示，并在系统事件列表中加入一个事件。

模件前面板的 LED 发光二极管的用途和各硬件转换开关与本特利 3500/20 的相同，只是它的地址选择开关有 127 个地址可选。背面板的接口如图 5-24 所示。

5. 本特利 3500/25 键相器模块

本特利 3500/25 改进的键相器模块是一个半高度、2 通道模块，用来为本特利 3500 框架中的监视器模块提供键相位信号。此模块接收来自电涡流传感器或电磁式传感器的输入

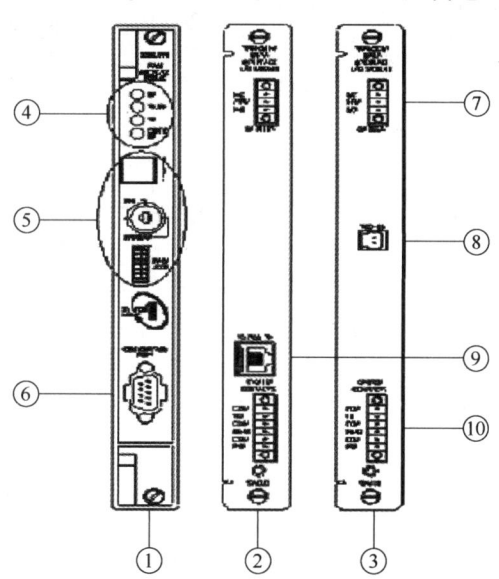

图 5-24　3500/22 瞬态数据接口模块的前后视图
①主模块；②10/100Base T 以太网输入/输出模块，RJ-45（电话插座类型）用于 10Base-T/100Base-TX 以太网电缆，电缆长度最大 100m；③100 Base FX 以太网输入/输出模块，MT-RJ 光纤接头，100Base-FX 电缆，最大 400m（1312ft）多模光纤电缆；④发光二极管：指示模块的运行状态；⑤硬件转换开关；⑥组态端口：采用 RS-232 协议组态或检索机器数据；⑦OK 继电器：指示框架的 OK 状态；⑧光纤以太网端口：用于组态和数据采集；⑨RJ45 以太网端口：用于组态和数据采集；⑩系统触点

信号，并转换此信号为数字键相位信号，该数字信号可指示何时转轴上的键相位标记通过键相位探头。每个键相模块有2个输入通道，本特利3500机械保护系统可安装2个键相器模块，接收4个键相位信号。

注：键相位信号是来自旋转轴或齿轮的每转一次或每转多次的脉冲信号，提供精确的时间测量。允许本特利3500监测器模块和外部故障诊断设备用来测量诸如1X幅值和相位等向量参数。

每个键相器模块可接收2个来自涡流传感器或电磁传感器的信号。输入信号范围为-0.8~-21.0V（非绝缘I/O模块）和+5~-11V（绝缘I/O模块）。模块内可限幅，使信号不得超过此范围。无源电磁传感器要求轴转速大于200r/min（3.3Hz）。在框架前面板上，通过同轴接头，有2个缓冲键相位输出信号。2个缓冲键相位输出同样可在框架背面，通过欧式接头得到。前面板发光二极管OK指示灯可指示在键相器模块内检测到一个故障。TX/RX指示灯当键相器模块与框架接口模块（RIM）进行通信时，发出指示。

图5-25所示为键相模块前视图和几种不同类型I/O模块的后视图。

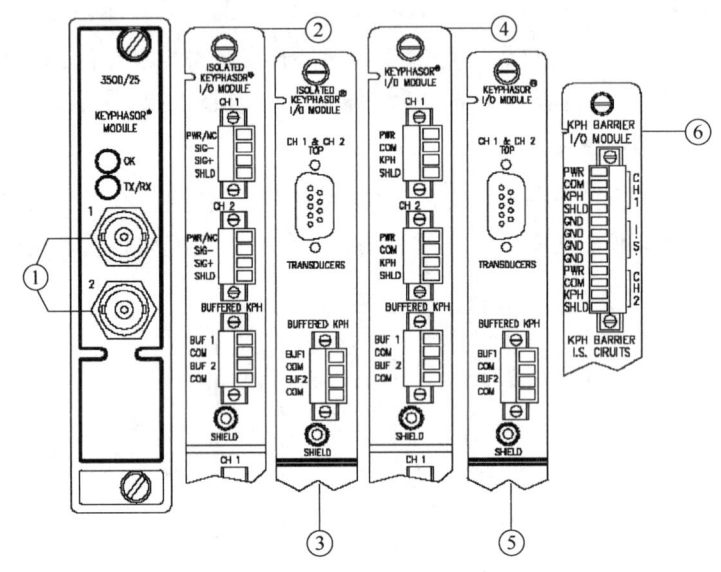

图5-25 键相模块前示图和几种不同类型I/O模块的后视图

1—缓冲的传感器输出；2—I/O模块，绝缘内部端子；3—I/O模块，绝缘外部端子；4—I/O模块，非绝缘内部端子；5—I/O模块，非绝缘外部端子；6—带安全栅的I/O模块，内部端子

6. 本特利3500/40M位移监测器

本特利3500/40M Proximitor是4通道位移监测器，接收本特利位移传感器的输入，对信号进行处理后生成各种振动和位移测量量，并将处理后的信号与用户可编程的报警设置点进行比较。可以使用本特利3500框架组态软件对本特利3500/40M的每个通道进行组态，使其具有如下功能：

（1）径向振动。
（2）轴向位移。
（3）差胀。

（4）轴偏心。

（5）REBAM®滚动轴承振动。

注：该监测器通道成对组态，一次最多可执行上述功能中的2个。通道1和2执行一个功能，通道3和4执行另一个功能或同一功能。

本特利3500/40M监测器的主要功能为：

（1）通过连续不断地将机器振动当前值与组态中的报警值进行比较，并驱动报警系统，从而达到保护机器的目的。

（2）为操作人员和维护人员提供关键设备的振动信息。

通过组态，每一通道通常将输入信号处理成静态值。每一静态值都有组态好的警告报警值，每两个静态值都可组态一个危险报警值。报警的延迟时间可通过软件设定。

前面板LED（发光二极管）OK LED：指示本特利3500/40M正常运行。

TX/RX LED：指示本特利3500/40M正与本特利3500框架内其他模块通信。

Bypass LED：指示本特利3500/40M处于旁路模式。

传感器缓冲输出：前面板对应每一通道均有同轴接头，每一同轴接头都有短路保护（图5-26）。

7. 本特利3500/42M位移、速度、加速度监测器

本特利3500/42M位移、速度、加速度监测器和本特利3500/40M功能相似，只是功能更强一些，它也是一个4通道监测器，可以接受来自位移、速度、加速度传感器的信

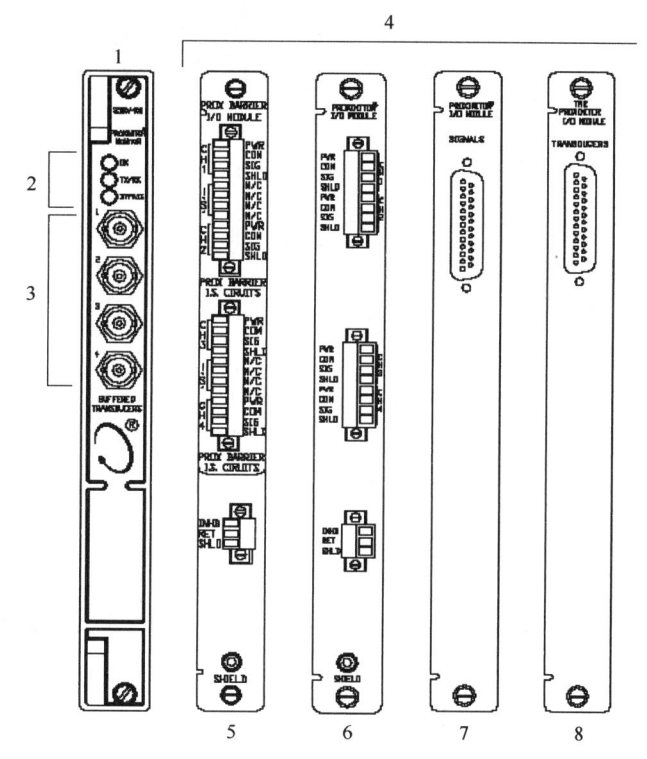

图5-26 本特利3500/40M位移监测器前后面板示意图

1—主模块前视图；2—状态发光二极管；3—缓冲传感器输出；4—I/O模块；5—安全栅I/O模块，内部端子；
6—I/O模块，内部端子；7—I/O模块，外部端子；8—I/O模块，外部端子

号，通过对这些信号的处理，可以完成各种不同的振动和位置测量，并将处理的信号与用户编程的报警值进行比较。本特利 3500/42M 的每个通道均可以使用本特利 3500 框架组态软件进行编程，完成下列各种功能：

(1) 径向振动。
(2) 轴向位移。
(3) 差胀。
(4) 偏心。
(5) REBAM。
(6) 加速度。
(7) 速度。
(8) 轴绝对振动。
(9) 圆形可接受区。

图 5-27 所示为其前后面板示意图。

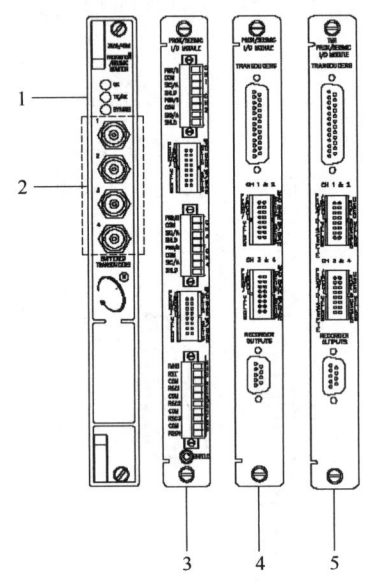

图 5-27 本特利 3500/42M 位移、速度、加速度监测器
1—状态发光二极管；2—传感器缓冲输出；3—位移、速度、加速度带内部端子的 I/O 模块；
4—位移、速度、加速度带外部端子的 I/O 模块；5—带外部端子的三重冗余 I/O 模块

注：监测器通道成对编程，可以同时完成最多以上两个功能。通道 1 和 2 可以完成一个功能，而通道 3 和 4 完成另一个（或相同的）功能。

本特利 3500/42M 前面板 LED（发光二极管）的含义及通过其进行的故障诊断与前面的本特利 3500/40M 模块相似。

8. 本特利 3500/45 差胀/轴向位置监测器

本特利 3500/45 差胀/轴向位置监测器是一个可接收趋近式电涡流传感器、旋转位置传感器（RPT）、DC 线性可变微分变换器（DCLVDT）、AC 线性可变微分变换器（AC LVDT）和旋转电位计输入信号的 4 通道监测器。测量类型和相关的传感器输入将决定需

要哪种输入/输出（I/O）模块。它对输入信号进行处理，并将处理后的信号与用户可编程的报警设置进行比较。应用本特利 3500 框架组态软件，本特利 3500/45M 可被编程去完成如下功能：

（1）轴向（侧向）位置。
（2）差胀。
（3）标准单斜面差胀。
（4）非标准单斜面差胀。
（5）双斜面差胀。
（6）补偿式差胀。
（7）壳胀。
（8）阀门位置。

注：监测器通道成对编程，每次最多能完成上述两个功能。通道 1 和 2 能完成一个功能，而通道 3 和 4 能实现另外一个（或同一个）功能。但是，只有通道 3 和 4 能实现壳胀监测。

本特利 3500/45 监测器的主要功能如下：
（1）通过将所监测参数与设定的报警点进行连续比较并驱动报警，以提供机械保护功能。
（2）为运行人员和维护人员提供基本的机器信息。

根据组态，每一通道可将输入信号处理为称作"比例值"的多种参数。每一个有效比例值可组态为报警设置点，而任意两个有效比例值可组态为危险设置点。

前面板 LED（发光二极管）：OK LED：指示本特利 3500/45 运行正常；TX/RX LED：指示本特利 3500/45 正在与 3500 框架内其他模块通信；旁路 LED：指示本特利 3500/45 正处于旁路关态。

通过 LED 进行故障诊断时，本特利 3500/45 与前面提到的本特利 3500/40M 相似。

传感器缓冲输出：在监测器前面板上每个通道对应有一个同轴接头。各同轴接头带有短路保护。当使用 DC LVDT 时，通道 3 和 4 是 $-10VDC$ 的电平转换。当使用 ACLVDT 时，所有通道均为由 LVDT 返回的交流信号的直流显示。

图 5-28 为差胀/轴向位置监测器的前视图和用于电涡流传感器、旋转位置传感器和 DC LVDT 的 I/O 的后视图。

图 5-29 为用于 AC LVDT 和旋转电位计的 I/O 的后视图。

9. 本特利 3500/50 转速表模块

本特利 3500/50 转速表模块是一个两通道模块，它可接收来自涡流传感器或电磁式传感器（除非另外注明）的信号，可确定轴的转速、转子的加速度或转子的方向。它将这些测量量与用户可编程的报警点进行比较，当超过报警点时发出报警。本特利 3500/50 转速表模块可使用本特利 3500 框架组态软件进行编程，可将它组态成下列四种不同类型：

（1）转速监测，设置点报警和速度带报警。
（2）转速监测，设置点报警和零转速指示。
（3）转速监测，设置点报警和转子加速度报警。
（4）转速监测，设置点报警和反转指示。

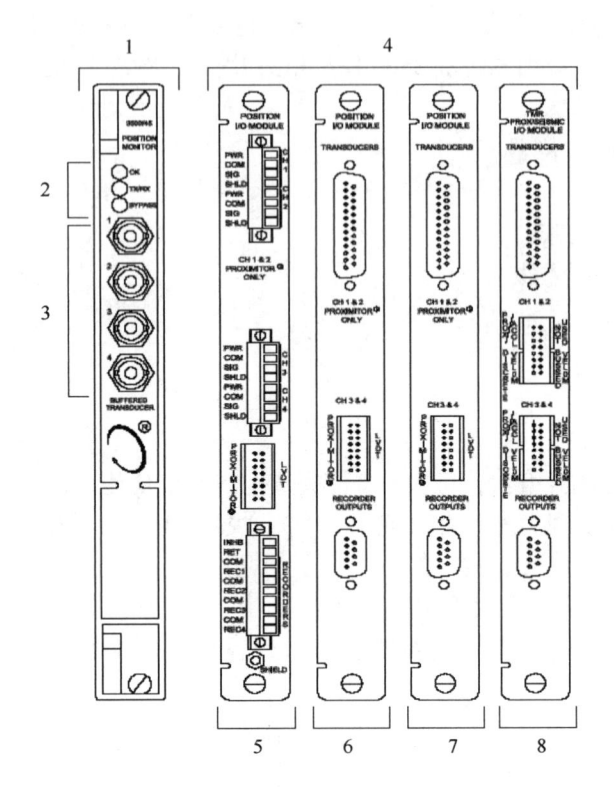

图 5-28　差胀/轴向位置监测器的前视图和用于电涡流传感器和 DC LVDT 的 I/O 后视图

1—监测器前视图；2—状态 LED；3—传感器缓冲输出（为四个传感器提供未滤波输出。所有输出均为短路保护。当使用 DC LVDT 时，通道 3 和 4 具有-10V 的电平转换。当使用 AC LVDT 时，所有通道为基于 AC LVDT 二级输出经信号处理后的直流表示）；4—用于电涡流传感器、旋转位置传感器或 DC LVDT 的各种 I/O 模块的后视图；
5—位置 I/O 模块，内部端子（用于电涡流传感器、旋转位置传感器或 DC LVDT）；
6—位置 I/O 模块，外部端子（用于电涡流传感器、旋转位置传感器或 DC LVDT）；
7—位置 I/O 模块，TMR 分散式，外部端子（用于电涡流传感器 DC LVDT）；
8—位移、速度、加速度 I/O 模块，TMR 分散式，外部端子（用于电涡流传感器）

本特利 3500/50 可被组态成向本特利 3500 框架背板提供键相位信号，供其他监测器使用，因此不必再在框架内安装键相位模块。本特利 3500/50 还有一个峰值保持功能；它可以存储机器曾达到的最高转速、最高反转速度或反转的数量（取决于所选择的通道类型）。这些峰值可由使用者复位。

应用说明：

（1）本特利转速表模块不单独使用或作为某一部件用于转速控制或超速保护系统。

（2）本特利转速表模块不为转速控制或超速保护系统提供保护冗余和响应转速。

（3）模拟量比例输出只用于数据收集、图表记录或显示。另外，转速的警告设置点只是用于通知目的。

（4）电磁式传感器不使用反转选项，因为这些传感器在低转速时不能为检测电路提供清晰边沿，这将引起错误的反转指示。

（5）电磁式传感器不推荐使用零转速选项，因为这些传感器在低转速时不能为检测电

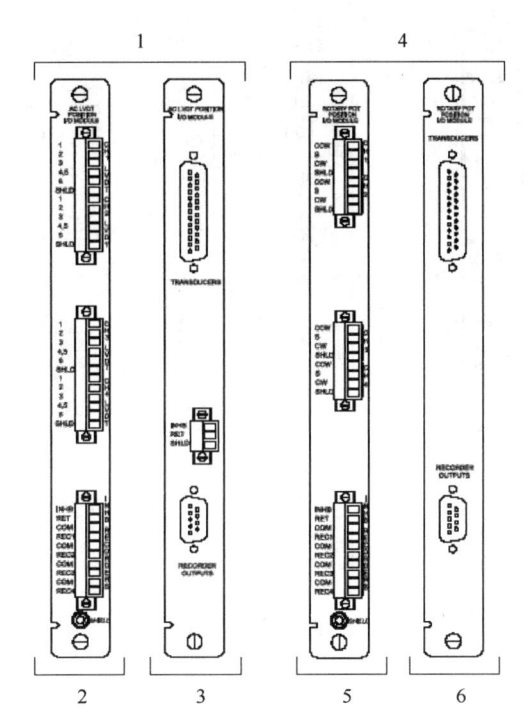

图 5-29　用于 AC LVDT 和旋转电位计的 I/O 后视图

1—用于 AC LVDT 的各种 I/O 模块的后视图；2—位置 I/O 模块，内部端子（用于 AC LVDT）；
3—位置 I/O 模块，外部端子（用于 AC LVDT）；4—用于旋转电位计的各种 I/O 模块的后视图；
5—位置 I/O 模块，内部端子（用于旋转电位计）；6—位置 I/O 模块，外部端子（用于旋转电位计）

路提供清晰边沿。

每个转速表模块接收一个或两个涡流传感器或电磁式传感器信号，信号范围是 +10.0V~-24.0V，信号超出此范围在模块内部受限。报警点设置：一级报警可由转速表为每一测量值设置。除此之外，二级报警可由转速表测量值中的任意两个值设置。所有报警点由软件组态。报警点可调，通常可在满量程的 0~100% 范围内设置。报警延迟可由软件编程，并设置如下：

报警 1：从 1 到 60s，调节间隔为 1s。

报警 2：从 1 到 60s，调节间隔为 0.1s。前面板 LED 灯的含义与前面提到的模件相似。图 5-30 为转速模件前视图和几种 I/O 模件的后视图。

10. 本特利 3500/53　超速检测模块

本特利 3500 系列机械检测系统的电子超速检测系统是高度可靠、快速响应的冗余转速表系统，专门用于机械的超速保护。本特利 3500/53 模块可用于组成 2 选 2 或 3 选 2（推荐）表决系统。安装超速检测系统的本特利 3500 框架要求配备冗余电源。

每一个超速检测模块接收一个涡流传感器或电磁式传感器的信号，输入信号的范围是 +10.0~-24.0V。信号超出此范围，在模块内受限。适用于本特利 3300 8mm 涡流传感器，3300 16mm 高温涡流传感器（HTPS），7200 5mm、8mm、11mm 和 14mm 涡流传感器，3300 RAM 涡流传感器或电磁式传感器。

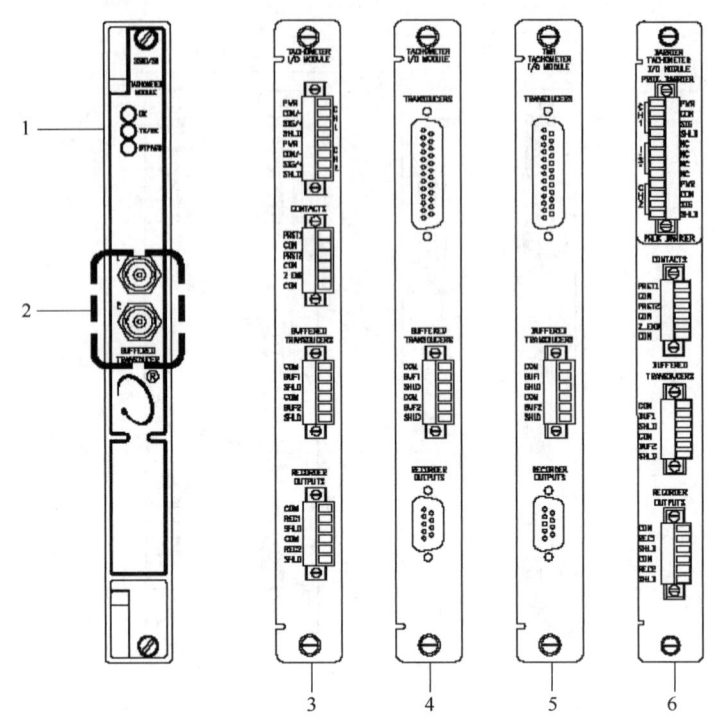

图 5-30　转速模件前视图和几种 I/O 模件后视图

1—状态 LED；2-缓冲传感器输出；3—I/O 模块，带内部端子；4—I/O 模块，
带外部端子；5—I/O 模块，TMR，带外部端子；6—I/O 模块，带内部安全栅和内部端子

前面板 LED（发光二极管）含义：OK LED：指示 3500/53 模块工作正常；TX/RX（传送/接收）LED：指示本特利 3500/53 模块正在与本特利 3500 框架内其他模块进行通信；Bypass（旁路）LED：指示本特利 3500/53 模块处于旁路状态；Test Mode（测试模式）LED：指示本特利 3500/53 模块处于测试状态；Alarm（报警）LED：指示一个报警条件已发生，与之联系的继电器已动作传感器缓冲。

输出：每一模块前部都有一个用于缓冲输出的同轴接头，每一接头均有短路和静电保护。

对于转速，可以设置低于或高于报警水平（设置点）。另外，对转速可设置危险（超速）设置点。所有报警设置点均由软件组态来设置。报警点可调，并通常在 0~100% 的满量程范围内调整。

报警时间延迟：在频率高于 300Hz 时少于 30ms（图 5-31）。

其他功能详见本特利 3500/53 超速保护系统操作与维护手册。

11. 本特利 3500/32　4 通道继电器模块

4 通道继电器模块是一个全高度的模块，它可提供四个继电器的输出量。任何数量的 4 通道继电器模块，都可放置在框架接口模块右边的任一个槽位里。4 通道继电器模块的每个输出都可以独立编程，以执行所需要的表决逻辑。

每个应用在 4 通道继电器模块上的继电器，都具有"报警驱动逻辑"。该报警驱动逻辑可用"与门"和"或门"逻辑编程，并可利用框架中的任何监测器通道或任何监测器通道的组合所提供的报警输入（警告或危险）。该报警驱动逻辑应用框架组态软件编程，可满足应用中的特殊需要。

注意：需要三重模块冗余（TMR）的情况下应使用本特利3500/34TMR继电器模块。

前面板LED含义：OK LED（发光二极管）：模块工作正常时闪亮；TX/RX LED：用于传送和接收，当该模块与框架中其他模块间通信正常时闪亮；CH ALARM LED：当该继电器通道处于报警状态时闪亮；继电器类型：两个单极双掷（SPDT）继电器连接在一起组成一个双极双掷（DPDT）形式。

密封形式：环氧树脂密封；接触寿命100000次@5A，24VDC或120VDC。

工作方式：每个通道都可以通过开关选择成正常情况不带电或正常情况带电。

12. 本特利3500/92 通信网关

本特利3500/92通信网关具有广泛的通信能力，可通过以太网TCP/IP和串行（RS232/RS422/RS485）通信协议将所有框架的监测数据和状态与过程控制和其他自动化系统集成。它也支持与本特利3500框架组态软件和数据采集软件的以太网通信。支持的协议包括：

（1）Modicon Modbus®（通过串行通信）。

（2）Modbus/TCP（用于TCP/IP以太网通信的串行Modbus的另一种形式）。

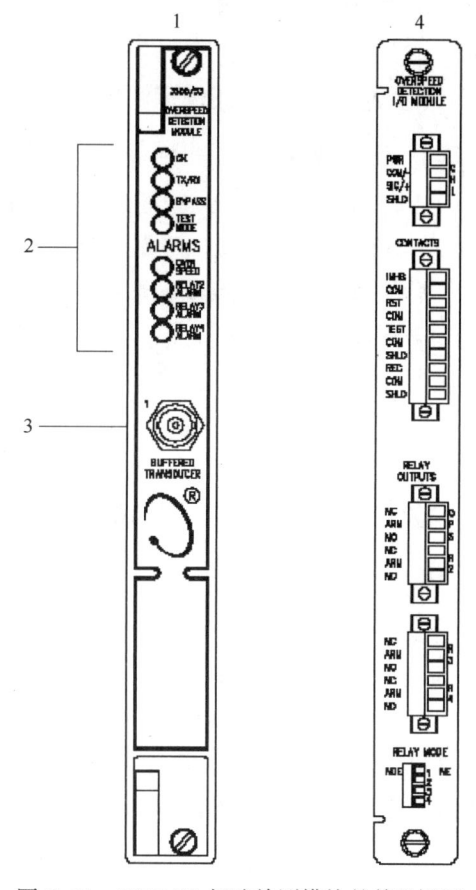

图5-31　3500/53超速检测模块的前后视图
1—主模块，前视图；2—状态LED；3—缓冲传感器输出，为传感器提供未滤波的输出，输出具有短路保护；4—I/O模块（后视图）

（3）有的本特利内华达协议（与本特利3500框架组态和数据采集软件包通信）。

本特利3500/92通过RJ45与10BASE-T星型拓扑以太网络连接。

本特利3500/92具有与本特利3500/90相同的通信接口、通信协议以及其他特点，不同的是，本特利3500/92具有可组态的Modbus寄存器功能，能提供与初始值寄存器一样的功能。

前面板发光二极管（LED）状态：OK LED：指示本特利3500/92运行正常；TX/RX LED：指示本特利3500/92与本特利3500框架中的其他模块通信。

13. 本特利3500系统软件组态方法

本特利3500机械保护系统中共有如下三个软件包：

（1）机架组态软件：用于组态所有的本特利3500模块。

（2）数据采集/DDE（动态数据交换）服务器软件：用于采集和保存来自本特利3500系统的静态数据。DDE服务器具有数据输出功能，用于与第三方软件集成，如工厂历史数据、过程控制系统以及人机接口等。

(3) 操作者显示软件：用于显示本特利3500数据采集软件采集的信息。

（二）本特利3500软件安装与通信连接

1. 软件安装

本特利3500软件安装简单，现场调试安装请注意软件版本，否则在软件组态通信上会有不匹配的情况出现。组态流程如下：

启动组态软件：Start-Programs-3500 Software-3500 Rack Configuration software。

下装、上装组态：下装：从PC到机架；上装：从机架到PC。

2. 通信连接

通信连接有4种连接方法：

（1）直接连接（Direct），通过RS232或RS422串口连接PC与机架。

（2）通过DAQ服务器网络连接。

（3）通过本特利3500/92或本特利3500/22M TDI网络连接。

（4）远程连接。

系统连接后，可进行上装、下装。本特利3500系统调试，一般通过通信电缆从PC和框架接口模块本特利3500/22连接。本特利3500/22板件背后有个开关，可以选择RS232/RS422，一般情况下，出厂即是选的RS232，因此现场直接用232的电缆连接即可，本特利3500系统用RS232电缆连接如图5-32所示，通信连接不需要密码，设置（通信口和波特率）也不用更改，连接界面如图5-33所示。

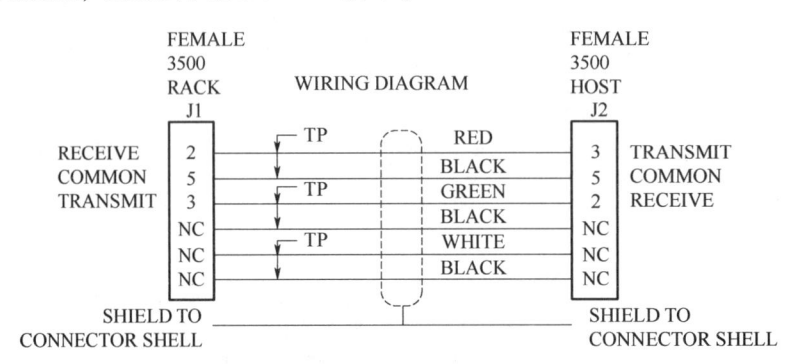

图5-32 RS232电缆连接

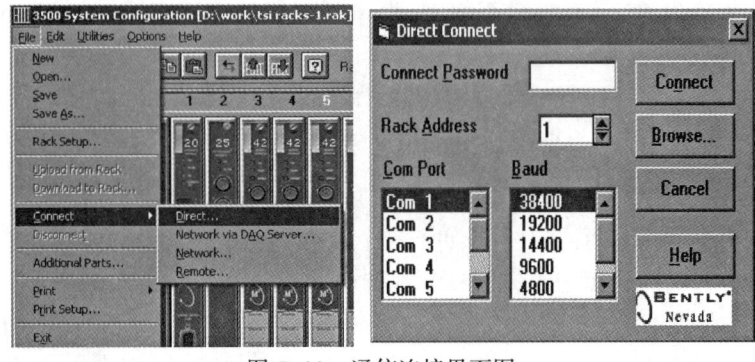

图5-33 通信连接界面图

3. 机架参数配置

机架参数配置如图 5-34 所示。

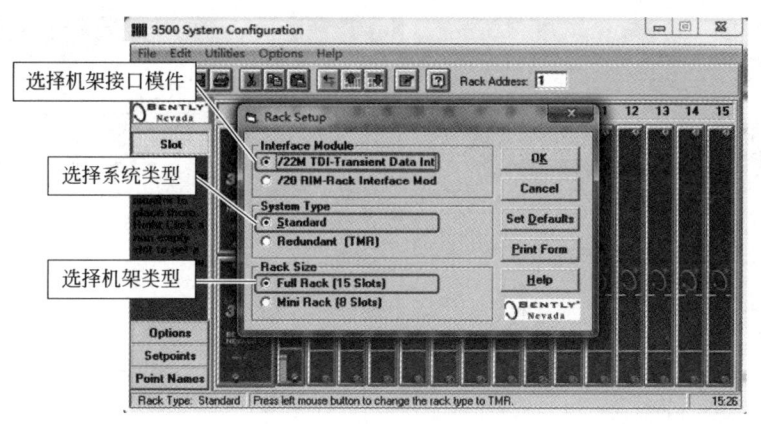

图 5-34　机架参数配置

4. 本特利 3500/22 卡件的组态

本特利 3500/22 卡件组态如图 5-35 所示。

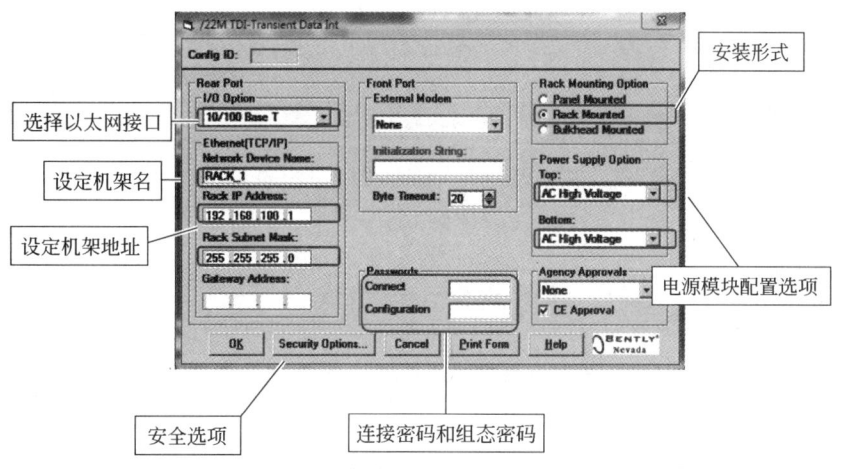

图 5-35　本特利 3500/22 卡件组态

（1）只有当 RIM/TDI 前部的锁处于 Program 位置时，才允许更改任何监测器的设置点。

（2）防止通过 RIM/TDI 前端通信端口进行通信。

（3）每当键控开关处于 Run 位置时，如果机架地址随时变化，此选项将强制 NOT OK Relay 进入 NOT OK 状态。

（4）如果任何模块被从机架插槽上移除，此选项将强制 NOT OK Relay 进入 NOT OK 状态。

（5）每当键控开关从 Run 模式变为 Program 模式时，此选项将强制 NOT OK Relay 进入 NOT OK 状态。

5. 本特利 3500 轴位移组态及在线校对

轴位移的组态 1 如图 5-36 所示。

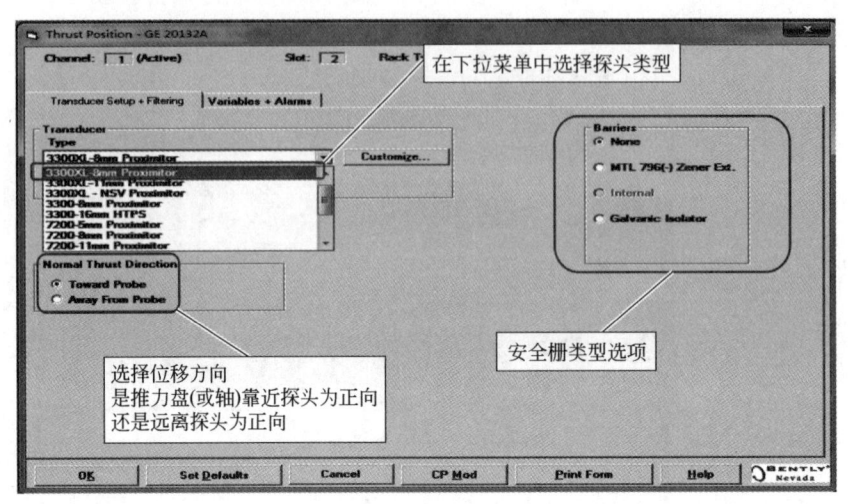

图 5-36　轴位移的组态 1

轴位移的组态 2 如图 5-37 所示。

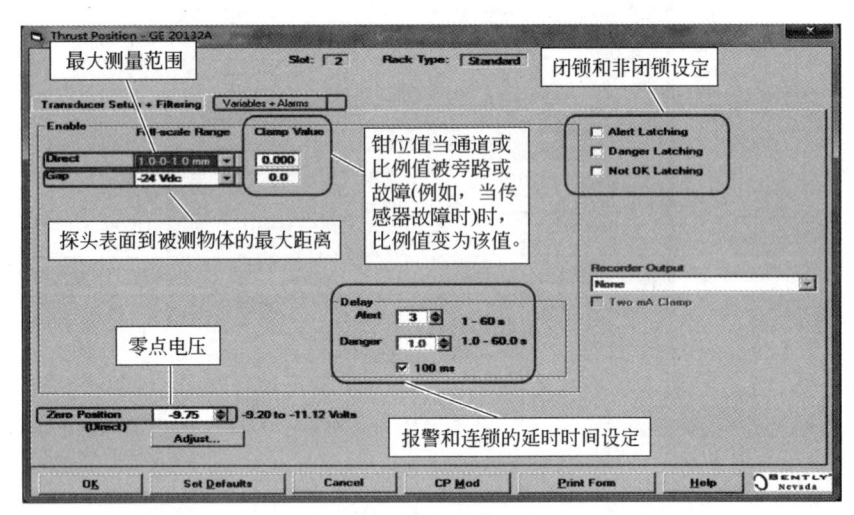

图 5-37　轴位移的组态 2

如果一个通道配置为"Latching OK（锁定正常）"，则一旦该通道进入"not OK"（异常）状态则停留在异常状态，直到复位为止。被锁定的"not OK"（异常）状态可通过下列方式之一进行复位：

（1）机架接口模块前面的开关。
（2）机架接口输入/输出模块上的触点。
（3）操作显示软件中的复位按钮。
（4）通过通信网关模块的复位命令。
（5）通过显示模块的复位命令。

(6) 通过机架配置应用程序的复位命令。

轴位移设定值组态如图 5-38 所示。

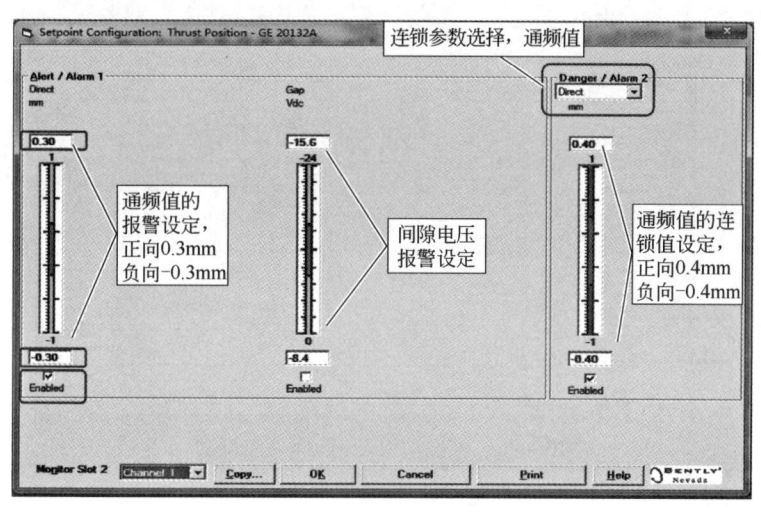

图 5-38　轴位移设定值组态

轴位移的在线状态校对如图 5-39 所示。

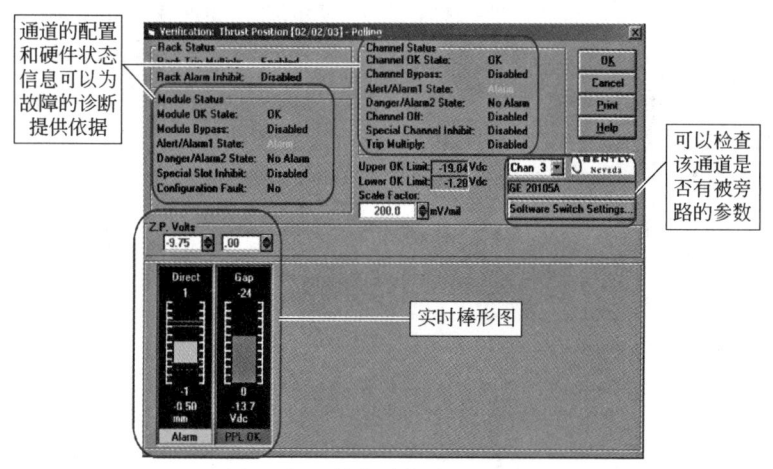

图 5-39　轴位移在线状态校对

Keyphasor 的相关说明如下：

无键相器（No Keyphaser）：当无键相器时使用。标记后，则仅有通频值和间隙数据可用。该字段自动为通道对做出无需键相器传感器（例如，轴向位移和胀差）的标记。

主键相器（Primary）：键相器通道一般可被选定为主测量通道。键相器传感器标记无效时，备用键相器传感器将会提供轴基准信息。

备用键相器（Backup）：在主键相器故障时，键相器通道可以被选定为备用通道。如果用户没有备用键相器通道，则可选择同一键相器通道作为主键相器通道。

6. 本特利 3500 轴振动组态

轴振动组态-选择径向振动如图 5-40 所示。

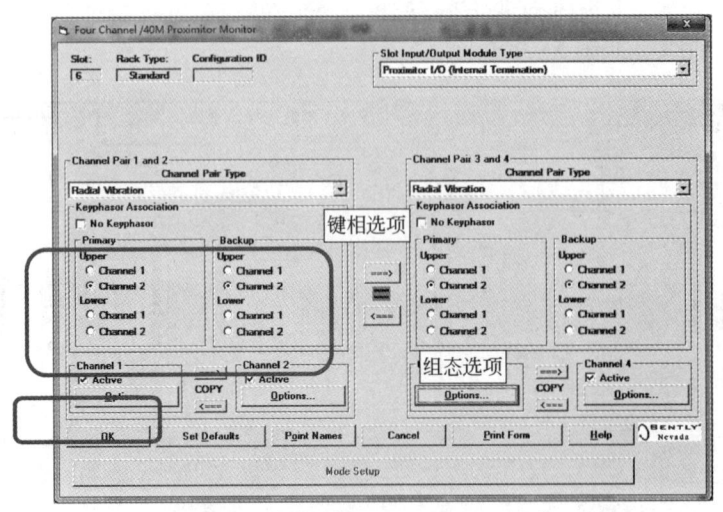

图 5-40　轴振动组态-选择径向振动

轴振动组态-振动组态参数的说明：

（1）间隙电压：传感器表面与被测表面的物理距离，可用位移或电压表示。

（2）1X 幅值：1 个复合的振动信号，表示轴转动速率下的幅值分量。

（3）1X 相位滞后角：1 个复合的振动信号，表示轴转动速率下的相位滞后角分量。

（4）2X 幅值：1 个复合的振动信号，表示 2 倍轴转动速率下的幅值分量。

（5）2X 相位滞后角：1 个复合的振动信号，表示 2 倍轴转动速率下的相位滞后角分量。为从键相脉冲的前缘或后缘至随后的 2X 振动信号正峰值的角度计量。

（6）非 1X 幅值：1 个复合的振动信号，表示非一倍轴转动速率下的幅值分量。

（7）S_{max} 幅值：在测量平面内，对应于计算出的"准零点"，XY 安装传感器的未滤波的单峰值测量值。对于每个通道对仅返回一个 S_{max} 幅值（通道 1 或 3）。

轴振动设定值组态如图 5-41 所示

轴振动的校验画面如图 5-42 所示。

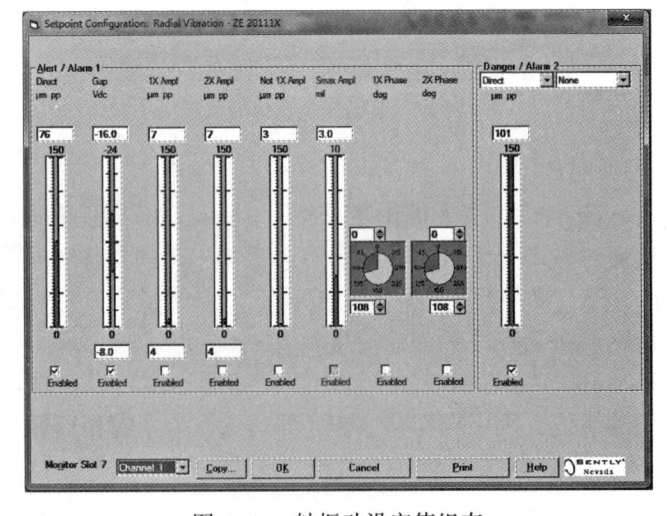

图 5-41　轴振动设定值组态

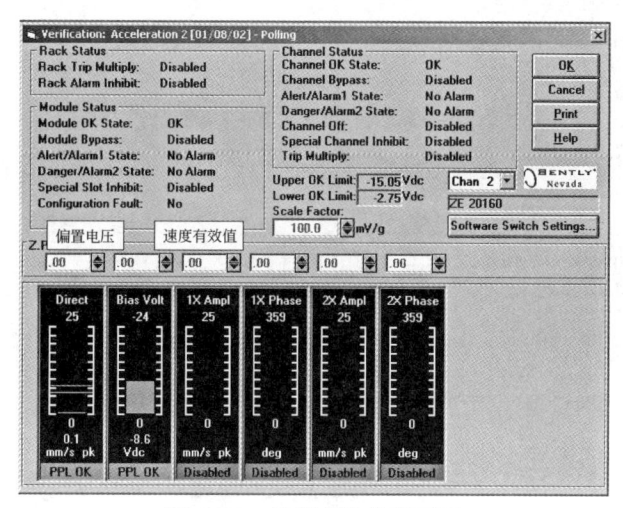

图 5-42 轴振动的校验画面

7. 本特利 3500 轴键相组态

轴键相组态如图 5-43、图 5-44 所示。

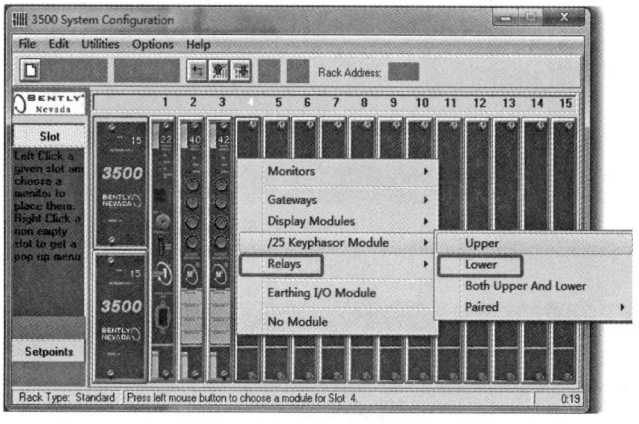

图 5-43 本特利 3500 轴键相组态

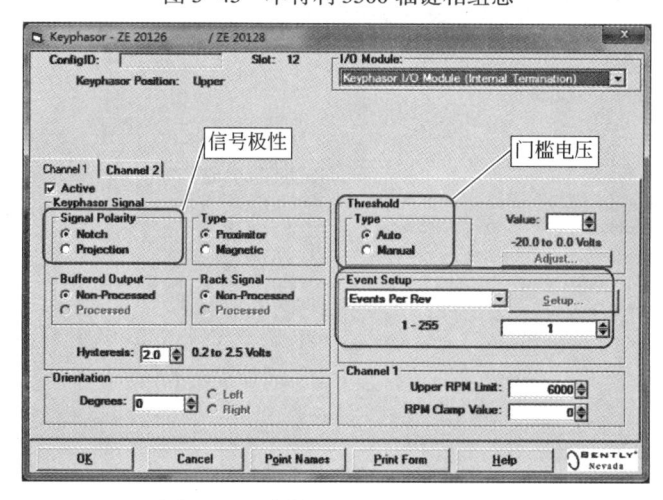

图 5-44 本特利 3500 继电器组态

8. 本特利 3500 继电器组态

继电器卡件组态如图 5-45、图 5-46、图 5-47 所示。

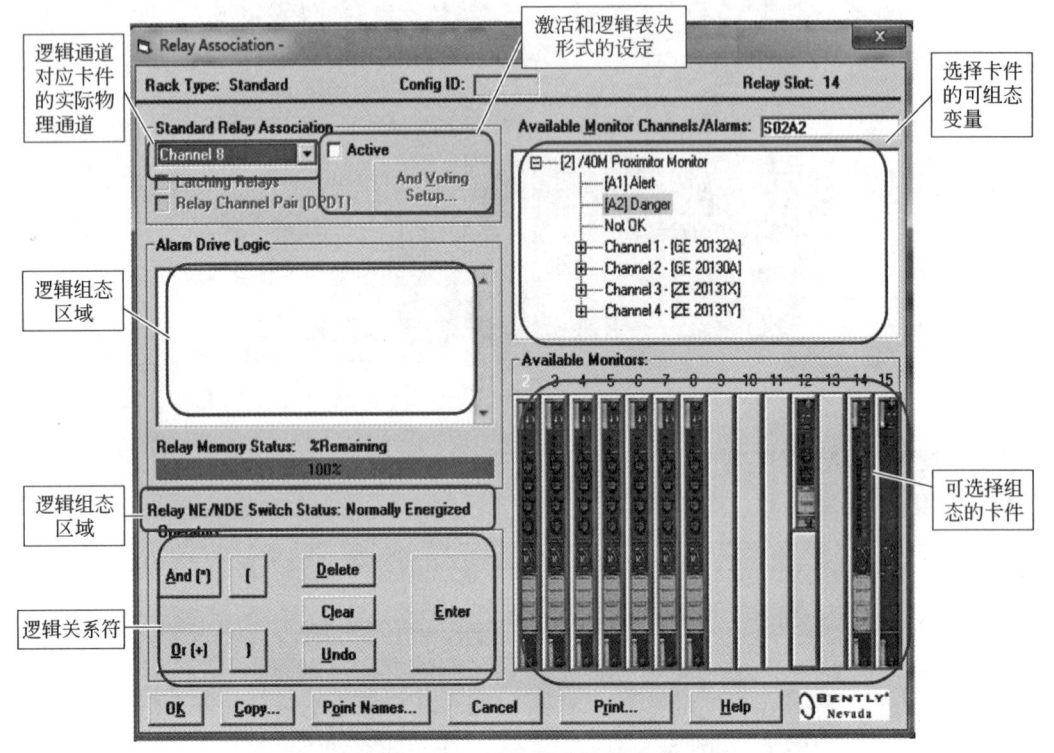

图 5-45 继电器卡件组态 1

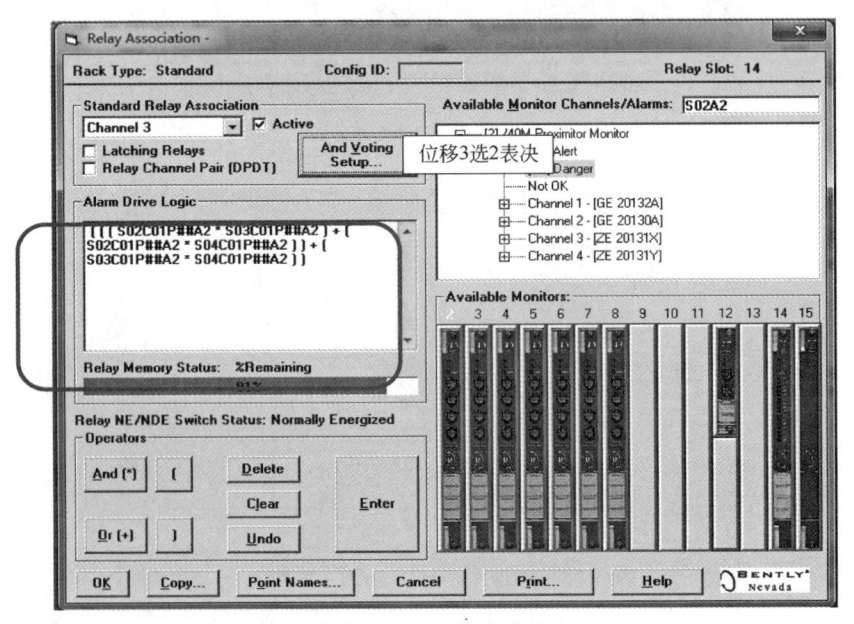

图 5-46 继电器卡件组态 2

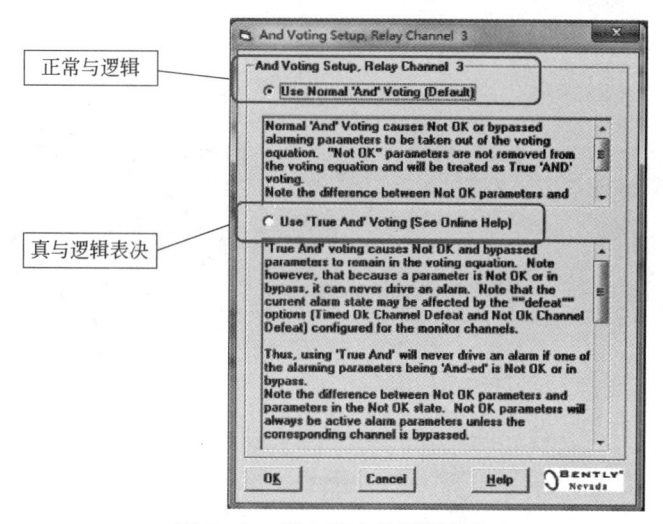

图 5-47 继电器卡件逻辑组态

9. 正常"与"和真实"与"的意义

1) 正常"与"表决（缺省）

选择此选项后，如果报警参数不正常或旁路（或被用户选择，或监视器故障），参数即从继电器逻辑中清除。请注意"Not OK"（不正常）报警参数（预定用于在 Not OK 条件报警的参数）不会从报警逻辑方程中清除。

2) 真实"与"表决

选择真实"与"逻辑使 Not OK 或被旁路的参数保持在继电器逻辑中。如果报警参数被逻辑乘后 Not OK（不正常）（参数不预定在 NotOK 条件报警）或处于旁路时，用"真实与"逻辑不会驱动报警。

三、本特利 3500 系统操作与维护

（一）用编程器连接机架

（1）安装有本特利 3500 组态软件的笔记本，并且笔记本带有通信串口。

（2）需要一根 RS232 串口电缆（图 5-48）。

图 5-48 本特利 3500 系统模式开关与通信接口示意图

（二）启动本特利 3500 configuration software

开始→程序集→3500 Software→Rack Configuration Software（图 5-49）。

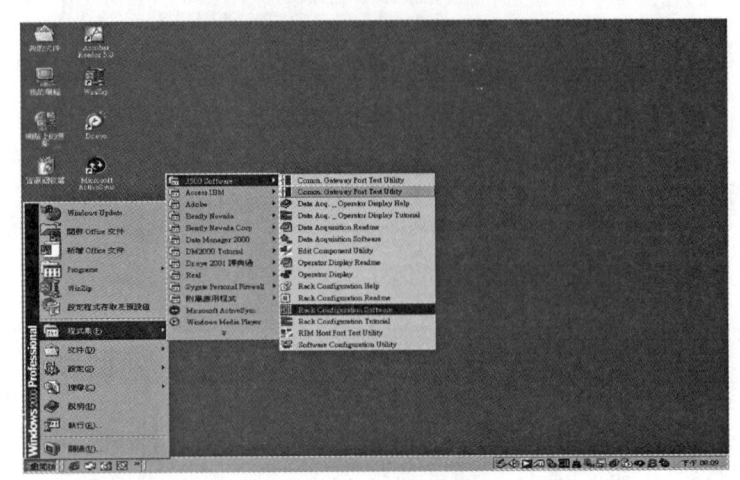

图 5-49　本特利 3500 系统启动组态程序路径

（三）连接本特利 3500 机架

出现画面，按下 File→Connect→Direct（图 5-50）。

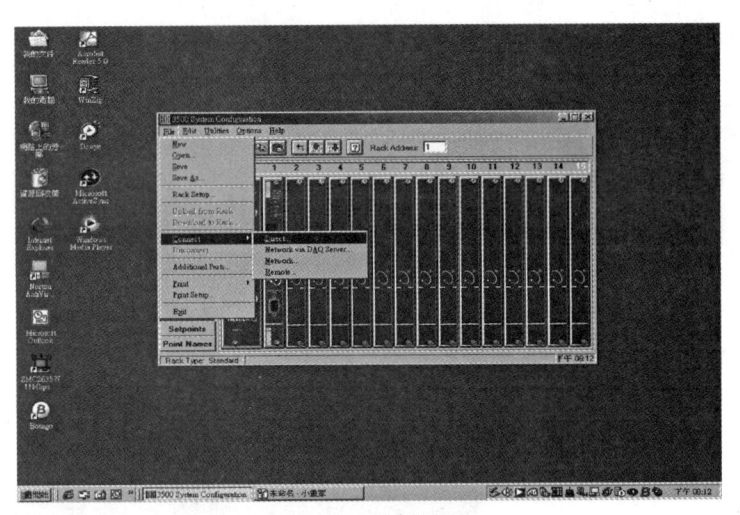

图 5-50　选择界面

Rack Address→选择所要连接的 rack。
Com Port→计算机所连接的 com port。
Baud→决定计算机和本特利 3500 Rack 间的联机速率。
选定后按下 Connect（图 5-51）。

（四）设置机架网络

(1) 在上位机 Windows 程序中启动本特利 3500 软件。
(2) 按下 File→Connect→Network（图 5-52）。

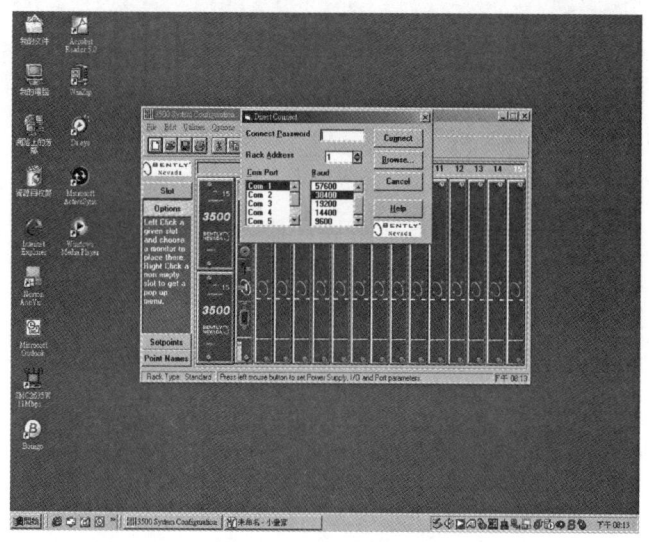

图 5-51　本特利 3500 系统机架连接画面

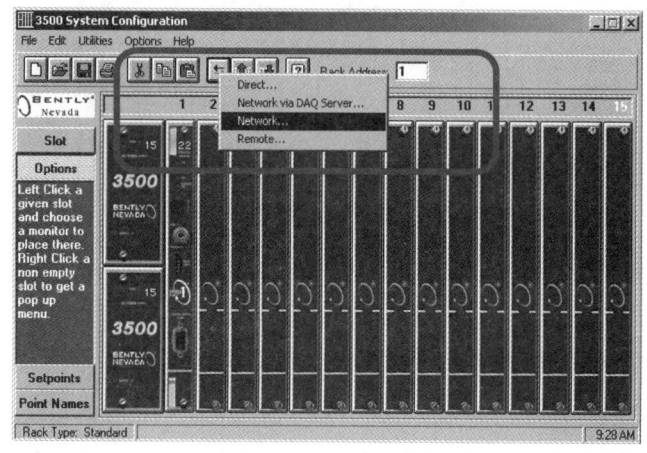

图 5-52　选择界面

在地址中输入所连机架的以太网络地址 192.168.100.2（PTA2 装置上位机地址），然后点击 Connect 按钮（图 5-53）。

连接成功后点击 OK 确认对话框（图 5-54）。

（五）上传机架组态、程序下装

点击该图标上传机架组态程序（图 5-55）。

程序上传成功后点击 OK 确认对话框（图 5-56）。

在系统在线的情况下点击该图标可实现程序的下装（图 5-57）。

选中需要下装的卡件（图 5-58）。

点击确认（图 5-59）。

首先点击该图标断开本特利 3500 软件与本特利 3500 机架的连接，然后点击确认（图 5-60）。

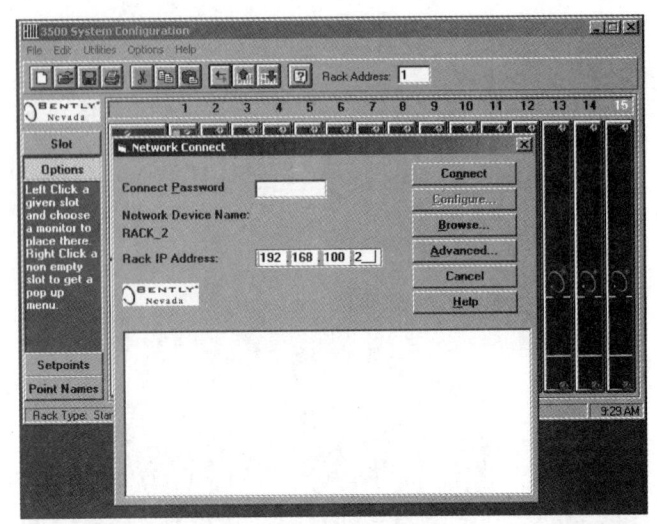

图 5-53　输入地址界面

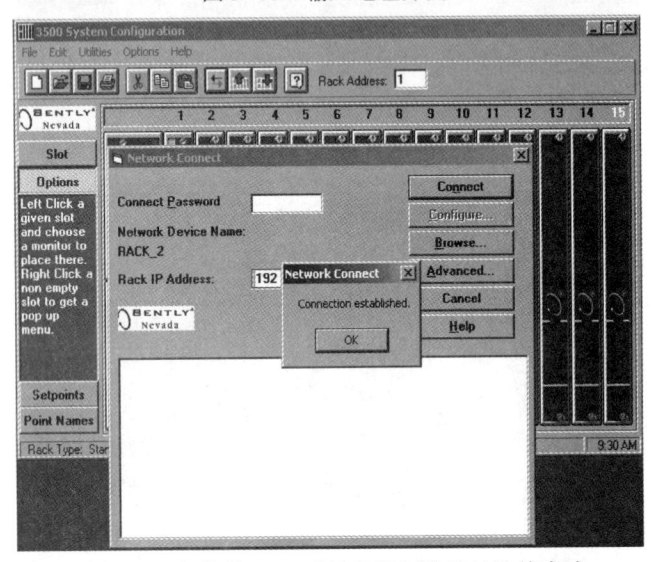

图 5-54　本特利 3500 系统机架网络地址连接完成

图 5-55　本特利 3500 系统上传机架组态程序图标位置

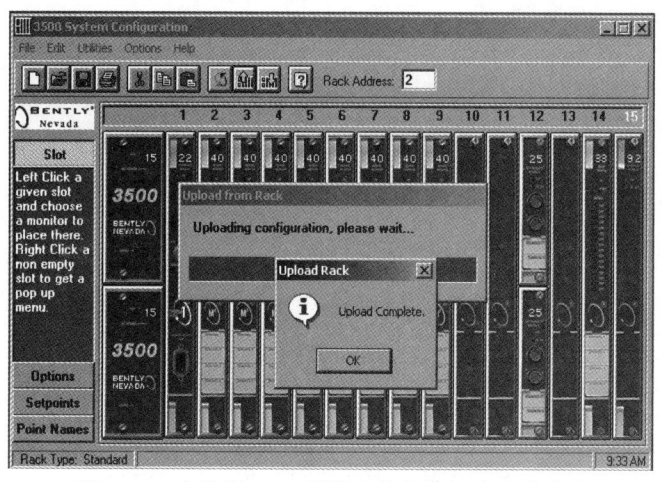

图 5-56　本特利 3500 系统上传机架组态程序成功

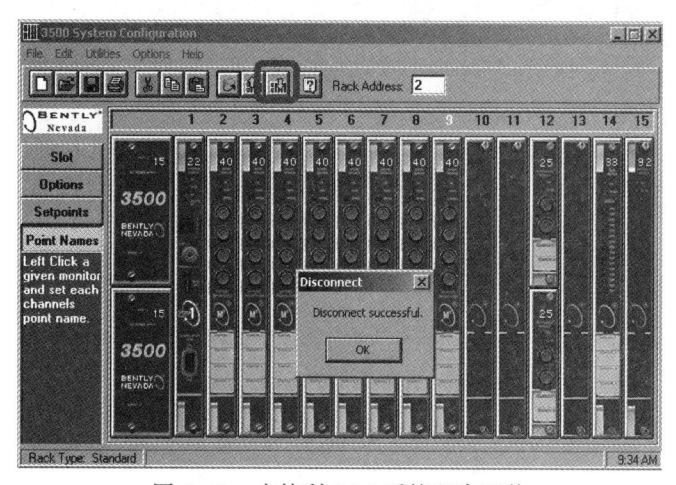

图 5-57　本特利 3500 系统程序下装

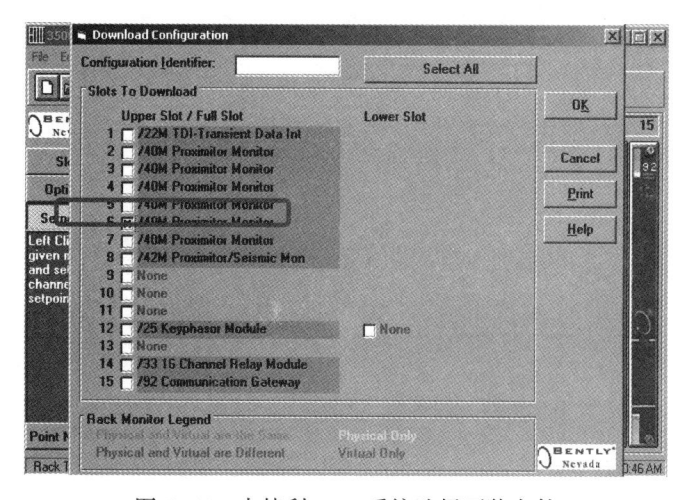

图 5-58　本特利 3500 系统选择下装卡件

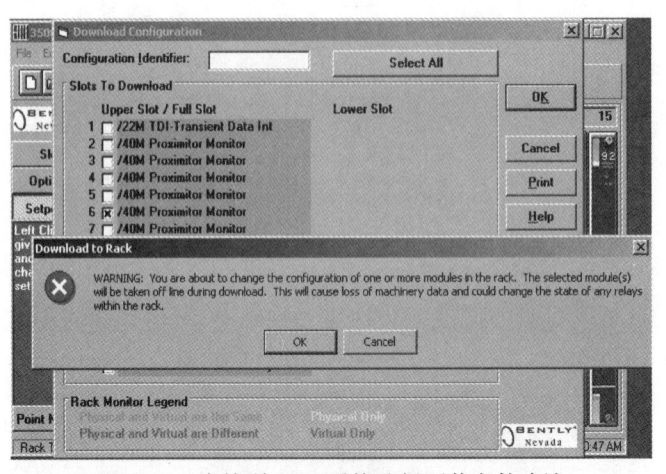

图 5-59 本特利 3500 系统选择下装卡件确认

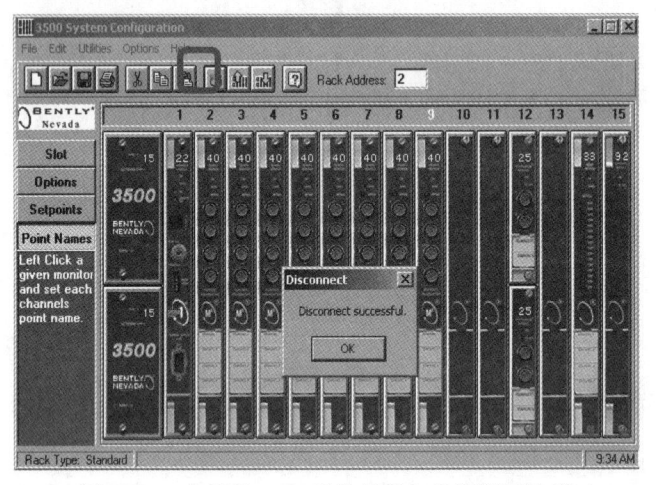

图 5-60 本特利 3500 系统软件与机架断开连接

在线旁路联锁（图 5-61）。
（1）在线旁路连锁首先要确认好所旁路回路的卡件槽号和通道号。

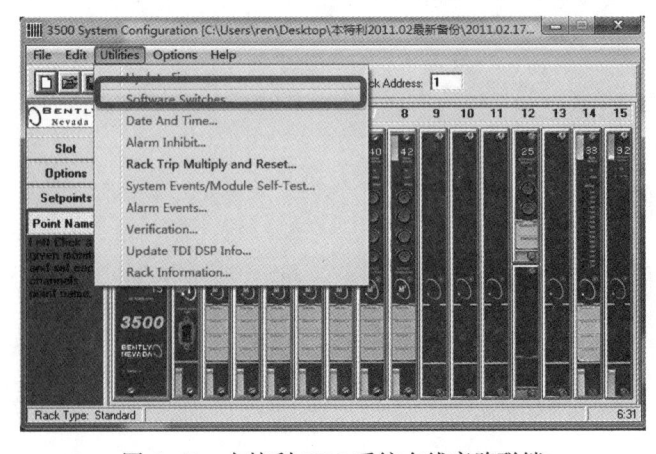

图 5-61 本特利 3500 系统在线旁路联锁

（2）建立本特利 3500 软件与机架的在线连接，并从机架上载程序。
（3）本特利 3500 软件在线的情况下点击 Utilities-Software Switches 选项。
（4）在下面对话框中 slot 项下点击下拉菜单选择旁路联锁的对应卡件的槽号。
（5）在 Channel Switches 项下，找到需旁路的通道号，并选择第 2 项 Danger Bypass。
（6）点击 Set 确认，旁路生效（图 5-62）。

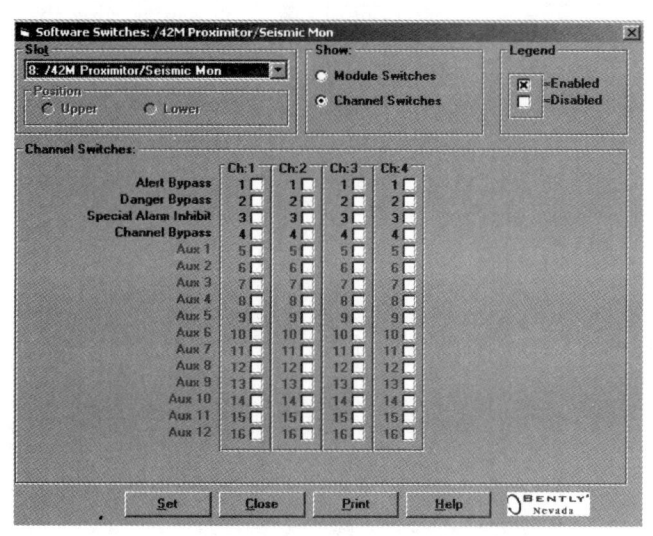

图 5-62　本特利 3500 系统在线旁路联锁生效

四、本特利 3500 系统故障诊断与处理

（一）故障诊断

1. 自检流程

执行一次自检过程：将一台运行本特利 3500 框架组态软件的计算机，连接到本特利 3500 框架上（如果需要）。从框架组态软件的主屏幕上，选定按键（Utilities），从应用菜单中，选定系统事件/模块自检选项（Sytem Events/Module Self-test），按下系统事件屏幕上的模块自检按钮（Module Self-test）。

（1）选择含有继电器模块插槽，同时按下 OK 按键。继电器模块将执行一次完整的自检过程，并且显示系统事件屏幕。清单不包含自检结果。

（2）模块执行一次完整的自检过程需要 30s。

（3）按下最近事件（Latest Events）按钮。系统事件屏幕将变成包含有自检结果的屏幕。

（4）检查继电器模块是否通过自检，如果自检未通过，说明模块存在问题。

2. 检查 LED 灯状态

本特利 3500 状态检测系统通过检测每一个监视器设置的上部和下部的输入电压范围，不断检查监视器和现场接线的状态。如果这些限制中的一个超出指标，OK 灯将会熄灭，

Bypass 灯会亮起。

本特利 3500 机架故障排除的第一步是检查监视器的前面板状态 LED 灯。LED 灯显示监视器的状态如图 5-63、图 5-64、图 5-65 所示。

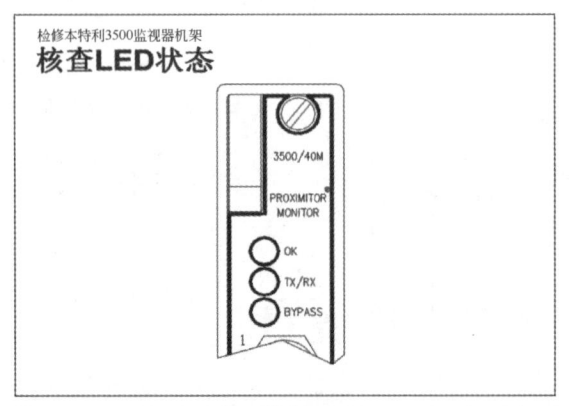

图 5-63　本特利 3500 系统前面板状态 LED 灯示意图

图 5-64　本特利 3500 系统前面板开关接口

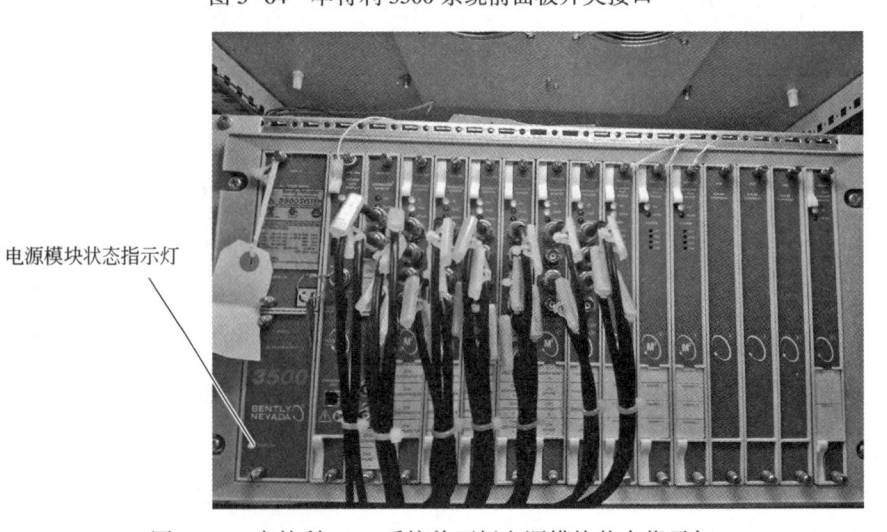

图 5-65　本特利 3500 系统前面板电源模块状态指示灯

OK：表示速度监视器和 I/O 模块都运行正常。
TX/RX：以消息接收和发送的速率闪络。
Bypass：表示一些监视器功能暂时受到抑制。

（二）发光二极管（LED）指示

表 5-12 列出如果利用发光二极管（LED）诊断和改正 4 通道继电器模块和三重冗余继电器模块存在的问题。

表 5-12　利用发光二极管（LED）诊断模块问题及处理措施

OK 发光二极管	发送/接收发光二极管	状态	措施
1Hz	1Hz	继电器模块未组态	继电器模块重新组态
5Hz		继电器模块或继电器输入/输出模块（I/O）被查出内部错误，且状态不正常（NOT OK）	检查系统事件
开（ON）	闪烁	继电器模块和继电器输入输出（I/O）模块工作正常	不需要任何操作
关（OFF）		继电器模块工作不正常	更换继电器模块
	不闪烁	继电器模块通信不正常或者继电器模块和框架中任一个正在通信的检测器未连接	检查系统事件清单
该发光二极管和该状态无关			

（三）系统事件清单信息

4 通道继电器模块和三重冗余继电器模块所提供的系统事件清单见表 5-13。

表 5-13　事件清单信息

序号	事件信息	事件代号	分类	事件日期，年/月/日	事件时间	事件特性	插槽
0000000123	EEPROM 存储错误	13	1	90.02.01	12：24：31：99		5

序号：在系统事件清单中，该事件编号（例如 123）。
事件信息：事件的名称（例如 EEPROM 存储错误）。
事件代号：标明一个特定的事件。
分类：事件的严重程度，可如下分类：
（1）0 严重/致命事件。
（2）1 潜在问题事件。
（3）2 典型的记录事件。
（4）3 保留。
插槽：标明与事件相关的模块。如果一个半高度模块安装在上面的插槽或者是安装一个全高度模块，该项取值为 0 到 15。如果一个半高度模块安装在一个下面的插槽，该项取值为 0~15L。例如：如果一个半高度模块安装在插槽 5 中，下面的位置该项值取 5L。

（四）系统事件清单信息说明

下列的系统事件清单信息，按照一定的序号，由 4 通道继电器模块和三重冗余继电器模块放在清单中。如果一个标有星号（*）的事件发生，则中断 4 通道继电器输入输出模块和三重冗余继电器输入输出模块上继电器的工作。

(1) EEPROM 存储错误。

事件代号：13。

事件类型：潜在问题。

措施：尽快更换继电器模块。

(2) 内部联网错误。

事件代号：30。

事件类型：严重致命事件。

措施：立即更换继电器模块。

(3) 设备未通信。

事件代号：32。

事件类型：潜在问题。

措施：检查继电器模块或框架背板是否存在问题。

(4) 设备正在通信。

事件代号：33。

事件类型：潜在问题。

措施：检查继电器模块或框架背板是否存在问题。

(5) 继电器线圈感应失效。

事件代号：55。

事件类型：潜在问题。

措施：检查继电器输入/输出模块的安装。如果已安装，检查继电器模块或框架背板是否存在问题。

(6) 继电器线圈感应消失。

事件代号：56。

事件类型：潜在问题。

措施：检查继电器模块或继电器输入输出模块是否存在问题。

(7) Fail Main Board+5V-A（主板+5V 电压失效-上面的电源）。

事件代号：100。

事件类型：潜在问题。

措施：校验电源的噪声干扰不是问题的起因。如果问题不是由于噪声干扰引起，检查继电器模块或安装在上面插槽中的电源是否存在问题。

(8) Pass Main Board+5V-A（主板+5V 电压消失-上面的电源）。

事件代号：101。

事件类型：潜在问题。

措施：校验电源的噪声干扰不是问题的起因。如果问题不是由于噪声干扰引起检查继电器模块、安装在下面插槽中的电源是否存在问题。

(9) Fail Main Board+5V-B（主板+5V 电压失效-下面的电源）。

事件代号：102。

事件类型：校验电源的噪声干扰不是问题的起因。如果问题不是由于噪声干扰引起，检查继电器模块、安装在下面插槽中的电源是否存在问题。

（10）Pass Main Board+5V-B（主板+5V电压消失-下面的电源）。

事件代号：103。

事件类型：潜在问题。

措施：校验电源的噪声干扰不是问题的起因。如果问题不是由于噪声干扰引起，检查继电器模块或安装在下面插槽中的电源是否存在问题。

（11）Fail Main Board+5V-AB（主板+5V电压失效-上面和下面的电源）。

事件代号：104。

事件类型：严重/致命事件。

措施：校验电源的噪声干扰不是问题的起因。如果问题不是由于噪声干扰引起，检查继电器模块、安装在下面插槽中的电源或安装在上面插槽中的电源是否存在问题。

（12）Pass Main Board+5V-AB（主板+5V电压消失-上面和下面的电源）。

事件代号：105。

事件类型：严重/致命事件。

措施：校验电源的噪声干扰不是问题的起因。如果问题不是由于噪声干扰引起，检查继电器模块、安装在下面插槽中的电源或安装在上面插槽中的电源是否存在问题。

（13）组态错误。

事件代号：301。

事件类型：严重/致命事件。

措施：立即更换继电器模块。

（14）软件开关复位。

事件代号：305。

事件类型：潜在问题。

措施：把软件开关信息传给继电器模块，如果软件开关不正确，尽快更换继电器模块。

（15）Fail I/O Board+5V-AB（输入输出板+5V电压失效-上面和下面的电源）。

事件代号：309。

事件类型：潜在问题。

措施：校验电源的噪声干扰不是问题的起因。如果问题不是由于噪声干扰引起，检查继电器输入输出（I/O）模块、继电器模块、安装在下面插槽中的电源、安装在上面插槽中的电源是否存在问题。

（16）Pass I/O Board+5V-AB（输入输出板+5V电压消失-上面和下面的电源）。

事件代号：391。

事件类型：潜在问题。

措施：校验电源的噪声干扰不是问题的起因。如果问题不是由于噪声干扰引起，检查继电器输入输出（I/O）模块、继电器模块、安装在下面插槽中的电源、安装在上面插槽中的电源是否存在问题。

（17）Fail I/O Board+14V-A（输入输出板+14V电压失效-上面的电源）。

事件代号：392。

事件类型：潜在问题。

措施：校验电源的噪声干扰不是问题的起因。如果问题不是由于噪声干扰引起，检查继电器输入输出（I/O）模块、继电器模块、安装在上面插槽中的电源是否存在问题。

（18）Pass I/O Board+14V-A（输入输出板+14V 电压消失-上面的电源）。

事件代号：393。

事件类型：潜在问题。

措施：校验电源的噪声干扰不是问题的起因。如果问题不是由于噪声干扰引起，检查继电器输入输出（I/O）模块、继电器模块、安装在上面插槽中的电源是否存在问题。

（19）Fail I/O Board+14V-B（输入输出板+14V 电压失效-下面的电源）。

事件代号：394。

事件类型：潜在问题。

措施：校验电源的噪声干扰不是问题的起因。如果问题不是由于噪声干扰引起，检查继电器输入输出（I/O）模块、继电器模块、安装在下面插槽中的电源是否存在问题。

（20）Pass I/O Board+14V-B（输入输出板+14V 电压消失-下面的电源）。

事件代号：395。

事件类型：潜在问题。

措施：校验电源的噪声干扰不是问题的起因。如果问题不是由于噪声干扰引起，检查继电器输入输出（I/O）模块、继电器模块、安装在下面插槽中的电源是否存在问题。

（21）Fail I/O Board+14V-AB（输入输出板+14V 电压失效-上面和下面的电源）。

事件代号：396。

事件类型：潜在问题。

措施：校验电源的噪声干扰不是问题的起因。如果问题不是由于噪声干扰引起，检查继电器输入输出模块、继电器模块、安装在下面插槽中的电源、安装在上面插槽中的电源是否存在问题。

（22）Pass I/O Board+14V-AB（输入输出板+14V 电压消失-上面和下面的电源）。

事件代号：397。

事件类型：潜在问题。

措施：校验电源的噪声干扰不是问题的起因。如果问题不是由于噪声干扰引起，检查继电器输入输出模块、继电器模块、安装在下面插槽中的电源、安装在上面插槽中的电源是否存在问题。

（23）Fail I/O Module DIP Sw（输入输出模块 DIP 开关失效）。

事件代号：398。

事件类型：潜在问题。

措施：校验继电器输入输出模块是否安装，如已安装，则需尽快更换继电器输入输出模块。

（24）Pass I/O Module DIP Sw（输入输出模块 DIP 开关消失）。

事件代号：399。

事件类型：潜在问题。

措施：校验继电器输入输出模块是否安装，如已安装，则需尽快更换继电器输入输出模块。

(25) Enabled CH Bypass（通道旁路被激活）。

事件代号：416。

事件类型：典型的记录事件。

事件特性：通道 X（CH X）。

措施：不需要任何操作。

(26) Disabled CH Bypass（通道旁路被锁定）。

事件代号：417。

事件类型：典型的记录事件。

事件特性：通道 X（CH X）。

措施：不需要任何操作。

(27) Invalid Alarm Drive Logic（报警驱动逻辑无效）。

事件代号：451。

事件类型：严重/致命事件。

措施：对继电器模块进行新的组态。如果问题仍然存在，尽快更换继电器模块。

(28) Fail Slot ld Test（插槽尺寸不足检查）。

事件代号：461。

事件类型：严重/致命事件。

措施：校验继电器模块是否完全插入框架中。如果模块安装正确，检查继电器模块、框架背板是否存在问题。

(29) Pass Slot ld Test（插槽尺寸过大检查）。

事件代号：462。

事件类型：严重/致命事件。

措施：校验继电器模块是否完全插入框架中。如果模块安装正确，检查继电器模块、框架背板是否存在问题。

(30) 通过模块自检。

事件代号：410。

事件类型：典型的记录事件。

措施：不需要任何操作。

第六章　过程控制和仪表管理系统

第一节　PLC 控制系统

本节主要介绍了 PLC 系统概述，S7-400 系统配置及组态，通过现场实际故障介绍了一些解决方法，通过一个组态实例可以了解 S7-400 系统组态全过程。

一、DCS 与 PLC 的区别

（一）发展历程

DCS 从传统的仪表盘监控系统发展而来。因此，DCS 从先天性来说较为侧重仪表的控制，例如，常用的 YOKOGAWA CS3000 DCS 系统甚至没有 PID 数量的限制（PID，比例微分积分算法，是调节阀、变频器闭环控制的标准算法，通常 PID 的数量决定了可以使用的调节阀数量）。

PLC 从传统的继电器回路发展而来，最初的 PLC 甚至没有模拟量的处理能力，因此，PLC 从开始就强调的是逻辑运算能力。

（二）系统的可扩展性和兼容性

市场上控制类产品繁多，无论 DCS 还是 PLC，均有很多厂商在生产和销售。对于 PLC 系统来说，一般没有或很少有扩展的需求，因为 PLC 系统一般针对设备使用。一般来讲，PLC 也很少有兼容性的要求，例如，两个或以上的系统要求资源共享，对 PLC 来讲也是很困难的事。而且 PLC 一般都采用专用的网络结构，比如西门子的 MPI 总线性网络，甚至增加一台操作员站都不容易或成本很高。

DCS 在发展的过程中也是各厂家自成体系，但大部分的 DCS 系统，比如横河 YOKOGAWA、霍尼维尔、ABB 等，虽然系统内部（过程级）的通信协议不尽相同，但操作级的网络平台不约而同地选择了以太网络，采用标准或变形的 TCP/IP 协议。这样就提供了很方便的可扩展能力。在这种网络中，控制器、计算机均作为一个节点存在，只要网络到达的地方，就可以随意增减节点数量和布置节点位置。另外，基于 windows 系统的 OPC、DDE 等开放协议，各系统也可很方便地通信，以实现资源共享。

（三）数据库

DCS 一般都提供统一的数据库。换句话说，在 DCS 系统中一旦一个数据存在于数据库中，就可在任何情况下引用，例如，在组态软件中、在监控软件中、在趋势图中、在报表中等。

PLC 系统的数据库通常都不是统一的，组态软件和监控软件甚至归档软件都有自己的数据库。为什么常说西门子的 S7 400 要到了 414 以上才称为 DCS？因为西门子的 PCS7 系统才使用统一的数据库，而 PCS7 要求控制器起码到 S7 414-3 以上的型号。

（四）时间调度

PLC 的程序一般不能按事先设定的循环周期运行。PLC 程序是从头到尾执行一次后又从头开始执行（现在一些新型 PLC 有所改进，不过对任务周期的数量还是有限制）。

DCS 可以设定任务周期。例如，快速任务等。同样是传感器的采样，压力传感器的变化时间很短，可以用 200ms 的任务周期采样，而温度传感器的滞后时间很大，可以用 2s 的任务周期采样。这样，DCS 可以合理的调度控制器的资源。

（五）网络结构

一般来讲，DCS 惯常使用两层网络结构，一层为过程级网络，大部分 DCS 使用自己的总线协议，例如，横河的 Modbus、西门子和 ABB 的 Profibus、ABB 的 CAN bus 等，这些协议均建立在标准串口传输协议 RS232 或 RS485 协议的基础上。现场 IO 模块，特别是模拟量的采样数据（机器代码，213/扫描周期）十分庞大，同时现场干扰因素较多，因此，应该采用数据吞吐量大、抗干扰能力强的网络标准。基于 RS485 串口异步通信方式的总线结构，符合现场通信的要求。IO 的采样数据经 CPU 转换后变为整形数据或实形数据，在操作级网络（第二层网络）上传输。因此操作级网络可以采用数据吞吐量适中、传输速度快、连接方便的网络标准，同时，因操作级网络一般布置在控制室内，对抗干扰的要求相对较低。因此，采用标准以太网是最佳选择。TCP/IP 协议是一种标准以太网协议，一般采用 100Mbit/s 的通信速度。

PLC 系统的工作任务相对简单，因此，需要传输的数据量一般不会太大，所以常见的 PLC 系统为一层网络结构。过程级网络和操作级网络要么合并在一起，要么过程级网络简化成模块之间的内部连接。PLC 不会或很少使用以太网。

（六）应用对象的规模

PLC 一般应用在小型自控场所，例如，设备的控制或少量的模拟量的控制及联锁，而大型的应用一般都是 DCS。当然，这个概念不太准确，但很直观，习惯上把大于 600 点的系统称为 DCS，小于这个规模叫作 PLC。

PLC 与 DCS 发展到今天，事实上都在向彼此靠拢，严格的说，现在的 PLC 与 DCS 已经不能一刀切开，很多时候之间的概念已经模糊了。

二、DCS 与 PLC 的相同点

（一）功能

PLC 已经具备了模拟量的控制功能，有的 PLC 系统模拟量处理能力相当强大，例如，横河 FA-MA3、西门子的 S7 400、ABB 的 ControlLogix 和施耐德的 Quantum 系统。而 DCS 也具备相当强劲的逻辑处理能力，例如，在 CS3000 上实现了一切可能使用的工艺联锁和设备的联动启停。

(二) 系统结构

PLC 与 DCS 的基本结构是一样的。PLC 发展到今天，已经全面移植到计算机系统控制上了，传统的编程器早就被淘汰。小型应用的 PLC 一般使用触摸屏，大规模应用的 PLC 全面使用计算机系统。和 DCS 一样，控制器与 IO 站使用现场总线（一般都是基于 RS485 或 RS232 异步串口通信协议的总线方式），控制器与计算机之间如果没有扩展的要求，也就是说只使用一台计算机的情况下，也会使用这个总线通信。但如果有不止一台计算机使用，系统结构就会和 DCS 一样，上位机平台使用以太网结构。这是 PLC 大型化后和 DCS 概念模糊的原因之一。

(三) 发展方向

小型化的 PLC 将向更专业化的使用角度发展，例如，功能更加有针对性、对应用的环境更有针对性等。大型 PLC 与 DCS 的界线逐步淡化，直至完全融和。

DCS 将向 FCS 的方向继续发展。FCS 的核心除了控制系统更加分散化以外，特别重要的是仪表。FCS 在国外的应用已经发展到仪表级。控制系统需要处理的只是信号采集和提供人机界面以及逻辑控制，整个模拟量的控制分散到现场仪表，仪表与控制系统之间无需传统电缆连接，使用现场总线连接整个仪表系统（目前国内有横河在中海壳牌石化项目中用到了 FCS，仪表级采用的是智能化仪表例如 EJX 等，具备世界最先进的控制水准）。

三、西门子 S7-400 系统硬件配置与软件组态

西门子 S7-400 系列 PLC 是西门子公司推出的大型可编程序控制器，由 S7-400 系列 PLC、上位机、通信网络可组成一个基本的 PLC 控制系统。

S7-400 是用于中、高档性能范围的可编程序控制器。模块化及无风扇的设计，坚固耐用，容易扩展和广泛的通信能力，容易实现的分布式结构以及用户友好的操作使 S7-400 成为中、高档性能控制领域中首选的理想解决方案。功能逐步升级的多种级别的 CPU，带有各种用户友好功能的种类齐全的功能模板，使用户能够构成最佳的解决方案，满足自动化的任务要求。当控制任务变得更加复杂时，任何时候控制系统都可以逐步升级，而不必过多添加额外模板。

(一) 系统结构与网络

S7-400 自动化系统采用模块化设计，具有模板的扩展和配置功能，使其能够按照每个不同的需求灵活组合。一个系统包括：

(1) 电源模板，将 S7-400 连接到 120/230V AC 或 24V DC 电源上。

(2) 中央处理单元（CPU）有多种 CPU 可供用户选择，有些带有内置的 PROFIBUS-DP 接口，用于各种性能范围。一个中央控制器可包括多个 CPU，以加强其性能。

(3) 各种信号模板（SM）用于数字量输入和输出（DI/DO）以及模拟量的输入和输出（AI/AO）。

(4) 通信模板（CP）用于总线连接和点到点的连接。

（5）功能模板（FM）：专门用于计数、定位、凸轮控制等任务。

（6）接口模板（IM），用于连接中央控制单元和扩展单元。S7-400 中央控制器最多能连接 21 个扩展单元（图 6-1）。

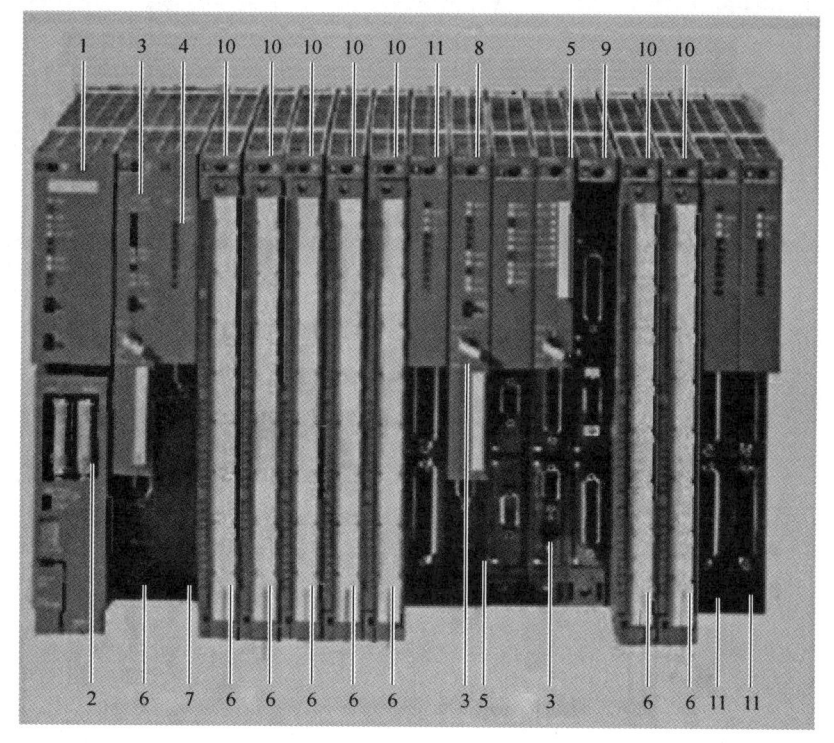

图 6-1　使用 CR2 机架的 S7-400 可编程序控制器
1—电源模板；2—后备电池；3—模式钥匙开关；4—状态和故障 LED；5—存储器卡；
6—有标签区的前连接器；7—CUP 1；8—CUP 2；9—IM 接口模板；10—I/O 模板；11—CP 接口

S7-400 是一种通用控制器，由于有很高的电磁兼容性和抗冲击、耐振动性能，因而能最大限度满足各种工业标准。模板能带电插、拔。

S7-400 的优点如下：

（1）模板安装非常简便。

（2）背板总线集成在机架内。

（3）方便、机械码式的模板更换。

（4）经过现场考验的连接系统。

（5）TOP 连接用螺钉或弹簧端子的 1 到 3 线系统的预装配接线。

（6）规定的安装深度所有端子和接线器都放置在模板凹槽内并有盖板保护。

（7）没有槽位规则。

S7-400H 是容错自动化系统。采用容错自动化系统的目的在于降低生产停机时间，无论停机原因是出错/故障还是实施维护。停产的成本越高，就越有必要使用容错系统。由于能够避免停产，所以可以很快收回容错系统普遍较高的投资成本。

S7-400H 自动化系统可满足对现代自动化系统在可用性、智能化和分散化方面提出的高要求。该系统还提供了采集和准备过程数据所需的所有功能，其中包括对装配和设备进行的开环控制、闭环控制和监视的功能。

S7-400H 自动化系统和所有其他西门子组件（例如，西门子 PCS7 控制系统）彼此相互匹配。从控制室到传感器和执行器的系统范围集成是行业发展的必然结果，这样可确保系统性能最佳（图 6-2）。

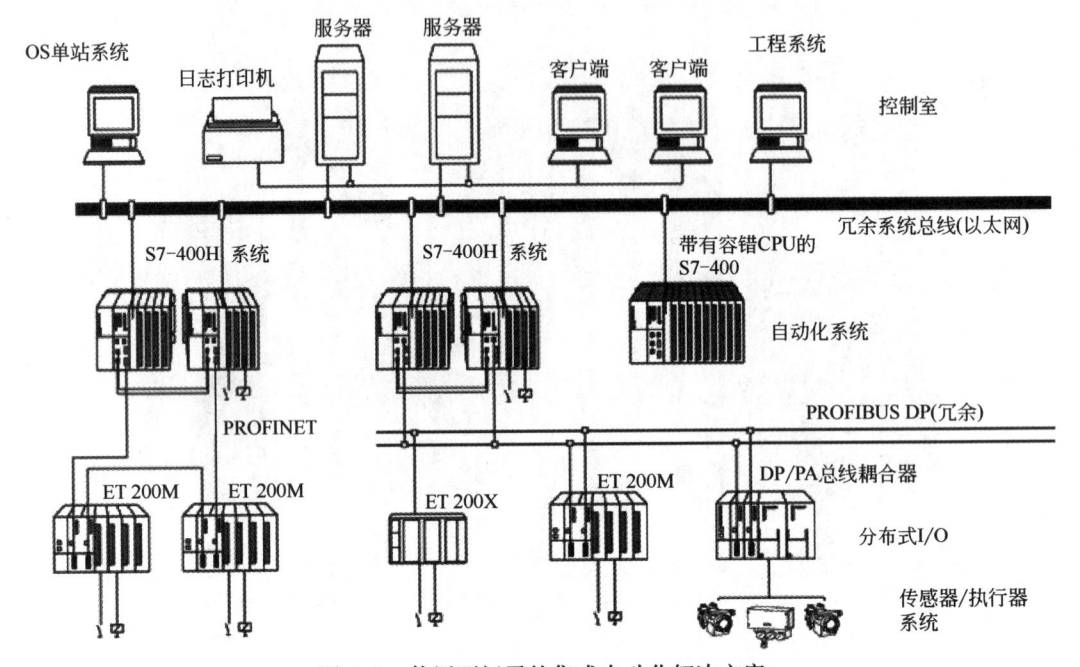

图 6-2　使用西门子的集成自动化解决方案

（二）系统的可用性

S7-400H 的冗余结构可始终确保满足可靠性的要求。这意味着：所有重要组件均成对使用。此冗余结构包括 CPU、电源以及用于连接两个 CPU 的硬件。可以根据特定的自动化过程自定决定通过重复任何其他组件来增强可用性。

冗余节点是指带冗余组件的故障安全系统。各冗余节点可视为一个独立节点，当某节点中的某个组件发生故障时，并不会导致其他节点或整个系统的可靠性受到限制。可使用方框图简单地说明整个系统的可用性（图 6-3）。对于 2 选 1 系统，冗余节点的一个组件发生故障时不会削弱整个系统的可操作性。冗余节点链中最薄弱的环节决定了整个系统的可用性。

（1）无错误/故障。

（2）有错误/故障。

图 6-4 说明了一个组件发生故障时并不削弱整个系统功能的原理。

（3）冗余节点故障（完全失效）。

图 6-5 显示了因 2 选 1 冗余节点中的两个子单元均发生故障（完全失效）而导致整个系统不能再运行的情况。

（三）控制站硬件

基本系统由容错控制器所需的硬件组件组成。图 6-6 显示了该配置中的组件。

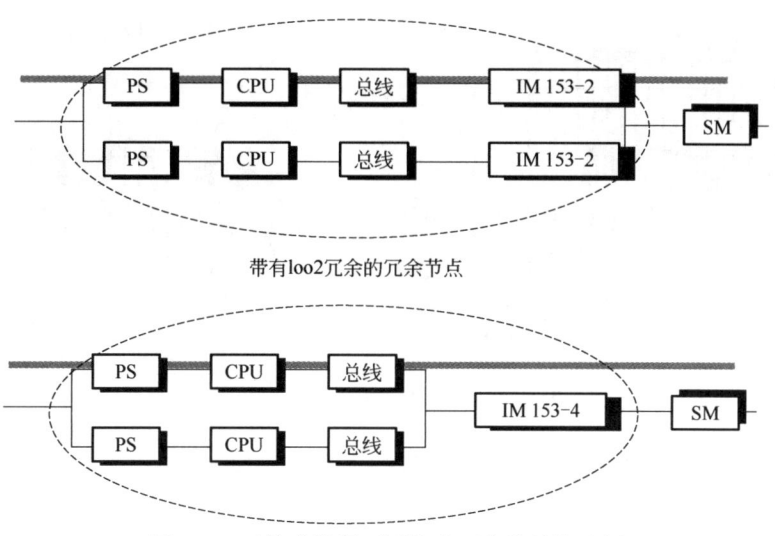

图 6-3　无故障情况下网络中冗余状况的示例

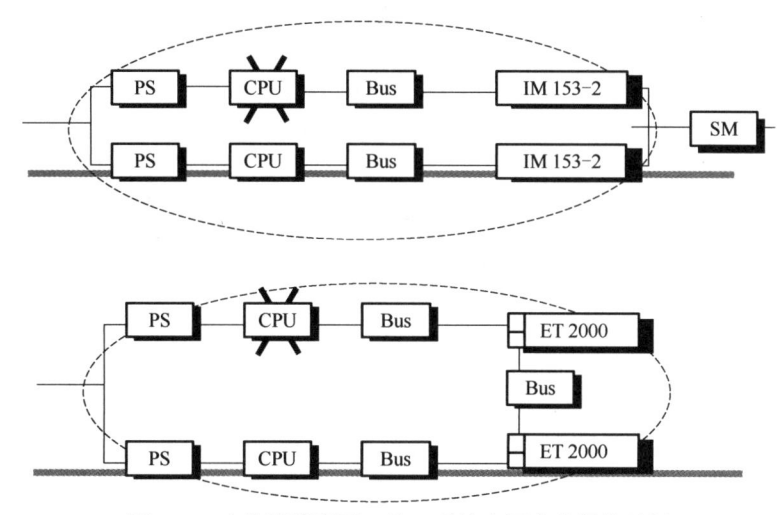

图 6-4　有故障情况下 2 选 1 系统中冗余状况的示例

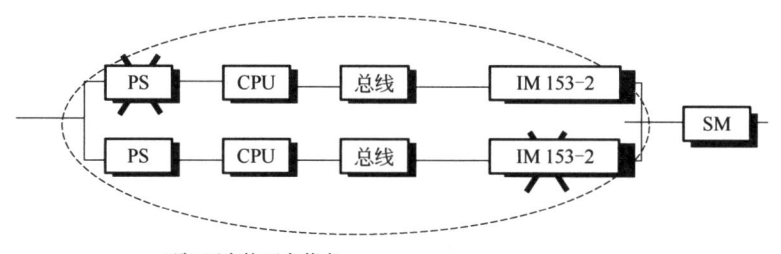

2选1冗余的冗余节点

图 6-5　完全失效情况下 2 选 1 系统中冗余状况的示例

1. 中央处理单元

两个 CPU 是 S7-400H 的核心组件。使用 CPU 背面的开关来设置机架号。将机架 0 中

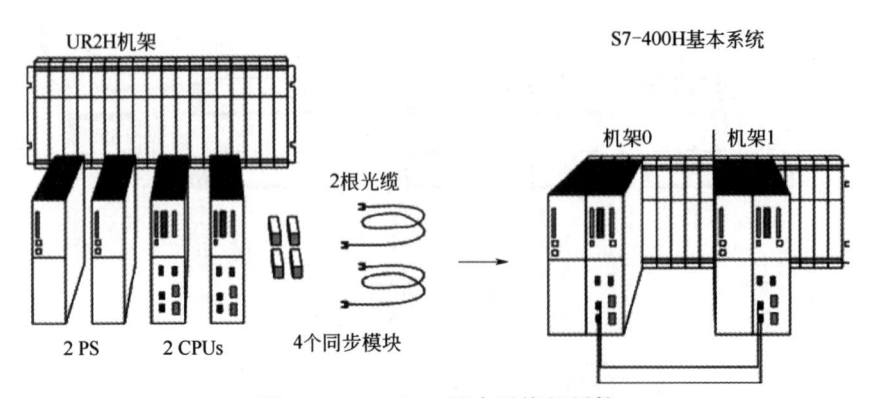

图 6-6　S7-400H 基本系统的硬件

的 CPU 称为 CPU 0，将机架 1 中的 CPU 称为 CPU 1（图 6-7）。

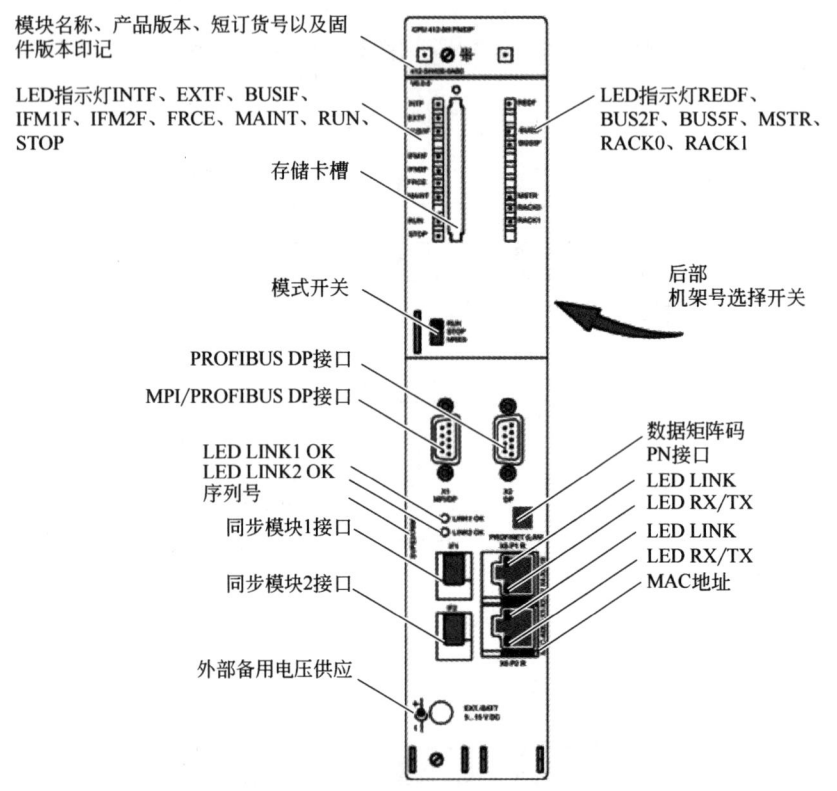

图 6-7　CPU 41x-5H PN/DP 上控制和显示元件的排列

表 6-1 概要说明了各 CPU 上的 LED 指示灯。

表 6-1　CPU 指示灯

LED	颜色	含义
INTF	红色	内部错误
EXTF	红色	外部错误
BUS1F	红色	MPI/PROFIBUS DP 接口 1 上出现总线故障

续表

LED	颜色	含义
IFM1F	红色	同步模块 1 出错
IFM2F	红色	同步模块 2 出错
FRCE	黄色	强制请求处于激活状态
MAINT	黄色	维护请求待处理
RUN	绿色	RUN 模式
STOP	黄色	STOP 模式
REDF	红色	冗余丢失/冗余故障
BUS2F	红色	PROFIBUS 接口处的总线错误
BUS5F	红色	PROFINET 接口处的总线错误
MSTR	黄色	CPU 控制过程
RACK0	黄色	机架 0 CPU
RACK1	黄色	机架 1 CPU
LINK1 OK	绿色	通过同步模块 1 建立的连接处于激活状态并在正常运行
LINK2 OK	绿色	通过同步模块 2 建立的连接处于激活状态并在正常运行
LINK	绿色	PROFINET 接口处的连接处于激活状态
RX/TX	橙色	在 PROFINET 接口处接收或发送数据

可使用模式开关设置 CPU 的当前工作模式。模式开关是一个具有三个开关位置的切换开关（表 6-2）。

表 6-2　CPU 模式开关

位置	说明
RUN	如果没有启动问题或错误，而且 CPU 能够切换到 RUN 模式，则 CPU 将执行用户程序或保持空闲状态。可以访问 I/O。 • 可将程序从 CPU 上传到编程设备（CPU->编程设备） • 可将程序从编程设备下载到 CPU（编程设备->CPU）
STOP	CPU 不执行用户程序。数字信号模块禁用。输出模块禁用。 • 可将程序从 CPU 上传到编程设备（CPU->编程设备） • 可将程序从编程设备下载到 CPU（编程设备->CPU）
MRES （存储器复位； 主站复位）	CPU 存储器复位的切换开关瞬间接通位置

1）执行存储器复位

实例 A：将一个新的用户程序下载到 CPU 中。

（1）将开关置于 STOP 位置。结果：STOP LED 亮起。

（2）将开关切换到 MRES，然后保持在该位置。在此位置，模式开关用作按钮。结果：STOP LED 熄灭 1s，然后又亮 1s，再熄灭 1s，然后一直亮。

（3）释放开关，使其返回到 MRES 位置并保持 3s，接着再次释放。结果：STOP LED 以 2Hz 的频率至少闪烁 3s（复位存储器），然后保持亮起。

实例 B：STOP LED 以 0.5Hz 的频率缓慢闪烁。这表示 CPU 正在请求存储器复位（系统请求存储器复位，例如，在卸下或插入存储卡后）。将开关切换到 MRES，然后重新释放。结果：STOP LED 以 2Hz 的频率闪烁至少 3s，执行存储器复位，然后 LED 保持常亮。

2）冷启动

（1）冷启动将过程映像、所有位存储器、定时器、计数器和数据块复位为装载存储器中存储的起始值，这与这些数据是否被组态为具有保持性无关。

（2）程序从 OB 1 或 OB 102（如果有）继续执行。

（3）冷启动的操作顺序只能使用编程设备命令"冷启动"来执行冷启动。为此，CPU 必须处于 STOP 模式，模式开关必须置于 RUN 位置。

3）重启（暖启动）

（1）暖启动复位过程映像、非保持性位存储器、定时器、时间和计数器。保持性位存储器、定时器、计数器和所有数据块保持其最后一个有效值。

（2）关联的启动 OB 为 OB 100。

（3）程序从 OB 1 或 OB 100（如果有）继续执行。

（4）掉电后，暖启动功能仅在备份模式下可用。在缓存上电模式下重启，在有大规模组态、许多 CP 和/或外部 DP 主站的容错系统的缓存上电模式下，可能需要多达 30s 的时间才能执行请求的重新启动。

暖启动的操作顺序如下：

（1）将开关置于 STOP 位置。结果：STOP LED 亮起。

（2）将开关设置为 RUN。结果：STOP LED 熄灭，RUN LED 点亮。

4）CPU 的监视功能

（1）CPU 的硬件和操作系统提供了监视功能，以确保运行正确和对错误做出既定响应。有多种错误可以在用户程序中触发响应。下面概括了可能出现的错误及其原因，以及 CPU 的相应响应。

（2）EXTF 亮红灯：访问错误；电源模块故障；诊断中断；插拔中断；冗余错误中断；机架/站故障。

（3）INTF 亮红灯：时间错误；CPU 硬件故障；程序执行错误；通信错误；执行取消；编程错误；MC7 代码错误。

2. 用于 S7400H 的机架

UR2H 机架支持安装两个独立的子系统，其中每个子系统 9 个插槽，适合安装在 19in 机柜中。也可以在两个单独的机架上安装 S7-400H。为此，提供了机架 UR1 和 UR2。

3. 电源

需要为每个 H-CPU（更确切地说，是为 S7-400H 的两个子系统中的每个子系统）配置一个 S7-400 标准电源模块。为了增强电源的可用性，也可以在每个子系统中使用两个冗余电源。此时可使用电源模块 PS 405 R/PS 407 R。在冗余组态中可同时使用这两种电源模块（同时使用 PS 405 R 和 PS 407 R）。

4. 同步模块

同步模块用于连接两个 CPU。它们安装在 CPU 中并通过光缆互连。同步模块有两种类型：一种用于 10m 以内的距离，另一种用于两 CPU 距离高达 10km 的场合。容错系统要求使用相同类型的 4 个同步模块。

5. 光纤电缆

光纤电缆用于互连实现两个 CPU 之间的冗余连接的同步模块。光纤电缆成对互连上游同步模块和下游同步模块。

6. I/O 模块

西门子 S7 系列 I/O 模块可用于 S7-400H。这些 I/O 模块可用于以下设备：

（1）中央单元。

（2）扩展单元。

（3）通过 PROFIBUS DP 分布式连接。

（4）通过 PROFINET 分布式连接。

以下 I/O 模块设计版本可用：

（1）具有标准可用性的单通道、单向组态。在单通道单向设计中，仅使用一套输入/输出模块。I/O 模块仅位于一个子系统中，仅该子系统可对其进行寻址。但是，在冗余模式下，两个 CPU 通过冗余连接互连，因此可完全相同地执行用户程序。

（2）具有更强可用性的单通道、双向组态。双向单通道分布式组态仅包含一套 I/O 模块，但两个子系统都可对其进行寻址。

（3）具有最高可用性的冗余双通道组态包含两套 I/O 模块，两个子系统都可对其进行寻址。

7. I/O 组态的限制

如果中央机架中的插槽不够，最多可在 S7-400H 组态中添加 20 个扩展单元。偶数号的模块机架始终分配给中央机架 0，奇数号的机架始终分配给中央机架 1。

对于采用分布式 I/O 的应用，每个子系统最多支持连接 12 个 DP 主站系统（2 个 DP 主站系统连接在 CPU 的集成接口上，10 个 DP 主站系统通过外部 DP 主站系统连接）。

集成 MPI/DP 接口支持最多 32 个从站的运行。可以在集成的 DP 主站接口和外部 DP 主站系统上连接最多 125 个分布式 I/O 设备。

最多可将 256 台 I/O 设备连接到两个集成 PROFINET 接口。

各类 IO 卡日常检查时，只需检查 SF 指示灯。正常时 SF 指示灯灭，通道线路故障时 SF 指示灯红色亮起。

8. 扩展模块状态检查

这里考虑的是采取 ET 200M 分布式 I/O 的形式。这种形式采用 IM153-2 总线模块进行机架扩展，在扩展机架上插入 S7-300 系列 I/O 卡件（图 6-8）。

（四）系统组态软件

系统组态功能由以下 2 个组态工具软件共同完成：

1. 下位机软件

STEP7 编程软件用于西门子系列工控产品，包括西门子 S7-PLC 等产品的编程、监控和参数设置。STEP 7 是轻松的编程和组态工具，标准软件包功能支持自动化任务创建过

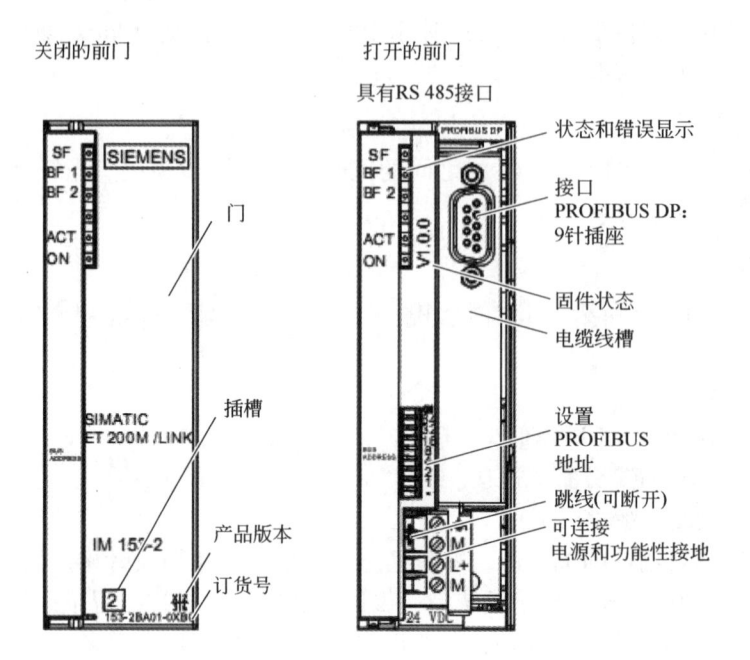

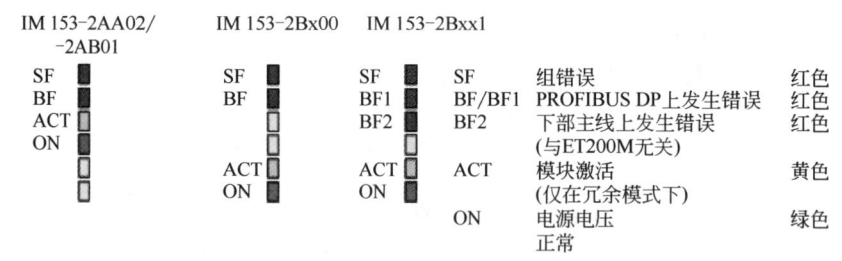

图 6-8　IM153-2 模块的前面板及状态和错误指示

程的每一个阶段：

（1）设置和管理项目。

（2）为硬件和通信组态并分配参数。

（3）管理符号。

（4）创建程序，例如用于 S7 可编程控制器。

（5）将程序下载到可编程控制器。

（6）测试自动化系统。

（7）诊断设备故障。

2. 上位机软件

SIMATIC WinCC（Windows Control Center）——视窗控制中心，具有良好的开放性和灵活性。支持一机多屏，提供控制分组、操作面板、诊断信息、趋势、报警信息以及系统状态信息等的监控界面。

可以将 WinCC 最优地集成到用户的自动化和 IT 解决方案中：

作为 Siemens TIA 概念（全集成自动化）的一部分，WinCC 可与属于 SIMATIC 产品家族的自动化系统十分协调地进行工作。同时，也支持其他厂商的自动化系统。

通过标准化接口，WinCC 可与其他 IT 解决方案交换数据，例如 MES 和 ERP 层的应用程序（例如 SAP 系统）或诸如 Microsoft Excel 等程序。

开放的 WinCC 编程接口允许用户连接自己的程序，从而能够控制过程和过程数据。可以优化定制 WinCC，以满足过程的需要。

支持大范围的组态可能性，从单用户系统和客户机-服务器系统一直到具有多台服务器的冗余分布式系统。

WinCC 组态可随时修改，即使组态完成以后也可修改。这不妨碍已存在的项目。

WinCC 是一种与 Internet 兼容的 HMI 系统，这种系统容易实现基于 Web 的客户机解决方案以及瘦客户机解决方案。

（五）使用 STEP 7 组态

组态 S7-400H 的基本方法：
(1) 创建项目和站。
(2) 配置硬件和网络连接。
(3) 将系统数据装载到目标系统。

1. 所需的 OB

务必将下列错误 OB 下载到 S7-400H CPU 中：OB 70、OB 72、OB 80、OB 82、OB 83、OB 85、OB 86、OB 87、OB 88、OB 121 和 OB 122。如果没有下载这些 OB，则当发生错误时，容错系统将进入 STOP 模式。

2. 布置容错站组件的规则

除了遵守通常适用于 S7-400 的模块排列规则外，容错站还必须遵守下列规则：
(1) 将 CPU 插入相同的插槽。
(2) 在任何情况下，都必须将冗余使用的外部 DP 主站接口或通信模块插入到相同的插槽中。
(3) 将冗余 DP 主站系统的外部 DP 主站接口只插入 CPU，而不插入扩展设备。
(4) 冗余使用的模块（例如，CPU 417-5H、DP 从站接口模块 IM 153-2）必须完全相同，也就是说，它们必须具有相同的订货号、相同的产品版本和相同的固件版本。

3. 布置规则

(1) 一个容错站最多可容纳 20 个扩展设备。
(2) 将偶数号的模块机架只分配给中央机架 0，将奇数号的机架只分配给中央机架 1。
(3) 带通信总线接口的模块只能在机架 0~6 中运行。
(4) 双向 I/O 中不允许使用具有通信总线功能的模块。
(5) 在扩展设备中运行用于容错通信的 CP 时，请注意机架号：编号必须连续，且从偶数号开始，例如，允许机架号 2 和 3，但不允许机架号 3 和 4。
(6) 当中央机架包含 DP 主站模块时，还可以为编号为 9 以上的 DP 主站分配一个机架号。由此，可以使用的扩展机架的数目减少。

4. SIMATIC 管理器

启动 SIMATIC 管理器并创建一个项目。SIMATIC 管理器是 STEP 7 的中央窗口

(如图6-9),在STEP 7 启动时激活。缺省设置启动STEP 7 向导,它可以在您创建STEP 7 项目时提供支持。用项目结构来按顺序存储和排列所有的数据和程序。

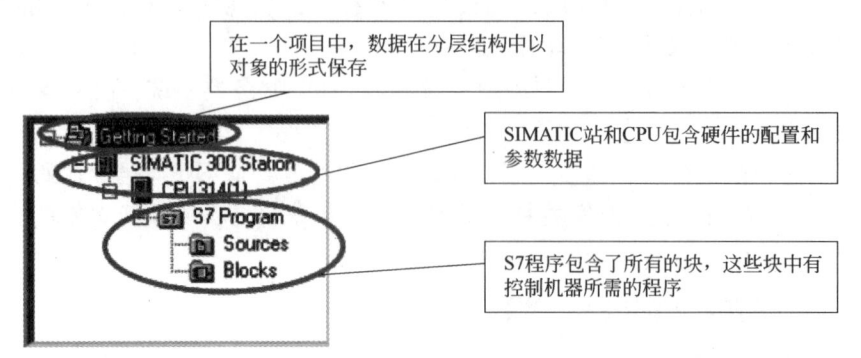

图 6-9 项目树概况

STEP 7 向导关闭后,立即出现SIMATIC 管理器以及打开的"Getting Started"项目窗口(图6-10)。从这里可以启动所有的STEP 7 功能和窗口。

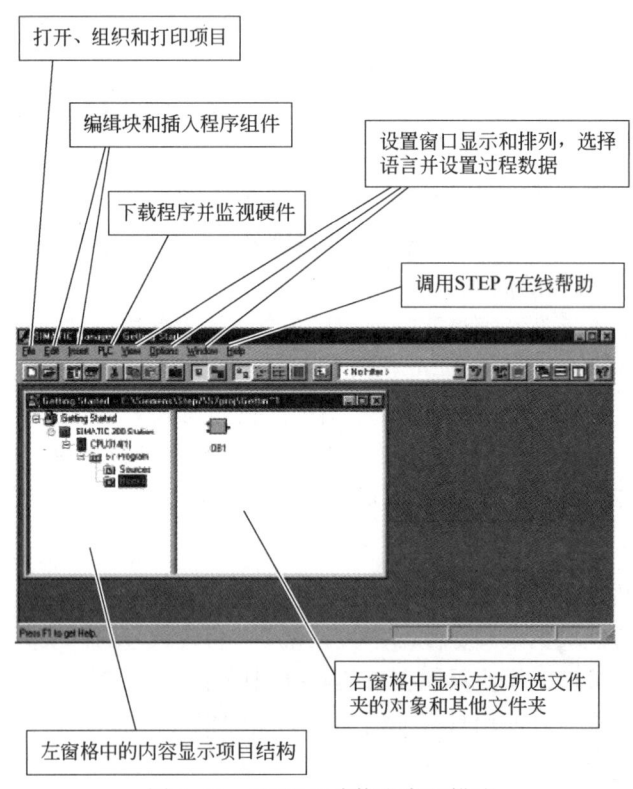

图 6-10 STEP 7 功能和窗口描述

5. 项目结构

图6-11 显示所创建的项目以及所选的S7 站和CPU。单击+号或者-号可打开或关闭文件夹。可以单击右窗格中显示的符号来启动其他功能。

第二部分　控制系统仪表

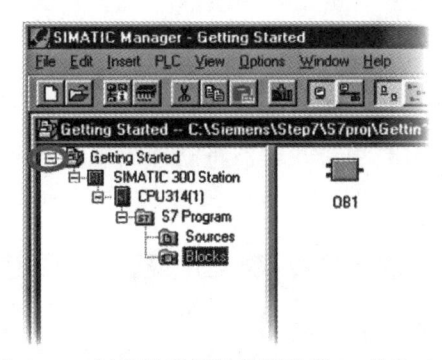

图 6-11　创建的项目以及所选的 S7 站和 CPU

单击 S7 程序（1）文件夹。这里包含了所有必须的程序组件。如图 6-12，将使用符号组件来给地址定义符号名，源文件组件用来存储源文件。

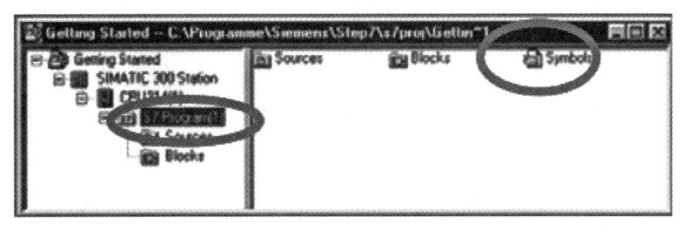

图 6-12　S7 程序（1）文件夹显示内容介绍

单击 Blocks 文件夹。图 6-13 这里包含已经创建的 OB1 以及以后将创建的所有其他块。在这里，可以开始使用梯形图、语句表或者功能块图进行编程。

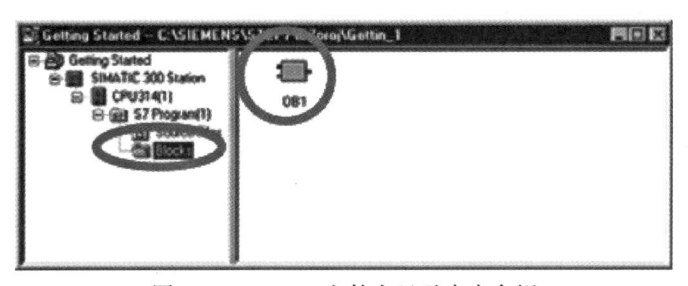

图 6-13　Blocks 文件夹显示内容介绍

单击 SIMATIC 站文件夹。所有与硬件相关的项目数据都存储在这里（图 6-14）。将使用硬件组件来指定可编程控制器的参数。

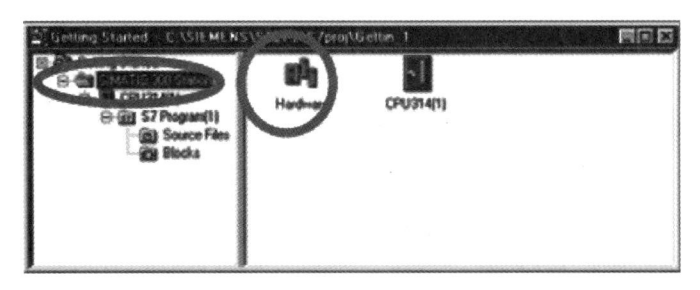

图 6-14　SIMATIC 站文件夹显示内容介绍

（六）WINCC 软件组态

1. WinCC 项目管理器

在打开 WinCC 之后，WinCC 项目管理器将立即出现（图 6-15）。它可看作项目管理的主要工具。

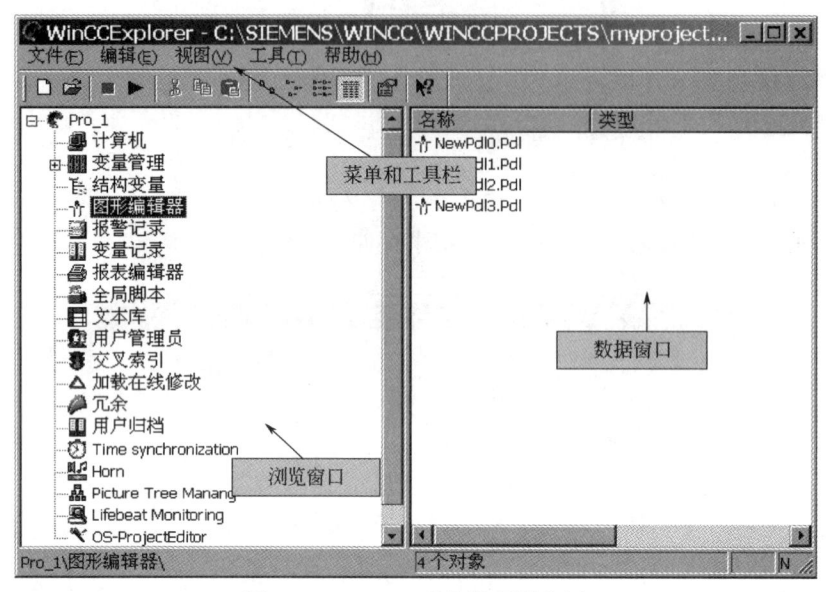

图 6-15　WinCC 项目管理器介绍

WinCC 项目管理器由三个区域组成：

（1）通过菜单可访问所有可用命令。使用最频繁的命令已用符号表示在工具栏中。

（2）可以在项目浏览窗口中找到 WinCC 的所有组件。

（3）数据窗口的内容将随项目浏览窗口中已选组件的不同而变化。数据窗口将表示哪些对象或定义属于该组件。例如，在图形编辑器的情况下，它将是用户项目的画面。

2. 使用 WinCC 项目管理器进行组态

在 WinCC 项目管理器中，用鼠标右键单击条目"图形编辑器"以便打开弹出式菜单。单击"新建画面"可将一个新的空白画面插入到数据窗口中（图 6-16）。

图形编辑器的结构类似于作图程序，而且也以相似的方式进行操作。任何需要的元素均可使用鼠标拖放到用户画面中。随后即可对元素进行定位，并在必要时修改大小、颜色和其他表达式选项（图 6-17）。

除了诸如标尺、矩形或圆等标准对象以外，WinCC 还具有更广的图形对象库，例如电缆、罐或电动机。作为一种选择，用户可从其他外部图形程序中导入图形。

使用图形编辑器进行组态，将操作员可控制的画面元素插入用户画面的方式与使用图形编辑器的通常画面元素相同。一旦元素已添加，组态对话框就将自动打开。它包含有关所插入元素的表现形式和行为的最重要参数（图 6-18）。

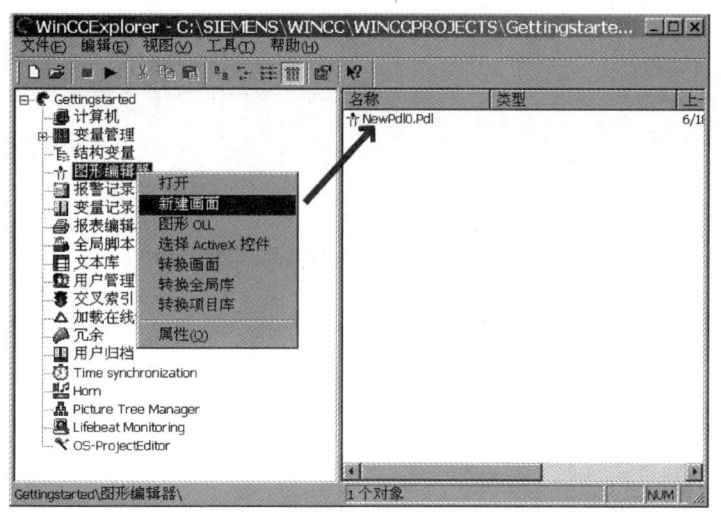

图 6-16 新建画面

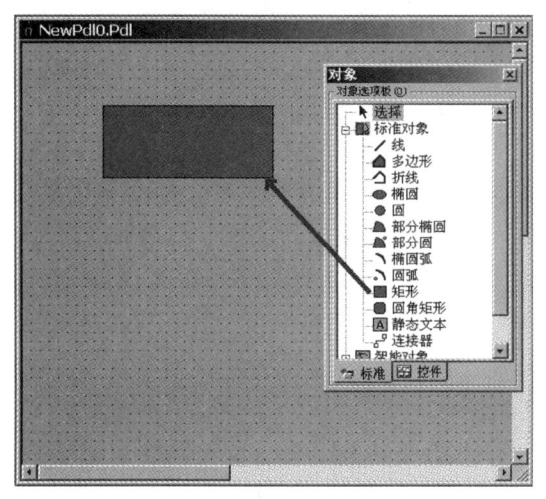

图 6-17 图形编辑器

图 6-18 插入元素的表现形式和行为

特定事件与动作的链接：除了组态对话框以外，另一个包含所有对象属性完整列表的对话框也可用于各个元件。对话框"对象属性"可通过弹出式菜单进行访问。对话框"对象属性"允许用户将动作与画面元素进行链接（图 6-19）。动作将由运行期内的事件进行触发。例如，对于按钮，鼠标单击就代表着一个事件。当指定的事件发生时，将执行一个动作，例如画面修改。

3. 过程值的访问

必须组态 WinCC 与自动化系统之间连接，然后才能访问自动化系统的当前过程值。由于设置连接是整个项目的中心任务之一，因此，这里必须使用 WinCC 项目管理器。第一步包括选择一个通道。为此，在组件"变量管理器"的弹出式菜单中选择菜单项"添加新的驱动程序"（图 6-20）。

用户现在即可在选择框中选择所需的通道。许多通道均支持多个通信协议。所支持的

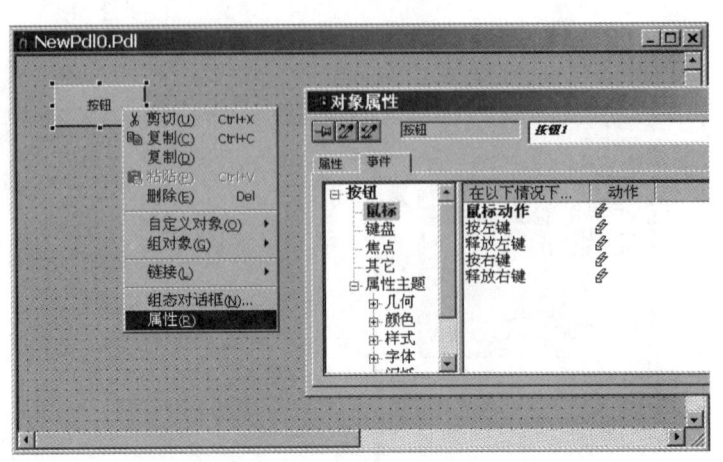

图 6-19 特定事件与动作的链接

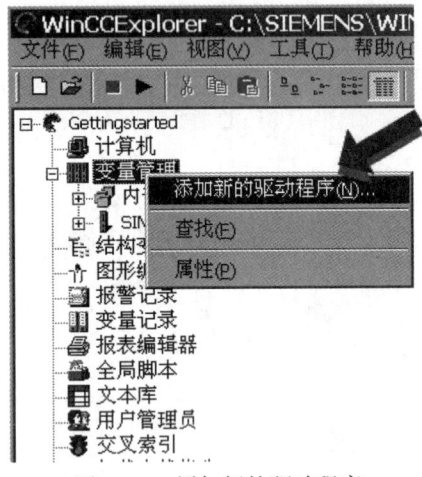

图 6-20 添加新的驱动程序

协议在 WinCC 项目管理器中的通道下列出。在下列实例中，选择了通道 SIMATIC S7 PROTOCOL SUITE（用于自动化系统 SIMATIC S7 的通道）和通信协议 MPI。通道/通信协议组合确定了 WinCC 将要使用的通道单元。在通道单元下面输入到自动化系统的连接。于是，所连接的自动化系统将作为一个通道单元条目出现在 WinCC 项目管理器上。

在 WinCC 中可创建过程变量，这样用户不必使用自动化系统存储区中的数字地址来进行工作。每个过程变量均具有一个唯一的名称，可用其在整个系统中进行编址。也可在 WinCC 项目管理器中创建过程变量。由于每个过程变量均专门连接到一个特定的自动化系统，因此，WinCC 项目管理器中的各个过程变量均将作为此自动化系统的对象显示（图 6-21）。

图 6-21 创建过程变量

4. 用户管理器

"用户管理器"编辑器用于设置和维护用户管理系统。在"用户管理器"中可以对 WinCC 功能和 WinCC 用户的访问权限进行设置和维护。

"用户管理器"编辑器用于设置用户管理系统。编辑器用于对允许用户访问组态系统单个编辑器的授权进行分配和检查,以及在运行系统中对功能进行访问。在"用户管理器"中将对 WinCC 功能的访问权限(即授权)进行分配。这些授权,既可以分配给单个用户,也可以分配给用户组。还可以在运行系统中分配授权。

用户管理系统中的限制见表 6-3。

表 6-3 用户管理系统中的限制

对象	最大数字
权限	999
用户	128
用户组	128
范围	256

使用"用户"菜单中的"添加用户"菜单项可将新用户添加到所选择的用户组中。步骤如下:

(1) 在项目浏览窗口中,选择想要为其添加新用户的用户组。

(2) 在"用户"菜单或相关的弹出式菜单中选择"添加用户"。将显示"建立新用户"对话框(图 6-22)。

① 在"登录"域中输入登录名称。

② 在"口令"域中输入新的口令。

图 6-22 建立新用户

为对其进行确认,在"验证口令"域中再次输入新口令。

③ 如果已经添加的新用户的用户组权限也要应用于新用户,则选中"同时复制组设置"复选框。

④ 单击"确定"关闭对话框。

⑤ 将期望的权限分配给新用户(图 6-23)。

5. 历史趋势的建立

首先,要对变量进行归档,否则无法显示历史数据。注意:在项目建设初期就要确定并设置需要查看的变量。对变量进行归档后,系统才开始进行数据保存。

在变量记录中对归档、要归档的过程值以及采集时间和归档周期进行组

图 6-23 权限分配

态。此外，还可以在变量记录中定义硬盘上的数据缓冲区以及如何导出数据。

对于 WinCC 中的所有编辑器，可在 WinCC Explorer 中双击变量记录将其启动。

变量记录（图 6-24）分为导航窗口、数据窗口和表格窗口。

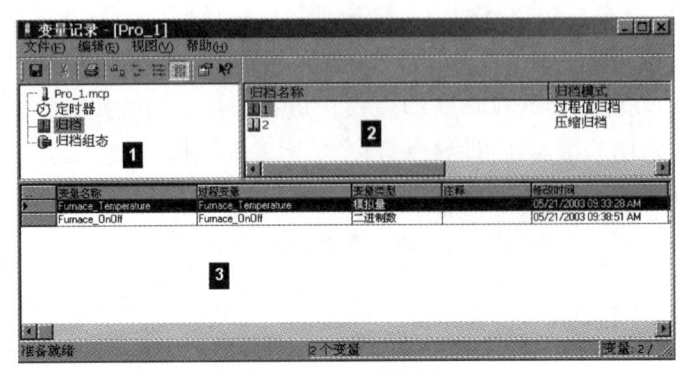

图 6-24 变量记录

操作步骤：

(1) 导航窗口。

(2) 此处选择是否想要编辑时间或归档。

(3) 数据窗口。

(4) 根据在导航窗口中所作的选择，可在此处编辑已存在的归档或定时，或者创建新的归档或定时。

(5) 表格窗口。

(6) 表格窗口是显示归档变量或压缩变量的地方，这些变量存储于在数据窗口中所选的归档中。可以在此改变显示的变量的属性或添加一个新的归档变量或压缩变量。

(7) 然后，在图形编辑器中增加趋势画面。

(8) 在画面编辑界面的右侧"对象选项板"内，选中"WINCC ONLINE TREND CONTROL"，拖到画面上（图 6-25）。

在趋势控件属性-曲线-选择归档/变量中，选择要查看的变量（图 6-26）。

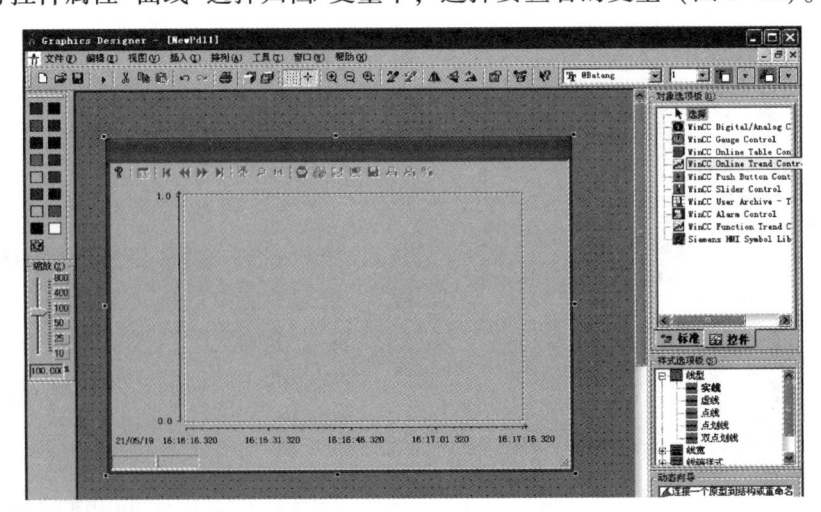

图 6-25 趋势画面编辑界面

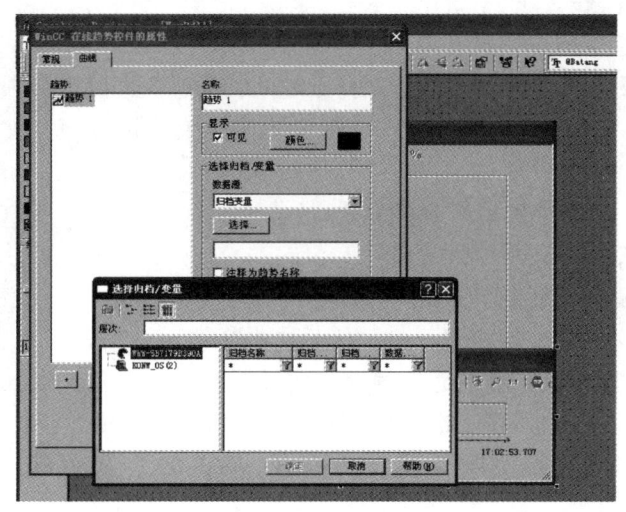

图 6-26　变量选择

最后运行系统，在趋势画面中可以看到需要的历史趋势，也可以在线修改要查看的变量。

四、西门子 S7-400 系统操作与维护

WINCC 的基本操作包括操作站关闭与启动，用户权限登录与切换，流程图画面调用，历史趋势操作，程序备份；过程点强制；控制室、控制站、操作站、通信网络日常检查与维护等。

（一）WINCC 的基本操作

1. 启动步骤

1) 打开 WinCC 项目管理器

正常情况下，重启操作站电脑以后，一般是自启动 WINCC，如果未启动可以进行以下 4 种操作打开：

（1）可使用 Windows 开始菜单打开 WinCC 项目管理器。在"SIMATIC>WinCC"文件夹中选择"WinCC 项目管理器"（WinCC Explorer）条目。WinCC 项目管理器将打开。

（2）使用 Windows 桌面上的快捷方式 打开。

（3）可使用"WinCCExplorer. exe"启动文件来启动 WinCC。"WinCCExplorer. exe"文件位于 Windows 项目管理器中的安装路径"WinCC\bin"中。

（4）通过打开 Windows 资源管理器中的 WinCC 项目可启动 WinCC。打开项目安装路径中的文件<项目>. MCP。

2) 打开项目

（1）在 WinCC 项目管理器中，使用"文件"菜单中的"打开"命令可打开项目。在"打开"窗口中，选择项目文件夹，并打开项目文件<项目>. MCP。

（2）在"文件"菜单中，使用"最近的文件"菜单命令打开以前所打开的文件之一。

最多可显示八个项目。

（3）使用工具栏中的按钮打开项目。

注意：WinCC 中的锁定机制会防止在持续时间长的过程期间打开项目。

每次打开 WinCC 项目时，都会有一个锁定机制生效。将在项目文件夹中创建"ProjectOpened.Ick"文本文件。

在以下情况下，第二个锁定机制将生效：

（1）在 SIMATIC Manager 中下载 OS。

（2）使用项目复制器复制 WinCC 项目。

（3）将在项目文件夹中创建"wincc.lck"文本文件。

如果由于程序中止或 PC 重启等原因导致此过程的终止受阻，则开锁状态将保持。项目文件夹包含具有可读取过程 ID 的文本文件"ProjectOpened.Ick"和"wincc.lck"。

如果所有过程均已完成，则可删除"ProjectOpened.Ick"和"wincc.lck"文件，即可打开项目。

3）激活项目

单击工具栏▶按钮。"激活 DATABASENAME"（Activate DATABASENAME）对话框随即打开。WinCC 显示将要启动的应用程序。"WinCC 运行系统"窗口，将按"计算机属性"对话框中所选择的设置打开。

小技巧：启动 WinCC 或打开项目时，按住键<CRTL>+<SHIFT>，以避免 WinCC 同时激活运行系统。如果在启动 WinCC 时按住<ALT+SHIFT>组合键，可避免 WinCC 同时打开项目。这也可避免同时启动运行系统。

关闭步骤：（1）切换到 WinCC 项目管理器。

（2）单击工具栏中的■按钮。

（3）打开"取消激活数据库名称"对话框。WinCC 显示将要退出的应用程序。"WinCC 运行系统"窗口关闭：一般应先取消激活项目，并关闭 WINCC 软件后，再关闭电脑。直接关闭电脑或断电，会造成 WINCC 锁定机制，一旦发生锁定机制将无法打开项目。

2．用户登录

如果为登录用户都分配了大量授权，则登录可能需要数分钟时间。步骤如下：

（1）启动 WinCC Runtime。

（2）按下已为登录进行定义的快捷键。将打开登录对话框。

（3）在对话框中输入登录名称和密码。

注意：密码区分大小写。

3．程序备份

使用"复制"或"另存为…"选项可以复制已关闭项目的组态数据。

注意：不允许将变量或结构类型从打开的项目复制到另一个项目。例如，打开一个旧项目，复制结构类型和结构变量。然后打开一个新项目，添加这些结构类型和结构变量。

在组态期间，定期进行项目备份。这样可返回到早期版本的项目，并从该处继续。

如果以后修改项目，也要在每次完成修改时进行备份。如果必要，以后可退回到原版本，不用再重新编辑项目。

步骤如下：

(1) 在项目复制器中选择希望复制的项目。

(2) 输入要将项目复制到其中的文件夹。在下面的描述中，将此文件夹称为目标文件夹。

(3) 目标文件夹可以位于同一台计算机上，也可以位于网络中您拥有访问权限的另一台计算机上。项目文件夹在目标文件夹中创建。进行复制时，可改变项目的名称。项目文件夹用项目名称创建。

(4) 只能复制整个项目和整个文件夹结构。"ArchiveManager"文件夹将不会复制。

(5) 复制项目后，可以立即打开和编辑项目，也可以立即激活项目。如果在另一台计算机上打开项目，则必须更改计算机名称。

注意：如果使用了项目复制器的"复制"或"另存为…"选项，则在目标计算机上必须安装同一版本的 WinCC。

(6) 利用 SIMATIC 管理器创建的项目不能使用项目复制器进行复制。

(7) 复制到存储介质。不能直接将项目复制到数据介质。如果希望将某个项目复制到外部数据介质上进行归档，请先将该项目复制到本地文件夹。然后，将该文件夹复制到数据介质。

如果在进行复制之前压缩项目文件，例如压缩为 ZIP 归档，则需要的数据介质空间较少。这种方法还可以防止各个文件在复制后变成只读文件。

4. 用户权限登录与切换

WINCC 用户权限登录与切换一般分两种：一种属于用户自定义按钮调用用户权限登录与切换；另一种在 WINCC 7.0 版本以上，画面上有专门的用户登录按钮或点击图 6-27 的口令处。

无论哪种登录按钮，点击登录后都会弹出图 6-28 的对话框，输入用户和密码即可登录。

图 6-27 口令　　　　图 6-28 登录界面

5. 历史趋势查询

无论 WINCC 软件哪个版本，历史查询的功能大同小异。下面以 WINCC 6.2 版本为例。

点击趋势按钮或自定义按钮，调用出历史趋势画面（图 6-29）。

点击属性按钮，调出图 6-30，WINCC 在线趋势控件的属性，可以对当前趋势画面添加或删除变量，调整时间轴和数值轴等功能（图 6-31）。

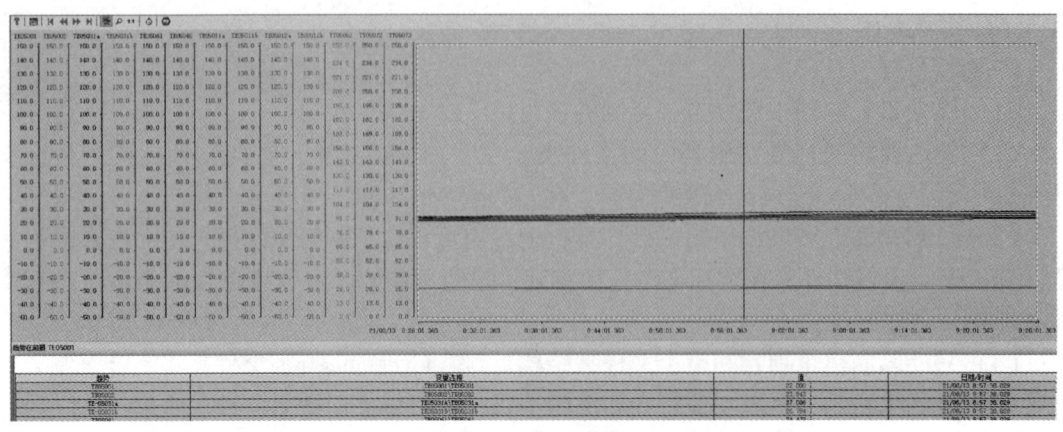

图 6-29 历史趋势

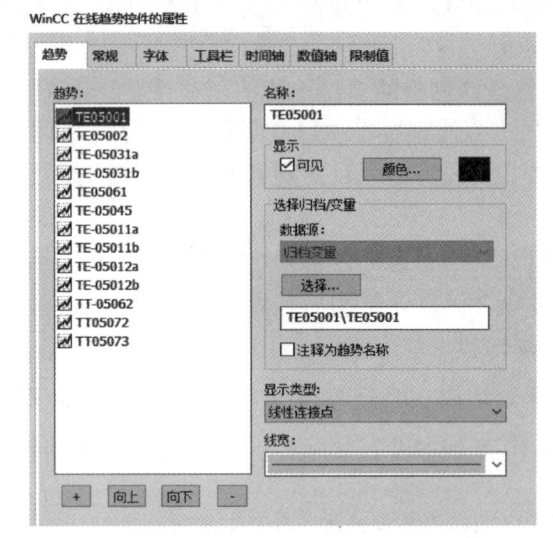

图 6-30 WinCC 在线趋势控件的属性

6. 如何调用流程图画面

在 WINCC 7.0 以上版本的操作画面中，位于上方有四排画面调用按钮，每个按钮右侧还有下拉扩展箭头，点击可以看到更多画面（图 6-32）。

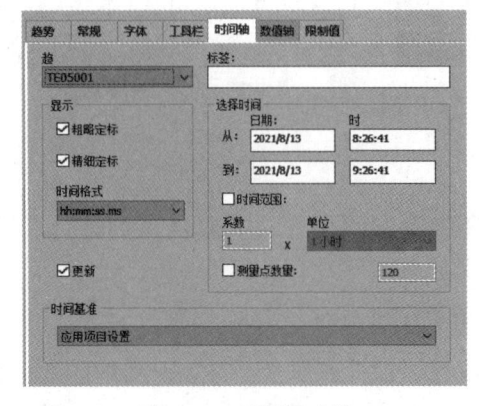

图 6-31 时间轴功能

图 6-32 流程图画面

7. 如何快速调用过程变量

在 WINCC 7.0 以上版本的操作画面中，位于下方有个基于变量名称选择回路按钮 ▦，点击会打开下面窗口（图 6-33）。

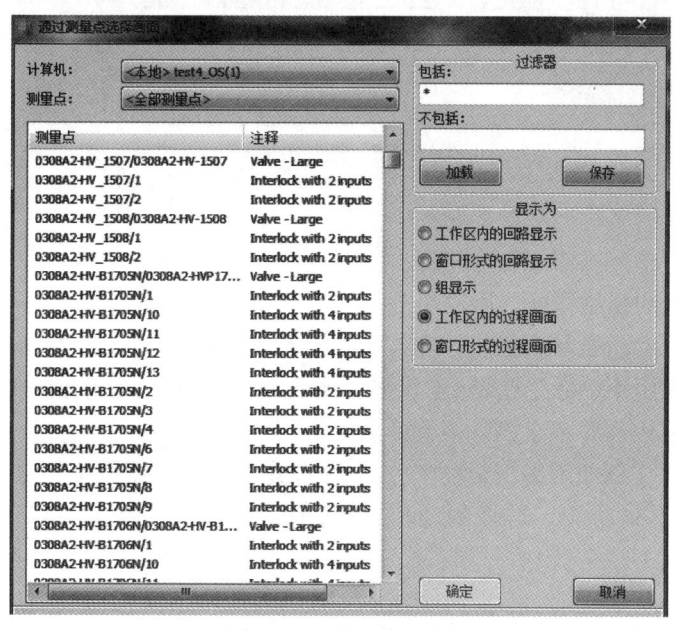

图 6-33 测量点选择

点击所需的变量，画面立刻变化到该变量所在的画面。

（二）过程点如何强制操作

西门子系统强制操作是可以在 WINCC 画面实现。这是在项目建设初期，组态人员按照用户要求建立的，所以 WINCC 画面实现强制操作是灵活多变的，根据不同用户的操作习惯，强制操作也是不同的，故不进行介绍。

在这里只对如何在 STEP7 中强制操作进行介绍。

强制功能可以为用户程序的单个变量分配固定值，这样，即使是 CPU 中正在执行的用户程序，也不能对其加以修改或覆盖。对此的要求是 CPU 必须支持该功能（例如，S7-400 CPU）。通过为变量分配固定的值，可以为用户程序设置特定的状况，然后以此来测试编写的功能。

打开"强制值"窗口，点击 PLC→显示强制数值，弹出对应窗口（图 6-34）。

只有当"强制值"窗口是激活的，才可以选择强制菜单命令。

要显示该窗口，可选择菜单命令变量>显示强制值。

对于每个 CPU，只应当打开一个"强制值"

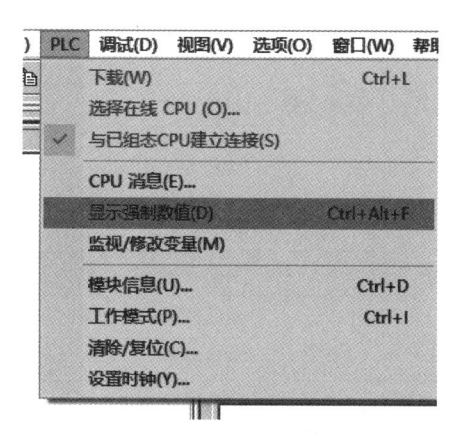

图 6-34 显示强制数值

窗口。在该窗口中显示激活的强制作业的变量，以及它们各自的强制值。强制值窗口的实例如图 6-35 所示。

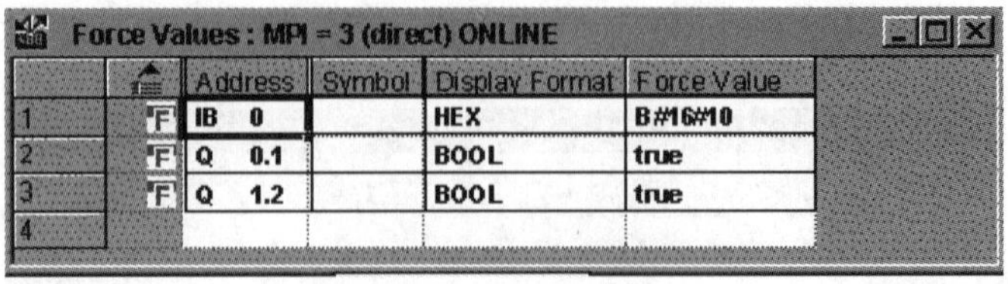

图 6-35　强制值窗口

当前在线连接的名称显示在标题栏中。

从 CPU 中读取的强制作业的数据和时间显示在状态栏中。

如要没有激活的强制作业，则窗口为空。

注意事项：在启动强制功能前，应该查明没有人同时在同一 CPU 上执行此功能。

强制作业只能用菜单命令变量>停止强制来删除或终止。关闭强制值窗口或退出"监视和修改变量"应用程序不会删除强制作业。

强制不能撤销（例如用编辑>撤销）。要阅读关于强制和修改变量之间的区别的信息。如果 CPU 不支持强制功能，与强制动作连接的变量菜单中的所有菜单命令都是取消激活的。

如果使用菜单命令变量>启用外围输出来取消激活输出禁用，所有的强制输出模块都会输出它们的强制值。同时，此处也可以检查在下位系统中是否有强制点。

（三）控制室、控制站、操作站、通信网络日常检查与维护

（1）系统运行环境、机柜风扇、电源风扇的运行情况、门控开关动作状态和机柜照明情况、线路检查、220V、24V 电源供电系统、接地的巡检（表 6-4）。

表 6-4　日常检查与维护

序号	项目名称	巡检内容	巡检要求
1	环境参数	室内	清洁、照明良好、天棚无漏雨情况
		控制柜	应处于封闭状态，减少粉尘进入
		环境温度	18℃~24℃
		温度变化率	≤5℃/h
		相对湿度	45%~70%
		装置运行时	控制柜内不允许存在明显的磁场和强烈的机械震动，不允许使用产生电磁干扰的设备
		进入机柜间	应着防静电服装
		消防设施	完好、合格证在有效期内
2	供电系统参数	集散控制系统电源	应由 UPS 提供
		电压波动	<10%额定电压
3	日常维护、巡检	巡检周期每日一次	认真填写巡检记录
		UPS 运行	正常，无报警

续表

序号	项目名称	巡检内容	巡检要求
3	日常维护、巡检	主控单元及机柜滤网	清洁无灰尘
		控制柜顶部风扇	运转良好,无异音
		模块运行	指示灯状态正常
		冗余的两主控单元或服务器	一主一备状态
		操作员站和工程师站	运行正常,无死机和花屏现象
		查询历史记录	有无异常情况发生
		向运行人员了解	系统运行状况
		工程师站检查自控率	达到95%
		MES检查	检查BUPPER或MES服务器电源是否正常,然后通过PHDManager软件观察系统状态state和interface对应状态必须都是ACTIVE
		检查报警灯屏	报警灯屏完好无报警、硬手动开关处于投运状态
		检查接地端子是否牢靠,接地电阻是否符合标准	工作地小于1Ω,保护地小于4Ω
		工程师站时钟同步巡检	系统时间必须与实际时间同步

机柜间管理规定:

① 装置运行期间,未经批准可以单独进入的人员不准随便单独出入。下列情况除外:机组出现紧急情况、控制系统故障、打扫卫生、检查卫生。

② 进入机柜间所有人员必须在《机柜间出入登记簿》上进行登记,写清工作内容及出入时间,紧急情况可以直接进入,但事后必须补填。

③ 进入机柜间人员应着装干净。

④ 机柜间,工程师站、操作员站2m以内区域禁止对无线通信工具(对讲机、手机、小灵通等)进行任何操作。

⑤ 严禁在机柜间内做与工作无关的事情。

⑥ 运行人员应及时调整空调设备运行状态,保证机柜间内温度、湿度。

⑦ 严禁在机柜间内使用电焊机、冲击钻等强电磁干扰设备。

⑧ 不经批准,严禁在UPS二次侧接入新的负载。

⑨ 不经批准,禁止使用操作台下部专用插排。

⑩ 服务器和工程师站密码由专人负责修改和保管,定期更改,并不得随意传播。

⑪ 工作或检查结束,离开时必须关好控制柜和机柜间门。

(2) 下位软件在线诊断和检查。

通过Step7的在线检测功能,也可以查询PLC的状态和诊断信息。

① 打开在线诊断的方法。

用鼠标选中SIMATIC H 站点(1)→CPU 412-5H,再选中PLC→module information(图6-36),在弹出的对话框中选中diagnose buff,从中可查询CPU的状态。当出错时则可查出出错点及原因,也可得到相应的解决方法(图6-37)。

② 在线检查内容。

图 6-36 在线诊断功能打开路径

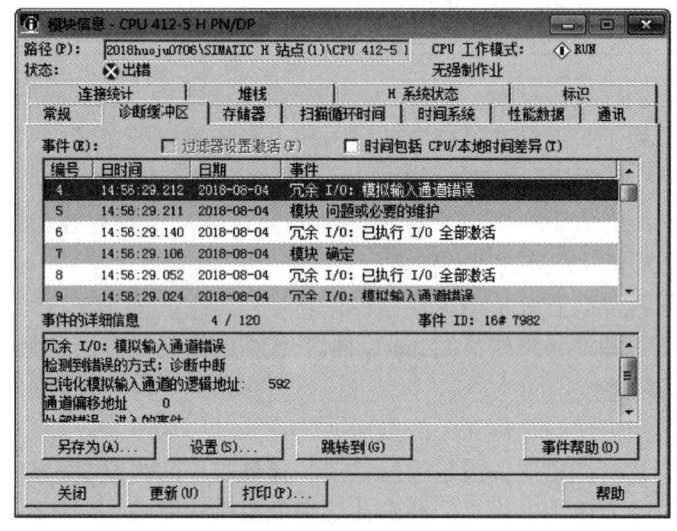

图 6-37 模块信息

在上述 PLC 菜单中还可以诊断硬件，切换操作模式，清除内存，监视或强制参数等功能，还可以检查时钟同步。

检查在线程序系统运行状况。通过点击监视开关可以检查每个程序块的运行状态（图 6-38）。

③ 离线程序与在线程序比较（图 6-39）。

④ 检查通信网络的状况。一般情况下，能够进行在线诊断、程序块监视等操作通信网络就没有问题。

（3）上位 WINCC 运行画面巡检。

① 检查画面调用是否正常。

如画面不能正常调用，可能是操作站软件出现问题，需要重新启动 WINCC 软件或检

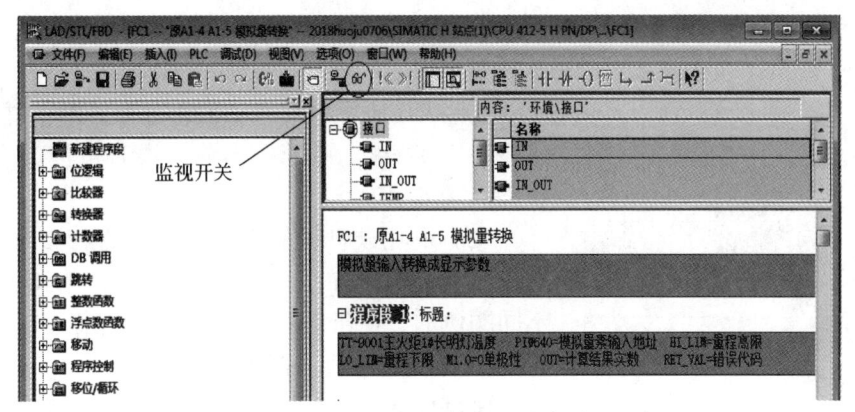

图 6-38　监视开关位置示意图

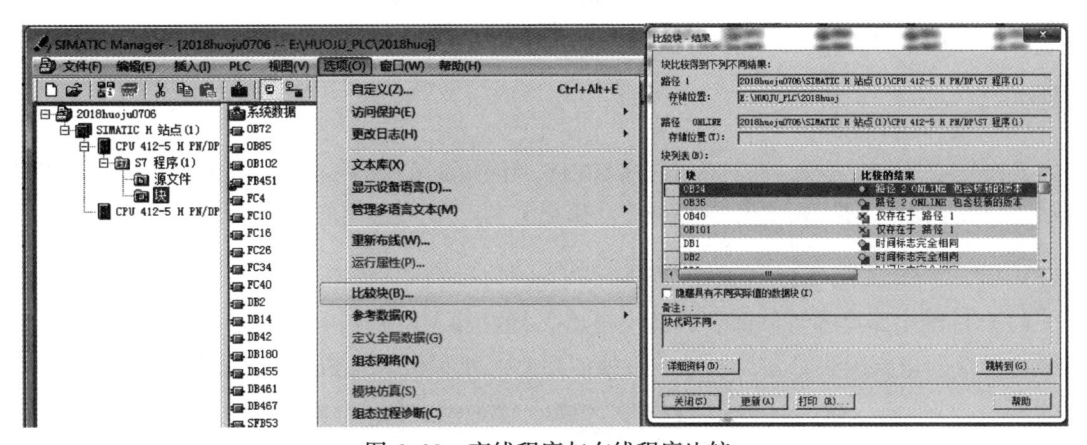

图 6-39　离线程序与在线程序比较

查相关设置，如还不能解决问题需重新安装软件。

② 数据显示是否正常。

如数据不能正常显示，则是因为通信网络物理连接有问题，或软件相关设置被复位。

③ 检查 Bypass 开关。

巡检时检查确认 Bypass 开关位置状态是否正确。如果有联锁回路摘除，要检查确认联锁工作票，以防误操作。

五、西门子 S7-400 系统故障诊断与处理

（一）由系统检测出的故障诊断

（1）PLC 内部记录、评估和指示故障，作为规则：CPU 将停机（如无相应 OB 块）。

① 模板故障。

② 信号电缆短路。

③ 扫描时间超出。

④ 程序错误（访问不存在的块）。

⑤ 要求的功能或者不执行或者不正确地执行。

⑥ 过程故障（传感器/执行器、电缆故障）。

⑦ 逻辑错误（在生成和启动时未发现）。

OB 80	时间故障
OB 81	电源故障
OB 82	诊断中断组织块
OB 83	插拔模块中断程序
OB 84	CPU 硬件故障
OB 85	优先级故障组织块
OB 86	机架故障
OB 87	通讯故障
OB 88	过程中断
OB 121	编程错误
OB 122	访问错误

图 6-40 组织块诊断中断

这些 OB 块可以对事件信息进行诊断，并且如果没有装载这些 OB，系统在出现错误时可能会进入 STOP 状态（图 6-40）。

(2) 利用硬件上的 LED 指示灯进行诊断。

西门子卡件在故障发生时，LED 指示灯都会产生不同颜色的，便于人眼立刻做出判断。

(3) 软件诊断（模板信息）。

用鼠标选中 SIMATIC 400（1）站点→选中 PLC→选诊断/设置→选模块信息，在弹出的对话框中选中诊断缓冲区，从中可查询 CPU 的状态。当出错时则可查出出错点及原因，也可得到相应的解决方法。

(4) 操作过程判断。

离线程序能进行监视，说明离线程序与 CPU 当中运行的程序一致。读出参考数据，查找重复赋值。重复赋值不是语法错误（系统无法诊断出来），但往往出现逻辑错误（图 6-41）。

(二) 常见故障及诊断一般步骤

(1) 外围电路元器件故障：外接继电器、接触器、电磁阀等执行元件的质量，是影响系统可靠性的重要因素。常见的故障有线圈短路、机械故障造成触点不动或接触不良。

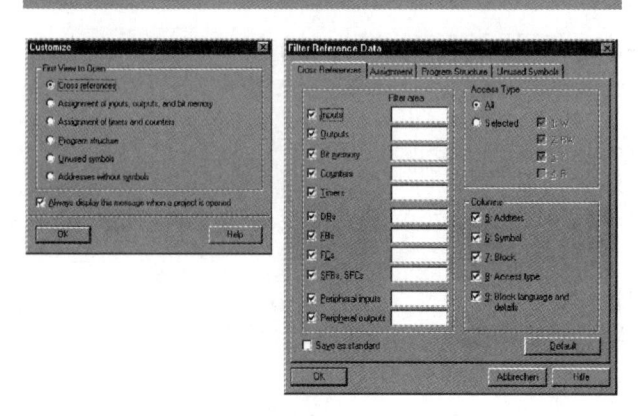

图 6-41

图 6-41 查找重复赋值步骤

（2）端子接线接触不良：由于控制柜配线缺陷或使用中的震动加剧及机械寿命等原因，接线头或元器件接线柱易产生松动而引起接触不良。

（3）PLC 受到干扰引起的功能性故障：电源与接地保护；接线安排；屏蔽；噪声（图 6-42、图 6-43、图 6-44）。

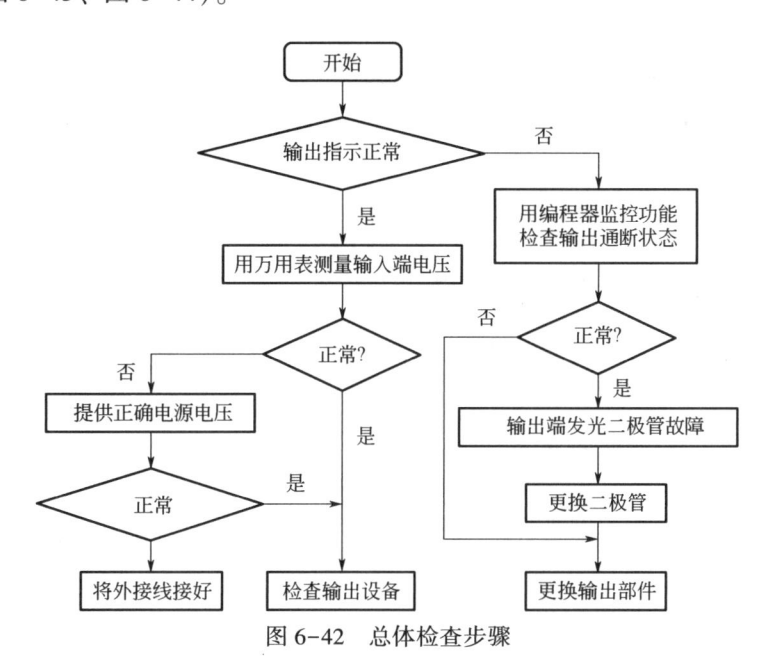

图 6-42　总体检查步骤

（三）故障处理实例

（1）某低压电机在联机试运时，发现联锁条件已经正常，但电动机无法启动。

检查电气原理图（图 6-45），停机联锁信号为常闭触点。检查仪表联锁输出继电器，接常闭触点。继电器正常带电。

图 6-43　电源故障检查步骤

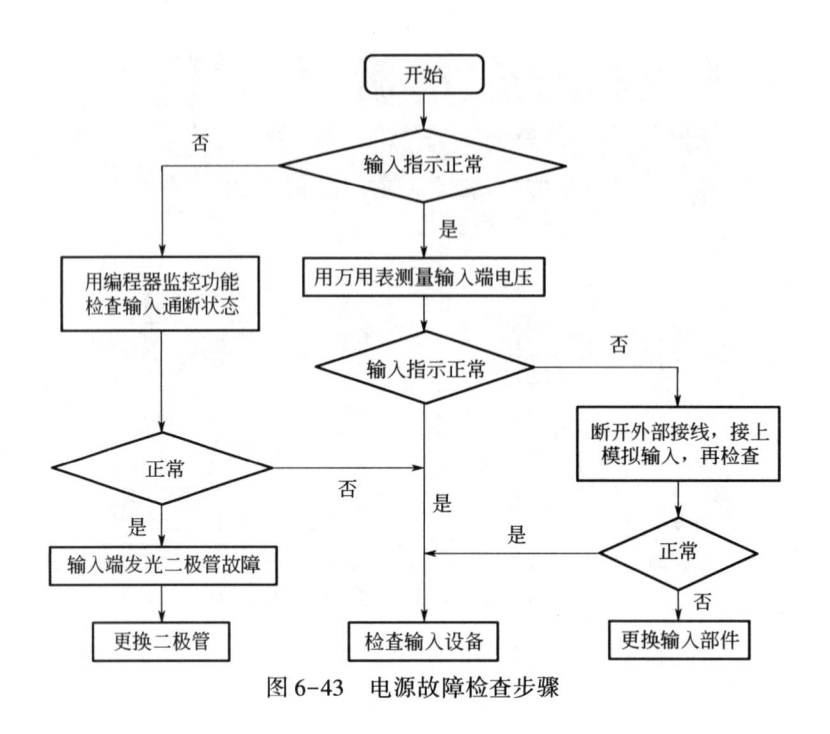

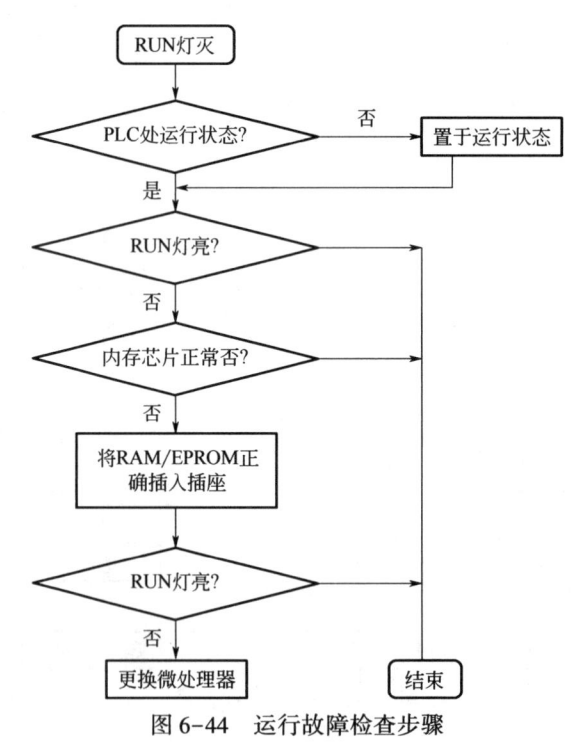

图 6-44　运行故障检查步骤

原理图上停机触点为常闭触点，表示需要停机时触点要断开，联锁正常时触点要闭合。

而仪表联锁回路设计要达到故障安全，因此联锁条件正常时继电器要带电，发生联锁时继电器失电。

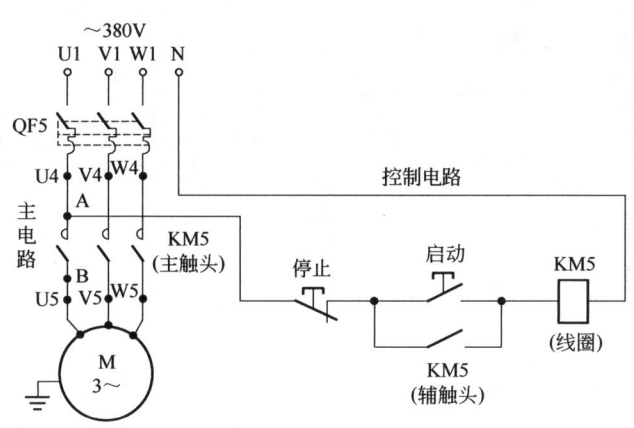

图 6-45 电气原理图

综合以上两条，仪表联锁输出继电器应接常开触点，修改后电动机运行正常。

（2）重复赋值导致火炬无法自动点火的故障。

某火炬装置，火炬点火 PLC 控制系统由火炬厂家成套提供，使用西门子 PLC 控制，火炬气回收压缩机控制系统采用独立的西门子 PLC 控制。

由于火炬点火与火炬气回收工艺上关系紧密，为更好地操作和控制，将两套 PLC 控制系统合并成一套西门子 PLC 控制。改造调试时，未发现任何问题。但投入运行后发现火炬经常出现无法自动点火的故障。

考虑控制系统是合并而成的，并且故障并不是一直存在（工艺反应在压缩机正常运行时不能自动点火），因此怀疑有重复赋值的地方。

仔细检查地址使用情况，在火炬点火程序段使用了字地址 MW100 并赋值，在压缩机程序段使用了位地址 M100.0～M101.2 并赋值。出现了上述故障，修改后使用正常。

（3）DI 卡指示灯全灭故障。

DI 卡的通道指示灯会根据具体现场实际情况亮起，一般情况下每块 DI 卡总有一些通道指示灯亮起。

某日仪表巡检人员发现某块 DI 卡通道指示灯全部灭掉（图 6-46），Vs 电源指示灯也灭了。该卡件所接信号为阀位检测信号，不参与报警和联锁，故没有引起工艺人员察觉，而由仪表巡检人员发现。

巡检人员立即判定该卡件出现了故障。Vs 电源指示灯灭了，说明供电出现问题，可能原因：上级电源掉电；卡件损坏；外线路故障（图 6-47）。

检查过程如下：

① 检查上级供电空开，断开空开输出接线，测量电压正常，说明上级供电无问题。

② 更换备用卡件，现象没有消除，说明卡件损坏的可能性不大。

图 6-46 DI 卡通道指示灯全灭

③ 检查每个通道的外线路，发现其中的 1 个通道接线正极接地。由于正极接地，将整个卡件的电源电压降低，使 Vs 电源指示灯灭，并且所有通道指示灯灭。

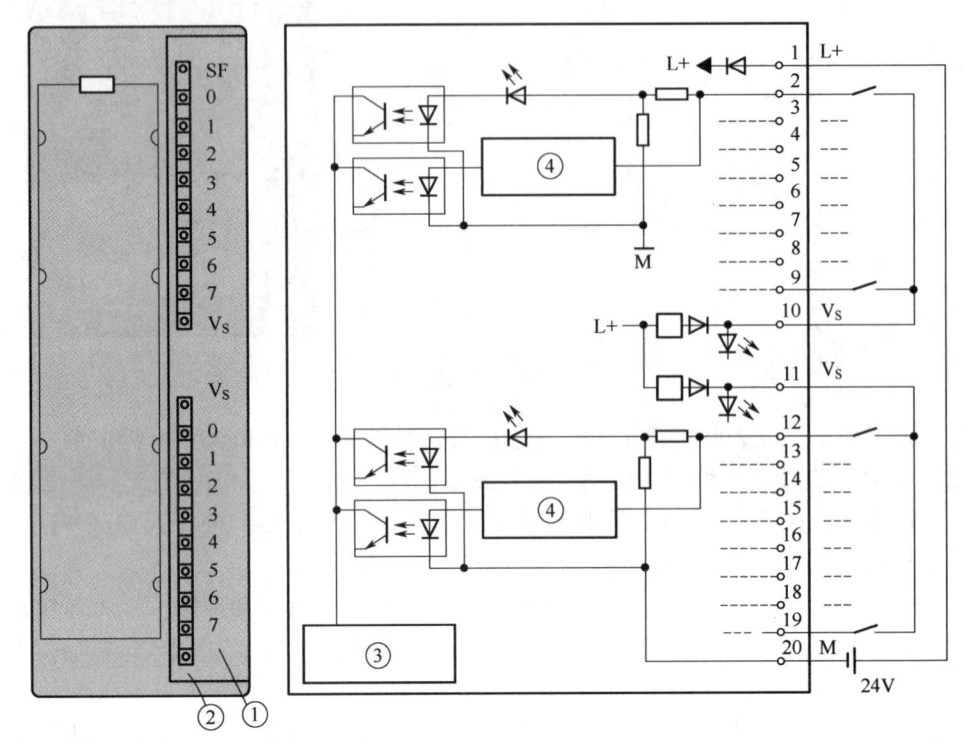

图 6-47 DI 卡原理图

1—通道号；2—状态显示-绿色、错误显示-红色、传感器电源 Vs-绿色；3—背板总线接口；4—断线检测

处理结果：检查故障通道的现场接线，消除接地现象，重新接线，Vs 电源指示灯亮起，现场开关量闭合的通道指示灯亮起。

(4) 隔离器损坏导致压缩机控制系统气液分离罐液位指示最大的故障。

单元压缩机气液分离罐液位指示 LIA00610A/B 在 PLC 上位机显示最大，实际液位为 50%。

经检查该测量回路输入至 PLC 通道的电流为 12mA，与现场实际液位相符，故问题应出在 PLC 内部。检查 PLC 卡件硬件诊断，没有报警信息；检查软件组态没有错误，并且在线监视显示通道输入即为最大。因此判断 PLC 卡件受到某种干扰导致该问题。检查该卡件上的其他通道（变频器电流指示）也显示最大，检查该回路，信号隔离器损坏。因此判断，由于信号隔离器损坏造成电气侧交流干扰该卡件，导致该卡件输入检查为最大，而卡件诊断却没有故障。

解决方案：更换损坏的信号隔离器。

实施效果：更换隔离器后该卡件的所有通道显示正常。

(5) 压缩机控制系统冗余电源故障。

某压缩机控制系统采用冗余电源，仪表人员调试时发现火炬气回收压缩机控制系统冗余电源 DC3 和 DC4 的冗余模块接线有 1 路松动，从接线端子处脱落。

冗余模块负责接收冗余电源 DC3 和 DC4 共 2 路供电并输出，在冗余电源中的 1 路出现故障的情况下，可以切换到另1路，不中断供电。如果有1路接线松动，则不能实现电源冗余，如另1路电源再出现故障，则所有仪表和PLC卡件将失去供电，引起压缩机停机、装置停车，给人员和装置的安全生产带来重大隐患。

仪表班及仪表车间立即组织员工联系装置，对压缩机控制系统所涉及的现场监视、控制仪表及设备状态加强监控；将脱落的接线端子重新紧固，消除故障隐患。

（6）某西门子PLC控制系统测量信号偏低故障。

仪表人员在配合某西门子PLC控制系统改造项目时，发现所有测量信号偏低。

本次改造采用西门子最新的PCS7控制器AS410-5H；AI卡采用331-7KF02-0AB0模拟量输入卡，可组态连接2线、4线4~20mA电流信号，1~5V电压信号等，当前组态为4线4~20mA电流信号；MTA端子板采用魏得米勒公司为西门子公司配套生产的产品（图6-48），该产品第一次在该厂使用；MTA端子板至AI卡电缆，MTA端子板端采用D型头插接，AI卡端为分立电线接至AI卡前连接器；现场可燃气体报警仪采用3线4~20mA电流信号。

图6-48 MTA端子板

经检查，现场仪表至MTA端子板信号正常，没有偏低现象。将现场仪表信号直接接至AI卡前连接器，信号仍然正常，没有偏低现象。因此判断问题出在MTA端子板处。

进一步检查MTA端子板，发现该端子板应该将4~20mA电流信号转换为1~5V电压信号输出。因此判断AI卡只能接受1~5V电压信号。

解决方案：修改AI卡组态，改为1~5V电压信号输入（图6-49）。修改后信号采集正常。

（7）MTA跳线错误故障。

某装置某液位计原为在控制室内二次表上显示。现改为在控制室内PCS7控制系统操

图6-49 修改AI卡组态

作站上显示。在完成安装和接线后，发现现场液位计工作正常但操作站上无显示。

伺服液位计为4线制仪表，电源线单独提供；信号线先接到隔离栅，再由隔离栅输出到 PCS7 的 MTA 上，MTA 通过系统电缆接到 AI 卡上。隔离栅与伺服液位计之间的信号由隔离栅供电，隔离栅与 MTA 之间的信号由也隔离栅供电。

由于现场工作正常，因此隔离栅与伺服液位计之间的信号线无问题。

检查 AI 卡组态，这种 AI 卡为故障安全型的 FAI6*15Bit HART 卡，其组态选项只有 4~20mA 且没有2线、4线选择，因此硬件组态无问题。

检查 MTA 接线无问题。MTA 上有2线、4线选择跳线，其位置错误（图6-50）。

解决方案：更正 MTA 上2线、4线选择跳线后，操作站上有显示。

（8）工程师站 WINCC 画面数据不能正常显示。

某西门子 PLC 控制系统，采用冗余 CPU，操作站通信卡件为 CP1613 冗余配置，工程师站通信卡为普通网卡非冗余配置，交换机为冗余配置。

某日仪表人员巡检发现工程师站 WINCC 画面数据不能正常显示，而操作站 WINCC 画面数据显示正常。

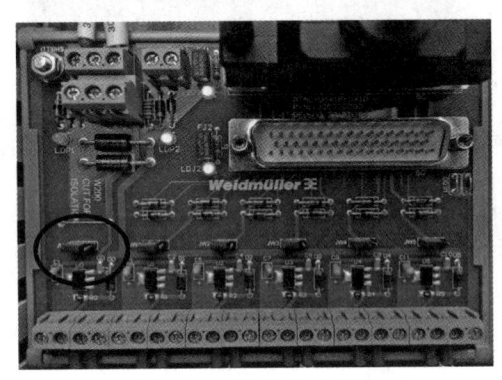

图 6-50　接线位置错误

经检查，CPU 由于不明原因发生了切换，造成工程师站无法与当前主 CPU 进行数据交换，因此 WINCC 画面数据不能正常显示；而操作站为 CP1613 冗余配置，无论哪个 CPU 为主都能正常显示数据。

解决方法：将工程师站网线从当前交换机拔下来，换到另一个交换机上，工程师站 WINCC 画面数据就可以正常显示。

（9）西门子 PLC 控制系统主操作站站组态丢失故障。

仪表人员在定期巡检过程中，发现某装置西门子 PLC 控制系统主操作站不能自启。对该系统进行检测时发现应用程序丢失。

首先处理 WINCC 软件不能启动问题：进入 window 系统操作主界面，开始>运行出现对话框，在对话框内输入"reset_wincc.vbs"指令后，点击"确定"按钮（图6-51）。

软件受不明干扰，不能完全关闭，导致不能正常启动，需复位。

如图 6-52 所示，打开"Station Cionfiguration Editor"进行设置：

① 在 Index 1 添加"Wincc Application"项。
② 在 Index 3 添加"CP1613"项。
③ 在 Index 4 添加"CP1613"项。
④ 将 WINCC 程序下装。
⑤ 运行 WINCC 程序，数据实现上传显示。

（四）冗余卡件模块在线更换

对于容错控制器不中断运行至关重要的一个因素是运行期间更换故障组件。快速修理

图 6-51 运行界面

将恢复容错冗余。操作期间可以更换下列组件：
(1) 中央处理单元（例如 CPU 417-5H）。
(2) 电源模块（例如 PS 405、PS 407）。
(3) 信号和功能模块。
(4) 通信处理器。
(5) 同步模块和光纤电缆。

1. CPU 的故障及更换

新 CPU 具有与故障 CPU 相同的操作系统版本以及装配了与故障 CPU 相同的装载存储器。如果该版本不同于其余 CPU 的操作系统版本，

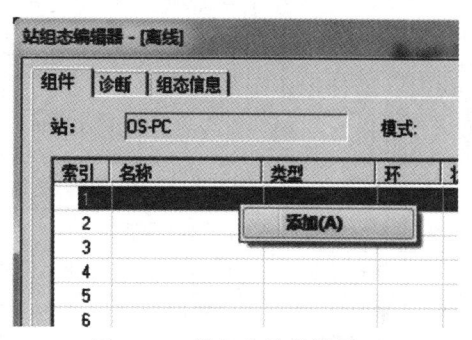

图 6-52 站组态编辑器界面

则需要使用相同的操作系统版本来配备该新 CPU。或者，为该新 CPU 创建操作系统更新卡，并用它在该 CPU 上装载操作系统或者在 HW Config 中通过"PLC->更新固件"来装载所需的操作系统。

按照下面的步骤更换 CPU（表 6-5）。

表 6-5 更换 CPU

步骤	必须完成的工作	系统响应
1	关闭电源模块	关闭整个子系统（系统在单模式下运行）
2	更换 CPU 模块。确保在 CPU 上正确设置了机架号	—
3	插入同步模块	
4	插入同步模块的光纤电缆接口	
5	重新打开电源模块	CPU 运行自检，然后切换到 STOP 模式
6	在被更换的 CPU 上执行 CPU 存储器复位	—
7	启动更换后的 CPU（例如，从 STOP 模式切换到 RUN 模式或者使用 PG 进行启动）	CPU 执行自动链接和更新。CPU 切换到 RUN 模式，作为备用 CPU 运行

2. 电源模块故障及更换

S7-400H 在冗余系统模式下，一个电源模块发生故障。请按以下步骤操作替换中央机

架中的电源模块（表6-6）。

表6-6 替换中央机架中的电源模块

步骤	必须完成的工作	系统响应
1	关闭电源（PS 405 的 24V DC 电源或 PS 407 的 120/230V AC 电源）	关闭整个子系统（系统在单模式下运行）
2	更换模块	—
3	重新打开电源模块	CPU 执行自检。 CPU 执行自动链接和更新。 CPU 切换到 RUN 模式（冗余系统模式），并作为备用 CPU 运行

3. 输入/输出或功能模块的故障及更换

S7-400H 在冗余系统模式下，且一个输入/输出或功能模块发生故障。

对于 S7-300 模块和 S7-400 模块，更换输入/输出或功能模块的步骤是不同的。更换模块时，请使用正确的步骤。

要更换 S7-300 的信号和功能模块，请执行以下步骤（表6-7）。

表6-7 更换 S7-300 信号和功能模块

步骤	必须完成的工作	系统响应
1	如有必要，断开模块的外围设备电源	—
2	取下故障模块（在 RUN 模式下）	两个 CPU 以相互同步的方式处理插拔中断 OB 83
3	断开前连接器和接线	—
4	将前连接器插入新模块中	—
5	插入新模块	• 两个 CPU 以相互同步的方式处理插拔中断 OB 83。 • 由相关 CPU 将参数自动分配给模块，可以重新寻址模块

要更换 S7-400 的信号和功能模块，请执行以下步骤（表6-8）。

表6-8 更换 S7-400 信号和功能模块

步骤	必须完成的工作	系统响应
1	如有必要，断开模块的外围设备电源	
2	断开前连接器和接线	• 如果相关模块能够进行诊断中断且诊断中断已在组态中启用，则调用 OB 82。 • 当通过直接访问来访问模块时，调用 OB 122。 • 如果使用过程映像访问模块，则调用 OB 85
3	取下故障模块（在 RUN 模式下）	两个 CPU 以相互同步的方式处理插拔中断 OB 83
4	插入新模块	• 两个 CPU 以相互同步的方式处理插拔中断 OB 83。 • 由相关 CPU 将参数自动分配给模块，可以重新寻址模块
5	将前连接器插入新模块中	• 如果相关模块能够进行诊断中断且诊断中断已在组态中启用，则调用 OB 82

4. 通信模块的故障及更换

S7-400H 在冗余系统模式下，且一个通信模块发生故障。

如果要使用已由另一系统使用的通信模块,在交换之前需要确保模块的集成 FLASH EPROM 中未保存任何参数数据。请按以下步骤操作更换用于 PROFIBUS 或工业以太网的通信模块(表 6-9)。

表 6-9　更换通信模块

步骤	必须完成的工作	系统响应
1	卸下模块	• 两个 CPU 以相互同步的方式处理插拔中断 OB 83
2	插入新模块	• 两个 CPU 以相互同步的方式处理插拔中断 OB 83。 • 相应 CPU 自动组态模块
3	重新接通模块电源	• 模块继续执行通信(系统自动建立通信连接)

5. 光纤电缆或同步模块发生故障

S7-400H 在冗余系统模式下,并且光纤电缆或同步模块发生故障。按照下面的步骤更换同步模块或光纤电缆(表 6-10)。

表 6-10　更换同步模块或光纤电缆

步骤	必须完成的工作	系统响应
1	首先,检查光纤电缆	—
2	启动备用 CPU(例如,从 STOP 模式切换到 RUN 模式或使用编程设备启动)	可能发生以下响应: 1. CPU 切换到 RUN 模式。 2. CPU 切换到 STOP 模式。在这种情况下,继续执行步骤 3
3	从备用 CPU 上卸下故障同步模块	—
4	将新同步模块插入到备用 CPU 中	—
5	插入同步模块的光纤电缆接口	• 同步模块的 LED Link1 OK 或 Link2 OK 熄灭。 • 两个 CPU 都在诊断缓冲区中报告事件
6	启动备用 CPU(例如,从 STOP 模式切换到 RUN 模式或使用编程设备启动)	可能发生以下响应: 1. CPU 切换到 RUN 模式。 2. CPU 切换到 STOP 模式。在这种情况下,继续执行步骤 7
7	如果在步骤 6 中备用 CPU 切换到 STOP 模式,则,从主 CPU 中取下同步模块	• 主 CPU 处理插拔中断 OB 83 和冗余错误 OB 72(进入状态)
8	将新同步模块插入到主 CPU 中	• 主 CPU 处理插拔中断 OB 83 和冗余错误 OB 72(退出状态)
9	插入同步模块的光纤电缆接口	—
10	启动备用 CPU(例如,从 STOP 模式切换到 RUN 模式或使用编程设备启动)	• CPU 执行自动链接和更新。 • CPU 切换到 RUN 模式(冗余系统模式),并作为备用 CPU 运行

如果两个光纤电缆或同步模块相继损坏或更换,系统响应与上面所述相同。唯一例外就是备用 CPU 不切换到 STOP 模式,而是请求存储器复位。

六、西门子 S7-400 系统软件使用

本节通过一个实例,具体讲解 S7-400 系统组态。

建立一个项目,命名为"002",完成硬件配置、位号组态和程序组态。

项目内容：泵启停逻辑的实现。

泵启停逻辑的几种方式如下：

(1) 使用自保逻辑，送电气1个接点，闭合启泵，断开停泵。

(2) 使用触发器，送电气1个接点，闭合启泵，断开停泵。

(3) 使用定时器等指令，送电气2个接点，1个负责启泵，启泵时送出闭合脉冲，平时断开；另1个负责停泵，停泵时送出断开脉冲，平时闭合。

(4) 加入自动停泵逻辑，自动停泵逻辑为三取二开关。

（一）PLC 硬件组态

1. 控制站硬件配置

按表6-11完成系统硬件组态。

表6-11 系统硬件配置

序号	名称	型号	订货号	数量	是否冗余
1	控制器	CPU414-2	6ES7 414-2XK05-0AB0	2	是
2	电源卡	PS407 10A	6ES7 407-0KA02-0AA0	2	是
3	I/O 机架	UR1	6ES7 414-2XK05-0AB0	1	—
4	模拟信号输入模块	AI	6ES7 431-1KF00-0AB0	1	否
5	模拟信号输出模块	AO	6ES7 432-1HF00-0AB0	1	否
6	数字信号输入模块	DI	6ES7 421-7DH00-0AB0	1	否
7	数字信号输出模块	DO	6ES7 422-1BH11-0AA0	1	否

2. 组态步骤

第一步，如图6-53所示为打开组态软件。

第二步，如图6-54所示为新建项目。

图6-53 打开组态软件

图6-54 新建项目

第三步，如图6-55所示为插入新对象。

第四步，如图6-56所示为打开硬件。

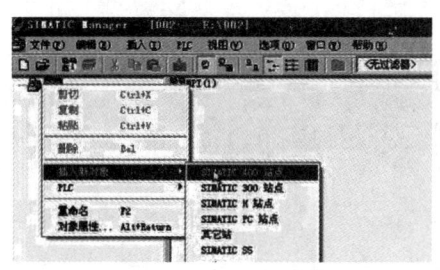

图 6-55 插入新对象　　　　图 6-56 打开硬件

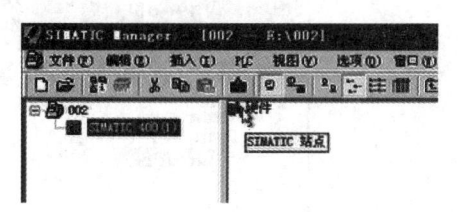

第五步,如图 6-57 所示根据卡件实际槽位添加卡件。

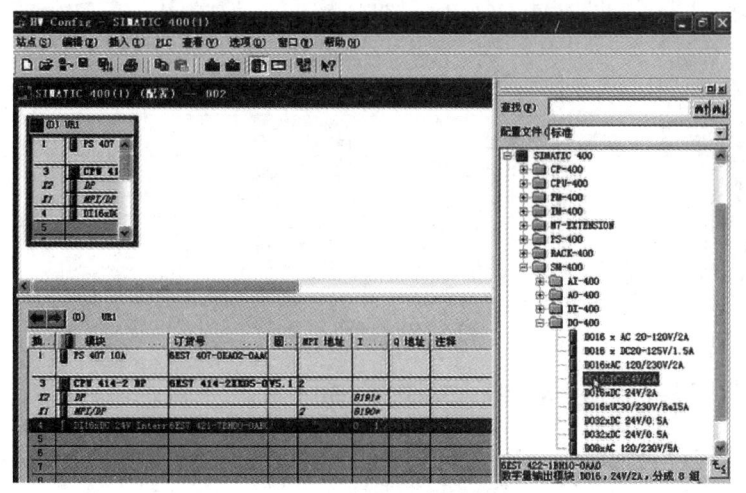

图 6-57 添加卡件

第六步,如图 6-58 所示对卡件进行属性设置。

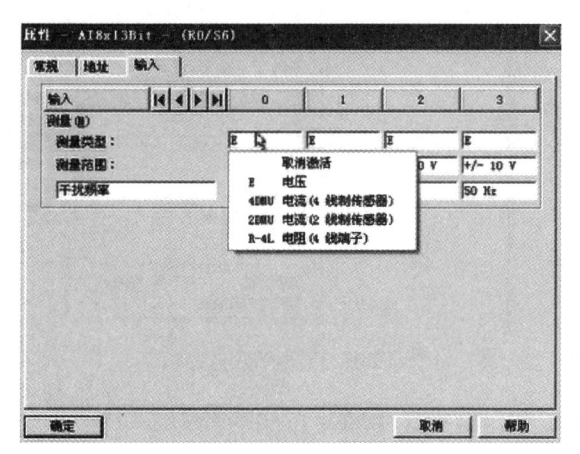

图 6-58 属性设置

(二) PLC 程序组态

S7 程序组态包括符号表编辑、功能块建立、程序编写。

第一步，如图 6-59 所示为编辑符号表。

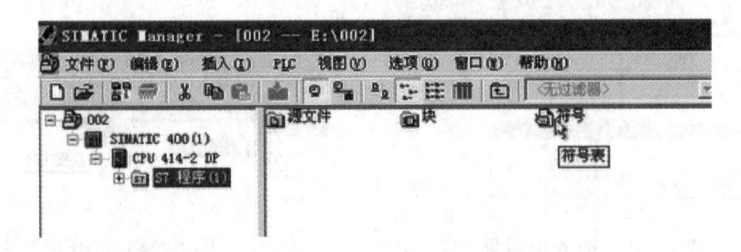

图 6-59　编辑符号表

第二步，如图 6-60 所示为新插入功能块 FC1。

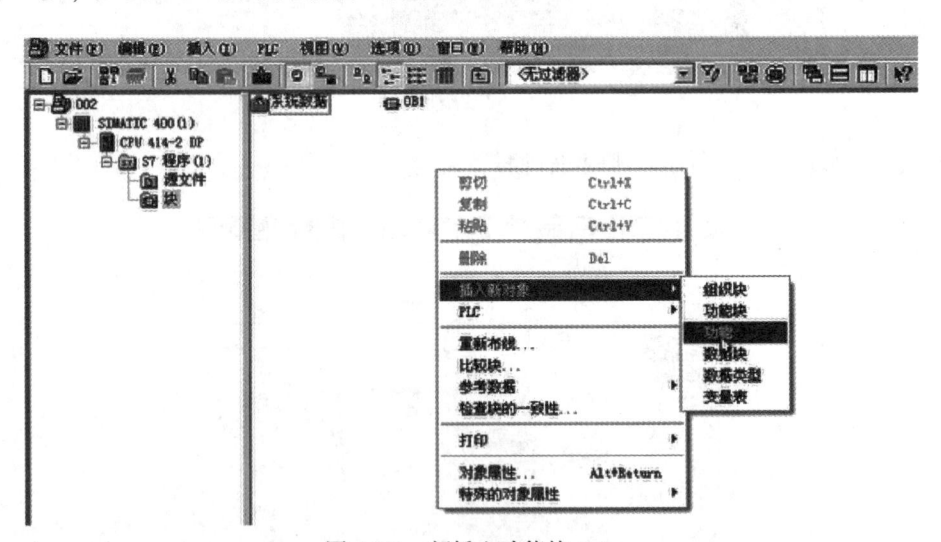

图 6-60　新插入功能块 FC1

第三步，如图 6-61 所示在 FC1 中编写自保逻辑。
第四步，如图 6-62 所示在 FC2 中编写带触发器逻辑。
第五步，如图 6-63 所示在 FC3 中编写使用定时器逻辑。
第六步，如图 6-64 所示在 FC4 中编写三取二逻辑。
第七步，如图 6-65 所示在 OB1 中添加功能块使能。

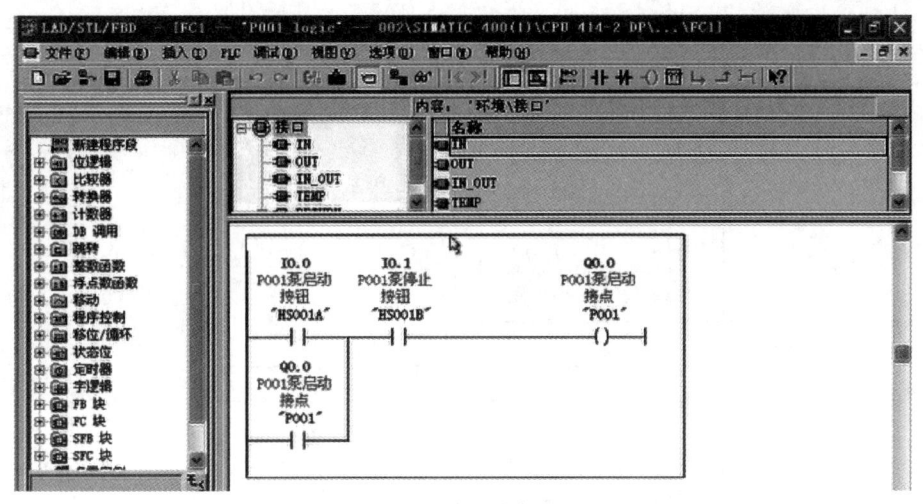

图 6-61　编写自保逻辑

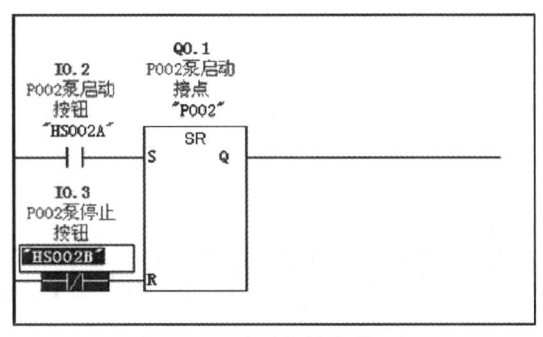

图 6-62　编写带触发器逻辑

图 6-63　编写使用定时器逻辑

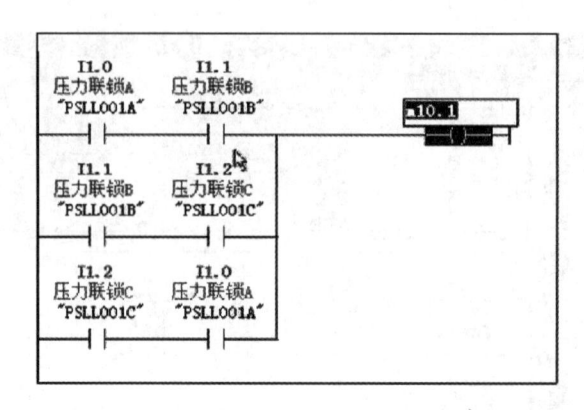

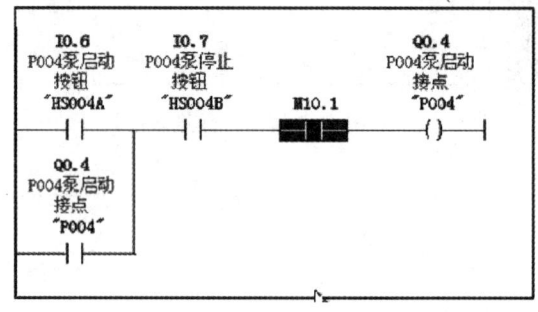

图 6-64　编写三取二逻辑

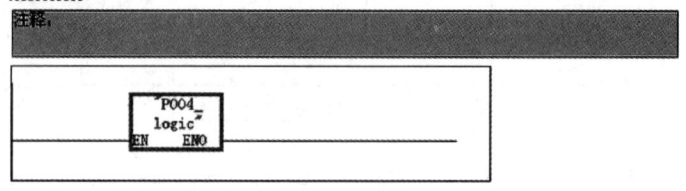

图 6-65　添加功能块使能

（三）程序逻辑验证

此部分使用仿真功能对新组态程序的逻辑进行验证。

第一步，如图 6-66 所示在工具栏找到仿真器，并打开。

第二步，如图 6-67 所示插入输入/输出变量对应的字节。

第三步，如图 6-68 所示对硬件进行下装。

第四步，如图 6-69 所示对程序块进行下装。

第五步，如图 6-70 所示仿真器内 CPU 切换到运行位。

第六步，如图 6-71 所示对程序块进行监视，并通过仿真器进行验证逻辑。

（四）WINCC 连接 Siemens PLC 的常用方式

这里并未列出所有的 WINCC 连接 Siemens 品牌 PLC 的所有方法，只是列举了一些常用的方法。在各种连接方式中的参数设置可能会略有不同，在此列出的步骤和参数只是一套可以连通的设置方法。

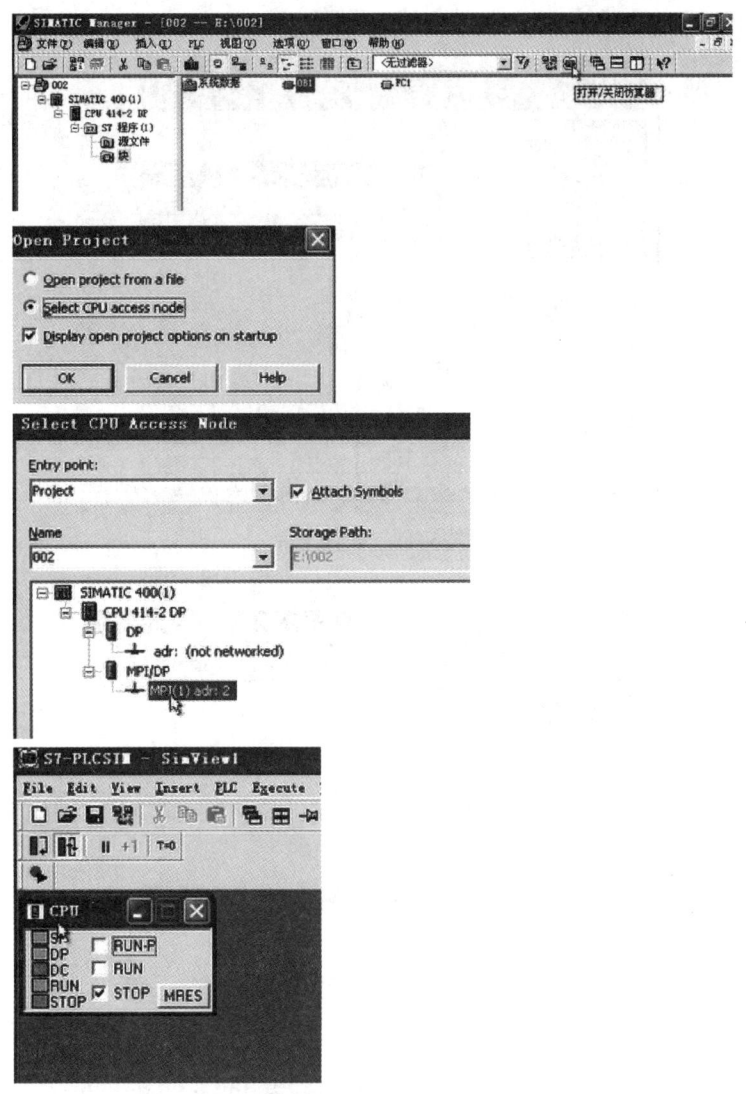

图 6-66　打开仿真器

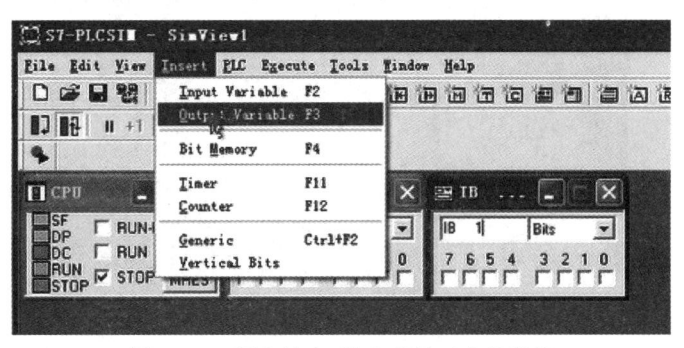

图 6-67　插入输入/输出变量对应的字节

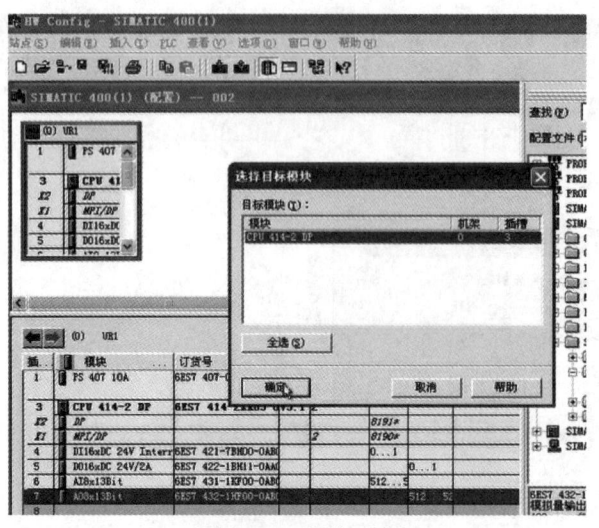

图 6-68 硬件下装

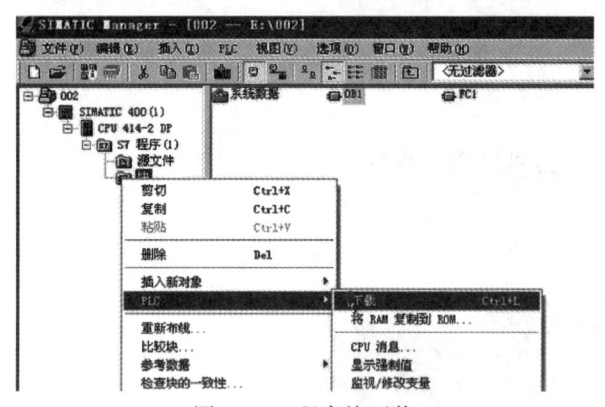

图 6-69 程序块下装

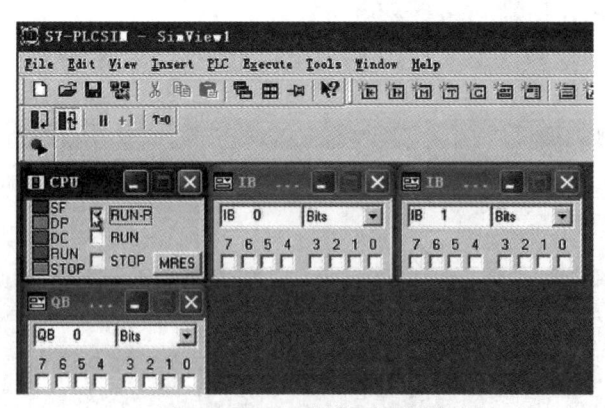

图 6-70 CPU 切换到运行位

1. WINCC 使用 CP5611 通信卡通过 MPI 连接 PLC

WINCC 使用 CP5611 通信卡通过 MPI 连接 PLC 的前提条件有两个：一是通过 CP5611

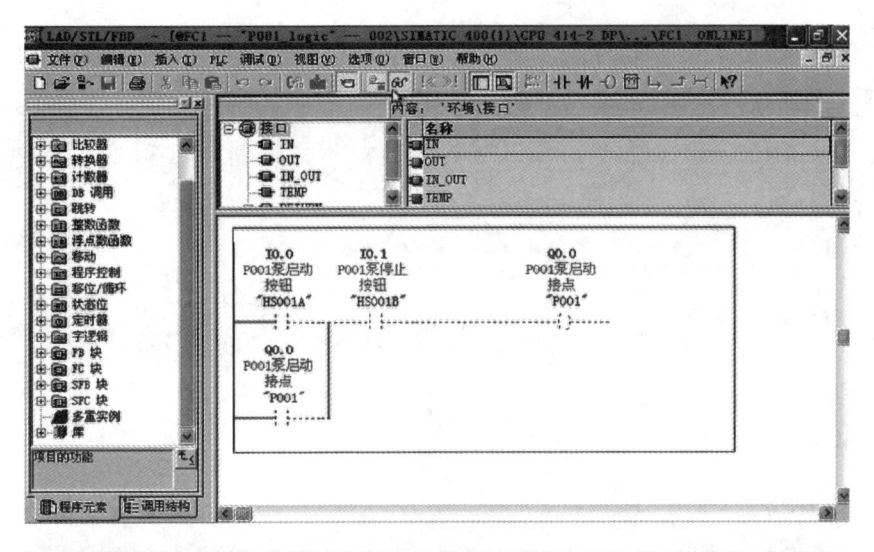

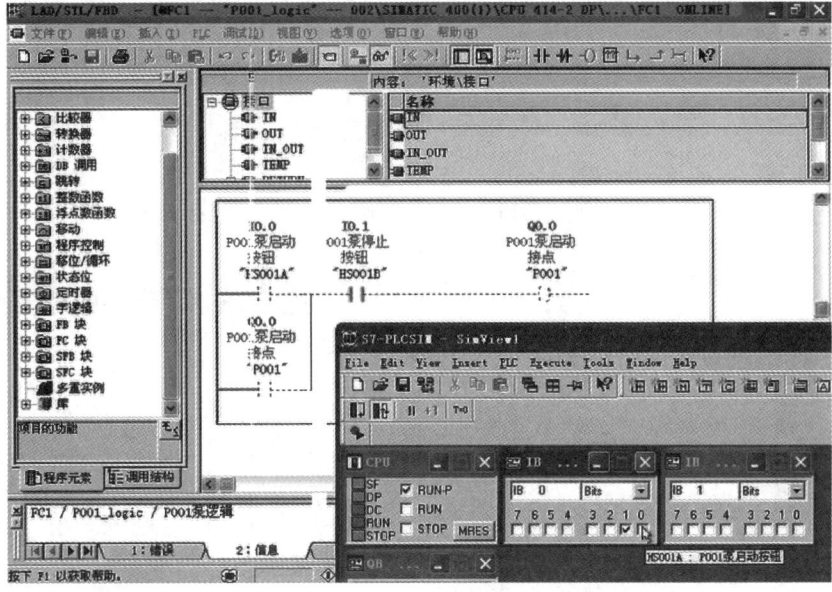

图 6-71 验证逻辑

实现 PLC 系统与 WINCC6.0 通信的前提条件是在安装有 WINCC 的计算机上安装 CP5611 通信板卡。二是使用 STEP7 编程软件能够通过 MPI 正常连接 PLC。STEP 7 硬件组态，STEP7 设置 MPI 通信，具体步骤不在此详述，可参考如图 6-72 所示。

（1）新建一个 MPI 网络用来通信，设置 MPI 网络的地址和波特率，且记住，在随后的设置中需要匹配。

（2）安装 CP5611 通信板卡，安装 CP5611，并安装驱动程序。

（3）添加驱动程序和系统参数设置，打开 WINCC 工程在 Tag Management-->SIMATIC S7 PROTOCOL SUITE->MPI，右键单击 MPI，如图 6-73 所示，在弹出菜单中点击 System Parameter，弹出 System Parameter-MPI 对话框，选择 Unit 标签，查看 Logic device name〔逻辑设备名称〕。默认安装后，逻辑设备名为 MPI，如图 6-74 所示。

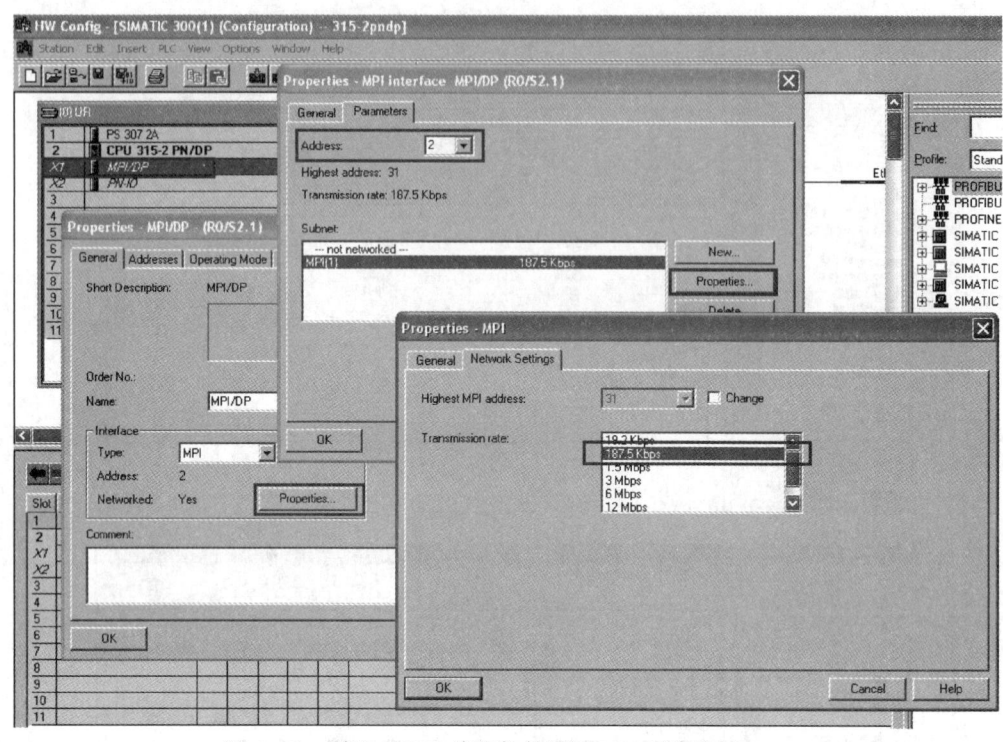

图 6-72　利用 STEP7 编程软件通过 MPI 正常连接 PLC

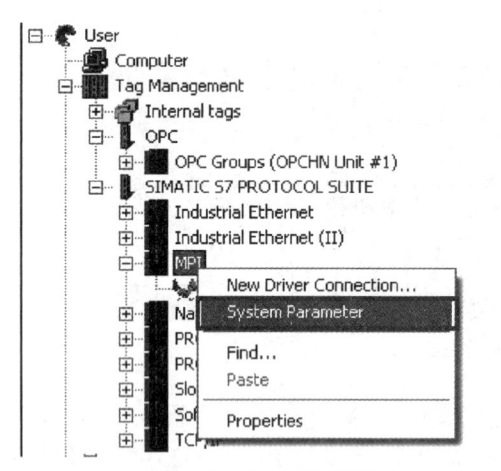

图 6-73　添加驱动程序和
系统参数操作步骤 1

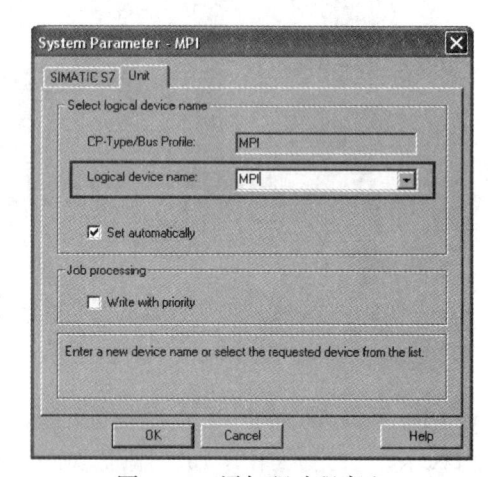

图 6-74　添加驱动程序和
系统参数操作步骤 2

（4）设置 Set PG/PC Interface，进入操作系统下的控制面板，双击 Set PG/PC Interface 图标。在 Access Point of the Application：的下拉列表中选择 MPI（WINCC），如图 6-75 所示，而后在 Interface Parameter Assignment Used：的列表中，点击 CP5611（MPI），而后在 Access Point of the Application：的下拉列表中显示：MPI（WINCC）→CP5611（MPI），如图 6-76 所示。

图 6-75　设置 Set PG/PC Interface 操作步骤 1 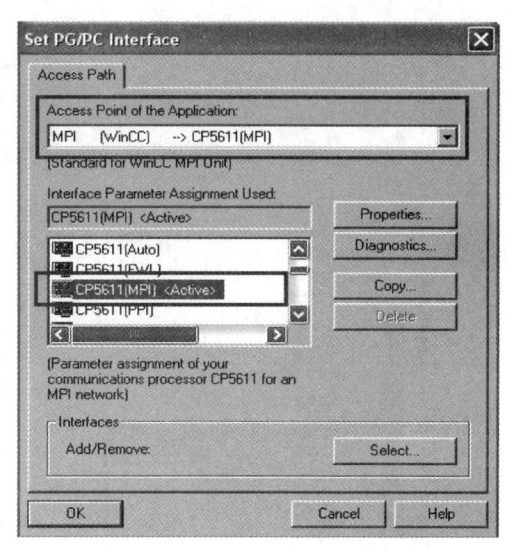　　　图 6-76　设置 Set PG/PC Interface 操作步骤 2

设置 CP5611 的通信参数，点击 Proerties…. 按钮，弹出 Properties-CP5611（MPI）属性对话框，设置参数，如图 6-77 所示。

重要的参数如下：

① Address：CP5611 的地址〔MPI 地址必须唯一，建议设置为 0〕。

② Transmission Rate：MPI 网络的传输速率〔默认为 187.5kbps〕可以修改，但必须和实际连接 PLC 的 MPI 端口的传输速率一样〕。

③ Highest Station Address：

MPI 网络的最高站地址〔必须和 PLC 的 MPI 网络参数设置一样〕。

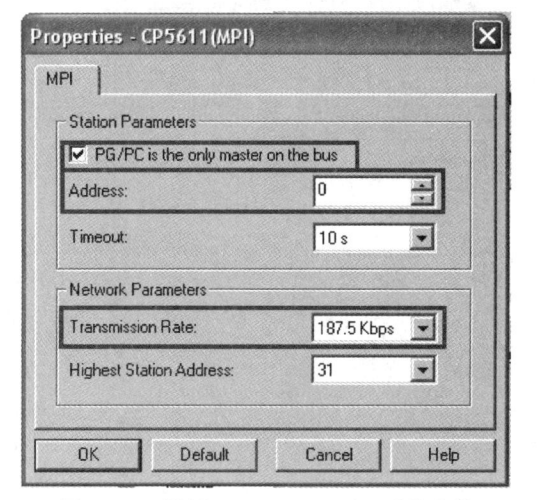

诊断 MPI 网络，点击 Diagnostic…按钮，进入诊断对话框。Test 按钮点击后，显示 OK 表示 CP5611 工作正常。点击"Read"按钮后，将显示所有接入 MPI 网络中的设备的站

图 6-77　设置 CP5611（MPI）通信参数

地址，如果只能读到自己的站地址，此时，请查看 MPI 网络和硬件连接设置，只有成功读取到 CPU 的站点地址，才能进展以下的步骤，否则不可能建立通信。

（5）添加通道与连接设置，添加驱动连接，设置参数。打开 WINCC 工程在 Tag Management-->SIMATIC S7 PROTOCOL SUITE->MPI，右键单击 MPI，在下拉菜单中，点击 New Driver Connection，如图 6-78 所示，在弹出的 Connection properties 对话框中点击 Properties 按钮，如图 6-79 所示，弹出 Connection parameters-MPI 属性对话框，如图 6-80 所示。

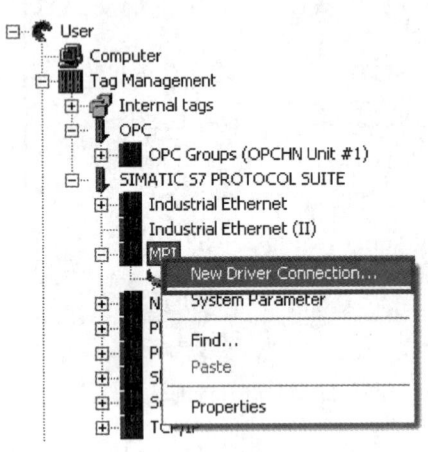

图 6-78　添加驱动连接

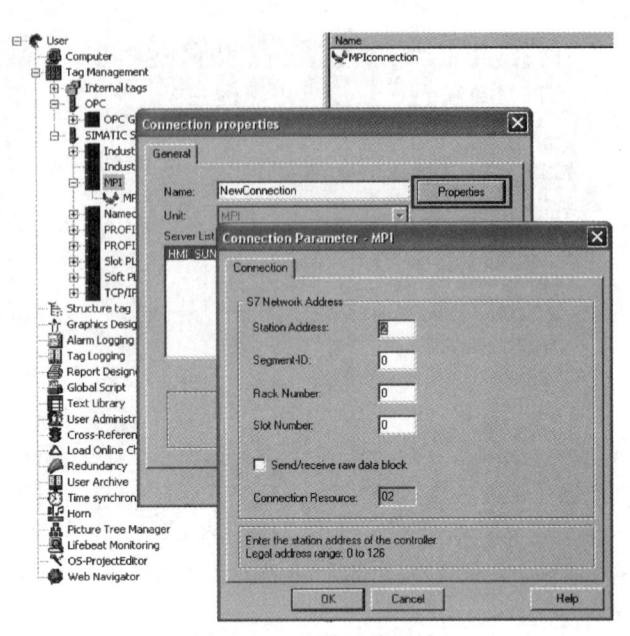

图 6-79　驱动连接属性

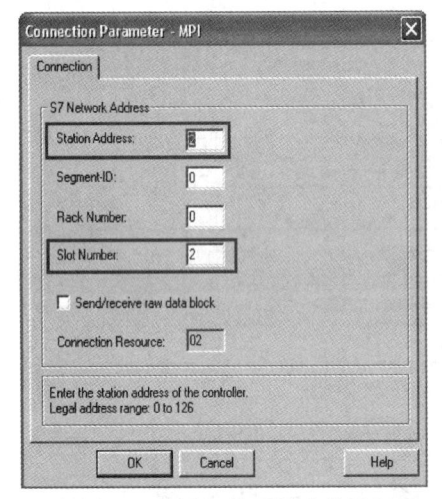

图 6-80　驱动连接属性参数设置

重要的参数如下：

① Station Address：MPI 端口地址。

② Rack Number：CPU 所处机架号，除特殊复杂使用的情况下，一般填入 0。

③ Slot Number：CPU 所处的槽号。

如果是 S7-300 的 PLC，那么该参数为 2，如果是 S7-400 的 PLC，那么要根据 STEP7 项目中的 Hardware 软件查看 PLC 插在第几号槽，不能根据经验和物理安装位置来随便填写，可能的参数为 2、3、4（主要是依据电源的大小来决定），否则通信不能建立。

（6）连接测试与通信诊断，通过 WINCC 工具中的通道诊断程序 WinCC Channel Diagnosis 即可测试通信是否建立。注意：此时 PLC 必须处于运行状态，老版本的 PLC 必须处于 RUN-P 或者 RUN 状态，WINCC 必须激活运行，根据图 6-81 所示的位置，进入通道诊断工具，检测通信是否成功建立。如图 6-82 所示，绿色的"√"表示通信已经成功建立。至此 WINCC 使用 CP5611 通信卡通过 MPI 连接 PLC 的过程完毕。

2. WINCC 使用 CP5611 通信卡通过 PROFIBUS 连接 PLC

WINCC 使用 CP5611 通信卡通过 PROFIBUS 连接 PLC 的前提条件有两个：一是通过 CP5611 实现 PLC 系统与 WINCC6.0 通信的前提条件是在安装有 WINCC 的计算机上安装 CP5611 通信板卡。二是将所要连接的 PLC 的端口设置为 PROFIBUS 通信协议，对于 MPI/

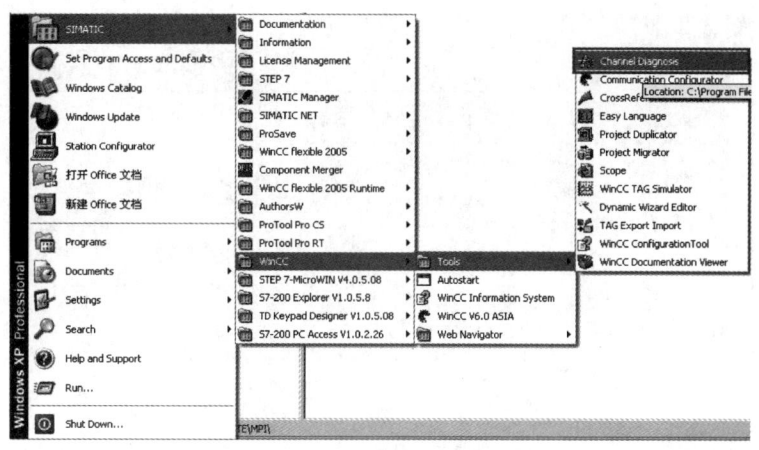

图 6-81 通道诊断程序打开路径

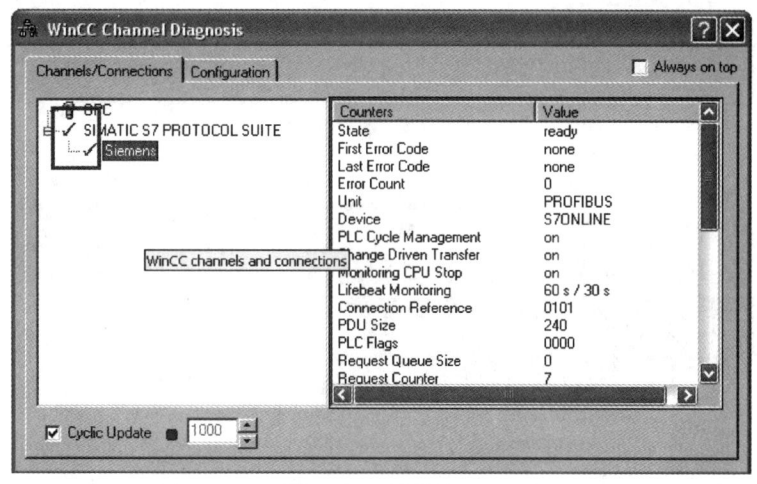

图 6-82 通信建立

DP 类型的端口尤其重要。

（1）STEP 7 硬件组态，使用 STEP 7 软件组态 PLC 的硬件信息，将相应的板卡在 Hardware 进展硬件组态，选择你将要连接 WINCC 的对应端口，如果其类型为 MPI/DP，那么需要将端口指定为 PROFIBUS，如图 6-83 所示。

点击上图所示的 Properties…按钮，如图 6-84 所示。

① 设置该 PROFIBUS 端口的地址为 2。

② 点击 New 按钮，在 Subnet 下新建一个 PROFIBUS 网络，在弹出的对话框中设置参数，如图 6-84 所示。其中重要参数如下（图 6-85）。

① Highest PROFIBUS Address：指整个 PROFIBUS 网络中的最高的站点地址，默认为 126，可作修改。

② Transmission Rate：PROFIBUS 网络的通信速率，整个网络中所有站点的通信波特率应当一致。

③ Profile：具体的传输协议的设置，这里我们使用 DP。

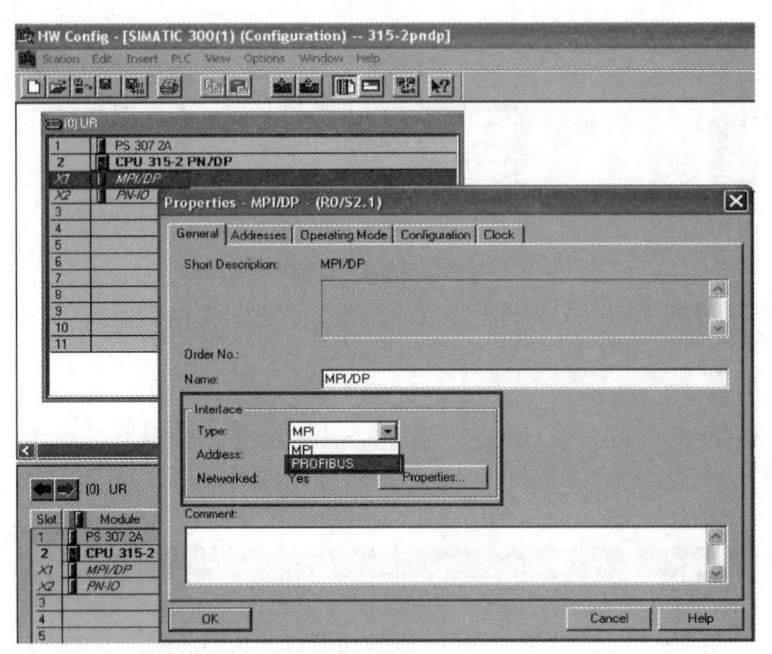

图 6-83 端口指定

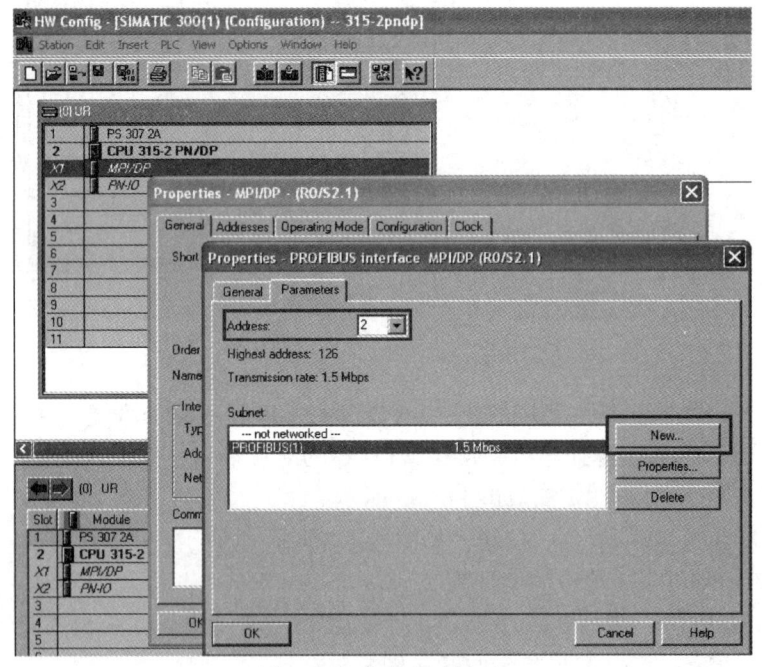

图 6-84 指定端口地址

其他设置可根据项目的具体情况进展设置。

(2) 安装 CP5611 通信板卡，安装 CP5611，并安装驱动程序。

(3) 添加驱动程序和设置系统参数，打开 WINCC 工程在 Tag Management-->SIMATIC S7 PROTOCOL SUITE->PROFIBUS，右键单击 PROFIBUS，在弹出菜单中点击 System Pa-

rameter，如图 6-86 所示，弹出 System Parameter-PROFIBUS 对话框，选择 Unit 标签，查看 Logic device name（逻辑设备名称）。默认安装后，逻辑设备名为 CP_L2_1:，如图 6-87 所示。

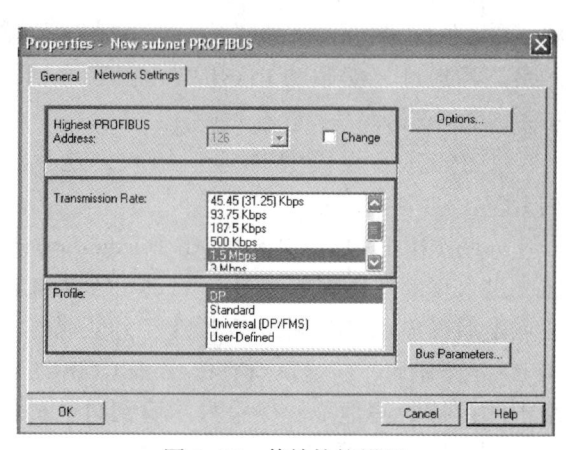

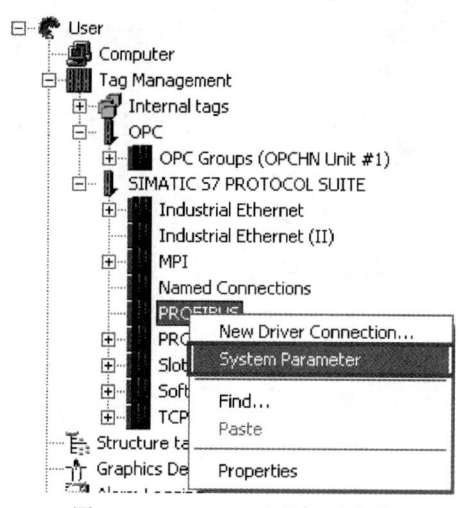

图 6-85　传输协议设置　　　　　　图 6-86　WINCC 工程打开路径

（4）设置 Set PG/PC Interface，进入 Windows 操作系统下的控制面板，双击 Set PG/PC Interface 图标，在 Access Point of the Application: 的下拉列表中选择 CP_L2_1：如图 6-88 所示，而后在 Interface Parameter Assignment Used: 的列表中，点击 CP5611（PROFIBUS），而后在 Access Point of the Application: 的下拉列表中显示：CP_L2_1：→ CP5611（PROFIBUS），如图 6-89 所示。

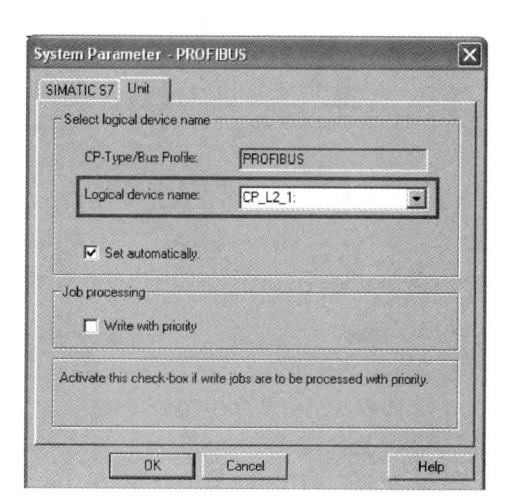

图 6-87　查看逻辑设备名称　　　　　图 6-88　选择逻辑设备

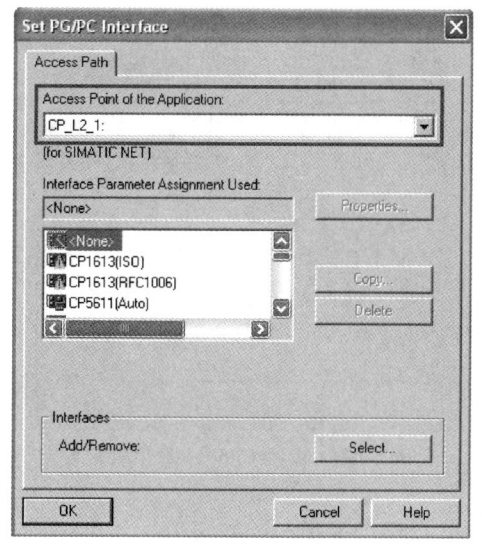

设置 CP5611 的通信参数，点击 Proerties…. 按钮，弹出 Properties-CP5611（PROFI-BUS）参数，如图 6-90 所示。

重要的参数如下：

① Address：CP5611 的 PROFIBUS 地址。

② Transmission Rate：PROFIBUS 网络的传输速率（您可以修改，但必须和实际连接 PLC 的 PROFIBUS 端口的传输速率一样）。

③ Highest Station Address：PROFIBUS 网络的最高站地址（必须和 PLC 的 PROFIBUS 网络参数设置一样）。

④ Profile：设置具体通信协议，这里使用 DP。

诊断 PROFIBUS 网络，点击 Diagnostic… 按钮，进入诊断对话框。如图 6-91 所示：Test 按钮点击后，显示 OK 表示 CP5611 工作正常。点击 Read 按钮后，将显示所有接入 PROFIBUS 网络中的设备的站地址，如果只能读到自己的站地址，此时，请查看 PROFIBUS 网络和硬件连接设置，只有成功读取到 CPU 的站点地址，才能进展以下的步骤，否则不可能建立通信。

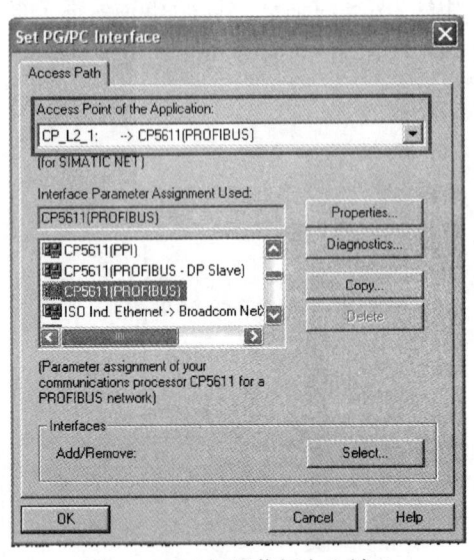

图 6-89　选择通信板卡和端口

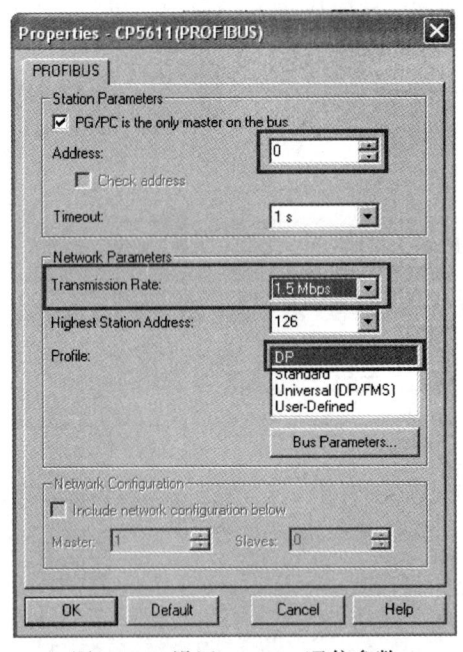

图 6-90　设置 CP5611 通信参数

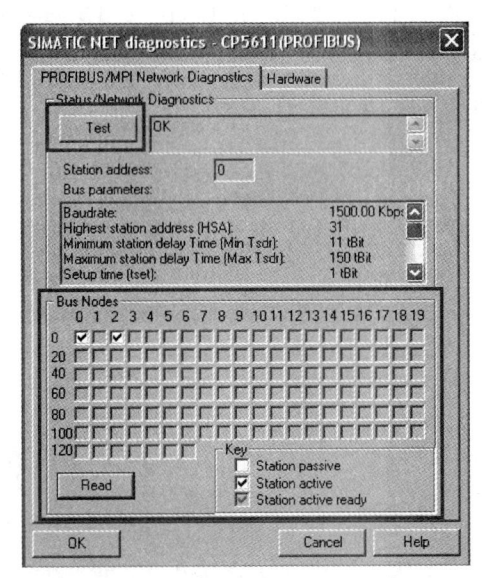

图 6-91　诊断 PROFIBUS 网络

（5）添加通道与连接设置，添加驱动连接，设置参数。打开 WINCC 工程在 Tag Management-->SIMATIC S7 PROTOCOL SUITE->PROFIBUS，右键单击 PROFIBUS，在下拉菜单中，点击 New Driver Connection，如图 6-92 所示，在弹出的 Connection properties 对话框中点击 Properties 按钮，弹出 Connection parameters-PROFIBUS 属性对话框，填入参数，如

图 6-93 所示。

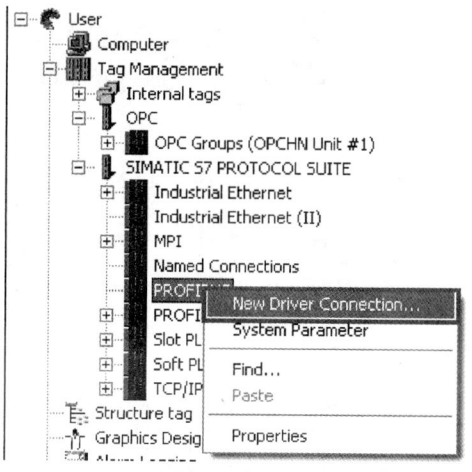

图 6-92 选择 New Driver Connection

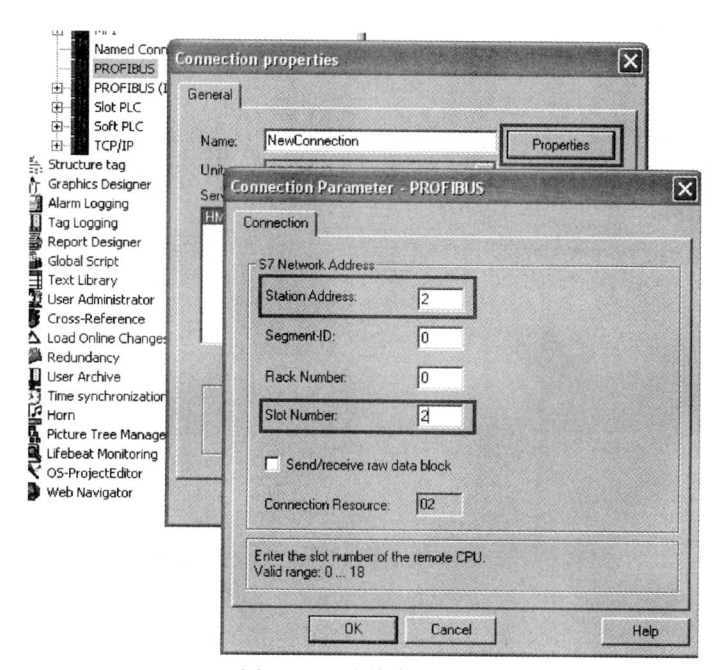

图 6-93 连接参数设置

重要的参数如下：

① Station Address：通信模块的 IP 地址。
② Rack Number：CPU 所处机架号，除特殊复杂使用的情况下，一般填入 0。
③ Slot Number：CPU 所处的槽号。

如果您是 S7-300 的 PLC，那么该参数为 2，如果是 S7-400 的 PLC，那么要根据 STEP7 项目中的 Hardware 软件查看 PLC 插在第几号槽，不能根据经验和物理安装位置来随便填写，可能的参数为 2、3、4（主要是依据电源的大小来决定），否则通信不能建立。

（6）连接测试与通信诊断，通过 WINCC 工具中的通道诊断程序 WinCC Channel Diagnosis 即可测试通信是否建立。注意：此时 PLC 必须处于运行状态，老版本的 PLC 必须处于 RUN-P 或者 RUN 状态，WINCC 必须激活运行，根据图 6-94 所示的位置，进入通道诊断工具，检测通信是否成功建立。如图 6-95 所示，绿色的"√"表示通信已经成功建立。至此 WINCC 使用 CP5611 通信卡通过 PROFIBUS 连接 PLC 的过程完毕。

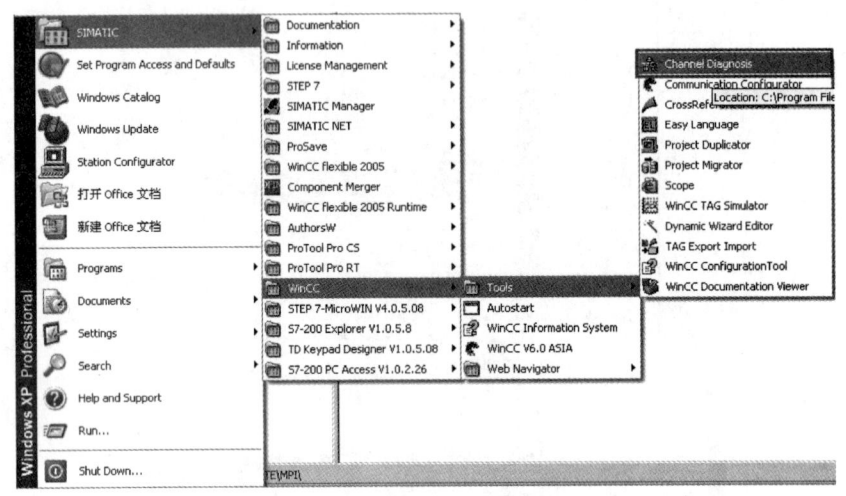

图 6-94 打开通道诊断程序

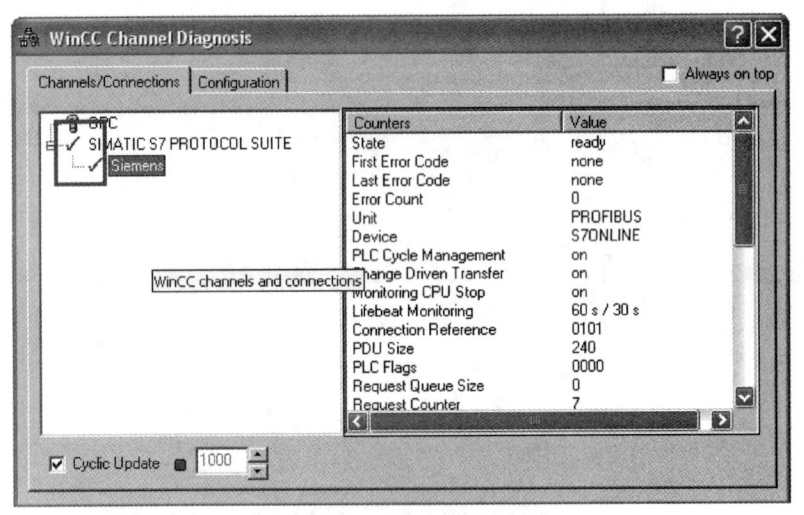

图 6-95 检测通道建立

3. WINCC 使用普通网卡通过 TCP/IP 连接 PLC

通过以太网实现 PLC 系统与 WINCC6.0 通信的前提条件是 PLC 系统配备以太网模或者使用带有 PN 接口的 PLC，以太网模块列表见表 6-12。

表 6-12 以太网模块列表

PLC 系列	以太网通信模块
S7-300	CP343-1/CP343-1 Lean/CP343-1 Advanced-IT
S7-400	CP443-1/CP443-1 Advanced-IT

只有支持 ISO 通信协议的模块才支持（Industrial Ethernet 工业以太网）通信，具体情况可观察 STEP7 中的模块信息。本文档以下步骤应用 CPU 315-2PN/DP 型号的 PLC，使用普通以太网卡连接。

（1）STEP7 硬件组态，使用 STEP7 编程软件对 PLC 系统进展软件组态，在 Hardware 界面插入实际的 PLC 硬件，如图 6-96 所示。

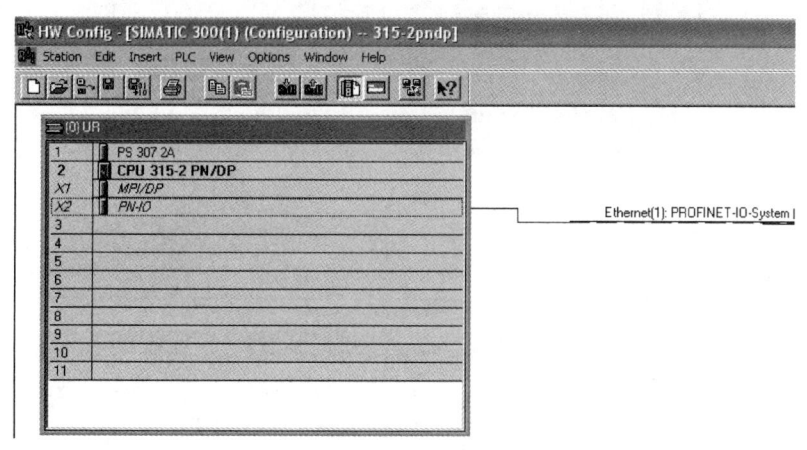

图 6-96　插入实际的 PLC 硬件

在 PN-IO 槽双击弹出 PN-IO 属性对话框，如图 6-97 所示。

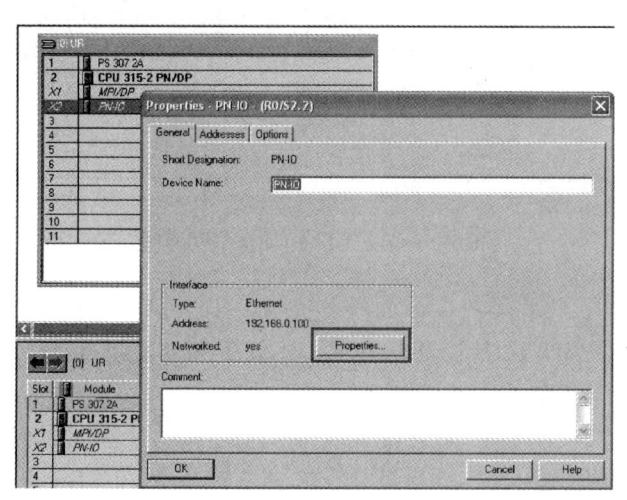

图 6-97　PN-IO 属性对话框

点击图 6-97 所示属性对话框，弹出网络参数设置对话框，如图 6-98 所示。

点击 New 按钮，新建一个工业以太网络，输入该 PN 模块的 IP address（IP 地址）和 Subnet mask（子网掩码），在简单使用的情况下，不启用网关。

当使用的是 CPU+以太网模块通信时，双击以太网模块，会自动弹出以太网模块的属性信息，设置以太网通信模块的 IP 地址和子网掩码。方法与 PN-IO 的属性设置一样，如图 6-99 所示：注意如果要使用 TCPIP 通信方式，必须启动 IP Protocol being used，设置 IP 地址与子网掩码。

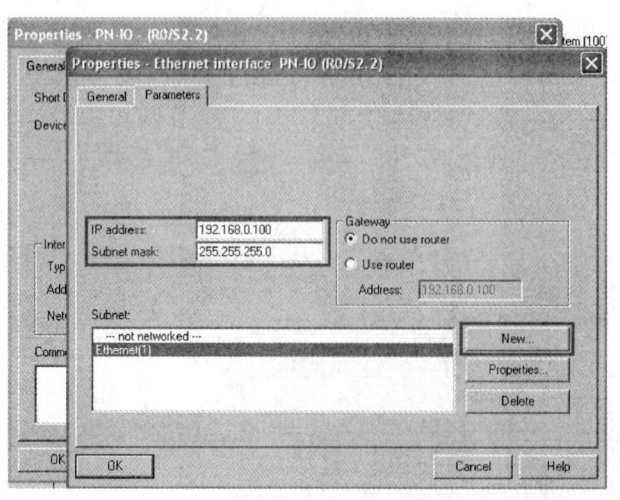

图6-98 网络参数设置对话框

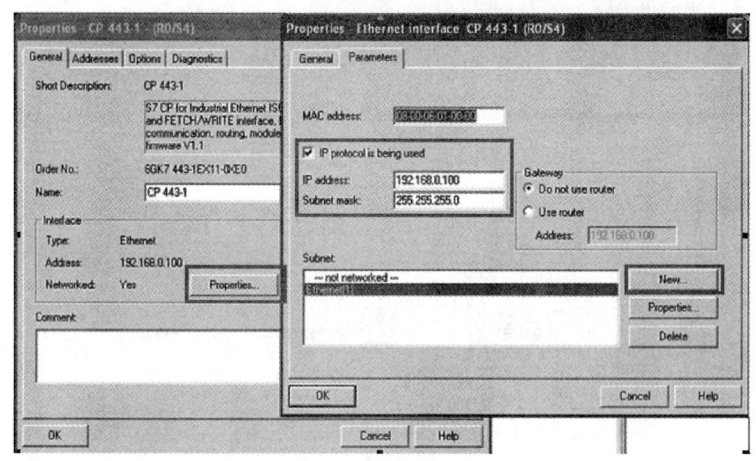

图6-99 设置IP地址与子网掩码

将组态下载到CPU，那么PLC方面设置完成。对于第一次使用以太网通信，必须保证首先使用MPI或者PROFIBUS的通信方式，将设置好参数的组态下载到目标PLC，此后即可通过以太网的方式进展程序监控和项目下载。

（2）设置IP地址与通信检测，设置安装有WINCC计算机的windows操作系统的TCP/IP参数，将WINCC组态计算机的IP地址设置成为和PLC以太网通信模块或者PN-IO的IP地址保证是一个网段，注意子网掩码的设置，如图6-100所示。

通过在程序→运行中键入CMD进入DOS界面，使用网络命令PING测试以太网通信是否建立，PING的命令如下：ping 目标IP地址-参数，如图6-101所示。

此例中，PN-IO的IP地址为192.168.0.100，子网掩码：255.255.255.0；组态计算机的IP地址为192.168.0.244，子网掩码：255.255.255.0，此处显示表示以太网通信已经建立，并且状态良好。

如果此处不能Ping通PLC的PN端口或者以太网模块，那么通信不可能建立，后面的步骤就不用进展了，假设要通信成功，必须保证实际的物理以太网通信保持正常。

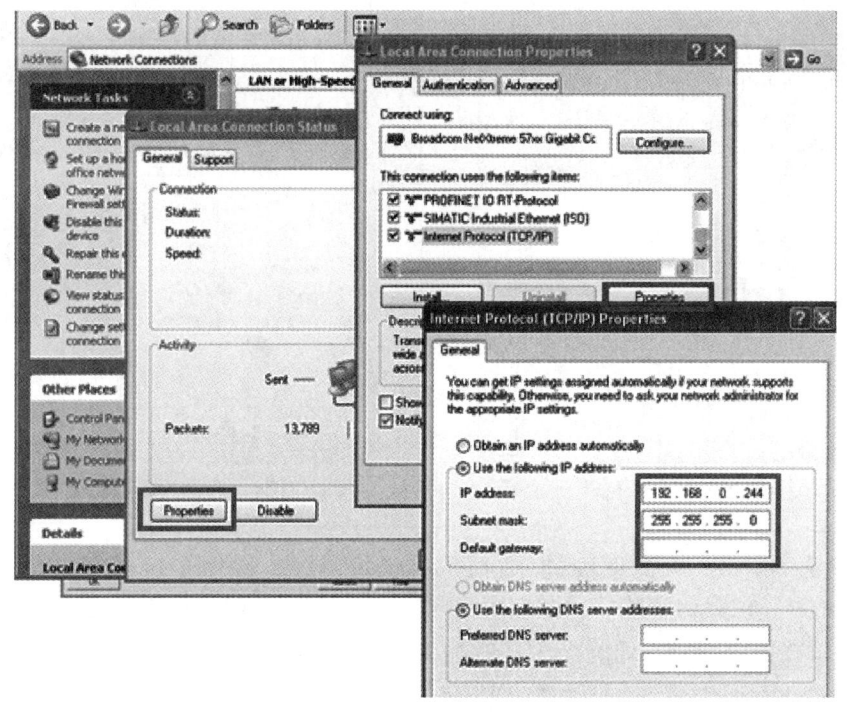

图 6-100　子网掩码设置

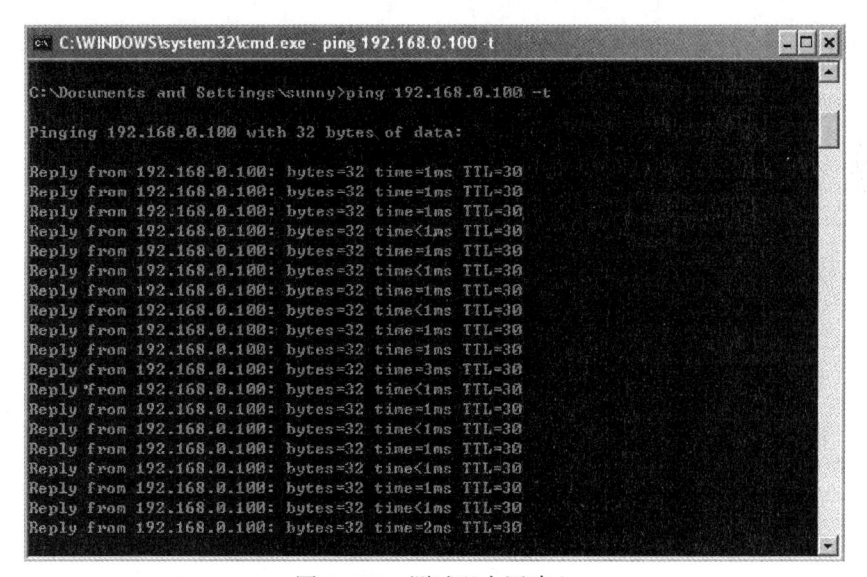

图 6-101　测试以太网建立

(3) 添加驱动程序和设置系统参数，打开 WINCC 工程在 Tag Management-->SIMATIC S7 PROTOCOL SUITE->TCPIP，右键单击 TCPIP，在弹出菜单中点击 System Parameter，如图 6-102 所示，弹出 System Parameter-TCPIP 对话框，选择 Unit 标签，查看 Logic device name〔逻辑设备名称〕。默认安装后，逻辑设备名为 CP-TCPIP，如图 6-103 所示。

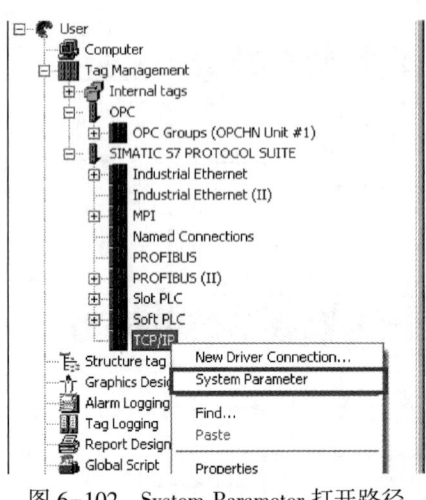

图 6-102　System Parameter 打开路径 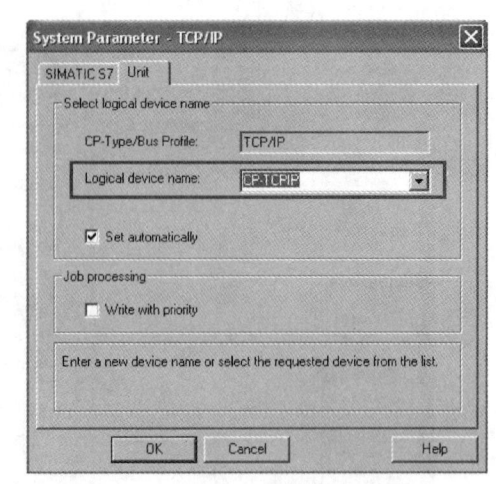　　　　图 6-103　选择逻辑设备名称

（4）设置 Set PG/PC Interface，通信接口设置，进入操作系统控制面板，双击 Set PG/PC Interface，在默认安装后，在应用程序访问点是没有 CP-TCPIP 的，所以需要手动添加这个应用程序访问点，如图 6-104 所示。

当选中<Add/Delete>后，会弹出一个对话框，如图 6-105 所示。

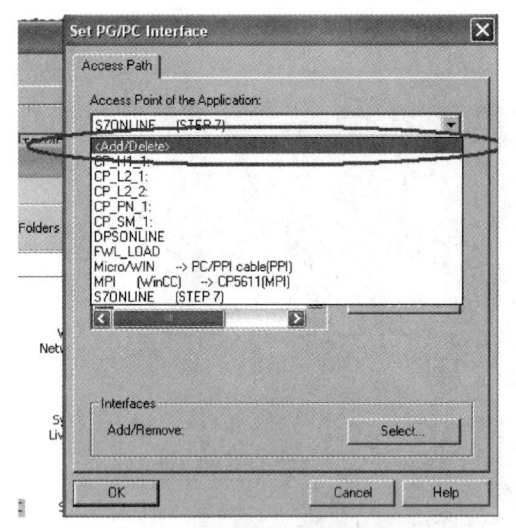

图 6-104　手动添加应用程序访问点 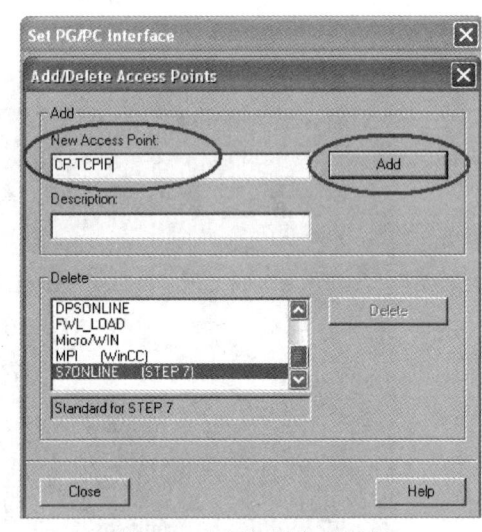　　　　图 6-105　添加设备对话框

点击 Add 按钮，应用程序访问点将被添加到访问点列表中，如图 6-106 所示。

在如图 6-106 的情况下，在 Interface Parameter Assignment Used：选择 TCP/IP->实际网卡的名称，设置完成后如图 6-107 所示。

需要注意两点：一是网卡不同，显示会有不同，请确保所选条目为您正在使用的普通以太网卡的名称。二是这里使用的应用程序访问名称为 CP-TCPIP，因为在 WINCC 安装成功后，CP-TCPIP 是 TCPIP 驱动程序下默认的名称，所以在 Set PG/PC Interface 下添加此名称的访问点，同样可以使用其他名称，但必须保证，必须同时修改，并保持完全一致，通信同样可以实现。

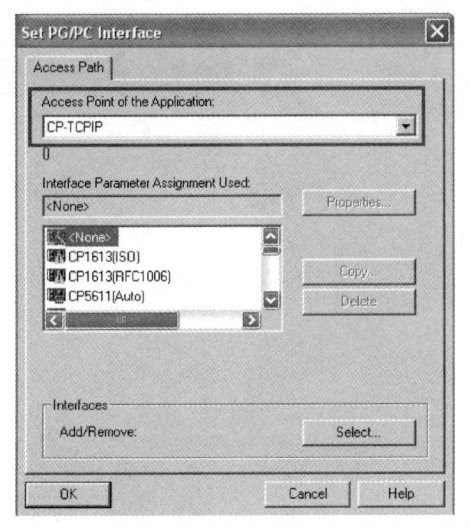

图 6-106 应用程序访问点添加到访问点列表中

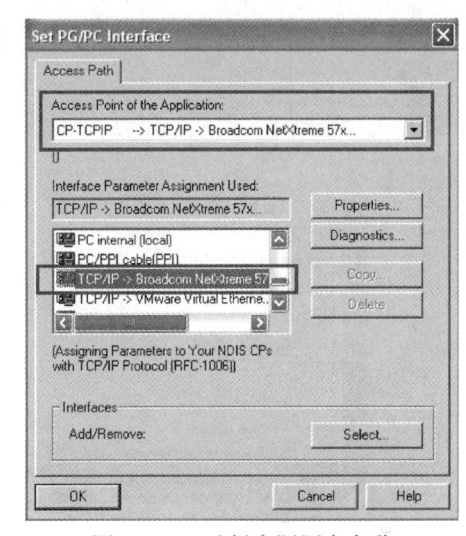

图 6-107 选择实际网卡名称

点击 Diagnostics 按钮后，可以对该网卡进展诊断，确保其正常工作，如图 6-108 所示。

（5）添加通道与连接设置。

添加驱动连接，设置参数。打开 WINCC 工程在 Tag Management-->SIMATIC S7 PROTOCOL SUITE->TCPIP，右键单击 TCPIP，在下拉菜单中，点击 New Driver Connection，如图 6-109 所示，在弹出的 Connection properties 对话框中点击 Properties 按钮，弹出 Connection parameters-TCPIP 属性对话框，填入参数，如图 6-110 所示。

在弹出的对话框中输入 STEP7 中已经设置的 PN-IO 或者以太网模块的的 IP 地址和机架号和槽号。

在弹出的 Connection Properties 中点击 Properties 按钮，在弹出的 Connection parameter 中输入参数：

① IP Address：通信模块的 IP 地址。

② Rack Number：CPU 所处机架号，除特殊复杂使用的情况下，一般填入 0。

③ Slot Number：CPU 所处的槽号。

如果是 S7-300 的 PLC，那么 Slot Number 的参数为 2，如果是 S7-400 的 PLC，那么要根据 STEP7 项目中的 Hardware 软件查

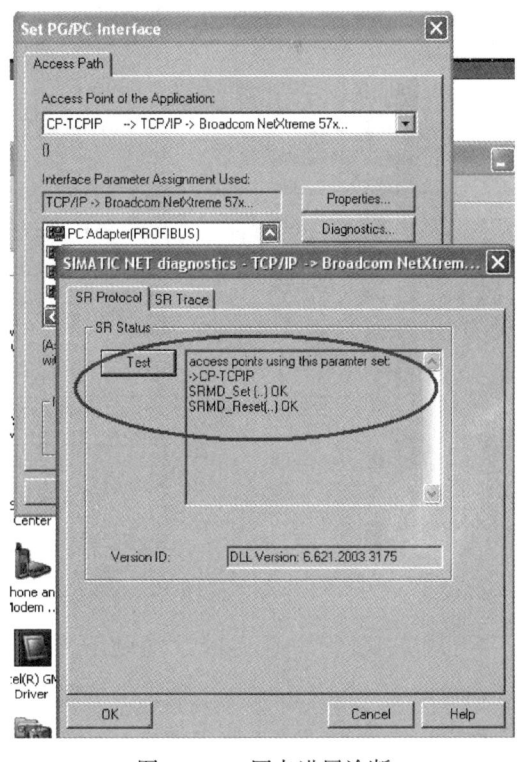

图 6-108 网卡进展诊断

看 PLC 插在第几号槽，不能根据经验和物理安装位置来随便填写，可能的参数为 2、3、4（主要是依据电源的大小来决定），否则通信不能建立。

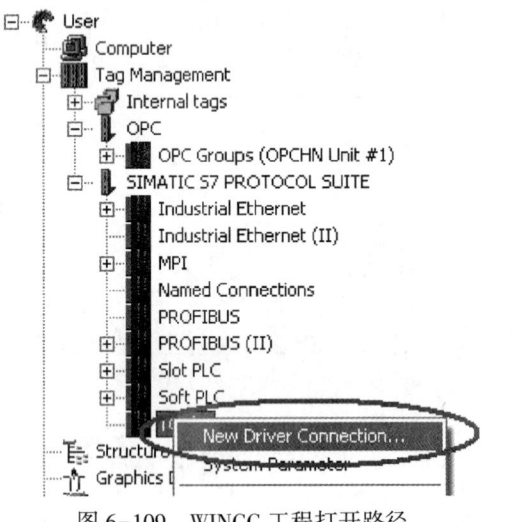

图 6-109　WINCC 工程打开路径　　　　图 6-110　输入连接信息

(6) 连接测试与通信诊断，通过 WINCC 工具中的通道诊断程序 WinCC Channel Diagnosis 即可测试通信是否建立。注意：此时 PLC 必须处于运行状态，老版本的 PLC 必须处于 RUN-P 或者 RUN 状态，WINCC 必须激活运行，根据图 6-111 所示的位置，进入通道诊断工具，检测通信是否成功建立。如图 6-112 所示，绿色的"√"表示通信已经成功建立。至此 WINCC 使用普通以太网卡通过 TCP/IP 连接 PLC 的过程完毕。

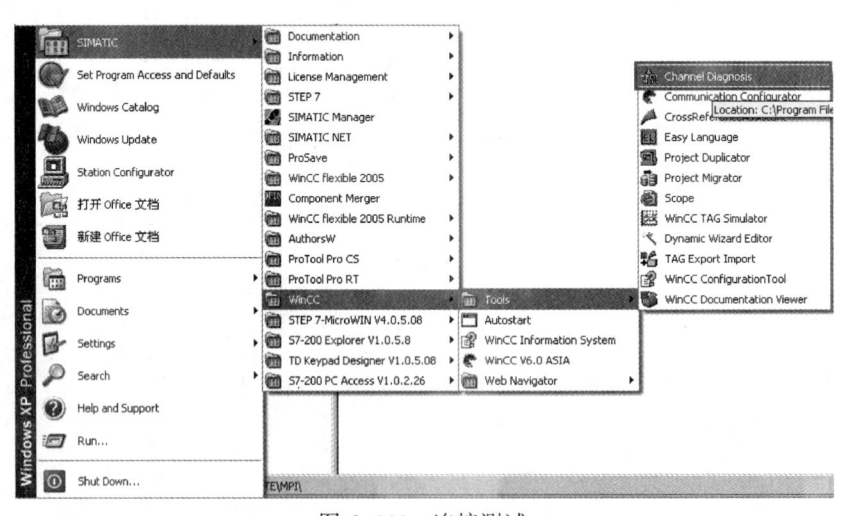

图 6-111　连接测试

4. WINCC 使用普通网卡通过 Industrial Ethernet 连接 PLC

通过 Industrial Ethernet 工业以太网实现 PLC 系统与 WINCC6.0 通信的前提条件是 PLC 系统配备以太网模块或者使用带有 PN 接口的 PLC，以太网模块列表见表 6-13。

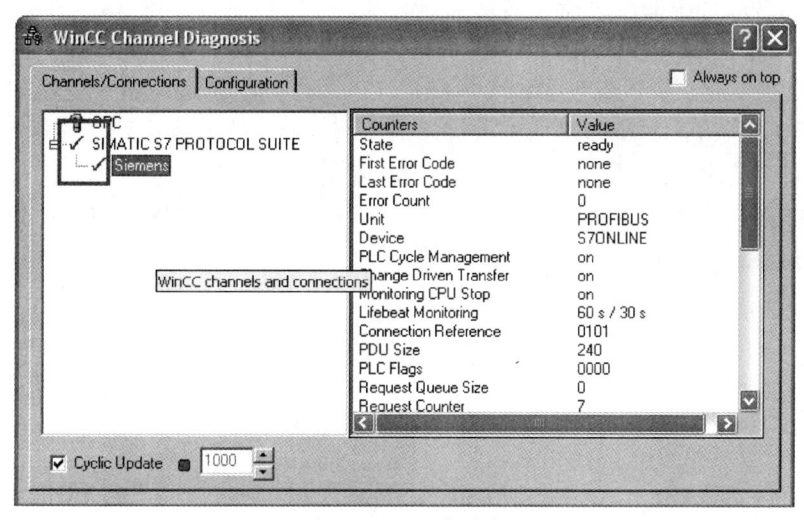

图 6-112 通信诊断

表 6-13 PLC S7 系列以太网模块列表

PLC 系列	以太网通信模块
S7-300	CP343-1/CP343-1 Advanced-IT
S7-400	CP443-1/CP443-1 Advanced-IT

只有支持 ISO 通信协议的模块才支持（Industrial Ethernet 工业以太网）通信，具体情况可观察 STEP7 中的模块信息。最简单的判断以太网模块是否支持 Industrial Ethernet 通信的方式是，在 STEP7 的硬件组态 Hardware 中是否具有 MAC 参数的填写的输入框，如图 6-113 所示。

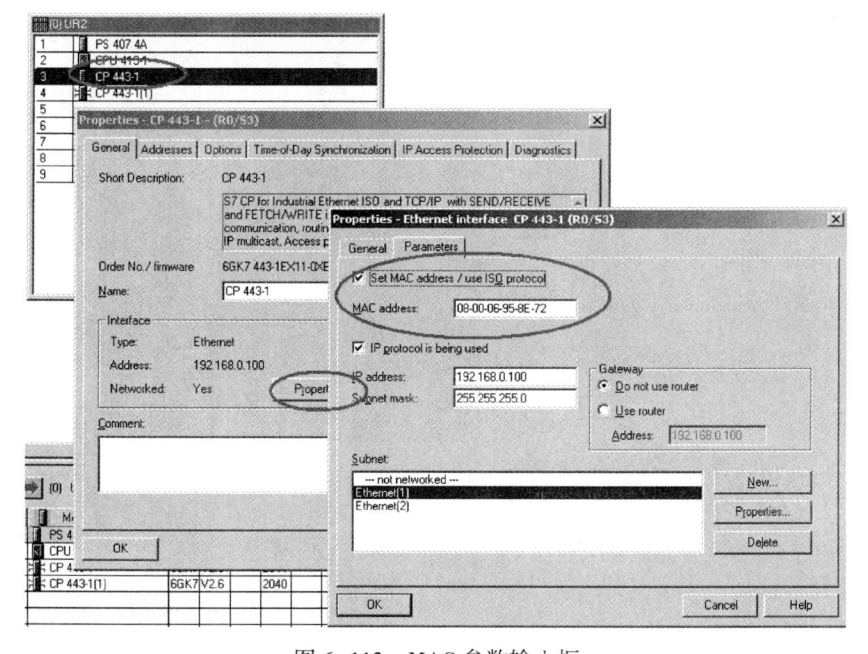

图 6-113 MAC 参数输入框

参考 STEP7 软件中的产品硬件信息来判断以太网模块是否支持 Industrial Ethernet 工业以太网通信，如图 6-114 所示。

在通信设置以前请确认模块支持 Industrial Ethernet ISO 通信，而后进展如下设置，本文档以下步骤应用 CP443-1 型号的以太网通信模块，使用普通以太网卡连接。

（1）STEP7 硬件组态，使用 STEP7 编程软件对 PLC 系统进展软件组态，在 Hardware 界面插入实际的 PLC 硬件，在本例中使用了两块 CP443-1 通信模块，WINCC 使用 CP443-1 (1) 和 PLC 进展通信，如图 6-115 所示。

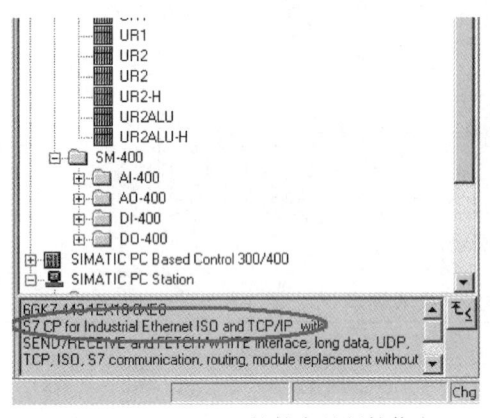

图 6-114　STEP 7 软件产品硬件信息 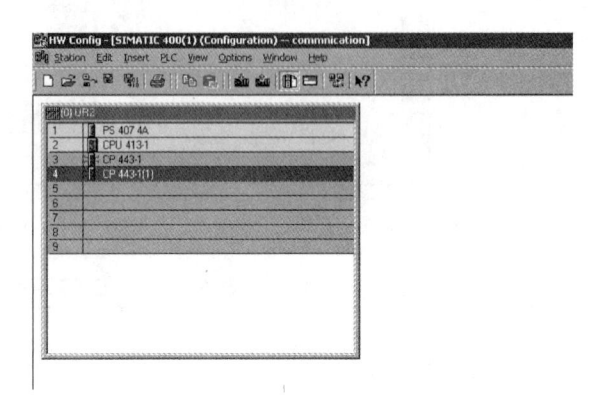　　　　　图 6-115　STEP 7 硬件组态

在 CP343-1（1）通信模块上双击，会弹出 Properties-CP443-1 的属性对话框，在对话框中点击 Properties…. 按钮，弹出属性对话框，激活"Set MAC address/use ISO Protocol"，在 MAC address 下设置通信板卡的 MAC 地址，如图 6-116 所示，该地址可以在物理通讯板卡端口处标签上查看。

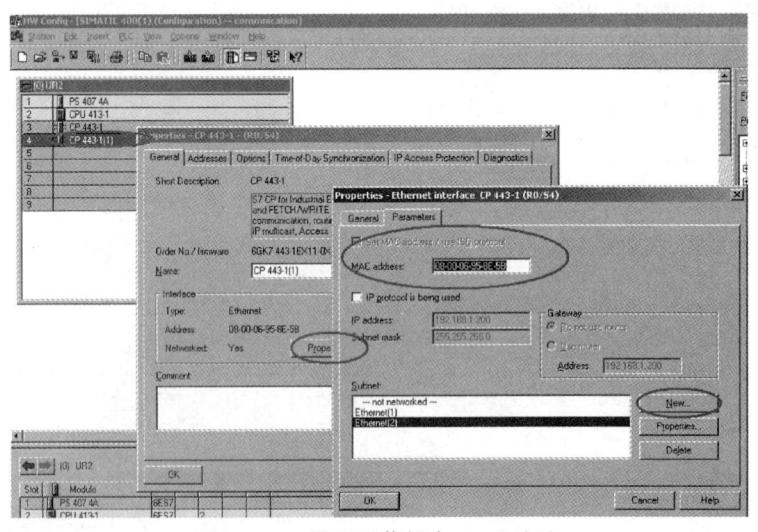

图 6-116　设置通信板卡 MAC 地址

点击 New 按钮，新建一个工业以太网络，在弹出的对话框都使用默认设置，该步骤一定要做，否则无法建立通信。

将组态编译，下载到 CPU，那么 PLC 方面设置完成。对于第一次使用工业以太网通信，必须保证首先使用 MPI 或者 PROFIBUS 的通信方式，将设置好参数的组态下载到目标 PLC，此后即可通过工业以太网的方式进展程序监控和项目下载。

（2）添加驱动程序和设置系统参数，打开 WINCC 工程在 Tag Management-->SIMATIC S7 PROTOCOL SUITE->Industrial Ethernet，右键单击 Industrial Ethernet，在弹出菜单中点击 System Parameter，如图 6-117 所示，弹出 System Parameter-Industrial Ethernet 对话框，选择 Unit 标签，查看 Logic device name（逻辑设备名称）。默认安装后，逻辑设备名为 CP_H1_1：如图 6-118 所示。

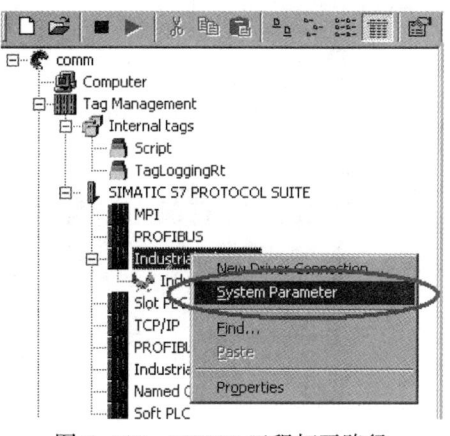

图 6-117　WINCC 工程打开路径 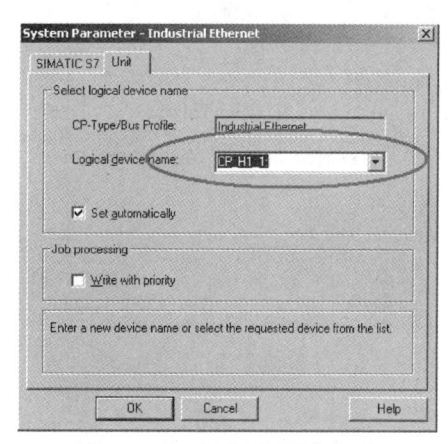　　　　图 6-118　查看逻辑设备名称

（3）设置 Set PG/PC Interface，通信接口设置，进入操作系统控制面板，双击 Set PG/PC Interface，在下拉菜单中选择 CP_H1_1：如图 6-119 所示。

在如图 6-119 所示的情况下，在 Interface Parameter Assignment Used：选择 ISO Ind Ethernet->实际网卡的名称，如图 6-120 所示。

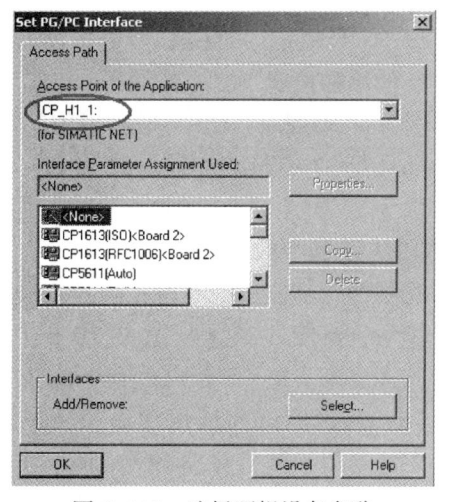

图 6-119　选择逻辑设备名称 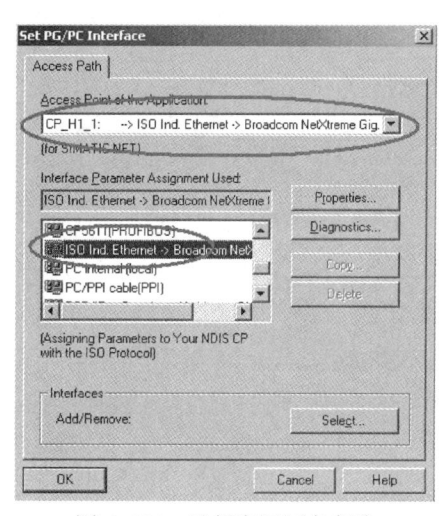　　　　图 6-120　选择实际网卡名称

网卡不同，显示会有不同，请确保所选条目为正在使用的普通以太网卡的名称。点击

Diagnostics 按钮后，可以对该网卡进展诊断，确保其正常工作，如图 6-121 所示。

（4）添加通道与连接设置，添加驱动连接，设置参数。打开 WINCC 工程在 Tag Management-->SIMATIC S7 PROTOCOL SUITE->Industrial Ethernet，右键单击 Industrial Ethernet，在下拉菜单中，点击 New Driver Connection，如图 6-122 所示，在弹出的 Connection properties 对话框中点击 Properties 按钮，弹出 Connection parameters- Industrial Ethernet 属性对话框，填入参数。

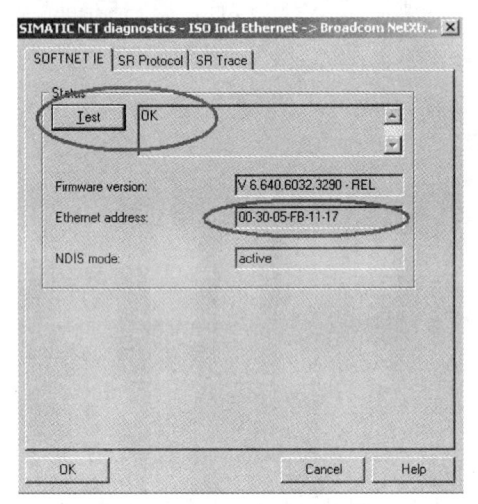

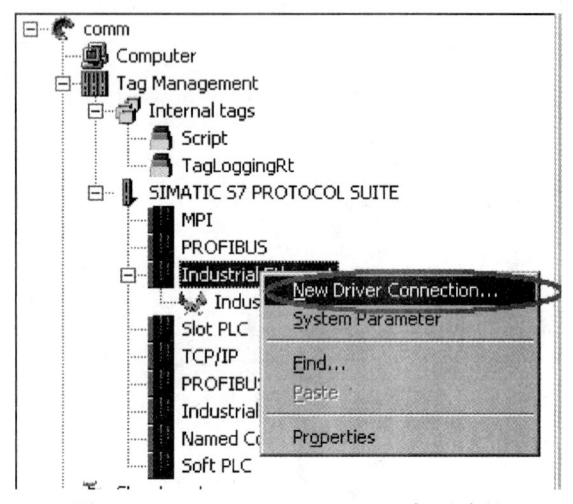

图 6-121　网卡进展诊断　　　　图 6-122　New Driver Connection 打开路径

在弹出的对话框中输入 STEP7 中已经设置的 CP443-1 通信模块的 MAC 地址和机架号和槽号，如图 6-123 所示。

在弹出的 Connection Properties 中点击 Properties 按钮，在弹出的 Connection parameter 中输入参数：

① Ethernet Address：通信模块的 MAC 地址。

② Rack Number：CPU 所处机架号，除特殊复杂使用的情况下，一般填入 0。

③ Slot Number：CPU 所处的槽号。

如果是 S7-300 的 PLC，那么 Slot Number 的参数为 2，如果是 S7-400 的 PLC，那么要根据 STEP7 项目中的 Hardware 软件查看 PLC 插在第几号槽，不能根据经验和物理安装位置来随便填写，可能的参数为 2、3、4（主要依据电源的大小来决定），否则通信不能建立。

（5）连接测试与通信诊断，通过 WINCC 工具中的通道诊断程序 WinCC Channel Diagnosis 即可测试通信是否建立。注意：此时 PLC 必须处于运行状态，老版本的 PLC 必须处于 RUN-P 或者 RUN 状态，WINCC 必须激活运

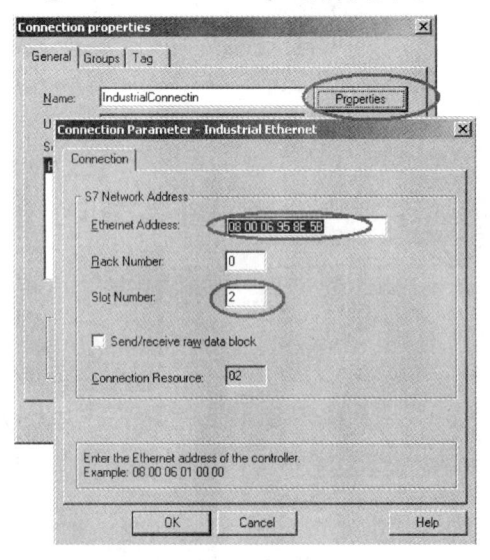

图 6-123　输入 MAC 地址和机架信息

行，根据图 6-124 所示的位置，进入通道诊断工具，检测通信是否成功建立。如图 6-125 所示，绿色的"√"表示通信已经成功建立。至此 WINCC 使用普通以太网卡通过 Industrial Ethernet 连接 PLC 的过程完毕。

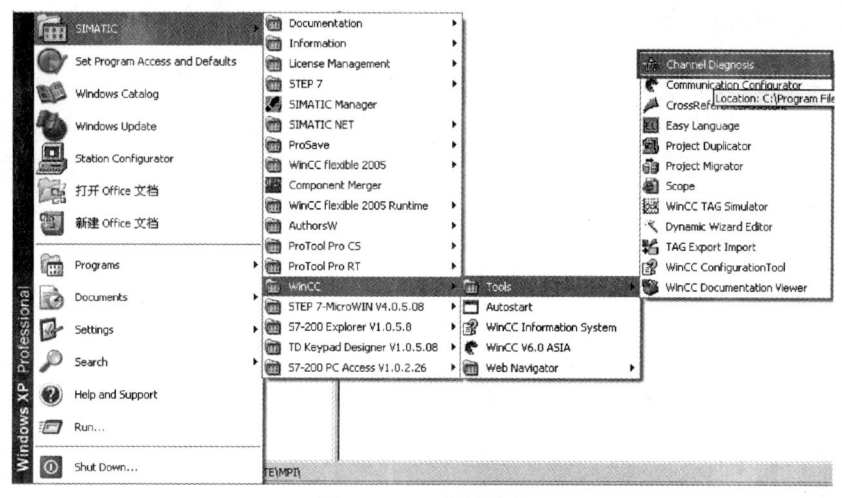

图 6-124　连接测试

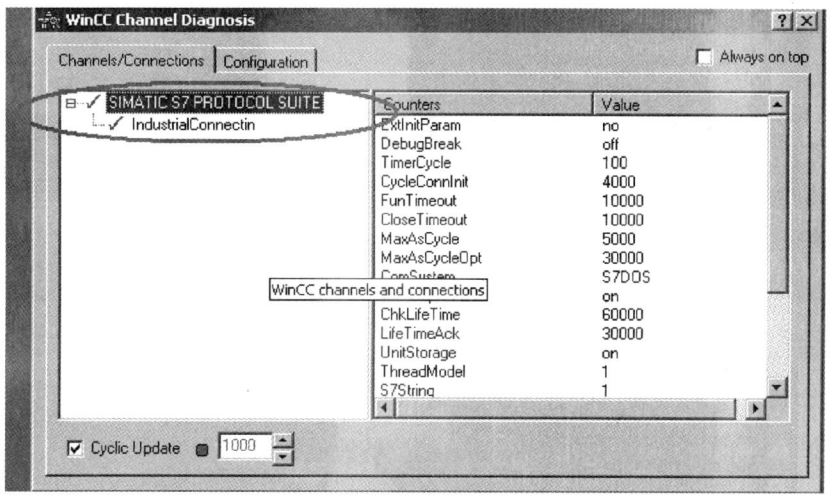

图 6-125　通信诊断

第二节　DCS 集散控制系统

　　DCS 集散控制系统在炼油和化工企业中有着广泛的应用，它以良好的控制性能和可靠性成为炼化装置过程控制的核心单元。目前，无论是老装置控制系统改造，还是新建的大型炼化装置，DCS 都是企业过程控制的首选控制系统。所以，掌握 DCS 的相关知识是自动化仪表维修工的必修课程。本章以浙江中控 ECS-700 系统为例介绍 DCS 控制系统的软硬件组态、基本操作、系统日常维护、故障诊断与处理等相关知识。

一、DCS 系统概述

集散计算机控制系统也称为分布式计算机控制系统，简称集散控制系统（DCS）。它是 20 世纪 70 年代中期发展起来的以微处理器为基础的分散型计算机控制系统，其本质是利用测量控制技术、计算机技术、通信技术、图形显示技术和网络技术等对生产过程进行分散控制，集中监视和操作的一种控制工程技术。

（一）DCS 系统的结构

虽然不同厂商的 DCS 系统各具特色，但是构成却大同小异，从控制系统日常管理和维护出发，基本可分为四个层级，即现场控制层，对应现场仪表和调节阀；过程控制层，对应过程控制站；操作监控层，对应操作员站和工程师站；信息管理层，对应 MES（图 6-126）。

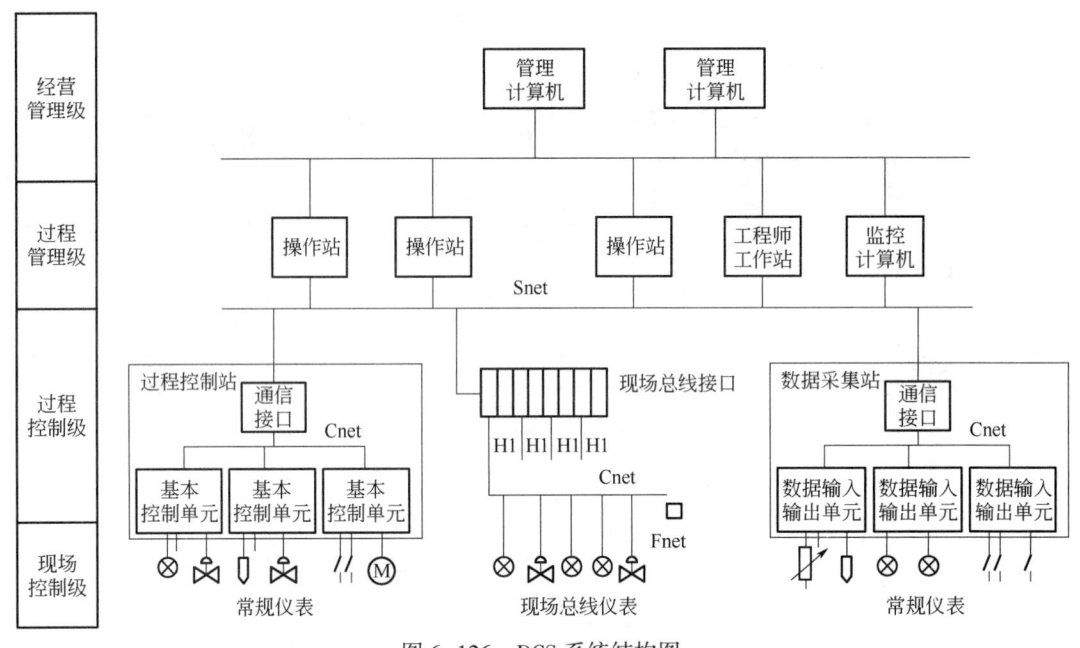

图 6-126 DCS 系统结构图

（二）DCS 系统主要厂商和型号

目前，国内 DCS 系统产品还是以国外制造商为主，但随着浙江中控等国内控制系统制造商的崛起，国内 DCS 系统逐渐成为主流产品。就炼油化工企业在用的 DCS 系统而言，国外的 DCS 产品主要有美国霍尼韦尔的 TPS 系统和 PKS 系统；美国艾默生的 Deltav 系统；美国 Foxboro 的 I/A 系统；日本横河的 CS3000 系统和 CENTUMVP 系统；德国西门子的 PCS7 系统和瑞典 ABB 的 AC800F 系统等。国内的 DCS 产品主要有浙江中控 ECS-700 系统和 JX300 系统；和利时的 MACS 系统；上海新华的 XDPS400 系统和 XDC800 系统；威盛自动化的 FB-3000MCS 系统和 FB-5000ACS 系统等。

（三）DCS 系统发展趋势

DCS 发展至今已相当成熟和实用，毫无疑问，它仍是当前工业自动化系统应用及选型的主流，不会随着现场总线技术的出现而立即退出现场过程控制的舞台。面对挑战，DCS 将沿着以下趋势继续向前发展。

1. 向综合方向发展

标准化数据通信链路和通信网络的发展，将各种单（多）回路调节器、PLC、工业 PC、NC 等工控设备构成大系统，以满足工厂自动化要求，并适应开放式的大趋势。

2. 向智能化方向发展

数据库系统、推理机能等的发展，尤其是知识库系统（KBS）和专家系统（ES）的应用，如自学习控制、远距离诊断、自寻优等，人工智能会在 DCS 各级实现。与 FF 现场总线类似，以微处理器为基础的智能设备如智能 I/O、PID 控制器、传感器、变送器、执行器、人机接口、PLC 相继出现。

3. DCS 工业 PC 化

由 IPC 组成 DCS 已成为一大趋势，PC 作为 DCS 的操作站或节点机已很普遍，PC-PLC、PC-STD、PC-NC 等就是 PC-DCS 先驱，IPC 成为 DCS 的硬件平台。

4. DCS 专业化

DCS 为更适合各相应领域的应用，就要进一步了解相应专业的工艺和应用要求，以逐步形成如核电 DCS，变电站 DCS、玻璃 DCS、水泥 DCS 等。

二、浙江中控 ECS-700 系统硬件配置与软件组态

ECS-700 系统是中控 WebField 系列控制系统之一，是中控推出的适用于大中型生产装置的过程控制系统。它具有全冗余的系统结构、高可靠性的系统部件、控制器内置网络防火墙、支持在线升级和扩容以及融合各种标准化的软、硬件接口等技术特点。目前在炼油化工领域，国外老旧 DCS 系统国产替换和新建炼化装置 DCS 系统选型，ECS-700 系统都是主要的候选方案之一。

（一）系统结构

ECS-700 系统主要由控制节点（包括控制站及过程控制网上与异构系统连接的通信接口等）、操作节点［包括工程师站、操作员站、组态服务器、数据服务器及系统网络（包括 I/O 总线、过程控制网、过程信息网、企业管理网等）构成］（图 6-127）。

（二）系统网络

ECS-700 系统网络主要由 I/O 总线、过程控制网、过程信息网和管理信息网构成（图 6-128）。

1. I/O 总线

I/O 总线为控制站内部冗余配置的通信网络，有本地 I/O 总线（L-BUS）和扩展 I/O

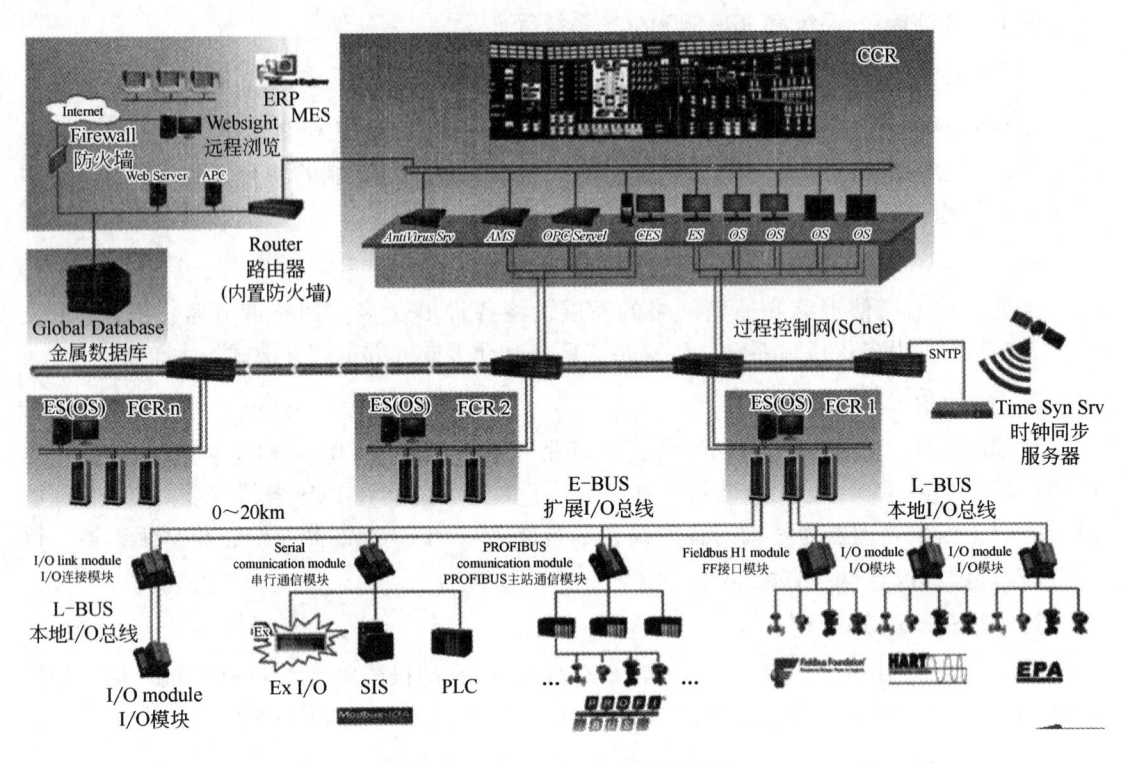

图 6-127　ECS-700 系统结构图

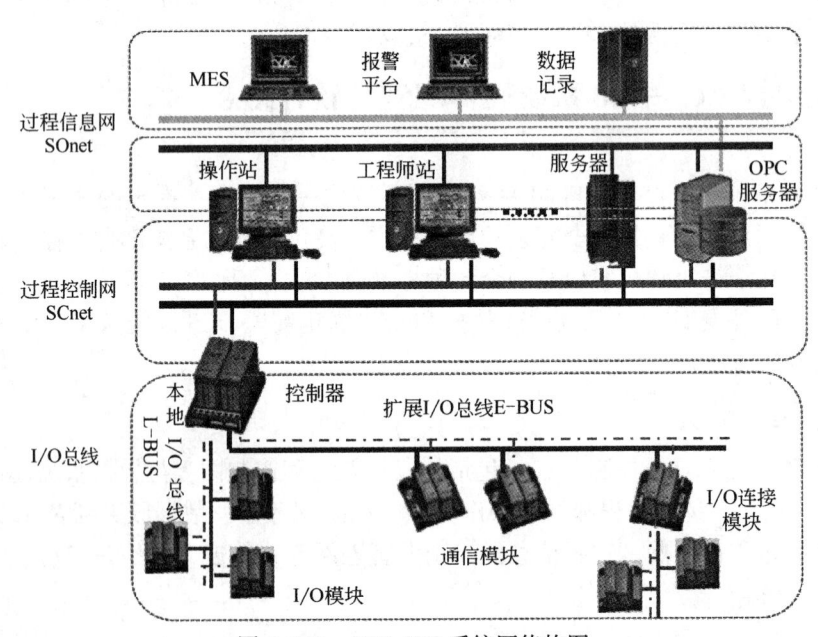

图 6-128　ECS-700 系统网络构图

总线（E-BUS）两种形式。本地 I/O 总线用于连接控制器和 I/O 模块，或者用于连接 I/O 连接模块和 I/O 模块。扩展 I/O 总线连接控制器和各类通信接口模块（如 I/O 连接模块、PROFIBUS 通信模块、串行通信模块等）。

2. 过程控制网

过程控制网（Scnet）用于连接工程师站、操作员站、数据服务器等操作节点和控制站，在操作节点和控制站之间传输实时数据和各种操作指令。

3. 过程信息网

过程信息网（Sonet）用于连接控制系统中所有工程师站、操作员站、组态服务器、数据服务器等操作节点，在操作节点间传输历史数据、报警信息和操作记录等。

4. 管理信息网

企业管理信息网连接各管理节点，通过管理服务器从过程信息网中获取控制系统信息，对生产过程进行管理或实施远程监控。

（三）系统域

ECS-700 系统具有分域管理功能，根据工厂实际的规模和结构，可以将 ECS-700 控制系统划分为一个或多个控制域及操作域，每个操作域可以同时监控多个控制域，并对这些控制域进行联合监控。

多个控制域挂接在同一个过程控制网上，一个操作域可同时监控多个控制域的运行情况。如图 6-129 所示，组态时可设置为操作域#1 监控控制域#1 和控制域#2 的运行情况，操作域#2 监控控制域#2 和控制域#3 的运行情况，操作域#3 监控控制域#4 的运行情况，这种分域方式使操作域#1 和操作域#2 能同时监控重要控制域（控制域#2）的运行情况，确保系统可靠运行。

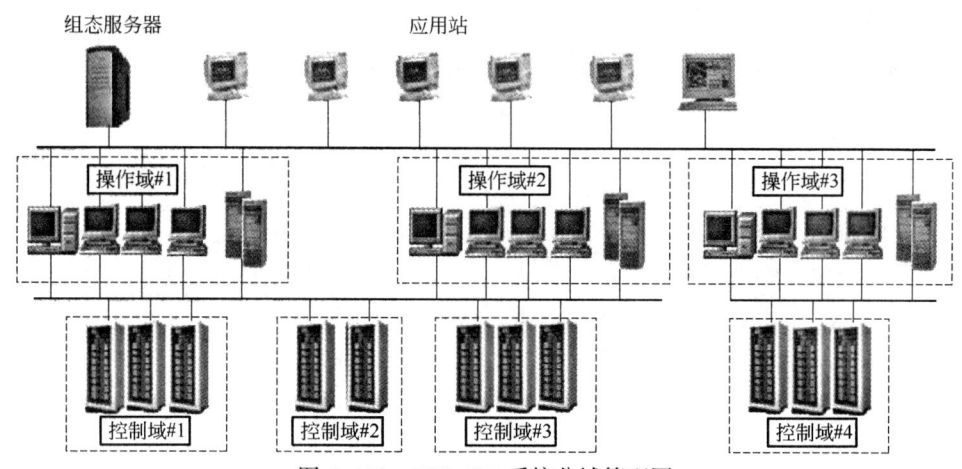

图 6-129 ECS-700 系统分域管理图

ECS-700 系统单工程最大可有 16 个控制域和 16 个操作域。每个控制域内最大 60 个控制节点，操作域内最大 60 个操作节点。单控制域内位号最大数量为 65000 个，单操作域内位号的最大数量为 65000 个。系统可以跨域进行控制站间的通信，每个控制站不仅可以接收本控制域内其他控制站的通信数据，还可以接收其 15 个控制域内控制站的通信数据。

（四）控制站

控制站是系统中直接从现场采样 I/O 数据、进行控制运算的核心单元，实现整个工业过程的实时控制功能。控制站主要由机柜、机架、I/O 总线、交换机、供电单元、基座和各类模块（包括控制器模块、I/O 连接模块和各种信号输入/输出模块等）组成。控制站模块的型号、名称和功能作用见表 6-14。

表 6-14　控制站模块表

模块型号	模块名称	功能描述
FCU711-S	控制器模块	单控制域最多 60 对控制器，每对控制器最多支持 2000 个 I/O 位号
FCU712-S	控制器模块	单控制域最多 60 对控制器，每对控制器最多支持 4000 个 I/O 位号
COM711-S	I/O 连接模块	每对 I/O 连接模块最多可以连接 64 块 I/O 模块，可冗余
COM712-S	系统互连模块	将 JX-300X/JX-300XP/ECS-100 系统 I/O 信号接入 ECS-700 系统
COM722-S	PROFIBUS 主站通信模块	将符合 PROFIBUS-DP 通信协议的数据连入到 DCS 中，支持冗余
COM741-S	串行通信模块	将用户智能系统的数据通过通信的方式连入 DCS，支持 4 路串口的并发工作，可冗余
COM742-S	以太网通信模块	COM742-S 以太网异构设备接入模块，通过扩展 I/O 总线，利用标准协议（MODBUS/TCP 协议）将使用同样通信协议的第三方设备的数据联入 ECS-700 系统
AI711-S	模拟信号输入模块	实现 8 路电压（电流）信号的测量功能并提供配电功能，可冗余
AI711-H	模拟信号输入模块	8 路输入，点点隔离，可冗余，可接入 HART 信号
AI712-S	模拟信号输入模块	实现 8 路电流信号的测量功能并提供配电功能，单路 A/D，可冗余
AI713-S	模拟信号输入模块	16 路输入，能够实现Ⅲ型电流信号的输入，可冗余
AI713-H	模拟信号输入模块	16 路输入，能够实现Ⅲ型电流信号的输入，带 HART 通信功能，可冗余
AI722-S	热电偶输入模块	实现 8 路热电偶（mV）信号的测量功能并提供冷端补偿功能，可冗余
AI731-S	热电阻输入模块	实现 8 路热电阻（电阻）信号的测量功能并提供二线制、三线制和四线制接口，可冗余
AO711-S	电流信号输出模块	实现 8 路电流信号的输出功能，可冗余
AO711-H	电流信号输出模块	8 路输出，点点隔离，可冗余，可输出 HART 信号
AO713-S	电流信号输出模块	16 通道输出，可输出Ⅲ型电流信号，可冗余
AO713-H	电流信号输出模块	16 通道输出，可输出Ⅲ型电流信号，带 HART 通信功能，可冗余
DI711-S	数字信号输入模块	24V 查询电压，可支持 16 路无源触点或有源（24V）触点输入，可冗余
DI712-S	数字信号输入模块	48V 查询电压，16 路输入，可冗余
DI713-S	数字信号输入模块	24V 查询电压，16 路输入，可输入 SOE 信号，前 8 通道具有低频累计功能
DI714-S	数字信号输入模块	48V 查询电压，16 路输入，可输入 SOE 信号，前 8 通道具有低频累计功能
DI715-S	数字信号输入模块	24V 查询电压，32 路输入，可冗余
DI716-S	数字信号输入模块	48V 查询电压，16 路输入，可冗余
DI718-S	数字信号输入模块	48V 查询电压，16 路输入，可输入 SOE 信号，可冗余
DO711-S	数字信号输出模块	可支持 16 路晶体管输出及单触发脉宽输出，可冗余

续表

模块型号	模块名称	功能描述
DO712-S	数字信号输出模块	可支持16路晶体管输出及单触发脉宽输出，可冗余
DO715-S	数字信号输出模块	可支持32路晶体管输出及单触发脉宽输出，可冗余
DO716-S	数字信号输出模块	可支持32路晶体管输出及单触发脉宽输出，可冗余
PI711-S	脉冲信号输入模块	可支持6路0V~5V、0V~12V、0V~24V这三档脉冲信号的采集功能，统一隔离
AM711-S	PAT模块	支持4路信号采集（PAT：PositionAdjustingType）
AM712-S	FF接口模块	将符合FF协议的智能仪表设备信息接入到控制器中
LNK711	时钟信号分配器	单路秒脉冲输入（TTL，干触点、RS485），16路差分输出

（五）操作站

操作站是控制系统的人机接口，是工程师站、操作员站、数据服务器和组态服务器（主工程师站）等的总称。

1. 操作员站

操作员站安装ECS-700系统的实时监控软件，支持高分辨率显示，支持一机多屏，提供控制分组、操作面板、诊断信息、趋势、报警信息以及系统状态信息等的监控界面。通过操作员站，可以获取工艺过程信息和事件报警，对现场设备进行实时控制。操作员站直接从控制站获得实时数据，并向控制站发送操作命令。

2. 工程师站

工程师站安装相应的组态平台和系统维护工具。通过系统组态平台可构建适合于生产工艺要求的应用系统，而使用系统的维护工具软件可实现过程控制网络调试、故障诊断、信号调校等。工程师站可创建、编辑和下载控制所需的各种软硬件组态信息。工程师站同时具备操作员站的监控功能。

3. 数据服务器

数据服务器提供报警历史记录、操作历史记录、操作域变量实时数据服务（包括异构系统数据接入、二次计算变量等）、SOE服务，并向应用站提供实时和历史数据。数据服务器可以冗余配置，当工作服务器发生故障或者检修的时候，会自动切换，保证客户端正常工作。

4. 历史数据服务器

历史数据服务器用于接收、处理和保存历史趋势数据，并向应用站提供历史数据。历史数据服务器通常与数据服务器合并。当历史趋势数据容量较大时，可单独设置历史数据服务器站点。

5. 组态服务器

组态服务器（主工程师站）用来统一存放全系统的组态，通过组态服务器可进行多人组态、组态发布、组态网络同步、组态备份和还原。组态服务器通常配置硬盘镜像以增强组态数据安全性。

（六）系统软件

系统软件主要由系统组态软件和系统监控软件两部分构成。组态软件一般安装在工程师站上，用于实现控制系统结构的搭建、设定各项软硬件参数、组态控制方案和绘制流程图等功能。监控软件一般安装在控制系统所有的工控主机上，用于操作员监视工艺参数的运行情况，并就现场运行情况进行及时有效的控制。

1. 系统结构组态软件

系统结构组态软件（VFSysBuilder）用于完成整个控制系统结构框架的搭建，包括控制域、操作域的划分及功能分配，以及各工程师组态权限分配等。

2. 组态管理软件

组态管理软件（VFExplorer）作为组态的平台软件关联和管理硬件组态软件、位号组态软件、控制方案组态软件和监控组态软件，维护组态数据库，支持用户程序调度设置、在线联机调试、组态上载以及单点组态下载等功能。

3. 硬件组态软件

硬件组态软件（VFIOBuilder）用于控制站内硬件组态软件，支持控制站硬件参数设置、硬件组态扫描上载以及硬件调试等功能。

4. 位号组态软件

位号组态软件（VFTAGBuilder）用于控制站内位号组态软件，支持位号参数设置、EXCEL 导入导出、位号自动生成、位号参数检查以及位号调试等功能。

5. 控制方案组态软件

控制方案组态软件（VFFBDBuilder）用于完成控制系统控制方案的组态，提供功能块图、梯形图、ST 语言等编程语言，提供丰富的功能块库，支持用户程序在线调试、位号智能输入、执行顺序调整以及图形缩放等功能。

6. 监控组态软件

监控组态软件（VFHMICfg）用于完成控制系统监控管理的组态，包括操作域组态和操作小组组态。操作域组态主要包括操作域内的操作员权限分配、域变量组态以及整个操作域的报警颜色设置、历史趋势位号组态、自定义报警分组等。操作小组组态指对各操作小组的监控界面进行组态，主要包括总貌画面、一览画面、分组画面、趋势画面、流程图、报表、调度、自定义键、可报警分区组态等。

7. 实时监控软件

实时监控软件（VisualField）界面包括整个控制系统的总貌、装置的流程图画面、各个现场位号的运行趋势图、报警图等图形监控界面。它实时反映现场仪表设备的实时运行情况，各个位号实时变化趋势，极大方便了操作人员监视和控制。

（七）系统组态流程

工程项目详细设计完成后就可以开始控制系统的组态工作。ECS-700 系统的组态主要包括系统结构组态、控制站硬件组态、位号组态、用户程序组态、操作域组态、操作小组设置、资源文件组态等内容，具体组态流程如图 6-130 所示。

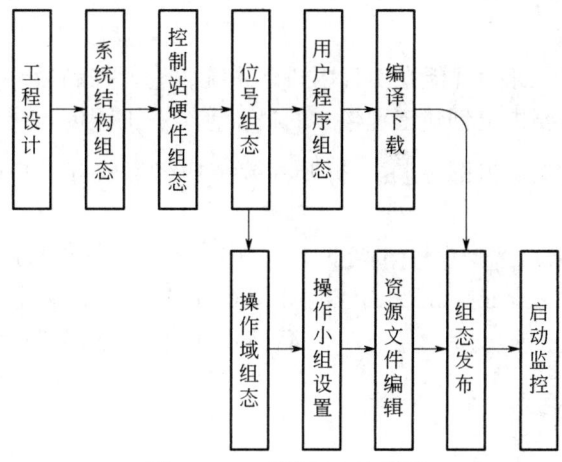

图 6-130 系统组态流程图

（八）系统结构组态

系统结构组态用于系统结构框架的搭建，主要分为三部分：控制域组态、操作域组态和工程师组态（图 6-131）。另外，还可以对工程的一些全局参数进行默认配置：如小数位数、面板报警灯颜色、时钟同步服务器、面板二次确认权限、报警等级、信息网连接等进行配置。

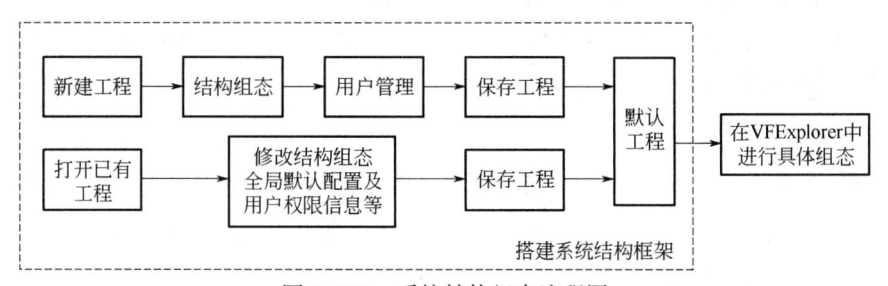

图 6-131 系统结构组态流程图

系统结构组态软件的主界面如图 6-132 所示。

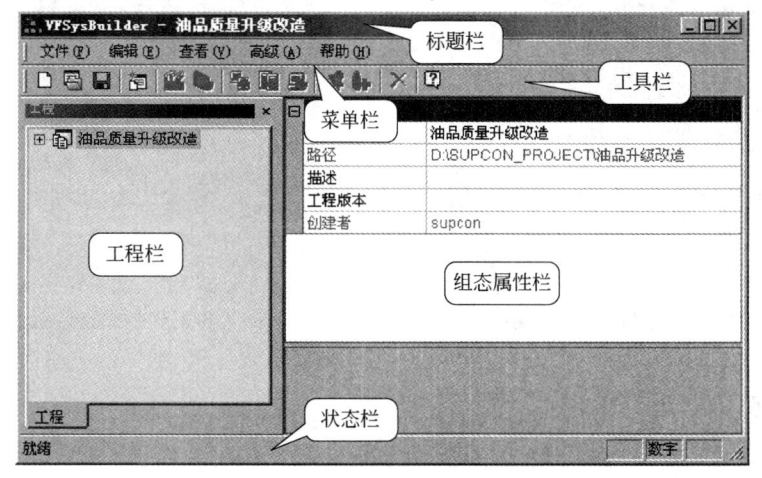

图 6-132 系统结构组态软件主界面图

1. 新建工程

创建一个新的工程，此后才能在工程内搭建系统，进行控制域、操作域和工程师的组态。在新建工程时，需要指定创建工程包含的报警等级、工程创建用户等信息。

在组态服务器桌面上点击图标 ![icon]，打开系统结构组态软件，并通过以下步骤开始创建新的工程。

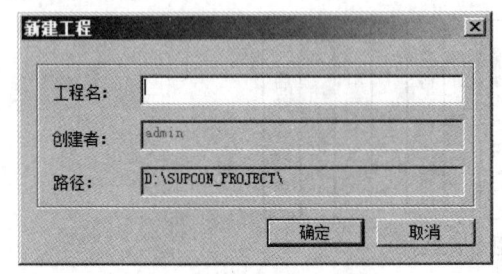

（1）点击工具栏的"新建"按钮，弹出如图6-133所示的新建工程窗口，输入工程名称和创建者，点击确定。

（2）在"报警等级数目"下拉列表中选择，并单击"确定"。

（3）为创建者创建密码。

图6-133 新建工程图

2. 控制域组态

控制域组态主要对控制域名称、描述、域地址以及域内位号分组名称进行设置；对控制站名称、描述、地址、系统、类型以及权限用户进行设置。

3. 操作域组态

操作域组态主要对操作域名称、描述、可监视控制域以及权限用户进行设置；对服务器名称、描述、地址进行设置；对操作节点的名称、描述、地址、操作节点类型以及过程控制网连接类型进行设置。

4. 工程师组态

工程师组态主要对工程师的工程管理权限以及可以维护的控制站和操作域进行分配设置。其中工程师站通常为组态服务器，在全局设置 ![icon] 勾选本机为组态服务器（图6-134）；其他节点则要指向工程师站IP保证项目唯一（图6-135）。

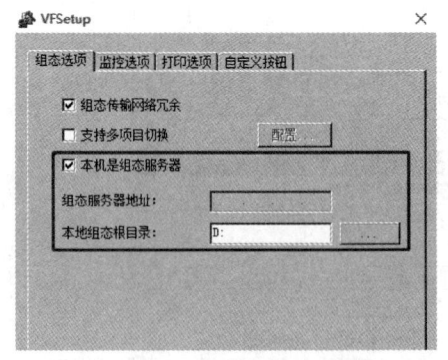

图6-134 工程师站指向本机 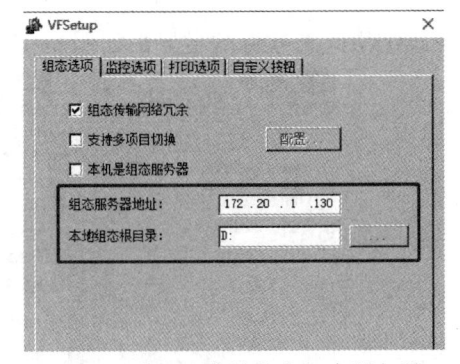　　图6-135 非工程师站指向组态服务器IP

5. 全局默认配置

对全局参数进行默认配置，包括ON/OFF颜色配置、位号模板的小数位数配置、面板报警灯颜色配置、报警配置（包括报警归并、报警搁置、工况管理等配置）信息网配置、时钟同步服务器配置、单位配置、安全设置和报警等级设置等。

6. 备份和还原工程

可将当前工程压缩备份到工程师选择的路径（默认保存为 zip 格式）。可以直接打开已备份的.zip 格式的组态备份文件，将备份组态还原。

（九）控制组态

系统结构组态完成后，即可进行控制组态，控制组态在组态管理软件中进行。控制组态主要包括硬件组态、位号组态、用户功能块组态、用户程序组态等。

1. 硬件组态

硬件组态的任务是执行控制站硬件组态，主要包括控制器的参数设置、通信模块组态、I/O 模块组态。

（1）从组态服务器打开控制站组态。

双击桌面组态管理软件图标，即可打开组态管理软件（图 6-136）。在登录组态管理软件时，必须输入当前默认工程的工程师账号和密码。右键点击需要组态的控制站，选择从组态服务器打开，打开后即锁定本控制站，避免其他工程师修改本站。红色对号表示本站可修改，蓝色对号表示本站被其他位置锁定不可修改。

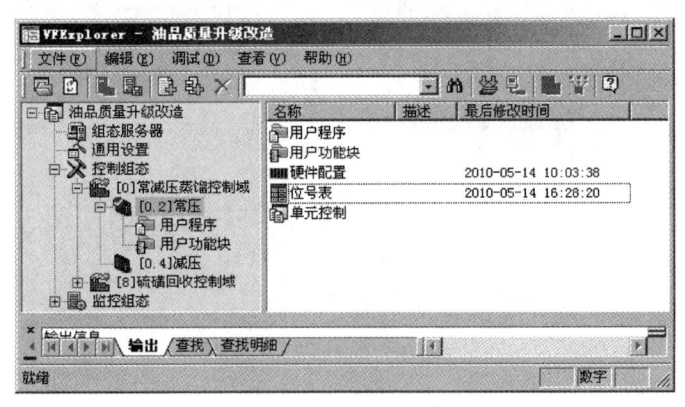

图 6-136　控制器组态图

（2）双击组态管理软件中的"硬件配置"打开硬件配置软件（图 6-137）。

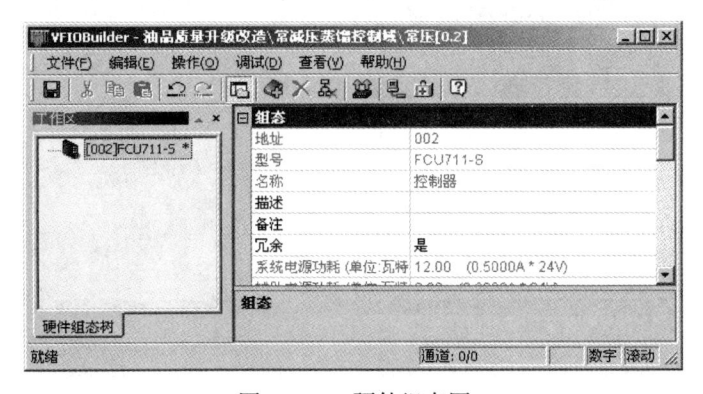

图 6-137　硬件组态图

(3) 右键点击控制器，添加 I/O 连接模块或通信模块节点。本地节点需添加虚拟 I/O 连接模块，且本地节点地址为 0（图 6-138）。

(4) 右键点击节点添加机架，方式与添加节点类似。

(5) 右键点击机架添加 I/O 模块，方式与添加节点类似。

(6) 添加完 I/O 模块，再逐一修改 I/O 模块的参数（图 6-139）。

2. 位号表组态

位号表组态是按照单个控制站进行组态，主要包括 I/O 位号、自定义变量、页间交换变量组态。另外功能块位号也在位号表中进行显示，但是不能在位号表中增加、修改、删除。其中 I/O 位号、自定义位号和功能块

图 6-138　添加模块图

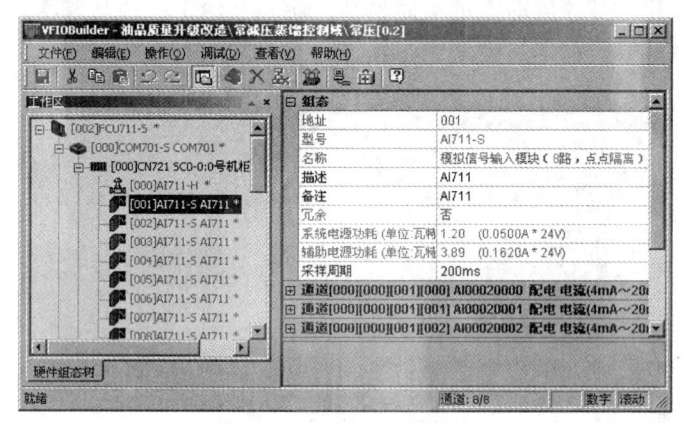

图 6-139　模块组态图

位号属于与监控交互的变量，因此在整个工程内禁止同名。双击组态管理软件中的"位号表"打开位号组态软件，方式与打开硬件组态软件类似（图 6-140）。

图 6-140　位号表组态图

1) I/O 位号导入导出

进行批量 I/O 位号组态，尤其是第一次进行 I/O 位号组态的时候，采用导入导出的方式进行。

（1）扫描硬件位号：选择菜单命令【操作/扫描通道位号/扫描全部】即可。

（2）导出位号表：点击导出后，选择路径输入文件名进行保存，如图 6-141 所示。

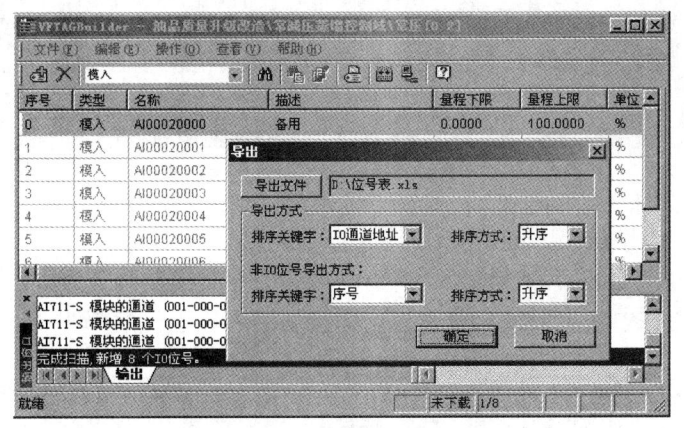

图 6-141　导出位号表图

（3）打开上步中导出的 EXCEL 文件，修改位号的名称、描述、量程等参数。

（4）导入位号表。

2) 修改和添加位号

工程项目完成后，在装置正常运行期间，有时需要添加或修改个别位号参数。

（1）选择位号类型：在位号表中选择任意一种位号类型，如图 6-142 所示。

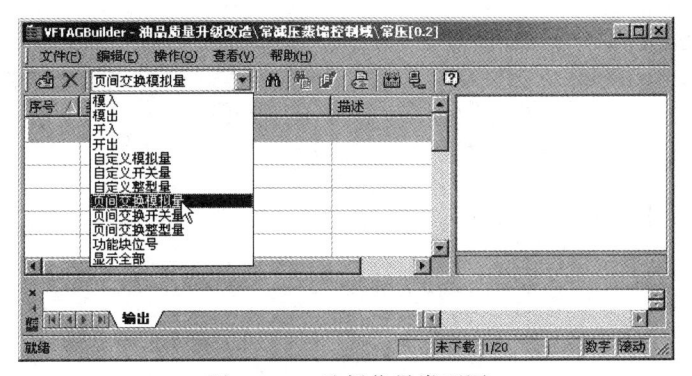

图 6-142　选择位号类型图

（2）添加位号：点击按钮，添加位号，如图 6-143 所示。

（3）修改位号：添加完位号后，可在位号右边的属性栏对位号进行小幅修改，位号名、位号描述等也可在左边位号列表界面双击对应位置进行修改。

3. 用户程序组态

控制回路、联锁控制、折线表、站间通信等功能全部可以在用户程序中实现。用户程序类型主要有 FBD、LD 等。

图 6-143 添加位号图

下面以 FBD 为例简要说明编写用户程序组态的过程。

1) 新建程序

在组态管理软件中新建程序，并输入名称、类型和描述，如图 6-144 所示。

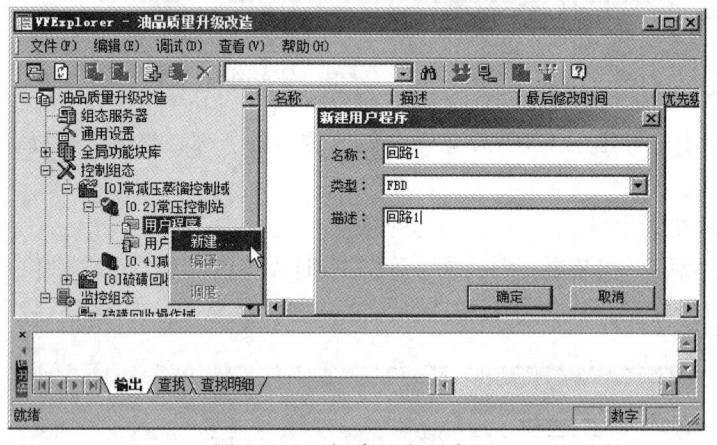

图 6-144 新建用户程序图

2) 添加数据引用

通过添加"数据引用"的方式完成位号表中位号的使用和组态工作（图 6-145）。

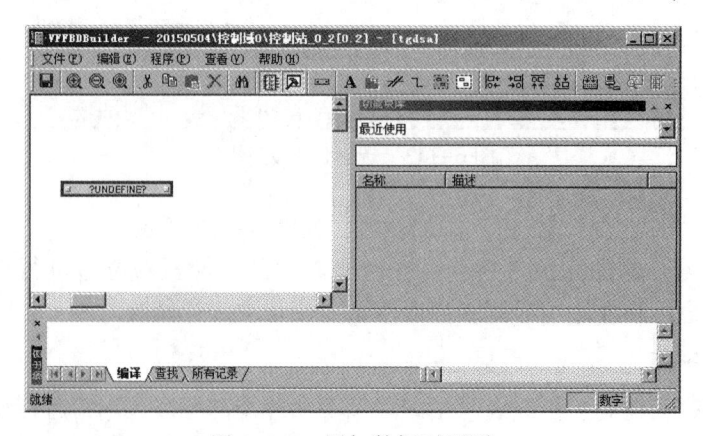

图 6-145 添加数据引用图

双击"数据引用",选择所需要的位号;选择非默认的参数类型时,可以在选定位号后点击按钮,选择该位号的其他参数,如图 6-146 所示。

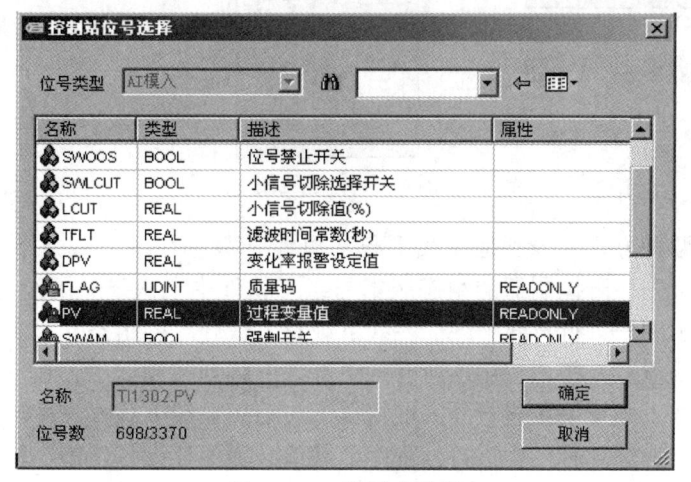

图 6-146 选择参数图

3) 添加功能块

从工具栏中点击功能块库图标,在窗口左侧选择所需类型的功能块,然后将鼠标移动到编辑区任意位置后单击左键添加该功能块,添加完功能块后,在编辑区内点击右键退出添加功能块状态,如图 6-147 所示。

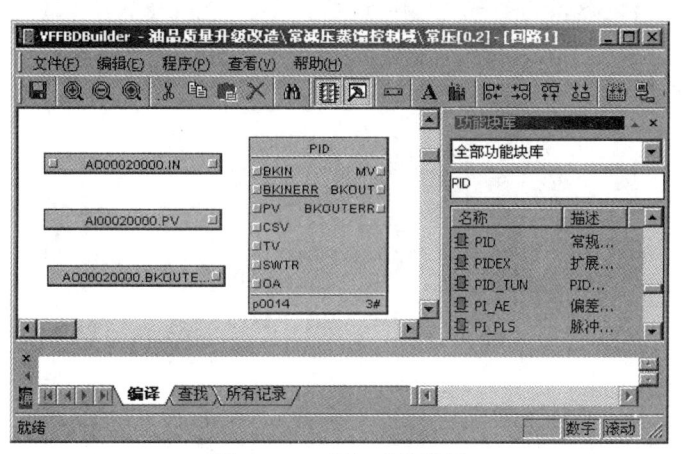

图 6-147 添加功能块图

4) 连线

按照控制方案的要求将各输入输出连接起来,连线必须从输出到输入。移动鼠标到功能块或位号的输出区,等待该输出区出现蓝色方框(或鼠标呈现"+"字形状),如图 6-148 所示。

5) 编译和下载

程序编辑完成后,必须点击 按钮进行编译,如编译存在错误则需进行修改,否则无法下载。

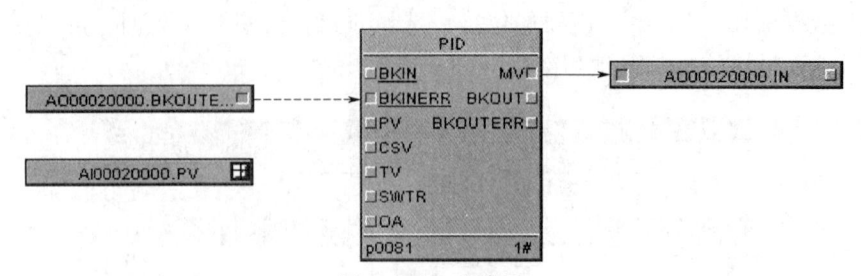

图 6-148 连线图

程序下载有两种方式，分别是在线下载和离线下载。在线下载是单站整体增量式下载，下载前软件会先检测控制器的组态版本与组态软件中上次下载的组态版本是否一致，如果不一致则提示用户进行离线下载。在线下载只下载修改的组态，对没有修改的组态运行没有影响。离线下载是将该控制站所有的组态都下载到控制器中，在下载过程中可能造成扰动，因此离线下载要慎重进行，一般情况下应采用在线下载方式进行下载。

程序下载在组态管理软件中进行，程序下载前必须保证硬件组态、位号组态、程序编译正确。在线下载和离线下载的过程基本类似，选择需要下载组态的控制器，如图6-149所示。

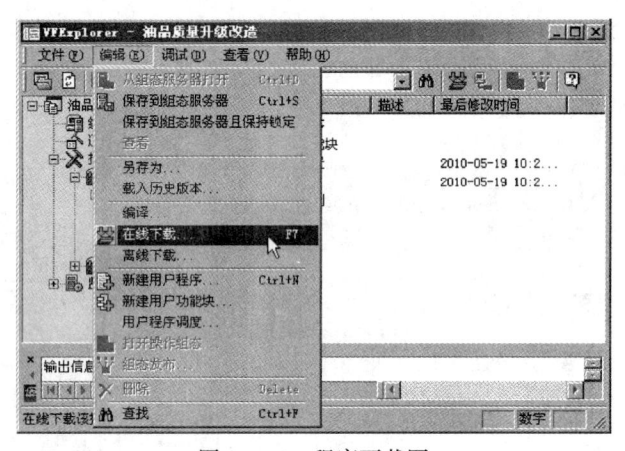

图 6-149 程序下载图

（十）监控组态

监控组态分为操作域小组组态和操作域组态。操作域小组组态主要包括总貌画面、一览画面、分组画面、趋势画面、流程图、报表、调度、自定义键、可报警分区、报警面板设置、报警声音设置、位号关联流程图组态、位号关联趋势画面等。操作域组态主要包括操作员权限配置、报警颜色设置、域变量组态、历史趋势组态、自定义报警分组、面板权限、报警搁置、工况管理和规程等。

监控组态按照操作域为单位进行锁定，一个操作域只能由一台工程师站进行锁定编辑。在编辑操作域前，须先从组态服务器打开组态，否则只能查看组态或者编辑资源文件。在组态管理软件中选中某个操作域，右键选择"从组态服务器打开"，同控制站一样，打开后即锁定本控制站，避免其他工程师修改本站。红色对号表示本站可修改，蓝色对号表示本站被其他位置锁定不可修改（图 6-150）。

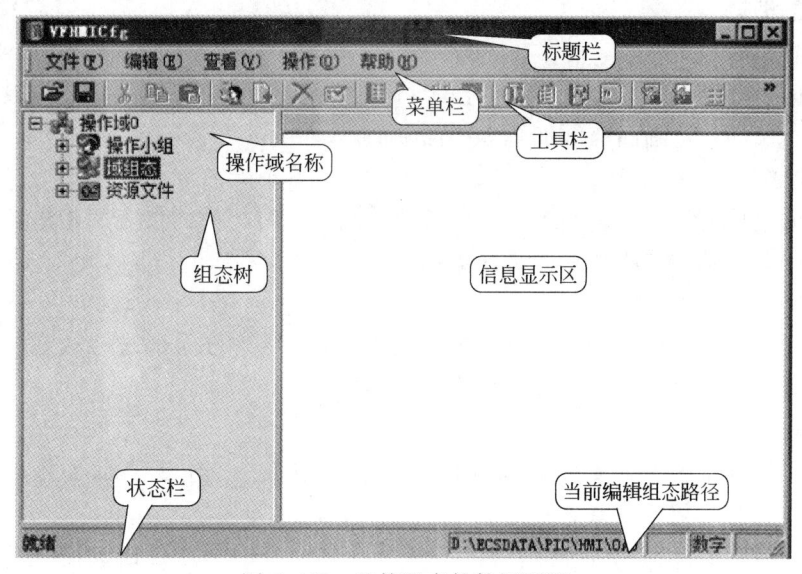

图 6-150　监控组态软件界面图

1．操作小组组态

在控制系统中，不同的操作人员所监控的对象有所不同，通过划分操作小组来满足不同操作人员的需求。

1）创建操作小组

右键点击"操作小组"选择"添加操作小组"，或在菜单栏中选择【操作/添加操作小组】，或在工具栏上点击 按钮，即可在"操作小组"项下新增加一个操作小组。操作小组的名称及切换等级均可修改，如图 6-151 所示，将其名称改为：工程师小组；切换等级改为：特权。

图 6-151　创建操作小组图

2）添加总貌画面

总貌画面主要用于显示所有的流程图画面并进行页面的跳转，以及监视位号的值。在操作小组的右键菜单中选择"添加总貌画面"。添加成功后，在操作小组下将添加总貌画面节点。通过"总貌画面"的右键菜单可以添加新的总貌页面,双击新添加的页面即可进行总貌画面的编辑。

3) 一览画面

一览画面主要用于显示过程位号的值,可以按照控制要求将相关的位号放置在一页中以方便观察。添加一览画面与添加总貌画面类似。

4) 分组画面

分组画面是分组显示仪表面板,可以按照控制要求将相关的仪表面板放置在一个分组画面下。添加分组画面与添加总貌画面类似。

5) 趋势画面

趋势画面可以显示位号趋势,可以按照相关的要求将有联系的位号放在一个趋势页中进行比较查看。添加趋势画面与添加总貌画面类似。

6) 流程图组态

流程图是控制系统中最重要的监控操作画面类型之一,用于显示工艺流程和工作状况,并可操作相关阀门和设备。

流程图支持 VBScript 脚本编辑语言,可以自由地添加引入位图、ICO、GIF、FLASH 等。按照添加类似总貌画面的流程添加了流程图页面,输入文件名后,点击"编辑"按钮进入流程图编辑软件界面(图 6-152)。

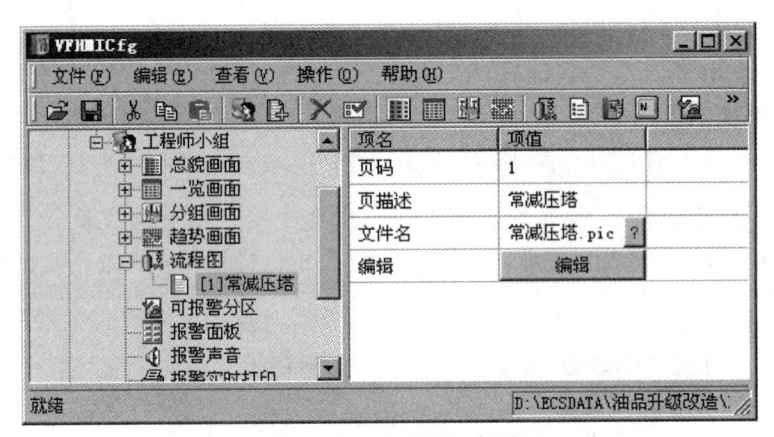

图 6-152 流程图组态图

2. 操作域组态

1) 监控用户授权

监控用户授权的目的是确定操作域的操作人员并赋予相应的操作权限。登录监控时,必须用该处设置的用户登录。

(1) 双击"域组态"下的"监控用户授权",即可弹出用户权限配置界面。

(2) 在用户权限配置界面已经存在的用户为 Admin 和观察员。可以根据需求添加所需等级的用户。如:添加一个工程师用户,具有该等级的所有权限。选中左边工程师节点,右键菜单如图 6-153 所示。

图 6-153 添加监控用户图

(3) 选择添加用户，弹出如图 6-154 所示的新建用户界面。

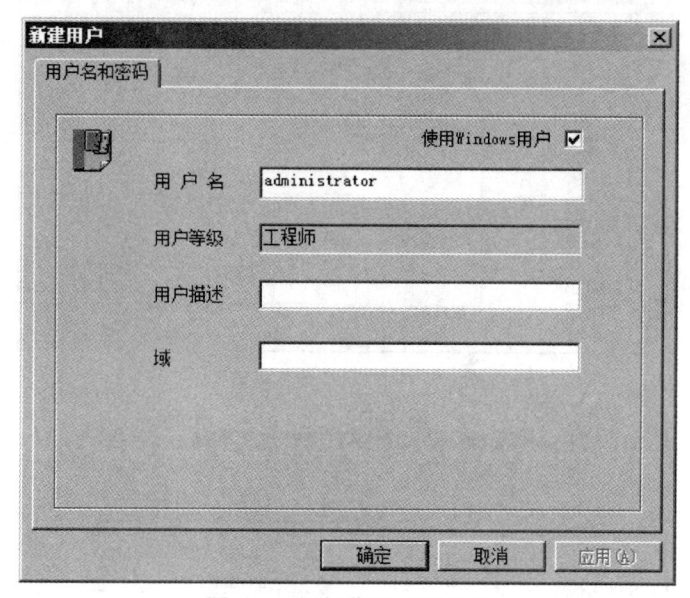

图 6-154 操作用户组态图

（4）在该界面中输入用户名：维护工程师；用户描述：维护工程师；密码：1111。如图 6-155 所示。

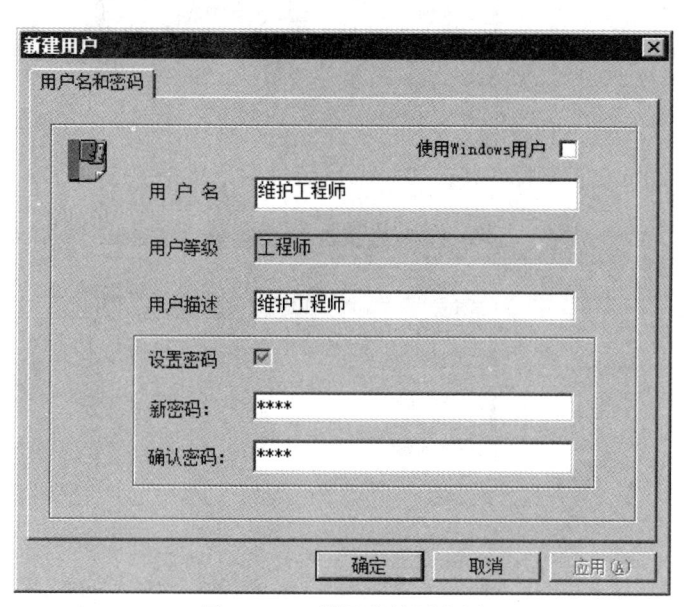

图 6-155 设置监控用户图

（5）点击"确定"按钮，在工程师等级下出现一个"维护工程师"的用户，如图 6-156 所示。

（6）选中左边目录树中的"维护工程师"用户，选择"数据分组"页，为该用户选择可操作的位号分组，如图 6-157 所示。

图 6-156　新建用户完成图

图 6-157　数据分组设置图

(7) 选择"监控操作权限"页，为该用户选择监控中的操作权限，如图 6-158 所示。

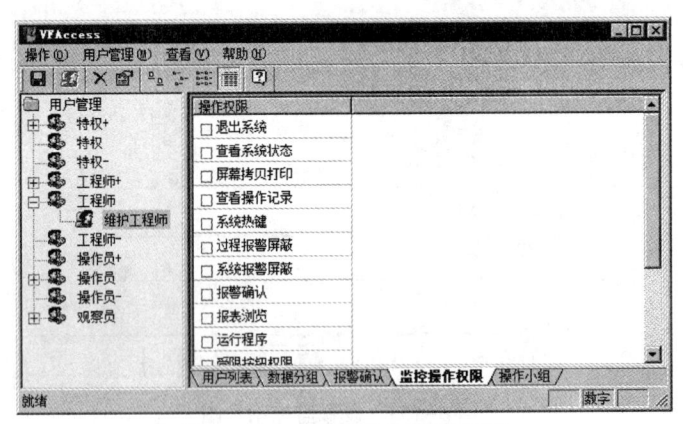

图 6-158　监控操作权限设置图

(8) 根据所需还可以添加其他等级的用户，全部添加完成后，并确认该用户可以登录哪些操作小组，点击保存，关闭该用户配置界面即可。

2) 历史趋势组态

如果要对数据点进行历史趋势记录，必须在"历史趋势"中进行位号组态。双击

"域组态"下的"历史趋势",即可弹出历史趋势组态软件。在工具栏中点击按钮,弹出位号选择器,选择需要进行记录的位号,设置周期,即可实现对本域趋势库位号的配置。右键点击"历史数据服务器"选择"添加历史数据服务器",可选择作为历史数据服务器的操作员站(或工程师站),如图 6-159 所示。

根据负荷确定各组历史数据服务器记录的位号分组,如图 6-160 所示。

3. 组态保存和发布

组态完毕或组态修改之后需先保存到组态服务器,并且进行组态发布操作,否则组态的改动在监控中不体现。

1)组态保存

监控软件启动时,从组态服务器读取监控的组态信息。因此组态完成后,需要上传至服务器。选中"域名称",右击,弹出右键菜单,如图 6-161 所示。选择"保存到组态服务器"或者"保存到组态服务器且保持锁定"即可将组态保存到组态服务器。

图 6-159 选择历史服务器图

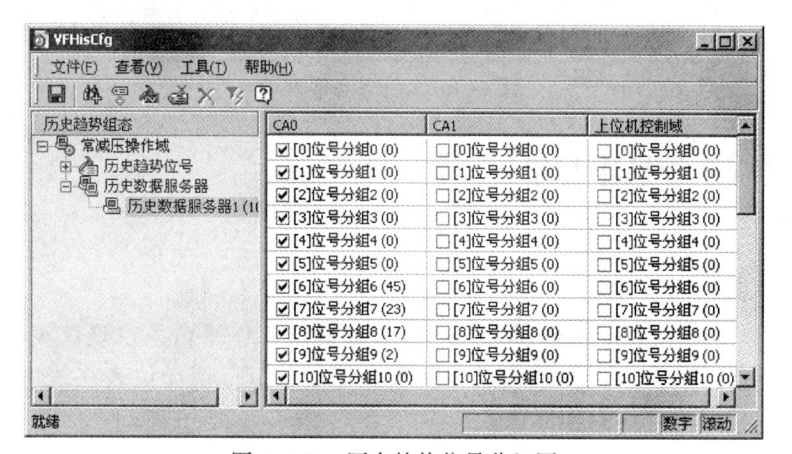

图 6-160 历史趋势位号分组图

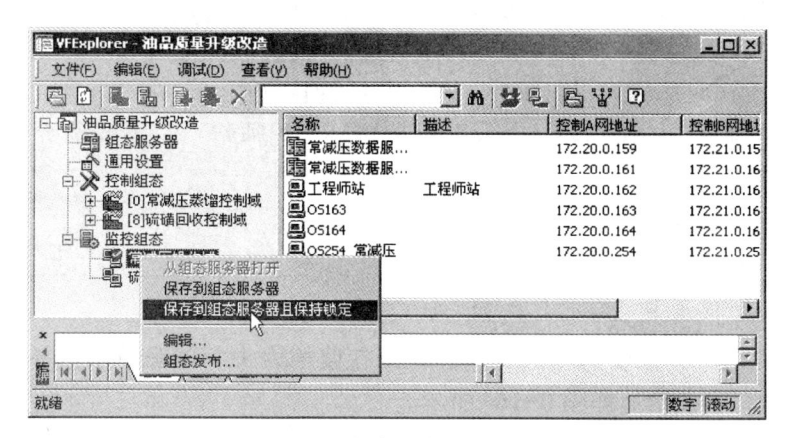

图 6-161 保存组态到服务器图

2）组态发布

在"监控组态"下选中某个操作域，右键单击该操作域，弹出右键菜单，选择"组态发布"，弹出如图 6-162 所示的组态发布对话框。根据软件对"增量发布"按钮、"全体发布"按钮、"全域全体发布"按钮允许操作或不可操作的提示选择对应的发布方式对工程组态进行发布。

图 6-162　组态发布图

三、ECS-700 系统操作与维护

（一）监控软件操作

实时监控软件不仅是工艺操作人员监控生产过程的工作平台，也是仪表维护人员监控DCS 系统软硬件运行状态、查询系统报警和事件记录、执行现场仪表在线仿真测试功能、调用仪表历史趋势曲线等的操作界面。

1. 启动监控软件

（1）双击桌面上的监控启动快捷方式图标，或者点击【开始/程序/VisualField/监控启动软件】，弹出操作域组态选择对话框，如图 6-163 所示。

（2）选择需要登录的操作域。当前操作员站（工程师站）只能登录所属的那个操作域（在系统结构组态软件中配置）。

（3）选择监控启动模式，勾选监控软件。

（4）点击确定按钮，启动监控软件

2. 登录和切换用户

（1）通过点击工具栏中的用户登录图标或在监控表头下拉菜单中选择"用户登录"项来切换操作小组和用户，如图 6-164 所示。

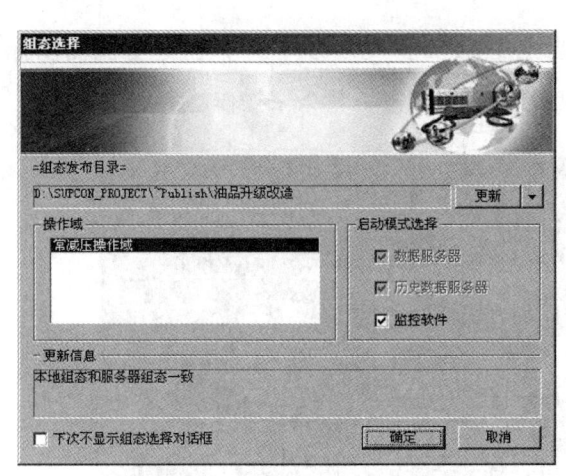

图 6-163　操作域组态选择画面　　　　　图 6-164　用户登录画面

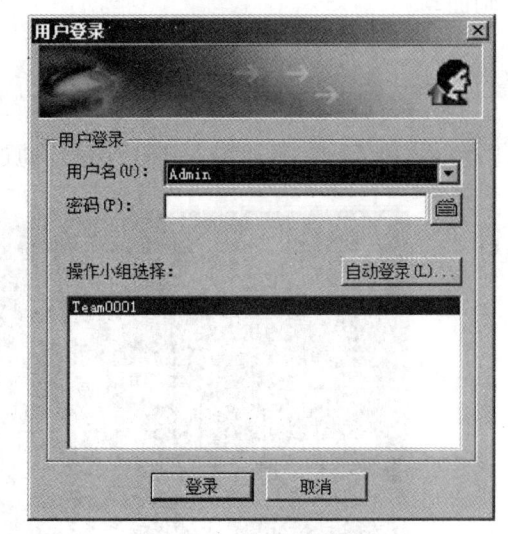

（2）在下拉菜单中选择用户名，输入密码，选择操作小组后单击登录按钮。

3．流程图画面切换操作

常用的流程图画面切换主要有 3 种方式，通过工具栏的翻页按钮，右键菜单以及流程图中的按钮进行切换流程图。

1）翻页按钮切换

右击翻页图标，从下拉菜单中选择目标画面。用前页图标和后页图标进行流程图画面的翻页。

2）右键菜单切换

在报警画面、控制分组画面、趋势画面中选择某个位号，右键菜单（图 6-165），选择"转到关联流程图"，即可切换到相应的目标画面。

3）画面按钮切换

流程图组态过程中，可以将按钮动作定义为打开画面，通过点击相应流程图按钮实现画面的调用。

图 6-165　右键关联流程图画面

4．位号查询操作

点击工具栏中的位号查找按钮，将显示图 6-166 所示的位号查找工具栏。

图 6-166　右键关联流程图画面

在文本框中直接输入需要查找的位号，或者单击 在弹出的位号选择器中选择位号，并单击其后的按钮来分别查看位号的仪表面板、关联流程图、关联趋势图以及调整画面。

5. 趋势曲线调用操作

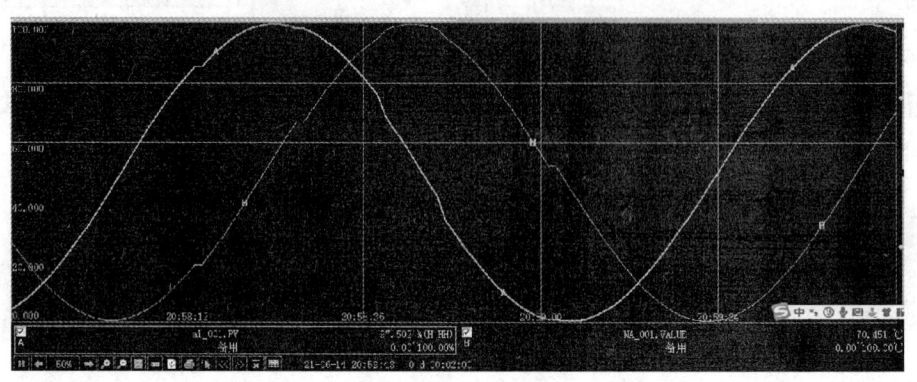

趋势组有预定义趋势组和自由定义趋势组两种形式。在工具栏中点击趋势画面图标 ～ 显示趋势画面，如图 6-167 所示。通过趋势画面下部的工具条来操作趋势。

图 6-167 趋势画面

在趋势画面中左键点击 📖 可以选择 0~4 自由页中的一页趋势画面。自由页用于查看未在趋势画面中进行组态的趋势位号。点击上方的"趋势设置"，弹出如图 6-168 所示的自由趋势在线组态的界面。点击普通趋势位号后的 ? 按钮，选择需要查看趋势曲线的位号，点击"确定"按钮，自由页中显示选中位号的趋势信息。

6. 仪表面板调用操作

在操作画面中点击位号可以调出与之相关联的仪表面板，图 6-169 是单回路控制仪表面板。

7. 系统报警查询操作

当有系统报警产生的时候，报警栏中的 🔔 图标将以红色闪烁。点击 🔔 按钮。弹出如图 6-170 所示的系统报警表，显示系统报警。

（1）确认选中报警 ✓：确认选中的报警。选中报警后点击该按钮，选中的报警即被确认。

（2）确认当前列表 ✓：确认当前列表报警。直接点击该按钮，当前系统报警表中显示的所有报警都被确认。

（3）报警屏蔽 ✏：点击该按钮弹出报警屏蔽对话框，可以根据需要屏蔽某个控制域的报警参见过程报警的报警屏蔽设置。

8. 状态表查询操作

状态表显示产生强制状态、OOS 状态、故障

图 6-168 自由趋势组态画面

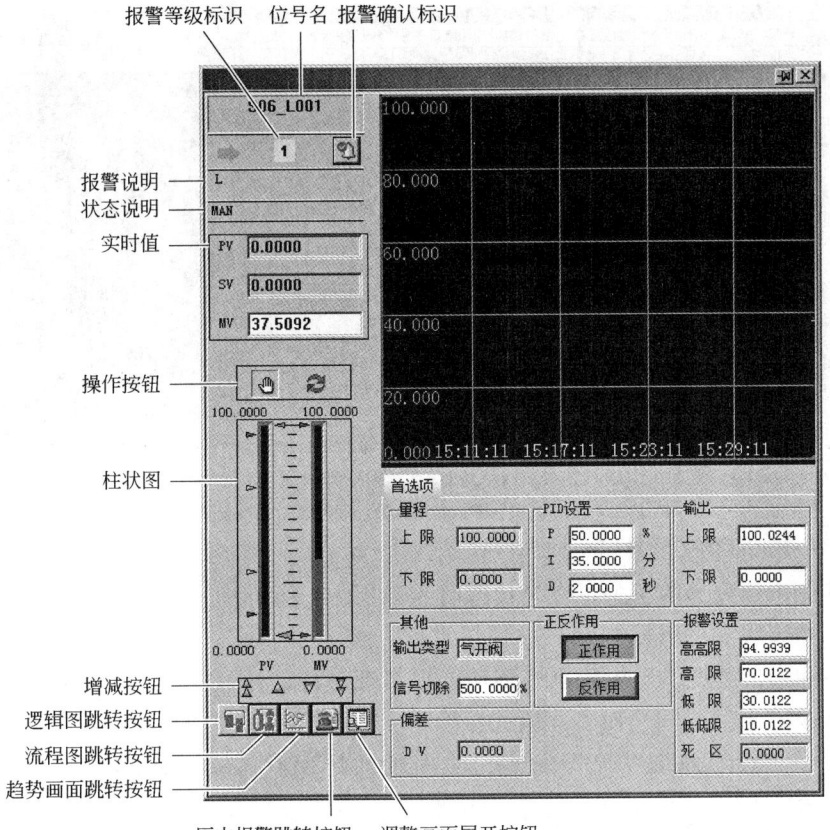

图 6-169　PID 仪表面板画面

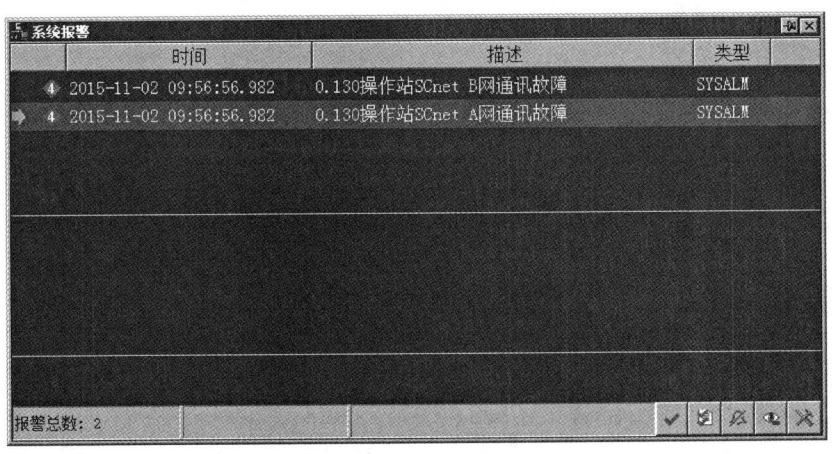

图 6-170　系统报警画面

安全、故障恢复、报警屏蔽状态、抖动开关量状态、超量程状态的位号，提供实时和历史查看。点击 ▦ 按钮，弹出如图 6-171 所示的状态表。产生各个状态的位号分别显示在状态表的对应页。

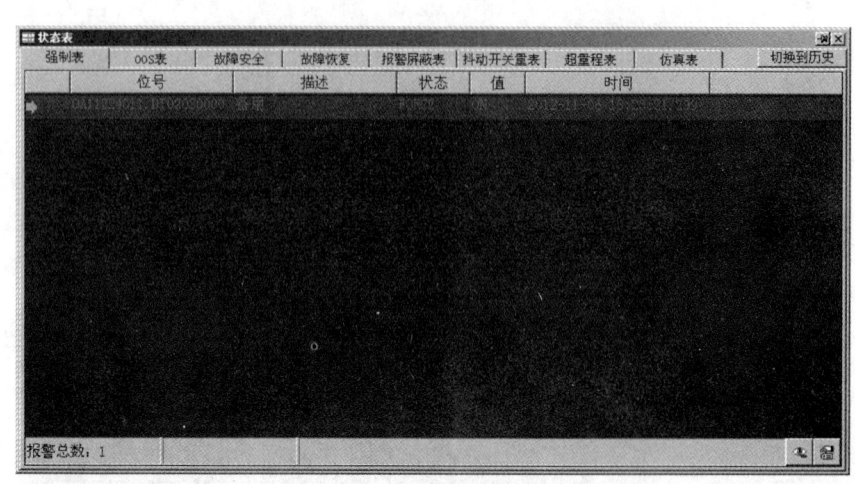

图6-171 状态表画面

9. 系统状态画面操作

系统状态主要分为两部分：实时状态监测和历史记录查询。实时状态监测部分主要包括操作域、控制域、过程控制网、过程信息网、控制器、通信节点、IO模块等系统部件的运行状态和通信情况。历史记录查询功能可实现对特定时间内控制站所发生的故障进行查看，显示故障产生时间、设备、地址、诊断项、诊断结果和恢复时间等信息。在监控表头的菜单栏中选择"系统状态"命令，监控画面切换到系统状态诊断画面，主视图如图6-172所示。

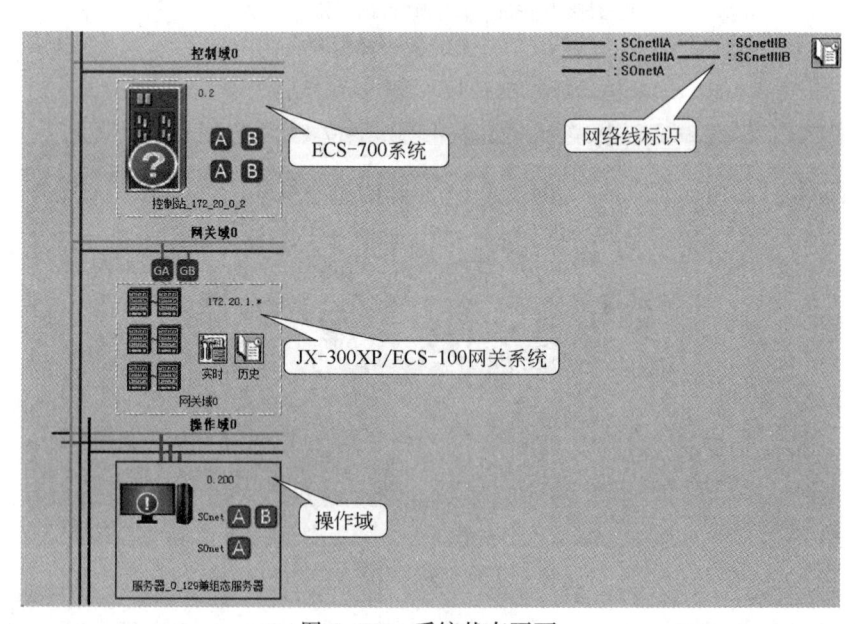

图6-172 系统状态画面

（二）系统维护

控制系统是由系统软件、硬件、现场仪表等组成的，任一环节出现问题，均会导致系统部分功能失效或引发控制系统故障，严重时会导致生产停车。因此，要把构成控制系统的所有设备看成一个整体，进行全面维护管理。

1. 控制室日常维护

（1）控制室内不应存在 H_2S、Cl_2、SO_2、NH_3 等有腐蚀性的气体。

（2）总体密闭性良好（堵孔、防鼠害措施）。

（3）控制室 10m 内无大的电磁干扰源。

（4）设备布置合理，操作台、机柜门可以方便打开。

（5）保持柜内外的清洁，定期清洗滤网。

（6）空调运行正常，温度、湿度符合要求。

（7）锁好柜门，专人保管钥匙，非维护人员不得擅进机柜室。

2. 控制站日常维护

（1）经常检查模块是否工作正常，有无故障显示（FAIL 灯亮）。

（2）经常检查直流电源模块是否工作正常。

（3）经常检查接地线连接是否牢固。

（4）定期使用防静电刷子、吹风机清扫控制站。

（5）确认模块出现故障后要及时换上备用模块。

3. 操作员站日常维护

（1）定期用湿海绵清洗显示器，不要用酒精和氨水清洗。

（2）定期清洗计算机主机的滤网。

（3）严禁在已上电情况下进行连接、拆除或移动操作员站主机。

（4）严禁任意修改计算机系统的配置设置，严禁任意增加、删除或移动硬盘上的文件和目录。

（5）谨慎使用外来软盘或光盘等，防止病毒侵入。

（6）做好驱动软件、组态软件的硬盘备份。

（7）做好组态的备份规范、组态修改记录管理规范。

4. 通信网络日常维护

（1）A 网、B 网不得相互交换。

（2）定期检查线缆连接的可靠性。

（3）定期检查各组件指示灯状态。

（4）定期从各个节点互相 PING。

（5）观察动态数据是否正常显示和刷新。

5. 时钟同步

时钟同步包括服务器端和客户端，时钟同步使用 SNTP 协议。为达到更高的时间精度，服务器端推荐采用硬件设备（GPS 时钟同步服务器）。时钟同步服务器需要在系统结构组态软件中配置，当网络中没有硬件设备作为时钟同步服务器时，可以设置 IP 地址第四位为 254 的操作节点作为时钟同步服务器。

时钟同步软件在安装 VisualField 软件后随计算机自动运行，首先它会根据系统结构组态软件中的配置确定本机是否为时钟同步服务器，如果是则作为时钟同步服务器运行，否则作为客户端运行，之后依据"域地址最小"原则确定当前的主时钟同步主服务器节点，确定以后则向主服务器进行时钟同步，其他时钟同步服务器节点则作为备用服务器，也向主服务器进行时间同步。

时钟同步软件界面可在任务栏中双击 图标，或右键点击该图标选择"显示界面"弹出用户界面，如图 6-173 所示。

图 6-173　时钟同步画面

备用时钟同步服务器和其他客户端，默认每隔 5min 向主时钟同步服务器请求对时，主时钟同步服务器负责响应请求。可以在客户端点击"手动同步"按钮，手动进行时钟同步。

四、ECS-700 系统故障诊断与处理

系统状态诊断是 VisualField 系统软件的重要功能，是进行系统调试以及状态分析的重要工具。系统状态诊断主要分为两部分：实时状态监测和历史记录查询。实时状态监测的主要内容包括操作域、控制域、过程控制网、控制站、控制器、通信节点、I/O 模块等系统部件的运行状态和通信情况。历史记录查询功能可对特定时间内控制站发生的故障进行查看，显示故障产生时间、设备、地址、诊断结果和恢复时间等信息。

（一）系统网络结构状态诊断

查看当前操作域所关联系统节点的通信及整体运行状态，如图 6-174 所示。一般绿色表示系统部件运行正常，红色或黄色代表系统处于故障状态，详见表 6-15。

（二）控制站状态诊断

控制站视图显示当前控制站本地节点（机柜）以及远程节点（机柜）状，如图 6-175 所示。故障节点以红色（节点中有部件处于严重故障状态）、黄色（节点中有部件处于故障状态）标注。

（三）控制器状态诊断

控制器诊断画面可以直观显示当前控制

图 6-174　时系统网络结构状态诊断画面

站中主控制器的工作情况。主控制器诊断包括：运行状态、I/O 位号状态、统计信息、详细组态状态。双击控制器图形，可进入控制器诊断视图画面。通过选择主控制器诊断视图上的各子页查看主控制器的各类诊断信息，如图 6-176 所示。

表 6-15 故障状态图示表

图标	含义
!	部件处于严重故障状态（故障等级为 300 及以上）
×	部件处于无通信状态
⚠	部件处于故障状态（故障等级为 200~300（不包括 300））
?	部件处于未知状态

图 6-175 控制站状态诊断画面

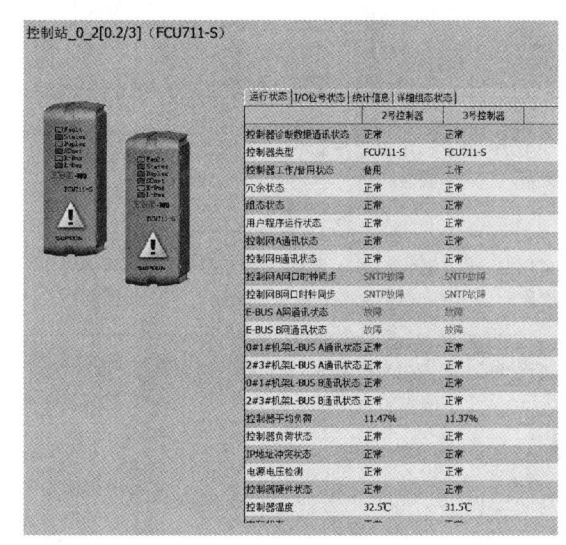

图 6-176 控制器状态诊断画面

主控制器运行状态的诊断信息的含义、故障原因及其解决方法见表 6-16。

表 6-16 控制器故障信息表

诊断项	含义与内容	故障原因	解决方法
控制器诊断数据通信状态	当控制器诊断数据通信状态正常时，解析各个诊断项；当诊断数据通信中断时，在控制器诊断数据通信状态处显示"中断"，并且其他诊断项都显示"????"，表示没有收到诊断数据	交换机故障；控制器 SCnet 双网故障或者双网交错；操作站 SCnet 双网故障或双网交错；控制器不存在；控制器地址拨码错误	1. 若本操作站上所有控制器均丢失，请检查本操作站的控制网 A 网和 B 网的网卡和网线是否正常。 2. 若多台操作站上同一控制器均丢失，请检查该控制器是否存在，地址拨码是否正确，控制网双网是否交错，控制网的网线是否正常
控制器类型	当实际硬件控制器类型与组态一致时，显示当前控制的类型；当实际硬件控制器类型与组态不一致时，显示类型不一致	实际硬件控制器类型与组态不一致	检查实际硬件控制器类型

续表

诊断项	含义与内容	故障原因	解决方法
控制器工作/备用状态	反映了当前控制器的工作状态：工作控制器显示工作；备用控制器显示备用	发生冗余切换	若现场一切正常，则无需处理
冗余状态	反映了当前控制器的冗余状态	上电冗余被异常中断；控制器基座故障；控制器冗余通道硬件故障	1. 插拔报故障的控制器，使其进行一次完整的上电拷贝； 2. 若插拔控制器后，故障依旧存在，尝试更换控制器； 3. 若更换控制器后依旧，尝试更换控制器基座
组态状态	反映了当前控制器的组态状态：组态正常：正常；组态故障：故障	组态下载或上电拷贝被异常中断；控制器保存组态的内存故障；组态故障	1. 若冗余的两块控制器均组态异常，请检查组态并重新下载； 2. 若仅一块控制器组态异常，可尝试插拔控制器，待其上电拷贝完成后观察组态是否正常； 3. 若重新下载组态或上电拷贝后组态依旧故障，则尝试更换控制器
用户程序运行状态	当用户程序运行异常时，显示异常	用户程序自身组态错误；上电拷贝过程异常终止；控制器硬件故障	1. 检查并修改组态后，再次下载； 2. 插拔故障控制器使其进行一次完整的上电拷贝； 3. 更换控制器
控制网A通信状态	若控制网A网络连接不畅或存在网络交错，则显示故障	网络故障；控制器硬件故障	1. 检测网络； 2. 排除网络故障的原因后，请尝试更换控制器
控制网B通信状态	若控制网B网络连接不畅或存在网络交错，则显示故障	网络故障；控制器硬件故障	1. 检测网络； 2. 排除网络故障的原因后，请尝试更换控制器
控制网A网口时钟同步	—	时钟同步服务器故障；控制器SCnet网络故障；控制器硬件故障	1. 检查时钟同步服务器是否正常，其他控制站或操作站的对时是否正常； 2. 检查控制器的SCnet网线、网口及其连接到交换机的网口是否正常； 3. 更换控制器
控制网B网口时钟同步	—	时钟同步服务器故障；控制器SCnet网络故障；控制器硬件故障	1. 检查时钟同步服务器是否正常，其他控制站或操作站的对时是否正常； 2. 检查控制器的SCnet网线、网口及其连接到交换机的网口是否正常； 3. 更换控制器
E-BUS A网通信状态	无法通过E-BUS A与控制器通信时显示故障	A网的网线故障；A网的网络芯片存在故障；位于交换机上的A网网口故障；A网存在网络风暴	1. 检查A网网线是否正常，若网线质量差，请更换网线； 2. 尝试连接到交换机上其他网口； 3. 查看A网网络负荷，是否存在异常节点发出大量数据包，若存在，请先解决该问题； 4. 若排除以上问题，请尝试更换控制器

续表

诊断项	含义与内容	故障原因	解决方法
E-BUS B 网通信状态	无法通过 E-BUS B 与控制器通信时显示故障	B 网的网线故障； B 网的网络芯片存在故障； 位于交换机上的 B 网网口故障； B 网存在网络风暴	1. 检查 B 网网线是否正常，若网线质量差，请更换网线； 2. 尝试连接到交换机上其他网口； 3. 查看 B 网络负荷，是否存在异常节点发出大量数据包，若存在，请先解决该问题； 4. 若排除以上问题，请尝试更换控制器
0#1#机架 L-BUS A 通信状态	显示为故障时，0#、1#机架上 L-BUS A 通信异常	L-Bus 通信线缆故障； 控制器基座上的 L-Bus 接口故障； 0#1#机架未插 IO 模块； IO 机架存在故障； 控制器 L-Bus 通信芯片故障	1. 检查 L-Bus 线缆是否存在松动，若有松动，请插紧； 2. 检查 L-Bus 线缆接口中的针脚或 IO 机架上 L-Bus 接口中的针脚是否正常，若存在歪、断等情况，请更换 L-Bus 线缆或 IO 机架； 3. 若 0#1#机架 L-BUS A B 网都故障，那么请检查 0#1#机架是否未插 IO 模块； 4. 排除以上问题，请尝试更换控制器
2#3#机架 L-BUS A 通信状态	显示为故障时，2#、3#机架上 L-BUS A 通信异常	L-Bus 通信线缆故障； 控制器基座上的 L-Bus 接口故障； 2#3#机架未插 IO 模块； IO 机架存在故障； 控制器 L-Bus 通信芯片故障	1. 检查 L-Bus 线缆是否存在松动，若有松动，请插紧； 2. 检查 L-Bus 线缆接口中的针脚或 IO 机架上 L-Bus 接口中的针脚是否正常，若存在歪、断等情况，请更换 L-Bus 线缆或 IO 机架； 3. 若 2#3#机架 L-BUS A B 网都故障，那么请检查 2#3#机架是否未插 IO 模块； 4. 排除以上问题，请尝试更换控制器
0#1#机架 L-BUS B 通信状态	显示为故障时，0#、1#机架上 L-BUS B 通信异常	L-Bus 通信线缆故障； 控制器基座上的 L-Bus 接口故障； 0#1#机架未插 IO 模块； IO 机架存在故障； 控制器 L-Bus 通信芯片故障	1. 检查 L-Bus 线缆是否存在松动，若有松动，请插紧； 2. 检查 L-Bus 线缆接口中的针脚或 IO 机架上 L-Bus 接口中的针脚是否正常，若存在歪、断等情况，请更换 L-Bus 线缆或 IO 机架； 3. 若 0#1#机架 L-BUS A B 网都故障，那么请检查 0#1#机架是否未插 IO 模块； 4. 排除以上问题，请尝试更换控制器
2#3#机架 L-BUS B 通信状态	显示为故障时，2#、3#机架上 L-BUS B 通信异常	L-Bus 通信线缆故障； 控制器基座上的 L-Bus 接口故障； 2#3#机架未插 IO 模块； IO 机架存在故障； 控制器 L-Bus 通信芯片故障	1. 检查 L-Bus 线缆是否存在松动，若有松动，请插紧； 2. 检查 L-Bus 线缆接口中的针脚或 IO 机架上 L-Bus 接口中的针脚是否正常，若存在歪、断等情况，请更换 L-Bus 线缆或 IO 机架； 3. 若 2#3#机架 L-BUS A、B 网都故障，那么请检查 2#、3#机架是否未插 IO 模块； 4. 排除以上问题，请尝试更换控制器

续表

诊断项	含义与内容	故障原因	解决方法
控制器平均负荷	显示控制器的平均负荷	—	—
控制器负荷状态	实时显示 CPU 的负荷	组态过大； 用户程序相位分布不合理； 用户程序编写不合理	1. 检查组态，若点数和用户程序数量均过大，请修改组态； 2. 调整用户程序的相位分布，使得负荷更平均； 3. 检查用户程序中是否存在死循环等编程错误，请修改组态后重新下载
IP 地址冲突状态	判断控制器节点 IP 地址在控制 A 网和控制 B 网上的地址冲突	同一网络中存在两块非冗余的控制器 IP 地址拨码相同	1. 打开机柜；找到 Scnet 灯在闪的控制器； 2. 检查其 Scnet 双网是否正确，如果 Scnet 双网都正常，那么该控制器就是地址冲突的控制器； 3. 检查该控制器的地址拨码是否正确； 4. 按照设计修改控制器 IP 地址
电源电压检测注 1	控制器会对电池电压、I/O 管脚电压、CPU 核心电压、24V A 电源电压、24V B 电源电压进行实时检测，若发现异常，则显示相应的电压异常	1、控制器电池故障： a. 未安装电池； b. 电池板未安装正确； c. 电池绝缘垫片未去掉； d. 硬件电路故障。 2.24V A/B 故障： a. 电源故障； b. 控制器硬件故障	1. 电池故障： a. 检查电池是否已正确安装； b. 检查电池绝缘垫片是否已去掉； c. 更换电池； d. 更换控制器； 2.24V A/B 故障： a. 检查电源接线是否松动； b. 检查电源模块是否故障； c. 更换控制器
控制器硬件状态	控制器硬件故障	控制器硬件故障	1. 重启控制器，查看是否正常； 2. 更换控制器
控制器温度	实时显示控制器温度	无故障	若现场一切正常，则无需处理
内存状态	当控制器内存自检故障时，显示 SRAM 故障、SDRAM 故障、FLASH 故障、SCNET_DPRAM 故障和 SBUS_DPRAM 故障	控制器硬件故障	1. 重启控制器，查看是否正常； 2. 更换控制器
控制站时钟	显示当前控制器的时间	无故障	若现场一切正常，则无需处理
秒脉冲同步状态	显示控制器当前秒脉冲输入信号是否正常	外部秒脉冲输入接线故障； 时钟同步服务器故障； 时钟分配单元故障	1. 检查时钟同步服务器是否正常工作； 2. 检查时钟分配单元 LNK711 是否正常工作； 3. 检查接线是否存在问题
控制网 A 网口硬件地址	显示 A 网口硬件地址	—	—
控制网 B 网口硬件地址	显示 B 网口硬件地址	—	—

(四) I/O 模块状态诊断

I/O 模块的状态诊断是对控制系统机架上安装的各个 I/O 模块进行状态检测，将诊断数据上送解析并在系统状态视图中显示。通过双击控制站总体信息的 I/O 模块可进入 I/O 模块状态诊断视图。下面以 AI711 为例介绍 I/O 模块的状态诊断。I/O 模块状态诊断视图

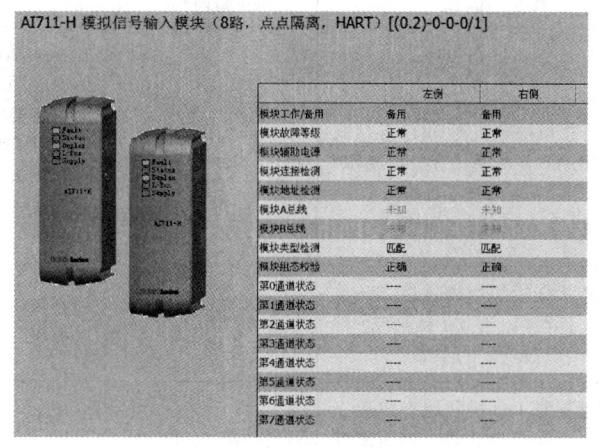

如图 6-177 所示。

图 6-177 I/O 模块状态诊断画面

I/O 模块的诊断信息含义、故障原因及其解决方法见表 6-17。

表 6-17 I/O 模块故障信息表

诊断项	含义与内容	故障原因	解决方法
模块工作/备用	模块处于工作状态时显示"工作"，处于备用状态时显示"备用"。备用状态只对冗余配置模块有效，非冗余配置模块无效	—	—
模块故障等级	模块故障等级分为重故障、轻故障和无故障三种。当模块的公共通道损坏时视为模块 I/O 功能失效，此时显示重故障；当模块的某通道故障，但是不扩散，模块仍然可以工作时显示为轻故障；当模块一切正常时显示为无故障	硬件故障	1. 复位； 2. 换模块
模块辅助电源	当模块无辅助电源接入时显示故障，当模块有辅助电源接入时显示正常	辅助电源接线故障；硬件故障	1. 检查电源接线是否松动； 2. 检查电源模块是否故障； 3. 换卡
模块连接检测	当 I/O 模块与 I/O 连接模块通信正常时显示"正常"，当连接中断时显示"模块丢失"	未插卡；总线故障；硬件故障	检查机柜，所在的槽位是否插上模块
模块地址检测	当 I/O 模块的地址冲突时显示故障；当 I/O 模块地址无冲突时显示正常	硬件故障	1. 复位； 2. 换模块； 3. 换基座
模块 A 总线	当 I/O 连接模块的左侧 DB15 连接线故障或中断时显示模块 A 总线故障	机架总线 A 故障；硬件故障	1. 检查该机架上的所有模块是否总线 A 故障，如果是，请按照节点中对应机架的 A 总线故障来处理； 2. 如果排除以上问题，故障依然存在，那么先复位； 3. 复位后问题依然存在，那么换模块

续表

诊断项	含义与内容	故障原因	解决方法
模块 B 总线	当 I/O 连接模块的右侧 DB15 连接线故障或中断时显示模块 B 总线故障	机架总线 B 故障； 硬件故障	1. 检查该机架上的所有模块是否总线 B 故障，如果是，请按照节点中对应机架的 B 总线故障来处理； 2. 如果排除以上问题，故障依然存在，那么先复位； 3. 复位后问题依然存在，那么换模块
模块类型检测	当安装的 I/O 模块与硬件组态一致时显示“匹配”；当 I/O 模块与硬件组态不一致时显示“不匹配”	模块类型与组态不一致	检查机柜中所插模块是否和组态中的模块型号一致
模块组态校验	当主控制器与 I/O 模块组态校验正确时显示组态校验正确；当组态校验错误时显示错误	硬件故障	1. 复位； 2. 换模块
通道状态	当 I/O 模块的通道故障时显示无效，比如没有实际信号输入或者 I/O 模块硬件故障等；当 I/O 模块有实际信号输入且正确时显示正常。当模块备用时通道状态也显示为“----”，当组态中将某通道设置成不开放时也显示为“----”	通道接线故障； 外部信号故障； 硬件故障	1. 检查接线是否正确； 2. 检查外部信号是否正常； 3、换卡

（五）操作员站状态诊断

操作员站（工程师站）诊断是对本操作域中所有的操作节点进行诊断，用于判断所有操作员站（工程师站）和服务器是否正常运行。双击系统状态主视图中的对应操作员站（工程师站）或者服务器可进入到对应的操作节点诊断画面。

诊断内容包括类型、软件包版本、操作域名称、主机名、操作小组名称、用户名、当前组态 ID、操作系统、组态磁盘剩余空间（M）、CPU 使用率、全部物理内存（M）、使用物理内存（M）、上下位机时间同步、与组态服务器组态一致性、与下位机组态一致性、操作域主服务器 IP、操作域从服务器 IP、时钟同步服务器有效性、控制 A 网通讯、控制 B 网通讯、信息 A 网通讯。数据服务器（操作站）。

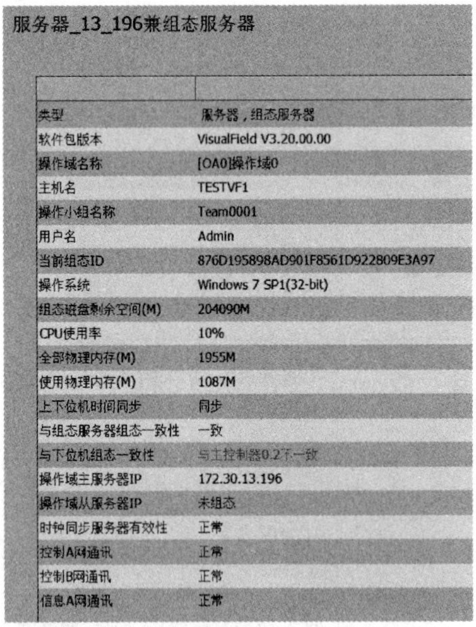
服务器_13_196兼组态服务器

类型	服务器，组态服务器
软件包版本	VisualField V3.20.00.00
操作域名称	[OA0]操作域0
主机名	TESTVF1
操作小组名称	Team0001
用户名	Admin
当前组态ID	876D195898AD901F8561D922809E3A97
操作系统	Windows 7 SP1(32-bit)
组态磁盘剩余空间(M)	204090M
CPU使用率	10%
全部物理内存(M)	1955M
使用物理内存(M)	1087M
上下位机时间同步	同步
与组态服务器组态一致性	一致
与下位机组态一致性	与主控制器0.2不一致
操作域主服务器IP	172.30.13.196
操作域从服务器IP	未组态
时钟同步服务器有效性	正常
控制A网通讯	正常
控制B网通讯	正常
信息A网通讯	正常

图 6-178　操作员站状态诊断画面

状态诊断视图如图 6-178 所示。

操作站的诊断信息含义、故障原因及其解决方法见表 6-18。

表 6-18 操作员站故障信息表

诊断项	含义与内容	故障原因	解决方法
类型	描述服务器的内容，如组态服务器，历史数据服务器等	—	—
软件包版本	描述软件包的版本	—	—
操作域名称	描述操作域的名称	—	—
主机名	描述主机的名称	—	—
操作小组名称	描述所在操作小组的名称	—	—
用户名	当前登录的用户名	—	—
当前组态 ID	描述当前组态的 ID	—	—
操作系统	描述当前操作系统的型号	—	—
组态磁盘剩余空间（M）	如果运行组态所在磁盘剩余空间很低，则有可能引起监控软件的运行异常	—	—
CPU 使用率	操作员站（工程师站）CPU 负荷影响监控软件性能，长时间处于高负荷则会影响监控软件正常运行	—	—
全部物理内存（M）	全部可使用的物理内存总量	—	—
使用物理内存（M）	当前使用的物理内存用量	—	—
上、下位机时间同步	显示操作员站（工程师站）与控制站时间同步情况	当前操作站时间未被同步；某控制器时间未被同步（参数为控制站地址）	1. 检查当前操作站的时间是否正确，如果当前操作站时间异常，请检查"操作站时钟同步"是否异常，如果异常，请按照"操作站时钟同步异常"来处理； 2. 如果操作站时钟正常，那么检查指定控制器的时钟同步，请按照"控制器时钟同步异常"来处理
与组态服务器组态一致性	显示操作员站（工程师站）运行组态与组态服务器一致性情况	组态更新后组态服务器未全体发布；该操作站操作网故障；该操作站或组态服务器上的 CfgDown 进程故障	1. 对该操作站进行组态发布； 2. 检查操作站操作网是否正常； 3. 如果全域的操作站都有该提示，重启组态服务器上的 CfgDown.exe，如果仅部分操作站，则重启问题操作站上的 CfgDown.exe
与下位机组态一致性	显示运行组态与控制站一致性情况	控制器未下载最新的组态；操作站的组态未被发布为最新，控制器已经被其他操作站下载为最新	1. 下载最新的组态到控制器； 2. 检查操作站是否为最新的组态，如果操作站组态不是最新，请执行组态发布
操作域主服务器 IP	显示当前操作域主服务器 IP 地址	—	—
操作域从服务器 IP	显示当前操作域从服务器 IP 地址	—	—

续表

诊断项	含义与内容	故障原因	解决方法
时钟同步服务器有效性	当未找到时钟同步服务器时就显示无效	未组态设置时钟同步服务器； 时钟同步服务器上的同步程序 VFTimeSync.exe 未运行或者运行异常； 连接时钟同步服务器的控制网和信息网故障	1. 检查本操作站网络通信是否正常，如果异常，请按照"网络通信故障"来修复网络故障； 2. 检查系统组态中的时钟服务器地址是否设置正常，若设置不正确，请修改组态； 3. 时钟服务器对应的控制网或信息网是否通信正常，如果网络不正常，请按照"网络通信故障"来修复网络故障； 4. 检查其他的操作站时钟同步是否正确，如果其他站都正常，那么重启故障操作站的 VFTimeSync.exe，如果其他操作站都有问题，那么重启时钟同步服务器上的 VFTimeSync.exe； 5. 做了以上操作后，如果异常还是不能排除，请联系中控查看时钟同步程序日志
控制 A 网通信	操作站 SCNet A 网络通信故障	操作站 A 网口是否连线正常； 操作站 A 网口连接的交换机是否正常； 操作站 IP 设置错误； 是否全网段只有一台操作站，即没有其他设备跟它通信	1. 检查 SCnet-A 网口、网线、SCnet-A 网口对应交换机交换机是否连接正常； 2. 检查操作站的 IP 设置是否正常； 3. 是否无其他设备跟它通信（可能现场就组了一个操作站、可能其他设备都中断了），这种情况下可以无视
控制 B 网通信	操作站 SCNet B 网络通信故障	操作站 B 网口是否连线正常； 操作站 B 网口连接的交换机是否正常； 操作站 IP 设置错误； 是否全网段只有一台操作站，即没有其他设备跟它通信	1. 检查 SCnet-B 网口、网线、SCnet-B 网口对应交换机交换机是否连接正常； 2. 检查操作站的 IP 设置是否正常； 3. 是否无其他设备跟它通信（可能现场就组了一个操作站、可能其他设备都中断了），这种情况下可以无视
信息 A 网通信	操作站 A 网络通信故障	操作站 A 网口是否连线正常； 操作站 A 网口连接的交换机是否正常； 操作站 IP 设置错误； 是否全网段只有一台操作站，即没有其他设备跟它通信	1. 检查 SOnet-A 网口、网线、SOnet-A 网口对应交换机交换机是否连接正常； 2. 检查操作站的 IP 设置是否正常； 3. 是否无其他设备跟它通信（可能现场就组了一个操作站、可能其他设备都中断了），这种情况下可以无视

五、ECS-700 系统组态实例

某重整装置预处理部分采用先分馏后加氢的流程。直馏石脑油进入分馏塔 C-101，经分馏后，塔顶拔头油作为烯烃厂裂解原料，塔底油一部分经过加热炉 F-101 后返回分馏塔，另一部分预加氢进料，经过加氢反应后产物经汽提塔脱除硫、氮、水等杂质后，塔底油作为重整反应原料，塔顶油作为汽提塔全回流进入塔内。该厂使用了 ECS-700 系统进行生产的监控，以下是该项目的设计要求。

（一）系统结构设计要求

桌面上点击图标![图标]，建立 ECS-700 工程，命名为"分馏塔工程"，报警等级数目默认 6，创建者 admin，密码为 supcondcs。按要求完成系统结构组态（图 6-179）。

图 6-179 系统结构组态

1. 系统配置

配置控制域 1 ![图标]，名称为分馏控制域，![图标] 域地址：172.20.1.*，位号分组 0 命名为分馏塔数据，位号分组 1 命名为加热炉数据，建立操作域，命名为"分馏塔操作域"。系统配置见表 6-19。

表 6-19 系统配置表

序号	名称	控制网地址	类型	数量	备注
1	控制站	172.20/21.1.2	FCU712-S	1	
2	服务器	172.20/21.1.254	DELL	1	数据服务器，时钟服务器
3	服务器	172.20/21.1.130	DELL	1	工程师站，组态服务器，数据服务器
4	操作站	172.20/21.1.131	DELL	1	

根据上表配置，新建控制域，增加控制站，并在左侧修改控制站属性 FCU-712，同时新建操作域，勾选对应控制站，并将 IP 设置为上表内容，操作后如图 6-180 所示。

图 6-180 IP 设置

2. 全局默认配置

信息网配置为 ECS-700 控制网双网（B 网优先），时钟同步服务器数量 1，IP 地址为

172.20.1.254/172.21.1.254，使能瞌睡报警发生功能，使能报警归并功能，使能报警搁置功能，使能工况管理功能，报警排序规则按报警产生时间。位号等级1配置为位号二次确认权限。设置如图6-181所示。

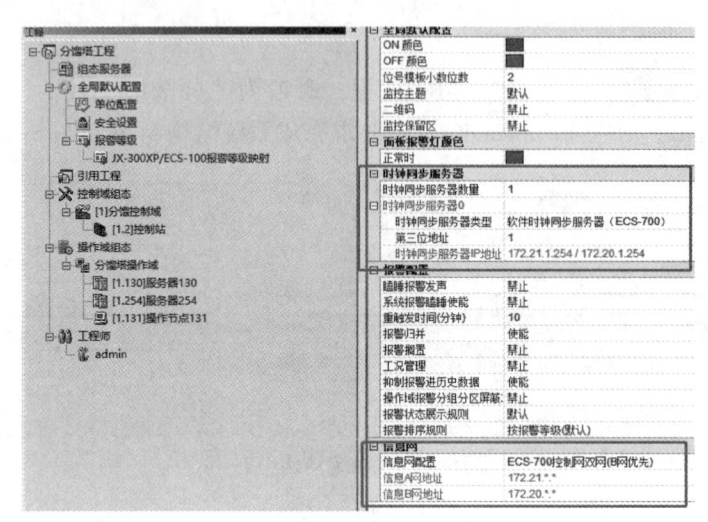

图 6-181 信息设置

3. 工程师配置

新建工程师用户，名称为 admin，密码为 supcondcs，拥有分馏塔控制站和操作域的权限。

（二）控制站设计要求

1. 控制站硬件配置

本项目包含一个本地机柜、一个控制器机架、一个I/O机架，按表6-20完成系统硬件组态。

表 6-20 系统硬件配置表

序号	名称	型号	地址	数量	是否冗余
1	控制器	FCU712-S	域地址：001 节点地址：002	2	是
2	串行通信模块	COM741-S	003	2	是
3	I/O 机架	CN721	000	1	/
4	模拟信号输入	AI713-H	002.000.000.002	2	是
5	模拟信号输出	AO713-H	002.000.000.004	2	是
6	数字信号输入	DI715-S	002.000.000.006	2	是
7	数字信号输出	DO716-S	002.000.000.008	2	是

打开组态管理软件，从组态服务器打开控制站 双击右侧的硬件配置，新增虚拟连接模块，再新增长机架，并按照表6-20的属性要求，添加卡件功能，每块卡都要设置冗余，并确定每个I/O点都被开启，过程如图6-182所示。

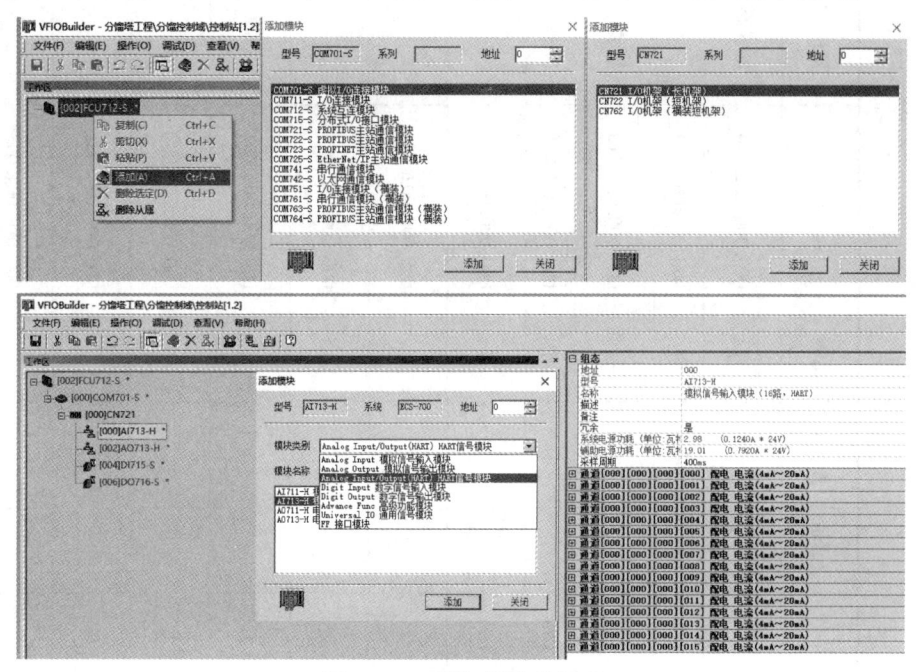

图 6-182　添加模块及组态

保存并关闭硬件配置，打开下面的位号表，操作-扫描通道位号-扫描新增，确定好后导出 I/O 表，并按照要求修改，最终完成 I/O 组态设定（图 6-183）。

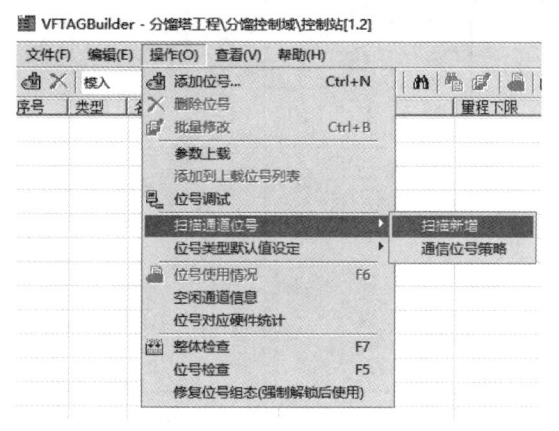

图 6-183　扫描通道位号及导出 I/O 表

2. 位号表

位号组态表见表6-21。

表6-21 位号组态表

序号	位号	描述	仪表类型	数据类型	类型	量程范围	单位	报警值	控制组	趋势	通道地址	备注
1	FT-101	C-101分馏塔入口流量	标准孔板+差压变送器	AI	配电4~20mA	0~220	t/h		有	有	000.000.002.000	流量累计
2	FT-102	C-101回流罐流量	差压变送器	AI	配电4~20mA	0~54	t/h		有	有	000.000.002.009	
3	FT-103	拔头油出装置管流量	质量流量计	AI	不配电4~20mA	0~40	t/h		有	有	000.000.002.010	流量累计
4	PT-111	D-101回流罐压力	压力变送器	AI	配电4~20mA	0~600	kPa		有	有	000.000.002.011	
5	LT-121	C-101分馏塔液位	双法兰液位计	AI	配电4~20mA	0~4700	mm	H: 3760 L: 940		有	000.000.002.005	
6	LT-122	D-101回流罐液位	导波雷达液位计	AI	配电4~20mA	0~100	%			有	000.000.002.008	
7	LT-123	D-101回流罐水包界位	浮筒界位计	AI	配电4~20mA	0~100	%			有	000.000.002.008	
8	TT-131	C-101第47层塔盘温度	温度变送器	AI	配电4~20mA	0~200	℃			有	000.000.002.007	
9	TT-132	C-101第47层塔盘温度	温度变送器	AI	配电4~20mA	0~200	℃			有	000.000.002.007	
10	FV-101	C-101分馏塔进料调节阀	调节阀	AO	配电4~20mA	0~100	%			有	000.000.004.002	
11	FV-102	C-101回流罐调节阀	调节阀	AO	配电4~20mA	0~100	%			有	000.000.004.003	

续表

序号	位号	描述	仪表类型	数据类型	类型	量程范围	单位	报警值	控制组	趋势	通道地址	备注
12	FV-103	拔头油出装置调节阀	调节阀	AO	配电 4~20mA	0~100	%				000.000.004.004	
13	PV-111A	D-101 压力补充阀	调节阀	AO	配电 4~20mA	0~100	%				000.000.004.000	
14	PV-111B	D-101 压力排放阀	调节阀	AO	配电 4~20mA	0~100	%				000.000.004.001	
15	P101A-STATE	P-101A 泵运行状态	MCC 触点	DI							000.000.006.000	
16	P101B-STATE	P-101B 泵运行状态	MCC 触点	DI							000.000.006.001	
17	HS-101A	XV-101 紧急关闭按钮		DI							000.000.006.005	
18	XM-101A	P-101A 停止	MCC 信号	DO							000.000.008.001	
19	XM-101B	P-101B 停止	MCC 信号	DO							000.000.008.002	
20	XM-101C	P-101A 允许启动	MCC 信号	DO							000.000.008.003	
21	XM-101D	P-101B 允许启动	MCC 信号	DO							000.000.008.004	
22	XZOS-101	XV-1690 开回讯开关	回讯开关	DI							000.000.006.003	
23	XZCS-101	XV-1690 关回讯开关	回讯开关	DI							000.000.006.004	
24	XV-101	C-101 塔底切断阀	切断阀	DO	常开,触点型						000.000.008.000	

I/O 位号成功导入后如图 6-184 所示，为了保证其他备用位号不会随便报警，对系统判断造成影响，要在硬件配置中批量关闭备用通道（图 6-185）。

图 6-184　I/O 位号导入成功

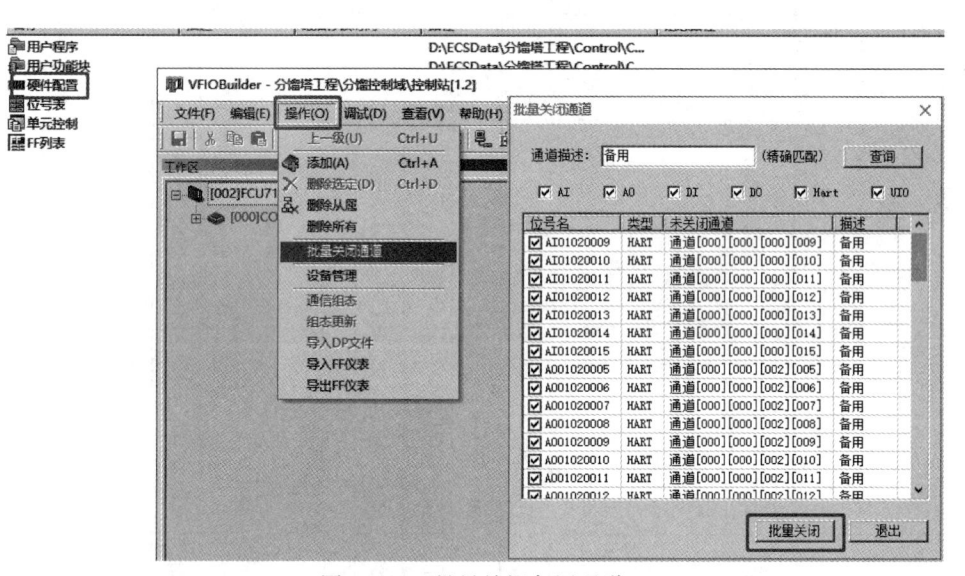

图 6-185　批量关闭备用通道

图 6-186　删除选定位号

关闭后的 IO 位号，需要在删除保证 IO 不会运行。这样基于 IO 的组态全不完成（图 6-186）。

3. 用户程序

按照表 6-22 完成控制方案的组态。组态时，保持默认 PID 参数，在监控画面中设置 PID 参数，并保存到组态文件。

表 6-22 控制方案表

序号	控制回路名称	回路位号	控制方案	测量表	调节阀	控制作用	PID 参数
1	C-101 分馏塔入口流量控制	FICQ-101	单回路	FI-101	FV-101（气开）	反作用	P；I；
2	C-101 分馏塔物料平衡控制	主回路：LIC-122 副回路：FIC-102	串级控制	FI-102 LI-122	FV-102（气关）	主：正作用 副：反作用	
3	C-101 分馏塔能量平衡控制	副回路：FICQ-103 主回路：TIC-131	串级控制	FI-103 TI-131	FV-103（气开）	主：反作用 副：反作用	
4	D-101 回流罐压力控制	PIC-101	分程控制	PI-111	PV-111A（气开） PV-111B（气开）	正作用	

AO 的气开/气关在位号表中设置正反输出，正输出 0~100/4~20mA；反输出 0~100/20~4mA（图 6-187）。

图 6-187 设置正反输出

点击进入用户程序 用户程序，右键新建 FBD 程序块-单回路，使用 PIDEX 模块，并将对应管脚连接，PV 和 MV 对应的故障报警均打开，连接好后如图 6-188 所示。

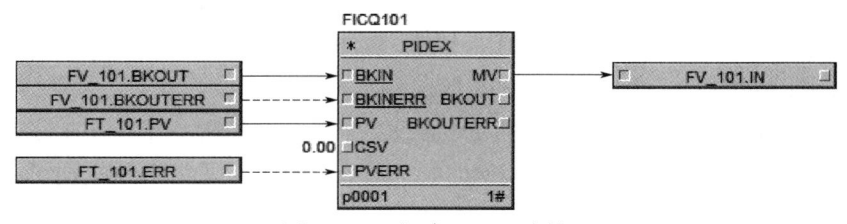

图 6-188 新建 FBD 程序块

其中 PV 连接 AI 仪表回路，ERR 为 IO 故障点，MV 连接调节阀，MV 的 BKOUT 是 AO 输出回馈验算值，当他与输出不一致时，证明有断路或者电流漏电，那么 BKOUTERR 将会故障置 ON，整个功能块不工作；PID 其他功能双击模块设定（图 6-189）。

图 6-189 功能块基本参数设置

串级回路制作，由两个单回路连接而成，其中主回路在前，副回路在后，副回路响应较快，主回路较慢，主回路 MV 值为副回路 SV/PV 的量程。

投用前需要把高级输入中的 SV-OPT 置为 OFF 保证画面权限；制作时要把主副回路的回环线右键设置为特殊线，才能编译成功图 6-190。

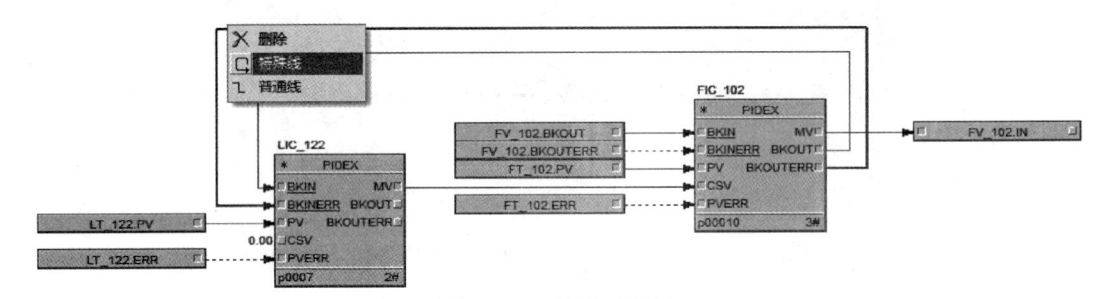

图 6-190 特殊线设置

分程 PID 制作：

（1）分程 PID 为总 PID 在前，中间用 SPLIT 分程模块相连，后面两个小 PID。

（2）其中分程的 BKOUT 反馈，要分别引用 A/B 两套阀门的 AO。

（3）投用时总 PID 为自动，分 PID 为跟随 SWTR。

（4）SPLIT 模块的 SV-OPT 置为 OFF 保证画面权限。

（5）SPLIT 模块的回环线右键设置为特殊线，才能编译成功（图 6-191）。

以上就是主要单回路编写方法，其他的如开关阀 DIO-2V 等简单连接便可操作，在此不赘述。

（三）操作域设计要求

1. 操作小组

操作小组有 3 个，分别为"工程师"操作小组、"分馏塔"操作小组和"加热炉"操

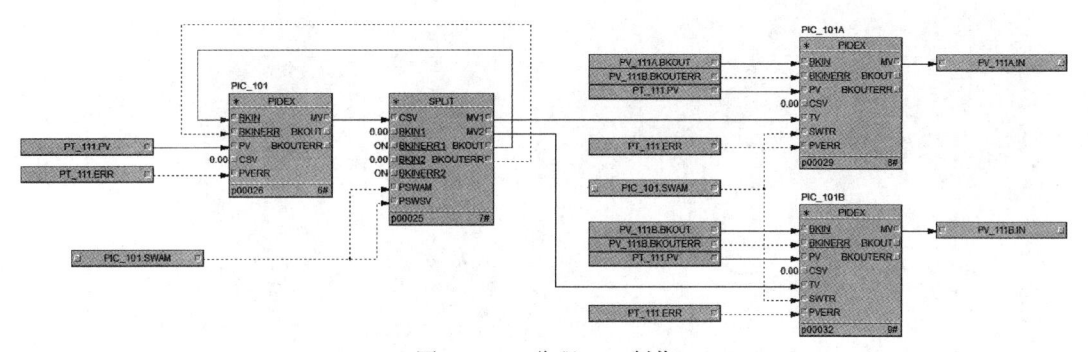

图 6-191　分程 PID 制作

作小组，具体配置见表 6-23。

表 6-23　操作小组配置表

操作小组名称	切换等级	备注
工程师	工程师	
分馏塔	操作员	
加热炉	操作员	

2. 监控用户授权

用户组配置表见表 6-24。

表 6-24　用户组配置表

用户名	密码	数据分组	报警确认	监控操作权限
admin	admin	工程管理、控制域 1、操作域 0		
工程师	/	控制域 1、操作域 0		工程师组
操作员	supcondcs	控制域 1、操作域 0		engineergroup 工程师组下用户

3. 监控用户授权

在"工程师"操作小组下建立操作画面。

1) 流程图画面

建立 1 张 C101 分馏塔流程图画面如图 6-192 所示。

2) 总貌画面

建立 2 张总貌画面，具体配置见表 6-25。

表 6-25　总貌画面配置表

页码	页描述	内容
1	总貌画面	所有流程图画面、一览画面、分组画面、趋势画面
2	过程测量点	FI-101、PI-111、LI-121、TI-131

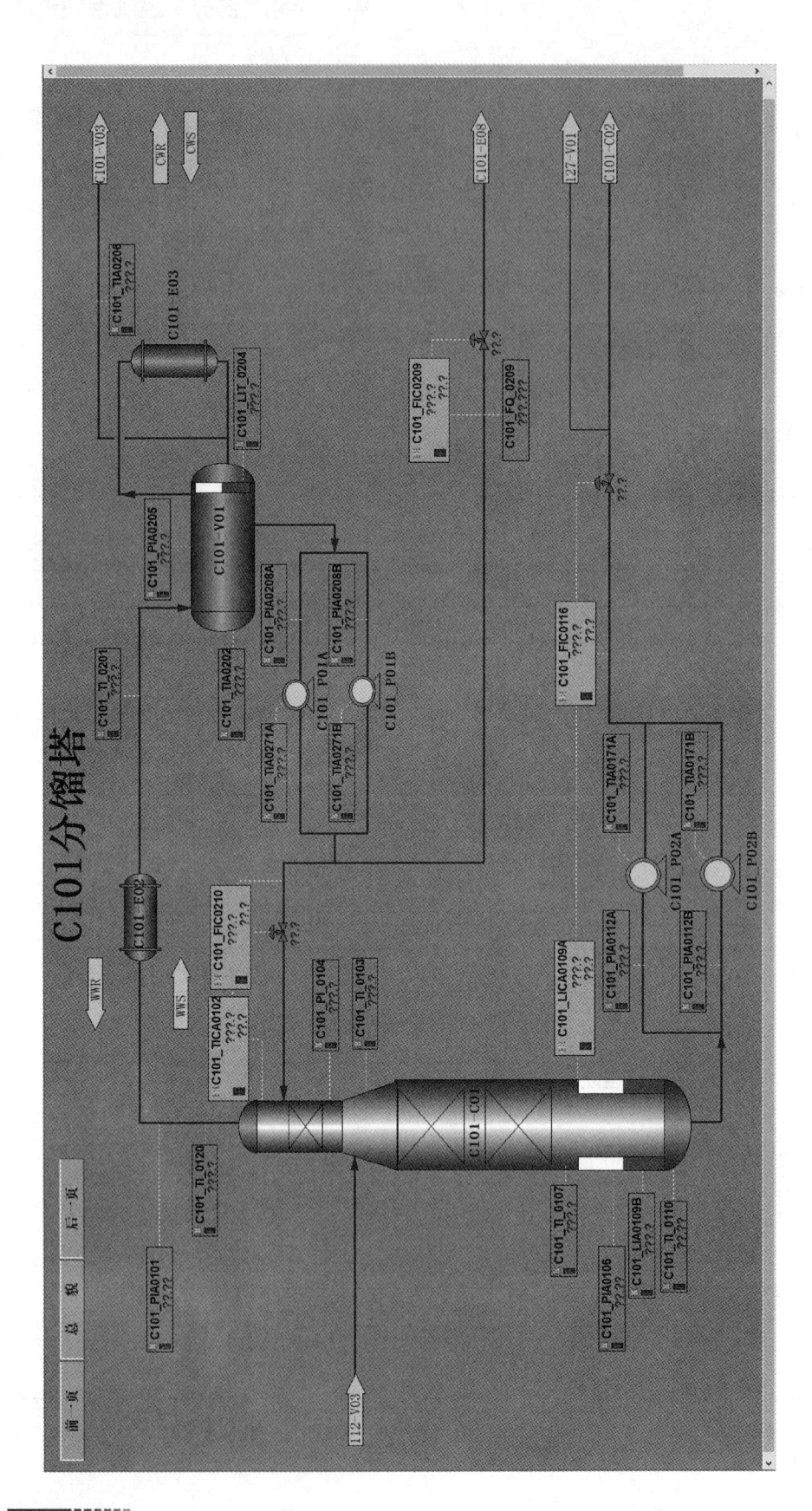

图 6-192 C101 分馏塔流程图

在总貌画面中可以配置，位号选择和页面选择（图6-193）。

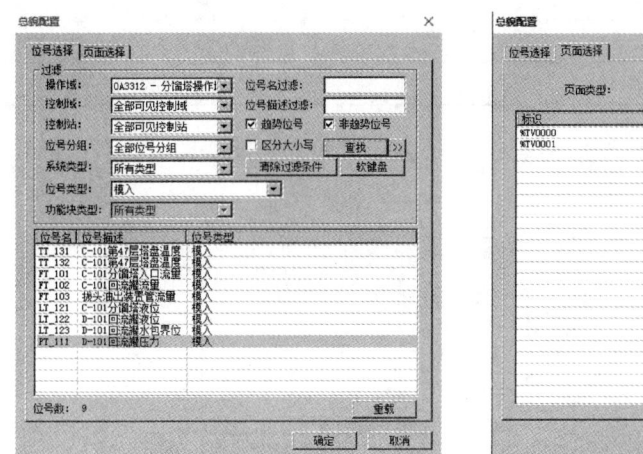

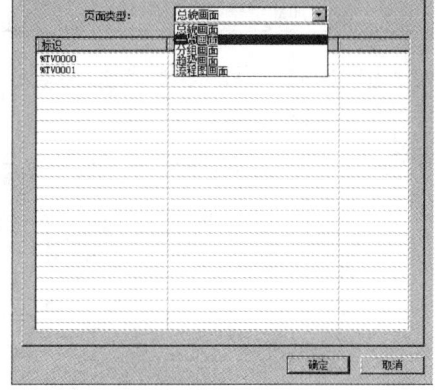

图 6-193 位号选择和页面选择

3）一览画面

建立2张一览画面，具体配置见表6-26。

表 6-26 一览画面配置表

页码	页描述	内容
1	分馏塔位号一览画面	所有分馏塔过程测量点
2	加热炉位号一览画面	所有加热炉过程测量点

一览画面直接配置想要的IO点即可（图6-194）。

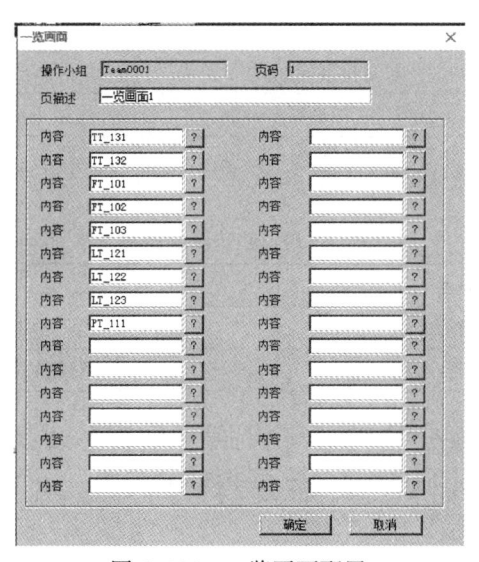

图 6-194 一览画面配置

4）分组画面

建立2张分组画面，具体配置见表6-27。

表 6-27 分组画面配置

页码	页描述	内容
1	分馏塔控制分组览画面	所有分馏塔过程控制点
2	加热炉控制分组画面	所有加热炉过程控制点

进入分组画面后,点击添加,并寻找功能块,点击确定的功能块即可组态(图6-195)。

图 6-195 分组画面设置

5)趋势画面

建立历史数据服务器,添加趋势库位号,具体见表6-28。

表 6-28 趋势画面配置

名称	IP 地址	位号分组	历史趋势位号
历史数据服务器	1.254	分馏塔、加热炉	FICQ_101.PV

建立2张趋势画面,具体配置见表6-29。

表 6-29 趋势画面配置

页码	画面名	内容
1	分馏塔趋势画面	所有分馏塔过程测量点
2	加热炉趋势画面	所有加热炉过程测量点

点击进入趋势组态设置,可以设置具体位号,和布局方式,包括1*1,1*2,2*1,2*2,总面积不变,只改变布局方式(图6-196)。

(四)报警设计要求

1. 自定义报警组和可报警分区

建立并选择自定义报警组,配置"工程师"操作小组下选择报警分区;具体配置见表6-30。

表 6-30 报警组和报警分区配置

报警组	报警分区	内容	"工程师"操作小组
分馏塔报警分组	C-101 报警分区		有
	D-101 报警分区		有
分馏塔报警分组	F-101 报警分区		有
			无

报警分区可以在每个不同的操作小组区分，选择不同的报警分区（图 6-197）。

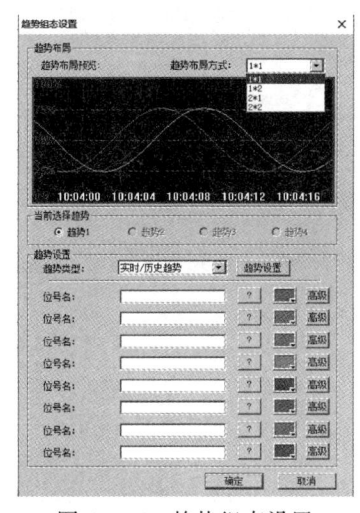

图 6-196 趋势组态设置

图 6-197 报警分区设置

2. 报警面板

配置报警面板，具体配置见表 6-31。

表 6-31 报警面板配置

面板名称	面板布局	内容
报警面板	8*2	

给出命名，并选择相应的位号，流程图或者报警分区，便能制作报警面板（图 6-198）。

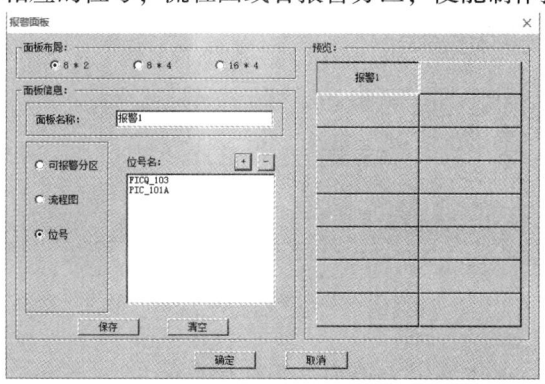

图 6-198 报警面板

3. 报警声音

配置报警声音，具体配置见表 6-32。

表 6-32 报警声音配置

报警项目	声音文件
系统报警	alarm.wav
低	SPbuzzer1
中	SPbuzzer2
高	SPbuzzer3
紧急	SPbuzzer4
涉及安全	SPbuzzer5

报警声音可以根据不同等级进行设定，也可以单个设定某个位号的报警声音用来特殊强调该位号的重要性，如图 6-199 所示。

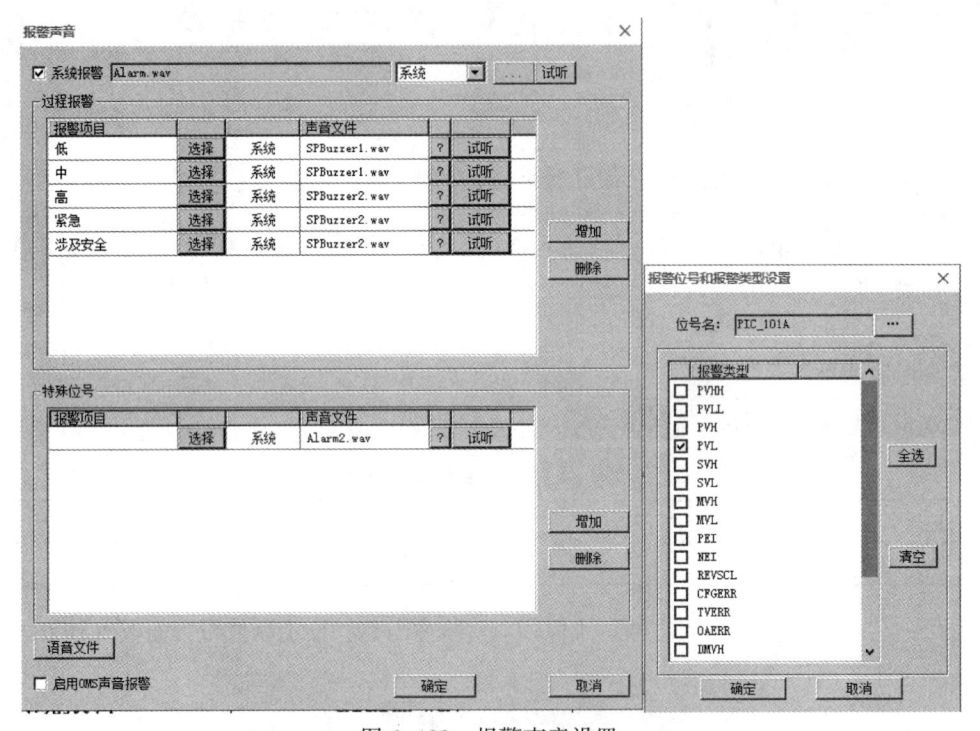

图 6-199 报警声音设置

第三节 SIS 安全仪表系统

本节首先介绍了 SIS 系统概述，然后以浙江中控的 TCS-900 系统为例，介绍 SIS 系统硬件配置及软件组态，系统操作与维护，系统故障诊断与处理，以及系统组态实例。

一、SIS 系统概述

（一）SIS 系统基础知识

SIS 系统是安全仪表系统的英文缩写。

GB/T 50770—2013《石油化工安全仪表系统设计规范》中规定，安全仪表系统是用于实现一个或几个仪表安全功能的仪表系统，安全仪表系统可由传感器、逻辑控制器、最终元件及相关软件组成。

中华人民共和国应急管理部 116 号文件给 SIS 系统定义，安全仪表系统是用来实现一个或几个仪表安全功能的仪表系统，可由传感器、逻辑控制器和最终执行元件组成。化工安全仪表系统（SIS）包括安全联锁系统、紧急停车系统和有毒有害、可燃气体及火灾检测保护系统等。

SIS 系统最显著的特征，相比 DCS、PLC 等有如下两点：

（1）安全仪表系统具有安全完整性等级。安全完整性等级分为 SIL1～4 级，其中 SIL1 是最低的功能安全等级，SIL4 是最高的功能安全等级。石油化工安全仪表系统最高到 SIL3。安全相关系统的 SIL 等级，是由风险分析得来的，即通过分析风险后果严重程度、风险暴露时间和频率、不能避开风险的概率及不期望事件发生概率这四个因素综合得来的。级别越高要求其危险失效概率越低（表6-33）。

表 6-33 安全性等级划分标准

SIL 安全完整性等级	PFD 按要求的故障概率	PFH 每小时的危险故障概率
1	$10^{-2} \sim 10^{-1}$	$10^{-6} \sim 10^{-5}$
2	$10^{-3} \sim 10^{-2}$	$10^{-7} \sim 10^{-6}$
3	$10^{-4} \sim 10^{-3}$	$10^{-8} \sim 10^{-7}$
4	$10^{-5} \sim 10^{-4}$	$10^{-9} \sim 10^{-8}$

（2）安全仪表系统独立于过程控制系统（例如分散控制系统等），生产正常时处于休眠或静止状态，一旦生产装置或设施出现可能导致安全事故的情况时，能够瞬间准确动作，使生产过程安全停止运行或自动导入预定的安全状态。

（二）SIS 系统的硬件、软件和通信网络结构

通常谈到 SIS 系统是一种控制系统产品，是指 SIS 系统当中的逻辑控制器，其硬件、软件和通信网络结构与 DCS 类似。

SIS 系统逻辑控制器的硬件，同样也包括控制站、操作员站、通信网络等。控制站包括 CPU 卡、I/O 卡、通信卡、底板、端子板等组成；其结构形式主要有 TMR（三重化）、QMR（四重化），具有完善的诊断和表决机制。操作员站使用基于 WINDOWS 的 PC 电脑。

SIS 系统的软件，包括控制站组态软件、SOE 软件、诊断软件、上位监控软件等组成。控制站组态软件要经过安全认证，组态语言一般支持函数方块图（FBD）、梯形图（LD）、结构文本（ST）。

通信网络主要指控制站与人机接口站（操作站、工程师站）之间的通信网络；另外还

包扩控制站内部控制器模块与 I/O 模块之间的通信总线；与操作站之间以及第三方系统及设备之间使用的 Modbus 网络、OPC 网络。

(三) SIS 系统的现状及发展

当前 SIS 系统生产厂家和产品主要有，浙江中控 TCS-900 系统、和利时的 HiaGuard 系统、TRICONEX 公司的 Tricon 系统、横河的 ProSafe-系统、霍尼韦尔的 SM 系统、HIMA 公司的 HIMax 系统等。

SIS 系统的现状及发展主要体现在，采用先进的技术手段提高安全性和可用性。当前，安全性方面体现在符合 TUV SIL3 等级、三重化（四重化）诊断表决、自诊断覆盖率高、覆盖现场回路的故障诊断、CPU 芯片内置双重表决、工业信息安全设计；可用性方面体现在模块全冗余、在线更换、支持降级运行模式、双工作同步运行、无切换扰动、冗余通道（卡件）间完全独立运行、在线增量下载设计。

未来 SIS 系统的发展，国产化越来越高，以浙江中控、和利时为代表的国产厂商在未来会得到更广泛的应用；SIS 系统的易用性也越来越高，尤其是国产 SIS 系统，全中文界面，思维方式更适合中国使用；虽然 SIS 系统比较强调独立性，但为了方便工厂协调统一控制、监视、操作和智能设备管理（IDM）以及工厂生产信息管理（MES），各控制系统之间无缝集成仍是发展趋势。

二、浙江中控 TCS-900 系统硬件配置与软件组态

TCS-900 系统是浙江中控技术股份有限公司面向流程工业领域，自主研发的高端大型安全仪表系统。TCS-900 系统具有较高的功能安全和信息安全，符合 IEC 61508 和 IEC 61511 的 SIL3 要求，以及 API 670 和 API 612 的应用要求。其应用范围涵盖 ESD、BMS、F&G、CCS 等领域，广泛应用于石油天然气、石化、化工、能源、制药、冶金、压缩机组等行业。

(一) TCS-900 系统主要特点

(1) 三重化冗余容错系统，可支持 3-2-0 和 3-3-2-2-0 降级模式。

(2) 采用五级表决架构，设计五层故障限制区，将故障隔离在最小范围内。

(3) 所有模块支持在线热更换，组态软件支持在线下载，可实现不停车在线维护。

(4) 诊断功能完善，覆盖率较高。系统诊断功能可识别系统运行期间产生的故障并发出适当的报警和状态指示；过程诊断功能可检测现场信号回路故障，例如开/短路、变送器故障等。

(5) 程序访问符合安全要求，修改程序并下载前可通过仿真软件来验证新的应用，最大限度地保证系统正常运行。系统还支持在线修改和下载组态。

(二) 系统工作原理

TCS-900 控制站的每个控制器模块和 I/O 模块都有三个软硬件完全独立的通道回路，并执行五级表决，如图 6-200 所示。输入模块内的三个通道同时采集同一个现场信号并分别进行数据处理，经表决后发送到三条 I/O 总线。控制器从三条 I/O 总线接收数据并进行表决，并将表决后的数据送三个独立的处理器，各处理器完成数据运算后，控制器对三通

道中的运算结果进行表决,并将表决结果发送到 I/O 总线。输出模块从三条 I/O 总线接收数据并进行表决,表决结果送三个通道进行数据输出处理,处理结果表决后输出驱动信号。

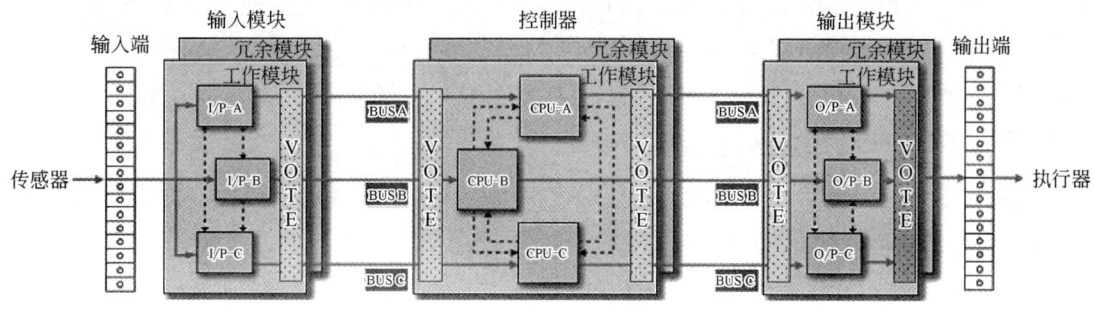

图 6-200 TCS-900 控制站表决图

控制站的控制器模块和 I/O 模块支持冗余设置,以单模块配置为例,系统表决算法如下:
(1) 3 个通道正常时,执行 2oo3D 表决算法。
(2) 2 个通道正常时,隔离故障的通道,执行 1oo2D 表决算法。
(3) 1 个通道正常时,系统输出故障安全值。

(三) TCS-900 系统构成与网络结构

TCS-900 统由控制站、人机接口站(操作站、工程师站等)、网络等组成,如图 6-201 所示。

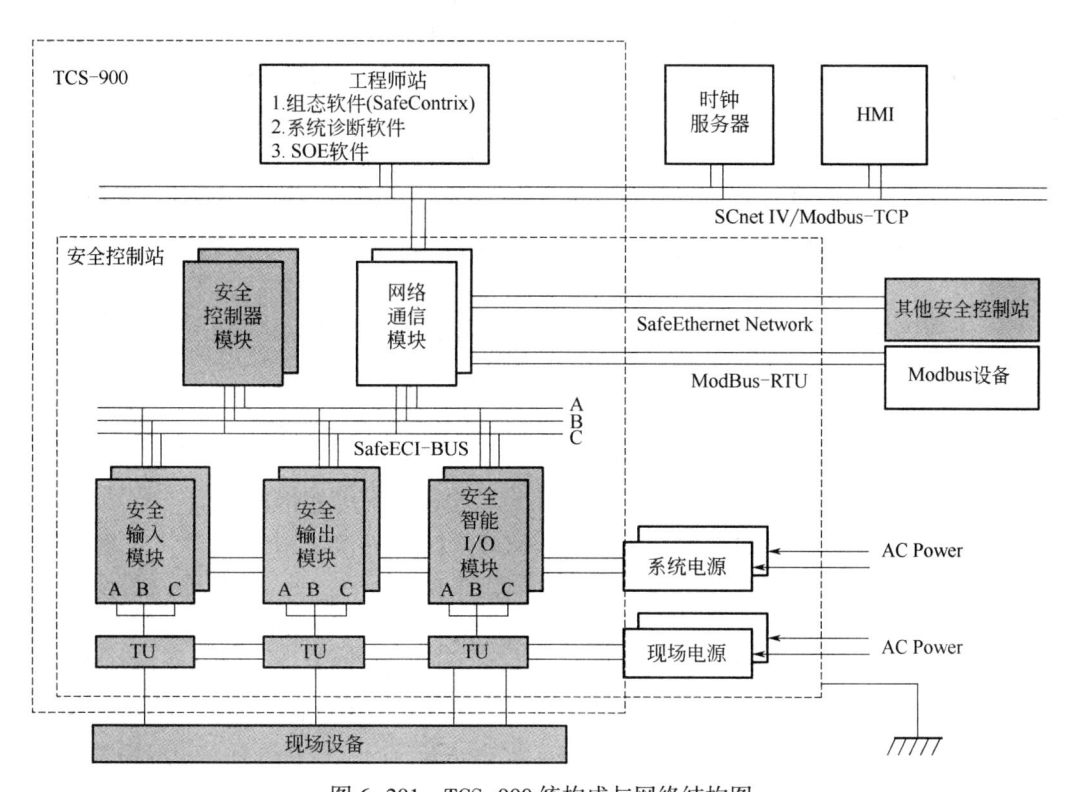

图 6-201 TCS-900 统构成与网络结构图

控制站完成信号采集、逻辑运算等控制、执行输出等功能。人机接口站完成过程监控、SOE 查询、系统诊断、系统组态软件等功能。网络主要指控制站与人机接口站（操作站、工程师站）之间通信使用的 SCnet IV 网络；另外还包扩控制站内部控制器模块与 I/O 模块之间的 Safe ECI-BUS，与操作站之间以及第三方系统及设备之间使用的 Modbus 网络，TCS-900 控制站之间可通过 SCnet IV 网络进行常规站间通信，可通过 SafeEthernet 网络进行安全站间通信。

（四）TCS-900 系统硬件配置

控制站主要包括机架、控制器、扩展通信模块、网络通信模块、各类 I/O 模块和端子板等，所有这些原件安装在机柜内。

1. 机柜

机柜分为系统机柜、辅助机柜、混装机柜三种。这三种机柜都有 2100mm×800mm×800mm 和 2100mm×800mm×600mm 两种尺寸。控制站机柜分为系统机柜和辅助机柜。系统机柜内可安装系统部件（如电源、主机架、扩展机架等），是控制站主体；辅助机柜用于安放安全栅或端子板等辅助设备；混装机柜内可混合安装系统系统部件和辅助设备。

2. 电源模块

TCS-900 系统控制站模块工作电源为 24V DC 电源，电源模块导轨式安装。

3. 机架

机架用于安装控制器、扩展通信模块、网络通信模块和各类 I/O 模块，分为主机架（MCN9010）和扩展/远程机架（MCN9020）两种，如图 6-202 所示。

一个 TCS-900 控制站中只能配置一个主机架 MCN9010，其最左侧一列的三个槽位安装扩展通信模块 SCM9010 或总线终端模块 SCM9020，接下来是标识为 SCU 的冗余槽位固定安装的控制器模块，然后是标识为 SCM 的冗余槽位固定安装的网络通信模块，随后其他槽位安装 I/O 模块。模块的插槽固定为冗余设计，分别以 L 和 R 标识。

一个 TCS-900 控制站最多能配置 7 个扩展/远程机架 MCN9020，每个扩展机架包含 20 个 I/O 槽位，可安装 10 对冗余 I/O 模块。I/O 槽位固定为冗余设计，分别以 L 和 R 标识。

当模块为单卡配置时，必须安装于 L 槽位，同组中的 R 槽位为空，且空槽位需要使用空槽盖板，以便防尘。

在 I/O 模块插槽下方对应位置安装有 DB37 线插头，每一对 I/O 模块冗余插槽对应标识相同的一对插头，一对插头对应一块接线端子板。

机架底座配有 I/O 总线 SafeECI，用于实现机架中模块间的数据通信。

机架地址编号为 1~8，机架超过 1 个时，主机架和扩展/远程机架均插入扩展通信模块 SCM9010，其上有机架地址拨码开关用于设置机架地址编号；当只有 1 个主机架时，要使用总线终端模块 SCM9020，并且只提供机架地址编号为 "1" 的信息。

主机架上设计有钥匙开关，如图 6-203 所示用于支持系统用户权限控制，权限模式有：MON、ENG、ADM。各操作模式权限（缺省设置）见表 6-34。

MON 挡（monitor mode）：观察权限模式，控制站开放对系统操作的最低权限。

ENG 挡（engineering mode）：工程权限模式，控制站开放对系统进行工程管理操作所需的主要权限。

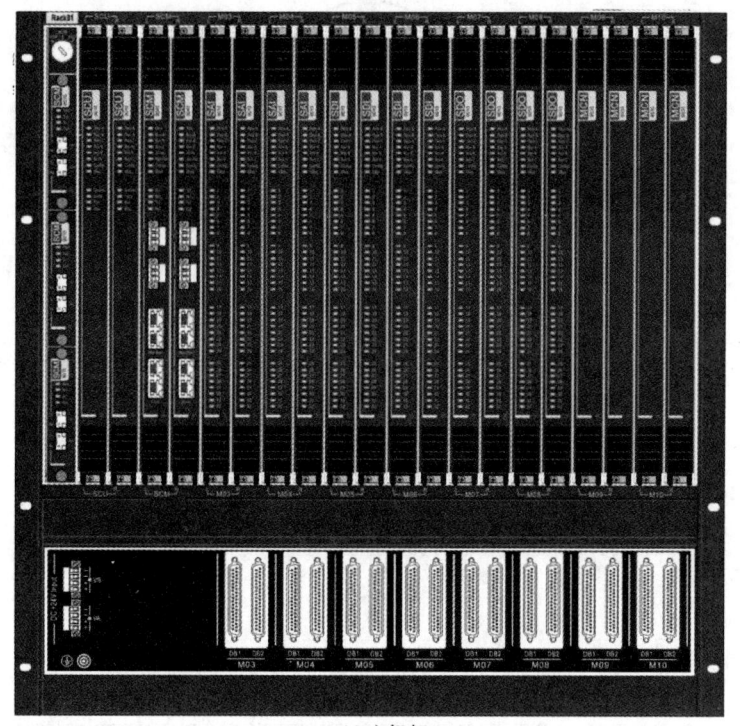

(a) 主机架

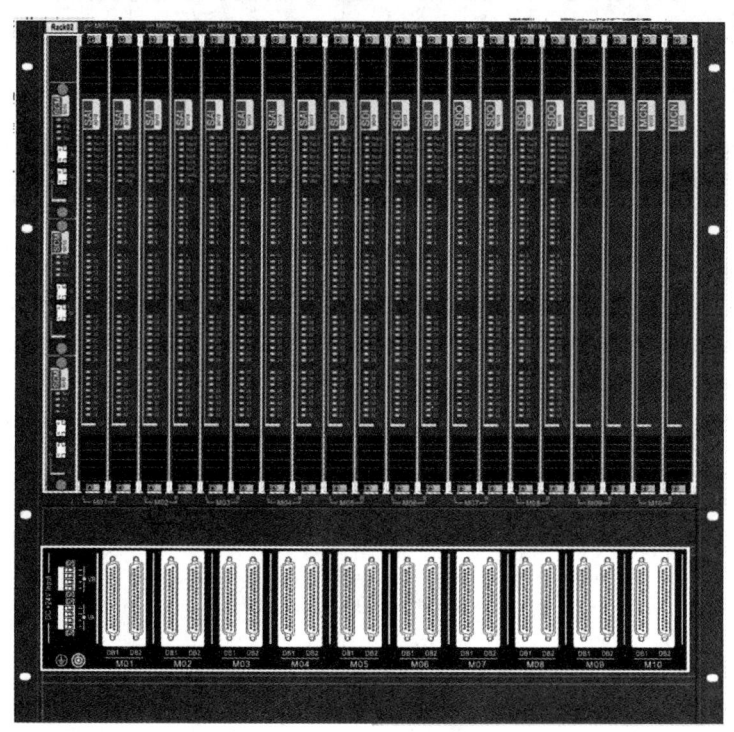

(b) 扩展/远程机架

图 6-202 机架

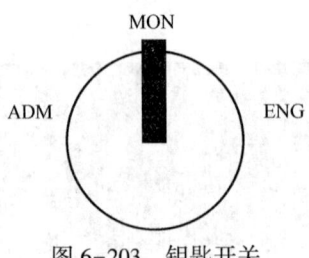

图 6-203 钥匙开关

ADM 挡（administrating mode）：管理权限模式，控制站开放对系统操作的所有权限。

表 6-34 各操作模式权限（缺省设置）

操作权限/操作模式	观察模式（MON）	工程模式（ENG）	管理模式（ADM）
切换系统运行状态	禁止	允许	允许
组态下载	禁止	允许	允许
清空组态	禁止	允许	允许
重置联机密码	禁止	禁止	允许
位号/内存变量强制	禁止	允许	允许
写操作变量	可配置（默认：禁止）	允许	允许
初始化操作变量	禁止	允许	允许
标定	禁止	禁止	允许
清除 SOE 记录	禁止	禁止	允许
试灯	禁止	禁止	允许

4. 扩展通信模块

SCM9010 扩展通信模块用于连接主机架和扩展/远程机架。通过 SCM9010 的级联结构实现 I/O 总线（即 SafeECI 总线）的物理延伸和扩展，如图 6-204 所示。

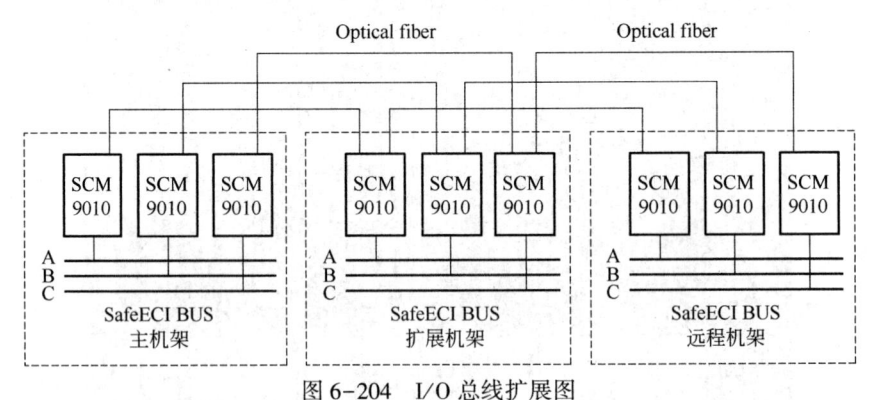

图 6-204 I/O 总线扩展图

SCM9010 模块面板设计有状态指示灯和光纤接口。面板图如图 6-205 所示。

三个 SCM9010 模块安装于主机架/扩展机架的最左侧一列的上、中、下三个插槽中，实现三重化 I/O 总线结构，用于实现机架级联和扩展机架/远程机架。若不使用扩展/远程机架，该位置须插三块总线终端模块 SCM9020。

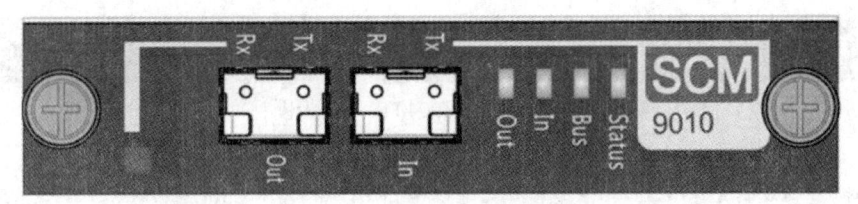

图 6-205　SCM9010 模块状态指示灯和光纤接口

模块 PCB 板后有 4 位地址拨码开关，用于确定机架在 I/O 总线上的网络地址，地址范围为 1~8，拨码开关标识如图 6-206 所示。同一机架内三块模块应设置成相同的地址；但在同一个控制站下，不同机架内不能存在相同的机架地址。

5. 控制器模块

控制器模块是控制站的核心处理单元，执行以下安全和常规控制任务：

（1）扫描输入模块的实时输入数据，并进行实时输入位号处理。

（2）执行安全内核以实现应用逻辑。

（3）执行实时输出位号处理，并将实时输出数据下发至输出模块。

（4）实现与其他 TCS-900 控制站的安全通信。

（5）实现与其他系统（如 DCS）的常规站间通信。

（6）对控制站进行周期性诊断。

控制器模块分为 SCU9010 和 SCU9020 两种，如图 6-207 所示均为三重化，支持冗余，支持安全组态下载。SCU9010 支持 Modbus 从站通信，SCU9020 支持 Modbus 主从站，支持机组控制，支持超速保护。

拨码开关编号 4	3	2	1	机架地址
OFF	OFF	OFF	ON	01
OFF	OFF	ON	OFF	02
OFF	OFF	ON	ON	03
OFF	ON	OFF	OFF	04
OFF	ON	OFF	ON	05
OFF	ON	ON	OFF	06
OFF	ON	ON	ON	07
ON	OFF	OFF	OFF	08

图 6-206　机架地址拨码开关

图 6-207　SCU9010 控制器模块面板

6. 网络通信模块

网络通信模块模块是 TCS-900 系统控制站对外通信的接口，如图 6-208 所示。网络通信模块模块支持 SCnet IV（实现时间同步、实时数据通信、组态下载、SOE 数据通信、跨系统常规站间通信等功能）、Modbus-TCP 通信（连接第三方 Modbus 设备，支持 Modbus TCP 服务器/客户端）、Modbus-RTU 通信（连接第三方 Modbus 设备，Modbus RTU 主站/从站）和点对点安全站间通信（实现多个安全控制站之间的安全数据共享），其面板通信接口如图 6-209 所示，其网络拓扑结构如图 6-210 所示。

在 TCS-900 系统中网络通信模块是必配模块，主要功能包括：

图 6-208　SCM9040 模块面板图

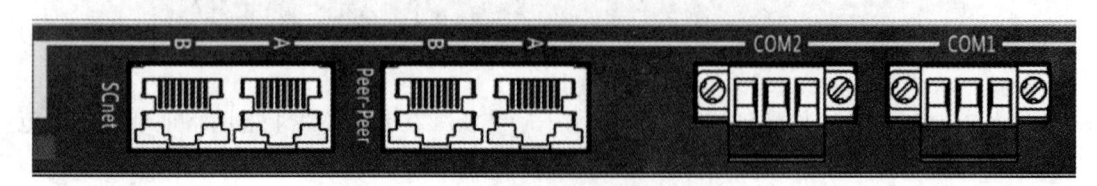

图 6-209　SCM9040 面板通信接口

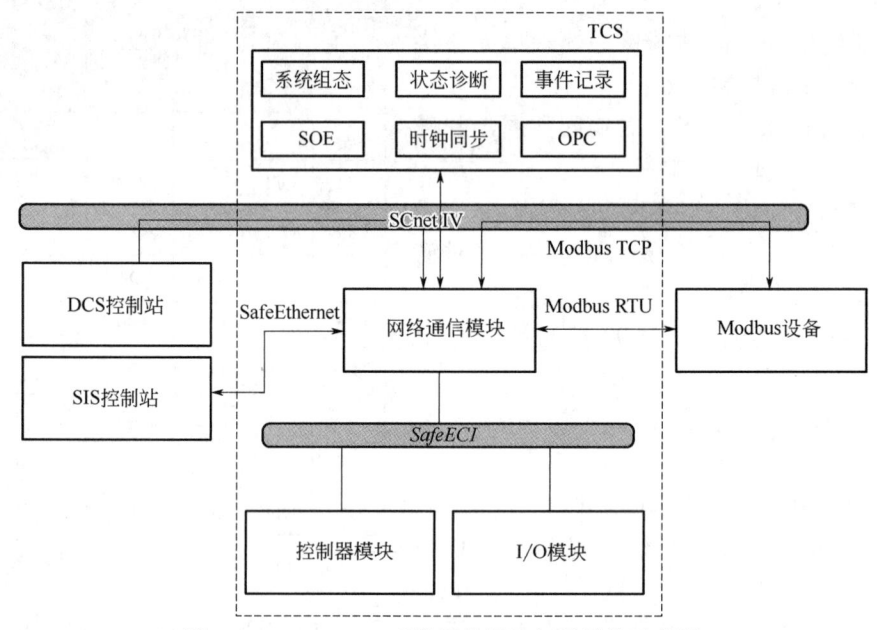

图 6-210　TCS-900 系统网络网络拓扑结构示意图

（1）常规节点通信处理：包括 SCnet IV 网、Modbus TCP 网和 Modbus RTU 网。

① SCnet IV 网络用于实现安全控制站与工程师站、时钟服务器和 SOE 服务器等的连接，也用于 TCS-900 系统与其他控制系统（如 DCS 等）的数据通信（即系统常规站间的通信）。SCnet IV/Modbus TCP 网络连接通过面板上标识为"SCnet"的 RJ45 网口实现。

② Modbus TCP 网络与 SCnet IV 网络共用同一个网络。

③ Modbus RTU 通信网络用于实现 TCS-900 系统与 Modbus RTU 设备的连接。Modbus RTU 通信接口标识为 COM1/COM2，每个串口都可以实现 RS485 方式通信。

（2）安全站间通信处理：通信模块属于 Peer to Peer 安全站间通信黑通道模型中的一个环节，负责 SafeECI 总线和 SafeEthernet 网络的数据转发。

SafeEthernet 网络接口只允许用于安全站间通信、固化程序下载、制造信息烧写、标定功能通信，不允许用于其他通信。

安全站间通信 SafeEthernet 网络为双网冗余结构，A、B 网同时工作，站间的连接通过面板上标识为"Peer-Peer"的 RJ45 网口实现。

（3）信息安全功能：通信模块采用双处理器（协议处理器和数据处理器）设计，实现严格的信息安全检测和隔离。在通信模块上设计两级防火墙，一级防火墙在协议处理器内，二级防火墙在数据处理器内。

（4）时间同步：通信模块作为控制器的时钟同步源，周期性地向时钟同步服务器（GPS 时间服务器或作为 SNTP 服务器的计算机）请求对时，并在通信模块内部使用定时器来维护一个绝对时间。

（5）系统事件记录：支持系统诊断软件从网络通信模块中读取系统事件记录。

（6）SOE 记录：TCS-900 系统可滚动存储 SOE 记录。冗余切换：在 SCnet IV 网中，通信模块的冗余方式为热备冗余，工作卡和冗余卡周期性地进行诊断信息交互，当工作模块检测到自身的故障等级上升后，将自身的诊断信息和备用。

SCM9040 模块上有 2 个 8 位拨码开关，如图 6-211 所示，分别设置控制站的域地址和站地址，作为 SafeEthernet 通信和 SCnet IV 通信的 IP 地址后两个字段。

站地址和域地址编码见站地址拨码开关编码表和域地址拨码开关编码表见表 6-35。控制站硬件组态时，须保证 SCU9010 设备组态地址与拨码地址相同。

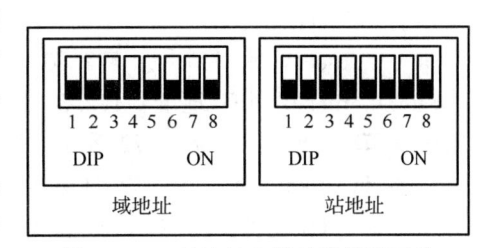

图 6-211 站地址和域地址拨码开关

表 6-35 站地址拨码开关编码表和域地址拨码开关编码表

编码									站地址
1	2	3	4	5	6	7	8	
OFF	OFF	OFF	OFF	OFF	OFF	ON	OFF	2
OFF	OFF	OFF	OFF	OFF	OFF	ON	ON	3
OFF	OFF	OFF	OFF	OFF	ON	OFF	OFF	4
……								
OFF	ON	ON	ON	ON	ON	OFF	ON	125
OFF	ON	ON	ON	ON	ON	ON	OFF	126
OFF	ON	ON	ON	ON	ON	ON	ON	127

编码									域地址
1	2	3	4	5	6	7	8	
OFF	OFF	OFF	OFF	OFF	OFF	OFF	OFF	0
OFF	OFF	OFF	OFF	OFF	OFF	OFF	ON	1
OFF	OFF	OFF	OFF	OFF	OFF	ON	OFF	2
……								
OFF	OFF	ON	ON	ON	OFF	OFF	ON	57
OFF	OFF	ON	ON	ON	OFF	ON	OFF	58
OFF	OFF	ON	ON	ON	OFF	ON	ON	59

在站间通信初始化时通过站地址管理接口获取域地址和站地址作为 SafeEthernet/SCnet IV 通信 IP 地址后两个字段。SafeEthernet 通信网络地址格式为：172.80.$X.Y$/172.81.$X.Y$，SCnet IV 通信网络地址格式为 172.20.$X.Y$/172.21.$X.Y$，其中 X 为域地址，Y 为站地址。

冗余模块左侧槽：

SafeEthernet A 网 IP 地址：172.80.$X.Y$（X 值范围：0~59；Y 值范围：2~126 间的偶数）。

SafeEthernet B 网 IP 地址：172.81.$X.Y$。

SafeEthernet 端口：0x4A00。

SCnet IV/Modbus TCP A 网 IP 地址：172.20.$X.Y$（X 值范围：0~59；Y 值范围：2~126 间的偶数）。

SCnet IV/Modbus TCP B 网 IP 地址：172.21.$X.Y$。

冗余模块右侧槽：

SafeEthernet A 网 IP 地址：172.80.$X.Y$+1。

SafeEthernet B 网 IP 地址：172.81.$X.Y$+1。

SCnet IV A 网 IP 地址：172.20.$X.Y$+1。

SCnet IV B 网 IP 地址：172.21.$X.Y$+1。

Modbus RTU 设备串口（COM1 和 COM2）从站地址范围为 1~255。

7. I/O 模块和端子板

I/O 模块分为 DI（SDI9010）、AI（SAI9010、SAI9020-H）、DO（SDO9010）、AO（SAO9010）等类型，均为三重化通道架构，通道间相互独立，异步工作。AI 模块有支持 HART 协议和不支持 HART 协议的型号，AO 支持 HART 协议。

模块可按冗余或非冗余两种模式配置。非冗余配置模式下的表决方式为 3-2-0，冗余配置模式下的表决方式为 3-3-2-2-0。

冗余配置时，并联输入/输出信号，两个冗余模块同时工作，无主备之分。

DI 端子板有三种，TDI9010 可以接 32 点、触点型、24V DC、SIL3 的开关量；TDI9011 可以接 32 点、电平型、24V DC、非安全应用的开关量；TDI9012 可以接 32 点、触点型、48VDC、SIL3 的开关量。

AI 端子板有五种，TAI9010 可以接 32 点、4~20mA、配电型、SIL3 和 32 点、0~10mA、配电型、非安全应用的模拟量；TAI9011 可以接 32 点、1~5V DC、不配电、SIL3 和 32 点、0~5V DC、不配电、非安全应用的模拟量；TAI9012 可以接 32 点、4~20mA、不配电、SIL3 和 32 点、0~10mA、不配电、非安全应用的模拟量；TAI9020 可以接 16 点、4~20mA、配电型/不配电型、支持 HART、SIL3 和 16 点、0~10mA、配电型/不配电型、非安全应用的模拟量；TAI9021 可以接 16 点、1~5V DC、不配电、SIL3 和 16 点、0~5V DC、不配电、非安全应用的模拟量。其中前三种端子板与 SAI9010 搭配使用，后两种端子板与 SAI9020-H 搭配使用。

PI 端子板有一种，TPI9010 可以接 9 点 PI，2 点触点信号输出，SIL3 等级的信号。

DO 端子板有一种，TDO9010 可以接 32 点，有源输出型，24V DC，SIL3 等级的信号。

AO 端子板有一种，TAO9010 可以接 16 点，4~20mA，配电型，支持 HART，SIL3 等级的信号。

8. 人机接口站

人机接口站包括操作站、工程师站等，由操作台和完成操作功能和工程师功能的计算机及附件组成。

9. 网络硬件

SCnet IV 网络采用冗余的网络交换机作为网络设备，实现冗余网络通信。

（五）TCS-900 系统软件

TCS-900 系统软件包扩系统组态软件 SafeContrix、系统诊断软件 SafeManager、SOE 软件、时钟同步软件 TimeSync、OPC 服务器和监控软件等组成。

1. 系统组态软件 SafeContrix

系统组态软件 SafeContrix 是控制站的组态软件，它集成了硬件组态、变量组态、控制方案组态等功能。完成上述组态内容，编译成功后，可将组态内容下装到控制器当中，控制站就会按照组态好的功能进行控制。

2. 系统诊断软件 SafeManager

SafeManager 软件可以根据 SafeContrix 中的硬件组态信息对 TCS-900 系统中的各个硬件设备进行管理。主要支持以下功能：

（1）支持对控制器模块、网络通信模块、I/O 模块进行试灯及事件记录的查看。

（2）支持对安全相关部件的线路状态、模块状态、站间数据通信状态、电源状态进行诊断。

（3）支持对时钟同步状态进行诊断。

3. SOE 软件

SOE 是事件顺序（Sequence of Event）的英文简称。通过主控制器、SOE 模块和 SOE 软件的配合，可以采集和记录时间精度为 0.5ms 的开关事件，例如断路器的操作，开关的跳闸等。记录的内容包括事件发生的时间、状态、类型和位置等。

SOE 模块高速扫描 DI 通道的状态，当发生通道状态改变时，形成原始的 SOE 记录，并且实时送入主控制器。主控制器实时收集 SOE 模块中的 SOE 记录，通过主从通信方式将事件记录上送至 SOE 服务器。SOE 服务器完成系统 SOE 数据采集和记录，同时提供 SOE 历史数据查询服务。SOE 浏览器完成 SOE 数据的查看、查询等。

SOE 服务器既是指 SOE 服务器软件，又可以是装有 SOE 服务器软件的计算机硬件。SOE 服务器与 SOE 浏览器构成了 SOE 软件。

4. 时钟同步软件 TimeSync

TimeSync 为时钟同步操作程序，用于时钟同步的操作。完整的系统时钟同步设置步骤为：SNTP 时钟同步组态、PPS 时钟同步设置、时钟服务器设置、客户端设置。

5. OPC 服务器

TCSOPCSVR 数据服务器是一种基于 windows 的应用，是支持 OPC DA 标准的 OPC 服务器，该服务器通过 SCnet IV 获取并向 OPC 客户端提供 TCS-900 系统的实时数据。

6. 监控软件

监控软件是人机接口（操作站）软件，包括系统结构组态软件、组态管理软件、监控运行软件。

1) 系统结构组态软件

系统结构组态软件（VxSysBuilder）主要用于构建工程结构、工程师组态权限配置和全局参数配置、设置默认工程、备份/还原工程、子工程导入导出等。

2) 组态管理软件

组态管理软件提供在组态模式下，针对单个工程中监控正常运行所需的相关内容进行组态的功能。主要包括对象模型组态、操作小组组态以及本工程内统一的一些配置。其中操作小组组态主要包括：一览画面、趋势画面、流程图、报表、调度、可报警分区、报警声音、报警弹出、报警实时打印、操作指导、位号关联流程图、位号关联趋势画面。工程内统一的配置有：数据库、大型数据库、历史趋势、监控用户授权、报警颜色、自定义报警分组、调度、对象模型。

通过组态管理软件完成监控组态后，要进行组态的在线下载和在线发布等。

3) 监控运行软件

监控运行软件，为用户监视现场设备的运行情况，提供了一个可视性监控界面，便于管理者操作和维护。具有监视功能强大、提供各种动态实时显示、界面更柔和、更逼真等特点。

三、浙江中控 TCS-900 系统操作与维护

（一）监控界面

监控界面分系统自带为监控表头、监控画面和报警栏 3 个部分，如图 6-212 所示。其中监控画面一般都会通过组态分为背景画面和一般监控画面。因此一般整个监控界面最终会分为 4 个部分，监控表头、背景画面、一般监控画面和报警栏。可以通过点击监控表头

图 6-212 监控界面

和背景画面的各个按钮显示不同的监控画面。

1. 监控表头

监控表头包含两部分内容，分别为工具栏和状态栏，如图 6-213 所示。

图 6-213 监控表头

（1）工具栏上列出了 HMI 控制台的主要操作功能，如图 6-214 所示，各个按钮功能如下。

图 6-214 工具栏

画面跳转按钮用于打开某类监控画面，如按钮呈现灰色不可操作，则表示登录用户无权限或无此画面。为首页按钮，为数据一览按钮，为趋势图按钮，为流程图按钮，为报表浏览按钮。

画面操作按钮用于同一类画面翻页，或经常使用的画面翻页等。为后退按钮（逐步后退到上一次操作过的画面，显示前面所有操作过的画面列表，点击可直接退至某画面），为前进按钮（相对于后退操作而言，只有执行了后退操作，前进操作才有意义），逐步前进；显示已经后退的所有画面列表，点击可前进至某画面），为前页按钮，为后页按钮，为翻页按钮。

位号查找按钮为，用于打开位号选择器界面，在界面中双击某位号或点域后，将直接打开该位号或点域的位号面板。

系统组合功能按钮为，下拉菜单中分别有操作日志、系统信息、打印画面、用户登录、退出系统按钮，如图 6-215 所示。在弹出的下拉列表中选择操作日志，则在监控界面上弹出操作日志界面，如图 6-216 所示。

（2）状态栏。状态栏用于显示 HMI 系统的状态信息及画面信息等，各部分说明如图 6-217 所示。

图 6-215 系统组合功能按钮下拉列表

2. 背景画面

背景画面为用户自定义的画面，可一直显示在监控画面的最上部。一般可组态为三个区域。左侧为快捷按钮区，可以直接调用相应流程画面，如联锁逻辑等。中间为简要报警区域。右侧为综合系统信息和操作区域，如图 6-218 所示。

3. 一般监控画面

一般监控画面是监控信息显示区，如流程图、趋势等的画面显示和操作都主要集中在此区域内。

图 6-216 操作日志

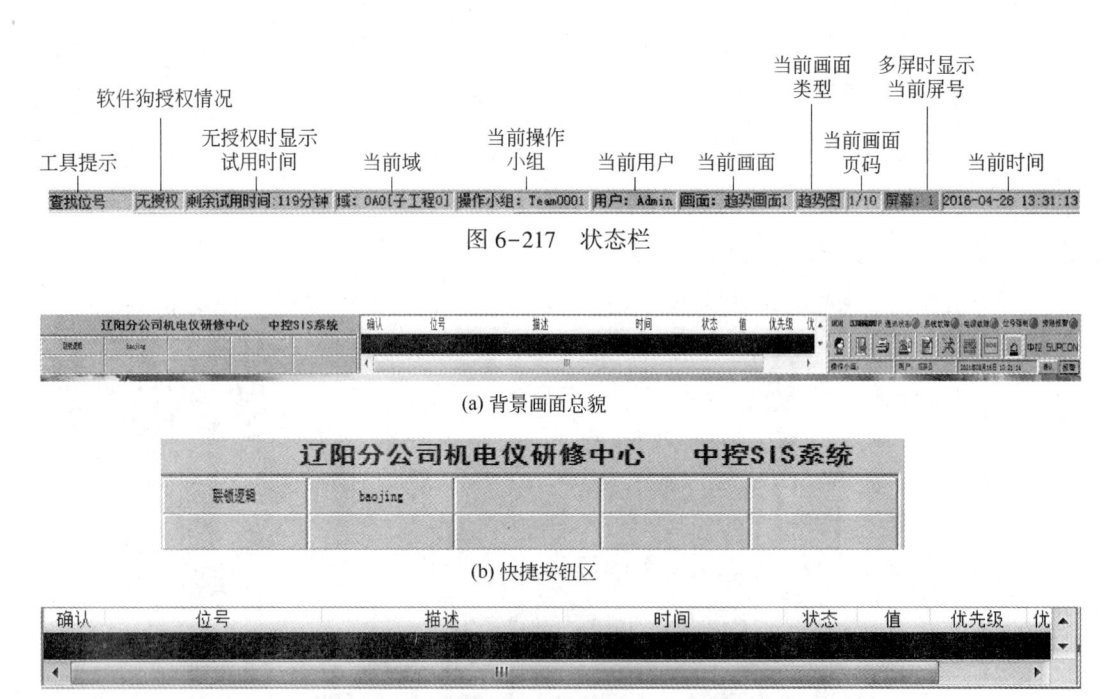

图 6-217 状态栏

(a) 背景画面总貌

(b) 快捷按钮区

(c) 简要报警区域

(d) 综合系统信息和操作区

图 6-218 背景画面

联锁逻辑画面一般要组态成流程画面，因此调用方法与普通流程画面相同。另外，通常情况会在背景画面组态相关快捷按钮，点击联锁逻辑画面对应的按钮即可调用。

为方便用户使用，右键点击监控画面任意空白处，将出现用户登录、用户注销、退出系统、操作日志、打印画面、打开画面等快捷右键菜单。

4．报警栏

报警栏处于监控界面底部，如图6-219所示，它包含了监控中报警相关的一些功能，显示当前加权优先级最高的5个报警，同时提供了弹出报警面板 ▲ 、报警确认 ▨ 、取消报警选中 ▨ 、显示过程报警 ▨ 、显示历史报警 ▨ 、屏蔽报警 ▨ 、操作指导 ▨ 、报警静音 ▨ 等相关报警功能按钮。

(a) 报警栏总览

(b) 报警栏按钮

图6-219　报警栏

（二）权限修改

这里讨论的是操作权限的修改，系统默认的用户为Admin和观察员，可根据需要添加工程师和操作员等用户。

Admin用户的权限最高，默认拥有退出系统、屏幕拷贝打印、查看操作记录、系统热键、报警确认、报表浏览、运行程序、受限按钮权限、全局选项配置、在线修改点域所有权限，在组态时可以根据需要进行删减。

工程师用户可以组态的权限与Admin用户相同，但默认不勾选，需组态修改。

操作员用户可以组态的权限有，屏幕拷贝打印、查看操作记录、报警确认、报表浏览、运行程序、受限按钮权限、在线修改点域默认不勾选，需组态修改。

观察员除查看流程画面以外无其他任何权限。

在操作画面切换用户时，按左上角 ▨ 按钮，在登录选项界面中选择登录的操作小组，输入用户名和密码，点击"确定"即可登录到所需用户，如图6-220所示为用户登录选项界面。

（三）联锁旁路和投用

联锁旁路和投用可使用流程画面上的联锁切除投用按钮。有两种方法设置这些按钮：一是这些按钮在组态时可设置为受限按钮，并将受限按钮权限设置给需要的用户，如工程师用户。二是这些按钮在组态时设置为非受限按钮，但其对应的操作变量数据分组分配给需要权限的用户，如工程师用户。

图6-220　用户登录选项界面

联锁旁路和投用操作，首先登录有受限按钮权限的用户，然后点击流程画面上的联锁切除投用按钮，在弹出的对话框中点击"是"按钮确认操作，在接下来的对话框中填入操作原因，并按确定按钮，如图6-221所示。

（四）程序备份

1. 控制站程序备份

打开 SafeContrix 程序，点击文件>备份按钮，在对话框中选定文件夹后点击选择文件夹按钮，程序备份就以压缩包的形式保存到选择的文件夹中，如图6-222所示。

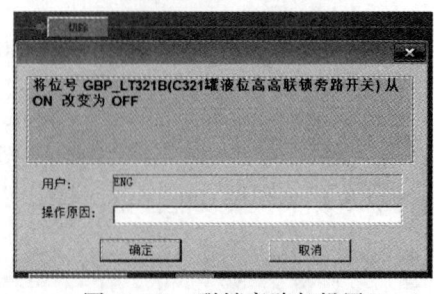

图 6-221 联锁旁路与投用

2. 操作站程序备份

操作站程序备份，打开 VxSysBuilder 程序，点击高级>备份工程按钮，在对话框中选定文件夹和文件名后点击保存按钮，程序备份就以压缩包的形式保存到选择的文件夹中，如图6-223所示。

(a) 步骤1

(b) 步骤2

图 6-222

(c) 步骤3

图 6-222 控制站程序备份

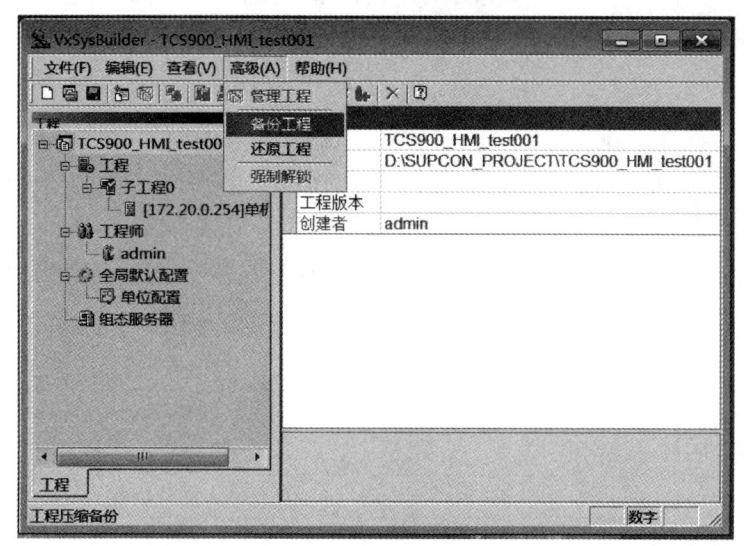

(a) 步骤1

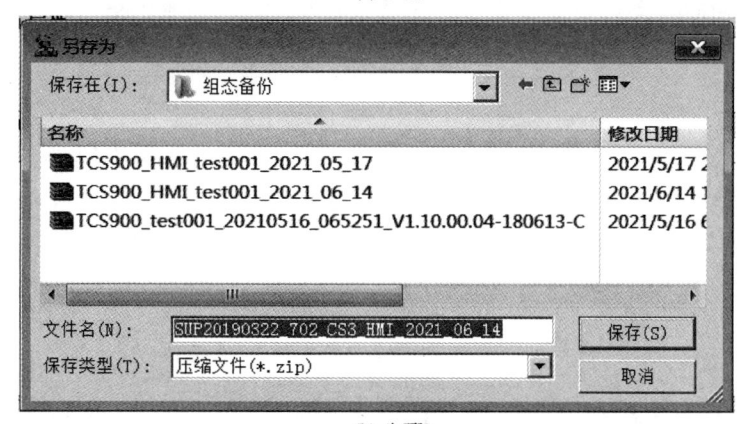

(b) 步骤2

图 6-223 操作站程序备份

(五) 操作站重新启动

如操作站发生死机或其他情况需要重新启动操作站时，可在操作站启动后，按开始菜单/所有程序/VxSCADA/监控运行，打开实际监控。

关闭操作站首先退出系统。退出系统的方法是，先登录有权限的账户，如管理员，然后在工具栏的系统组合按钮按下拉键，点击退出系统，在对话框中键入密码，最后点击确定，如图6-224所示。退出系统后再按计算机关机步骤关闭操作站。

图 6-224 退出系统

(六) 修改报警值及联锁值

报警值及联锁值的更改分两种情况：一种是在控制站组态时，将报警值及联锁值设置为固定的数值，在更改时需在控制站组态进行修改，并进行程序增量下载；另一种是在控制站组态时，将报警值及联锁值设置为操作变量的初始值，操作站组态时将这些操作变量分配给需要的授权用户，在更改时需登录有授权的用户来修改操作变量的数值。

(七) 日常检查与维护

TCS-900系统的维护，主要是指硬件预防性维护，其内容包括识别和更换有缺陷的模块和其他组件。表6-36为中控公司推荐的预防性维护内容和时间间隔。

表 6-36 预防性维护

预防维护任务	时间间隔
检查LED状态并处理相应故障	每天
检查保险丝	3个月
检查连线端子	3个月
检查接插件连接状态	3个月
污染、常规条件和环境保护检查	3个月
检查接地连接	3个月
AI模块校正	2年
DI模块校正	3年
Proof Test Interval	5年

(八) SIS诊断画面

在流程图中添加SIS诊断控件后，可以通过点击背景画面综合系统信息和操作区域的按钮，调用SIS诊断画面，如图6-225所示。双击相应卡件可以显示具体诊断信息。

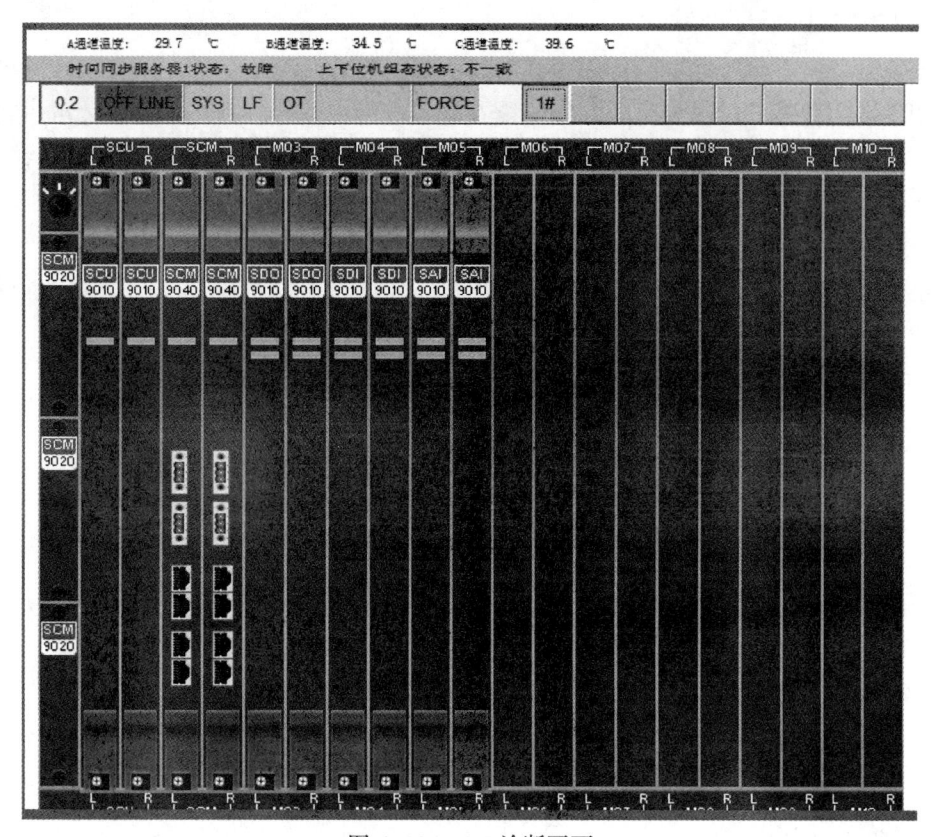

图 6-225　SIS 诊断画面

（九）系统时钟同步检查与操作

时钟同步包括服务器端和客户端，时钟同步使用 SNTP 协议。时钟同步软件在安装 VxSCADA 软件后随计算机自动运行，首先会根据系统结构组态软件中的配置确定本机是否为时钟同步服务器，如果是则作为时钟同步服务器运行，否则作为客户端运行。

时钟同步软件界面可在 WINDOWS 任务栏中双击 图标，或右键点击该图标选择"显示界面"弹出用户界面，如图 6-226 所示。

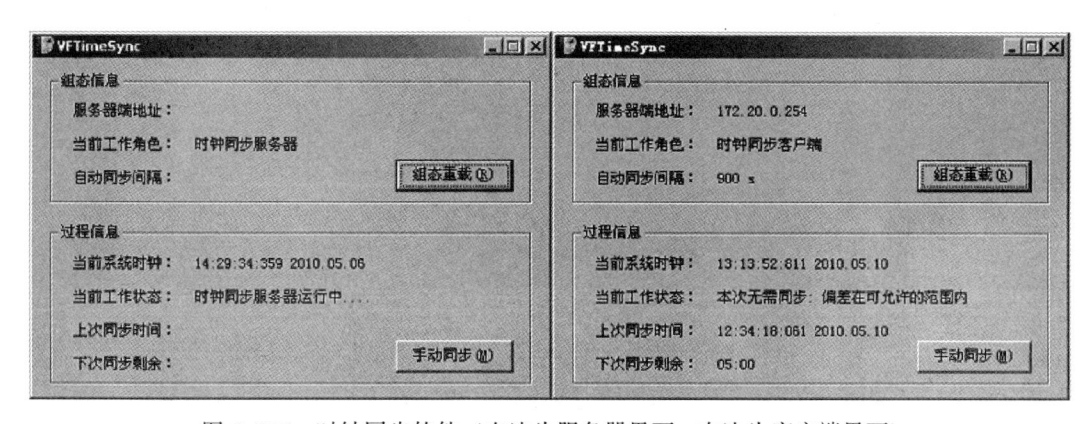

图 6-226　时钟同步软件（左边为服务器界面，右边为客户端界面）

1. 组态重载

当系统结构组态修改后，时钟同步服务器的节点或当前操作员站（工程师站）的组态发生改变或在配置客户端同步时间间隔（需在配置文件中配置，高级工程师才可进行此配置）时，可以通过点击"组态重载"按钮来重新获取当前工程的时钟同步服务器地址，并进行自动同步。

2. 手动同步

备份时钟同步服务器和其他客户端，默认每隔 5min（可在配置文件中配置间隔时间，需由高级工程师进行配置）向该服务器请求对时，服务器负责响应请求。可以在客户端点击"手动同步"按钮，手动进行时钟同步。

四、浙江中控 TCS-900 系统故障诊断与处理

（一）故障诊断

故障诊断可以通过检查硬件上指示灯来判断故障，也可以通过 SafeManager 软件来进行软件诊断，另外 SafeManager 软件还可以进行试灯操作。

1. 硬件上指示灯检查

通过控制器模块、通信模块和 I/O 模块等的面板指示灯可查看控制站运行状态，当发生系统故障时，对应模块指示灯产生变化，指示故障原因。

1）控制器指示灯

控制器模块面板上包括模块状态、系统状态两类指示灯，如图 6-227 所示。SCU9010 模块配置了与 SCU9020 模块相同面板指示灯，其指示灯含义略有不同（表 6-37）。

表 6-37 控制器面板指示灯说明表

分类	指示灯	状态	说明
模块状态	Pass-A/B/C	绿亮	模块通道 A/B/C 工作正常
		红亮	模块通道 A/B/C 故障
		灭	通道 A/B/C 掉电
	Bus-A/B/C	绿亮	总线 A/B/C 工作正常
		红亮	总线 A/B/C 故障
		灭	模块掉电
	Config	绿亮	组态无故障
		绿闪	瞬态过程（如组态更新或拷贝时）
		红亮	无组态、组态错误或不一致（包括模块类型错误）
	VBus	绿亮	3 个通道之间无通信故障
		红亮	3 个通道之间存在通信故障

续表

分类	指示灯	状态	说明
系统状态	System	绿亮	系统无故障
		红亮	系统中任一部件故障
		灭	掉电
	Force	红亮	有 IO 变量或内存变量处于强制状态
		灭	无 IO 变量或内存变量处于强制状态
	Run	绿亮	系统处于 RUN 状态
		红亮 1	系统处于 LOCK-OUT 状态（仅 SCU9020 模块）
		绿闪 2	系统处于 START-UP 状态（仅 SCU9020 模块）
		灭	掉电或不在 RUN 状态
	Stop	红亮 1	系统处于 STOP 状态或系统处于 LOCK-OUT 状态
		红闪 2	系统处于 START-UP 状态（仅 SCU9020 模块）
		灭	掉电或不在 STOP 状态

1：Run 与 Stop 同时亮红灯时，表示系统处于 LOCK-OUT 状态。
2：Run（绿）和 Stop（红）同时闪烁时，表示系统处于 START-UP 状态

2) 通信模块指示灯

通信模块的前端面板有一组面板指示灯，用于指示模块的工作状态，如图 6-228 所示。其指示灯含义见表 6-38。

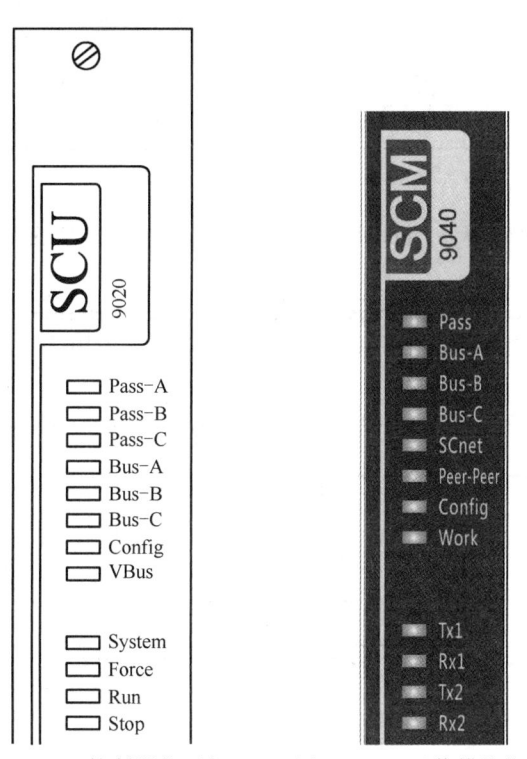

图 6-227　控制器指示灯　　图 6-228　通信模块指示灯

表 6-38 通信模块面板指示灯说明表

指示灯	状态	说明
Pass（通道状态）	绿	模块通道正常
	红	通道故障
	灭	通道掉电
Bus-A/B/C（I/O 总线 A/B/C 状态）	绿	总线 A/B/C 正常
	红	故障
	灭	模块掉电
Config（组态状态）	绿	组态正常
	红	无组态，组态错误或不一致（包括模块类型错误）
	绿闪	瞬态过程（如组态更新）
Work（工作/备用状态）	绿	模块处于工作状态
	灭	模块处于备用状态
SCnet（常规通信网）	绿亮	SCnet IV 网通信正常
	红亮	通信故障、地址冲突
Peer-Peer（安全站间通信）	灭	无安全站间通信组态，或者模块掉电
	绿亮	通信正常
	红亮	通信故障、地址冲突
TX1（TX2）	绿闪	有 Modbus RTU 数据发送
	绿灭	无数据发送
RX1（RX2）	绿闪	有 Modbus RTU 数据接收
	绿灭	无数据接收

3）I/O 模块指示灯

I/O 模块的前端面板有一组面板指示灯，用于指示模块的工作状态，如图 6-229 所

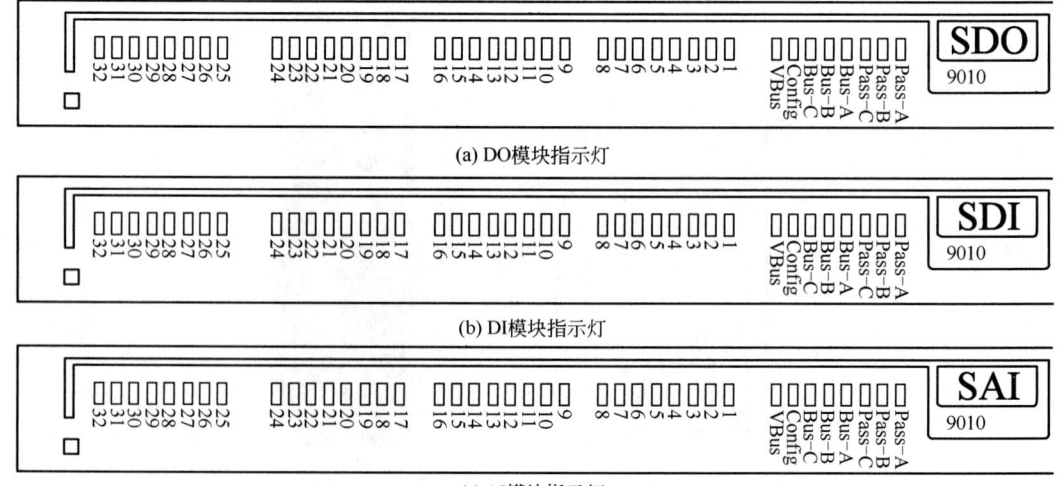

(a) DO模块指示灯

(b) DI模块指示灯

(c) AI模块指示灯

图 6-229 I/O 模块指示灯

示。其指示灯含义见表6-39。

表6-39 I/O模块面板指示灯说明表

指示灯	状态	说明
Pass-A/B/C 用于指示通道 A/B/C 的运行状态	指示灯全灭	断电
	绿灯常亮	通道正常
	红灯常亮	通道故障
Bus-A/B/C 用于指示总线 A/B/C 的通信状态	指示灯全灭	断电
	绿灯常亮	I/O 总线正常
	红灯常亮	I/O 总线故障
Config 用于指示组态状态	指示灯全灭	断电
	绿灯常亮	组态正常
	绿灯闪	瞬态过程（如组态更新时）
	红灯常亮	无组态、组态错误或不一致（包括模块类型错误）时
VBus 用于指示三个通道（A/B/C）间是否存在通信故障	指示灯全灭	断电
	绿灯常亮	三个通道之间无通信故障
	红灯常亮	三个通道之间存在通信故障
1-32 用于指示 1~32 个信号点输出是否正常。DO 模块	指示灯全灭	输出信号 OFF，无组态或组态错误
	绿灯常亮	输出信号 ON，线路正常
	红灯常亮	输出信号线路故障
1-32 用于指示 1~32 个信号点输出是否正常。DI 模块	指示灯全灭	输入信号 OFF，无组态或组态错误
	绿灯常亮	输入信号 ON，线路正常
	红灯常亮	输入信号线路故障
1-32 用于指示 1~32 个信号点输出是否正常。AI 模块	指示灯全灭	无组态或组态错误
	绿灯常亮	输入信号线路正常
	红灯常亮	输入信号线路故障

2. SafeManager 软件诊断功能

通过 SafeManager 软件可以查看系统控制站运行状态的实时诊断信息、事件记录信息，还可以对控制站模块执行试灯操作。

1）控制器诊断

首先介绍控制器运行信息。控制器运行信息可以诊断系统运行状态、系统操作权限模式等信息（表6-40）。

表6-40 控制器运行信息说明表

诊断项目	说明
系统运行状态	当前的系统运行状态，主要包括 START-UP（启动）、RUN（运行）、STOP（停止）、LOCK-OUT（锁死）四种运行状态
系统操作权限模式	当前系统的操作权限，主要包括 MON（观察权限模式）、ENG（工程师权限模式）、ADM（管理权限模式）

续表

诊断项目	说明
位号强制状态	当前系统是否处于位号强制状态
启动模式	当前系统的启动模式，主要包括冷启动和热启动
系统运行开始计数	每周期入口计数
系统运行结束计数	每周期出口计数
控制器负荷	显示控制器负荷百分比
当前时间	当前系统的时间
当前温度	当前系统的温度
当前控制器 SafeECI 总线负荷	当前系统 SafeECI 的总线负荷
组态 UUID	控制器的组态 UUID
工程 UUID	控制器的工程 UUID

表 6-41 详细说明了控制器的各个实时诊断项目，以及处理各个故障的方法。

表 6-41 控制器的实时诊断信息说明表

诊断项目	说明	故障处理说明
系统电源 A/B 故障	两通道或两通道以上报系统电源 A/B 故障时，显示为"故障"，否则显示为"无故障"	当诊断结果为"故障"时，需要检查 A 路系统电源
用户程序运行故障	显示"故障"或"无故障"	检查用户程序
系统故障状态状态	显示"故障"或"无故障"	检查所有模块指示灯状态
通道 A/B/C 故障或失联	A/B/C 通道诊断出的模块故障（除 24VA/B 电源故障、外配电 A/B 故障、组态错误）	当诊断结果为"故障"时，检查模块 PASS A/B/C 灯是否显示故障。如果故障，则更换模块
组态故障	任一通道组态故障时，显示为"故障"，否则显示为"无故障"	当诊断结果为"故障"时，检查组态是否正常并重新下载组态
位号强制状态	有位号处于强制状态时，显示"有强制"，否则显示"无强制"	正常工作时应解除位号强制
1/2/3/4 号站安全站间通信数据诊断	显示内容分别是"正常""故障""未组态"	显示"故障"，检查组态内容及相关通信线路是否正常，参见详细诊断
1/2/3/4 号站常规站间通信数据诊断	显示内容分别是"正常""故障""未组态"	显示"故障"，检查组态内容及相关通信线路是否正常，参见详细诊断
系统状态	显示控制站"RUN""STOP""START-UP""LOCK-OUT"状态	根据要求切换控制器到所需状态
操作模式	显示"管理模式/观察模式/工程模式"	对钥匙开关的"ADM"/"MON"/"ENG"

SafeManager 软件还可以进一步诊断控制器的详细诊断信息，下面介绍一下详细诊断信息的说明和处理方法：

（1）模块类型诊断，当模块失联或无效时，检查控制器模块是否在线或正常工作。

（2）总体故障状态诊断，当模块诊断结果为"故障"时，检查控制器模块是否在线或正常工作。

（3）降级故障状态诊断，如出现故障，考虑重新下载组态或更换模块。

（4）硬件故障状态、IO 总线故障状态、存储器状态、内核（MCU）状态诊断，当诊断结果为"故障"时，考虑更换模块。

（5）冗余交互状态诊断，如连续 0.5h 都处于故障状态，则考虑更换模块。

（6）电源状态诊断，当诊断结果为"故障"时，检查系统供电是否正常。

（7）版本匹配状态诊断，当诊断结果为"故障"时：检查模块版本是否兼容，如否需通过升级或更换模块的方式更改到兼容版本。

（8）组态校验状态、组态报警诊断，当诊断结果为"故障"时，重新下载组态。

（9）运行时状态诊断，当诊断结果为"故障"时：检查组态是否运行正确，确保组态正确无误的情况下重新进行组态下载。

（10）系统程序状态诊断，如遇到故障，考虑重新启动模块。重启无效后考虑更换模块。

（11）安全站间/常规站间通信接收状态诊断，检查发送站和接收站的组态是否正确，网络连接是否正常。

2）通信模块的诊断

表 6-42 说明了通信模块的诊断项目说明及故障处理方法。

表 6-42　通信模块的实时诊断信息

诊断项目	说明	故障处理说明
Peer-Peer A/B 故障	SafeEhternet A/B 网络故障（如网线损坏、交换机断电等）时，显示为"故障"，否则显示"无故障"	当诊断结果为故障时，检查 SafeEthernet A/B 网是否存在异常
IO BUS A/B/C 故障	IO BUS A/B/C 通道故障	检查 A/B/C 通道总线
SCnet A/B 故障	SCnet A 网络故障（如网线损坏、交换机断电等）时，显示为"故障"，否则显示为"无故障"	当诊断结果为故障时，检查 SCnet A/B 网是否存在异常
硬件故障状态	合并总线故障和通道硬件故障，任一故障产生则显示为"故障"，否则显示为"无故障"	当诊断结果为故障时，考虑更换模块
系统电源 A/B 故障	两通道或两通道以上产生系统电源 A/B 故障，则显示为"故障"，否则显示为"无故障"	当诊断结果为故障时，检查 A/B 路系统电源是否正常
SafeEhternet 地址冲突	如果本通信模块 SafeEhternetA 产生地址冲突，则显示为"冲突"，否则显示为"无冲突"	当诊断结果为冲突时，检查 A 路 SafeEthernet 网络是否存在冲突节点，如果存在冲突节点，则将其移除
SCnet 地址冲突	如果本通信模块 SCnetA 产生地址冲突时，则显示为"冲突"，否则显示为"无冲突"	当诊断结果为冲突时，检查 A 路 SCnet 网络是否存在冲突节点，如果存在冲突节点，则将其移除
时钟同步服务器 1/2 状态	如果 SNTPA/B 故障就产生该故障，且显示为故障	当诊断结果为故障时，检查时间同步服务器 1/2 是否工作正常、网络通信是否正常
通信卡连接状态	网络通信模块失联时，显示为"无法连接"，否则显示为"连接正常"。当网络通信模块失联时，抑制该模块的其他所有故障	当诊断结果为故障时，检查网络通信模块是否存在、通信是否正常、网络通信模块是否发生故障

诊断项目	说明	故障处理说明
组态故障	任意通道存在组态错误时，显示为"故障"，否则显示为"无故障"	当诊断结果为故障时，检查组态是否错误，并重新下载正确组态
站地址设置错误	站地址出错时显示"故障"，否则显示"无故障"	检查 IP 地址设置
秒脉冲故障	秒脉冲中断时显示"故障"	检查秒脉冲电路

3）I/O 模块的诊断

表 6-43 说明了通信模块的诊断项目说明及故障处理方法。

表 6-43　I/O 模块的实时诊断信息说明表

诊断项目	说明	故障处理说明
24VA/B 电源故障	两通道或两通道以上报 24V A/B 电源故障时，显示为"故障"，否则显示为"无故障"	当诊断结果为故障时，检查 A/B 路系统电源
外配电源 A/B 故障	两通道或两通道以上报外配电源 A/B 故障时，显示为"故障"，否则显示为"无故障"	当诊断结果为故障时，检查 A/B 路外配电源
通道 A/B/C 状态	A/B/C 通道诊断出的模块故障（除 4VA/B 电源故障、外配电 A/B 故障、组态错误）	当诊断结果为故障时：检查模块 PASS A/B/C 灯是否显示故障。如处于该故障应考虑更换模块
组态状态	任一通道有组态错误时，显示为"故障"，否则显示为"无故障"	当诊断结果为故障时：检查组态是否正常。重新下载组态

3. 试灯操作

在 SafeManager 打开组态后，可以通过以下步骤对指定设备进行试灯：

（1）在机架缩略图中，选中需要试灯的设备。

（2）在右键菜单中选择"试灯>开始试灯"命令，弹出"联机密码"对话框。

（3）在"联机密码"对话框中，输入密码后单击"确定"开始面板指示灯检查。

（二）故障处理

系统故障分为内部故障和外部故障。

内部故障指 TCS-900 系统内部发生的故障，包括各个通道的硬件故障、组态参数故障、总线故障等，并分别用 PASS 灯、Config 灯、BUS 灯、VBus 灯指示故障。当任何一个灯亮红色时，应及时排查故障，可根据 SafeManager 软件诊断详细信息，根据需要及时更换模块。

外部故障指 TCS-900 系统以外的故障，例如现场信号回路的开路、短路、变送器故障等。每个输入信号对应一个故障指示灯。当任何一个外部故障灯亮红色时，需要检查外部线路是否存在故障，例如配电电源故障、线路开短路、变送器故障等。

1. 更换控制器模块

（1）查看控制器面板指示灯及控制器状态诊断画面，确认是控制器模块故障。

（2）若控制器为冗余配置，拔出故障模块，插入新的同型号版本控制器模块。

（3）查看新插入模块的面板指示灯及模块状态诊断画面，确认新插入的控制器模块工作正常。

2. 更换电源模块

（1）确认电源模块是否确实存在故障。

（2）确认其冗余的电源模块工作正常。

（3）切断故障电源模块的交流电源。

（4）拆卸故障电源模块。

（5）安装新电源模块。

（6）连接交流电源。

（7）上电检查。

3. 更换 I/O 模块

（1）检查确认 I/O 模块故障。

（2）冗余配置情况下，直接拔除故障模块。

（3）在原插槽中插入新的同型号版本模块。

（4）检查新插入模块指示灯及软件诊断画面，确认新模块工作正常。

4. 更换扩展通信模块

（1）检查确认扩展通信模块故障。

（2）有机架互联的情况下，拆除故障模块的通信电缆。

（3）拔下故障模块。

（4）在新模块上设置与故障模块相同的机架地址。

（5）将新模块插入机架。

（6）在新模块中插入通信电缆。

（7）检查新插入模块指示灯及软件诊断画面，确认新模块工作正常。

5. 更换网络通信模块

（1）检查确认通信模块故障。

（2）检查确认故障模块处于备用状态且工作模块状态正常。

（3）拆除故障模块通信电缆。

（4）拔下故障模块。

（5）在要插入的新模块上设置与故障模块相同的网络地址。

（6）将新模块插入机架。

（7）在新模块中插入通信电缆。

（8）检查新插入模块指示灯及软件诊断画面，确认新模块工作正常。

6. 应用注意事项

（1）禁止机架地址重复。上电前应检查机架地址编码是否正确。

（2）系统正常运行期间，禁止插拔 I/O 模块与端子板之间的 DB 线。

（3）系统上电前，应检查端子板是否与 I/O 信号类型组态匹配，防止端子板选型及接线错误。

（4）电源模块输出电压超限时，控制站模块将自动切断模块电源。维护人员应及时检查电源故障原因，更换故障电源模块。

（5）一对冗余插槽内严禁插入不同类型的模块。在非冗余配置情况下，一对冗余插槽的右插槽应插入空模块 MCN9030。

（6）只有在 SOE 服务器已经启动的情况下，系统才能查询最新 SOE 数据。

（7）系统备份导出的工程组态文件是压缩文件，需解压后才能再次使用。

（8）系统正常运行时，建议将主机架上的钥匙开关切换到 MON 挡，避免系统被误操作，此时，如开放操作变量，需将控制器的硬件组态"观察模式下操作变量写权限"配置为"可写"。

（9）钥匙开关位于 MON 位置时，SafeContrix 界面中无法查看控制器状态，此时可在 SafeManager 中读取设备信息。MON 模式下用户无法进行控制器下载、清除 SOE、强制位号等操作。

（10）当控制器处于 STOP 状态时，IO 模块的输出值处于故障安全值，与逻辑预设值可能不符。

（11）系统全体下载之前，建议将控制器切换为 STOP 状态，此时 IO 输出信号为故障安全值。

（12）蜂鸣器工作异常时（如响了一声就不再响了），应检查回路是否开路或短路。

（13）当软件狗损坏，且控制器状态为"STOP"状态时，可在 SafeManager 软件界面中通过菜单命令将控制器状态从"STOP"切换为"RUN"。

（14）用于连接 I/O 模块和接线端子板的 DB37 线不支持热插拔。

（15）修改组态后，应保证上位机和下位机具有相同的工程组态。

（16）当"通信故障恢复模式"配置为手动时，如出现通信中断，故障消除后，在 SafeManager 中点击"手动恢复"按钮可恢复正常通信。若为控制器 SCU9010，则还可通过重新插拔或在线更换控制器/全体下载等操作恢复正常通信。

五、浙江中控 TCS-900 系统组态实例

本实例通过以某重整装置预加氢单元进料加热炉联锁方案为例，通过全流程组态来介绍完整的 TCS-900 系统组态，达到对该系统的进一步了解和掌握。

（一）典型联锁控制方案

1. 联锁方案

某重整装置预加氢单元进料加热炉为，当 DCS 传来停进料泵信号时停对应进料泵，当循环氢流量低低（二取二）时停进料泵、关燃料气进气阀，当燃料气压力低低（三取二）时关燃料气进气阀，当长明灯燃料气压力低低（三取二）时关燃料气进气阀和长明灯燃料气进气阀，现场和辅助操作台设置停炉按钮动作时关燃料气进气阀和长明灯燃料气进气阀。燃料气进气阀联锁关闭后，如联锁条件恢复不能自动打开，需在操作站上按复位燃料气按钮才能打开。长明灯燃料气进气阀联锁关闭后，如联锁条件恢复不能自动打开，需在操作站上按复位长明灯按钮才能打开。联锁逻辑关系如图 6-230 所示。

第二部分 控制系统仪表

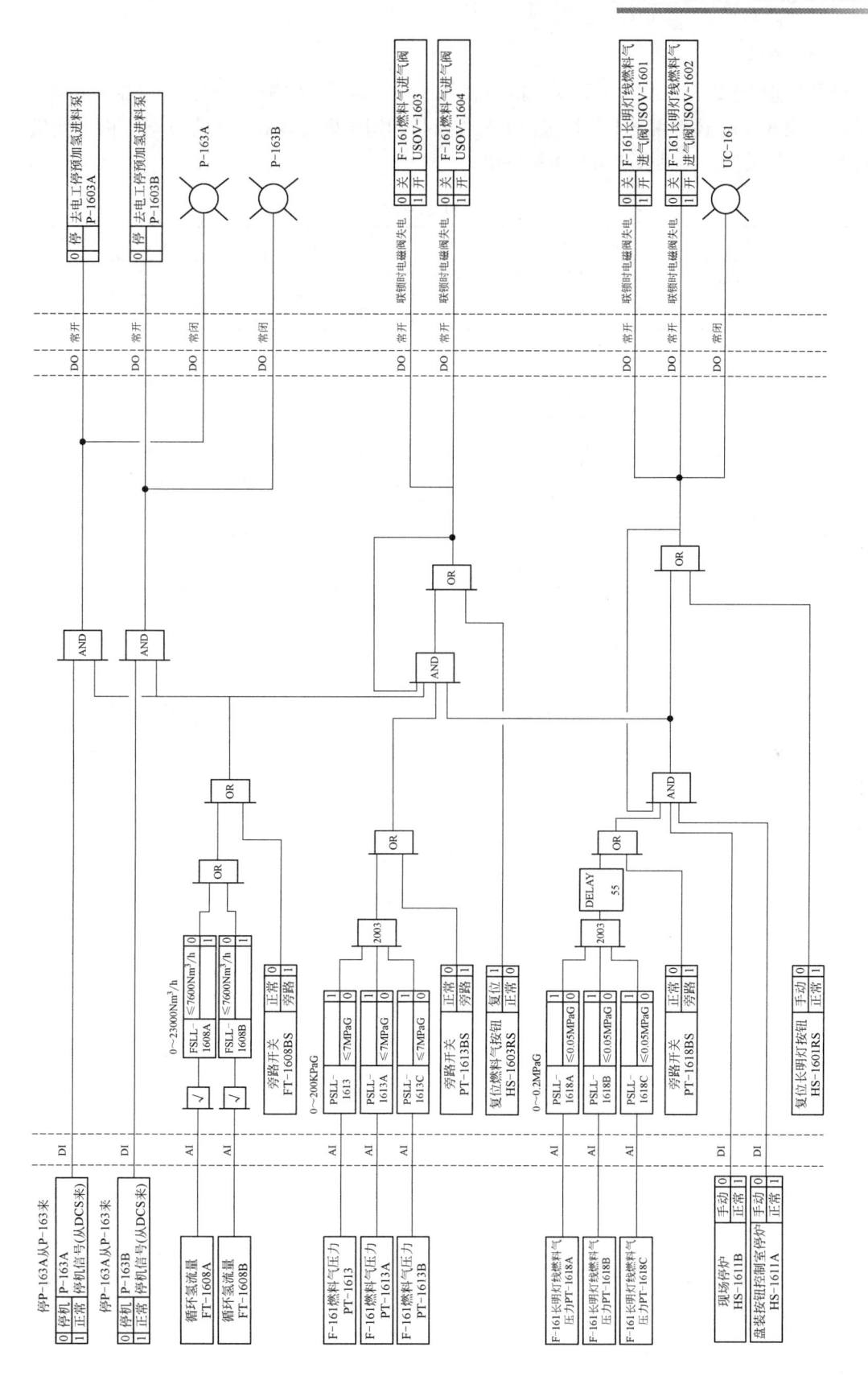

图 6-230 联锁逻辑图

2. 信号点表

根据组态要求以及系统诊断要求，信号有 AI、DI、DO 输入输出信号，分别见表 6-44、表 6-45、表 6-46；还有用于上位机操作的操作变量和用于内部运算的内存变量，内存变量有实型和开关量型，详见表 6-47 至表 6-49。

表 6-44 AI 信号表

序号	信号点位号	位号描述	信号类型	工程量上限	工程量下限	单位	小数位数
1	aFT1608A	循环氢流量 A	4~20mA	100	0	%	2
2	aFT1608B	循环氢流量 B	4~20mA	100	0	%	2
3	aPT1613A	燃料气压力 A	4~20mA	200	0	KPaG	2
4	aPT1613B	燃料气压力 B	4~20mA	200	0	KPaG	2
5	aPT1613C	燃料气压力 C	4~20mA	200	0	KPaG	2
6	aPT1618A	长明灯压力 A	4~20mA	200	0	KPaG	2
7	aPT1618B	长明灯压力 B	4~20mA	200	0	KPaG	2
8	aPT1618C	长明灯压力 C	4~20mA	200	0	KPaG	2

表 6-45 DI 信号表

序号	信号点位号	位号描述	ON 描述	OFF 描述
1	dP163A_STOP_DCS	从 DCS 来停 P163A	正常	停 P163A 自 DCS
2	dP163B_STOP_DCS	从 DCS 来停 P163B	正常	停 P163B 自 DCS
3	dHS_1611A	盘前按钮停炉	正常	盘前按钮停炉
4	dHS_1611B	现场按钮停炉	正常	现场按钮停炉
5	dPOWER_ALM1	电源 1 故障	正常	故障
6	dPOWER_ALM2	电源 2 故障	正常	故障
7	dTEM_ALM1	机柜温度报警	正常	故障

表 6-46 DO 信号表

序号	信号点位号	位号描述	ON 描述	OFF 描述
1	cP163A_STOP	去电气停 P163A	正常	停泵去电气
2	cP163B_STOP	去电气停 P163B	正常	停泵去电气
3	cUSOV_1603	失电关阀 UV1603	正常	失电关阀
4	cUSOV_1604	失电关阀 UV1604	正常	失电关阀
5	cUSOV_1601	失电关阀 UV1601	正常	失电关阀
6	cUSOV_1602	失电关阀 UV1602	正常	失电关阀

表 6-47 操作变量表

序号	变量名称	描述	数据类型
1	gHS_1601_RS	复位长明灯按钮	BOOL
2	gHS_1603_RS	复位燃料气按钮	BOOL
3	gFT_1608BS	循环氢低低联锁旁路	BOOL

续表

序号	变量名称	描述	数据类型
4	gPT_1613BS	燃料气压力低低联锁旁路	BOOL
5	gPT_1618BS	长明灯压力低低联锁旁路	BOOL
6	gALM_ACK	TCS900 系统_报警确认	BOOL
7	gLB_TEST	TCS900 系统_试灯试音按钮	BOOL
8	gCLEAR_ERR	TCS900 系统_清除运行错误	BOOL

表 6-48 实型内存变量表

序号	变量名称	描述	数据类型
1	rFI1608A	循环氢流量测量值	REAL
2	rFI1608B	循环氢流量测量值	REAL
3	rTEMP_CPUA	TCS900 系统_控制器 A 通道温度	REAL
4	rTEMP_CPUB	TCS900 系统_控制器 B 通道温度	REAL
5	rTEMP_CPUC	TCS900 系统_控制器 C 通道温度	REAL

表 6-49 开关量型内存变量表

序号	变量名称	描述	数据类型
1	fHEALTHY_CPU	TCS900 系统_系统总故障显示	BOOL
2	fVAR_FORCE	TCS900 系统_位号强制状态显示	BOOL
3	fALM_BP	TCS900 系统_旁路报警显示	BOOL
4	fALM_ACK	TCS900 系统_报警复位显示	BOOL
5	fALM_SYS_N	TCS900 系统_系统实时报警显示	BOOL
6	fALM_SYS_H	TCS900 系统_系统历史报警显示	BOOL
7	fALM_HMI_N	TCS900 过程_HMI 实时报警显示	BOOL
8	fALM_HMI_H	TCS900 过程_HMI 历史报警显示	BOOL
9	fLB_TEST	TCS900 过程_试灯试音操作显示	BOOL
10	fFSLL1608A	循环氢流量低低联锁 A	BOOL
11	fFSLL1608B	循环氢流量低低联锁 B	BOOL
12	fPSLL1613A	燃料气压力低低联锁 A	BOOL
13	fPSLL1613B	燃料气压力低低联锁 B	BOOL
14	fPSLL1613C	燃料气压力低低联锁 C	BOOL
15	fPSLL1618A	长明灯压力低低联锁 A	BOOL
16	fPSLL1618B	长明灯压力低低联锁 B	BOOL
17	fPSLL1618C	长明灯压力低低联锁 C	BOOL
18	fALM_FSLL1608A	循环氢流量低低联锁 A 报警	BOOL
19	fALM_FSLL1608B	循环氢流量低低联锁 B 报警	BOOL
20	fALM_FSLL1613A	燃料气压力低低联锁 A 报警	BOOL
21	fALM_PSLL1613B	燃料气压力低低联锁 B 报警	BOOL

续表

序号	变量名称	描述	数据类型
22	fALM_PSLL1613C	燃料气压力低低联锁 C 报警	BOOL
23	fALM_PSLL1618A	长明灯压力低低联锁 A 报警	BOOL
24	fALM_PSLL1618B	长明灯压力低低联锁 B 报警	BOOL
25	fALM_P163A_SP_DCS	DCS 停 P163A	BOOL
26	fALM_P163B_SP_DCS	DCS 停 P163A	BOOL
27	fALM_HS1611A	盘前停炉	BOOL
28	fALM_HS1611B	现场停炉	BOOL
29	fALARM_LAMP	报警灯变量	BOOL
30	fBUZZER	蜂鸣器变量	BOOL
31	fCOM	公共报警	BOOL
32	fUSOV1601_2	长明灯阀	BOOL
33	fUSOV1603_4	燃料气阀	BOOL
34	fPSLL1613	燃料气压力低低联锁 2003	BOOL
35	fPSLL1618	长明灯压力低低联锁 2003	BOOL
36	fPSLL1618_1	长明灯压力低低联锁延时 5s	BOOL
37	fUV1601_2	长明灯阀联锁	BOOL
38	fUV1603_4	燃料气阀联锁	BOOL

信号点位号和变量名称是再组态时用的内外变量的名称，可以自定。为方便使用，首字母代表特定变量类型，见表 6-50，后面的字母一般使用位号。这些类型有些本实例没有用到。

表 6-50 首字母含义

序号	字母	含义	类型
1	a	模拟量输入	REAL
2	c	数字量输出	BOOL
3	d	数字量输入	BOOL
4	g	操作变量读/写数字变量	BOOL
5	f	内存变量只读数字变量	BOOL
6	r	内存变量模拟量变量	REAL
7	k	内存变量模拟量常量	REAL
8	e	操作变量读/写模拟变量	REAL
9	y	模拟量输出	REAL

3. 本实例涉及的主要硬件

一个主机架 MCN9010。

三个总线终端模块 SCM9020。

一个控制器模块 SCU9010。

一个网络通信模块 SCM9040。
一个 DO 模块 SDO9010。
一个 DI 模块 SDI9010。
一个 AI 模块 SAI9010。

(二) 组态过程

本组态实例较为完整地介绍 TCS-900 系统的组态，包括控制站 SafeContrix 组态及编译下载、时钟同步设置、SOE 功能设置、操作站组态等。

1. SafeContrix 软件组态

SafeContrix 软件组态内容主要包括 SafeContrix 软件的打开、新建项目、硬件组态、变量组态、控制方案组态、编译下载等。

1) 打开 SafeContrix 软件

在工程师站桌面双击 图标，打开 SafeContrix 组态软件，如图 6-231 所示。

2) 新建项目

新建项目就是新建一个完整的组态文件，主要是设置工程名称、描述、系列、机架型号、控制器型号、通信模块型号、工程路径、管理员账号等。其步骤如下：

单击 新建工程按钮，选择机架型号、控制器型号、通信模块型号，输入工程名称和工程路径，设置管理员账号，如图 6-232 所示。项目文件路径建议为 D 盘。

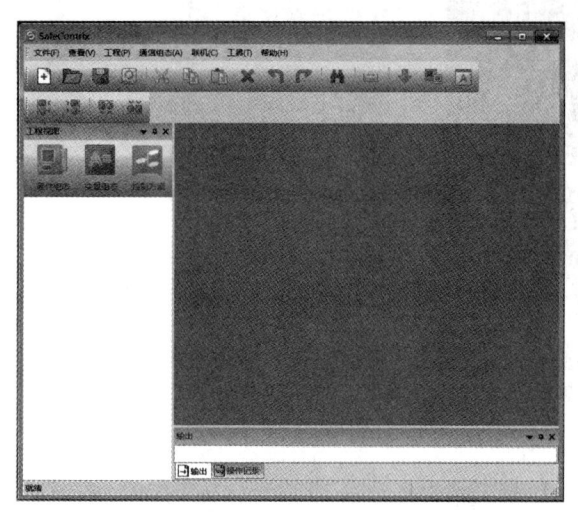

图 6-231 SafeContrix 组态软件界面

图 6-232 新建工程对话框

单击对话框中 未设置按钮设置管理员账号，用户名可默认，密码可设置为 SUPCONTCS900，如图 6-233 所示，设置好后如图 6-234 所示。

在对话框中按确定按钮，弹出硬件组态界面，如图 6-235 所示。

3) 硬件组态

新建项目完成后，可以看到硬件组态已经包含一个主机架、一对冗余控制器模块、一对通信模块和三块终端模块。接下来进行控制器模块、通信模块的详细设置，以及添加

I/O 模块并设置参数。

图 6-233　设置管理员账户对话框

图 6-234　设置完管理员账号的新建工程对话框

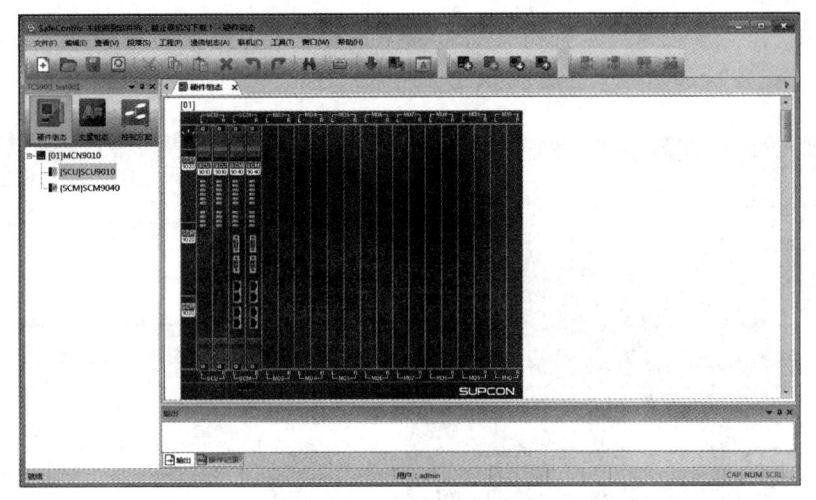

图 6-235　硬件组态界面

（1）控制器模块组态。

单击 SCU 控制器模块，出现设备组态对话框，如图 6-236 所示。观察模式下操作变量写权限要改为可写，上电后系统状态可改为 RUN，控制周期自适应可改为启动，其他选项可默认。其中站地址为 2~126 的偶数，其对应网络通信模块 SCNET 网络 IP 地址最末位。

（2）网络通信模块组态。

单击 SCM 网络通信模块，出现设备组态对话框，如图 6-237 所示。服务器 A 同步模式改为启用，COM1 功能改为 MODBUS RTU 从站，其他选项可默认。其中冗余的 SCNET 网络设置不可修改，该网用于与操作站的网络连接，A 网 IP 地址为 172.20.0.2，B 网 IP 地址为 172.21.0.2。IP 地址最末位随控制器站地址而变。

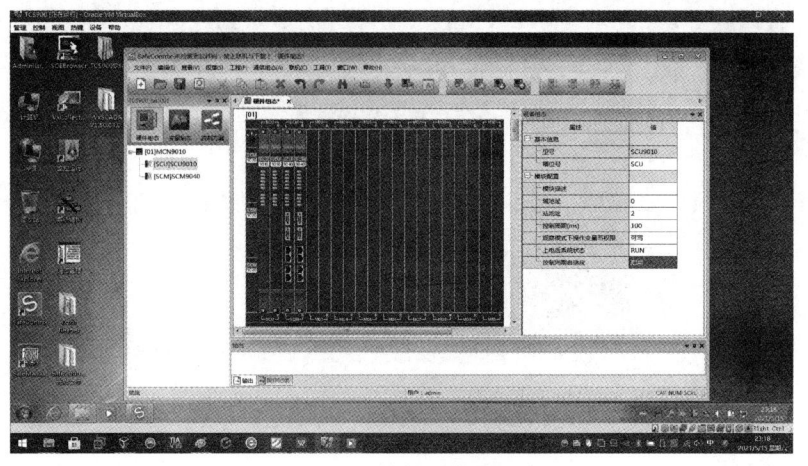

图 6-236　控制器模块组态

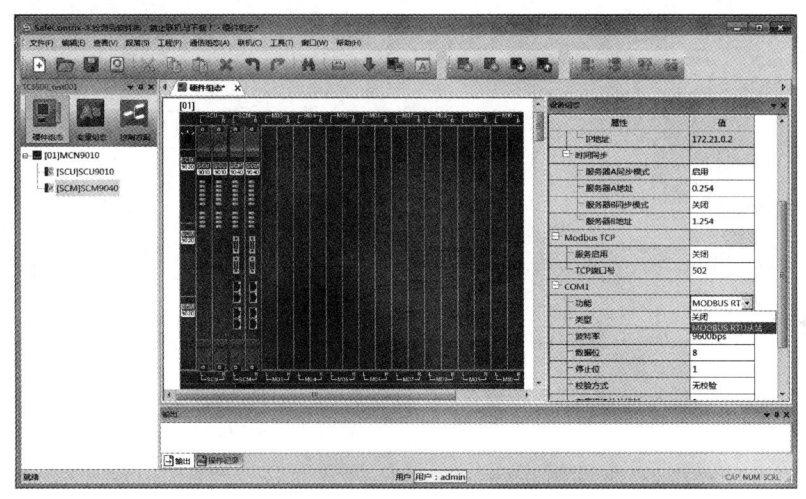

图 6-237　网络通信模块组态

(3) I/O 模块添加。

右键单击 MO3 插槽，点击添加设备，如图 6-238 所示。在对话框中选 SDI9010 数字量信号输入模块，单击添加按钮，完成 DI 模块添加，如图 6-239 所示。类似完成 MO4 插槽，SAI9010 模拟量信号输入模块的添加和 MO5 插槽，SDO9010 数字量信号输出模块的添加，如图 6-240 所示。

SDI9010 数字量信号输入模块、SAI9010 模拟量信号输入模块、SDO9010 数字量信号输出模块，均为三重化 32 通道，均可按冗余或非冗余两种模式配置。冗余时，两个 DI 模块同时工作，不区分工作/备用状态。模块设有助拔器锁扣微动开关，开关状态用于指示模块在位状态，便于后续控制器选择冗余模块的数据。当开关状态为高电平时，助拔器松开，当开关状态为低电平时，助拔器锁止。控制器实时检测开关状态，当助拔器松开时，SafeManager 诊断故障报警，控制器 system 灯发出指示。本实例为非冗余配置。

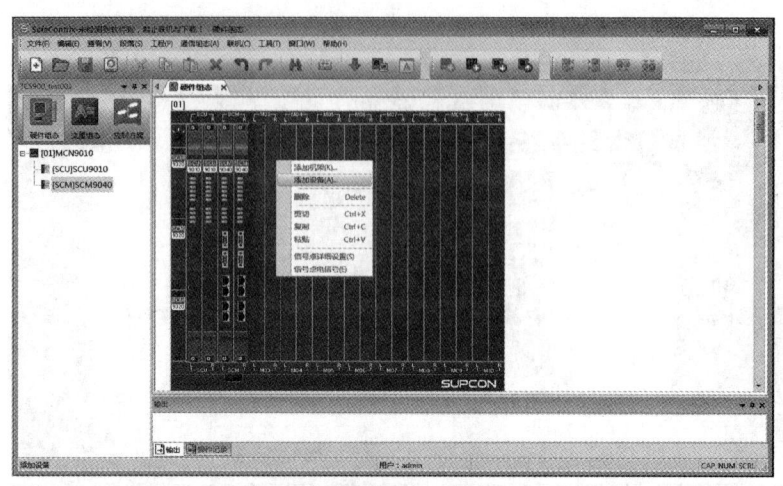

图 6-238 添加设备

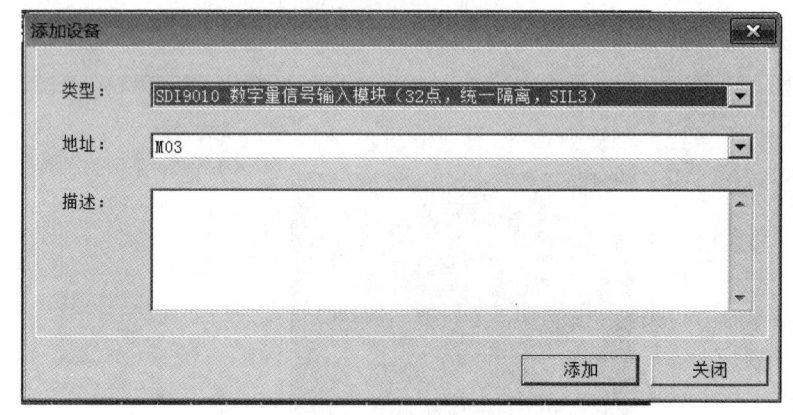

图 6-239 添加 DI 模块

4）变量组态

变量分为 I/O 信号、内存变量、操作变量，数据类型有布尔（BOOL）、整型（INT）、实型（REAL）等。

(a) 添加AI模块

图 6-240

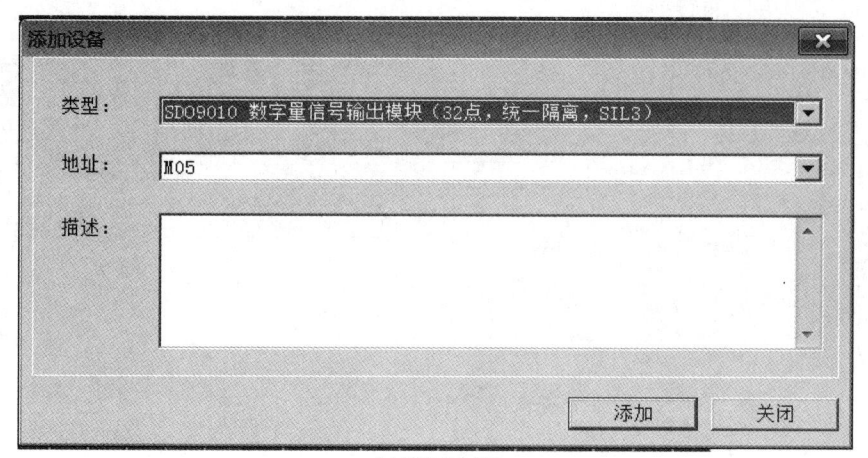

(b) 添加 DO 模块

图 6-240　添加 AI、DO 模块

变量组态方法有单点组态和多点导入两种，组态好的变量也可以多点导出。

（1）单点组态。

① I/O 信号单点组态。

在信号点组态窗口，右键单击通道，在下拉菜单选信号点详细设置，如图 6-241 所示。

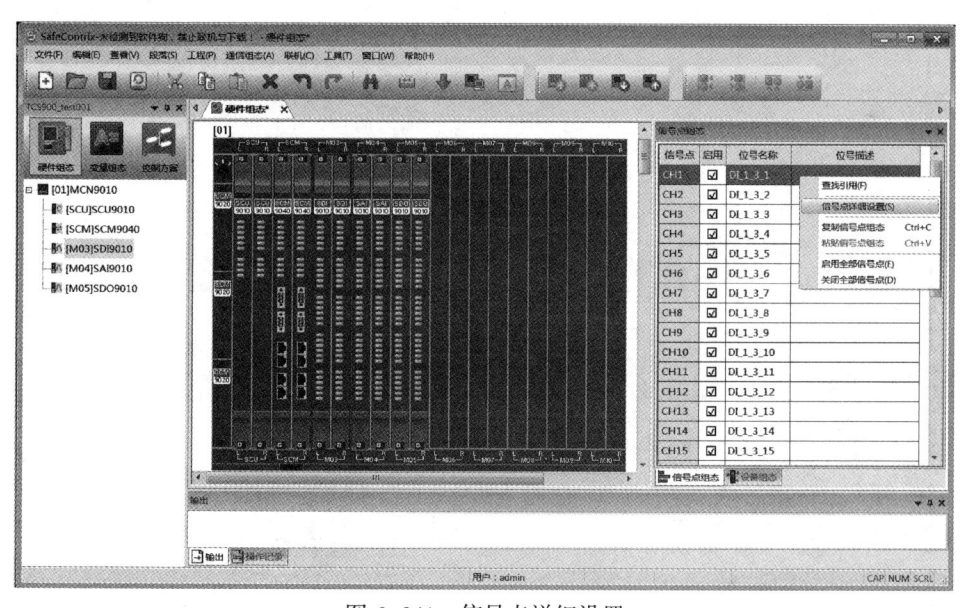

图 6-241　信号点详细设置

DI 点如图 6-242 所示，设置好位号名称、位号描述、ON 状态描述、OFF 状态描述以及 SOE 描述，其他默认。

AI 点如图 6-243 所示，设置好位号名称、位号描述、启用质量码，量程上下限、工程单位、小数点位数根据实际情况设定，其他默认。AI 点由 AI 模块采集后直接以实型的方式有程序进行处理，比较其他 SIS 系统较为方便。其他 SIS 系统多为整型，需要在用户程序中进行工程单位的转换。

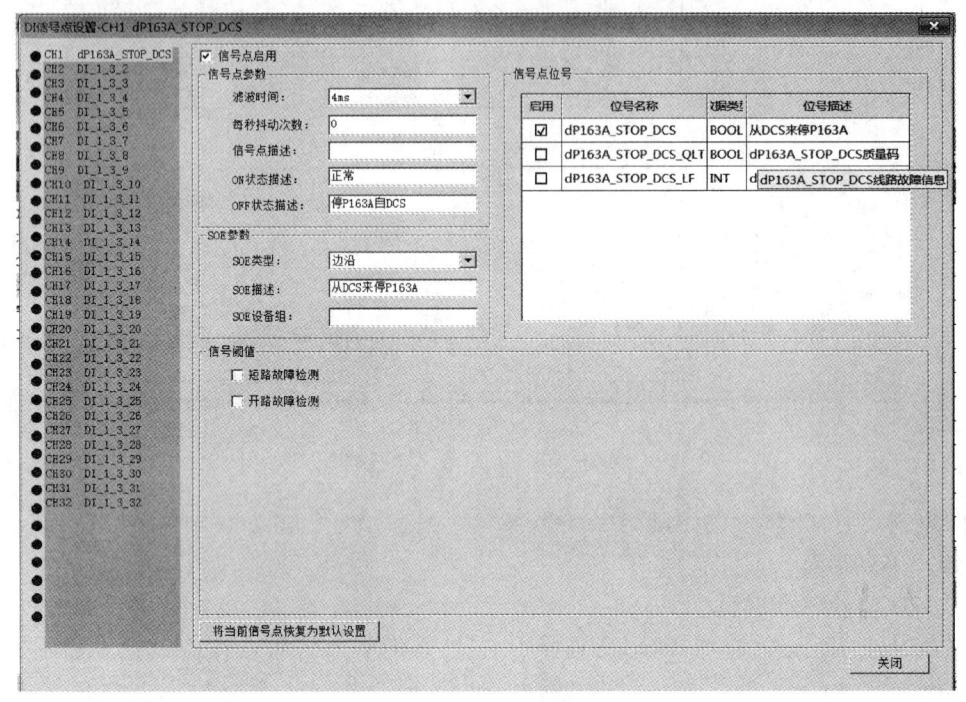

图 6-242　DI 点信号设置

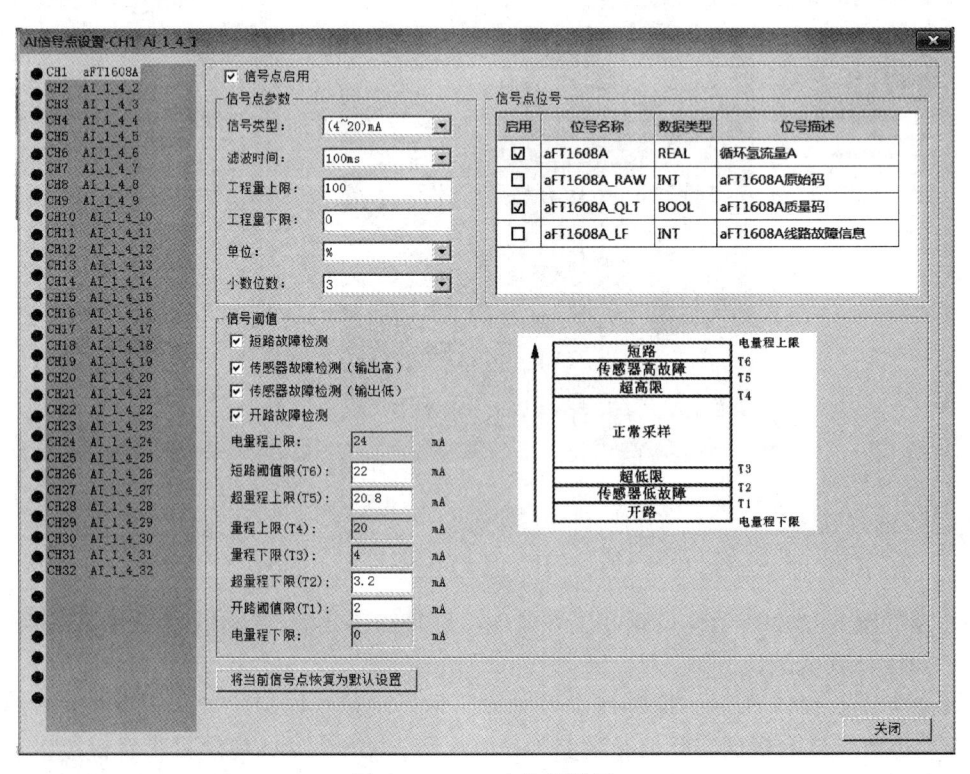

图 6-243　AI 点信号设置

DO 点如图 6-244 所示，设置好位号名称、位号描述、信号点描述 ON 状态描述、OFF 状态描述以及 SOE 描述，其他默认。

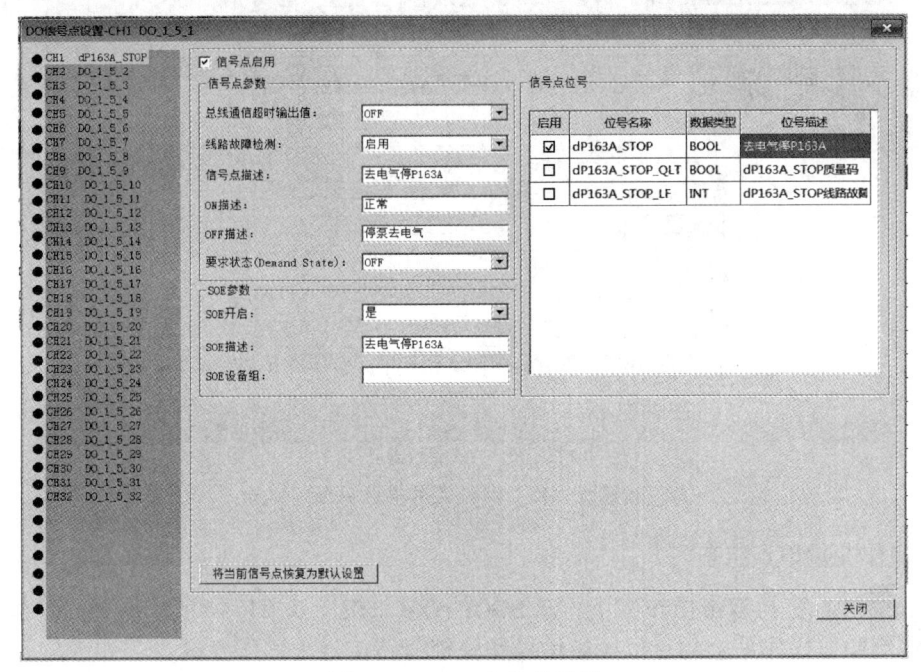

图 6-244　DO 点信号设置

② 内存变量单点组态。

单击图标，再双击内存变量，选 BOOL 变量，按图 6-245(a) 所示添加 BOOL 型内存变量，选四字节变量，按图 6-245(b) 所示添加 REAL 型内存变量。本实例中模拟量输入后要与联锁设定值比较，并形成内部开关量的联锁信号；另外流量输入后要进行开方处理，处理后的形成内部实型的测量值。

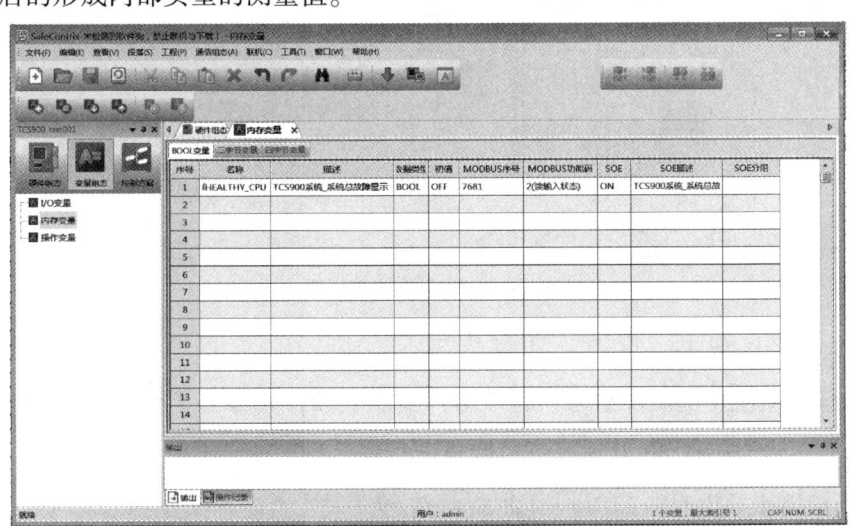

(a) 开关量内存变量单点组态

图 6-245

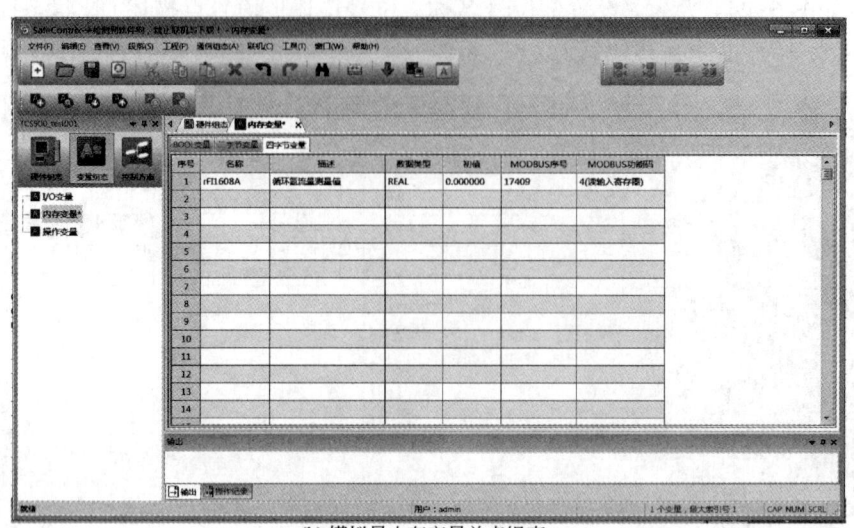

(b) 模拟量内存变量单点组态

图 6-245　内存变量单点组态

③ 操作变量单点组态。

单击■图标，再双击操作变量，选 BOOL 变量，按图 6-246 所示添加 BOOL 型操作变量。本实例中，操作站上的复位按钮信号和联锁旁路信号为操作变量。

图 6-246　操作变量单点组态

(2) 多点导出/导入。

I/O 点信号组态可随硬件组态一起导出，如图 6-247 所示按■硬件组态 ×硬件组态标签，再按■导出按钮，在对话框里设置导出目录，最后按导出按钮导出。

内存变量组态导出时，如图 6-248 所示按■内存变量 ×内存变量组态标签，再按■导出按钮，在对话框里设置导出目录和文件名，最后按保存按钮导出。

图 6-247　I/O 点信号导出

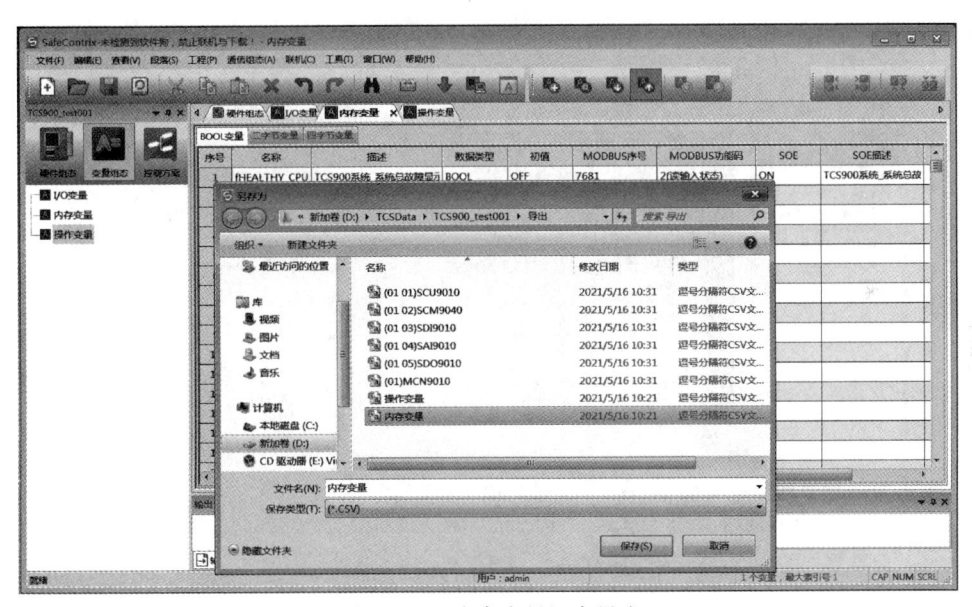

图 6-248　内存变量组态导出

操作变量组态导出时，如图 6-249 所示按 [操作变量] ×操作变量组态标签，再按 导出按钮，在对话框里设置导出目录和文件名，最后按保存按钮导出。

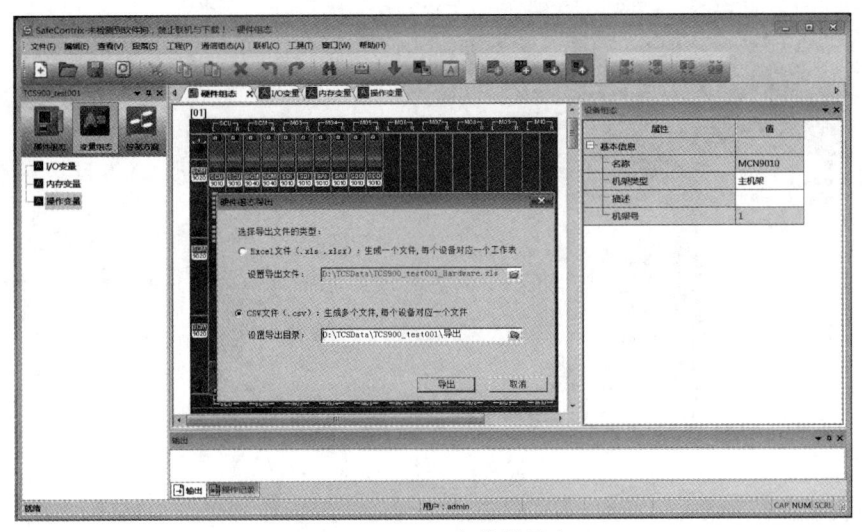

I/O 点信号组态可随硬件组态一起导入，如图 6-250 所示按 [硬件组态] ×硬件组态标签，再按 导入按钮，在对话框里选择导入文件并打开，最后按导入按钮导入。

内存变量组态导入时，如图 6-251 所示按 [内存变量] ×内存变量组态标签，按 导入按钮，在对话框里设置导出目录和文件名，最后按打开按钮导入。

操作变量组态导入时，如图 6-252 所示按 [操作变量] ×操作变量组态标签，再按 导

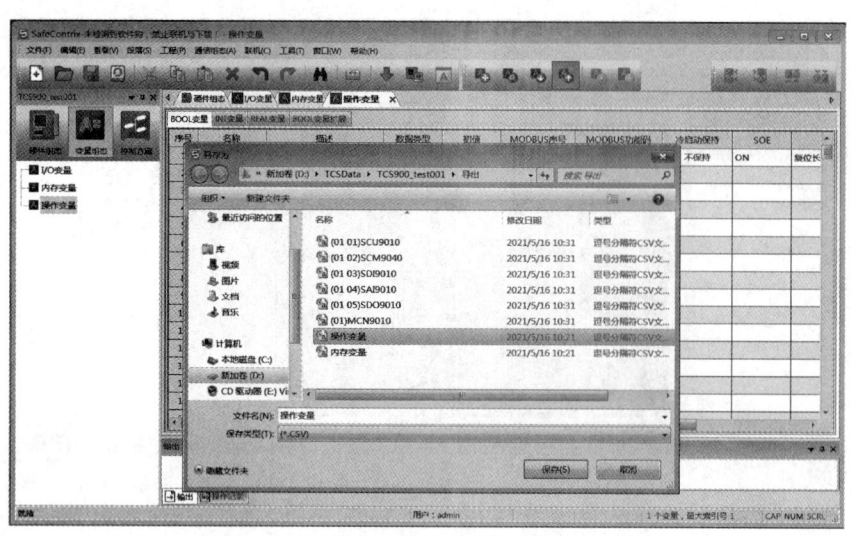

图 6-249　操作变量组态导出

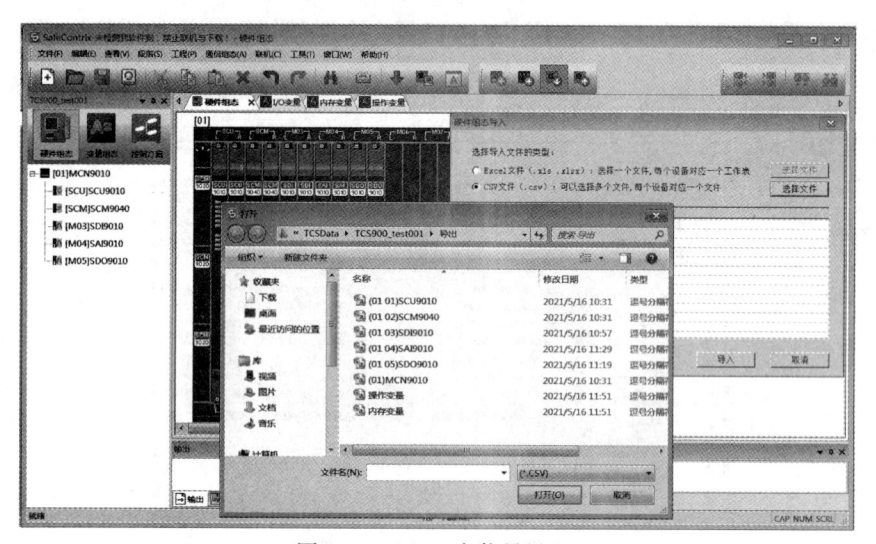

图 6-250　I/O 点信号导入

入按钮，在对话框里设置导出目录和文件名，最后按打开按钮导入。

5）控制方案组态

控制方案组态要实现具体的控制功能，就是进行用户程序组态。TCS900 的软件元分为用户程序、自定义功能块、自定义功能、系统自带功能块等。用户程序为程序执行的基础，用户程序可以调用自定义功能块、自定义功能、系统自带功能块等，用户程序之间不能互相调用，用户程序可以调整执行顺序，可以设定哪段用户程序先执行哪段用户程序后执行。

本实例结合实际控制功能与惯例做法，设置了模拟量处理、报警、联锁、诊断四个用户程序段，以及 HMI_ALAM（过程报警管理）、LB_ALM（蜂鸣器和报警灯）、SYS_ALM（系统报警管理）三个自定义功能块。

第二部分　控制系统仪表

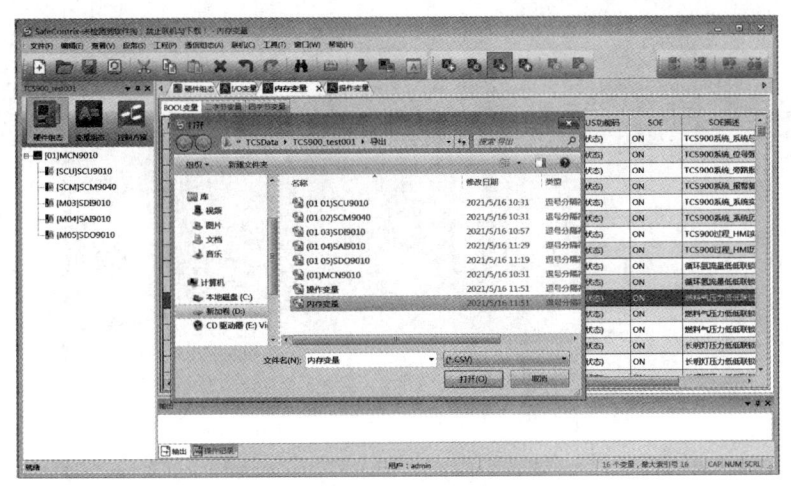

图 6-251　内存变量组态导入

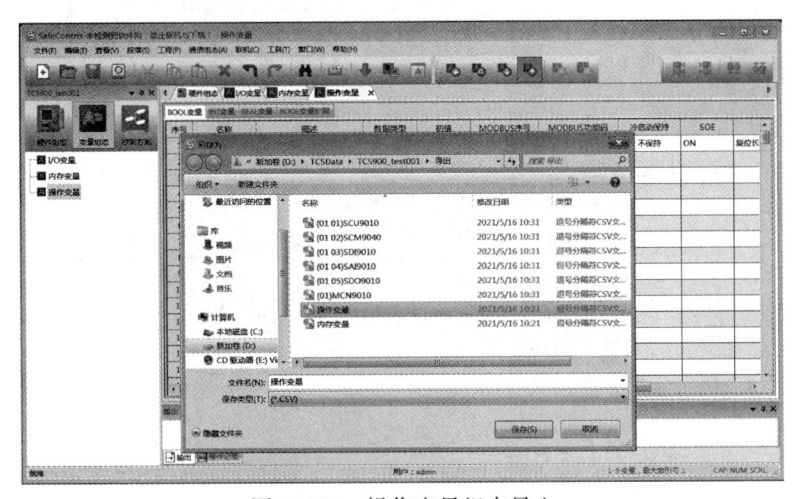

图 6-252　操作变量组态导入

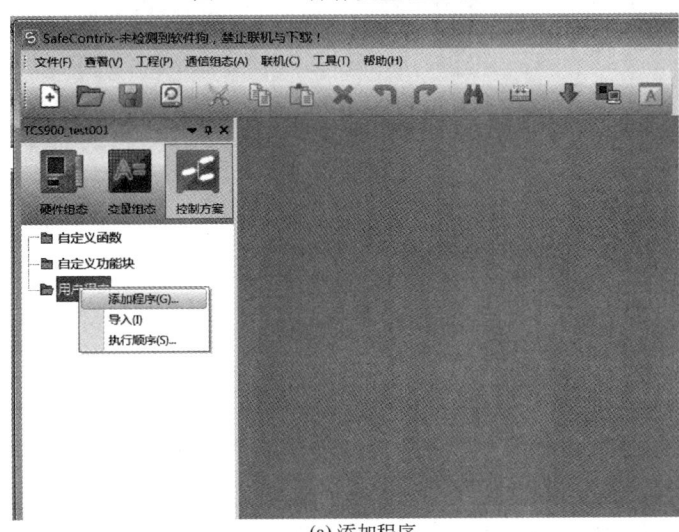

(a) 添加程序

图 6-253

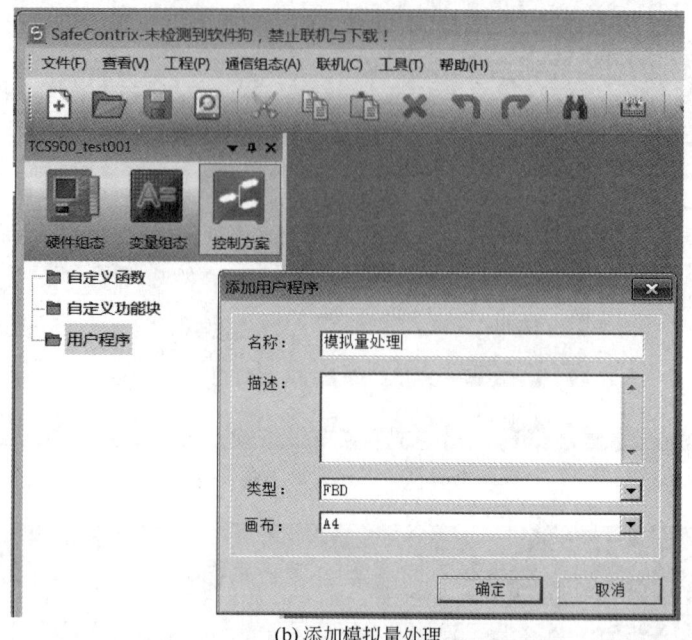

(b) 添加模拟量处理

(c) 依次添加报警、联锁、诊断

图 6-253　添加用户程序段

(1) 软件元添加。

单击 ![] 控制方案组态按钮，右键用户程序如图 6-253 所示，逐项添加模拟量处理、报警、联锁、诊断四个用户程序段。

单击 ![] 控制方案组态按钮，右键自定义功能块，如图 6-254 所示，在对话框中按选择文件，在下一级对话框中选择要导入的自定义功能块，按打开选定，返回上一级对话框按导入。

这里导入的是 HMI_ALAM（过程报警管理）、LB_ALM（蜂鸣器和报警灯）、SYS_ALM（系统报警管理）三个自定义功能块。这三个自定义功能块也可以自行编写，也可以从其他项目事先导出。

(a) 导入

(b) 导入三个自定义功能

图 6-254　导入自定义功能块

（2）编辑软件元。

编辑软件元就是利用系统自带功能块，来组态用户程序、自定义功能块、自定义功能，完成控制功能。下面介绍几种常用系统自带功能块。

位处理功能块，如布尔型与（ADD_BOOL）、布尔型或（OR_BOOL）、布尔型非（NOT_BOOL）等。比较功能块，如实型大于等于（GE_REAL）。数学运算功能块，如实型除法（DIV_REAL）、实型乘法（MUL_REAL）、开方运算（SQRT）、布尔型复制函数

(MOVE_BOOL) 等。定时器功能块，如延时断开功能块（TOFF）等。触发器功能块，如 RS 触发器（RS）等。表决功能块，OFF 三取二表决（B2OO3F）等。这些功能块部分图形如图 6-255 所示。

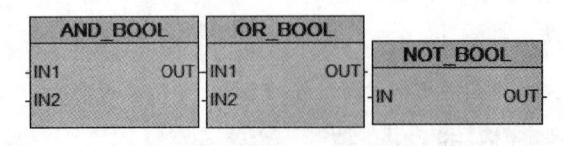

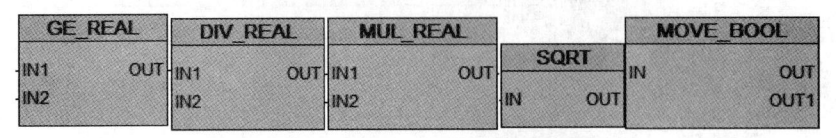

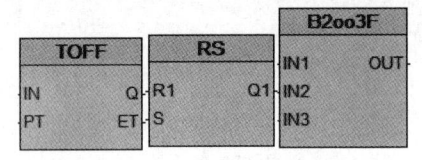

图 6-255 部分功能块图形

模拟量处理用户程序用于将现场未开方的流量信号转换成工程单位测量值，如图 6-256 所示。

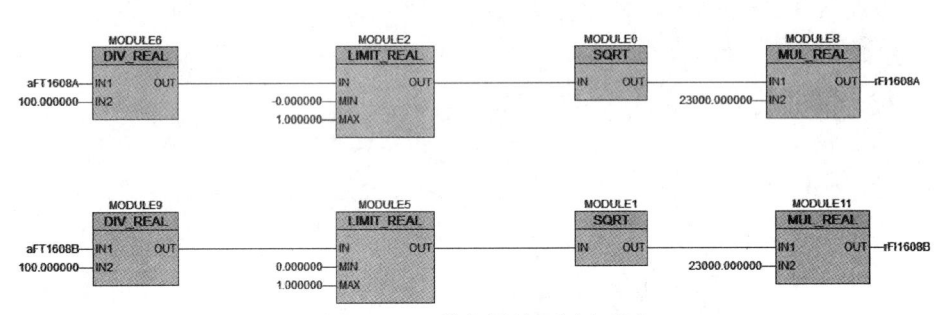

图 6-256 模拟量处理用户程序

联锁用户程序用于该联锁逻辑的实现，如图 6-257 所示。

诊断用户程序用于系统诊断和程序运行异常处理，如图 6-258 所示。

报警用户程序用于系统报警、过程报警、辅操台声光报警驱动控制和联锁旁路报警，如图 6-259 所示。

6）编译下载

硬件组态和用户程序组态完成后，需要进行编译才能下载，其步骤如下：

（1）单击菜单条工程按钮，在下拉菜单单击编译按钮进行编译，编译成功系统进行提示，如图 6-260 所示。

（2）编译成功后执行组态下载操作。

下载前先检查以下内容：

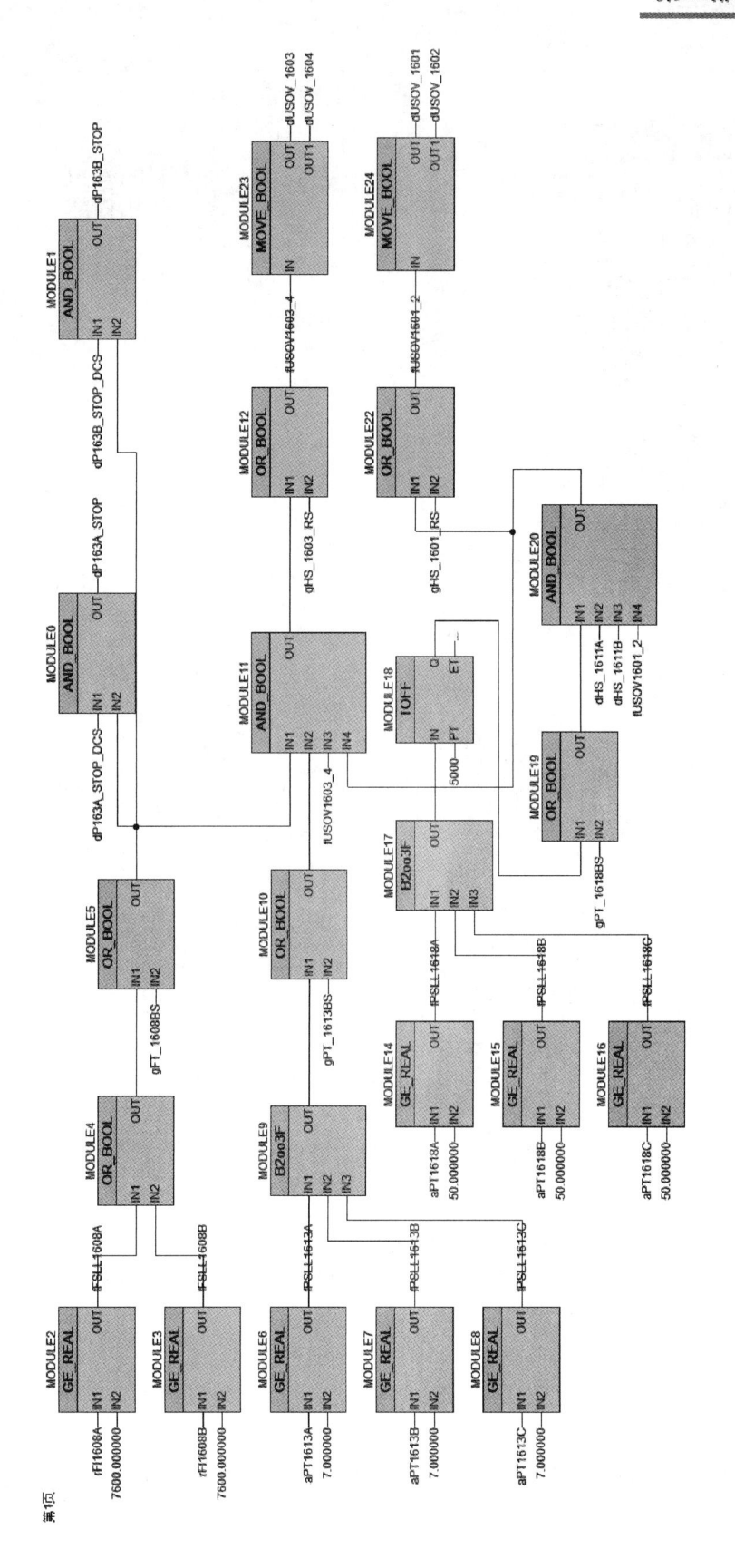

图 6-257 联锁用户程序

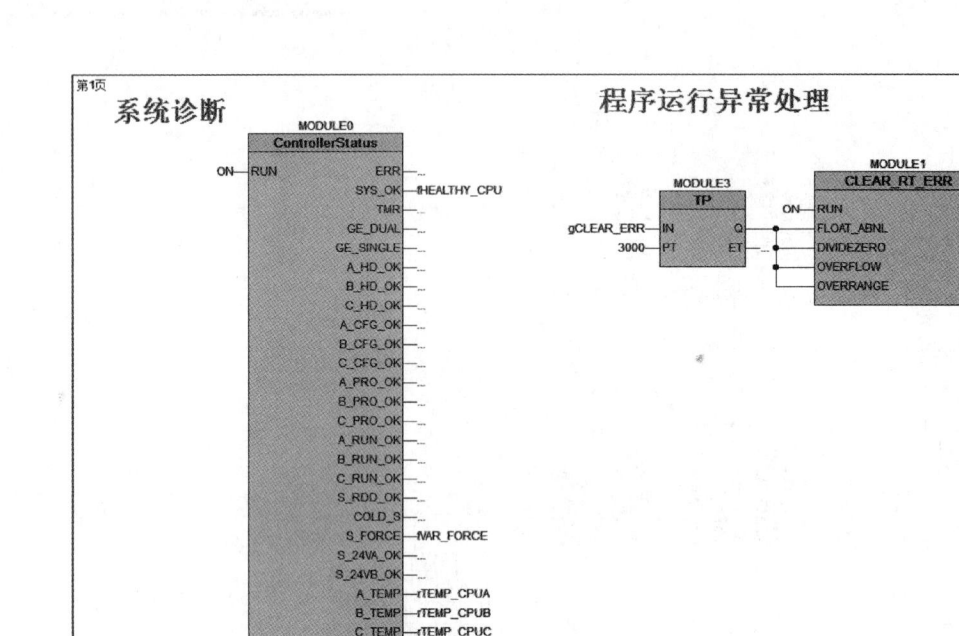

图 6-258 诊断用户程序

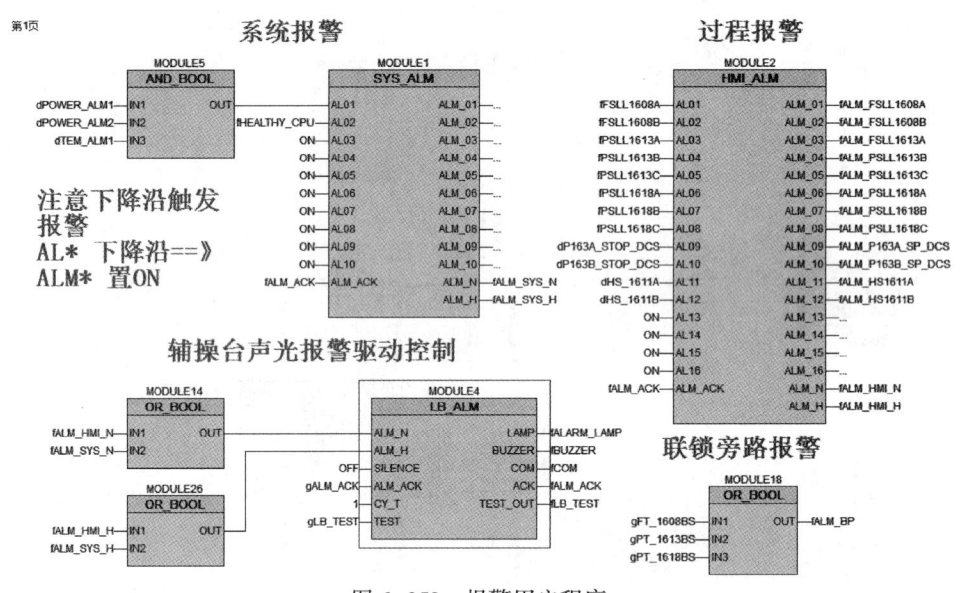

图 6-259 报警用户程序

① 检查工程师站及控制站地址是否正确（要求工程师站站地址为 129~253，子网掩码为 255.255.0.0，控制站站地址为 2~126，默认网关可不设置）。

② 用"ping"命令检查工程师站与控制站是否已正确连接。

点击菜单命令【通信/下载】或者工具栏上的按钮，弹出下载对话框，如图 6-261 所示。

下载时，SafeContrix 将执行以下检查与维护，以确保下载内容的正确性。

① 维护下载状态，完成下载过程的初始化和反初始化。

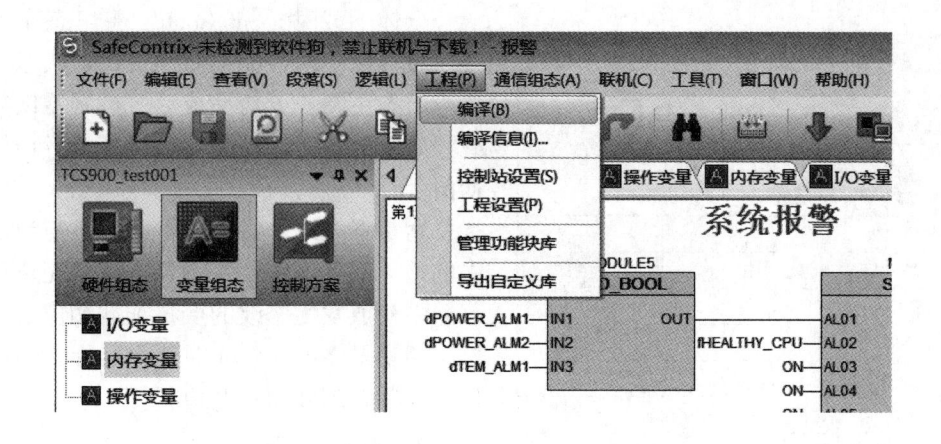

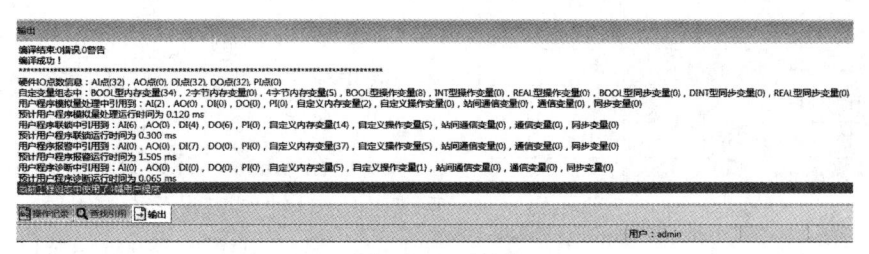

图 6-260 编译

图 6-261 下载对话框

② 检查当前组态存档是否编译通过等。

③ 检查上、下位机的控制器型号、版本是否一致性等。

④ 检查上、下位机的硬件组态是否匹配。

按系统要求依次将组态下载内容通过网络驱动下载到控制器，并触发和等待控制器更新组态。

分别根据"增量下载"和"全体下载"方式生成组态下载内容，包括系统功能块库。

检查下载器中所有收发数据包的中转器。

选择下载模式后，开始下载。

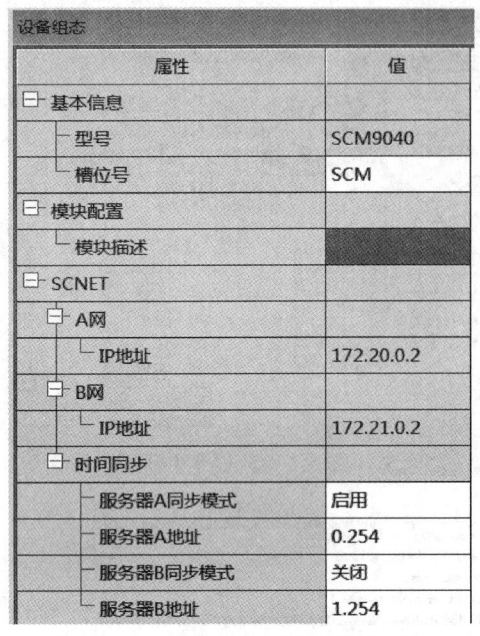

设备组态	
属性	值
基本信息	
─ 型号	SCM9040
─ 槽位号	SCM
模块配置	
─ 模块描述	
SCNET	
─ A网	
─ IP地址	172.20.0.2
─ B网	
─ IP地址	172.21.0.2
时间同步	
─ 服务器A同步模式	启用
─ 服务器A地址	0.254
─ 服务器B同步模式	关闭
─ 服务器B地址	1.254

图 6-262 设置时钟同步服务器地址

全体下载时，SafeContrix 将组态完整的下载到缓存区中，控制器进入 STOP 状态，然后进行组态更新，更新完成后，控制器恢复到下载开始前的状态，控制器中的各变量初始化为初值。

增量下载时，将前次下载组态与当前组态中的差异部分下载到控制器。下载完成后，控制器中初值发生修改的变量加载初值运行，未修改的变量将继续在实时值上运行（强制变量保持强制状态和原强制值）。

2. 时钟同步

（1）在 SCM 网络通信模块组态时启用服务器同步模式，并设置时钟同步服务器地址的后 2 位，如图 6-262 所示。

（2）在 windows 开始菜单打开 SafeContrix/系统工具/时钟同步设置，如图 6-263 所示。点击 "+" 号，设置完整的时钟同步服务器地址，并且 2 个网段都要设置，最后按保存按钮。

(a) 时钟同步配置 (b) 设置地址

图 6-263 设置完整的时钟同步服务器地址

3. SOE 功能

1) SOE 点组态

硬件组态页面中可以组态 I/O 点的 SOE 功能模块。内存变量和操作变量的 BOOL 类型也可以组态 SOE 功能。

2) SOE 服务器组态

在开始菜单中选择"所有程序 \ SafeContrix \ SSOE \ SOE 服务器",SOE 服务器将启动并在系统托盘处显示为 图标。双击系统托盘处的图标 ,弹出如图 6-264 所示的 SOE 服务器配置界面。

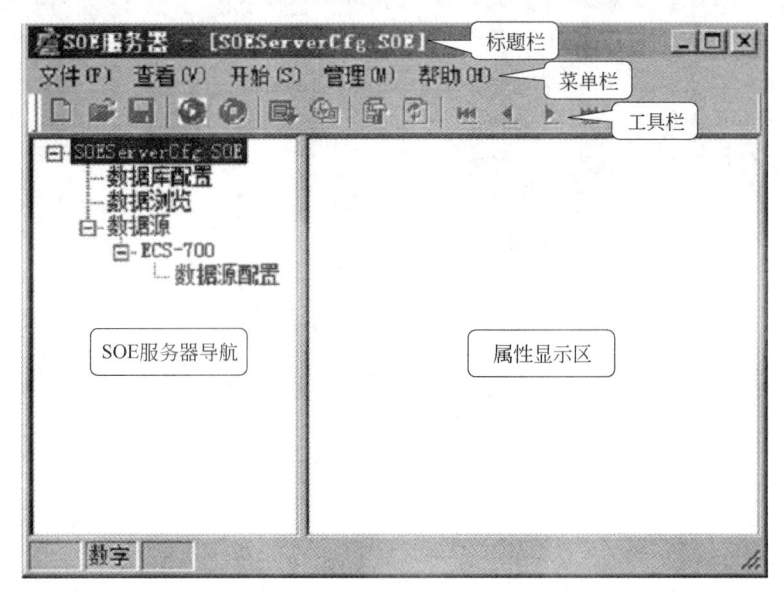

图 6-264 SOE 服务器配置界面

通常情况下建议使用本地数据库,当有多个操作域的 SOE 事件都需记录在一个数据库中时,则可以使用远程数据库,选择作为远程数据库的计算机必须已安装 SafeContrix 软件。

参数设置完成并保存后,使用工具栏的启动服务按钮 启动 SOE 服务,使用停止服务器按钮 停止 SOE 服务。

3) SOE 记录查看

SOE 服务器启动成功后,可以选择数据浏览界面进行 SOE 事件记录的查看,如图 6-265 所示。

图 6-265 SOE 数据浏览界面

还可以使用专门的 SOE 浏览器软件 SOEBrowser 来查看 SOE 记录,如图 6-266 所示,其操作步骤如下:

(1) 在开始菜单中选择"所有程序/SSOE/SOE 浏览器",弹出"数据库设置"对话框。

(2) 添加 SOE 服务器。

(3) 返回到"数据库设置"对话框并单击"确认",弹出 SOE 浏览器界面。

图 6-266 SOE Browser

4. 操作站组态

1) 系统结构组态

系统结构组态,首先要打开组态软件,然后一步一步新建工程、添加子工程、设置全局默认配置、设置单位配置等。还可以设置默认工程、备份/还原工程、子工程导入/导出等。

(1) 点击开始菜单/VxSCADA/系统结构,打开系统结构组态软件,如图 6-267 所示。

图 6-267 打开系统结构组态软件

(2) 单击 🗋 新建图标,在对话框中填入工程名和创建者,单击确定,下一对话框再单击是按钮,创建密码,如图 6-268 所示。

(a) 新建工程

(b) 提示创建密码

(c) 设置密码

图 6-268 新建工程

（3）右键工程，再单击添加子工程，在出现的工程设置向导对话框单击下一步按钮，在下一对话框中任意键入 IP 地址，最后单击完成按钮，如图 6-269 所示。

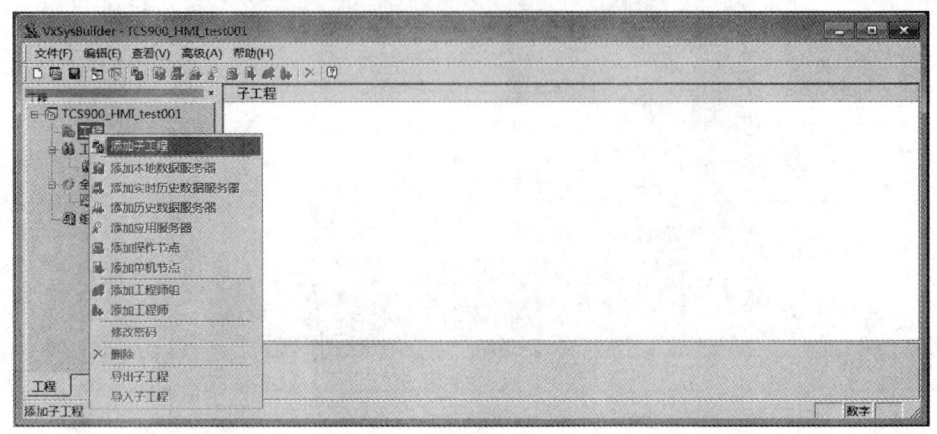

(a) 添加子工程

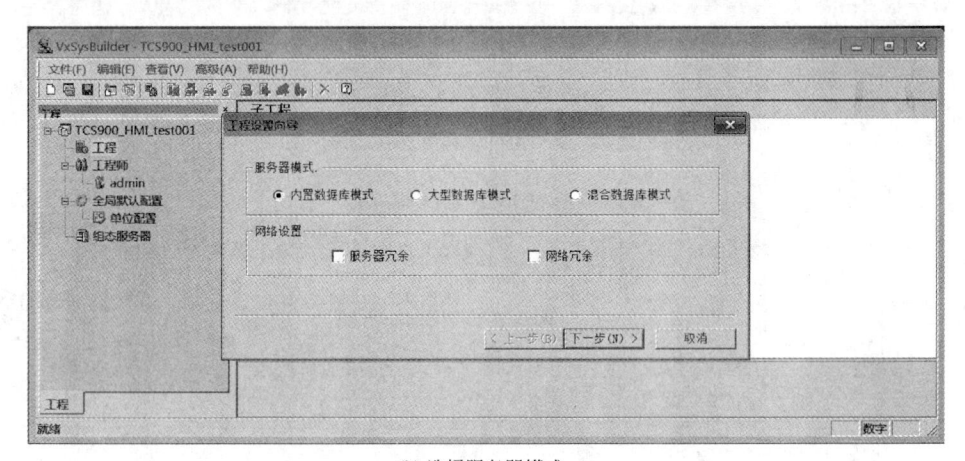

(b) 选择服务器模式

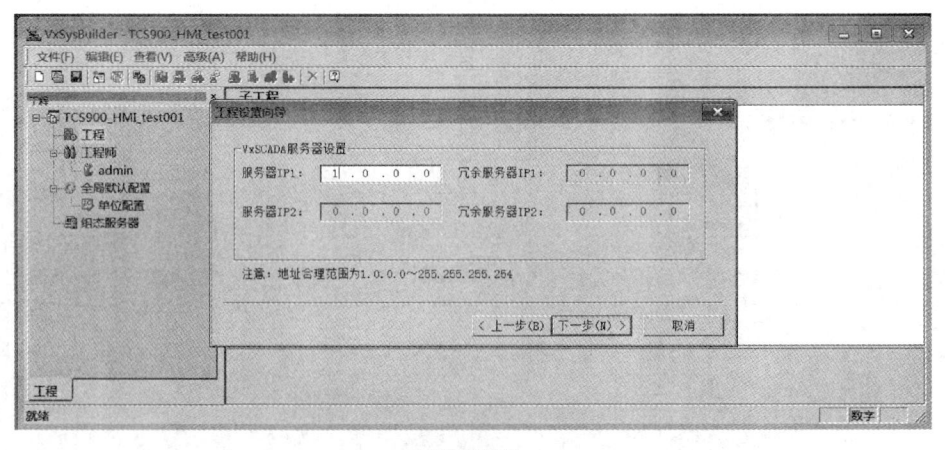

(c) 设置地址

图 6-269

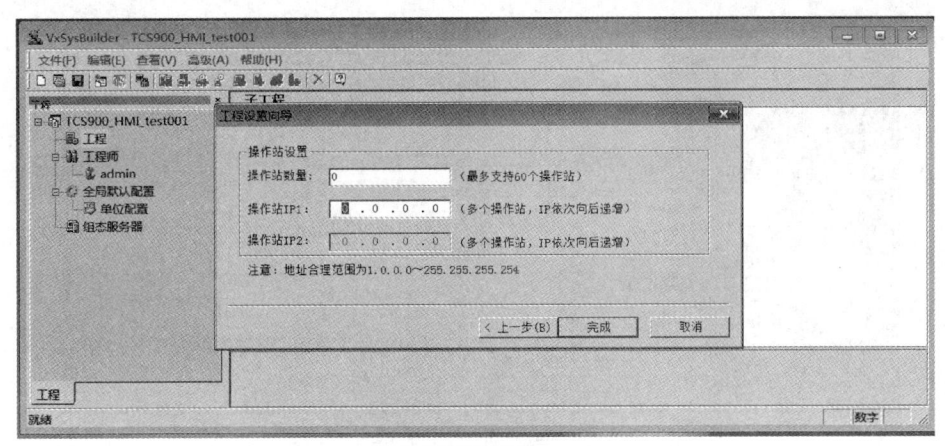

(d) 操作站设置

图 6-269　添加子工程

（4）完成后在删除服务器组_0，并将网络冗余改为使能，如图 6-270 所示。
（5）右键子工程 0，单击添加单机节点，然后配置 IP 地址，如图 6-271 所示。

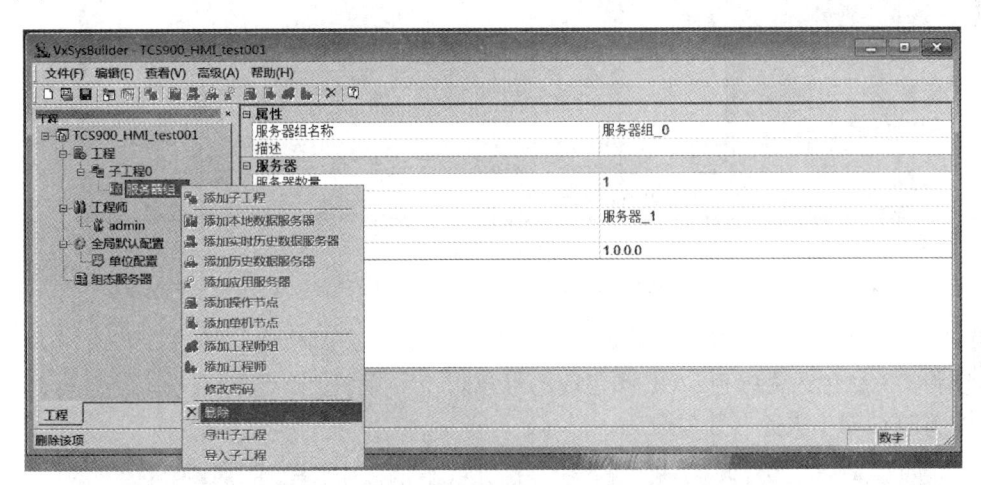

(a) 删除服务器组_0

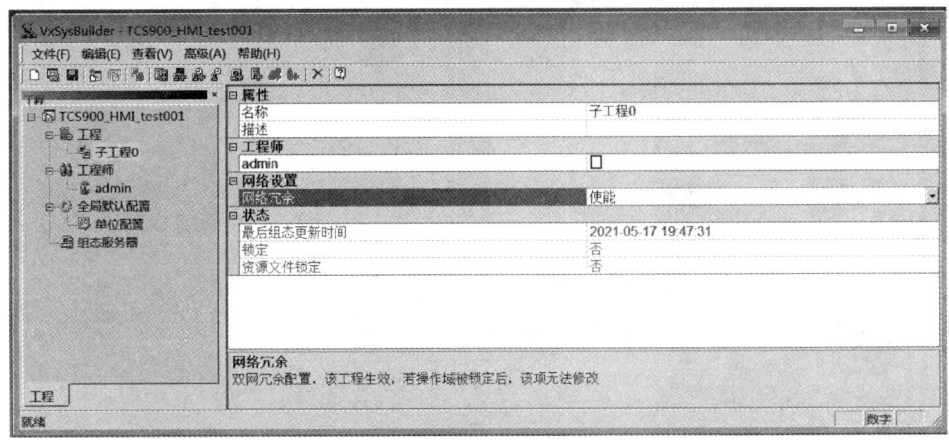

(b) 设置使能

图 6-270　网络冗余使能

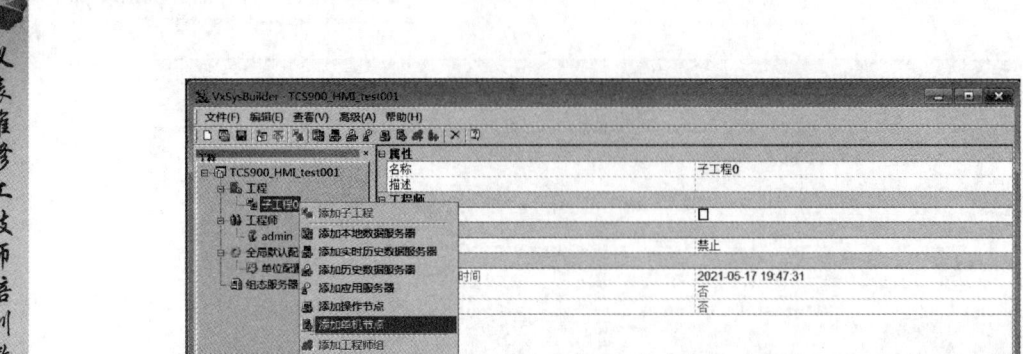

(a) 添加单机节点

(b) 配置IP地址

图 6-271　添加单机节点配置 IP 地址

(6) 单击全局默认配置，然后做以下配置，如图 6-272 所示。
① 将 ON 颜色改为绿色，OF 颜色改为红色。
② 将时钟同步服务器数量改为 1。

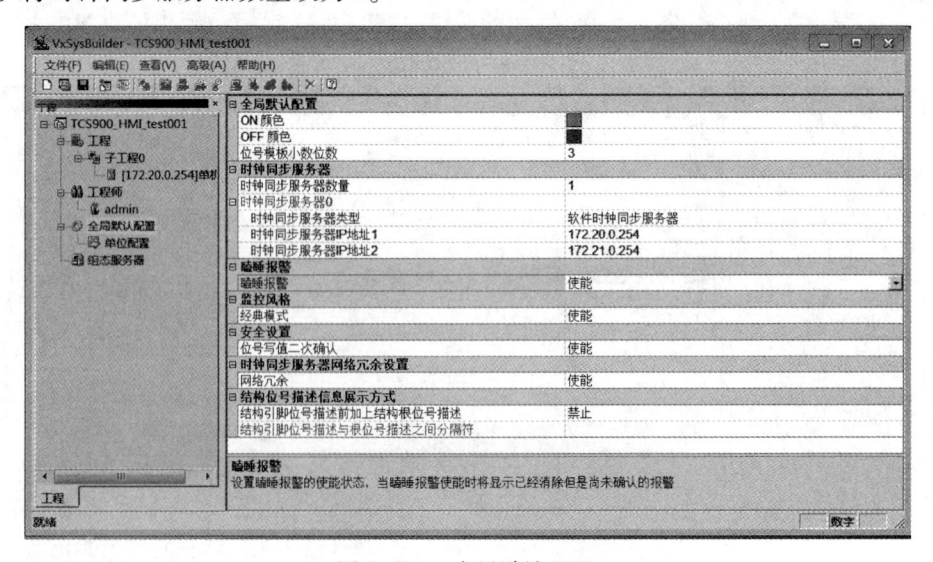

图 6-272　全局默认配置

③ 瞌睡报警改为使能。
④ 监控风格的经典模式改为使能。
⑤ 安全设置的位号写值改二次确认为使能。
⑥ 时钟同步服务器网络冗余设置的网络冗余改为使能。
⑦ 键入时钟同步服务器 IP 地址 1 和地址 2。

(7) 点击单位配置，可在列表最后自定义添加工程单位，如图 6-273 所示。

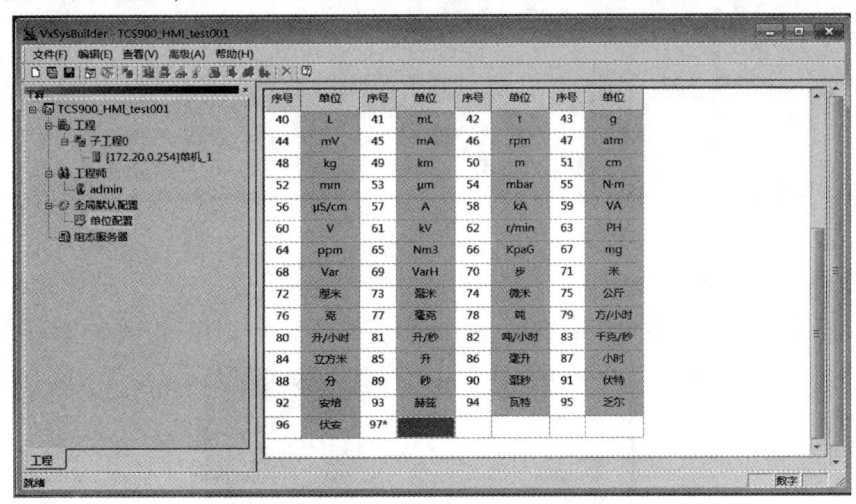

图 6-273 单位配置

(8) 最后按 ■ 保存按钮保存，按 ■ 默认工程按钮将该工程设为默认工程。可以使用高级菜单对项目进行备份和还原，如图 6-274 所示。

2）组态管理

组态管理的主要工作，首先打开软件，然后一步一步进行数据库管理设置，历史趋势设置，添加操作小组，流程图组态，组态发布等工作。

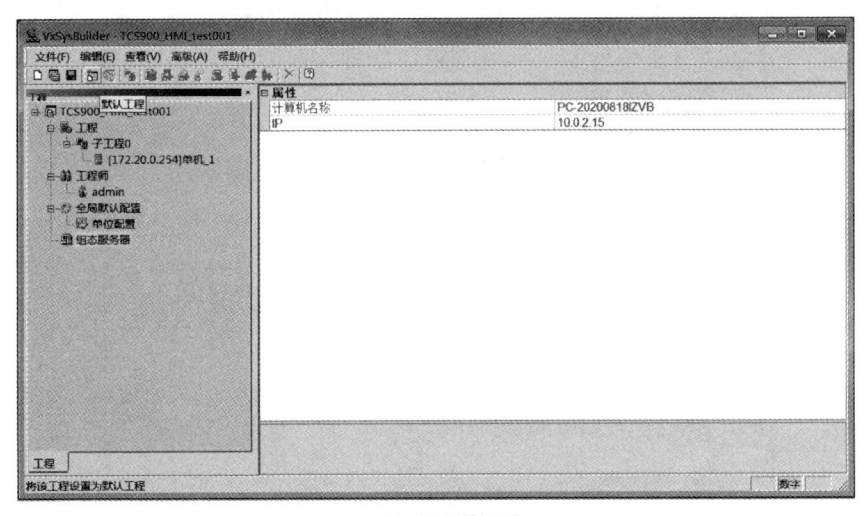

(a) 设置默认工程

图 6-274

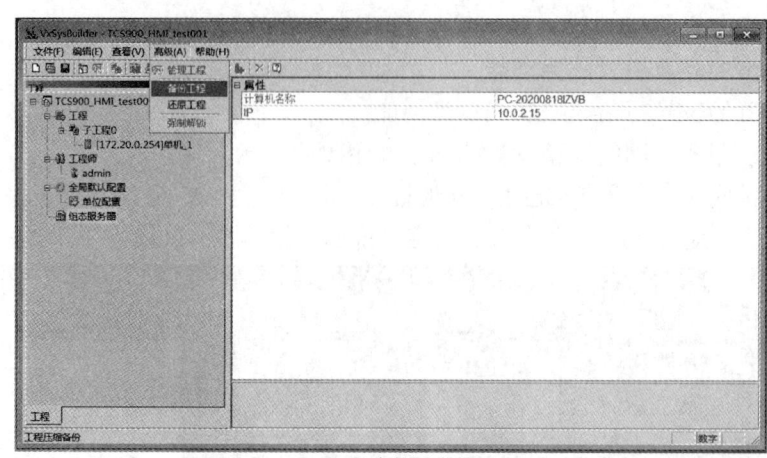

(b) 备份和还原

图 6-274 备份和还原

(1) 打开组态管理组态软件。

点击开始菜单/VxSCADA/组态管理，打开组态管理组态软件，如图 6-275 所示。

(a) 点击组态管理

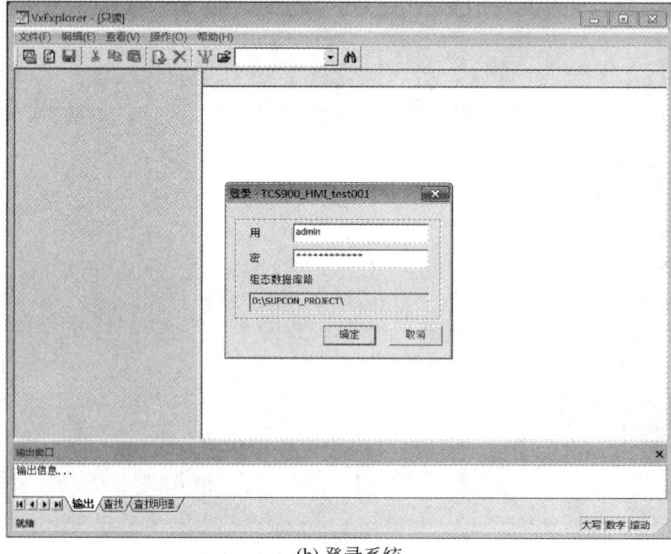

(b) 登录系统

图 6-275

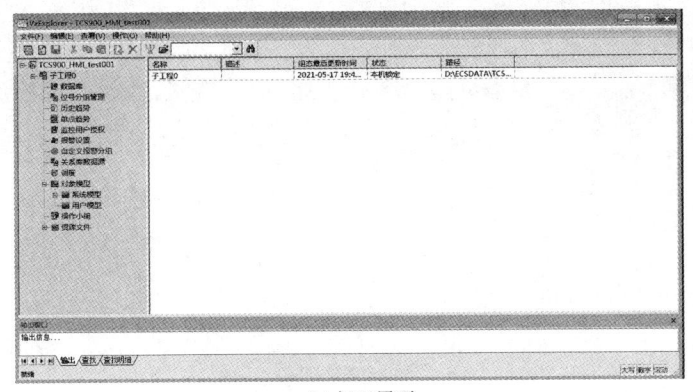

(c) 打开界面

图 6-275 打开管理组态软件

(2) 数据库管理

数据库管理组态要设置 TCS-900 驱动，并从控制站组态导入变量进行设置。首先双击数据库按钮，弹出数据库管理组态界面，如图 6-276 所示。

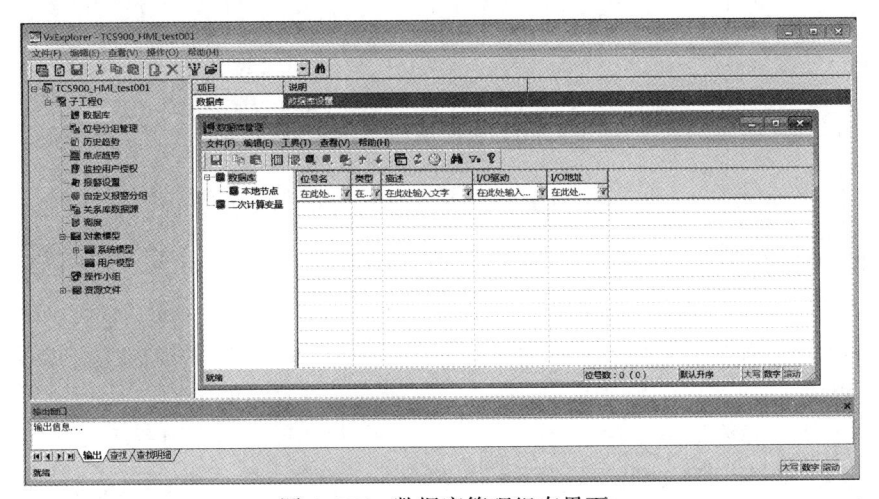

图 6-276 数据库管理组态界面

右键本地节点按钮，点击添加驱动，在对话框中选择 TCS-900，并按确定，如图 6-277 所示。

双击本地节点下面的 TCS-900 按钮，出现 TCS 驱动配置界面，再右击 TCS 按钮，选择载入按钮，在对话框中选择下位机组态文件，并按打开按钮，最后返回驱动配置界面，如图 6-278 所示。

在驱动器配置界面，选择位号标签，选择需要的位号，并按保存按钮，关掉驱动器配置界面，返回数据库管理界面，如图 6-279 所示。

在数据库管理界面，双击模拟量量位号，弹出修改位号对话框，选报警选项设置报警，按确定按钮返回数据库管理界面如图 6-280 所示。再按保存按钮，最后关闭数据库管理界面，返回组态管理。

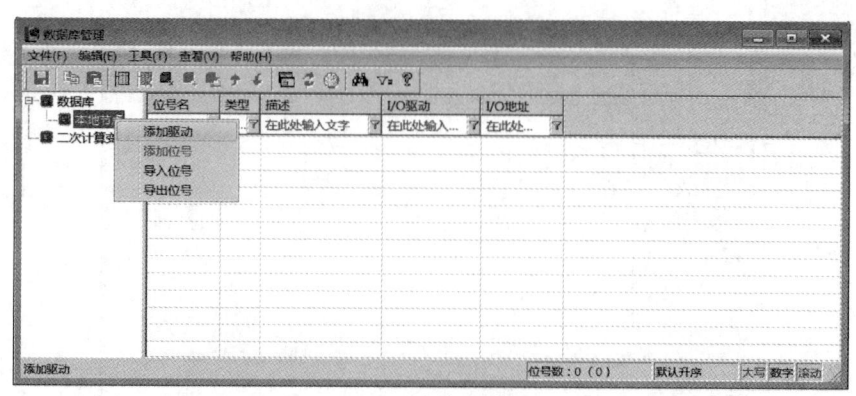

(a) 添加驱动

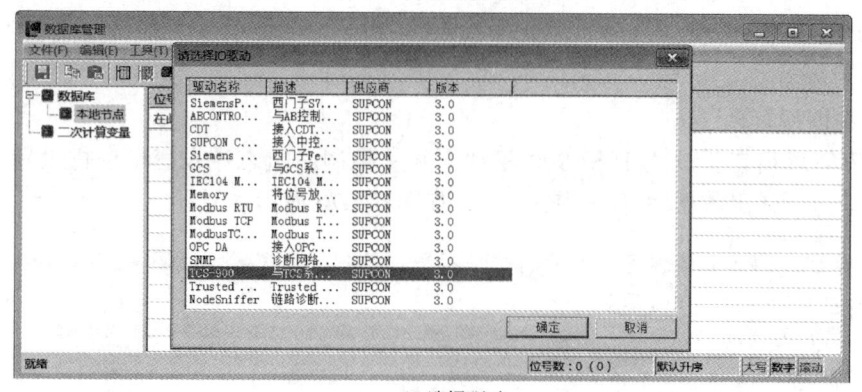

(b) 选择驱动

图 6-277 添加驱动界面

(3) 历史趋势。

通过历史趋势组态软件可进行历史趋势位号和历史数据服务器的组态。只有配置了历史趋势位号和历史数据服务器才可在监控（或者在历史趋势离线查看软件）状态下查看历史趋势。历史数据服务器可实现历史趋势的数据采集。并且只有进行了历史趋势位号组态后的位号才有历史趋势记录，否则只可在监控状态下看到位号的实时趋势而无历史趋势。

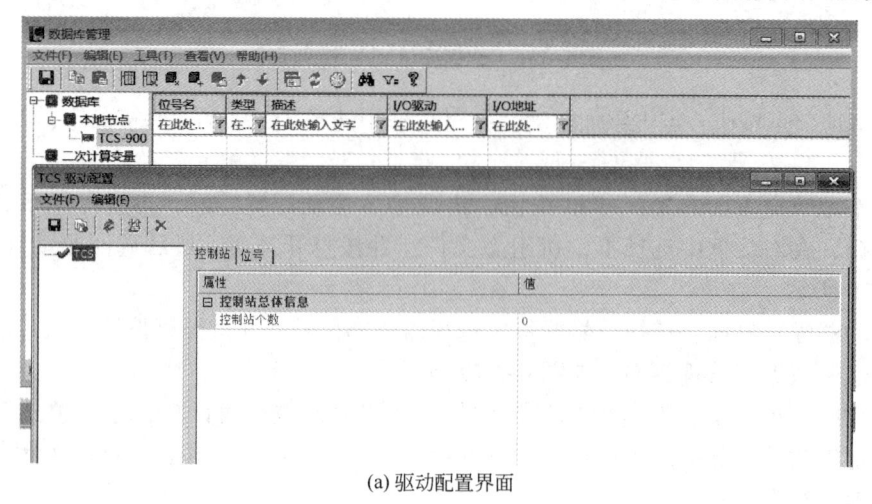

(a) 驱动配置界面

图 6-278

(b) 载入驱动

(c) 打开组态文件

(d) 返回驱动配置界面

图 6-278　TCS 驱动配置

(a) 保存位号

(b) 数据库管理界面

图 6-279　选择位号

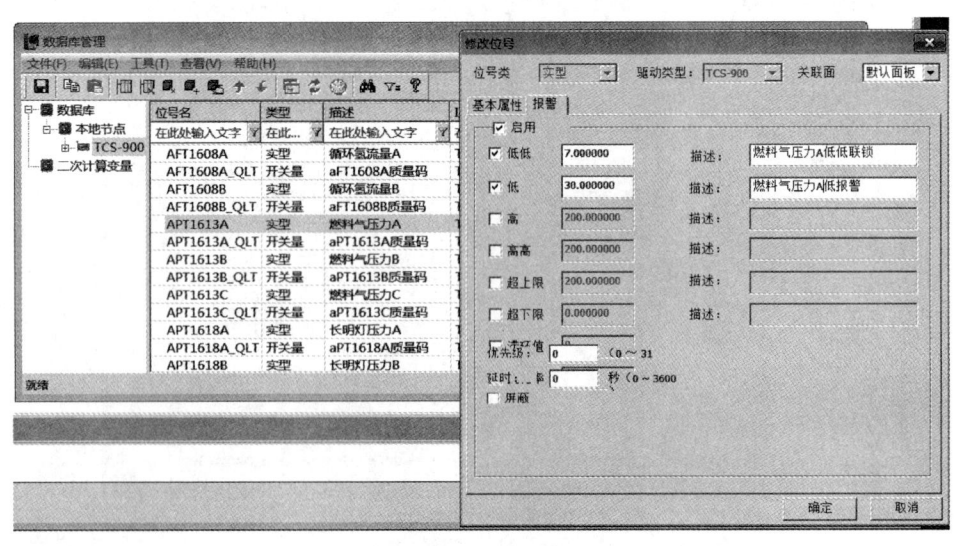

图 6-280　修改位号

在组态管理界面双击历史趋势按钮,弹出 VFHisCFG 界面,右键历史趋势位号按钮,单击添加趋势库位号,弹出位号选择界面,选择需要记录历史趋势的位号,单击确定按钮,返回 VFHisCFG 界面,如图 6-281 所示。

单击历史数据服务器,在位号分组 0 前面打钩,最后按保存并退出,返回组态管理界面,如图 6-282 所示。

(4)添加操作小组。

实时监控软件通过操作小组来为用户划分监控画面和操作内容,用户登录实时监控软件时,须指定相应的操作小组。操作小组的组态内容确定了该小组人员的监控内容。

组态步骤,在组态管理界面,右键操作小组,点击添加操作小组,如图 6-283 所示。

(5)流程图组态。

流程图实现分层、分组管理。即"流程图"节点下需先建立一层流程图小组后,才能选择添加流程图画面或再建立分组。每个流程图小组最多支持 8 层分组,每层流程图小组下,最多支持 64 个分组,每个分组下最多支持 256 张流程图。流程图节点下可实现创建、

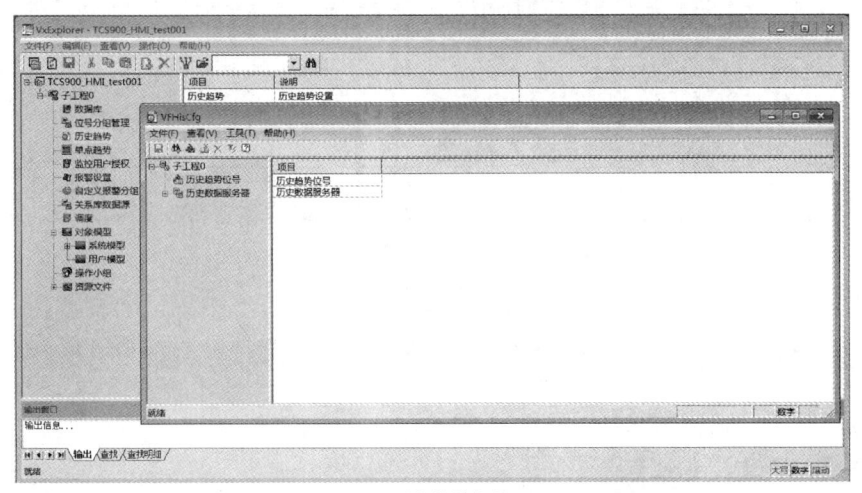

(a)历史趋势位号

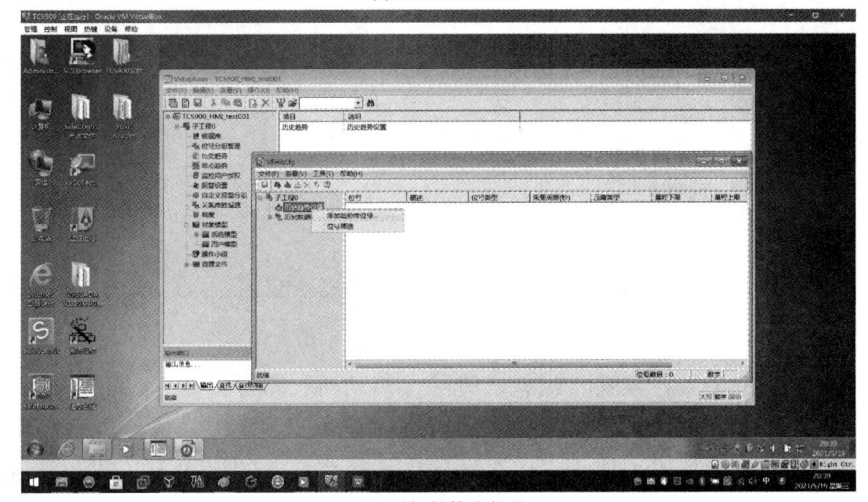

(b)添加趋势库位号

图 6-281

(c) 位号选择

图 6-281 历史趋势

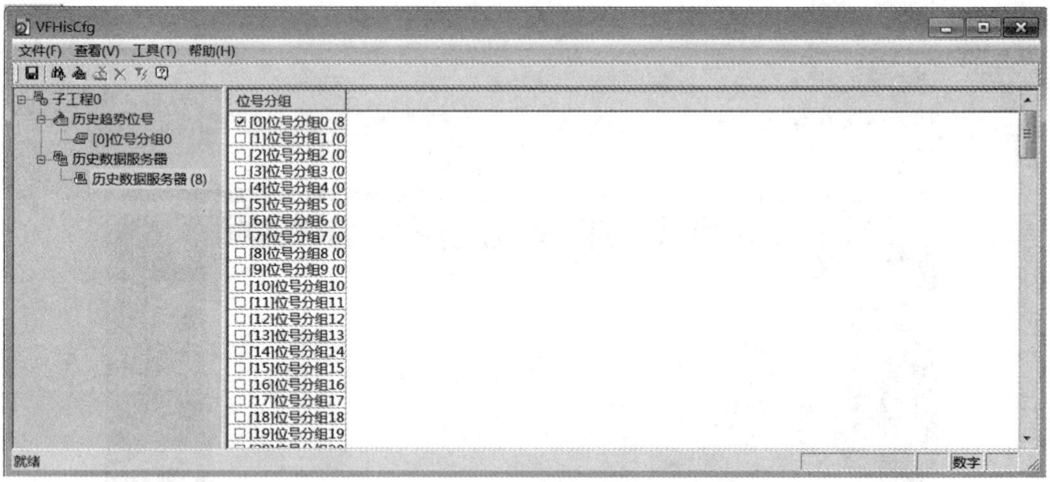

图 6-282 位号分组

重命名、删除流程图分组，创建、配置、删除、移动流程图等操作。

流程图可以创建后编辑，也可以导入后再编辑。本实例介绍如何导入后编辑，在资源文件下右击流程图，选择导入按钮，在对话框中选择要导入的流程图文件，单击打开导入流程图，如图 6-284 所示。

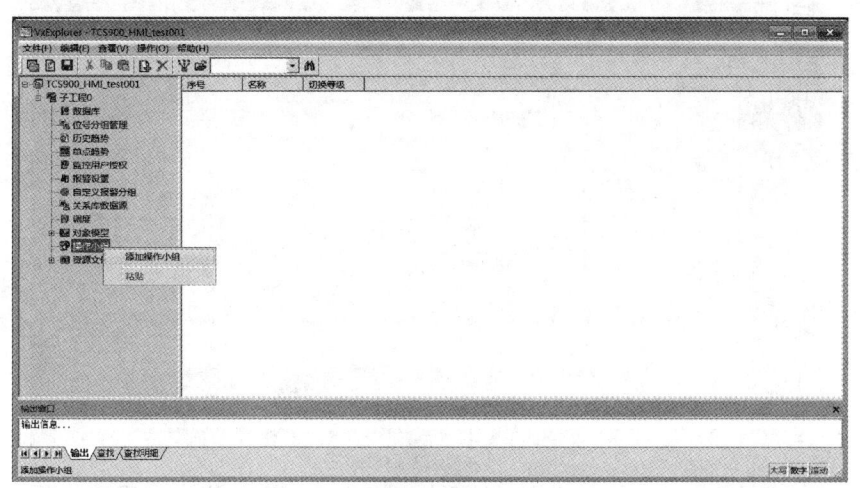

(a) 点击添加操作小组

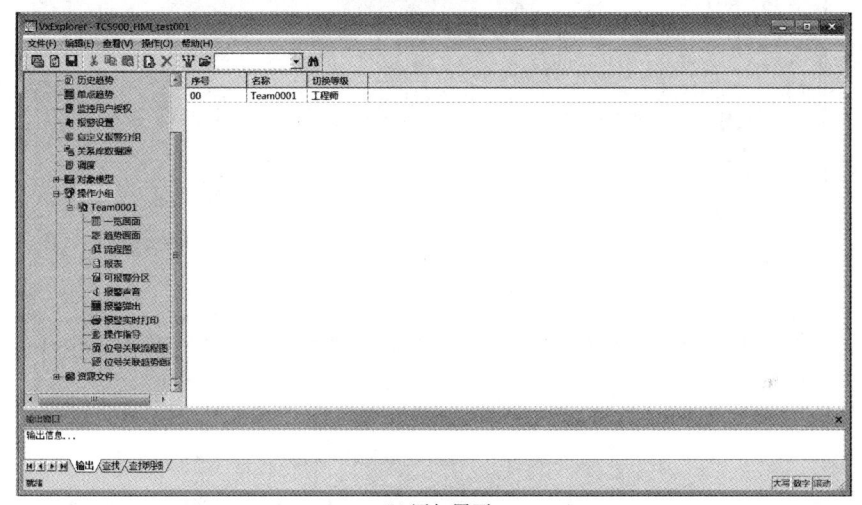

(b) 添加界面

图 6-283　添加操作小组

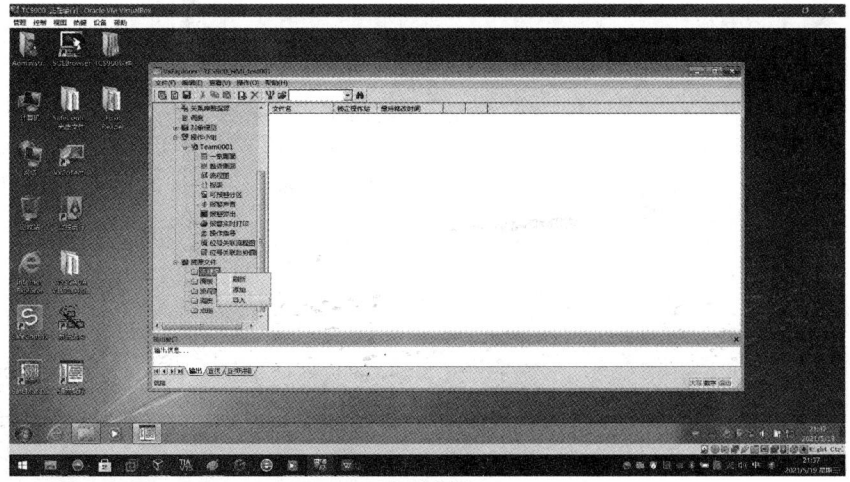

(a) 选择导入

图 6-284

(b) 选择流程图

(c) 导入后界面

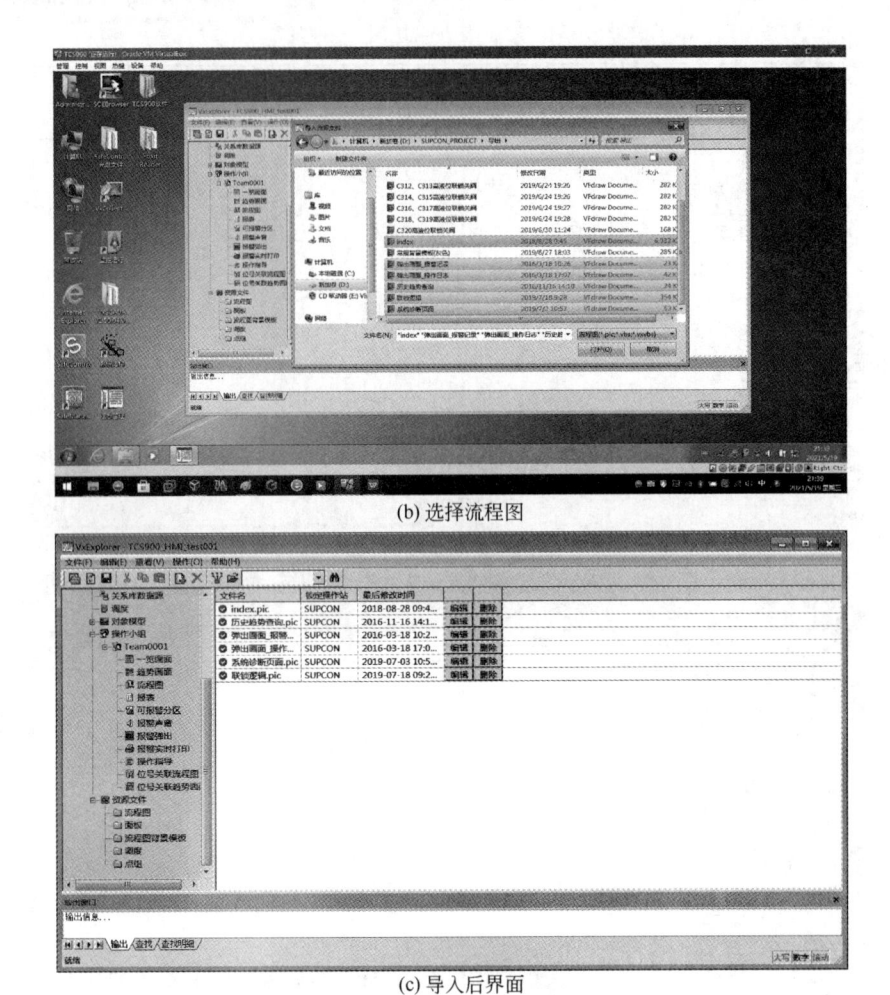

图 6-284 资源文件流程图导入

在资源文件下右击流程图背景模板，选择导入按钮，在对话框中选择要导入的流程图背景模板文件，单击打开导入流程图背景模板，如图 6-285 所示。

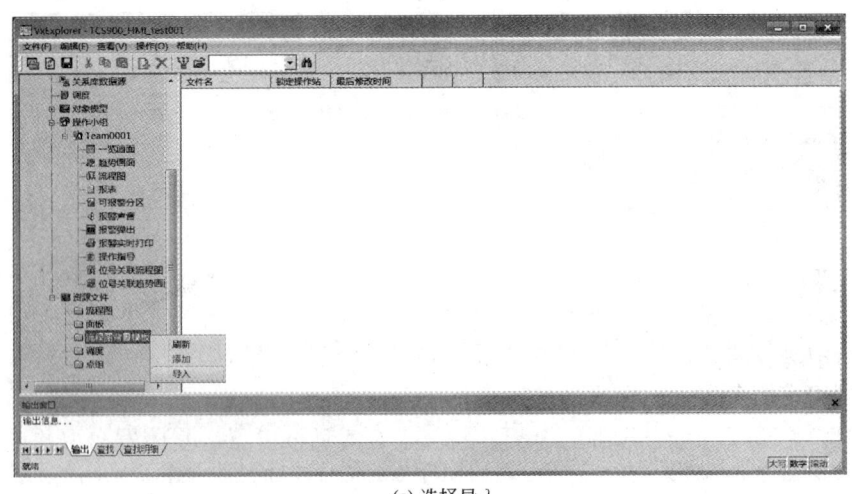

(a) 选择导入

图 6-285

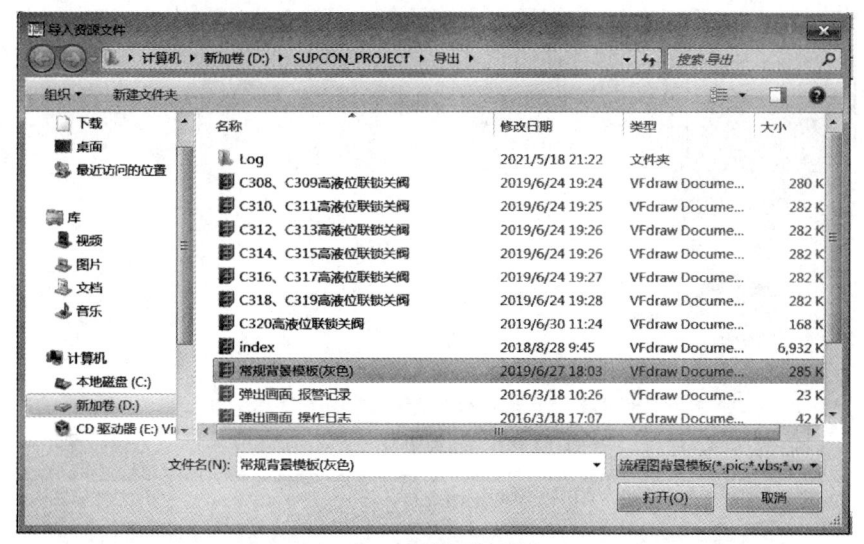

(b) 选择背景模板文件

(c) 导入后界面

图 6-285　流程图背景模板导入

在操作小组 Team0001 下右击流程图，选择导入按钮，在对话框中选择要导入的流程图文件，单击打开导入流程图背景模板，如图 6-286 所示。通过点击编辑按钮打开流程图编辑软件对流程图进行编辑。

（6）组态发布。

组态完毕或组态修改之后，需要向服务器和各个组态节点发布组态信息（告知该节点有新的组态需要更新），以便各操作节点得到最新的组态文件和信息。工程师可选择某个子工程进行组态发布，向该子工程的各服务器和操作节点发送组态同步消息，并且由各个操作节点到组态服务器上获取更新的组态。

发布时，右击子工程，选择组态发布按钮，在对话框中点击全体发布，并进行二次确认，发布成功后可以按退出按钮，如图 6-287 所示。

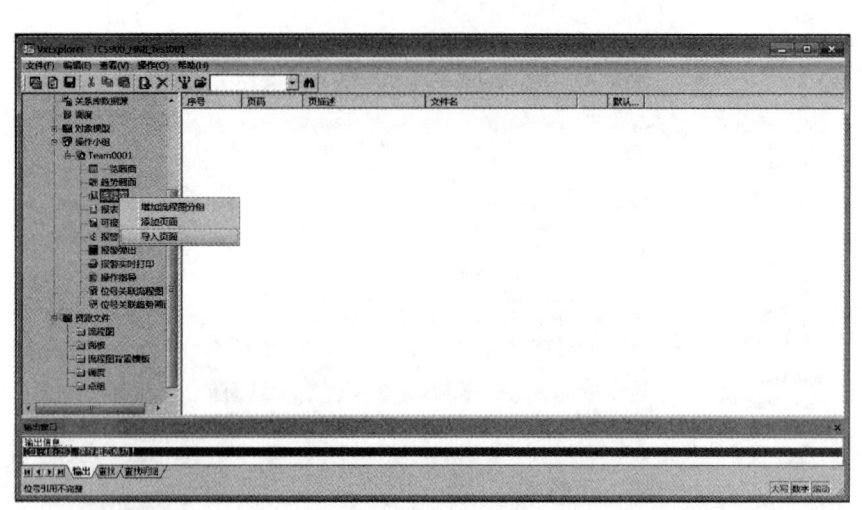

(a) 选择导入

(b) 选择流程图文件

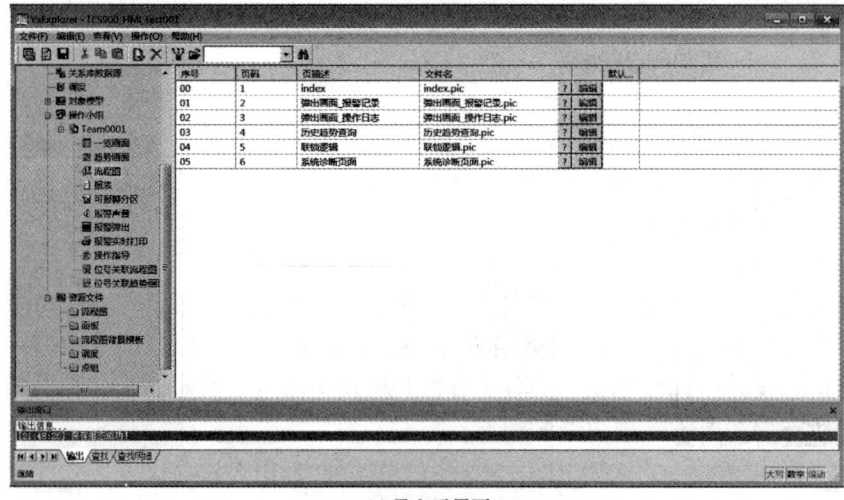

(c) 导入后界面

图 6-286 流程图导入与编辑

3) 监控运行

监控时按开始菜单/所有程序/VxSCADA/监控运行,打开实际监控,如图 6-288(a) 所示;或在组态管理软件中右键子工程 0,选择组态仿真,打开仿真监控,如图 6-288(b) 所示。

无论是实际监控还是仿真监控,都要在对话框中选择工程名,然后勾选监控软件,按确定按钮运行监控软件,如图 6-289 所示。

(三) 系统调试

调试可分为两大部分:系统调试和工艺联锁调试。系统调试包括,硬件通道调试(调试硬件模块是否正常)、位号参数调试(通过调试位号,可以赋予位号不同的数值以及报警值,主要为程序调试服务,也可利用位号调试来进行硬件通道调试)、程序调试(调试程序逻辑是否正常)、现场打点测试(观测现场的点与变量画面上的点是否一致,测量及输出是否准确。一般在现场进行)和控制器负荷调试(程序调试完成后进行控制器负荷调

(a) 选择组态发布

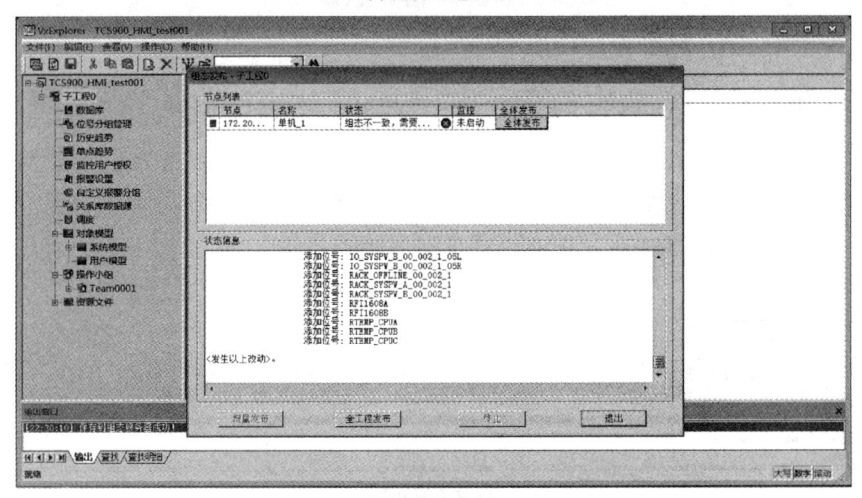

(b) 全体发布

图 6-287

(c) 确认

(d) 发布成功

图 6-287 组态发布

试，使控制站运行更加平稳）。调试运行为非安全模式。正常投运状态下，禁止进行联机调试，以免影响装置安全。调试完成后，应将机架上权限钥匙开关，拨入 MON 模式。

1. 硬件通道调试

在硬件组态完成后，即可对模块通道进行调试。控制站上电，打开硬件组态界面，点击工具栏中的按钮 ▦，即可进入联机调试状态。此时，在 IO 端子板上逐个加入信号（输入通道），可在 I/O 变量界面中查看相关通道的值，从而确定该通道是否正常，测量精度是否满足要求等。或者通过强制使能，直接在通道上（输出通道）输入数值，观测通道的输出是否正常。监视和强制操作如图 6-290 所示（只有在控制器状态为"RUN"时，DO 值才能强制）。

2. 控制方案组态调试

点击组态界面工具栏中的联机调试按钮 ▦，程序界面即可进入联机调试状态，如图 6-291 所示。

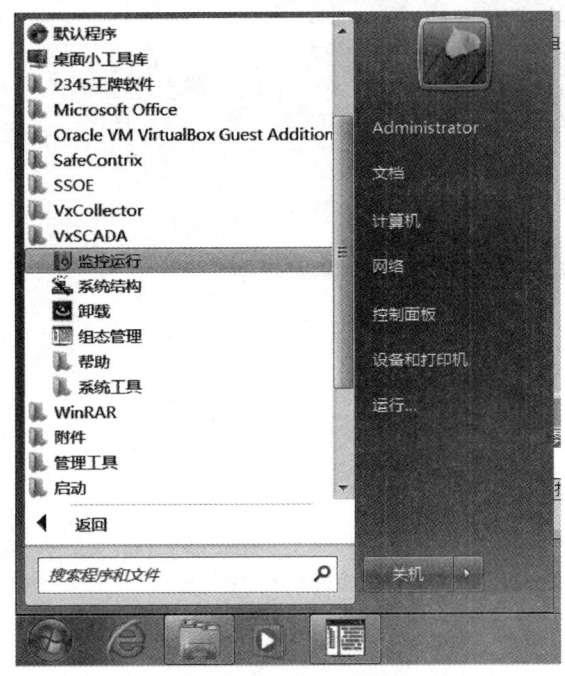

(a) 打开实际监控

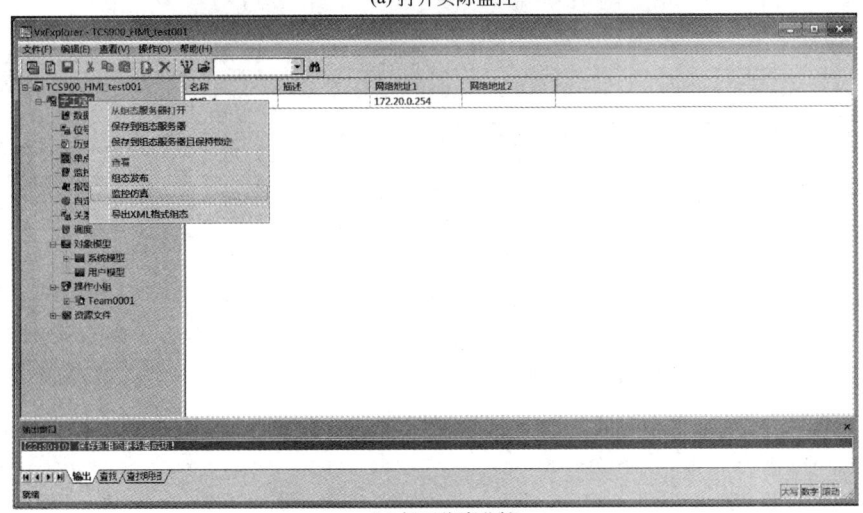

(b) 打开仿真监控

图 6-288　监控运行

控制方案组态联机调试，可以使用以下方法进行调试。
1）参数修改
在功能块调试中，可修改位号或参数的值。
2）输入强制
在调试程序时，为了验证程序功能是否正确，可将输入位号设置成强制，然后手动输入位号的值，以调试程序在不同位号数值下是否满足预期。
3）输出强制
输出强制后，位号输出值只跟手动输出值相关，与程序无关，可调整程序而不用担心

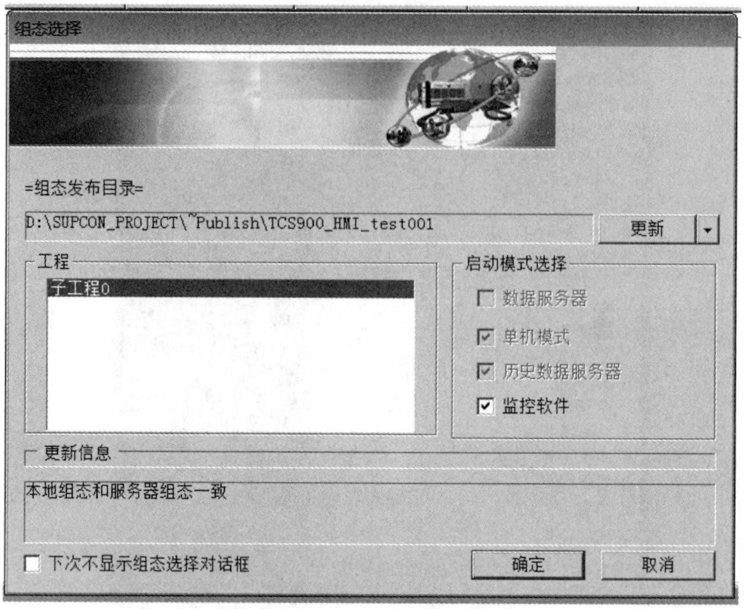

图 6-289　组态选择

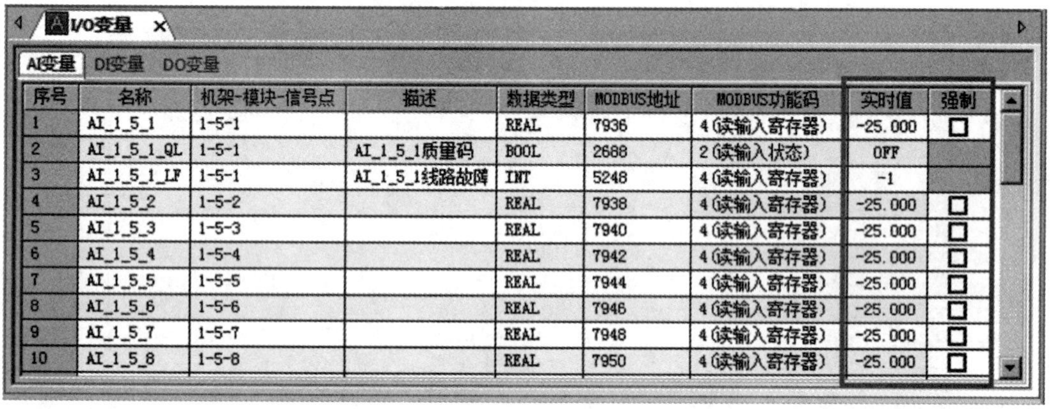

I/O变量

AI变量　DI变量　DO变量

序号	名称	机架-模块-信号点	描述	数据类型	MODBUS地址	MODBUS功能码	实时值	强制
1	AI_1_5_1	1-5-1		REAL	7936	4(读输入寄存器)	-25.000	☐
2	AI_1_5_1_QL	1-5-1	AI_1_5_1质量码	BOOL	2688	2(读输入状态)	OFF	
3	AI_1_5_1_LF	1-5-1	AI_1_5_1线路故障	INT	5248	4(读输入寄存器)	-1	
4	AI_1_5_2	1-5-2		REAL	7938	4(读输入寄存器)	-25.000	☐
5	AI_1_5_3	1-5-3		REAL	7940	4(读输入寄存器)	-25.000	☐
6	AI_1_5_4	1-5-4		REAL	7942	4(读输入寄存器)	-25.000	☐
7	AI_1_5_5	1-5-5		REAL	7944	4(读输入寄存器)	-25.000	☐
8	AI_1_5_6	1-5-6		REAL	7946	4(读输入寄存器)	-25.000	☐
9	AI_1_5_7	1-5-7		REAL	7948	4(读输入寄存器)	-25.000	☐
10	AI_1_5_8	1-5-8		REAL	7950	4(读输入寄存器)	-25.000	☐

(a) 查看数值

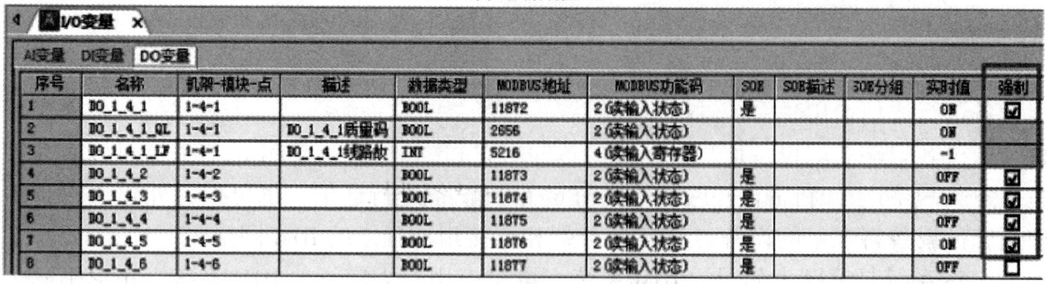

I/O变量

AI变量　DI变量　DO变量

序号	名称	机架-模块-点	描述	数据类型	MODBUS地址	MODBUS功能码	SOE	SOE描述	SOE分组	实时值	强制
1	DO_1_4_1	1-4-1		BOOL	11872	2(读输入状态)	是			ON	☑
2	DO_1_4_1_QL	1-4-1	DO_1_4_1质量码	BOOL	2656	2(读输入状态)				ON	
3	DO_1_4_1_LF	1-4-1	DO_1_4_1线路故	INT	5216	4(读输入寄存器)				-1	
4	DO_1_4_2	1-4-2		BOOL	11873	2(读输入状态)	是			OFF	☑
5	DO_1_4_3	1-4-3		BOOL	11874	2(读输入状态)	是			ON	☑
6	DO_1_4_4	1-4-4		BOOL	11875	2(读输入状态)	是			OFF	☑
7	DO_1_4_5	1-4-5		BOOL	11876	2(读输入状态)	是			ON	☑
8	DO_1_4_6	1-4-6		BOOL	11877	2(读输入状态)	是			OFF	☐

(b) 强制使能

图 6-290　监视和强制 I/O 变量

输出值异常变化。

SafeContrix 软件支持对控制器进行仿真，通过仿真功能，可以在无控制器的情况下，对程序进行仿真调试。

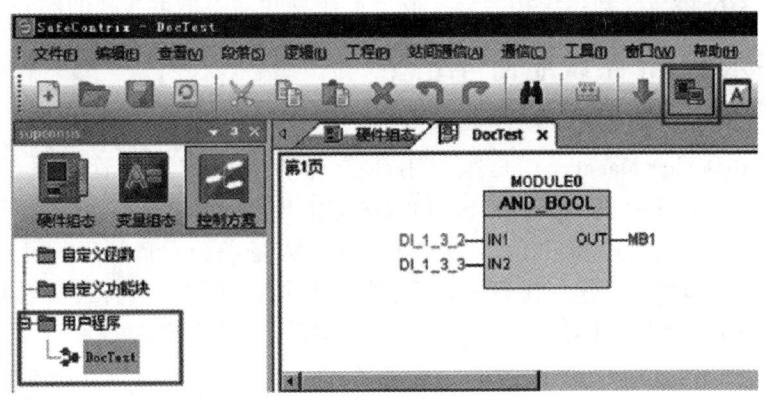

图 6-291　控制方案组态联机调试

第四节　IDM 智能仪表设备管理系统

一、IDM 系统概述

IDM 智能设备管理系统是一个现场智能设备管理和维护平台。在这个平台的基础上工程师可以进一步优化现场智能设备的性能表现，缩短开车时间，提高工厂的维护质量。

IDM 系统通常具有如下基本功能：

（1）获取包括设备厂商、设备类型、设备版本、DD（设备描述）版本等设备信息。

（2）通过现场智能设备支持的协议对设备进行组态。

（3）通过获取设备的报警信息对设备的运行状态和故障进行判断和诊断。

（4）以企业视图、厂商列表、物理链路等方式为工程师提供便捷的设备浏览方式。

（5）通过事件记录的方式对工程师的操作和智能设备的报警信息进行保存。

（6）严格的用户安全管理。

现在的现场智能仪表设备都支持 HART 通信，IDM 系统主要通过 HART 协议与现场智能设备进行通信。IDM 系统通过服务器收集现场智能设备的信息。为客户端提供服务。工程师通过客户端获取设备信息并完成设备的组态和维护工作。IDM 的服务器可以直接接入 DCS、SIS 等网路，利用这些网络的物理链路与设备进行通信，也可以另外建立物理链路使用交换设备将大量的设备与 IDM 服务器相连接组成独立的 IDM 网络。

AMS 系统是艾默生公司的 IDM 系统，也是应用较为广泛的 IDM 系统。霍尼韦尔公司的 FDM 系统也是一种 IDM 系统。国内的浙江中控公司的 SAMS 系统是一个工厂的 IDM 系统。它们通常都是与自家公司的 DCS、SIS 等系统配套使用。不同厂商的 IDM 系统有不同的名称。但他们的结构和功能都十分相似。

随着工业物联网的发展，现场设备的智能化将进一步提高，控制网络也将进一步去中心化，控制功能将向现场设备方向移动，网络协议最终也很有可能统一为工业以太网协议。因此IDM系统将与控制系统相融合，成为工业物联网中不可或缺的部分。

二、霍尼韦尔FDM系统配置与组态

FDM（Field Device Manager）是霍尼韦尔公司的集中式资产管理系统，可对基于HART、PROFIBUS和Fieldbus Foundation协议的智能现场设备进行远程设置和维护。FDM可通过客户端与多个集散式FDM服务器相连，支持大量现场设备管理。可对全厂所有仪表执行完整的命令和控制操作，显著降低所需的实地检查频次，节省大量时间。简化并减少了一般情况下工厂排除故障所需采取的措施，提高了总体资产效能。

在FDM系统中，FDM Server Management Tool软件用于配置和管理系统服务；FDM Client软件用于配置和管理现场智能设备。

（一）FDM的功能和特性

高级搜索：FDM允许使用此功能轻松地在网络视图中找到特定的设备。

审核追踪：FDM可以维护审核日志，记录了每个事件的操作、用户和时间戳。可以根据各种过滤条件查看它。

动态网络：每次建立网络后，FDM会自动在网络视图中更新新连接或断开连接的节点。

批量操作：使用此功能，可以同时为大量设备创建历史记录和脱机模板。

客户端-服务器架构：FDM支持分布式客户端-服务器体系结构，其中不同的组件可以安装在不同的系统上。此外，它还支持多客户端，多服务器体系结构，其中多个客户端可以连接到同一服务器，而一个客户端可以连接到任何服务器。

比较配置：FDM支持设备参数的比较功能。可以比较属于同一设备类型的两个设备的参数设置，也可以比较同一设备历史记录的设备参数。

设备访问控制：FDM支持对设备"写访问权"的安全性控制。

设备历史记录：FDM使你可以查看设备配置的历史记录，并可以将当前配置与历史配置进行对比。

设备配置：FDM支持通过DD和FDT-DTM技术对HART和FF设备进行配置。它还支持通过DD配置ISA100无线设备，以及通过FDT-DTM技术配置PROFIBUS设备。FDM还可以查看当前设备配置，并将配置从FDM下载到设备。

设备文档：FDM允许将文档（例如用户手册和PID图）添加到FDM数据库中以供快速参考。与设备关联的文档可以轻松地从FDM客户端调用。

显示过滤器：FDM中可以使用各种过滤条件来创建过滤器。使用此功能，可以自定义网络视图。

仪表盘：可以在单个位置查看与FDM客户端、FDT通信控制台、设备、RCI、网关、网络和操作相关的所有类型的信息。

Experion冗余支持：FDM支持冗余的Experion网络连接。当所需的Experion服务器不可用时，FDM会自动切换到冗余服务器。无需采取任何措施即可重新检测设备。

设备的健康扫描：在FDM系统中无需打开设备配置页面，就可以查看设备的运行状况。在构建网络操作期间首次发现设备时，将显示设备运行状况。健康的设备以绿色表示，如果发现设备不健康，则以红色表示。

导入导出操作：FDM 可以导入和导出设备标签，审核跟踪记录，脱机配置和设备历史记录。

离线配置：FDM 可以配置一组设备参数，而无需物理上可用的设备。这些配置存储在数据库中或单独的文件中，并且在物理设备连接时可以将它们下载到设备中。

工厂区域视图：使用此功能，你可以根据可用设备的地理位置或逻辑关联（例如，按单位或区域）对可用设备进行分组。可以轻松识别设备位置并查看，直接通过其位置监视设备。

快速浏览：使用此功能，可以查看与所有已连接和已断开连接的设备的状态、设备信息、网络信息、设备状态信息、锁定状态以及附带的文档有关的信息。此信息可在单个位置获得。

基于角色的用户管理：FDM 提供了可靠的基于角色的用户管理功能。

支持设备描述文件：FDM 使用未经修改的原始设备供应商的 DD 和 EDD，为所有的 HART 设备提供完整的配置和设置。DD 或 EDD 可从设备供应商处获得。

（二）FDM 软件组件和实用程序

FDM 由以下软件组件和实用程序组成。

FDM 服务器：FDM 服务器是构成 FDM 应用程序的核心。它用于管理 FDM 客户端，并通过 FDM 远程通信接口（RCI）与 HART、FF、PROFIBUS、ISA100 Wireless 和 DE 设备进行交互。它存储与 HART、FF、PROFIBUS、ISA100 Wireless 和 DE 设备、网络和 FDM 用户有关的所有持久性信息。它还存储设备配置信息、设备历史记录、脱机配置、审核跟踪信息等。

FDM 客户端：FDM 客户端是用于与 FDM 服务器进行交互以执行各种设备操作的用户界面。它还通过 FDM RCI 与数据库和现场网络交互以执行必要的任务。可以使用此组件访问所有 FDM 功能并与设备进行远程通信。

FDM RCI：FDM RCI 是单个 PC 节点，能够处理多个网络接口以实现与现场设备进行通信。它可以位于 FDM Server 的远程位置。但是 FDM RCI 还是 FDM Server 的组件。

FDM Server 管理工具：用于配置和查看网络通信接口，更新产品许可证以及控制（启动和停止）FDM 服务。

工厂区域视图：用于根据设备的地理位置或逻辑位置对设备进行分组。

（三）FDM Server Management Tool 的登录

FDM Server Management Tool 用于更新许可证和管理网络。它只能在 FDM 服务器运行，在其他 FDM 节点上不可用（图 6-292）。

双击桌面上的"FDM Server Management Tool"图标，或者依次点击"Start">"All Programs">"Honeywell FDM">"FDM Server Management Tool"服务器管理器登录窗口将显示。在"Login Name"文本框中键入登录名，在"Password"文本框中键入密码。在"Domain Name"列表中选择正确的域名。单击"Login"按钮。将出现"FDM Server Management"窗口，说明已经成功登陆"FDM Server Management Tool"。

图 6-292　服务器管理器登录窗口

（四）FDM Client 的登录

双击"FDM Client"桌面图标，或单击"Start">"All Programs">"Honeywell FDM">"FDM Client"。出现"Field Device Manager"登录窗口（图 6-293）。

图 6-293　FDM 客户端登录窗口

键入服务器的名称，或从下拉列表中选择服务器。如果是第一次连接到服务器，请输入服务器名称。如果 FDM 曾经成功连接到指定的 FDM Server，则服务器名称将被缓存，并且可以在后续登录期间从下拉列表中进行选择。如果服务器和客户端都在同一台计算机上运行，则可以在"Server"框中使用 LOCALHOST 作为服务器名称。确定服务器名称后点击"Login"按钮。在 Username 文本框中键入登录名，在 Password 文本框中键入密码。在 Domain Name 列表中选择正确的域名（图 6-294）。

单击"Login"按钮登录，出现"Field Device Manager"窗口。在"Online View"分组下将出现"Network View"树。当前连接的服务器的名称将显示在标题栏中。"FDM Client"的左窗格包含"Online View"和"Offline View"两个分组（图 6-295）。

（五）为 Honeywell Experion 网络配置 FDM

在 FDM 服务器主机上，依次单击"Start">"All Programs">"Honeywell FDM">"FDM Server Management Tool"。登录到"FDM Server Management Tool"后出现"FDM Server Management"对话框（图 6-296）。

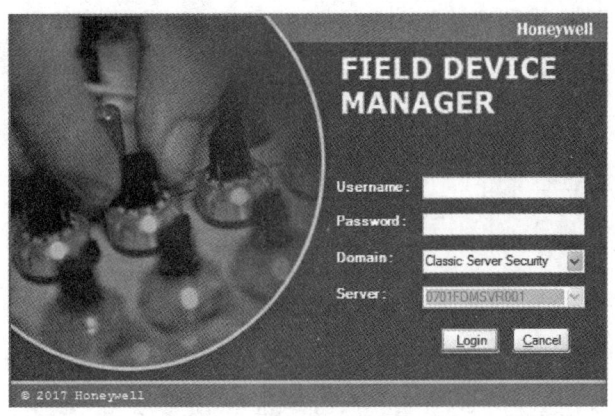

图 6-294 FDM 客户端登录窗口要求输入用户名密码

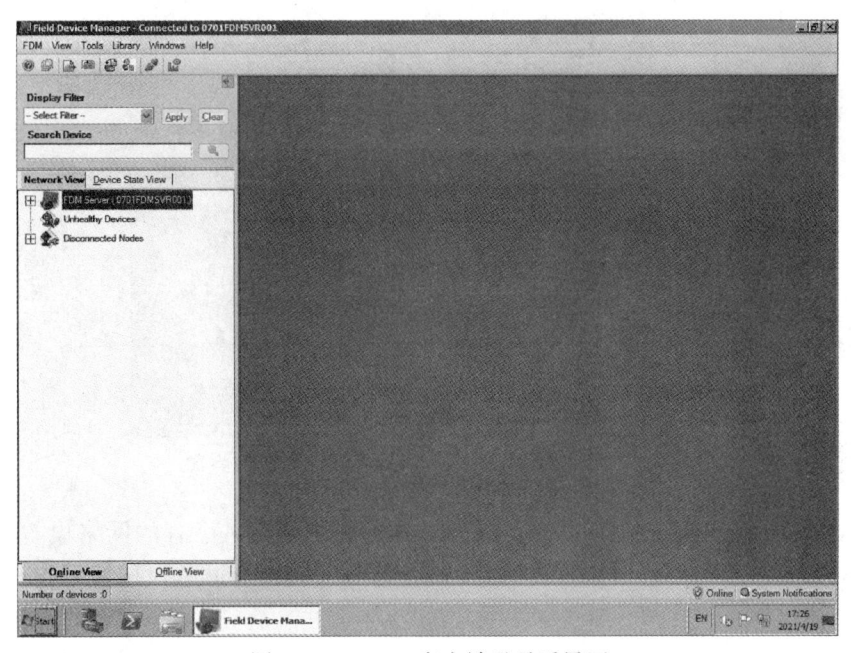

图 6-295 FDM 客户端登录后界面

点击窗格左侧的"Network Configuration"按钮。窗口右侧将出现"Network Configuration"页面（图 6-297）。

单击"Add New"以添加新的网络。出现"Add Network"页面。在"Network Interface Name"处键入网络接口名称，然后从"Network Type"下拉列表中选中"Honeywell Experion PKS"。如果要为非冗余服务器配置 FDM，请单击"Non Redundant"，然后在"Primary Server"键入主服务器名称。如果要为冗余服务器配置 FDM，请单击"Redundant"，然后在"Primary Server"键入主服务器名称在"Secondary Server"键入辅助服务器的名称。如果要为与 Experion 集成的安全网络配置 FDM，请选中"Safety Manager with Universal Safe Modules Present"复选框。如果要为与 Experion 集成的无线网络配置 FDM，请选中"Wireless Device Manager Present"复选框。确认无误后单击"OK"保存配置。

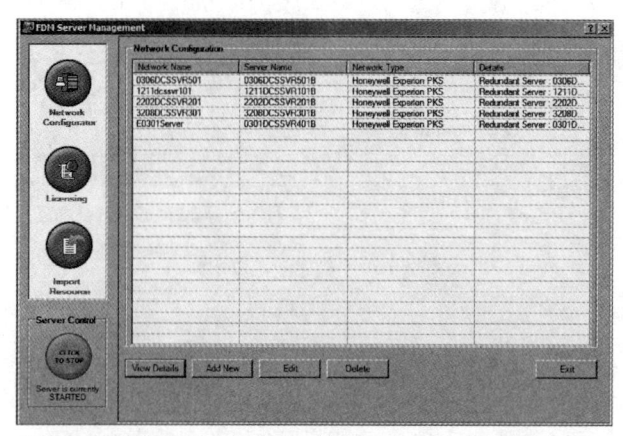

图 6-296　FDM 服务器管理器登录后界面

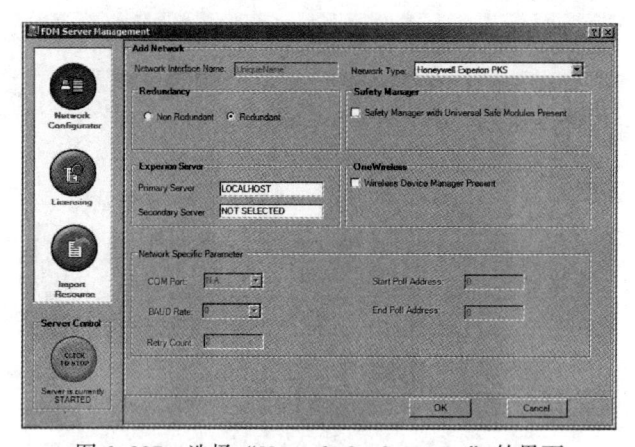

图 6-297　选择 "Network Configuration" 的界面

在 "Network Configuration" 页面点击 "Edit" 按钮可以对已有的网络设置进行修改，点击 "Delete" 按钮可以删除已有的网络设置，点击 "View Details" 按钮可以查看已有网络设置的详细信息。

只有选用了支持 HART 协议的输入输出卡件的 DCS 系统才可以使用 FDM 系统。PKS 服务器需要安装 FDM RCI 服务并手动启动服务后，才能够与 FDM 服务器建立连接。

（六）FDM 客户端用户界面介绍

完成网络配置后登录 FDM Client。将显示主窗口，并在左窗格的树状视图中排列了两个分组。默认情况下，将显示 "Online View" 分组。此时并不会看到任何现场设备。只有在每个网络上执行 "Build Network" 操作后，现场设备才可见（图 6-298）。

FDM Client 用户界面包括以下内容：

菜单栏：FDM 的菜单项，它包含与应用程序交互的功能。

工具栏：包含以图标形式显示的菜单项。可视为常用菜单项的快捷方式的集合。

"Online View" 分组中的 "Network View" "Device State View" "Display Filter" 和 "Search Device" 选项卡：它们主要用于配置和查看连接到 FDM 的 HART、FF、PROFIBUS、

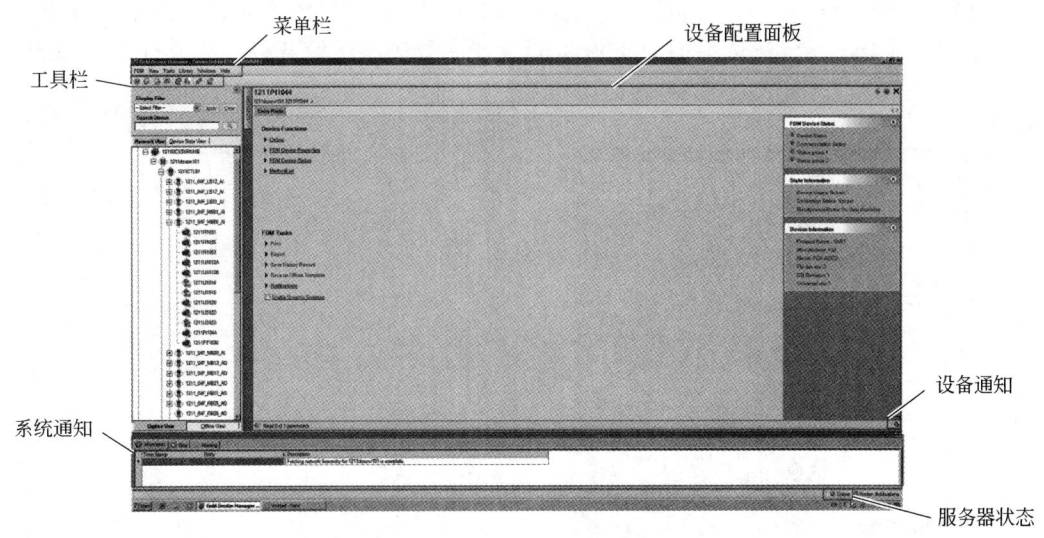

图 6-298 FDM 客户端界面说明

ISA100 Wireless、HoP 和 DE 设备。

"Offline View"分组中的"Offline Configuration""Display Filter"和"Device Library"选项卡：它们用于所有脱机活动，例如管理脱机配置，管理"Network Tree"视图的显示过滤器以及列出了 FDM 中所有可用的 DD 和 DTM 的设备库。

设备配置面板：用于查看设备的当前设置，以及将修改后的设置下载到现场设备。

设备通知：在设备配置页面中执行操作后，它会提供信息，包括错误和警告等通知。

系统通知：显示在 FDM Client 中执行的操作的状态。

服务器状态：在 FDM 客户端状态栏上显示服务器的轮询状态。

Network View：网络视图列出了所有与服务器建立过通信的设备。它以树型结构显示这些设备。其中包括服务器、网络通信接口。同时以这些设备的运行状态对设备进行分组。可以通过右键单击设备并选择适当的选项，在网络视图中执行设备设置，比较同类设备设置，查看审核记录，锁定和解锁设备等操作。

Unhealthy devices：在"Build Network"操作期间首次发现设备时，将显示设备运行状况。健康的设备以绿色表示；用红色表示不健康的设备。不健康的设备列在"Unhealthy devices"下。默认情况下，最新的运行状况不佳的设备将显示在"Unhealthy devices"层次结构的顶部。根据健康状态变为不健康的时间对所有不健康的节点进行排序（图 6-299）。

Device State View：使用"设备状态视图"选项卡你可以以设备是否使用，设备的效验状态，设备的健康情况对设备进行分组管理。可以手动标记设备是否处于投用状态，效验到期时间和设备的健康状态。

（七）FDM 客户端设置

登录 FDM Client 以后，依次点击菜单栏的 FDM>Settings 设置窗口将会出现。

"General"通用选项卡用于设置 FDM Client 的登录方式和 HART 设备设置参数的来源。选中"Enable Single Sign On"选项后切换到单用户状态后，不需要密码就可以直接登录客户端。选中"Load From Database"选项后 HART 设备的设置参数从数据库获取。选中"Load From Device"选项后 HART 设备的设置参数从现场设备直接获取（图 6-300）。

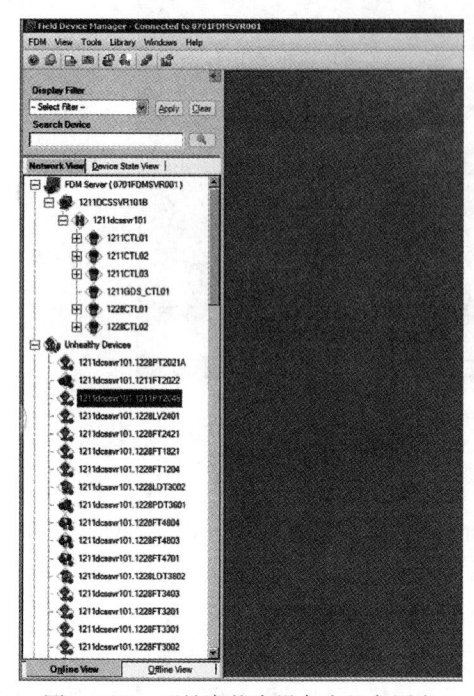

图 6-299　不健康状态设备有红色圆点

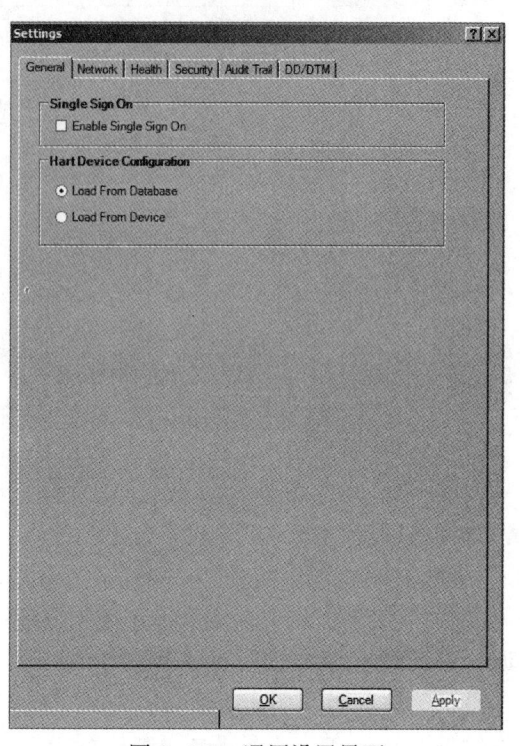

图 6-300　通用设置界面

"Network"网络选项卡中的"Allow Write Access for Process Active Devices"选项被选中后，允许通过 FDM 客户端设置所有现场设备的参数，无论它是否处于锁定状态。其他选项用于设置不同网络协议下扫描的频率和是否保存设置修改日志（图 6-301）。

"Health"健康选项卡用于设置不同网络下进行设备健康扫描的时间间隔。可以根据实际网络情况定义扫描的时间间隔（图 6-302）。

"Security"安全选项卡中"Lock all newly discovered devices by default"选项决定所有新发现的设备默认是否锁定。设备锁定后无法对其进行参数设置。"Automatically lock devices after"选项用于设置解锁状态的设备是否在一定时间后自动进入锁定状态。"Prompt User for Device Unlock Password"用于确定是否使用密码解锁处于锁定状态的设备。选中这一项后会弹出对话框要求设置密码。设置密码后可以点击"Reset Password"重置密码。"Exclusive Access to Unlocked devices"用于确定这个客户端是否独占设备的写入访问权限。"Allow PVST for Locked devices"用于确定是否允许锁定状态下的设备执行阀门部分行程测试（图 6-303）。

"Audit Trail"审核跟踪选项卡可以用来设置审核跟踪的时间格式，定义哪些操作将被审核跟踪所记录。"Audit Trail Action All"列表中包含多种操作类型可以根据实际情况选择需要跟踪记录的操作。依次点击菜单栏的"View">"Audit Trail"，审核跟踪页面将出现在屏幕上。在这里可以根据操作类型，用户名，设备所属节点和时间段对审核记录进行筛选查看（图 6-304）。

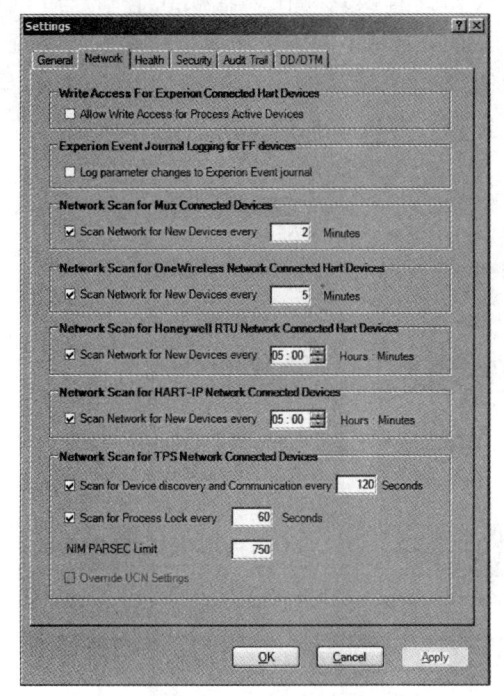

图 6-301　网络设置界面

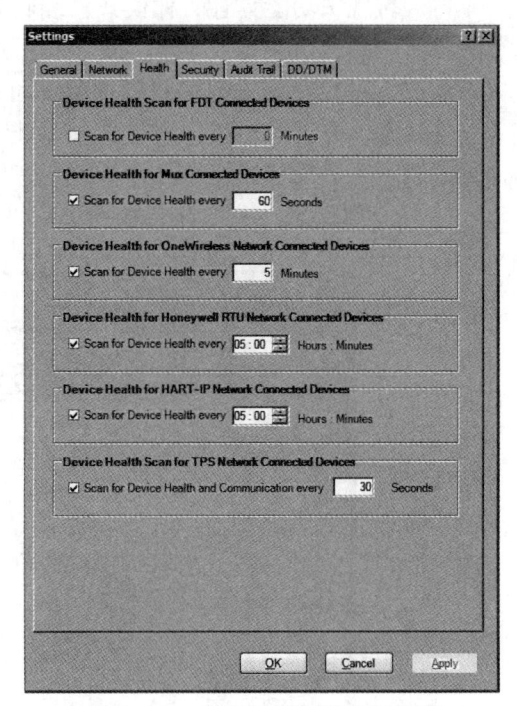

图 6-302　健康状态扫描设置界面

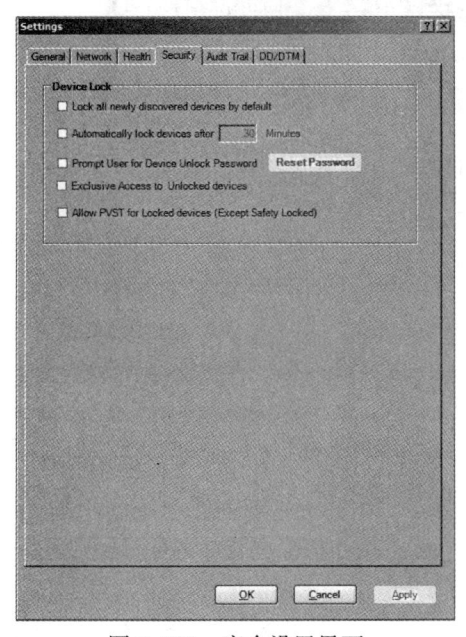

图 6-303　安全设置界面

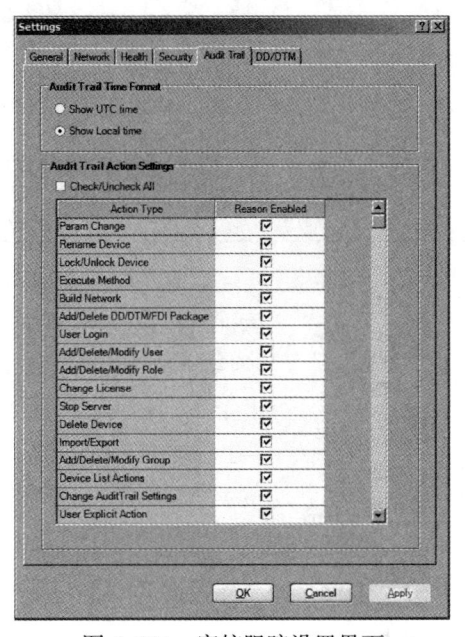

图 6-304　审核跟踪设置界面

（八）建立工厂区域视图

通过"工厂区域视图"功能可以根据设备的地理位置对设备进行分组。此功能使用户可以轻松的识别设备的位置，并查看设备的状态。

工厂区域视图功能具有两种模式：编辑模式和查看模式。在编辑模式下用户可以创建、编辑"工厂区域视图"项目。可以将可用设备映射到不同的区域或过程单元。在查看模式下用户可以查看预先创建好的项目，可以查看整个项目的层次结构、设备的运行状态、连接状态。并以"饼图"的形式显示出设备运行状态的比例。图6-305说明了"工厂区域视图"的编辑模式。

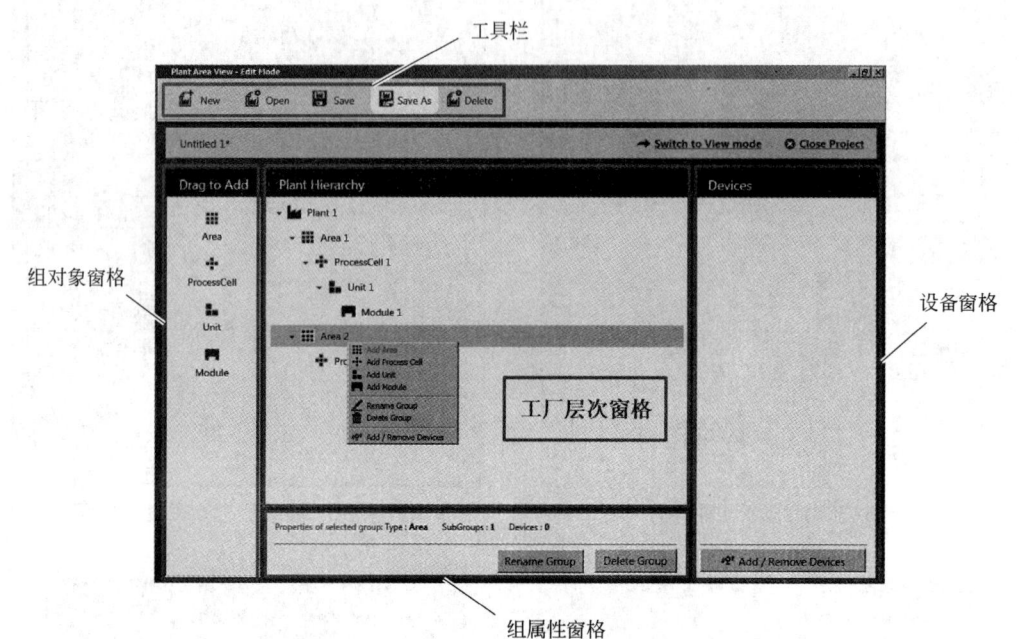

图6-305 工厂区域视图编辑模式界面说明

表6-51描述了工厂区域视图编辑模式窗口中可用的不同图标的含义。

表6-51 工厂区域视图编辑模式图标含义

图标/元素	描述
	新建：创建一个新的"工厂区域视图"项目
	打开：点击打开图标可以打开一个已经存在的"工厂区域视图项目"
	保存：点击保存图标可以保存项目
	另存为：点击另存为图标可以将项目作为另一个项目进行保存
	删除：点击删除图标可以删除项目
Area	区域：将区域图标拖拽到工厂层次结构中，创建一个区域。区域可以包含工艺流程单元、单元、模块

续表

图标/元素	描述
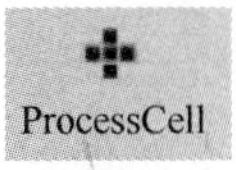 ProcessCell	工艺流程单元：一种"组对象"，将其拖拽到工厂层次结构中组成工厂的逻辑结构
 Unit	单元：一种"组对象"，将其拖拽到工厂层次结构中组成工厂的逻辑结构
 Module	模块：一种"组对象"，将其拖拽到工厂层次结构中组成工厂的逻辑结构
工厂层次结构窗格	用于显示工厂层次结构，你可以在其中添加或删除"组对象"以及添加或删除设备。默认情况下，层次结构的根"组对象"名为"Plant 1"。"Area"是工厂层次结构中的较高级别的"组对象"
设备窗格	显示分配给所选"组对象"的设备
"组对象"属性窗格	显示所选"组对象"的类型，所选"组对象"下的子"组对象"数量以及分配给所选"组对象"的设备数量

图 6-306、表 6-52 说明了"工厂区域视图"的查看模式。

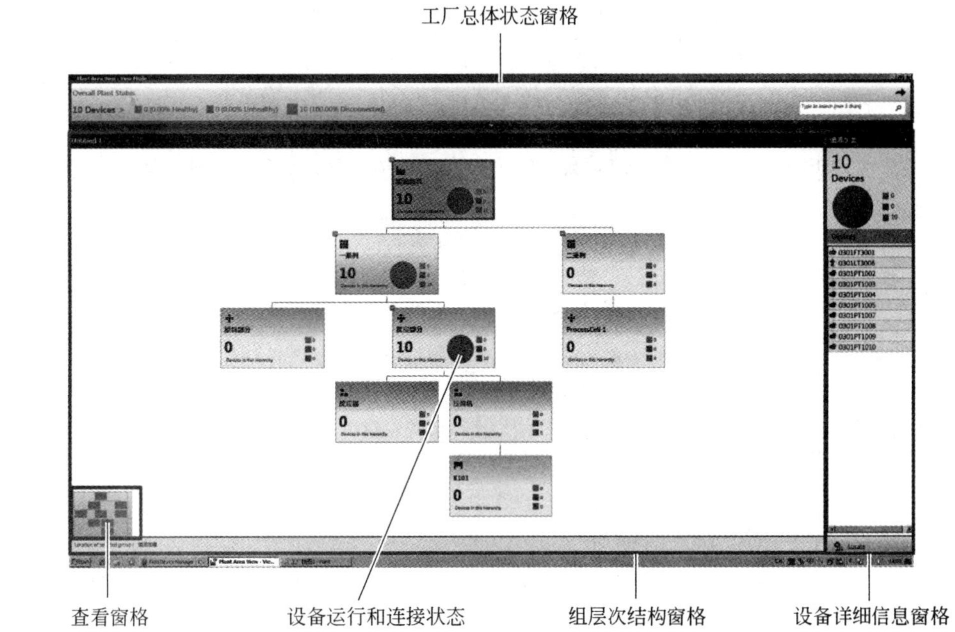

图 6-306　工厂区域视图查看模式界面说明

表 6-52　工厂区域视图查看模式界面说明

用户界面元素	描述
"组对象"层次结构窗格	显示每个"组对象"之间的层次结构，其中使用不同的背景颜色标识不同的"组对象"。它会显示其名称，图标，运行状况是否良好及已断开连接的设备数量以及层次结构中的设备总数，以及"饼图"。 以下背景颜色用于标识组

续表

用户界面元素	描述		
"组对象"层次结构窗格	组对象		背景颜色
^	Plant		蓝
^	Area		黄
^	Process Cell		粉
^	Unit		紫
^	Module		绿
^	设备运行和连接状态		通过选择一个"组对象"在"组对象"级别中显示设备运行和连接状态。每个"组对象"中的"饼图"描述了"组对象"层次结构运行状况，它是一个"组对象"及其层次结构下所有"组对象"的合并运行状况
^	被选定"组对象"的位置		当前所选"组对象"的路径显示在查看模式的左下角，该路径指示该"组对象"在层次结构中的确切位置。这有助于立即识别整个层次结构中的"组对象"和设备
^	查看窗格		你可以使用"组对象"层次结构窗格左下角的"查看"窗格来更改变放大率。这可以帮助你自动调整，放大和缩小"组对象"的层次结构
^	设备详细信息窗格		显示映射到所选"组对象"的设备的详细信息。它包括"组对象"名称，运行状况良好的，不运行的，已断开连接的设备数量，该"组对象"中的设备总数以及"饼图"，和仅映射到该"组对象"的设备列表。你可以根据设备的健康状况和连接状态对其进行过滤 注意：单击以◀和▶可以展开和折叠设备详细信息窗格
^	定位到选定的设备		你也可以从"工厂区域视图"的"设备详细信息"中的设备列表中选择一个设备，然后单击"定位到所选设备"链接。所选设备将在FDM客户端网络视图中突出显示
^	工厂总体状态窗格		通过指示器以"饼图"的形式显示整个工厂的运行状况和连接状态。不同指示区域的大小（健康，不健康和断开连接）根据健康/连接状态的变化而变化。 注意：单击以▲和▼可以展开和折叠"总体工厂状态"窗格
^	搜索		你可以搜索设备或"组对象"。搜索"组对象"时，"查看模式"中被搜索到的"组对象"都将被突出显示
^	切换到编辑模式		单击此按钮以编辑工厂区域视图中的项目

根据地理位置，可以创建"组对象"并创建工厂层次结构。可以将"组对象"分配给工厂层次结构并将可用设备添加到每个"组对象"。

要在"工厂区域视图"中创建项目，先在 FDM Client 主窗口中单击"View">"Plant Area View"，或单击工具栏中的图标。出现"Plant Area View-Projects Wizard"窗口，其中包含所有现有项目的列表。一次只能打开一个项目。单击"Create New Project"。出现"Plant Area View-Edit Mode"窗口。可以创建和编辑工厂区域视图项目。默认情况下，层次结构的根"组对象"名为"Plant 1"。单击"Save"。出现"保存"对话框。键入项目名称，然后单击"OK"。

在工厂区域视图中最多可以创建25个"组对象"。要新增"组对象"需要在"Plant Area View-Edit Mode"窗口中，从"Drag to Add"窗格中，将一个"组对象"拖到"Plant Hierarchy"窗格中另一个更高级别的"组对象"下面。只能将"组对象"拖动到较高级别的组下。例如，不能将"Unit"对象拖到"Module"对象下。但是可以将"Module"对象拖动到"Unit"对象下，因为"Unit"对象比"Module"对象处于更高级别。也可以通过右键单击任何"组对象"，然后在快捷菜单上选择"Add Area""Add Process Cell""Add Unit""Add Module"中的一项。选中的"组对象"将被添加为子"组对象"。最后点击"Save"保存。

要从工厂层次结构中删除"组对象"，需要在"Plant Hierarchy"窗格中，右键单击"组对象"，然后在快捷菜单上单击"Delete Group"。或者从"Plant Hierarchy"窗格中，选择"组对象"，然后单击"组对象属性"窗格右下角的"Delete Group"。所选中的"组对象"将从"Plant Hierarchy"窗格中删除。最后点击"Save"保存。

要在工厂层次结构中重命名"组对象"，需要在工厂区域视图-编辑模式窗口中，右键单击"组对象"，然后在快捷菜单上单击"Rename Group"。或者在"Plant Hierarchy"窗格中选择"组对象"，然后单击于"Plant Hierarchy"窗格右下角的"Rename Group"。最后单击"Save"保存。

向"组对象"中添加设备或从中删除设备需要在"Plant Area View-Edit Mode"窗口中，右键单击"组对象"，然后在快捷菜单上单击"Add/Remove Devices"，或单击"Devices"窗格右下方的"Add/Remove Devices"按钮。出现"Add/Remove Devices"对话框，其中包含设备列表，这些设备是在FDM网络视图中的设备。从"Available Devices"框中选择设备标签，然后单击"Add"按钮。添加的设备显示在"Plant Area View-Edit Mode"窗口的"Devices"窗格下。如果要从组中删除设备，请从"Existing Devices"框中选择设备标签，然后单击"删除"。如果要添加或删除所有设备，请单击"Select All"选中所有设备。最后点击"Save"保存修改。

三、霍尼韦尔FDM系统操作与维护

FDM系统中会显示大量的设备。显示过滤器功能使你可以过滤在"Online View">"Network View"树中显示的设备。可以根据网络类型、制造商类型、设备类型、配置的网络、协议和设备标签来创建过滤器。应用过滤器后，"Network View"树将仅显示过滤器中包含的那些节点和设备。可以通过查询视图创建显示过滤器，也可以通过设备视图来创建显示过滤器。

（一）从查询视图创建显示过滤器

首先单击"Offline View"组。出现"Offline Configuration""Display Filter"和"Device Library"选项卡。单击"Display Filter"选项卡。右键单击"Display Filter"，然后单击"New"。出现"Display Filter-Untitled"页面（图6-307）。

从"Network Type"列表中选择网络类型。要选择所有网络类型，请选择"All"。选择网络类型时，所有可选的网络类型将显示在"Network Configured"下拉列表中。从"Network Configured"下拉列表中选择所需的网络配置。从协议列表中选择所需的协议。从制造商下拉列表中选择制造商。要包括所有制造商，请选择"All"。从"Device Type"下拉列表中选择设备类型。要包括所有设备类型，请选择"All"。

"Tag Name"是显示在FDM客户端左窗格的"Network View"树中的设备名称。你可

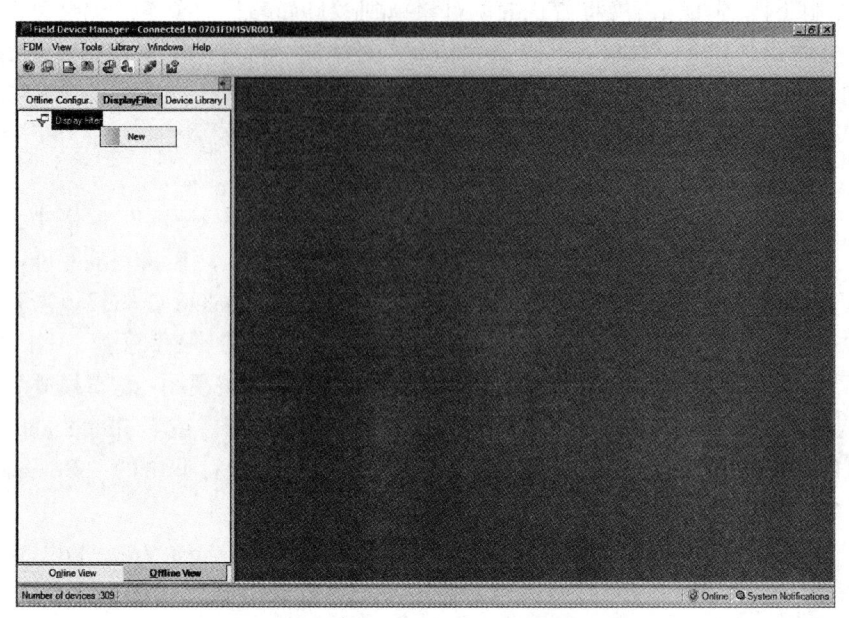

图 6-307　新建显示过滤器

以使用"Tag Name"进一步过滤显示过滤条件。可以完全或部分输入"Tag Name"。要部分输入，请使用"*"。例如，需要筛选"Tag Name"包含 FT1001A 的设备，请输入 * 1001 *。可以使用分号分隔多个标签名称（图 6-308）。

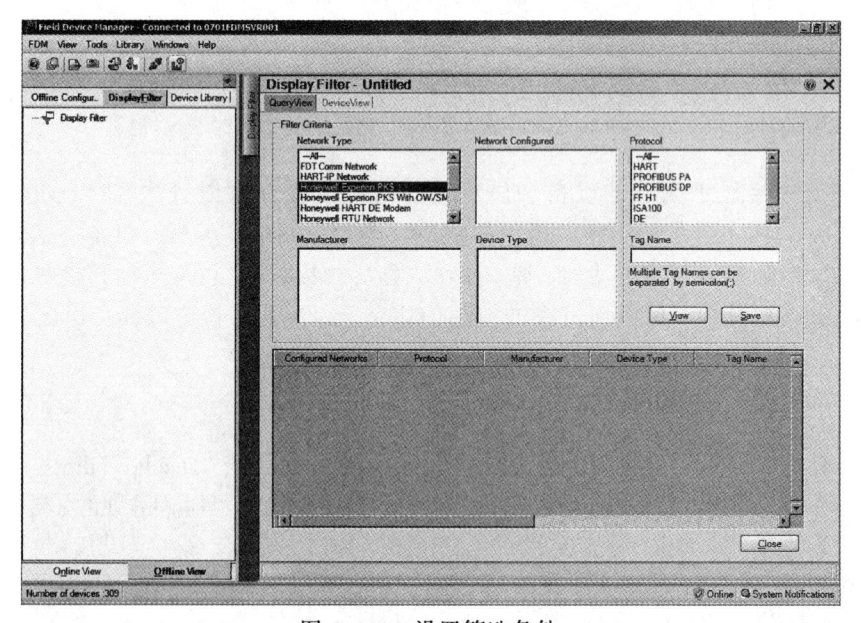

图 6-308　设置筛选条件

确定所有筛选条件后，请单击查看。出现与所选过滤条件相对应的设备。单击保存可以保存显示过滤器。要关闭窗口而不保存更改可以直接单击"Close"。如果单击"Save"，则会出现一个对话框，提示输入保存显示过滤器的原因。输入创建新过滤器的原因，然后单击"OK"。出现"Filter"对话框。在"Name"中键入显示过滤器的名称,然后单击"OK"。FDM 使用这个指定的名称保存显示过滤器,并在左侧窗格的"Display Filter"树中显示该过滤器。

要应用此显示过滤器,请从"Display Filter"下拉列表中选择显示过滤器,然后单击"Apply"。FDM 将应用显示过滤器,并仅显示所选"Display Filter"中包含的那些节点和设备。在"Display Filter"中选择"无过滤器"选项,然后单击"Apply"。可以停止过滤器的应用。

(二)从设备视图创建显示过滤器

首先单击"Offline View"组。出现"Offline Configuration,""Display Filter"和"Device Library"选项卡。单击"Display Filter"选项卡。右键单击"Display Filter",然后单击"New"。出现"Display Filter"页面。单击"Device View"选项卡。连接到 FDM 的设备会出现在"Available Devices"分组中(图 6-309)。

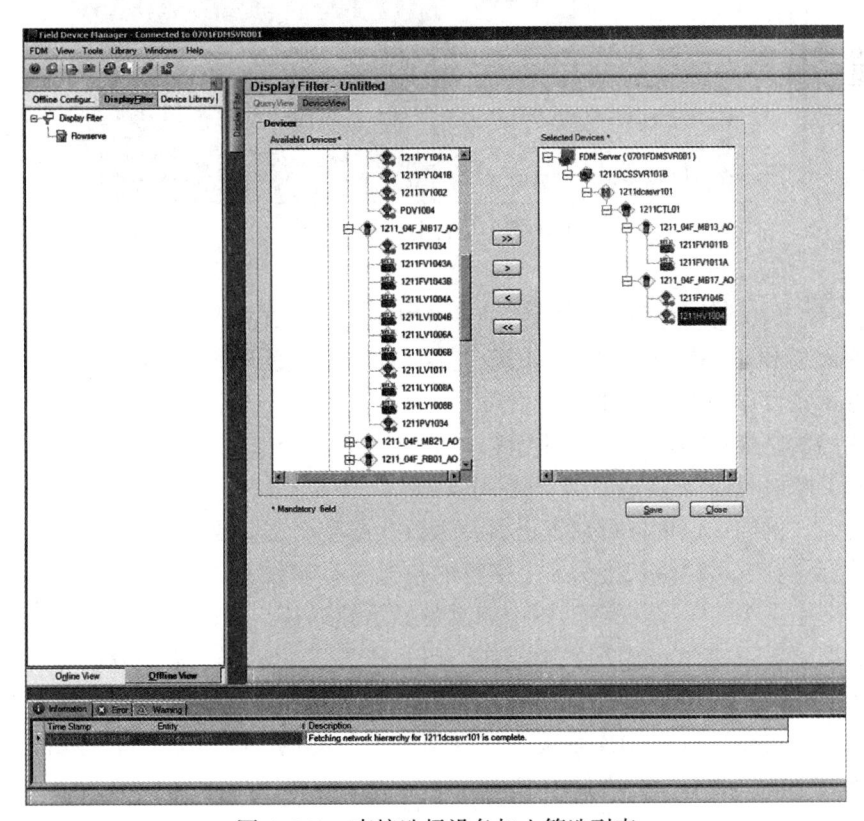

图 6-309 直接选择设备加入筛选列表

点击 >> 可以将所有节点/设备(在"Available Devices"分组下)移动到"Selected Devices"分组。选中单个节点/设备(在"Available Devices"分组下)后点击 > 可以将单个节点/设备(在"Available Devices"分组下)移动到"Selected Devices"分组。要从"Selected Devices"中删除单个节点,可以在选中单个节点后点击 < 。要从"选定的设备"中删除所有节点,请单击 << 。

单击"Save",出现"Reason"对话框。输入创建新过滤器的原因。出现"Filter Name"对话框。键入显示过滤器的名称,然后单击"OK"。FDM 使用指定的名称保存显示过滤器,并将其显示在"Display Filter"树中。

要应用此显示过滤器,请从"Display Filter"下拉列表中选择显示过滤器,然后单击"Apply"。FDM 应用显示过滤器,并仅显示所选"Display Filter"中包含的那些节点/设备(图 6-310)。

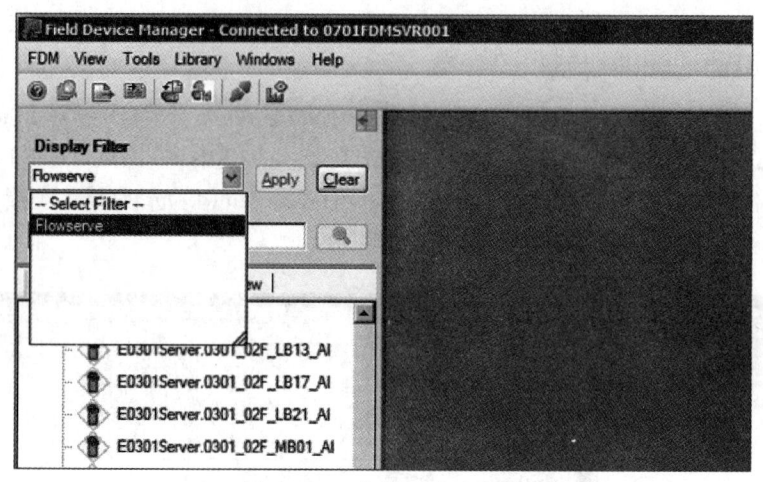

图 6-310　应用显示过滤器

(三)使用高级搜索来搜索设备

FDM 系统提供了高级搜索功能,用于查找 FDM 服务器下特定的设备。可以单独或者组合使用以下条目作为搜索条件。

设备使用的协议类型:可以是 HART、FF、ISA100、PROFIBUS 或 DE。

制造商 ID:每个设备制造商拥有唯一的 ID。

设备类型:例如,该设备可以是压力变送器、温度变送器或流量变送器。

设备的标签:它可以是长度为 8 个字符的包含字母和数字的字符串。

FDM 标签:是在"网络视图"树中为设备显示的标签。

如果要搜索霍尼韦尔(中国)制造的 STT25H 温度变送器。需要从协议列表中选择 HART 协议。从制造商 ID 列表中选择 Honeywell_23,从"设备类型"列表中选择 STT25H 的设备类型。单击搜索后。FDM 系统会列出网络中所有的 STT25H 设备。双击所需设备,如果该设备处于联机状态,它将显示在"Network View"树中(图 6-311)。

要搜索 FDM Server 下列出的所需设备,需要依次单击菜单栏的"Tools">"Advanced Search"后,出现"Advanced Search"页面。在"Protocol"下拉列表中选择协议。在"Manufacturer ID"下拉列表中选择制造厂商 ID。在"Device Type"下拉列表中选择设备类型。分别在"Device Tag"和"FDM Tag"文本框中键入设备标签和 FDM 标签后(也可不输入这两种标签),单击搜索。如果能够找到符合输入的搜索条件的设备,它将在"Search Result"窗格中显示搜索结果。双击所需的设备。只要设备在线,FDM 系统就会在"Network View"树中找到该设备。

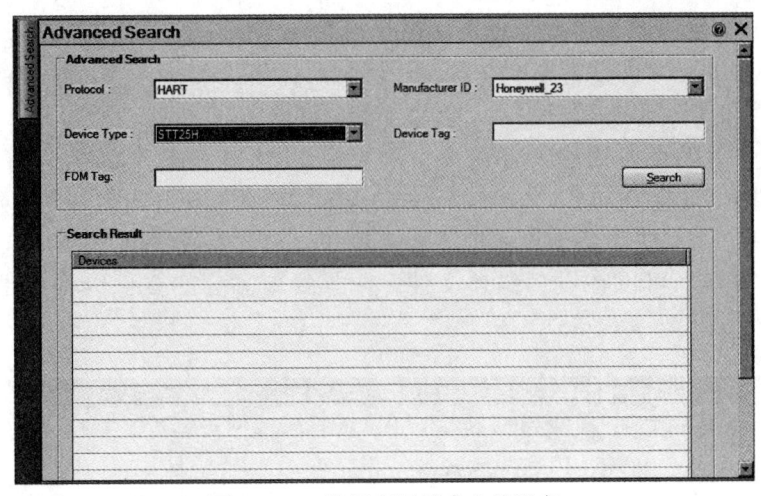

图 6-311　使用高级搜索查找设备

(四) 设备描述文件的管理

FDM 系统使用 HART 协议与现场的智能仪表进行数据通信。FDM 系统使用设备描述文件对从智能设备处获得的数据进行解析。所以设备描述文件的管理是非常重要的。

DeviceDescription files（设备描述文件）包含主机应用程序与设备通信所需的设备参数的电子描述。由设备制造商提供。想要通过 HART 协议对设备进行全部参数的设置就需要有与设备相对应的设备描述文件。如果没有合适的设备描述文件。主机与设备通信后会进入兼容模式，在兼容模式下无法设置设备的全部参数。

FDM 系统中已经集成了大部分厂商的设备描述文件。在登录客户端应用程序后依次点击 "Offline View" > "Device Library" 将会看到 "DD Library"（设备描述文件库）。点击 "HART" 前的加号会展开按照厂商和设备型号分类的全部设备描述文件的列表。可以对这些设备描述文件进行管理（图 6-312）。

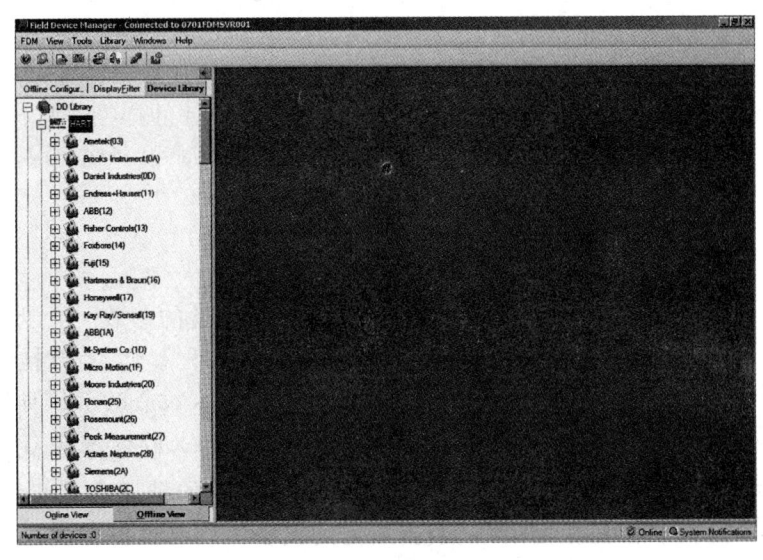

图 6-312　设备描述文件库

如果某个设备的设备描述文件没有被包含在 FDM 系统的设备描述文件库中。可以使用"Add DD File"选项向设备描述文件库中添加所需要的文件。当系统中的一个客户端添加设备描述文件后，服务器会自动将新添加的文件同步到其他客户端。

要添加一个新的设备描述文件需要依次点击 FDM 客户端菜单栏上的"Library">"Manage DDs">"Add DD File"，"Select a DD file"对话框将会出现。浏览到设备描述文件所在的文件夹（HART 设备的设备描述文件以 .fms，.fm6 或 .fm8 为结尾），选中文件后点击"Open"按钮。可以在设备描述文件库中查找新添加的文件以确认是否添加成功（图 6-313）。

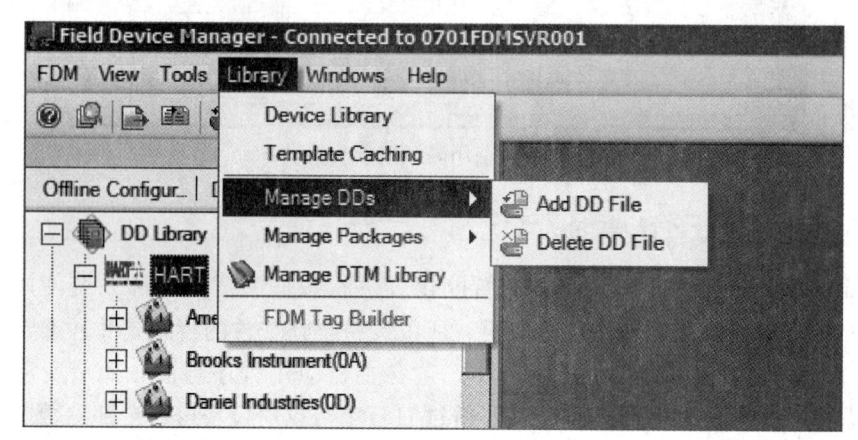

图 6-313　管理设备描述文件的方法

也可以删除某一版本的设备描述文件。如果某一设备类型的设备描述文件的一个版本被删除后，该类型设备将使用前一版本的设备描述文件。如果没有前一版本，将使用通用的设备描述文件。

要删除一个设备描述文件需要依次点击 FDM 客户端菜单栏上的"Library">"Manage DDs">"Delete DD File"，"Delete DD file"对话框将会出现。选中"HART"点击"Next"，选中需要删除的设备描述文件的制造商点击"Next"，选中需要删除的设备描述文件的设备版本点击"Next"，选中需要删除的设备描述文件的版本点击"Delete"，出现"Delete DD File"对话框，其中显示需要删除的所选 DD 文件的详细信息，并提示确认。单击"Yes"删除设备描述文件。删除后，会出现一条消息，显示"DD Deleted"成功。

四、智能仪表设备故障诊断与处理

在日常仪表维护工作中，经常需要查看设置智能仪表设备的参数。可以使用手操器挂载到单个智能仪表回路上完成这些工作。但是在现场复杂的环境中，有时挂载手操器也并不是一件容易的事情。当需要查看、设置、对比多个智能仪表设备的参数时会使情况变得更加复杂。使用 FDM 系统可以轻松地在一台电脑前完成这些工作。使操作效率与安全性都得到了提高。

（一）使用 DD 文件设置 HART 设备

登录 FDM 客户端后，在"Online View"选项卡的"Network View"窗格中找到需要设置的设备。可以在"Search Device"中输入"Tag Name"后点击搜索进行查找。还可以使用其他方法快速定位到所需的设备（图6-314）。

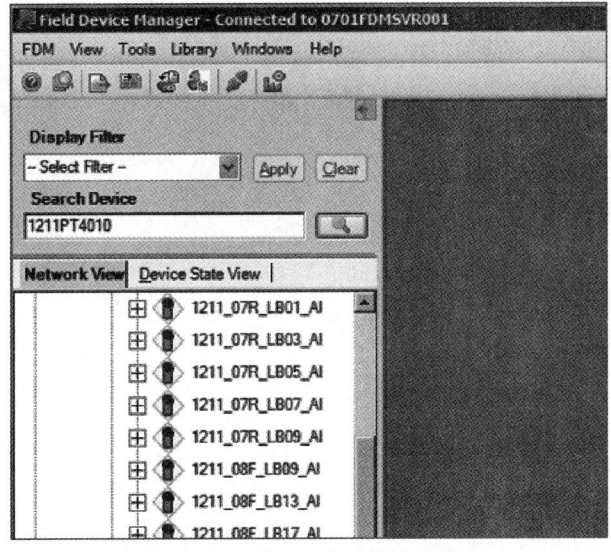

图6-314　利用查找功能定位设备

在"Network View"树中双击设备图标或者右单击设备图标选择"Configure"。设备的设置页面将会出现。等待加载设备数据结束，页面右下角出现"Device loaded successfully"字样（图6-315）。

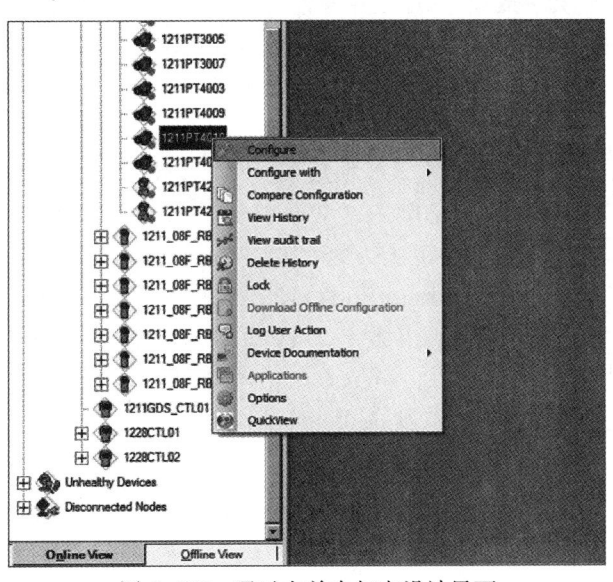

图6-315　通过右单击打卡设计界面

点击"Online"选项将出现设备的详细设置页面。页面被分成两个窗格，左侧窗格以树型结构显示设备中的所有参数项。右侧窗格显示被选中项的详细参数。定位到需要设置的参数后，在未取得写权限的情况下，输入参数的文本框是灰色的无法输入任何值。需要依次点击菜单栏上的"FDM">"Settings"打开"Setting"窗口。在"Network"选项卡中点选"Allow Write Access for Process Active Devices"选项获得写权限。这时可以在变亮的文本框中输入需要的数值（图6-316）。

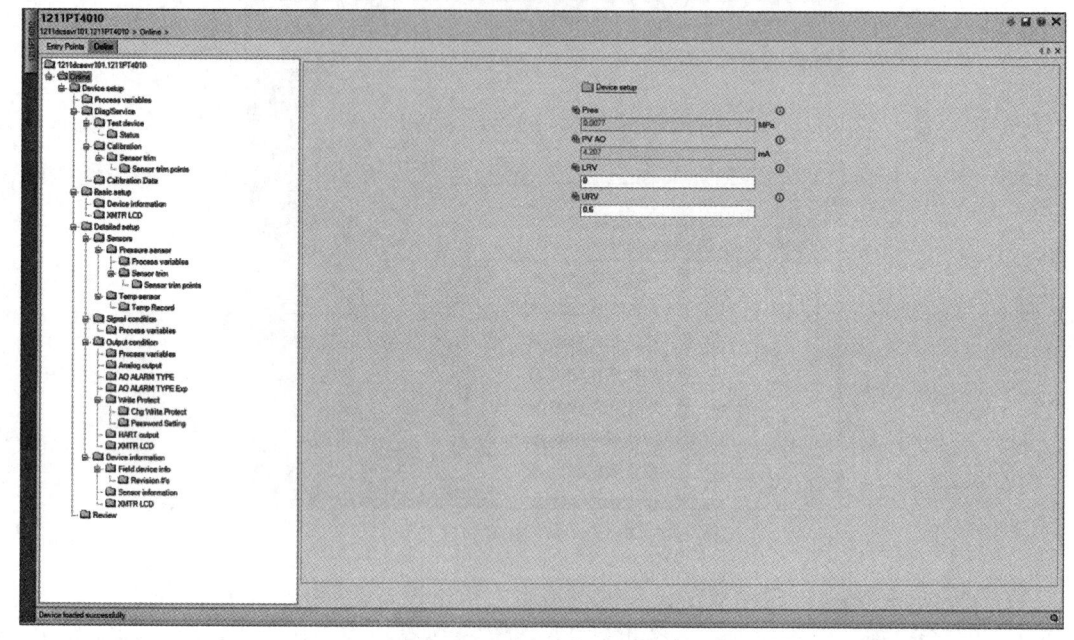

图6-316　设备参数设置界面

修改数值后文本框会变成黄色（图6-317）。确认修改正确无误后点击页面右上角的向下箭头图标，弹出"Parameters To Download"窗口，窗口中列出了要下装到设备的详细信息。点击"Download"按钮后开始下装数据。下装成功后，"Parameters To Download"窗口的"Write Status"列显示为"Success"字样。点击"Close"按钮关闭"Parameters To Download"窗口。这时参数文本框也不再显示为黄色。在"Network"选项卡中使"Allow Write Access for Process Active Devices"选项处于不被选中的状态，放弃写权限。点击页面右上角的红叉，在出现的提示窗口中点击"Yes"关闭设置页面（图6-318）。

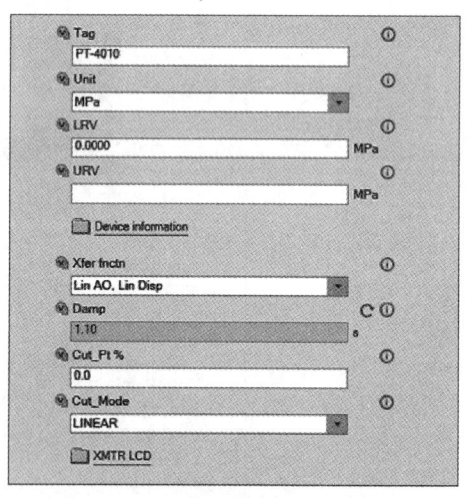

图6-317　修改参数后变为黄色

（二）查看HART设备状态

在设备设置页面中，点击"FDM Device Status"选项，打开"FDM Device Status"页面。这个页面中可以看到设备状态的详细信息。每条项目的左侧都有一个指示灯，绿色表示设备状态正常。红色表示这一条目的报警或警告信息已经被触发。将鼠标悬停在条目上一段时间后，会出现提示框对这一条目进行说明。点击 图标也会弹出说明（图6-319）。

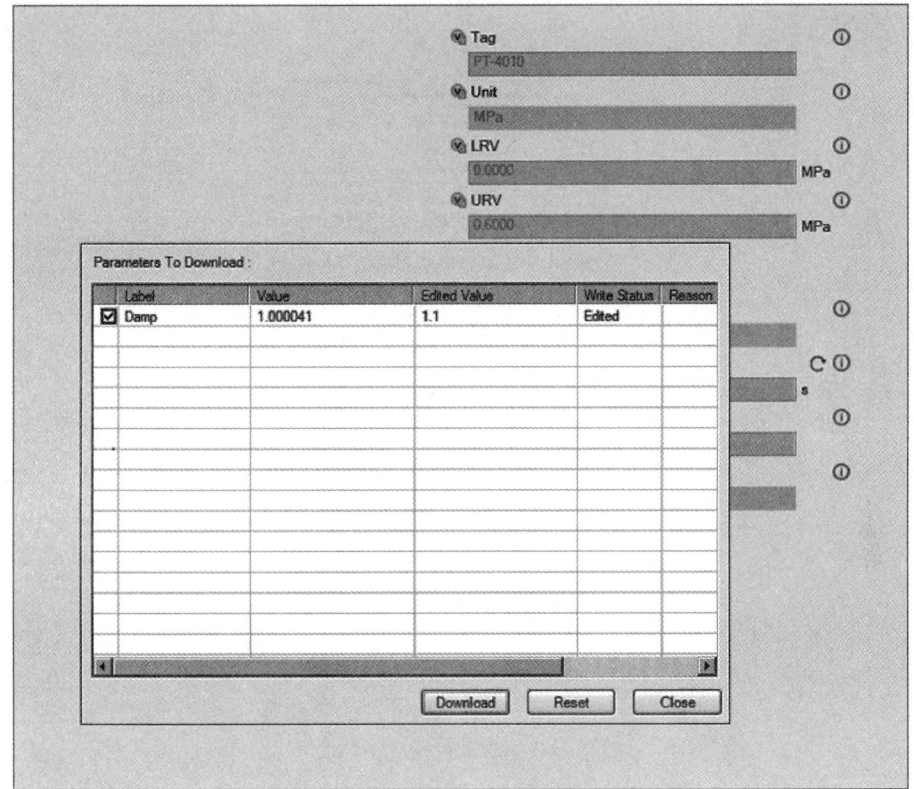

图 6-318　修改后上传到设备

（三）使用 FDM 调校调节阀

使用 FDM 系统可以像是用手操器一样使阀门进行行程自动效验。这里以 Fisher 的 DVC6200 阀门定位器为例说明整个操作过程。首先打开设备设置页面，点击"Online"选项，打开设备设置的详细视图。在左侧窗格中显示的树型列表与用 475 手操器连接设备后选中"Online"选项后看到的列表是一致的。在树型列表依次展开"Online""Configure""Calibration"节点。选中"Travel Calibration"后，右侧窗格中显示"Auto Calibration""Manual Calibration""Calibration Record"几个按钮和"Last Auto Cal Status"提示信息。这三个按钮左侧都有一带有"M"字样的圆形标记。有这种标记的按钮在点击后便可使设备执行一些预先设置好的操作。如标定传感器"零点"、校准传感器量程的上下限、启动阀门定位器行程自动效验和手动效验等。点击"Auto Calibration"按钮开始阀门行程自动效验。与使用 475 手操器一样会弹出提示，设备将切换到离线状态。进一步确认后开始阀门行程的自动效验（图6-320）。

（四）编辑设备属性

登录 FDM 客户端。在"Network View"树中定位到所要查看的设备。双击设备图标打开设备设置页面。点击页面中"FDM Device Properties"选项。出现"FDM Device Properties"页面。在"Maintenance Notes"文本框中可以写入维护说明。在"Special Instruction"

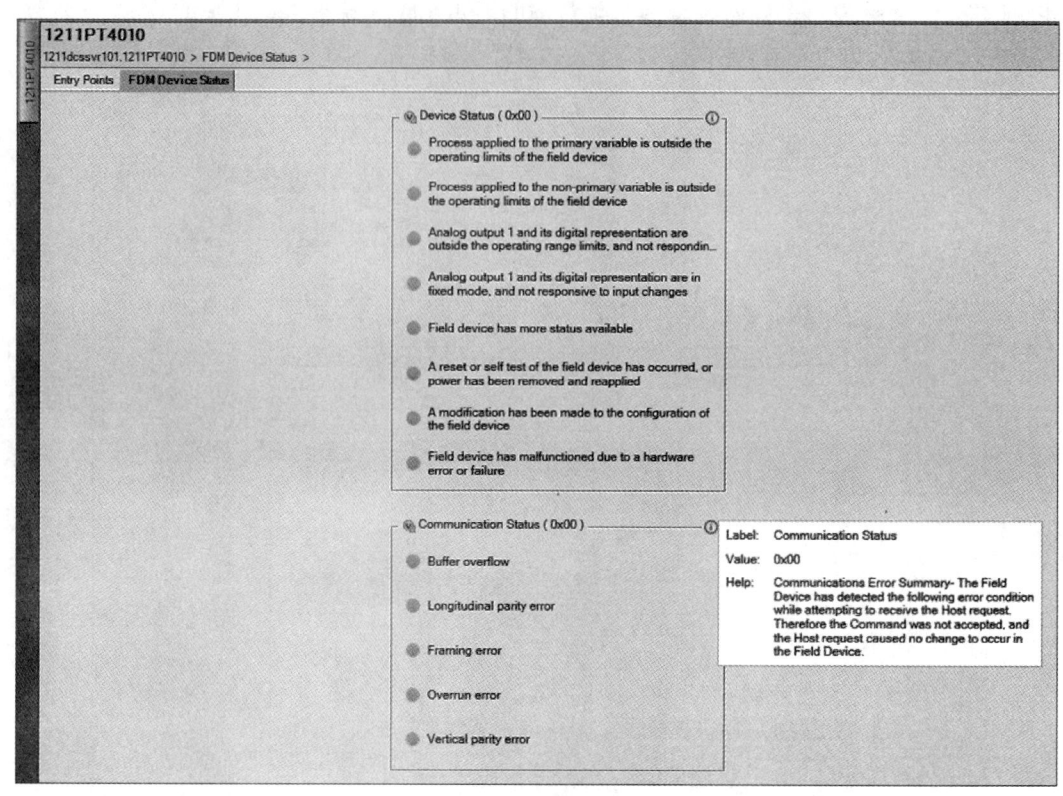

图 6-319　查看设备详细状态

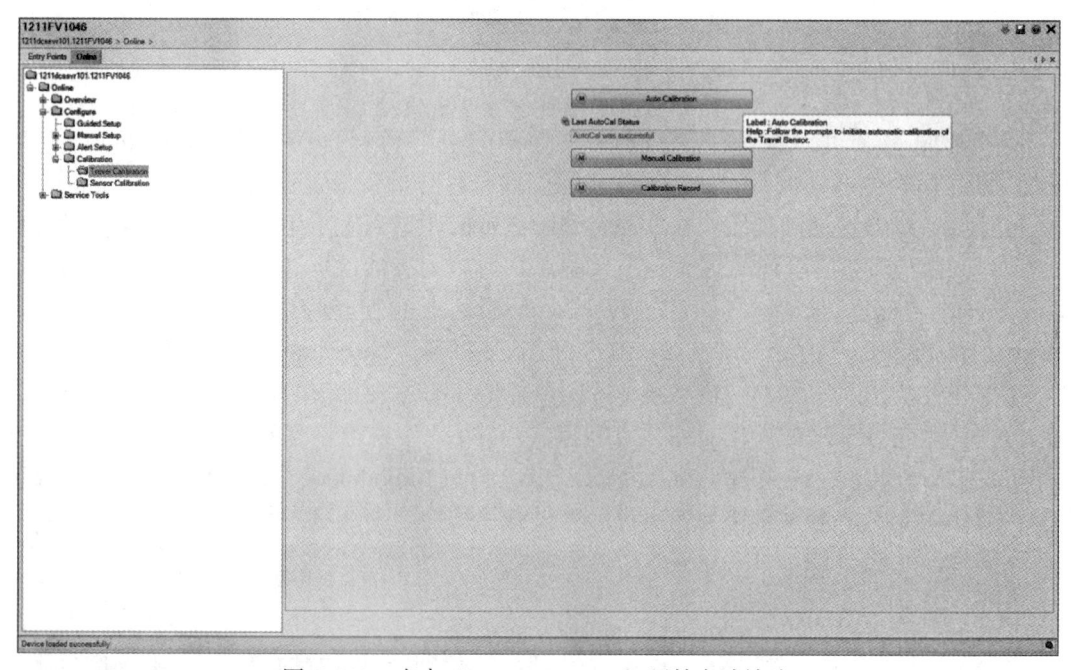

图 6-320　点击"Auto Calibration"开始自动效验

文本框中可以写入特殊说明。在"Device Usage"下拉列表中可以定义设备的使用情况。

"Calibration Status""Calibration Due Date"分别用来设置设备的校准状态和校准到期日期。"Device Health"列表可以设置设备的运行状况。修改过这些项目后，点击右上角的绿色向下箭头将数据下装到现场设备（图6-321）。

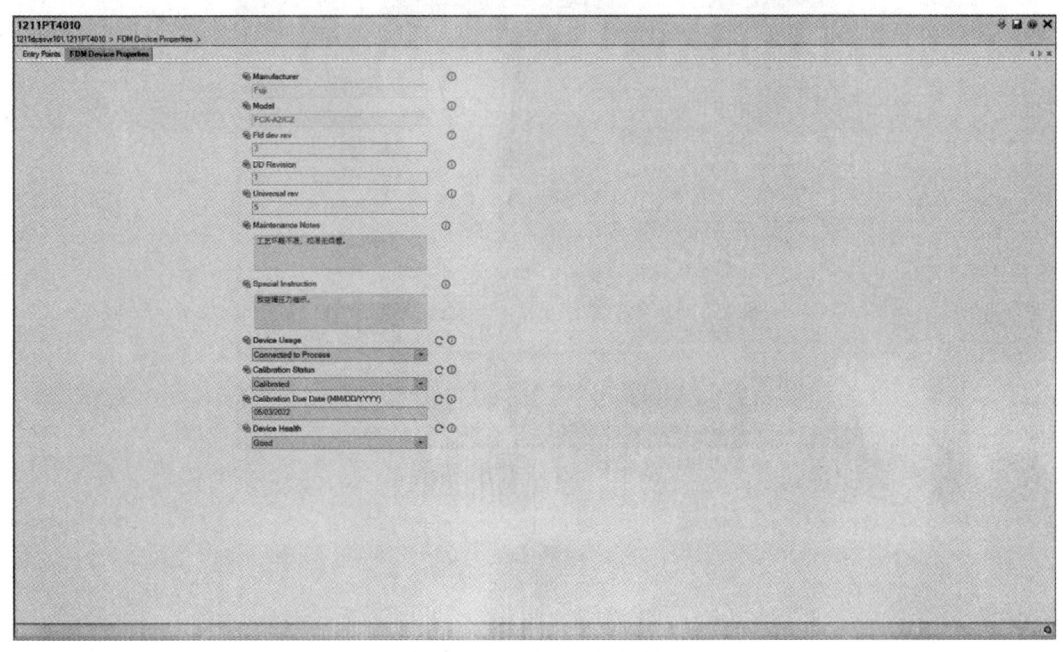

图 6-321　修改设备属性

（五）导出设置参数

使用 FDM 系统可以将 HART 设备的在线设置导出为 CSV（逗号分隔变量）或 HTML（网页）格式的文件。在设备设置页面点击"Export"弹出"Export"窗口。点选"CSV"或者"HTML"来设置导出文件的格式。在确定导出文件存放位置后点击"OK"，页面左下角状态栏会提示"Export online device data operation is performed successfully..."（图6-322）。

（六）储存历史记录

在设备设置页面上，单击"Save History Record"，或者在设备配置页面的右上角，单击 。出现"Save History Record"对话框。在"Name"文本框输入记录文件的名称。点击"Less"按钮后会出现两个选项用于定义存储操作是否在超时后失败。点选"Do Not Time Out"后不会因为超时而使存储操作失败。在"Time out after"文本框中也可以自定义超时时间。当执行保存历史记录操作时，将从设备中读取尚未读取的参数。因此，此操作可能需要一些时间。点击"OK"按钮开始从现场设备读取所有的参数，存储历史记录。状态栏中将显

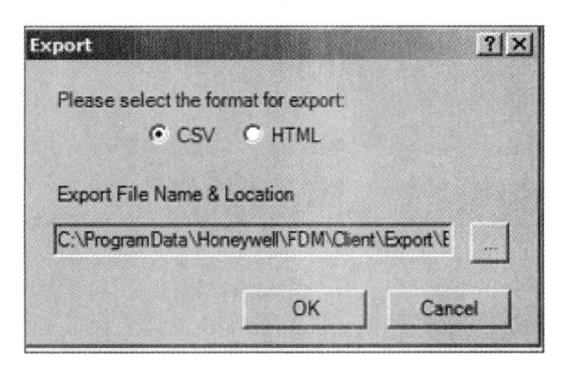

图 6-322　导出窗口

示 "Save Device is in progress. Please wait..."。一段时间后存储操作完成，状态栏将显示 "Save Device History operation performed successfully..."（图6-323）。

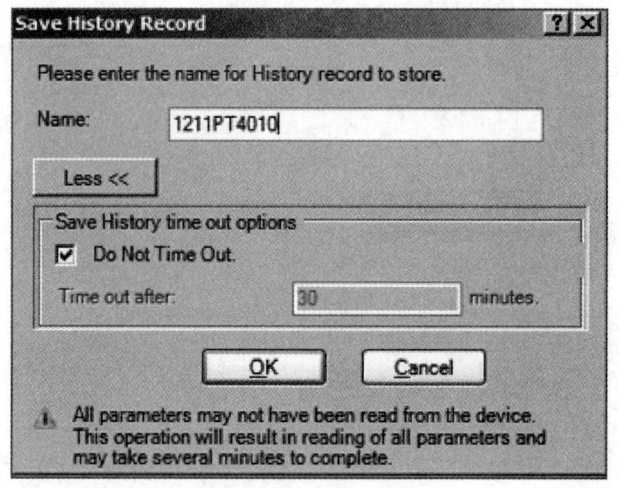

图6-323 存储历史记录窗口

第七章 网络通信

第一节 Modbus 通信

DCS 与 SIS 系统独立运行，为了 DCS 操作人员能够监视 SIS 系统过程数据，有必要将 SIS 系统的关键数据传至 DCS 中进行显示，这就涉及 DCCS 与 SIS 之间的数据通信问题。通常利用 MODBUS 通信协议实现 DCS 系统与 SIS 之间的串行通信。

一、Modbus 通信概述

Modbus 是 Modicon 公司于 1979 年提出的一种通信协议，经过多年的实际应用，已经成为一种应用于工业控制器上的标准通信协议。有了它，不同厂商生产的控制系统可以连成工业网络，进行集中监控。此协议定义了一个控制器能认识使用的消息结构，而不管它们是经过何种网络进行通信的。它描述了控制器请求访问其他设备的过程，以及怎样侦测错误并记录，它制定了消息域格局和内容的公共格式。当在 Modbus 网络上通信时，此协议决定了每个控制器需要知道它们的设备地址，识别按地址发来的消息，决定要产生何种动作。如果需要回应，控制器将产生反馈信息，并用 Modbus 协议发出。

（一）Modbus 报文

如图 7-1 所示，Modbus 通信使用查询-响应会话技术，即主设备初始化查询，从设备做出响应。主设备单独和从设备通信，也能以广播方式和所有从设备通信。Modbus 主设备查询的格式：从设备地址、功能代码、起始地址、所查询的数据量、错误检测域。从设备响应消息的格式：从设备地址、功能代码、数据长度、响应的数据、错误检测域。

（二）Modbus 传输方式

Modbus 协议有两种传输模式：ASCII（美国标准信息交换代码）或 RTU（远程终端单元）。它定义了在这些网络上连续传输的消息段的每一位，以及决定如何将信息打包成消息域和如何解码。用户选择想要的模式，包括串口通信参数（波特率、校验方式等）。在配置每个控制器的时候，在一个 Modbus 网

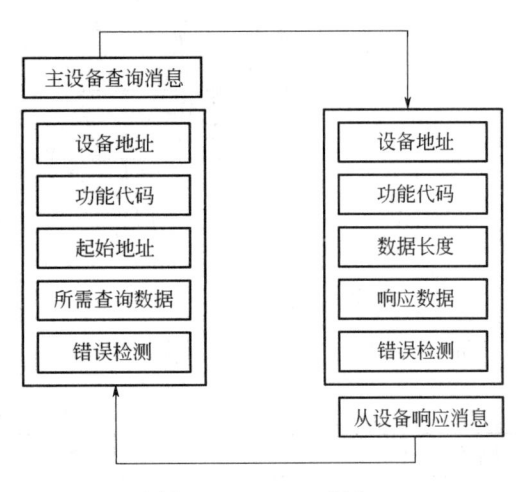

图 7-1 Modbus 报文

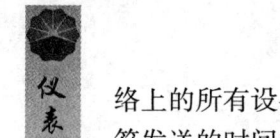

络上的所有设备都必须选择相同的传输模式和串口参数。ASCII 模式通信的主要优点是字符发送的时间间隔可达到 1s 而不产生错误。RTU 模式通信的主要优点是：在同样的波特率下，可比 ASCII 方式传送更多的数据。

（三）错误检测方法

标准的 Modbus 串行网络采用两种错误检测方法。奇偶校验对每个字符都可用，帧检测（LRC 或 CRC）应用于整个消息。其中 CRC（循环冗余校验）用于 RTU 模式；LRC（纵向冗余校验）用于 ASCII 模式。它们都是在消息发送前由主设备产生的，从设备在接收过程中检测每个字符和整个消息帧。用户要给主设备配置一预先定义的超时时间间隔，这个时间间隔要足够长，以使任何从设备都能作出正常响应。如果从设备侦测到传输错误，消息将不会被接收，也不会向主设备作出回应。这样超时事件将触发主设备来处理错误。发往不存在的从设备的地址也会产生超时错误。

二、Modbus 通信实例

本节以浙江中控 ECS-900 系统和 TCS-700 系统为例进行 Modbus 通信的讲解。

（一）TCS-900 通信模块配置

SCM9041 是 TCS-900 系统的通信卡，一般设置 COM1 端口为 Modbus 通信接口。如图 7-2 所示，设置通信协议为 MODBUS SLAVE RTU；从站地址为 1；波特率为 19200；8 位数据传输格式；1 位停止位；进行奇校验；传输模式为 RS485。

属性	值
服务启用	关闭
TCP端口号	502
COM1	
功能	MODBUS RTU从站
类型	RS485
波特率	19200bps
数据位	8
停止位	1
校验方式	奇校验
左侧模块从站地址	1
右侧模块从站地址	1

图 7-2　TCS-900 系统的通信卡

（二）数据地址

Modbus 地址由 5 位数字组成，包括起始的数据类型代号，以及后面的偏移地址（表 7-1）。

表 7-1　Modbus 地址结构

功能代码	数据类型	起始地址
01	Read Coil Status（读/写数字量）	00001

续表

功能代码	数据类型	起始地址
02	Read Input Status（只读数字量）	10001
03	Read Holding Registers（读/写寄存器）	40001
04	Read Input Registers（只读寄存器）	30001

实型数据的地址比较特殊，通过 Modbus 协议传输 32 位浮点型数据需要使用特殊的映射通讯地址（表 7-2）。它把一个 32 位的浮点型数据映射为两个 16 位的整型数据，其中高 16 位映射为一个 Modbus 整型地址 n，低 16 位映射为 $n+1$。例如：地址为 41001 的 Memory REAL，Read/Write（可读/写内存实型）数据，对应的 MODBUS 地址高 16 位为 42001，低 16 位为 42002。

表 7-2 实型数据地址结构

变量类型	起始地址	映射通讯地址	
		高 16 位	低 16 位
只读输入实型	32001	34001	34002
只读内存实型	33001	35001	35002
可读写内存实型	41001	42001	42002

SafeContrix 支持 MODBUS 从站地址的配置，具体的操作步骤如下：在菜单栏中选择"通信组态>MODBUS 从站地址配置"命令，弹出如图 7-3 所示的"MODBUS 从站地址配置表"。在 MODBUS 从站地址配置表中，按变量类型列出了当前系统内已配置的 MODBUS 变量。其中，左侧的列表用来显示各类 MODBUS 变量，右侧显示符合选中变量类型的所有变量。单击"启用从站地址配置"，启用该功能后才能修改 MODBUS 的从站地址。

图 7-3 MODBUS 从站地址配置表

（三）ECS-700 通信配置与组态

COM741-S 是 ECS-700 系统的通信卡，使用 VFComBuilder 软件设置 COM 串行通信接口。DCS 端的参数要与 SIS 端一致。

1. 通信端口配置

如图 7-4 所示，设置模式为 MODBUS 主站；从站地址为 1；波特率为 19200；8 位数据传输格式；1 位停止位；进行奇校验；传输模式为 RS485。

2. 通信设备配置

设备组态用于建立 MODBUS 通信协议的连接，参数的设置要与 TCS-900 系统相对应。定义一个名称为 SIS 的 Modbus 设备。如图 7-5 所示，设备地址为 1。

属性	
模式	MODBUS主站
设备数	1
命令数	10
端口	COM0
物理接线	RS485
波特率	19200
数据位	8
停止位	1
校验方式	奇校验

图 7-4　MODBUS 主站参数

属性	
名称	SIS
模式	MODBUS主站
逻辑地址	0
ID号	0
响应时间（毫秒）	0
间隔时间（毫秒）	0
命令数	10
设备地址	1

图 7-5　设备组态

3. 驱动器组态

这里建立的驱动器是依据 Modbus 协议定义的逻辑控制器，而不是物理上的驱动器。驱动器对应具体的数据类型，建立 2 个 Modbus 驱动器，分别为 SISAI（只读模拟量控制器）、SISLDI（只读数字量控制器），对应的数据类型分别为 Input Register 和 Digital Input（图 7-6）。

属性	
名称	AO
模式	MODBUS主站
命令号	0
命令类型	输入命令
周期（毫秒）	500
参数	
功能号	读AO（FC03）
设备地址	1
开始地址	2
数量	6
数据长度（字节）	12
位号信息	
位号类型	2字节整型模入
位号数量	6

属性	
名称	SISDI
模式	MODBUS主站
命令号	9
命令类型	输入命令
周期（毫秒）	500
参数	
功能号	读DI（FC02）
设备地址	1
开始地址	1
数量	10
数据长度（字节）	2
位号信息	
位号类型	开关量输入
位号数量	10

图 7-6　驱动器组态

4. 过程点组态

通信过程点的组态与常规 ECS-700 系统组态方法基本一致，区别是位号类型设置为"通信 AI 位号"，选择通信点所在的数据块编号和块内偏移地址（图 7-7）。

位号类型	通信AI位号
通信节点序号	007
通信机架序号	000
从站地址	000
数据块编号	005
位号在数据块内的偏移地址	008

图 7-7 过程点组态

三、Modbus 通信故障诊断与处理

Modbus 通信状态诊断一般有两种方法，一是通过查看监控软件的系统状态，对 COM741-S 通信卡和通信端口的状态进行诊断；二是使用 ModScan 软件和 ModSim 软件仿真 Modbus 主站和从站对系统进行诊断。

（一）COM741-S 通信卡状态诊断与处理

通信模块是系统与系统进行 Modbus 通信的节点。通信模块的状态诊断包括设备类型、工作状态、通信状态、E-BUS A 通信状态、E-BUS B 通信状态、冗余状态、地址冲突、组态状态、启动状态。

通信节点的诊断信息含义、故障原因及其解决方法见表 7-3。

表 7-3 通信卡状态诊断表

诊断项	含义与内容	故障原因	解决方法
设备类型	显示 I/O 连接模块的设备类型。如实际硬件与组态不一致时，将显示故障	实际硬件与组态不一致	检查硬件和组态的一致性
工作状态	显示当前设备的工作/备用状态		
控制网 A 通讯状态	若控制网 A 网络连接不畅或存在网络交错，则显示故障	网络故障；控制器硬件故障	1. 检测网络；2. 排除网络故障的原因后，请尝试更换控制器
E-BUS A 网通讯状态	无法通过 E-BUS A 与控制器通讯时显示故障	A 网的网线故障；A 网的网络芯片存在故障；位于交换机上的 A 网网口故障；A 网存在网络风暴	1. 检查 A 网网线是否正常，若网线质量差，请更换网线；2. 尝试连接到交换机上其他网口；3. 查看 A 网网络负荷，是否存在异常节点发出大量数据包，若存在，请先解决该问题；4. 若排除以上问题，请尝试更换控制器

续表

诊断项	含义与内容	故障原因	解决方法
启动状态	显示当前设备是否启动。当前设备启动时显示"已启动",当前设备若未启动或者无通讯数据时显示"未启动"	硬件故障	1. 复位模块； 2. 换卡

（二）ModScan 和 ModSim 软件诊断与处理

Modbus 采用主从式通信，日常使用较多的是 Modbus RTU 和 Modbus TCP/IP 两种协议。最常用的 Modbus 通信调试工具是 ModScan32 和 ModSim32。ModScan32 用来模拟主设备。它可以发送指令到从机设备中，从机响应之后，就可以在界面上返回相应寄存器的数据。ModSim32 用来模拟从设备。它可以模拟采用 ModBus 协议的智能终端。通过 ModSim32 改变寄存器状态的值，模拟智能终端的状态变化，来观察 HMI 画面的变化。使得画面的变量配置正确。ModSim32 和 ModScan32 可以在同一台电脑中运行，用来模拟采用了 Modbus 协议的设备的数据收发过程。

1. ModSim 配置

启动 ModSim32 后，在菜单栏中选择 Connection->Connect->选择电脑连接的 PORT 端口即可。如图 7-8 所示，设置主机的通信参数，点击 OK 即可。

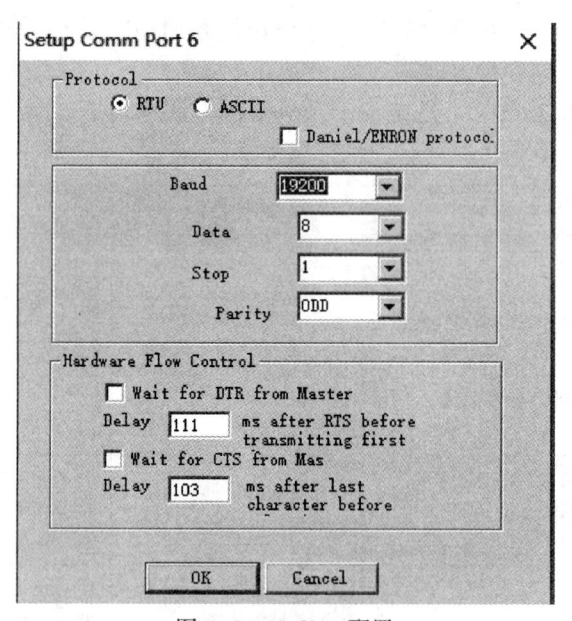

图 7-8　ModSim 配置

新建模拟主机，设置设备 ID 为 1，选择通信点类型，设置通信过程点的数值（图 7-9）。

2. ModScan 配置

启动 ModScan32 后，在菜单栏中选择"连接设置->连接"。如图 7-10 所示，设置主机的通信参数，点击 OK 即可。

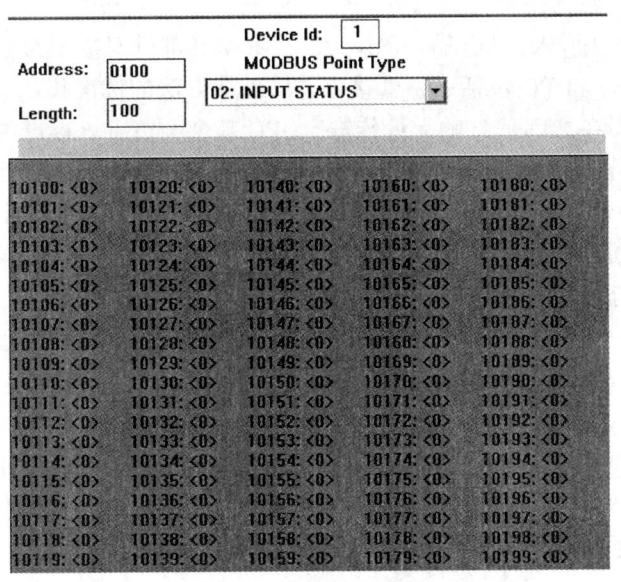

图 7-9 过程点的数值

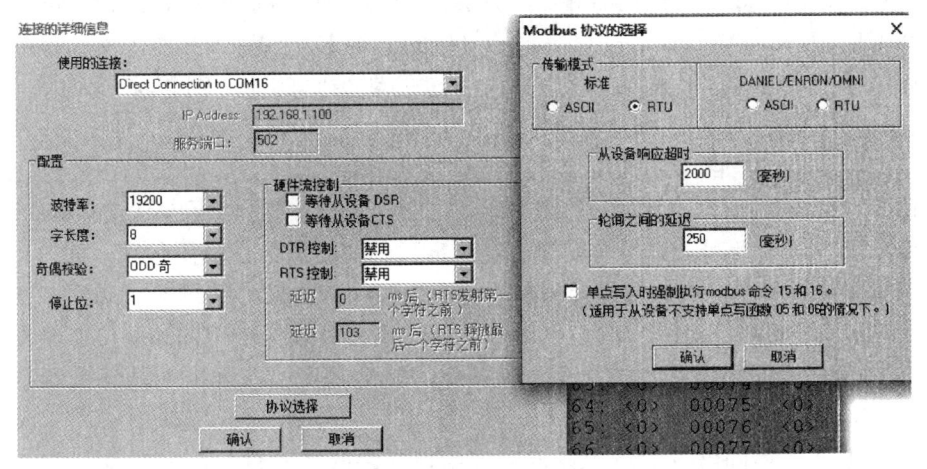

图 7-10 ModScan 配置

第二节 OPC 通信

一、OPC 通信概述

(一) OPC 概念

OPC (OLE for Process Control), 用于过程控制的 OLE, 是一个工业标准, 应用于自动

化行业及其他行业的数据安全交换可互操作性标准。基于微软的 OLE（Object Linking and Embedding 对象链接和嵌入，现在的 Active X）、COM（部件对象模型）和 DCOM（分布式部件对象模型）技术。OPC 包括一整套接口、属性和方法的标准集。它独立于平台，并确保来自多个厂商的设备之间信息的无缝传输，OPC 基金会负责该标准的开发和维护。

通过 DCOM 技术和 OPC 标准，完全可以创建一个开放的、可互操作的控制系统软件。OPC 采用客户/服务器模式，把开发访问接口的任务放在硬件生产厂家或第三方厂家，以 OPC 服务器的形式提供给用户，解决了软、硬件厂商的矛盾，完成了系统的集成，提高了系统的开放性和可互操作性。

OPC 服务器通常支持两种类型的访问接口，它们分别为不同的编程语言环境提供访问机制。这两种接口分别为：自动化接口（Automation interface）和自定义接口（Custom interface）。自动化接口通常是为基于脚本编程语言而定义的标准接口，可以使用 VisualBasic、Delphi、PowerBuilder 等编程语言开发 OPC 服务器的客户应用。而自定义接口是专门为 C++ 等高级编程语言而制定的标准接口。OPC 现已成为工业界系统互联的缺省方案，为工业监控编程带来了便利，用户不用为通信协议的难题而苦恼。

（二）解决问题

OPC 诞生以前，硬件的驱动器和与其连接的应用程序之间的接口并没有统一的标准。例如，在 FA（FactoryAutomation）——工厂自动化领域，连接 PLC（Programmable Logic Controller）等控制设备和 SCADA/HMI 软件，需要不同的 FA 网络系统构成。在 PA（Process Automation）——过程自动化领域，当希望把分布式控制系统（DCS——Distributed Control System）中所有的过程数据传送到生产管理系统时，必须按照各个供应厂商的各个机种开发特定的接口，例如，利用 C 语言 DLL（动态链路数据库）连接 DDE（动态数据交换）服务器或者利用 FTP（文件传送协定）的文本等设计应用程序。如由 4 种控制设备和与其连接的监视、趋势图以及表报 3 种应用程序所构成的系统时，必须花费大量时间去开发分别对应设备 A、B、C、D 的监视，趋势图以及表报应用程序的接口软件共计要用 12 种驱动器。同时由于系统中共存各种各样的驱动器，也使维护运转环境的稳定性和信赖性更加困难。

而 OPC 是为了不同供应厂商的设备和应用程序之间的软件接口标准化，使其间的数据交换更加简单化的目的而提出的。作为结果，从而可以向用户提供不依靠于特定开发语言和开发环境的可以自由组合使用的过程控制软件组件产品。

利用 OPC 的系统，是由按照应用程序（客户程序）的要求提供数据采集服务的 OPC 服务器，使用 OPC 服务器所必需的 OPC 接口，以及接受服务的 OPC 应用程序所构成。OPC 服务器是按照各个供应厂商的硬件所开发的，使之可以吸收各个供应厂商硬件和系统的差异，从而实现不依存于硬件的系统构成。同时利用一种叫做 Variant 的数据类型，可以不依存于硬件中固有数据类型，按照应用程序的要求提供数据格式。

利用 OPC 使接口标准化可以不依存于各设备的内部结构及它的供应厂商来选用监视、趋势图以及表报应用程序。

（三）OPC 应用

OPC 是为了连接数据源（OPC 服务器）和数据的使用者（OPC 应用程序）之间的软

件接口标准。数据源可以是 PLC、DCS、条形码读取器等控制设备。随控制系统构成的不同，作为数据源的 OPC 服务器既可以是和 OPC 应用程序在同一台计算机上运行的本地 OPC 服务器，也可以是在另外的计算机上运行的远程 OPC 服务器。

OPC 接口既适用于通过网络把最下层的控制设备的原始数据提供给作为数据的使用者（OPC 应用程序）的 HMI（硬件监督接口）/SCADA（监督控制与数据采集）、批处理等自动化程序，以至更上层的历史数据库等应用程序，也适用于应用程序和物理设备的直接连接。所以 OPC 接口是适用于很多系统的具有高厚度柔软性的接口标准。

在石化企业应用较多的是把 DCS 控制系统中的过程数据传送到生产管理系统，既通过 OPC 服务器，可以将 DCS 控制系统的下位机数据信息传递给 OPC 客户端 MES 系统。

二、OPC 通信实例

本节以浙江中控 ECS-700 系统和 TCS-900 系统为例进行 Modbus 通信的讲解。

（一）DCOM 配置

OPC 是一种广泛应用的工业标准，是控制系统与第三方软件互联的常用手段。当 OPC 服务器和 OPC 客户端不在同一台计算机上时，进行 OPC 的远程连接，则须在双方的电脑主机中进行 DCOM 配置。

服务器端主机配置内容包括：
（1）"我的电脑"属性配置。
（2）OpcEnum 属性设置。
（3）OPC 服务器属性设置。
（4）文件夹选项配。
（5）系统服务配置。
（6）系统安全策略设置。

1. 组件服务配

在 OPC 服务器所在的计算机上，选择使用快捷键 Win+R，弹出运行对话框，在运行对话框中输入"dcomcnfg"，确定后进入"组件服务"界面，如图 7-11 所示。

图 7-11 组件服务界面

2. 电脑属性配置

在图 7-11 所示的界面中选择【组件服务 \ 计算机 \ 我的电脑】，右键点击"我的电脑"，选择"属性"菜单，在弹出的对话框中选择"默认属性"页面，各设置项设置结果如图 7-12 所示。

图 7-12 默认属性设置

（1）选中"在此计算机上启用分布式 COM"。
（2）"默认身份验证级别"设置为：无。
（3）"默认模拟级别"设置为：默认。

切换到"默认协议"页面，设置结果如图 7-13 所示。
切换到"COM 安全"页面，如图 7-14 所示。

图 7-13 默认协议设置

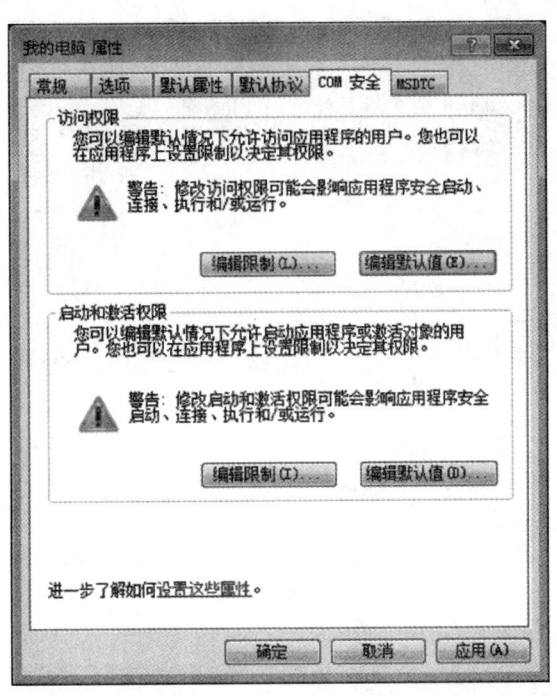

图 7-14　COM 安全设置页

"COM 安全"页面中"访问权限"及"启动和激活权限"下的"编辑限制""编辑默认值"四个按钮均须点击进入相应界面并增加以下用户：

（1）Everyone。

（2）Interactive。

（3）ANONYMOUSLOGIN。

（4）Administrator。

（5）Administrators。

（6）SYSTEM。

以 Everyone 的"编辑默认值"设置方法为例，各用户添加设置方法如下：

点击"访问权限"下的"编辑默认值"按钮，弹出如图 7-15 所示的界面。

点击"添加"按钮，在弹出的界面中点击"高级"，再点击"立即查找"按钮，选中"Everyone"，如图 7-16 所示。

点击"确定"，查看选中的用户，如图 7-17 所示。

再点击"确定"按钮后，"Everyone"添加成功。选中"Everyone"，本地访问和远程访问均设置为"允许"，如图 7-18 所示。

图 7-15　访问权限设置

图 7-16 选择用户或组

图 7-17 检查用户名称

图 7-18 访问权限设置添加 Everyone

"启动和激活权限"设置添加 Everyone 用户权限后的界面如图 7-19 所示。

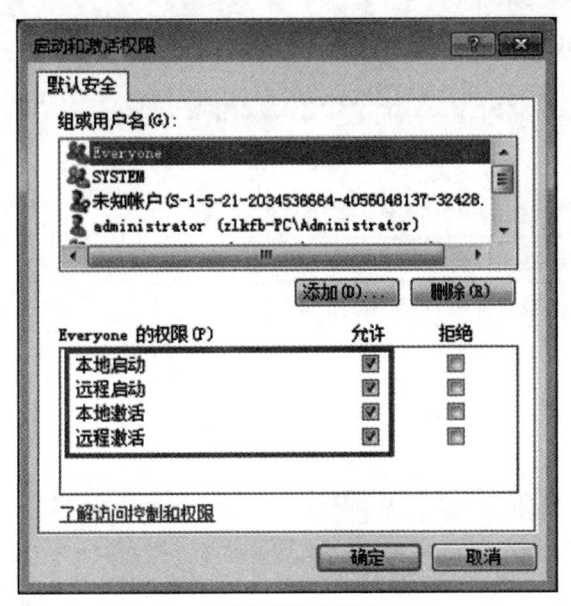

图 7-19 启动权限设置添加 Everyone

必须保证新添加的 6 个用户权限的允许框处于选中状态。

3. OpcEnum 属性设置

选择【组件服务 \ 计算机 \ 我的电脑 \ DCOM 配置 \ OpcEnum】，右键菜单中选择"属性"，选择"常规"页，将身份验证级别改为"无"，如图 7-20 所示。

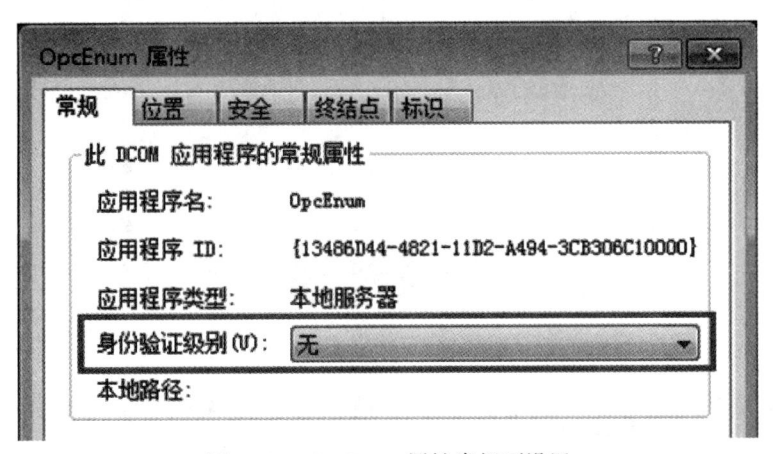

图 7-20 OpcEnum 属性常规页设置

选择"位置"页，勾选结果如图 7-21 所示。

选择"安全"页，三种权限选项全部勾选"自定义"，如图 7-22 所示。依次点击"编辑"按钮，添加 Everyone、Interactive、ANONYMOUS LOGIN、Administrator、Administrators、SYSTEM 六种用户，其权限全部选择"允许"。

选择"终结点"页，选择结果如图 7-23 所示。

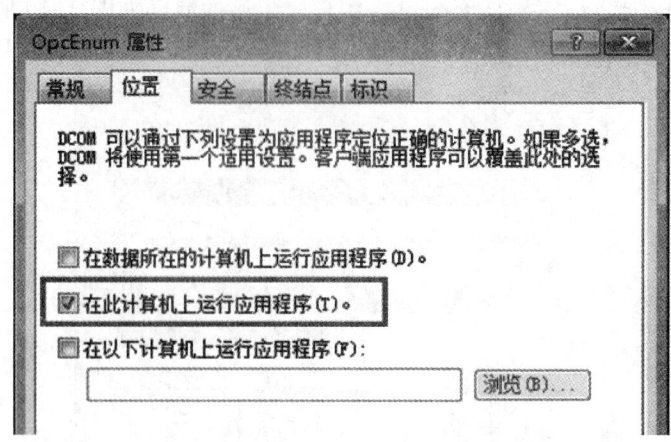

图 7-21　OpcEnum 属性位置页设置

图 7-22　OpcEnum 属性安全页设置

图 7-23　OpcEnum 属性终结点页设置

选择"标识"页，勾选"交互式用户"，如图 7-24 所示。

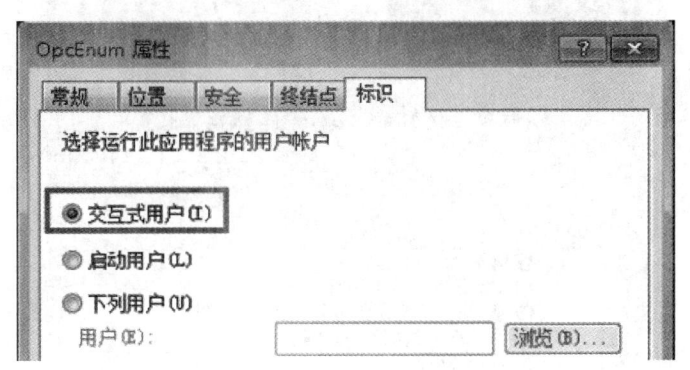

图 7-24　OpcEnum 属性标识页设置

如果交互式用户为灰色不可选，须在"运行"对话框中执行 cmd 命令，进入 cmd 界面后，先执行 opcenum/unregserver 命令，再执行 opcenum/regserver 命令，使交互式用户处于可选状态。

4. OPC 服务器属性配置

以 TCS OPC 服务器为例，选择【组件服务 \ 计算机 \ 我的电脑 \ DCOM 配置 \ SUPCON.TCSOPCDASVR】，右键菜单中选择"属性"，进入 TCSOPC 服务器属性界面，如图 7-25 所示。TCSOPC 服务器的配置方法与 OpcEnum 的配置方法相同，可参照配置。

图 7-25　TCSOPC 服务器属性界面

1）文件夹选项配置

双击桌面"计算机"图标，进入计算机界面，选择【组织 \ 文件夹和搜索选项】进入"文件夹选项"界面，选择"查看"页，不选择"使用共享向导（推荐）"，如图 7-26 所示。

2）系统服务配置

按路径【开始/控制面板/系统和安全/管理工具/服务】启动进入系统服务界面，如图 7-27 所示。

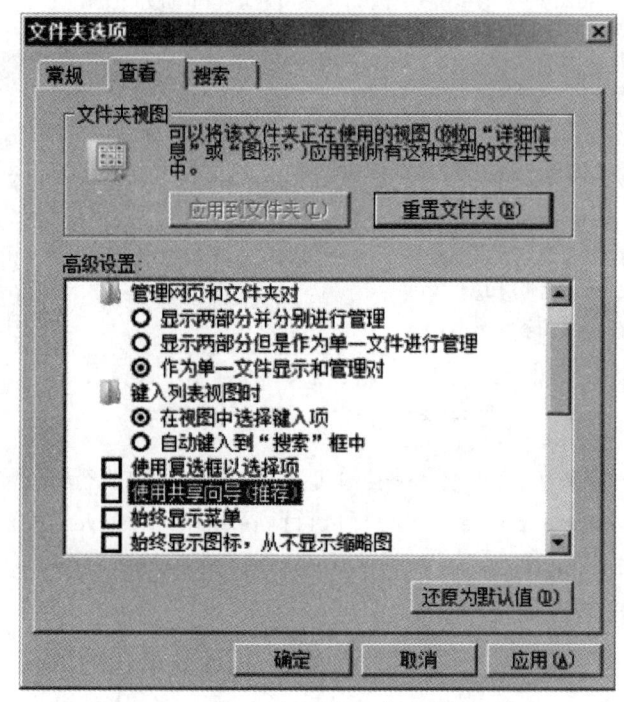

图 7-26　Windows 7_下文件夹选项设置界面

图 7-27　系统服务界面

检查用红线框出的各项，要求其状态均为"已启动"状态，如图 7-28 所示。若所选项不是"已启动"状态，则须按以下方式将其设置为"已启动"状态。

双击所选项，弹出如图 7-29 所示对话框，点击"启动"按钮即可。

3) 系统安全策略设置

在计算机上使用快捷键 Win+R 弹出运行对话框，在运行对话框中输入"secpol.msc"，

图 7-28　检查指定项的状态

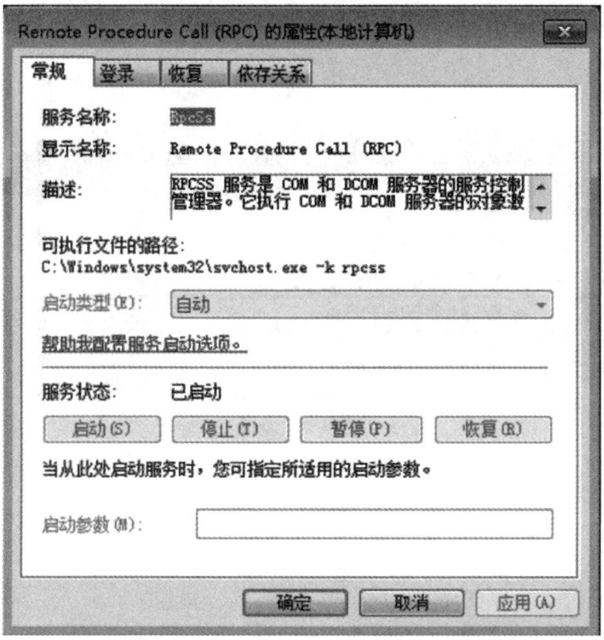

图 7-29　服务状态设置

确定后进入"本地安全策略"界面，如图 7-30 所示。

检查用红线框出的各项，要求其"安全设置"项状态如图 7-31 所示。

（二）VF OPC 服务器配置

VF OPC 服务器是通过安装 VisualField 系统软件而安装的 OPC 服务器。通过 VF OPC 服务器，可以将 ECS-700 系统的下位机位号及域变量位号的数据信息传递给 OPC 客户端。

VF OPC 服务器应用在独立工程中时，工程中的 OPC 通信网络结构如图 7-32 所示。

在图 7-32 所示的组网图中，通过 OPC 协议传送位号信息的基本流程为：

（1）OPC 位号信息的采集。

域服务器兼 VF OPC 服务器运行 VF OPC 服务器软件并通过 SCNetA/B 网络，采集控制

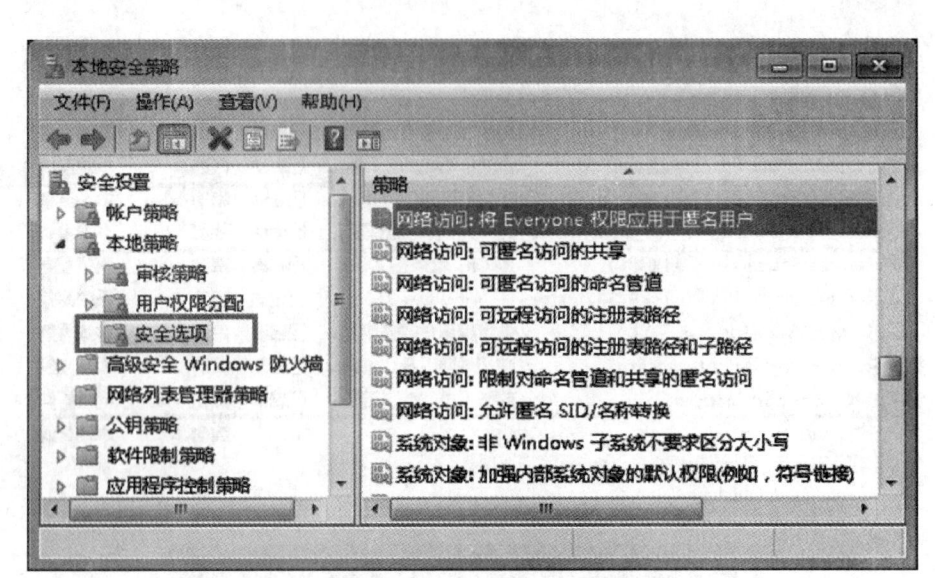

图 7-30　系统安全策略设置

图 7-31　安全设置项

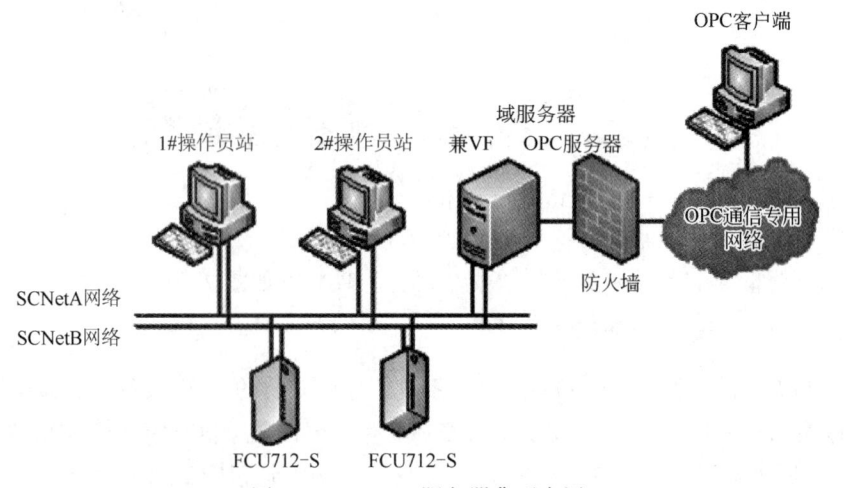

图 7-32　VF OP 服务器典型应用

器中的位号信息。

（2）OPC 位号信息的收集及应用。

在 OPC 客户端运行标准的 OPC 客户端软件（如 OPC Client）并通过 OPC 通信专用网络，接收 VF OPC 服务器采集到的下位机位号信息及其域变量信息。

1. 使用标准 OPC 客户端连接 VFOPCSvr

下面以 OPC Client 为例，介绍使用标准 OPC 客户端连接 VFOPCSvr 的方法。

（1）打开 OPC Client，弹出如图 7-33 所示的初始界面。

图 7-33　OPC Client 初始界面

（2）在菜单栏中选择"OPC>Connect"，弹出如图 7-34 所示的对话框。

图 7-34　选择 OPC 服务器对话框

在"Available servers"中列出了当前可用的 OPC 服务器。其中名为"SUPCON.SCRTCore"的选项为 VisualField 软件安装包自带的 VFOPCSvr 服务器。

（3）在"Available servers"中选择"SUPCON.SCRTCore"，并单击"OK"返回到 OPC Client 的主界面。

（4）在菜单栏中选择"OPC>Add Item"，弹出如图 7-35 所示的对话框。

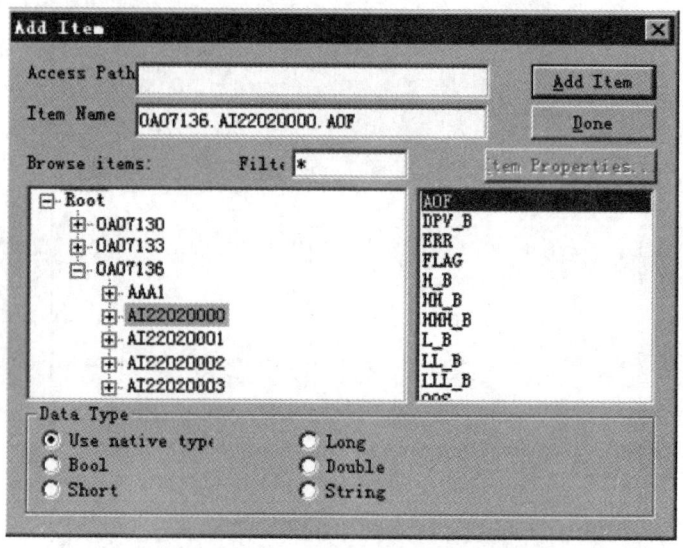

图 7-35　选择 OPC 服务器对话框

Item Name 位号为"OA07136.AI22020000.AOF"，表示该位号为引用域内位号。其中的"OA07136"为引用域别名。

（5）在位号列表中选择位号并在右侧区域选择其字段，单击"Add Item"。

（6）重复步骤（5），逐个添加需要订阅的位号后，单击"Done"完成所有位号的订阅。订阅后的位号将添加到 OPC Client 主界面的位号列表中，如图 7-36 所示。

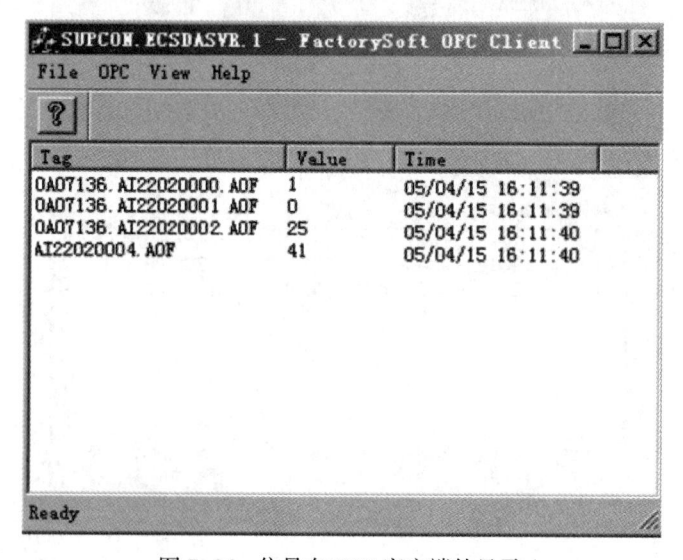

图 7-36　位号在 OPC 客户端的显示

2. 位号写配置

VF OPC 服务器支持对位号是否可写进行配置。VF OPC 服务器运行后，将在系统托盘处显示。此时，通过以下步骤可以对位号进行写配置。

（1）右键单击托盘处的 VFOPCSVR，并在其右键菜单中选择"位号写配置"，将弹出下图 7-37 所示的"位号写配置"对话框。

图 7-37　位号写配置对话框

（2）在"不允许写位号"列表中选择可以进行写的位号，并单击将其添加到"允许写位号"列表，表示将其配置为可写位号。另外，通过单击，可将"允许写位号"列表中的位号移动到"不允许写位号"列表中，表示将其配置为不可写位号。

（3）单击"确定"，完成位号的写配置。

第八章　石油化工典型控制方案应用与 PID 参数整定

第一节　石油化工典型控制方案应用

石油化工生产过程是最具有代表性的过程工业。生产过程是由一系列基本单元操作的设备和装置组成。按照石油化工生产过程中的物理和化学变化来分，主要有流体输送过程、传热过程、传质过程和化学反应过程。本节主要介绍生产过程中的控制方案。

一、石油化工典型流体输送设备控制方案简介

石油化工设备一般分为两种：静设备和动设备。动设备也就是典型流体输送设备，包括压缩机、鼓风机和各类机泵等。石油化工生产过程中，为了输送液、气形态物料，就会使用动设备做功，使流体获得能量，流体输送设备的控制主要是流量控制。

按照工作原理可以将机泵分为三种：往复泵、旋转泵、离心泵。压缩机可以分为两种：往复式压缩机和离心式压缩机。石油化工装置中离心泵和离心机使用的较为广泛，本节简单介绍一下离心泵的控制方案。

（一）直接节流法

将调节阀安装在泵出口管线，通过调节阀门的开度来控制流量。需要注意的是，这种直接节流法不能将阀门安装在泵的入口管线上，否则容易造成"气缚"及"气蚀"现象，从而影响泵的正常运行和使用寿命（图 8-1）。

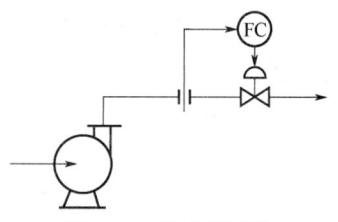

图 8-1　直接节流法

（二）改变泵的转速

通过变频调速等装置进行调速，改变泵的特性曲线，移动工作点，从而达到控制流量的目的。

这种控制方案最大的优点就是管路上无需安装控制阀，减少了管路的阻力损耗，提高了泵的机械效率（图 8-2）。

（三）控制泵的旁路回流量

将泵的部分排出量通过旁路阀送回到泵的入口，通过改变旁路阀门的开度来控制泵的流量。

该方案因高压液体能量一部分消耗在旁路管路和阀门上，机械效率较低。但由于旁路流量较小，可采用较小口径阀门，因此在装置里也有一定的应用（图8-3）。

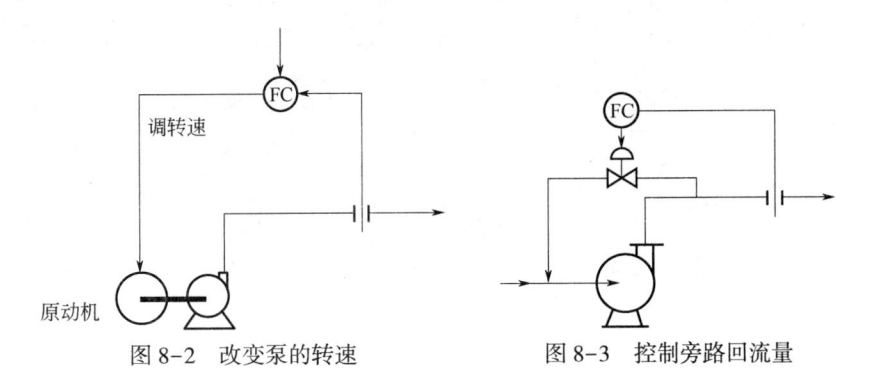

图8-2　改变泵的转速

图8-3　控制旁路回流量

二、精馏塔控制方案

精馏塔是石油化工生产中应用极为广泛的传质传热设备。工艺针对不同的处理量和不同的转化率，有着不同的稳定的操作参数组，当进料和转化率发生改变时，分馏就需要做及时调整，以保证产品的质量和收率，精馏塔控制系统的目的是取得符合规范的产品。

（一）精馏塔操作调节简介

精馏塔是进行精馏的一种塔式气液接触装置。利用混合物中各组分具有不同的挥发度，使液相中的轻组分转移到气相中，而气相中的重组分转移到液相中，从而实现分离的目的。工艺操作要求如下：

1. 质量指标

精馏塔产品质量指标选择有两类：直接产品质量指标和间接产品质量指标。精馏塔最直接的产品质量指标是产品成分。近年来，成分分析仪表发展很快，特别是工业色谱仪的在线应用，出现了直接控制产品成分的控制方案，此时检测点就可以放在塔顶或塔底。然而由于成分分析仪表价格昂贵，维护量较大，采样周期较长（即反应缓慢，滞后较大），而且应用中有时也不太可靠，容易造成联锁停车，所以成分分析仪表的应用受到了一定的限制。因此，精馏塔产品质量指标通常采用间接质量指标。

间接质量指标控制，例如塔顶（或塔底）温度控制及精馏段和提馏段的双温差控制等。

2. 平衡操作

精馏塔的操作应掌握物料平衡、气液相平衡和热量平衡。三个平衡互相影响、互相制约，在操作中通常以控制物料平衡为主，相应调节热量平衡，从而达到气液相平衡。

3. 节能要求和经济性

在精馏操作中，质量指标、产品回收率和能量消耗均是要控制的目标。其中，在质量指标合格的前提下，应在控制过程中将产品产量尽量提高，同时能量消耗尽可能降低。

（二）精馏塔典型控制方案

精馏塔的典型控制方案主要从塔压、塔釜温度、塔顶温度、塔釜液位等方面进行控制，如图 8-4 所示。

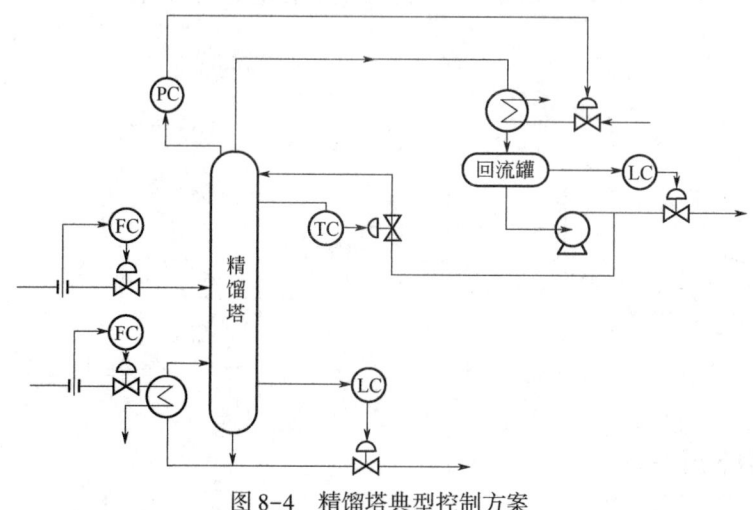

图 8-4 精馏塔典型控制方案

1. 塔顶压力分程控制

塔顶压力控制采用精馏塔塔顶压力为被控对象，通过压力控制器对两个调节阀进行分成控制。由于采用分成控制，所以调节阀的可调范围扩大，可以满足不同生产负荷的要求，并且控制精度也得到了提高，控制质量获得改善，同时生产的稳定性和安全性也得到了进一步提高。

在这个控制中，阀门 A 控制冷凝器进口的气相流量，另一个阀门 B 控制冷凝器出口气体流量。通过两端气体压力的检测与控制，增大阀门 A 的开度，同时减小阀门 B 的开度，或者增大阀门 B 的开度，同时减小阀门 A 的开度来改变精馏塔塔顶到冷凝器的出气量，从而实现对精馏塔塔顶压力的控制（图 8-5）。

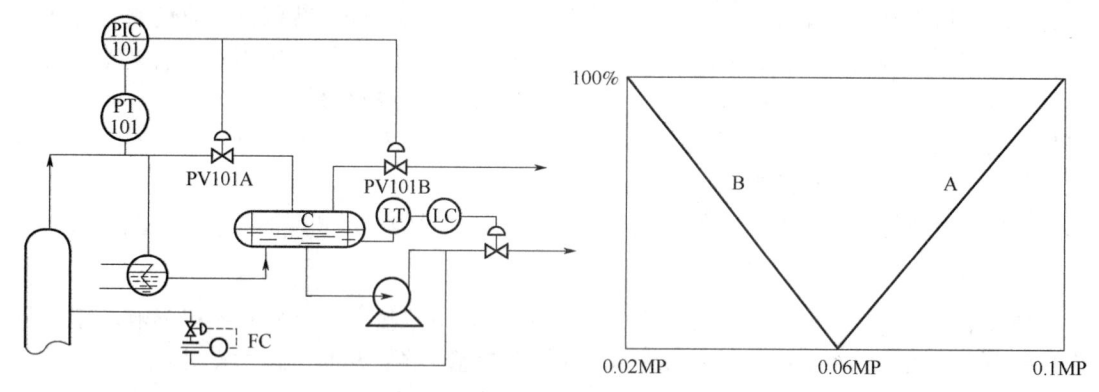

图 8-5 精馏塔塔顶压力分程控制

2. 精馏段与提馏段双温差控制

为了克服温差控制中的不足，提出了双温差控制。即分别在精馏段和提馏段上选取温差信号，然后将两个温差信号进行相减，以相减后得到的信号作为间接质量指标进行控制。

采用双温差控制后，若由于进料流量波动引起塔压变化对温差的影响，在塔的上、下段同时出现，因而上段温差减去下段温差的差值就消除了压降的影响。从目前应用这种控制的装置来看，在进料流量波动影响的情况下，仍能得到较好的控制效果。

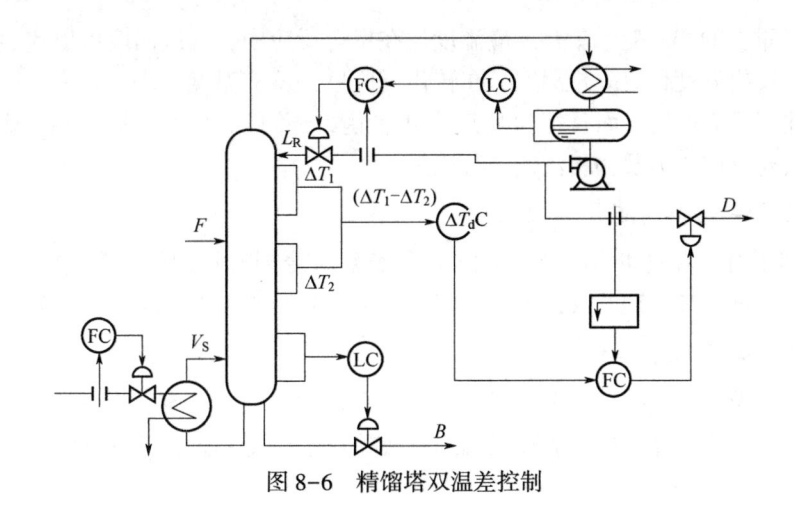

图 8-6　精馏塔双温差控制

3. 塔釜液位控制

通常情况下，塔釜液位都采用单回路控制。采用液位信号控制塔底采出量，从而达到控制液位的目的。

三、反应器控制方案

化工生产常遇到各种不同的化学反应过程，为了适应不同的反应，在工业生产中出现了形状、大小、操作方式等不同的反应器。它能够控制和检测化学反应过程中的温度和压力，能够满足化学反应所需要的温度、压力、真空度等条件，在炼化中得到广泛的应用。

（一）反应器操作调节简介

通常反应器的操作调节要从质量指标、物料平衡、约束条件三个方面考虑。

1. 质量指标

反应器的质量指标要求反应达到规定的转化率或反应生成物达到规定的浓度。但是转化率或浓度往往不能直接测量，因此只能选取与它们相关的参数（温度、压力等），经过运算进行间接控制。

2. 物料平衡

为了使反应正常、转化率高，要求维持进入反应器的各种物料量恒定，配比符合要求。为此，往往采用流量定值控制或比值控制维持物料平衡；采用温度控制维持能量平衡。另外，在有些反应系统中，为了维持浓度和物料平衡，需要另设辅助控制系统自动放空或排放惰性气体。

3. 约束条件

与其他化工单元操作设备相比，反应器操作的安全性具有更重要的意义，这样就构成了反应器控制中的一系列约束条件。要防止反应器的工艺变量进入危险区域或不正常工况，应当配备报警、联锁装置或选择性控制系统，保证系统的安全。

（二）反应器典型控制方案

反应器最重要的控制变量就是反应温度。在聚合反应中，反应温度可以代表聚合度；在氧化反应里，反应温度代表氧化深度；在转化反应里，反应温度代表转化率。控制住反应温度不但控制住了反应速度，而且能保持反应热平衡，还可以避免催化剂在高温下老化或中毒。同时也会对反应压力及物料流量进行控制。

1. 反应釜温与冷剂流量串级控制

对于冷剂压力经常波动的场合，可以采取釜温与冷剂流量串级控制方案。主变量是釜温，副变量是冷剂流量，调节阀选用气关型，两个调节器的作用方式均为正作用（图8-7）。

2. 釜温与夹套温度串级控制

釜温与夹套温度串级控制，适用于冷剂流量（压力）比较稳定、冷剂温度又经常波动的场合。主变量是釜温，副变量是夹套温度，调节阀为气关型，两个调节器均为反作用（图8-8）。

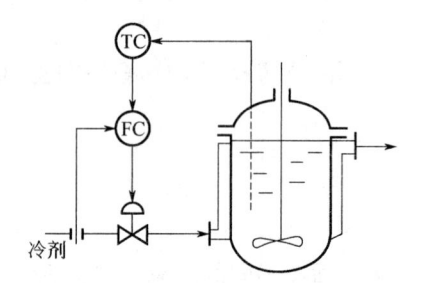

图8-7 釜温与冷剂流量串级控制

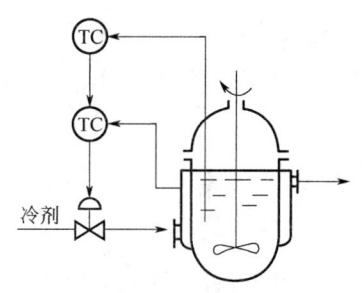

图8-8 釜温与夹套温度串级控制

3. 进料比值控制

实际生产中，原料往往不是只有一种，而且一般需要原料之间成一定比例关系进入反应器。对进料进行比值控制可以很好地解决这个问题。如图8-9所示，可以采用既含有原料比值控制又有原料温度与釜心温度串级的控制方式。

采用简单的开环比值控制，使物料关系满足比值给定。既可以保证反应原料按照理论比例反应，又可以通过设定原料温度和釜心的反应温度对反应进程进行检测和自动控制。

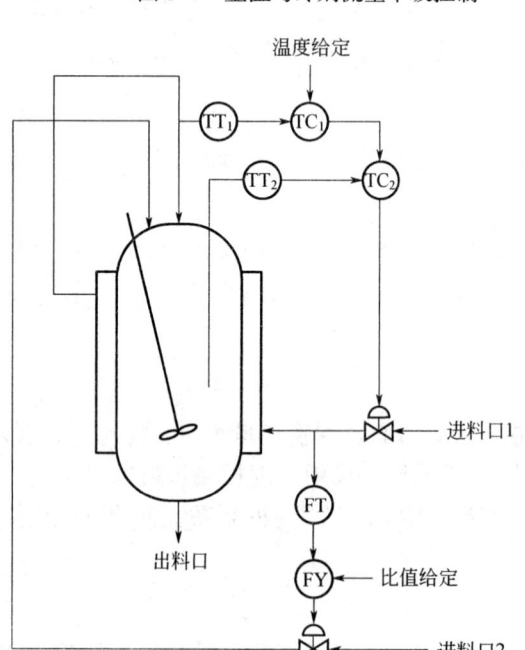

图8-9 含比值、串级的控制原理图

四、压缩机控制方案

压缩机是一种将低压气体提升为高压

气体的从动流体机械。一般分为离心机和往复机。

离心机与离心泵具有相同的原理，通过原动机带动叶轮高速旋转，以提高气体的动能，再将动能转化为气体的压头。离心机具有体积小、重量轻、流量大的特点，同时离心机运行率高、易损件少、维修简单，因此在石油化工生产中得到了广泛的应用。

本节简单介绍一下离心机的控制。

（一）压缩机操作调节简介

为了使离心机安全、平稳、长周期运行，一般都会设置多种参数检测、控制和安全联锁保护系统。压缩机负荷控制系统会通过控制排气量和出口压力、流量等来控制负荷。

除了压缩机负荷控制，还有外围设备控制系统、油路控制系统、主轴的位移振动联锁保护系统以及压缩机防喘振控制系统。

1. 直接控制流量

对于低压离心机，一般可以在其出口直接用阀门控制流量。由于管径较大，阀门可以选用蝶阀（图 8-10）。

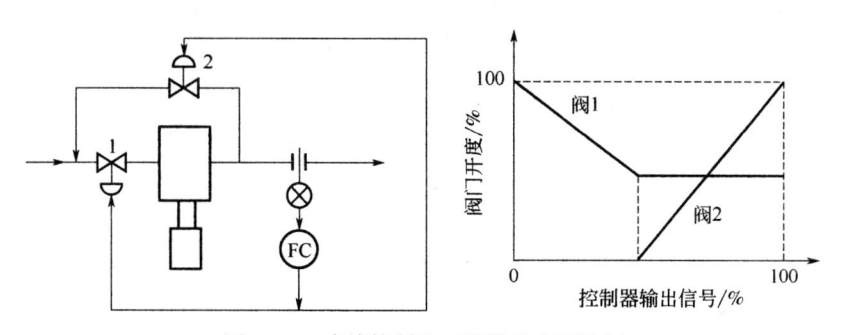

图 8-10　直接控制出口流量的分程控制

2. 流量旁路控制

在流量旁路控制中，对于压缩比较高的多段压缩机，因出口压力已经很高了，此时不宜从末端出口直接旁路到第一段入口的。这样控制阀前后压差过大，功率损耗过大，所以宜采用分段旁路或者采取增设降压消音装置的措施（图 8-11）。

3. 调节转速

压缩机的流量控制可以通过调节原动机的转速来达到，这种方案效率最高，节能最好。但调速系统比较复杂，操作起来比较困难。

（二）压缩机防喘振控制方案

当压缩机的负荷降低，进口流量足够小的时候，压缩机的出口压力突然下降，使管网的压力比压缩机的出口压力高，迫使气流倒回压缩机，一直到管网压力降到低于压缩机出口压力时，压缩机又向管网供气，压缩机又恢复正常工作。如此周而复始，使压缩机的的流量和出口压力

图 8-11　流量旁路控制

周期大幅度波动，引起压缩机的强烈气流波动，这种现象叫作压缩机的喘振。

喘振是离心式压缩机固有的一种现象，具有较大的危害性，是压缩机损坏的主要诱因之一，因此要通过制定合理的控制方案来防止喘振的发生。

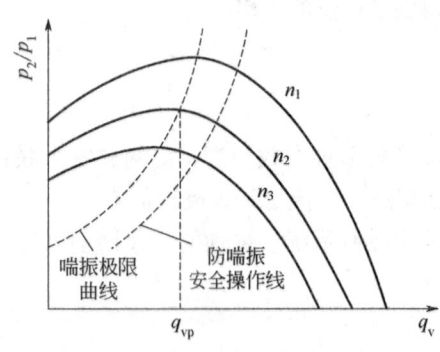

1. 安全操作线

离心式压缩机的压缩比是出口压力（p_2）与入口压力（p_1）之比，压缩比与进口气体体积流量 q_v 之间的曲线如图 8-12 所示，其中 n 是压缩机的转数，q_{vp} 是临界流量。由此可知，每条曲线在每种转数下都有一个 p_2/p_1 值最高点，连接最高点的虚线是一条表征产生喘振的极限曲线，曲线左侧为喘振区，曲线右侧为运行安全区。

图 8-12 离心式压缩机特性曲线

为了安全起见，压缩机的实际工作距离喘振极限曲线应留有一些余地，一般在喘振极限曲线右侧（比喘振流量大 5%~10%）再作一条抛物线，这条抛物线叫作压缩机的安全操作线。

由喘振现象的分析可知，只要保证压缩机吸入流量大于 q_{vp}，系统就会工作在安全运行区域，不会发生喘振；为了使进入压缩机的气体流量大于 q_{vp}，当生产负荷下降时，必须将部分出口气体经过旁路返回到入口或将部分出口气体放空，保证系统工作在稳定区。目前工业生产上主要采用固定极限流量控制方案和可变极限流量控制方案。

2. 固定极限流量防喘振控制

把压缩机最大转速下喘振点的流量值作为极限值，使压缩机运行时的流量始终大于该极限值，如图 8-13 所示。

固定极限流量防喘振控制方案通常采用分段旁路的方法，如图 8-14 所示，当压缩机流量测量值大于极限流量值时，压缩机不会产生喘振；当压缩机流量测量值小于极限流量值时，则将旁路调节阀打开，使一部分气体返回到入口，直到测量值大于极限值为止。

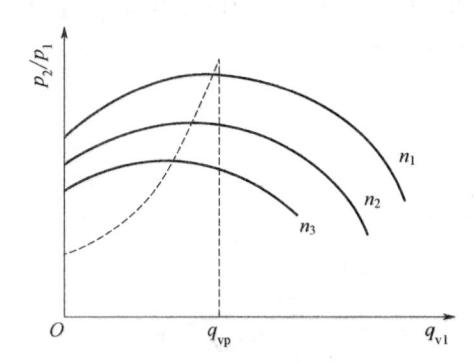

图 8-13 固定极限流量防喘振控制特性曲线 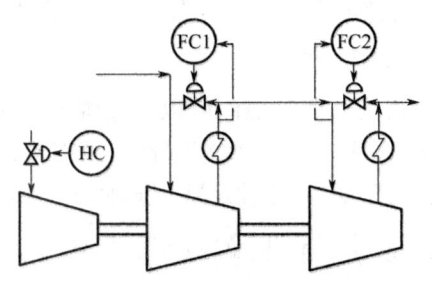　　图 8-14 固定极限流量防喘振控制方案

这种方案的优点是控制系统简单，使用仪表较少，整个系统可靠性高，所以大多数压缩机会采用这种方案。但是，在转速下降，压缩机处于低负荷运行时，极限流量裕量过大而造成能量浪费。

3. 可变极限流量防喘振控制

在压缩机负荷有可能通过调速来改变的场合，因为不同的转速工况下，极限喘振流量是一个变数，它随转速的下降而变小，所以最合理的防喘振控制方法，应是留有适当的安全裕量，使防喘振调节器沿着喘振极限流量曲线右侧的一条安全控制线工作，这便是可变极限流量防喘振控制。如图8-12所示建立安全操作线。

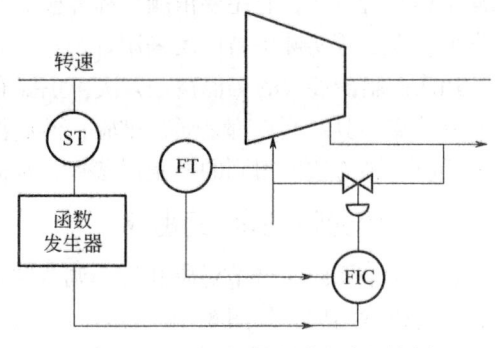

图8-15 可变极限流量防喘振控制

常用的控制方案就是采用测量压缩机的转速，压缩机入口流量与转速串级控制，通过调节汽轮机转数维持入口流量，如图8-15所示。

4. 防喘振控制注意事项

（1）因为将节流装置安装在压缩机入口管道上对压力影响较大，可能需要增加压缩比，这是不经济的。所以压缩机的气体流量检测点安装在出口管线上较多，而压缩机厂制造厂家所提供的压缩机特性曲线往往是针对入口流量的，此时需要将喘振安全操作线方程进行改写，根据新的方程进行防喘振控制方案的制定。

（2）喘振安全操作曲线方程中所涉及的压缩机入口和出口压力均为绝对压力，如果压力测量采用的不是绝压变送器，则需要考虑相对压力和绝对压力之间的转换。

（3）在任何控制方案中，都必须将原动机的停车装置与防喘振阀的打开装置联锁，以使压缩机能在防喘振阀打开的情况下，靠惯性作用缓慢降低转速直至完全停车，而且要求防喘振阀能在3s内完全打开。否则，在压缩机转速降低的过程中可能发生持续的喘振，对高压、大功率离心式压缩机来说，这一点尤其重要。

第二节 PID 参数整定

在石油化工生产中，应用最为广泛的调节器控制规律为比例、积分、微分控制，简称PID控制，又称PID调节。PID控制器以其结构简单、稳定性好、工作可靠、调整方便而成为工业控制的主要技术之一。PID控制，实际中也有PI和PD控制。PID控制器就是根据系统的误差，利用比例、积分、微分计算出控制量进行控制。

一、单回路PID参数调整

PID控制器的参数整定是控制系统设计的核心内容。它是根据被控过程的特性确定PID控制器的比例系数、积分时间和微分时间的大小。PID控制器参数整定的方法很多，概括起来有两大类：一是理论计算整定法。它主要依据系统的数学模型，经过理论计算确定控制器参数。这种方法所得到的计算数据未必可以直接用，还必须通过工程实际进行调整和修改。

二是工程整定方法，它主要依赖工程经验，直接在控制系统的试验中进行，且方法简单、易于掌握，在工程实际中被广泛采用。

PID 控制器参数的工程整定方法，主要有临界比例法、反应曲线法和衰减法。三种方法各有其特点，其共同点都是通过试验，然后按照工程经验公式对控制器参数进行整定。但无论采用哪一种方法所得到的控制器参数，都需要在实际运行中进行最后调整与完善。

（一）自动调节系统的组成

自动调节系统由调节对象和自动调节装置组成，自动调节装置由测量元件变送器、调节器、执行机构组成，如图 8-16 所示。

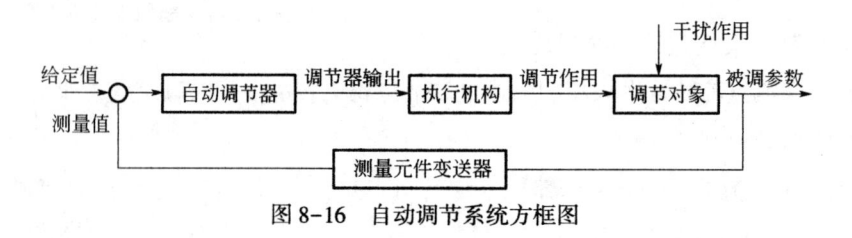

图 8-16　自动调节系统方框图

1. 自动调节器

自动调节器是现场自动化设备的控制核心，现场所有设备的执行和反馈、所有参数的采集和下达全部依赖调节器的指令。

2. 执行机构

在自动控制系统中，执行机构主要是阀门执行器，根据不同的工艺及流程控制，调节器通过输出信号对执行机构进行控制。

3. 调节对象

在自动控制系统中调节对象一般指控制设备或过程（工艺、流程等）等。广义的可以理解调节对象包括处理工艺、电动机、阀门等具体的设备；狭义的理解可以是各设备的输入、输出参数等。

4. 变送器

变送器是将现场设备传感器的非电量信号转换为 0~10V 或者 4~20mA 标准电信号的一种设备。例如温度、压力、流量、液位、电导率等非电量信号，经过变送器转换后才可以作为调节器的输入信号，最终完成整个系统的参数采集和调节。

（二）PID 调节规律对过渡过程的影响

在自动化中，把被调参数不随时间变化的平衡状态称为系统的静态。而把被调参数随时间变化的不平衡状态称为系统的动态。当自动调节系统处于动态过程之中时，被调参数总是不断变化的，它随时间变化的过程为自动调节系统的过渡过程。

1. 自动调节系统的过渡过程

自动调节系统的过渡过程就是系统从一个平衡状态过渡到另一个平衡状态的过程。因为干扰是客观存在的，所以系统总是经常处于动态过程中，所以研究系统的过渡过程有重要意义。

过渡过程的形式有四种：非振荡衰减过程（图 8-17）、衰减振荡过程（图 8-18）、等幅振荡过程（图 8-19）和发散振荡过程（图 8-20）。

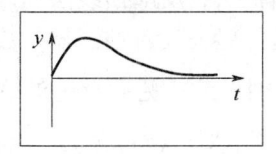

图 8-17　非振荡衰减过程　　　　图 8-18　衰减振荡过程

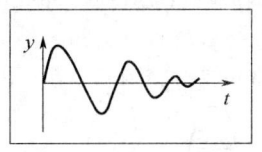

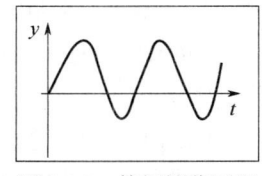

图 8-19　等幅振荡过程　　　　图 8-20　发散振荡过程

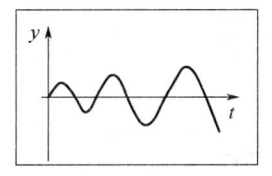

从以上四种振荡曲线可以看出：不稳定过渡过程是发散振荡过程，被调参数不能达到平衡状态，远离给定值。稳定过渡过程是非振荡衰减过程和衰减振荡过程，被调参数最后能稳定在某一数值上。临界过渡过程是等幅振荡过程。

多数情况下希望得到衰减振荡过程，因为非振荡过程变化缓慢。

2. 调节系统的品质指标

以衰减振荡形式来讨论调节系统的品质指标，如图 8-21 所示。系统对各指标的要求：希望余差尽量小，最大偏差小一些，过渡时间短一些，衰减比要适当。

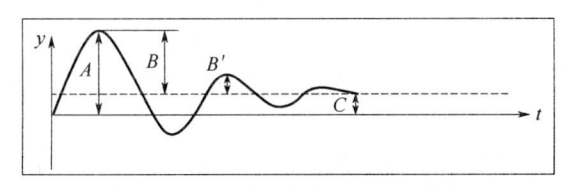

图 8-21　调节系统的品质指标曲线

1) 最大偏差（A）或超调量（B）

最大偏差：被调参数偏离给定值的最大值即第一个波峰 A。它是一个衡量系统稳定程度的指标。超调量指最大偏差与系统新稳态值之间的差值 B。

2) 余差 C

过渡过程终了时，被调参数所达到的新的稳态值与给定值之间的偏差，如图中 C。调节系统的余差表示系统调节精度。

3) 衰减比（$B：B'$）

衰减振荡过程中第一、第二个波峰值之比。它是衡量稳定性的指标，衰减比小于 1∶1 时振荡发散，等于 1∶1 时为等幅振荡，为保持足够的稳定裕度，衰减比以 4∶1 或 10∶1 为宜。

4) 过渡时间

从干扰产生作用起至被调参数重新建立新的平衡为止，过渡过程所经历的时间（稳定值的±5%）。过渡时间是反映系统调节速度的指标。

5）振荡周期或频率

过渡过程同向两波峰（波谷）之间的间隔时间称为振荡周期 T，振荡频率 $f=1/T$。振荡周期尽量短些好。

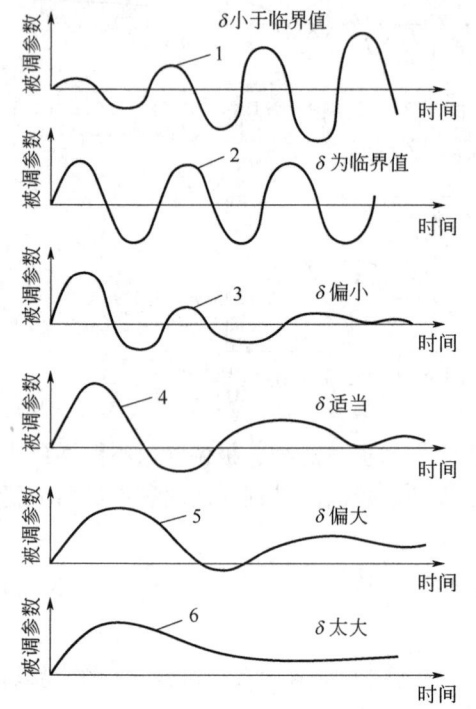

图 8-22 比例度对过渡过程的影响

3. PID 调节规律对过渡过程的影响

PID 调节对过渡过程的影响较大，合适的 PID 参数设定，会得到理想的控制过程。

1）比例作用

比例调节是调节器的输出改变量与被调参数的偏差值成比例的调节规律，如图 8-22 所示。

比例作用的输出与偏差值成正比。即比例似一个放大器，比例度（P）是放大倍数（K_C）的倒数。例如：P 参数设定为 4%，表示测量值偏离给定值 4% 时，输出量的变化为 100%。

比例度大时，干扰发生后，调节器的输出变化小，调节阀移动小，被调参数变化慢，如图 8-22 中曲线 6。过渡过程曲线越平稳，但此时余差越大。

当比例度减小时，则调节器的放大倍数增加，此时调节阀的移动就增加，如图 8-22 中曲线 5、4，这时调节较为灵敏。

当比例度继续越小时，调节阀移动就更大，当大到有点过头时，曲线出现激烈震荡，如图 8-22 中曲线 3。

当比例度越小到一定数值时过渡过程曲线出现等幅振荡。此时比例度为临界比例度，如图 8-22 中曲线 2。

当比例度小于临界比例度时，出现不稳定的发散震荡，如图 8-22 中曲线 1。

总之比例度越大，则过渡过程的曲线越平稳，比例作用越弱，余差也越大。

2）积分作用

积分作用是调节器的输出变化量与偏差值随时间的积分成正比调节规律。积分作用的输出的变化速度与偏差成比例，如图 8-23 所示。

积分作用用来消除余差。只要偏差存在，作用不停止。随着积分时间的增加积分项会增大。这样即使偏差很小，积分项也会随着时间的增加而加大，它推动控制器的输出增加使余差进一步减小直到减到零。

例如，积分时间 T_i 设定为 240s 时，表示对固定的偏差，积分作用的输出量达到和比例作用相同的输出量所需的时间为 240s。

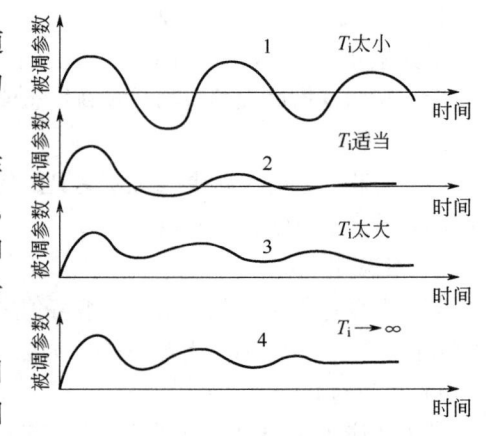

图 8-23 积分作用对过渡过程的影响

积分时间 T_i 越小积分作用强。积分时间 T_i 越大积分作用越弱。积分时间过大，积分作用不明显，余差消除慢，如图 8-23 中曲线 3。积分时间过小，过渡过程的振荡剧烈，稳定度下降，如图 8-23 中曲线 1。

3) 微分作用

微分作用的输出与偏差的变化速度成正比。T_d 越大微分作用越强。阶跃输进来，输出立即跳上去，微分时间 T_d 长，下降就慢些，如图 8-24 所示。

微分调节主要用来克服调节对象的惯性滞后和容量滞后，但不能克服纯滞后。

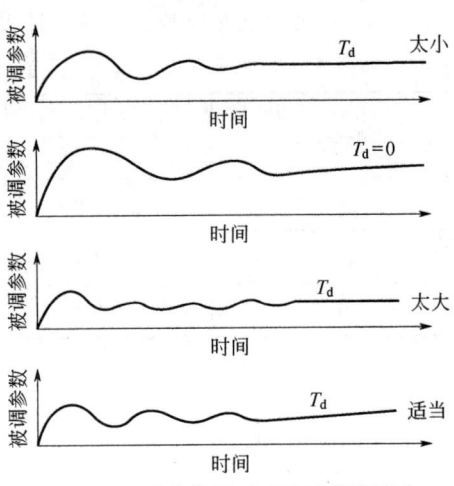

图 8-24 微分作用对过渡过程的影响

（三）PID 参数工程整定方法

调节器 PID 参数的整定，就是按照已确定的调节方案，求取使调节质量最好的调节器参数值的过程，确定最佳的调节参数：比例度、积分时间和微分时间。

PID 参数工程整定方法有三种：临界比例度法（扩充临界比例度法）、衰减曲线法和经验凑试法。

1. 临界比例度法

置调节器为纯比例调节作用，比例度放到适当数值（一般为 100%）。逐渐减小比例度到等幅振荡，此时的比例度值称为临界比例度 P_k，从记录曲线（图 8-25）中测出等幅振荡周期 T_k，然后按经验表格 8-1 中的参数设。设置调节器参数值。

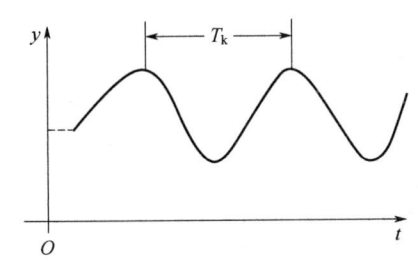

图 8-25 临界比例度记录曲线

表 8-1 临界比例度参数经验表

控制器类型	控制器参数		
	P, %	T_i, min	T_d, min
P	$2P_k$		
PI	$2.2P_k$	$0.85T_k$	
PID	$1.7P_k$	$0.5T_k$	$0.13T_k$

2. 衰减曲线法

衰减曲线法是使系统产生衰减振荡来整定调节器参数值。

首先置调节器为纯比例调节作用，改变给定值加阶跃干扰，从大到小逐渐改变比例度直到出现 4:1（或 10:1）衰减为止。记下此时比例度 P_s，从曲线图 8-26（或图 8-27）上得到 T_s（衰减周期），按表格 8-2（或表 8-3）中的经验数值设置调节器参数值。

表 8-2 4∶1衰减曲线法参数经验表

控制器类型	控制器参数		
	P, %	T_i, min	T_d, min
P	P_s		
PI	$1.2P_s$	$0.5T_s$	
PID	$0.8P_s$	$0.3T_s$	$0.1T_s$

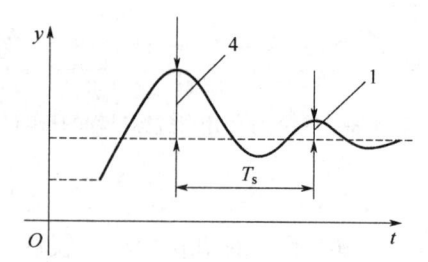

图 8-26 4∶1衰减法记录曲线

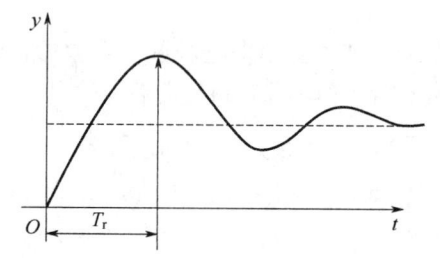

图 8-27 10∶1衰减法记录曲线

表 8-3 10∶1衰减曲线法参数经验表

控制器类型	控制器参数		
	P, %	T_i, min	T_d, min
P	P_s		
PI	$1.2P_s$	$2T_r$	
PID	$0.8P_s$	$1.2T_r$	$0.4T_r$

3. 经验凑试法

先将调节器参数根据不同被调参数按经验数据设置，然后根据趋势图上的过渡过程曲线，运用 P、T_i 对过渡过程的影响为指导，分别整定各个参数，直到获得满意的过渡过程为止。

各种调节系统中 P、I、D 参数经验数据以下可作为参照：

温度 T：$P=20\%\sim60\%$，$T_i=180\sim600s$，$D=3-180s$。

压力 P：$P=30\%\sim70\%$，$T_i=24\sim180s$。

液位 L：$P=20\%\sim80\%$，$T_i=60\sim300s$。

流量 F：$P=40\%\sim100\%$，$T_i=6\sim60s$。

参数整定关键在于"看曲线，调参数"，调参数应根据 P、T_i、T_d 对过渡过程的影响进行：P 小易引起波动，大则不易波动。T_i 小易引起波动，大则不易波动。T_d 小不易引起波动，大则易波动。

常用口诀也可以作为一种参考：

参数整定找最佳，从小到大顺序查；

先是比例后积分，最后再把微分加；
曲线振荡很频繁，比例度盘要放大；
曲线漂浮绕大湾，比例度盘往小扳；
曲线偏离回复慢，积分时间往下降；
曲线波动周期长，积分时间再加长；
曲线振荡频率快，先把微分降下来；
动差大来波动慢，微分时间应加长；
理想曲线两个波，前高后低4比1；
一看二调多分析，调节质量不会低。

4. PID 整定中的注意事项

（1）一个控制系统的质量取决于对象特性、控制方案、干扰的形式和大小以及控制器参数的整定等各种因数。一个合适的控制器参数会带来满意的控制效果。但参数整定不是"万能的"。

（2）对一个控制系统来说，如果对象特性不好，控制方案选择得不合理，或仪表的选择和安装不当，那么无论怎样整定参数也是达不到质量要求的。

（3）对于不同的系统，整定的目的要求可能不同。例如，对于定值控制系统一般要求过渡过程呈 4∶1 衰减变化；而对于比值控制系统则要求整定成振荡与不振荡的临界状态；对于均匀控制系统则要求整定成幅值在一定范围内变化的缓慢的振荡过程。

（4）参数整定不宜过大。

二、串级回路 PID 参数调整

（一）串级回路 PID 整定

串级回路由单回路 PID 调节器（作为主调节器）和外给定调节器（作为副调节器）彼此串接组成双回路调节系统，主调节器的控制输出作为外给定调节器的设定值，外给定调节器的控制输出送往控制调节结构。串级调节系统参数整定一般采用两步法和一步法完成。

1. 两步法整定串级调节系统 PID 参数

（1）将串级调节系统主环闭合，主调节器和副调节器的积分时间放最大，微分时间放最小。

（2）将主调节器的比例度放 100%，按某种衰减比（如 4∶1 或 10∶1）整定副环（整定时副调节器的比例度由大往小逐步变化），求取该衰减比下副调节器的衰减比例度 δ_{2s} 和衰减操作周期 T_{2s}。如图 8-28、图 8-29 所示。

（3）将副调节器（外给定调节器）比例度置于 δ_{2s} 位置，用同样的方法和衰减比整定主环，求取该衰减比下主调节器（单回路调节器）的衰减比例度 δ_{1s} 和衰减操作周期 T_{1s}。

（4）由所得的 δ_{2s}、T_{2s} 和 δ_{1s}、T_{1s} 数据，结合调节器的选型，按实验时所选择的衰减比，选择适当的经验公式，求出主调节器和副调节器的整定参数。

（5）按照"先副后主"与"先比例次积分后微分"的次序，将计算出的主调节器和

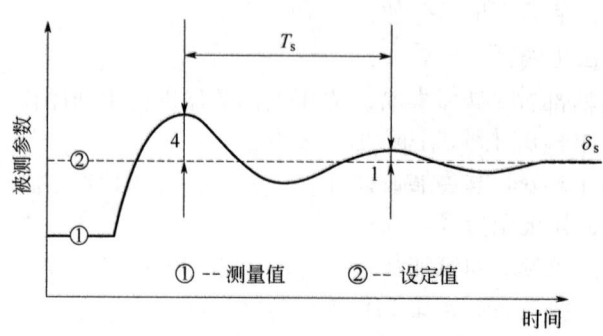

图 8-28　调节系统 4∶1 衰减

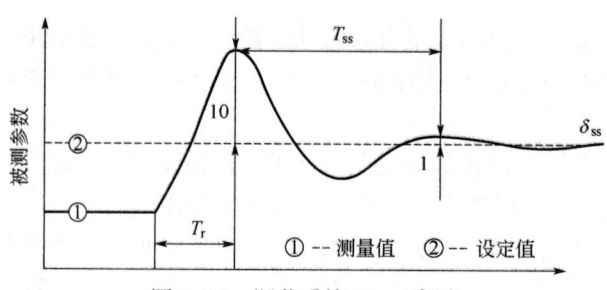

图 8-29　调节系统 10∶1 衰减

副调节器参数设定好。

(6) 观察自动调节系统控制过程，必要时对调节器参数进行适当调整。

2. 一步整定法整定串级调节系统 PID 参数

(1) 首先根据副环参数的类型，按经验法选择好副调节器比例度。

(2) 将副调节器按经验值设定好，然后按简单调节系统（单回路调节系统）单回路调节器参数方法整定主调节器参数。

(3) 观察调节系统调节过程，根据主调节器（单回路调节器）和副调节器（外给定调节器）放大系数匹配的原理，适当整定主、副调节器参数，使主参数品质最好。

(4) 串级调节参数整定过程中如出现振荡，可将主调节器或副调节器任一参数加大，即可消除系统振荡。如果出现剧烈振荡，可将系统转入人工手动操作，待生产稳定之后，重新投运和整定。

（二）串级回路的投用

串级控制系统的投运，目前较为普遍的是采用先投副回路、后投主回路的投运方法。这是因为在一般情况下，系统的主要干扰包含在副回路中，且副回路反应快、滞后小，如果副回路先投入自动，把副变量稳定，这时主变量就不会产生大的波动，主回路再投运就比较容易了。另外，从主、副两台调节器的联系上看，主调节器的输出是副调节器的设定值，而副调节器的输出直接去控制调节阀，因此先投副回路，再投主回路，从系统结构上看也是合理的。

在目前的 DCS 系统组态串级控制系统时，一般都可选择主调节器的输出在副回路投入串级之前自动跟踪副回路的给定值，这使串级控制系统的投用以及操作方式切换都更加方便。

串级控制系统投运步骤：

(1) 主、副调节器都置于手动位置，先用副调节器进行手动操作。

(2) 副回路比较平稳后，把副调节器切入自动。

(3) 副回路比较平稳后，手动操作把主调节器的输出调整在与副控制器给定值相适应的数值上，把副调节器切入串级。

(4) 手动操作主调节器，使主变量接近于其设定值并待其比较平稳后，把主控制器切入自动。